新工科建设之路·计算机类系列教材

计算机科学导论
——基于计算思维的思想与方法
（第4版）

李云峰　李　婷　编著

电子工业出版社
Publishing House of Electronics Industry
北京·BEIJING

内 容 简 介

本书参照国际电子电气工程协会计算机学会和美国计算机学会（IEEE-CS＆ACM）计算学科教程（CC2005）和中国计算机教程（CCC2002）知识体系结构，将计算学科形态与计算思维本质紧密结合，按照基本概念、基本方法、基本理论、基本技术这一基础特性构建课程知识体系，并按照"新工科建设之路"的精神，凸显计算机学科的形态特征、计算思维和计算机科学方法论在新工科建设中的引领作用，突出人工智能、虚拟现实、互联网、物联网、大数据和云计算等新技术在当今信息社会中的作用地位。

本书站在学科的高度阐述计算机科学与技术基础知识，注重知识体系的完整性与逻辑性，具有结构新颖、层次分明、由浅入深、循序渐进的特点。同时，注意与后继相关课程的分工与衔接，并按照教与学的规律，精心设计每一章的内容。

本书可作为高等院校计算机类、电子信息类和电气信息类"计算机（科学）导论"课程教材，也可作为相关专业的教师和从事计算机科学与技术工作的工程技术人员的参考书。

未经许可，不得以任何方式复制或抄袭本书之部分或全部内容。
版权所有，侵权必究。

图书在版编目(CIP)数据

计算机科学导论：基于计算思维的思想与方法 / 李云峰，李婷编著. —4 版. —北京：电子工业出版社，2021.11
ISBN 978-7-121-42702-2

Ⅰ．①计⋯ Ⅱ．①李⋯ ②李⋯ Ⅲ．①计算机科学－高等学校－教材 Ⅳ．①TP3

中国版本图书馆 CIP 数据核字（2022）第 015143 号

责任编辑：章海涛　　文字编辑：路　越
印　　刷：天津千鹤文化传播有限公司
装　　订：天津千鹤文化传播有限公司
出版发行：电子工业出版社
　　　　　北京市海淀区万寿路 173 信箱　　邮编：100036
开　　本：787×1092　1/16　　印张：23.5　　字数：600 千字
版　　次：2014 年 9 月第 1 版
　　　　　2021 年 11 月第 4 版
印　　次：2022 年 7 月第 2 次印刷
定　　价：59.80 元

凡所购买电子工业出版社图书有缺损问题，请向购买书店调换。若书店售缺，请与本社发行部联系，联系及邮购电话：(010) 88254888，88258888。
质量投诉请发邮件至 zlts@phei.com.cn，盗版侵权举报请发邮件至 dbqq@phei.com.cn。
本书咨询联系方式：192910558（QQ 群）。

前 言

"计算机科学导论"是计算机科学、计算机工程、软件工程、信息系统、信息技术等分支学科的专业基础课程,也是电子信息类专业学生了解计算机科学的内容、方法及其发展的引导性课程。

在计算机教育史上,有关学科综述性引导课程的构建一直受到国际教育界的高度重视。IEEE-CS & ACM 计算学科教程(Computing Curricula 2001,CC2001)报告指出:整个学科综述性引导课程的构建有助于推动学科的发展,鼓励各学术团体以及教师个人从事这方面的研究,以适应计算机科学技术飞速发展的需要。因此,自 CC2001 发布以来,世界各国高校都非常重视计算机学科"引导"课程的构建,纷纷开设了"计算机(科学)导论""计算机(科学)概论"一类的课程。然而,作为一门学科的综述性引导课程,它应起到什么作用?达到什么目的?如何定位?等等,这既是需要认真思考的问题,也是必须首先明确的问题。为此,自 2003 年以来,我们一直在对该课程进行探索,编写了《计算机科学导论》,并在探索中不断提高对该课程的认识。

首先,"计算机科学导论"不同于"大学计算机基础",虽然都是计算机的入门课程,但课程性质完全不同。"大学计算机基础"是非计算机专业的公共基础课程,为专业课程服务,课程构建的实质是对计算机功能的工具性认识;而"计算机科学导论"是计算机类专业全程教学内容的引导性课程,课程构建的实质是寻求一种统一的思想来认知计算机学科,并站在学科的高度对计算机学科进行科学化和系统化的描述,注重学科发展的动态性和知识传授的有效性。

其次,"计算机科学导论"作为计算机类专业的引导性课程,应承担起一种"承前启后"的作用。所谓"承前",就是介绍计算机的形成与发展历程,让学生了解计算机学科的内涵及其来龙去脉,并从中受到启迪;所谓"启后",就是描述计算机学科的知识体系、根本问题、典型问题,以及计算机科学技术的发展趋势和对计算机学科人才培养的要求,让学生懂得应该掌握哪些知识、应该具备什么样的知识结构和能力,从而使学生在学习过程中,明确目标,把握现在,放眼未来。

同时,"计算机科学导论"作为专业通识课程,应涵盖学科教育的各个方面。通过本课程学习,透视学科体系、提高人文素质、传承计算文化、弘扬科学精神、展示学术魅力、培养计算思维等。

随着对该课程教学研究和课程改革探索的深入,围绕"教什么"和"怎么教"的问题,我们不断更新课程建设理念,不断调整课程知识结构,不断寻求突破与创新,使本教材实现以下教学目标。

(1)抓住实质,体现导论课程内涵。作为导论课程,应充分体现"导"与"论"的真实内涵。

所谓"导",就是站在学科的高度俯视计算机学科的全貌,引导学生全面了解计算机学科的知识体系、学科形态、科学方法、根本问题、典型问题等,而不是深入探讨分支细节,避免"只见树木，不见森林"。许多具体问题可以"知其然，不知所以然"，详细内容在后续相关课程中讨论。

所谓"论"，就是运用学科形态与计算思维去分析问题和解决问题的方法论。本教材以"计算机学科是一门计算的学科，计算机系统是一个离散的系统"作为方法论的立足点与着力点。

计算机学科方法论是导论课程的核心。事实上，教会学生某一知识或技术远不如教会学生掌握分析问题和解决问题的方法重要，正所谓"授人以鱼，不如授人以渔"。这既是"计算机科学导论"与"大学计算机基础"和其他课程的本质区别所在，也是本课程（本教材）的教学目标所在。

（2）创新结构，构建计算思维体系。本教材以计算思维为引导，以学科形态为枢纽，以能力培养为目标，创新性地构建了计算思维方法与计算学科形态相融合的知识体系。这样，既体现了计算思维与学科形态在课程中的引导作用，又为学生创造了更多计算思维的实践机会，着实培养学生运用计算思维分析问题、解决问题的方法和能力。构建本课程体系的指导思想是：体现学科基础特性、突出计算思维方法、形成涵盖计算学科主领域的进阶式—模块化知识体系结构：

- ❖ 基本概念（计算机科学概述、计算机学科体系、计算思维及其作用体现，第 1~3 章）；
- ❖ 基本方法（数据表示的基本思维、计算系统的基本思维、程序设计的基本思维，第 4~6 章）；
- ❖ 基本理论（问题求解的算法基础、问题求解的近似计算、问题求解的离散结构，第 7~9 章）；
- ❖ 基本技术（数据库技术、计算机网络技术、计算机前沿技术，第 10~12 章）。

因而，本教材结构新颖、层次分明、由浅入深、循序渐进、逻辑性强、远近兼顾、便教便学。

（3）启迪思维，揭示计算学科形态。本教材力图通过计算机的形成与发展，揭开计算机科学的神秘面纱；通过硬件子系统与操作系统管理相结合，揭示计算系统的工作机制；通过数据表示、计算系统、程序设计，揭示计算思维的本质——抽象与自动化；通过算法基础、近似计算、离散结构、数据库技术、网络技术，揭示计算机学科的形态特征——抽象、理论、设计。从而使得思维随着知识的贯通而形成，能力随着思维的形成而提高；并通过深入分析比较，使学生认识到构建计算思维本质与计算机学科形态的目标是一致的，其宗旨是寻找通用的方法，处理类似的问题。以此启迪学生去科学思维，为日后在学科领域能有所发现、有所突破、有所创新奠定基础。

（4）问题引导，激发学生求知欲望。本课程的重要意义是使学生对计算机学科的各知识领域产生浓厚的学习兴趣和强烈的求知欲，同时又有太多的疑惑和不理解，非常渴望了解其中的科学道理，这是学好本专业的动力，正所谓"知之者不如好之者，好之者不如乐之者"。本教材的每章以"问题引出"导入所要探讨的内容，使学生在学习过程中有的放矢，带着问题去寻找答案，怀着好奇去探索奥秘，从而消除学习中的畏难情绪，调动学习的积极性，激发学习的创造性。

（5）多措并举，强化全程能力培养。计算机学科专业的最大特点是知识面宽、实践性强、软硬件技术更新换代快，所以既要重视学生理论学习能力的培养，也要重视学生实践能力的培养,更要重视学生自我提高能力的培养。为此,我们也编写了与本教材配套的《计算机科学导论学习辅导》,搭建了"课程教学网站",与主教材一起,形成融"教、学、做"三维一体的全方位自然学习环境,从而使学生在潜移默化中意识到能力培养的全面性、知识更新的重要性、自我提升的必要性。

总之,无论是教材设计理念,还是知识结构;无论是教学内容,还是思维方法,本教材都力求体现出创新性、规范性、先进性和示范性,并在传授知识的同时,弘扬中华文化对人类社会发展的贡献。

教材是教学的基本依据,是教学研究、探索和改革的载体,它容纳了教学目标和教学内容,明确了教学过程和教学方法,体现了教学理念和教学思想。同时,教材是课程建设的真实体现,先进的课程建设理念和设计思想,最终需要通过教材来组织与实施。因此,合理定位本课程的教学内容,形成科学的知识体系和稳定的知识结构,使之成为重要的引导性课程,是"计算机科学导论"课程教学改革的主要目标;根据课程的作用地位和特点,以计算思维能力培养为切入点,是深化该课程教学改革、提高课程品质和教学效果的重要任务。本教材是将教学研究、计算思维、课程建设与能力培养相结合的具体体现,也是作者多年来探索课程教学改革与人才培养的结晶。

本书由李云峰教授和李婷教授编写,由李云峰教授统稿。丁红梅、姚波、曹守富等老师参与了课程资源建设。在本书的编写过程中,参阅了大量近年来出版的国内外同类优秀教材,并从中吸取了大量宝贵营养,在此谨向这些著作者表示衷心感谢!由于本书在教学思想、知识结构、内容组织等方面都是一种新的探索,因此难免存在疏漏、不妥甚至错误之处,敬请专家和使用本教材的师生批评指正。

本书为任课教师提供配套的教学资源(包含电子教案和例题源代码),需要者可**登录华信教育资源网**(http://www.hxedu.com.cn),注册后免费下载。

作 者

目 录

绪论 课程导学 ·· 1
  §0.1 课程教学定位 ·· 1
  §0.2 课程教学思维 ·· 2
  §0.3 课程知识结构 ·· 4
  §0.4 课程教学辅导 ·· 7

基本概念——计算科学、计算学科、计算思维

第 1 章 计算机科学概述 ·· 9
  §1.1 人类计算工具的进步 ·· 9
    1.1.1 手工时代 ·· 10
    1.1.2 机械时代 ·· 11
    1.1.3 机电时代 ·· 14
    1.1.4 电子时代 ·· 15
  §1.2 计算机科学体系的形成 ·· 18
    1.2.1 布尔提出的逻辑代数 ·· 18
    1.2.2 香农提出的逻辑电路 ·· 18
    1.2.3 维纳提出的计算机设计原则 ·· 19
    1.2.4 图灵提出的图灵机和图灵测试 ·· 19
    1.2.5 冯·诺依曼提出的 EDVAC ··· 22
  §1.3 基于 Neumann 结构的现代计算机 ·· 24
    1.3.1 计算机的结构组成 ·· 24
    1.3.2 计算机的主要特点 ·· 25
    1.3.3 计算机的基本性能 ·· 26
    1.3.4 计算机的主要应用 ·· 27
  §1.4 突破与超越 Neumann 结构 ··· 29
    1.4.1 突破 Neumann 体系结构 ··· 30
    1.4.2 突破 Neumann 组成结构 ··· 32
    1.4.3 超越 Neumann 体系结构 ··· 33
  本章小结 ··· 35
  习题 1 ·· 35

第 2 章 计算机学科体系 ·· 37
  §2.1 计算机学科体系的构建 ··· 37

  2.1.1 科学与学科的概念 ·· 37
  2.1.2 计算作为一门学科 ·· 38
  2.1.3 CC2005 学科体系 ·· 40
  2.1.4 CCC2002 学科体系 ·· 43
 §2.2 计算机学科方法论 ·· 45
  2.2.1 计算机学科方法论概念 ····································· 45
  2.2.2 计算机学科的三个形态 ····································· 46
  2.2.3 计算机学科的核心概念 ····································· 47
  2.2.4 计算机学科的典型方法 ····································· 48
 §2.3 计算机学科中的数学方法 ·· 50
  2.3.1 数学方法及其作用体现 ····································· 50
  2.3.2 构造性数学与证明方法 ····································· 51
  2.3.3 计算机学科的根本问题 ····································· 53
 §2.4 计算机学科的经典问题 ·· 54
  2.4.1 理论意义上的不可计算问题——图论问题 ··············· 54
  2.4.2 现实意义上的不可计算问题——计算复杂性 ············· 57
  2.4.3 理论意义上的可计算问题——计算机智能问题 ·········· 60
  2.4.4 现实意义上的可计算问题——并发控制问题 ············· 62
 本章小结 ··· 63
 习题 2 ··· 64

第 3 章 计算思维及其作用体现 ·· 65

 §3.1 计算思维及其本质特性 ·· 65
  3.1.1 人类思维的类别 ·· 65
  3.1.2 计算思维的概念 ·· 68
  3.1.3 计算思维的本质 ·· 69
  3.1.4 计算思维的特征 ·· 70
 §3.2 计算思维的问题求解 ··· 71
  3.2.1 问题求解的数学建模 ······································ 71
  3.2.2 问题求解的基本策略 ······································ 72
  3.2.3 问题求解的过程抽象 ······································ 74
 §3.3 计算思维与计算机学科 ·· 78
  3.3.1 计算思维本质与学科形态的关系 ························· 78
  3.3.2 计算思维在计算机学科中的体现 ························· 80
 §3.4 计算思维的学科作用与能力培养 ······························· 85
  3.4.1 计算思维与计算机教育相互促进 ························· 85
  3.4.2 计算思维有助于跨越专业鸿沟 ··························· 86
  3.4.3 计算思维有助于其他学科发展 ··························· 87
  3.4.4 计算思维能力培养的基本策略 ··························· 89
 本章小结 ··· 91

习题 3 ··· 91

基本方法——机器计算的思维方法

第 4 章 数据表示的基本思维 ·· 94

§4.1 数制及其转换——"人机兼容"的基本思维 ··· 94
4.1.1 进位计数制 ··· 94
4.1.2 数制之间的转换 ··· 97

§4.2 数值数据的编码表示——"语义符号数值化"的基本思维 ··· 100
4.2.1 整型数的编码表示 ··· 100
4.2.2 实型数的编码表示 ··· 105

§4.3 字符数据的编码表示——"字符信息数字化"的基本思维 ··· 107
4.3.1 西文字符的编码表示 ··· 107
4.3.2 汉字字符的编码表示 ··· 109
4.3.3 综合实例——字符处理 ··· 112

§4.4 逻辑数据的编码表示——"逻辑符号数字化"的基本思维 ··· 113
4.4.1 逻辑代数概念 ··· 113
4.4.2 逻辑代数运算 ··· 114

§4.5 多媒体数据的编码表示——"动态信息数值化"的基本思维 ··· 116
4.5.1 多媒体基本概念 ··· 116
4.5.2 音频数字化的编码表示 ··· 117
4.5.3 图像数字化的编码表示 ··· 118
4.5.4 视频数字化的编码表示 ··· 120
4.5.5 计算机动画简介 ··· 121

本章小结 ··· 122
习题 4 ··· 122

第 5 章 计算系统的基本思维 ·· 124

§5.1 计算系统的基本概念——"系统组成"的基本思维 ··· 124
5.1.1 计算机硬件系统 ··· 124
5.1.2 计算机软件系统 ··· 125
5.1.3 计算机操作系统 ··· 126
5.1.4 软件与硬件的关系 ··· 129

§5.2 处理器系统——"控制执行"的基本思维 ··· 130
5.2.1 处理器的结构组成 ··· 130
5.2.2 计算机指令系统 ··· 131
5.2.3 操作系统对处理器的管理 ··· 133

§5.3 存储器系统——"存储优化组合"的基本思维 ··· 136
5.3.1 内存储器 ··· 137
5.3.2 外存储器 ··· 138

5.3.3 存储体系 ·· 139
　　5.3.4 操作系统对存储器的管理 ·· 141
　　5.3.5 综合实例——计算机的工作过程 ····································· 143
§5.4 文件管理系统——"长治久安"的基本思维 ······························· 145
　　5.4.1 文件与文件系统 ·· 145
　　5.4.2 文件组织与结构 ·· 146
　　5.4.3 文件目录和目录结构 ·· 147
§5.5 总线系统和输入/输出系统——"组织与协调"的基本思维 ············· 148
　　5.5.1 总线系统 ··· 149
　　5.5.2 输入/输出设备 ·· 150
　　5.5.3 输入/输出接口 ·· 150
　　5.5.4 操作系统对 I/O 的管理 ··· 151
本章小结 ··· 153
习题 5 ·· 153

第 6 章 程序设计的基本思维 ·· 155

§6.1 程序设计概念——"问题抽象"的基本思维 ······························· 155
　　6.1.1 程序设计与问题求解 ·· 155
　　6.1.2 程序设计的基本抽象 ·· 157
§6.2 程序设计语言——"语言抽象"的基本思维 ······························· 158
　　6.2.1 程序设计语言的演化 ·· 158
　　6.2.2 程序设计语言的构成 ·· 162
　　6.2.3 计算机源程序的翻译 ·· 165
§6.3 程序设计方法——"方法抽象"的基本思维 ······························· 168
　　6.3.1 面向过程方法 ··· 168
　　6.3.2 面向对象方法 ··· 171
　　6.3.3 程序与软件的关系 ··· 173
§6.4 软件工程方法——"过程抽象"的基本思维 ······························· 174
　　6.4.1 软件工程概念 ··· 174
　　6.4.2 软件工程目标 ··· 176
　　6.4.3 软件工程原则 ··· 177
　　6.4.4 软件开发模型 ··· 178
　　6.4.5 软件开发方法 ··· 181
本章小结 ··· 184
习题 6 ·· 184

基本理论——问题求解的算法构建

第 7 章 问题求解的算法基础 ·· 187

§7.1 算法——问题求解的核心 ·· 187

- 7.1.1 算法的基本概念 ·· 187
- 7.1.2 算法的设计要求 ·· 188
- 7.1.3 算法的复杂性 ··· 189
- 7.1.4 算法的描述方法 ·· 191

§7.2 数值数据求解——算法策略 ·· 193
- 7.2.1 穷举算法 ··· 193
- 7.2.2 回溯算法 ··· 194
- 7.2.3 递推算法 ··· 195
- 7.2.4 迭代算法 ··· 197
- 7.2.5 递归算法 ··· 198
- 7.2.6 分治算法 ··· 199
- 7.2.7 贪心算法 ··· 200
- 7.2.8 动态规划 ··· 200

§7.3 非数值数据处理——数据结构 ·· 201
- 7.3.1 线性表结构 ·· 202
- 7.3.2 栈结构 ·· 204
- 7.3.3 队列结构 ··· 204
- 7.3.4 树结构 ·· 205

§7.4 数据元素操作——查找和排序 ·· 207
- 7.4.1 查找算法 ··· 207
- 7.4.2 排序算法 ··· 209

本章小结 ·· 214
习题 7 ··· 215

*第 8 章 问题求解的近似计算 ·· 216

§8.1 定积分的近似计算 ·· 216
- 8.1.1 近似计算方法 ··· 216
- 8.1.2 计算求解方法 ··· 220

§8.2 有限元方法 ··· 222
- 8.2.1 有限元方法的基本概念 ·· 222
- 8.2.2 有限元方法的计算思维 ·· 223

§8.3 随机事件及其概率 ·· 224
- 8.3.1 随机事件 ··· 224
- 8.3.2 随机概率 ··· 225
- 8.3.3 随机变量 ··· 227

§8.4 蒙特卡罗方法 ·· 228
- 8.4.1 蒙特卡罗方法的概念 ··· 229
- 8.4.2 蒙特卡罗方法求定积分 ·· 230

§8.5 圆周率的近似计算 ·· 232
- 8.5.1 圆周率的计算史 ·· 232

8.5.2　蒙特卡罗方法求圆周率 ·· 233
　　8.5.3　研究计算圆周率的意义 ·· 234
§8.6　仿生学算法 ··· 235
　　8.6.1　遗传算法的基本概念 ·· 236
　　8.6.2　遗传算法的基本方法 ·· 237
　　8.6.3　群体智能优化算法概念 ·· 239
本章小结 ·· 240
习题 8 ··· 241

*第 9 章　问题求解的离散结构 ·· 242

§9.1　数理逻辑 ··· 242
　　9.1.1　数理逻辑引例 ·· 242
　　9.1.2　命题逻辑 ·· 243
　　9.1.3　谓词逻辑 ·· 246
　　9.1.4　数理逻辑在计算机科学中的应用 ·· 248
§9.2　集合论 ··· 249
　　9.2.1　集合论引例 ·· 249
　　9.2.2　集合的表示与运算 ·· 250
　　9.2.3　二元关系 ·· 252
　　9.2.4　函数 ·· 256
　　9.2.5　集合论在计算机科学中的应用 ·· 257
§9.3　逻辑代数 ··· 258
　　9.3.1　逻辑代数引例 ·· 258
　　9.3.2　逻辑代数的表示 ·· 259
　　9.3.3　逻辑电路的简化 ·· 260
　　9.3.4　代数系统在计算机科学中的应用 ·· 261
§9.4　图论 ··· 262
　　9.4.1　图论引例 ·· 262
　　9.4.2　图论的基本概念 ·· 263
　　9.4.3　图的矩阵表示 ·· 265
　　9.4.4　路径、回路与连通图 ·· 266
　　9.4.5　欧拉图和哈密尔顿图 ·· 267
　　9.4.6　最短路径和最小生成树 ·· 269
　　9.4.7　图论在计算机科学中的应用 ·· 271
本章小结 ·· 272
习题 9 ··· 272

基本技术——数据共享与前沿技术

第 10 章　数据库技术 ·· 275

§10.1　数据库技术概述——抽象（Ⅰ） ·· 275

10.1.1　数据与信息 ··· 275
　　　10.1.2　数据库 ·· 277
　　　10.1.3　数据库管理系统 ··· 279
　　　10.1.4　数据库系统 ··· 279
§10.2　数据模型——抽象（Ⅱ） ·· 281
　　　10.2.1　数据模型概念 ··· 281
　　　10.2.2　概念数据模型 ··· 283
　　　10.2.3　关系数据模型 ··· 285
　　　10.2.4　关系数据模式 ··· 287
§10.3　关系数据库——理论 ·· 289
　　　10.3.1　关系代数运算 ··· 289
　　　10.3.2　关系数据查询优化 ·· 293
　　　10.3.3　关系模式的规范化 ·· 294
　　　10.3.4　关系数据的一致性 ·· 295
§10.4　构建数据库应用系统——设计 ·· 296
　　　10.4.1　数据库应用系统设计要求 ··· 297
　　　10.4.2　数据库应用系统设计过程 ··· 298
本章小结 ·· 302
习题 10 ··· 302

第 11 章　计算机网络技术 ·· 304

§11.1　计算机网络概述——抽象 ·· 304
　　　11.1.1　计算机网络的基本概念 ··· 304
　　　11.1.2　网络的基本类型 ·· 305
　　　11.1.3　OSI/RM 体系结构 ·· 307
　　　11.1.4　TCP/IP 体系结构 ·· 309
§11.2　网络数据传输——理论 ·· 310
　　　11.2.1　数据通信 ··· 310
　　　11.2.2　数据传输方式 ··· 311
　　　11.2.3　多路复用传输 ··· 313
　　　11.2.4　数据调制编码 ··· 314
　　　11.2.5　数据分组交换 ··· 315
§11.3　网络的结构组成——设计（Ⅰ） ·· 316
　　　11.3.1　网络的拓扑结构 ·· 316
　　　11.3.2　网络的逻辑结构 ·· 318
　　　11.3.3　计算机网络互连设备 ··· 319
§11.4　计算机因特网——设计（Ⅱ） ·· 321
　　　11.4.1　Internet 的 IP 地址 ·· 321
　　　11.4.2　Internet 的域名系统 ··· 322
　　　11.4.3　Internet 提供的服务 ··· 324

§11.5 计算机信息安全技术——理论与设计 325
    11.5.1 防病毒技术 325
    11.5.2 防黑客技术 326
    11.5.3 防火墙技术 327
    11.5.4 信息加密技术 327
    11.5.5 数字认证技术 330
  本章小结 331
  习题 11 331

第 12 章 计算机前沿技术 333
  §12.1 人工智能技术 333
    12.1.1 人工智能的概念 333
    12.1.2 人工智能关键技术 335
    12.1.3 人工智能技术应用 336
  §12.2 虚拟现实技术 338
    12.2.1 虚拟现实的概念 338
    12.2.2 虚拟现实关键技术 339
    12.2.3 虚拟现实技术应用 340
  §12.3 移动互联网技术 342
    12.3.1 移动互联网的概念 342
    12.3.2 移动互联网关键技术 343
    12.3.3 移动互联网技术应用 344
  §12.4 物联网技术 345
    12.4.1 物联网的概念 346
    12.4.2 物联网关键技术 348
    12.4.3 物联网技术应用 349
  §12.5 云计算技术 350
    12.5.1 云计算的概念 350
    12.5.2 云计算关键技术 352
    12.5.3 云计算技术应用 353
  §12.6 大数据技术 354
    12.6.1 大数据的概念 354
    12.6.2 大数据关键技术 355
    12.6.3 大数据技术应用 356
  本章小结 357
  习题 12 358

参考文献 359

绪论　课程导学

"计算机科学导论"（Introduction to Computer Science）是计算机类专业极为重要的基础课程，是让学生全面了解计算机学科的内容和方法的引导性课程。为了便于教与学，我们设计了课程导学。

作为专业全程教学内容的引导课程，计算机科学导论应站在学科的高度，介绍计算机学科的基本内涵，让学生知道该学什么和应该怎么学，并使学生对本学科学习产生浓厚的兴趣。同时，计算机科学导论又是本学科的第一门专业基础课，学好它，将为后续课程的学习打下良好基础。由于该课程有一定的广度和深度，而在这之前学生并没有该学科的任何知识背景，因此，开设本课程的目的意义，犹如一个人到了一个陌生的城市，虽然对该城市的基本概况一无所知，但如果先站在该城市的最高处俯瞰整个城市的概貌，就会对该城市有个大致了解，两者间的类比关系为：

（1）该城市的基本布局 ↔ 该学科的基本架构；
（2）该城市的交通线路 ↔ 该学科的分支学科；
（3）该城市的主要建筑 ↔ 该学科的核心课程；
（4）该城市的外围环境 ↔ 所涉及的边缘学科。

我们希望通过课程导学，为使用本教材的教师提供有益的教学参考，为使用本教材的学生对本课程的学习起到引导和启发作用。

§0.1　课程教学定位

1. 课程性质

计算机科学导论是计算机学科的窗口，其作用是透视"导论"属性，体现"导"与"论"的真实内涵；作为计算机学科全程教学内容的导引课程，应俯瞰计算机学科全貌。课程构建的实质是寻求一种统一的思想来认知计算机学科，并对计算机学科进行系统化和科学化的描述，注重学科发展的动态性和知识传授的有效性；突出计算机科学方法论在本课程教学中的引导作用；揭示计算思维与计算学科形态的内在关系；强化计算思维在课程教学与人才培养中的作用意义。

2. 课程特点

计算机学科是一门新兴的综合性学科，它与数学、物理学、电子学等学科的发展有着密切关系。因此，在教学内容上，该课程的知识面宽，涉及计算机科学与计算机技术的几乎所有领域，具有相当的广度和深度；在课程构建上，应站在学科的高度，概括计算机学科知识体系及其理论基础，并且体现入门课程的基础特性；在教学方法上，应突显计算机科学方法论在课程教学和人才培养中的引导作用，并以计算机的发展趋势及其前沿技术为课程视野，全面体现导论课程特性。

3. 课程目标

作为计算机学科的引导性课程，必须全面体现本学科的概貌(计算机学科的理论基础、形态特征、主要特点、根本问题、经典问题)，使学生在学习过程中，明确目标，把握现在，放眼未来。

本课程的教学目标是力图将理论基础学习与能力培养完美结合。通过本课程学习，使学生掌握正确的学习方法，激发学生的学习兴趣和探索问题的求知欲；并能"承前启后"，全面了解计算机科学的形成与发展，以及计算机学科的知识结构与课程体系，为进一步深入学习后续课程打下良好基础，使本课程在学生大学期间甚至毕业以后的学习中具有重要的引导作用。

§0.2　课程教学思维

本教材以"计算思维"为引导，突出计算思维本质(抽象与自动化)和计算学科形态(抽象、理论、设计)，并将计算思维与学科形态贯彻教材始终，因此而形成了全新的知识体系结构。这里，我们以计算机求解问题必须具备的基本条件和求解问题的方法步骤为例，引入计算思维概念。

1. 概念的引入

利用机器实现从 a、b、c 三个数中找出最大的数，需要具备哪些基本条件和求解方法步骤呢？我们把实现问题求解的机器称为计算机，利用计算机求解该问题涉及以下方法步骤和必要条件。

（1）算法设计：为了求出最大值，必须设计问题求解的方法步骤，其算法描述如下：

① 输入 3 个数值数据，分别用变量 a、b、c 表示 3 个数值的大小，用变量 max 表示最大数；

② 比较 a 和 b，如果 $a>b$，则 max=a，否则 max=b；

③ 比较 max 和 c，如果 max<c，则 max=c；

④ 输出结果 max。

（2）程序设计：为了利用计算机求解问题，必须把算法设计按照程序设计的语法规则编制成便于计算机求解的程序。用 C 语言描述求三个数中最大值的算法程序如下：

```c
#include<stdio.h>
main() {
    float  a, b, c, max;
    printf("请输入三个数 a, b, c");
    scanf("%f, %f, %f", &a, &b, &c);
    if(a>b)
        max=a;
    else
        max=b;
    if(max<c)  max=c;
    printf("max=%f\", max);
}
```

（3）数据转换：人类通常习惯使用十进制数来描述数据的大小，用文字来描述语言，用符号来描述图形。然而，计算机中的电子器件只能识别用 0 和 1 表示的二进制代码信息，所以用计算机处理各类问题时，必须把各种数值、文本、图形、图像、音频、视频等符号转换成代码信息。

（4）硬件设备：利用计算机实现问题求解，该计算机必须具备以下设备和部件。

① 具有输入设备，把程序和原始数据输入到计算机中，并在输入过程中转换为二进制代码。

② 具有存储设备，把问题求解过程和原始数据存放在计算机中，以按计算机步骤执行操作。

③ 具有运算部件，能进行数值运算、逻辑运算和数据处理。

④ 具有控制部件，能按照问题求解过程，有条不紊地控制(指挥)各部件执行各种操作。

⑤ 具有输出设备，显示或打印最终结果，并以人们习惯的数制和符号显示计算或处理结果。

（5）软件支撑：要使计算机能高效工作，计算机硬件设备不仅能识别由 0 和 1 表示的解题步骤、操作命令、数据大小等各类信息，而且随时听从用户的各种命令，这就要求有一套服务程序，一是实现用户与计算机的交流；二是对计算机的各功能部件进行高效管理；三是为拓展计算机的应用而提供支撑。因此，一台能方便操作使用的计算机，至少必须具有以下支撑软件。

（1）具有能够实现人－机之间的交流并能对各部件进行高效管理的软件——操作系统；

（2）具有把用程序语言设计的源程序翻译成机器能识别的代码程序的软件——翻译软件；

（3）具有用户编写程序和文件，实现文字处理，拓展计算机应用领域的软件——应用软件。

我们把看得见、摸得着的所有硬件和部件的集合称为硬件系统；把支持计算机硬件系统工作的所有程序的集合称为软件系统；把计算机硬件系统与计算机软件系统合称为计算机系统。

人们在利用计算机求解复杂问题的过程中，已形成了一整套的思维方法——抽象与自动化。其中，"抽象"是手段，"自动化"是目的。例如，计算系统是对计算机硬件和软件的抽象；计算机硬件是对物理条件的抽象；计算机软件是对运行环境的抽象；算法设计是求解方法的抽象；数据转换和程序语言是语义符号化的抽象；程序设计是问题求解过程的抽象；程序设计的目的是实现问题求解过程"自动化"。利用计算机求解实际问题时计算思维的逻辑关系如图 0-1 所示。

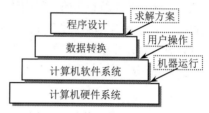

图 0-1　计算机系统的逻辑关系

由此可见，这种思维方法是运用计算机科学的基础概念进行问题求解、系统设计、人类行为理解等涵盖计算机科学的一系列思维活动，被称之为"计算思维"，并可将其理解和描述为：

计算思维≈人的思维+数学建模+数据结构+算法+编程

计算思维使用的方法是计算机科学方法，要完成的任务是求解问题、设计系统和理解人类行为，这也是计算思维的核心。

2．问题的拓展

对于简单问题的求解，只要熟悉计算机的基本操作，掌握语言的基本要素和语法基本规则。而现实世界中的问题是复杂多样的，求解这些复杂问题，会涉及相关算法、理论、方法等。

（1）第一类问题是数值计算的算法选择：利用计算机解决实际问题时如何利用计算公式求出数值的精确解，问题求解的关键是如何选择适合的算法。例如，斐波那契(Fibonacci)数列 1，1，2，3，5，8，13，21，34，55，89，…，求此数列第 n 项的值。

显然，这个问题的求解是数值解，而求解的方法既可以采用递推算法，也可以采用递归算法，这就是算法策略问题，数值数据求解的算法策略是计算机学科极为重要的理论基础。

（2）第二类问题是非数值计算的数据处理：非数值计算不能利用计算公式求得问题的数值解，而只能根据问题的数据结构形式进行数据处理。例如，查询 2021 年下学期开设计算机科学导论课程的专业、班级、授课教师。显然，这类问题不能用计算公式求出数据值，而只能通过建立教学信息管理的数据结构，然后进行数据查询，甚至对某门课程成绩进行排序。

（3）第三类问题是问题求解的近似计算：现实世界中的许多问题无法求出精确解，例如，求非线性方程的根，求曲边梯形面积，求圆周率等，只能利用数值方法求近似解；有些问题无法得到确定的数学模型，因而需要利用基于概率与数理统计的方法求得近似值；还有一类问题，可以(或者只能)借助模拟生物遗传进程或模拟生物群体智能的方法，寻找解决现实世界中的优化问题。

（4）第四类问题是连续性问题的求解：计算机只能处理离散型数据，对于连续性问题，必须进行离散化。例如，音频信息的处理，必须通过模/数转换，将模拟信息转换为离散化的数字信息。

（5）第五类问题是离散结构的求解：前面四类问题是用数学语言研究问题的求解，现实世界中还有一类体现事物状态、彼此分散、逻辑关联的问题——离散结构，它需要用形式化语言描述离散结构的量结构及其相互关系。该结构现已形成一门独立学科——离散数学，它是数据库原理、通信原理、数据结构、操作系统、编译理论、人工智能、逻辑电路设计等课程的重要理论基础。

§0.3　课程知识结构

本教材以计算思维为引导，以学科形态为枢纽，以能力培养为目标，力图通过计算机的形成与发展，揭开计算机科学的神秘面纱；通过数据表示、计算系统、程序设计，揭示计算思维的本质特征；通过算法基础、近似计算、离散结构、数据库技术、网络技术，揭示计算机学科的形态特征，并且将计算思维与学科形态贯穿到本课程的各个章节中。课程知识内容与计算思维和计算学科形态的逻辑关系如图 0-2 所示，这就是本教材知识体系结构的设计思想。

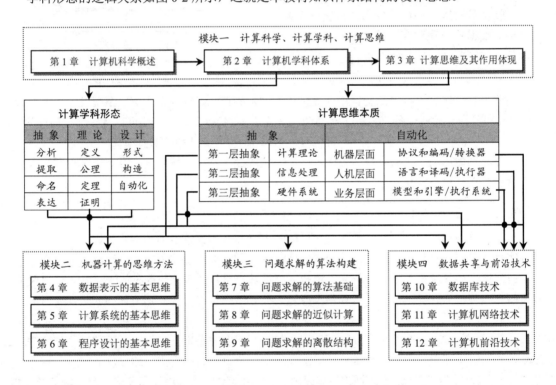

图 0-2　课程知识内容与计算思维和计算学科形态的逻辑关系

本课程的教学目标是使学生全面了解计算学科所涉及的各个领域，并以基本概念→基本方法→基本理论→基本技术这一进阶式-模块化结构来规划教学进程，计算机科学导论课程模块结构如图 0-3 所示。

1．基本概念

计算机科学、计算机学科、计算思维是一个形成与发展的过程。本模块从三个方面（3 章），阐述本课程的基本内容、基本概念和基本方法，后续各章的讨论都是建立在本模块基础之上的。

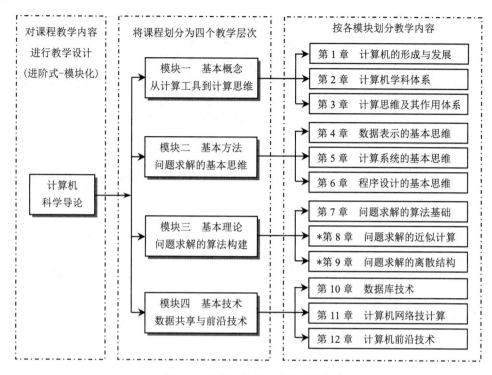

图 0-3 计算机科学导论课程模块结构

（1）计算机科学：全面地介绍了从原始计算工具到现代计算机的形成、发展过程、发展趋势和未来新一代计算机的概况，其目的主要有以下几点。

第一，计算机科学技术发展史是人类文明发展史中的重要组成部分，学习和研究计算机科学技术史是学习和吸取前人智慧的一种途径。计算机科学技术史中蕴涵的科学思想、科学方法及科学精神，对于培养具有创造精神和创新能力的科技人才来说，都是非常必需的。

第二，学习和研究计算机科学技术发展史，不仅使学生进一步体会到创新在科学发明中的作用，而且使学生对计算机科学本身及其相关因素有全面、深刻的了解和认识。同时，计算机先辈们在研究计算机的过程中百折不挠的精神，对学生会起到激励和鼓舞作用。

第三，学习和研究计算机科学技术发展史可以让学生了解计算机科学涉及的理论基础、基本内容、发展方向、学习方法等。这对于学生从整体上了解计算学科的知识体系，学习和掌握计算机科学理论知识具有积极作用。

通过从原始计算工具到现代计算机的描述，将计算机专业知识与相关的人文知识、人文精神和学科发展史有机地紧密结合，以此揭开计算机的神秘面纱、克服学生对计算机的神秘感和畏惧心理、无形而自然地**启迪科学思维、激发探索精神、培养创新意识**。

（2）计算机学科：计算机自诞生至今，经过短短几十年的发展，不仅从一种纯粹的计算工具发展成为一门举世瞩目的计算机学科，并已成为信息时代的一种社会文化，基于计算机科学的现代信息技术已成为世界各国发展的重要战略。作为一门新兴学科，它包括哪些知识领域？具有哪些基本特性？该学科的根本问题和基本形态是什么？等等。所有这些都是计算机学科的学生必须了解和掌握的。

通过本章的学习，学生应对本学科有一个清晰的认识和明确的学习方向，懂得应该掌握哪些知识，应该具备什么样的知识结构和能力，在往后的学习过程中不会感到困惑和茫然。

(3) 计算思维：是一种思想，虽然计算思维与计算机没有必然联系，但计算机的出现给计算思维的发展带来了根本性的变化，这一变化对计算机科学及其计算机学科教育的纵深发展起到了极大的促进作用，因而受到全世界相关学科领域的关注，并成为热门话题。

计算思维的核心是求解问题、设计系统和理解人类行为，而使用的方法和理论基础就是计算机科学。本章将计算思维与计算学科形态和计算机科学知识紧密结合，全面介绍计算思维的基本概念、计算思维的本质特征、计算思维的问题求解、计算思维的学科特性等。

2．基本方法

计算机是计算的机器，也是程序的机器，涉及数据表示、计算机软硬件和程序设计。本模块从数据表示、计算系统、程序设计三个方面(3章)，阐述利用计算机解决计算问题的基本方法。其中，数据表示是对数值数据、字符数据、逻辑数据、多媒体数据的抽象；计算系统是对计算机的抽象，把计算机抽象成硬件系统和软件系统；程序设计是对问题求解过程的抽象，包括对程序设计语言和程序设计方法的抽象，它体现了计算思维的本质特征——抽象与自动化。

本教材打破了按硬件系统和软件系统分开描述的传统教学方法，将硬件各子系统的工作原理与操作系统对它的管理结合一起讨论。事实上，计算机硬件与软件的工作是相互协调和支撑的。这样，有利于深刻理解各子系统的工作原理和工作机制。这也是本教材独具创新的显著特色之一。

3．基本理论

计算思维的核心是问题求解和设计系统，本模块从三方面（3章）阐述问题求解过程中涉及的数学理论知识：算法基础、近似计算和离散结构，它们是问题求解与程序设计的理论支撑。

（1）问题求解的算法基础：主要研究数值数据模型的数值计算、非数值数据模型的数据处理，以及数据元素的查找与排序。算法是计算思维的核心思想，处处体现出逻辑思维和计算思维。

（2）问题求解的近似计算：是利用计算机解决实际问题必备的能力，包括定积分近似计算、有限元方法、随机事件与概率、蒙特卡罗方法、圆周率的近似计算、仿生学算法等。其中，定积分与有限元是用数值近似方法解决确定性问题；随机概率与蒙特卡罗方法是用概率统计方法来解决不确定性问题；仿生学算法是用模拟生物智能求最优解问题。这些内容在同类教材中都不曾讲述，但却能拓展计算思维，为学生日后研究和探索开阔视野，这是本教材独具创新的显著特色之二。

（3）问题求解的离散结构：是研究如何表示离散模型的量结构及其相互关系的数学工具，是计算机科学中极为重要的理论基础，IEEE-CS＆ACM将其作为首门核心课程。由于散结构概念抽象，为了便于理解，因而在每一节都设计了"引例"，以提高和激发学生学习的主动性和趣味性。如果受课时限制，教师可将近似计算和离散结构两章作为选学内容，并以"*"作为选学标志。

4．基本技术

本模块从数据库技术、计算机网络技术、计算机前沿技术三个方面(3章)，阐述计算机新技术的综合应用。数据库和网络技术综合体现了计算思维本质和计算学科形态，而计算机前沿技术概括了目前计算机新技术应用的6个主要方面(人工智能技术、虚拟现实技术、移动互联网技术、物联网技术、云计算技术、大数据技术)。对计算机学科学生来说，了解这些内容是非常必要的。将计算思维与学科形态紧密结合并贯穿于课程始终，是本教材独具创新的显著特色之三。

§0.4　课程教学辅导

计算机学科的最大特点是知识面宽、实践性强、软/硬件技术更新换代快。因此，我们的教学既要重视理论学习能力的培养，也要重视实际动手能力的培养，更要重视自我提高能力的培养。为此，我们编写了《计算机科学导论学习辅导》，内容包括关联知识、习题解析、知识背景、基础实验。

1．关联知识

由于主教材篇幅和课时限制，故将那些与主教材中的教学内容密切相关的知识点作为"关联知识"，它是对主教材相关知识的补充和拓展，更是为学生自主学习和拓展探索视野提供引导。作为专业导论课程，介绍与本专业相关的知识领域是极为重要的，有利于学生日后研究和探索。

2．习题解析

习题题型包括选择题、问答题和讨论题。通过习题解析，教师可对照检查学生的学习效果，在巩固各章所学知识的同时，加深整体概念的理解和认识。讨论题为学生课外学习提供思考和交流。

3．知识背景

知识背景包括世界著名的计算机组织、著名的计算机奖项、著名计算机科学家的生平事迹等；介绍著名计算机组织和奖项，以拓展专业知识视野；介绍计算机科学家的生平事迹，以提高学生的人文素质，增强学生科学探索的信心，激发学生坚韧不拔、锲而不舍、顽强拼搏的精神品质。

4．基础实验

基础实验以"案例"形式给出实验项目内容，包括键盘操作与打字方法、汉字输入方法、Windows7、Office 办公软件、计算机网络和信息安全等，以培养和强化学生的实践动手能力。

总之，无论是课程设计理念、还是课程教学方法，无论是课程教学内容、还是课程资源建设，都力求体现有创新性、先进性、规范性，形成教材特色风格。先进的教学理念、丰富的教学资源和现代化的教育技术手段，是提高课程教学品质、确保教学质量的有效保证。

基本概念——计算科学、计算学科、计算思维

第 1 章 计算机科学概述

【问题引出】人类社会的进步促进了科学技术的发展。其中，发展最为迅速、使用最为广泛的是电子计算机。它的诞生和发展，不仅改变了社会，也改变了世界。利用计算机的高速运算、大容量存储及信息加工能力，使得以前可望而不可及的信息处理成为现实，乃至许多工作如果离开了计算机就几乎无法完成。可以毫不夸张地说，如果没有计算机，就不会有科学技术的现代化。

如今，计算机已发展成为具有深远影响的一门现代科学——计算机科学。那么，计算机科学的形成经历了哪些阶段，计算机科学的理论基础是什么，计算机具有哪些功能特点和应用，如何提高计算机的综合性能，等等，这些都是计算机专业学生必须了解的，也是本章所要探讨的问题。

【教学重点】计算机科学体系的形成、基于冯·诺依曼结构计算机的结构组成、计算机的发展趋势与技术展望(如何突破和超越冯·诺依曼结构计算机)等。

【教学目标】了解人类计算工具的演化过程、计算机的科学体系的形成和发展趋势；熟悉基于冯·诺依曼结构计算机的结构组成与性能特点；掌握电子计算机科学理论及其新技术的基本概念。

§1.1 人类计算工具的进步

计算机是一种现代化的计算工具。至今，虽然没有给出计算机的确切定义，但根据其功能作用，可以简单描述为：<u>现代计算机是一种能自动、高速、精确地进行数值运算和信息处理的现代化电子设备，所以被称为电子计算机（Electronic Computer）</u>。计算机是人类在长期的生产和研究实践中，为减轻繁重的手工劳动和加速计算过程而努力探索的结果，也是人类智慧的结晶。

从原始的手工计算到现代电子计算机，人类在计算领域经历了漫长的发展阶段，并在各个历史时期发明和创造了多种计算工具。如果把各历史时期称为时代，那么人类计算工具的时代划分则如图 1-1 所示。

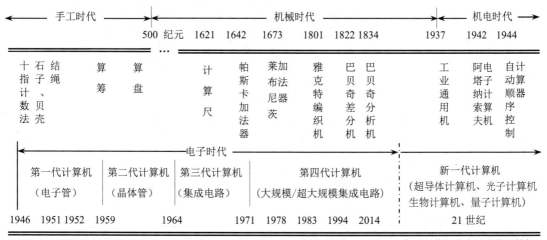

图 1-1 人类计算工具的发展概况

1.1.1 手工时代

处在当今信息时代的人们,很难想象远古时代人类的生活情景。我们今天拥有的一切,是随着人类生活和生产实践的需求逐步发展起来的。需求是发明之母,人类计算工具也不例外。手工时代的计算工具,其发展过程大致可分为以下3个阶段。

1. 原始计数法

远古时代,人类没有文字。为了记载发生过的事件,使用最方便、最自然、最熟悉的十个手指来进行比较和量度,从而形成了"数"的概念和"十进制"计数法。

当生产力进一步发展到用十个手指或其他自然工具提供的运算量和精度已不能满足需要的时候,人类不得不开始寻求非自然的计算工具。例如:为了表示更多的数,祖先们用石子、贝壳、结绳等,统计人数和猎物数目。随后,学会了将记事与记数联系在一起。为了记下每一件事情,便在绳子上打一个结(knot),即以"事大,大结其绳;事小,小结其绳;结之多少,随物众寡"。

2. 算筹

随着人类社会活动范围的扩大,计算越来越复杂,因此对计算能力的要求越来越高。为此,我国古代劳动人民最先创造和使用了简单的计算工具——算筹。算筹在当时是一种方便且极为先进的计算工具,它可以按照一定的规则灵活地摆布。在进行筹算时,人们一边计算一边不断地重新布棍。

算筹问世于商周时代,在春秋战国和后汉的书籍中已大量出现"筹"之说,在《后汉书》和先秦诸子(The pre Qin philosophers)著作中,有不少关于"算"和"筹"的记载,并在古代军事领域发挥了巨大作用。例如,《汉书·张良传》描述张良"运筹帷幄之中,决策千里之外"所说的"筹"就是算筹,即用算筹部署战略战术。当时,人们把利用算筹进行的计算称之为筹算。

我国古代数学家利用算筹这种计算工具,使我国的计算数学在世界上处于遥遥领先的地位,创造出了杰出的数学成果。例如,刘徽和祖冲之的圆周率计算,著名的中国剩余定理(鬼谷算法)、秦九韶算法、解方程和方程组的天元术、四元术,我国精密的天文历法等,都是借助算筹取得的。

"先秦"指秦始皇之前,老子、庄子、墨子、孟子、荀子、鬼谷子均为先秦诸子,被誉为千古奇人。

魏晋时期数学家刘徽(公元225—295年)利用算筹并采用"割圆术"计算圆周率π的近似值,他将直径为一丈的圆内接一个6边形,再依次内接一个12边形、24边形、48边形……,算到3072边形的面积,计算到π=3927/1250=3.1416,被称为"徽率"。每割一次,都按勾股定理用算筹摆出乘方、开方等算式,求出多边形的边长和周长,且不断逼近圆周,计算到π的近似值为3.1416。

200年后,祖冲之(公元429—500年)将内接多边形的周长增加到24576边形,使圆周率精确到了小数点后8位,即3.14159261。在当时这个数值已相当精确,比荷兰数学家奥托(公元1550—1605年)计算该问题取得的相同结果早了一千多年。

秦九韶(公元1208—1261年)著名数学家,发明了"秦九韶算法",1247年完成数学名著《数书九章》。

---

3. 算盘

随着经济的发展,要求进一步提高计算速度,算筹的缺点日益显露,算筹最终被更先进、方便的计算工具——算盘(珠算)取代,这是计算工具发展史上的第一次重大革新。有历史记载,我国公元前500多年发明了算盘,迄今已有2600多年的历史,算盘的构成如图1-2所示。

算盘由框、梁、档、珠四部分组成。每档模拟一个人,每档梁上的珠子模拟一个人的双手(2×5),

梁下 5 个珠子模拟一只手的五个指头，每增加一档，便可成倍地提高运算的精度。随着算盘的普及应用，并经过不断改进和完善，终于在元代中后期取代了算筹。

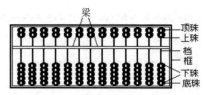

图 1-2　算盘的构成

算盘是我国古代独特创造、采用十进制的先进计算工具，轻巧灵活，携带方便，应用极为广泛。随着算盘的广泛使用，人们总结出四则运算法则（如加法口诀、减法口诀、乘法口诀、除法口诀等），使计算的速度更快。中世纪时期的世界各国，拥有像算盘这样普及并与人民的生活密切相关的计算工具是中国仅有的。算盘不但对我国经济的发展起到有益作用，而且流传到日本、朝鲜、东南亚，后来传入西方世界，对世界文明做出了重大贡献。算盘是世界上公认的最早使用的计算工具，至今仍然是我国和某些亚洲国家日常生活中重要的计算工具。在英语中，算盘有两种拼写，一是单词"Abacus"，二是汉语拼音"Suan-Pan"。

> 算盘的发明是人类计算工具史上的一次飞跃，是中华民族对人类文明的重大贡献之一。它的科学性和实用性经受住了长期实践的考验，直至今天仍然有着极其顽强的生命力。令人遗憾的是，我们并不知道算盘的发明者是谁，只能寄希望于考古的发现。

1.1.2　机械时代

16 世纪中叶前，欧洲的数学研究和计算工具发展缓慢，远远落后于当时的中国、印度、埃及等国。进入 17 世纪，随着工业生产的发展，数学研究及其计算工具得到了迅速发展。

1. 计算尺

进入 17 世纪，西方国家进入工业时代。苏格兰数学家约翰·耐普尔（John Napier，1550—1617 年）以发明对数而闻名，1614 年，他创造了一种能帮助乘法计算的骨质拼条，被称为耐普尔骨条。1621 年，英国数学家威廉·奥特雷德（William Oughtred，1575—1660 年）根据对数原理发明了圆形计算尺（Circular Slide Rule），这是最早的模拟计算工具。经过不断改进和完善，不仅能进行加、减、乘、除、乘方、开方运算，还可以计算三角函数、指数函数、对数函数等，一直沿用到 20 世纪 70 年代，其外形如图 1-3 所示，在计算机出现之前，计算尺是最常用的计算工具，广泛应用于工程技术计算。

图 1-3　计算尺

2. Pascal 加法器

1642 年，著名的法国数学家布莱斯·帕斯卡（Blaise Pascal，1623—1662 年）制造了世界上第一台能完成加、减运算的机械式计算器，也称为 Pascal 加法器。它是世界上的第一台机械计算机，如图 1-4 所示。Pascal 加法器是由一系列齿轮组成的装置，只能做加法和减法运算。这台加法器利用齿轮传动原理，通过手工操作来实现加、减运算。Pascal 加法器中有一组轮子，每个轮子上刻着从 0～9 的 10 个数字。利用齿轮啮合装置，低位齿轮每转 10 圈，高位的齿轮就转一圈，实现"逢十进一"的进位功能。

图 1-4　Pascal 加法器

> 帕斯卡的父亲是一个收税员，他为了帮助他父亲算账，研制了 Pascal 加法器，该加法器对他父亲的收银工作起了很大的帮助作用。Pascal 加法器中有一些互相联锁的齿轮，一个转过十位的齿轮会使另一个齿轮转过一位，人们可以像拨电话号码盘那样把一长串数字拨进去，运算的结果出现在另一个窗口中。帕斯卡发明的这台加法器在法国引起了轰动，展出这台机器时前往参观的人川流不息。Pascal 加法器向人们提示：用一种纯粹机械的装置去代替人们的思考和记忆是完全可以做到的。为了纪念帕斯卡在计算机领域开拓性的贡献，1971 年，瑞士计算机科学家尼可莱斯·沃思（Niklaus Wirth，1934 年—）将自己发明的一种程序设计语言命名为"Pascal 语言"。

3. 莱布尼茨计算器

1673 年，著名的德国哲学家、数学家（与牛顿同时创立了微积分理论）戈特弗里德·威廉·莱布尼茨（Gottfried Wilhelm Leibniz，1646—1716 年），在 Pascal 加法器的基础上增加了乘、除功能，研制了一台能进行四则运算的机械式计算器，称为莱布尼茨计算器。整个机器由一套齿轮系统来传动，其重要部件是阶梯形轴，便于实现简单的乘、除运算。莱布尼茨计算器的加、减、乘、除四则运算一应俱全，这给其后风靡一时的手摇计算机铺平了道路（可惜由于当时的生产技术水平还不能提供廉价、精密的零件，使得大约经历了 2 个世纪，直到 19 世纪手摇计算机才得以商品化生产）。随后，莱布尼茨提出了进位加（Shift Add）的设计思想，采用"二进制"，并系统地提出了二进制数的运算法则，对 200 多年后计算机的发展产生了深远的影响，并被现代计算机采用。

> 二进制的发明者是谁至今是个谜，但至少受中国八卦图的启迪。莱布尼茨曾写信给当时在康熙皇帝身边的法国传教士白晋，询问有关八卦图的问题，并对其进行深入仔细研究。后来，莱布尼茨把自己制造的基于二进制的一台手摇计算机托人送给了康熙皇帝。
>
> 八卦图源于《易经》，最初的创立者可追溯到公元前 2000 多年中华民族的人文始祖——伏羲。
>
> 八卦由爻（yao）组成。爻分为阴爻（用"--"表示）和阳爻（用"—"表示），用三个这样的符号组成八种形式，称为八卦。每一卦形代表自然界一定的事物，并且用乾（qian）、坤（kun）、坎（kan）、离（li）、震（zhen）、巽（xun）、艮（gen）、兑（dui）分别代表：天、地、水、火、雷、风、山、泽，即八种自然现象，以推测自然和社会的种种变化。八卦爻的构成如图 1-5 所示。
>
> 如果用 1 表示阳爻，用 0 表示阴爻，并且把一个位置上的两种状态（阴爻或阳爻）称为"两仪"，两个位置上的四种状态称为"四象"，三个位置上的八种状态称为"八卦"，即 $2^1=2$，$2^2=4$，$2^3=8$，从而形成了八卦的演变规律与对应的二进制关系，如图 1-6 所示，这就是二进制数的起源。

图 1-5　八卦爻的构成

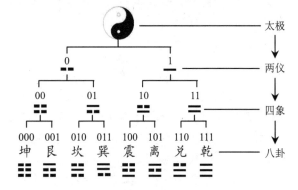
图 1-6　八卦的演变规律与二进制的关系

4．雅克特提花编织机

1801 年，法国工程师雅克特（Joseph Marie Jacquard，1752—1834 年）发明了一种提花编织机，将编织的内容和步骤用纸带穿孔来表示。在编织过程中，执行步骤由纸带上的穿孔方式控制，从而可实现不同的提花设计。这一设计思想拉开了 19 世纪机器自动化的序幕，为程序控制提供了思想基础，这对后来计算机信息的输入、输出和控制操作的研制起到了重要的指导作用。

> 提花机最早出现在中国，在战国时代墓葬物品中就有许多丝线编制的漂亮花布。史书记载，西汉年间的纺织工匠已熟练掌握提花机技术。明朝刻印的《天工开物》一书中印着一幅提花编织机的示意图。后来，提花编织机技术沿着"丝绸之路"传入欧洲，可见中华文明源远流长。

5．巴贝奇差分机与分析机

帕斯卡、莱布尼茨设计的机械计算机都没有自动计算的功能，雅克特提花编织机蕴涵的程序控制自动化思想，启发了英国剑桥大学（University of Cambridge）数学家查尔斯·巴贝奇（Charles Babbage，1792—1871 年）。1812 年，巴贝奇提出了自动计算机的基本概念：<u>要使计算机能够自动地工作，必须把计算步骤和原始数据预先存放在机器内，使机器能够自动地取出这些数据，在必要时能进行一些简单的判断，决定下一步的计算顺序</u>。随后，1822 年，巴贝奇按照这一思想研制出了第一台差分机（Difference Engine），如图 1-7 所示。

所谓差分，是如 $4^2-3^2=7$、$3^2-2^2=5$、$2^2-1^2=3$、$1^2-0^2=1$，彼此差值都是 2，根据 $4^2=3^2+7=16$，可由此推得 $5^2=4^2+9=25$。

这台差分机可以保存 3 个 5 位的十进制数，并能进行加法运算，精确度可达到 6 位，还能打印出结果，是一种供制表人员使用的专用机。差分机的杰出之处是能按照设计者的意图自动完成一连串的运算，体现了计算机最早的程序设计思想。正是这种程序思想为现代计算机的发展开辟了道路，是向现代计算机过度的关键一步，在计算机发展史上占有极其重要的地位。

1833 年，巴贝奇提出了一项大胆的设计，其设计目标是不仅能够制表的差分机，而是一种通用的数学计算机。1834 年，巴贝奇研制了一台可以运转的分析机模型，并将其称为"分析机"（Analytical Engine），如图 1-8 所示。分析机由以下 5 个部件组成。

图 1-7　差分机

图 1-8　分析机

① 输入装置：用穿孔卡片输入数据。

② 存储装置：巴贝奇称它为"堆栈"（Store），该装置被设计为能存储 1000 个 50 位十进制数的容量，可用来存储运算数据和运算结果。

③ 运算装置：巴贝奇称之为磨坊（Mill），用来完成加、减、乘、除运算，在运算过程中还能根据运算结果的符号改变计算的进程。用现代术语来说，就是使用了条件转移指令。

④ 控制装置：使用指令进行控制，用程序自动改变操作次序。控制装置是通过穿孔卡片顺序输入处理装置完成的。

> 在巴贝奇研制分析机的过程中，必然提及计算机领域著名的女程序员——阿达·奥古斯塔·拜伦（Ada Augusta Byron，1815—1852 年）。1842 年，27 岁的阿达迷上了这项当时被认为是"怪诞"的研究。
> 　　阿达对分析机的浓厚兴趣和卓越见解给了巴贝奇极大的鼓舞，她成为巴贝奇科学研究的伙伴。阿达负责为巴贝奇设想中的通用计算机编写软件，并建议用二进制存储取代十进制存储。她指出，分析机可以像雅克特提花编织机一样进行编程，并提出了程序设计和编程的基本要素，还为某些计算开发了一些指令，第一次为计算机编出了程序，包括三角函数计算程序、级数相乘程序、伯努利数计算程序等。她对分析机的潜在能力进行了最早的研究，并且预言这台机器总有一天会演奏音乐。
> 　　由于生活贫困交加和无休止地脑力劳动，1852 年 11 月 27 日，这位软件才女怀着对分析机的美好梦想英年早逝。由于阿达在程序设计上开创性的工作，被誉为是世界上第一位软件工程师、第一位程序员。1979 年，美国国防部（Department of Defense）研制的通用高级语言就是以阿达命名的，被称为 Ada 语言，以寄托人们对她的纪念。

　　⑤ 输出装置：用穿孔卡片或打印方法输出运算结果(这在当时来说已是很先进的方法了，直到显示器的出现，这种输出装置才退出计算机的历史舞台)。

　　由此看出，在现代电子计算机诞生 100 多年以前，就已经提出了几乎完整的设计方案，并包含了程序设计思想的萌芽。分析机的重要贡献在于它包括了现代电子计算机所具有的 5 个基本组成部分。这些概念和设计思想，为现代电子计算机的形成奠定了基础。巴贝奇首先提出带有程序控制的完全自动计算机的设想，是向现代计算机过渡的关键一步，是现在通用计算机的始祖。

1.1.3 机电时代

　　19 世纪中期到 20 世纪初，人类社会进入了电气时代，也是人类历史上一个重要的发展时期，以电能的开发和应用为标志将电气元件应用于计算工具成为当时科学家们研究的重点。

　　1831 年，英国物理学家迈克尔·法拉第（Michael Faraday，1791—1867 年）发现了电磁感应现象。

　　1897 年，英国物理学家约翰·约瑟夫·汤姆森（John Joseph Thomson，1856—1940 年）发现了电子。这一重大发现直接导致了 20 世纪初电子管的诞生，开辟了电子技术与计算技术相结合的道路。

　　1919 年，W.H. Ecclers 和 F.W. Jordan 用两个三极电子管接成了 E-J 双稳态触发器。这一关键技术的研制成功引起了人们极大的重视，并使用电子管来作为计算工具的元件，即用电子元件表示二进制数，以简化运算规则和提高计算速度，由此诞生了更先进的计算工具——机电式计算机。

　　1. 工业通用计算机

　　1937 年 11 月，美国 AT&T 贝尔实验室的乔治·斯蒂比兹（George R.Stibitz，1904—1995 年）和哈佛大学的霍华德·艾肯（Howard Aiken）等人，在研究电话机的继电器装置过程中受到启发，设计制造了一种工业通用的电磁式（机电式）计算机"Model-K"。随后，1938 年，美国的 V. Bush 为解线性微分方程而设计了微分器，它是世界上第一台电子模拟计算机。

　　2. 阿塔纳索夫计算机

　　1939 年 12 月，美国依华州立大学的物理学教授约翰·文森特·阿塔纳索夫（John·Vincent Atanasoff，1903—1995 年）和克里福特·贝瑞（Clifford E.Berry，1918—1963 年）首次试用电子元件按二进制逻辑制造电子管数字计算机，主要用于解决一些线性方程的系统。这项工作因战争曾一度中断，直到 1942 年在研究生贝利（Cliffod Berry）的帮助下，研制成了最早的电子管计算机（Atanasoff Berry Computer，ABC），从此拉开了用电子器件制作计算工具的序幕。他们在研制 ABC 过程中提出了三条原则：一是采用二进制，二是采用电子元件，三是把计算功能与存储功能相分离。

3. Mark 计算机

1936 年，美国青年霍华德·艾肯（Howard Aiken，1900—1973 年）来到哈佛大学攻读物理学博士学位，在撰写博士论文查阅参考资料时发现了巴贝奇的分析机论文。为此，他写了一篇《自动计算机的设想》的建议书，提出要用机电方式而不是用纯机械方法来构造新的"分析机"。

1944 年，在 IBM 公司的资助下，艾肯研制出了著名的"马克 1 号"（Mark-Ⅰ）机电式计算机，即"自动顺序控制计算器"（IBM Automatic Sequence-Controlled Calculator，IBM ASCC），如图 1-9 所示。

图 1-9 马克 1 号

1944 年 2 月，Mark-Ⅰ在哈佛大学正式运行，其设计思想几乎就是巴贝奇分析机的翻版，当时被用来计算原子核裂变过程，编出的数学用表至今仍在使用。1946 年，艾肯发表文章表示"这台机器能自动实现 Mark-Ⅰ人们预先选定的系列运算，甚至可以求解微分方程"，这是对巴贝奇预言的最好验证。事隔多年，已成为大学教授的艾肯博士谈起巴贝奇的事迹，仍然惊叹不已，他感慨地说："假如巴贝奇晚生 75 年，我就会失业。"

Mark-Ⅰ完工后，1945 年至 1947 年，艾肯又领导研制成功了 Mark-Ⅱ电式计算机，终于实现了巴贝奇的夙愿，遗憾的是，Mark-Ⅱ从它投入运行的那一刻开始就已经过时。因为此时此刻，人类社会已经跨入了电子时代。但在计算机的发展史上，Mark-Ⅰ和 Mark-Ⅱ有着重要地位，它的成功为研制电子计算机积累了重要的经验。

> 这里值得一提的是，在参与 Mark 系列机研制的人员中有一位杰出女性——格雷斯·霍普（Grace Hopper，1906—1992 年）。1946 年，霍普在发生故障的 Mark 计算机里找到了一只飞蛾，这只小虫被夹扁在继电器的触点里，影响了机器的正常运行。于是，霍普把它小心地夹出来保存在工作笔记里，并诙谐地把程序故障统称为"臭虫"（Bug），这一奇妙的称呼后来竟成为计算机故障的代名词，而"Debug"则成为调试程序、排除故障的专业术语。

1.1.4 电子时代

20 世纪中期，计算工具已完全进入电子时代。Mark 计算机的概念和设计思想，为现代电子计算机的形成奠定了基础。在这一时期，令世界瞩目的伟大科技成果是 ENIAC，ENIAC 的研制成功，开辟了电子计算机的新时代。

1. ENIAC 的诞生

1943 年 4 月，正值第二次世界大战期间，美国陆军军械部为提高火炮弹道表的精确性和计算速度，急需研制一台运算速度更快的计算机。当时负责弹道表任务的是军械部弹道实验室的青年数学家、上尉赫尔曼·哥德斯坦（Hermam H.Goldstine）。协助他一同负责弹道计算工作的还有来自宾夕法尼亚大学莫尔学院的两位专家：一位是 36 岁的物理学教授约翰·莫齐利（John Mauchly）；另一位是莫齐利的学生，24 岁的电气工程师雷斯帕·埃克特（Presper Eckert）。莫齐利擅长计算机理论，埃克特专于电子技术，莫齐利的每一种总体构思，埃克特总能从电路上使之具体化。于是，两人向哥德斯坦提交了一份"高速电子管计算装置"的设计草案。1943 年 4 月 9 日，美国陆军军械部召集了一次非同寻常的会议，讨论哥德斯坦等人提交的关于研制"高速计算装置"的报告。经过紧张激烈的研讨，通过了研制这项不能确保一定能达到预期效果的开发方案。哥德斯坦研究团队不负众望，于 1945 年底研制成功，且命名为电子数字积分器和计算机（Electronic Numerical Integrator And Calculator，ENIAC—埃尼阿克），如图 1-10 所示。

图 1-10　ENIAC 计算机

1946 年 2 月 15 日，美国宾夕法尼亚大学为 ENIAC 举行了一个可载入史册的盛大仪式，即人类历史上第一台电子数字计算机的揭幕典礼，这是计算机发展史上值得纪念的一个日子。

ENIAC 是一台重 28 吨、占地面积 170 m² 的庞然大物。它使用了 18000 多个电子管，70000 个电阻，18000 个电容，耗电量约 150 千瓦，每秒可进行 5000 次运算。同以往的计算机相比，ENIAC 最突出的特点是采用了电子线路来执行算术运算、逻辑运算和存储信息。为了执行加减运算和存储信息，采用了 20 个加法器，每个加法器由 10 组环行计数器组成，可以保存字长为 10 位的十进制数。它能在 1 s 内完成 5000 次加法运算，在 3/1000 s 内完成两个 10 位数的乘法运算，其运算速度至少超出 Mark-Ⅰ 的 1000 倍，这就是它能够胜任相当广泛的科学计算的原因所在。

ENIAC 按十进制表示数字，并且仅能进行一些特定的算术运算。其内部只有 20 个寄存器，没有真正称得上存储器的部件。编制程序是在控制面板上用开关进行的，所有的操作都只能通过设置开关和改接线路来实现。因此，ENIAC 的操作复杂，自动化程度低，没有最大限度发挥电子技术所具有的巨大潜力。尽管 ENIAC 的结构和原理继承于机电式计算机，还不具备 Babbage 所预见的自动通用机的特征(存储程序功能)，但由于它是世界上最早问世的第一台电子计算机，所以被认为是电子计算机的始祖。它的诞生，是计算机科学发展史上的一个里程碑，是 20 世纪最伟大的科技成就。

1951 年 6 月 14 日，莫奇利和埃克特再次联袂，在 ENIAC 的基础上设计了"通用自动计算机"（Universal Automatic Computer，UNIVAC），该计算机被认为是第一代电子管计算机趋于成熟的标志。UNIVAC 是计算机历史上的第一台商用计算机，交付美国人口统计局用于人口普查，总共运行了 7 万多个小时才退出"历史使命"。UNIVAC 的诞生标志着计算机已进入了商业应用时代，当时的报道认为 UNIVAC 诞生的意义远远超过了 ENIAC。

2．电子时代的划分

继 UNIVAC 之后，各类计算机如雨后春笋，层出不穷。如果按照电子器件的类型划分，可以把电子时代的计算机分为 4 代，各代计算机的硬件和软件及其基本特征如表 1-1 所示。

表 1-1　电子时代计算机的基本特征

特征＼时代 项　目	第一代（First Generation） （1946—1958 年）	第二代（Second Generation） （1959—1964 年）	第三代（Third Generation） （1965—1971 年）	第四代（Fourth Generation） （1971 至今）
主要电子器件	电子管	晶体管	中小规模集成电路	大规模/超大规模集成电路
内存储器	延迟线	磁芯存储器	半导体存储器	半导体存储器
外存储器	穿孔卡片，纸带	磁带	磁带，磁盘	磁带，磁盘，光盘
语言及软件	机器语言，汇编语言	FORTRAN、COBOL、ALGOL	结构化语言，操作系统	软件工程，面向对象，人工智能
处理器速度	五千条以上	几万～几十万	几十万～几百万	千万～万亿
基本应用	科学计算	科学计算，工业控制，数据处理	科学计算，系统模拟，系统设计	事务处理，智能模拟，大型计算
典型机型	ENIAC，UNIVAC，IBM	IBN-7090/7094	IBM-379/360，PDP-11	VAX-11，80x86、各类巨型机

自进入第 4 代以来,计算机获得惊人的发展。计算机更新换代的显著特点是体积缩小、重量减轻、速度提高、成本降低、可靠性增强。据统计,每隔 5～7 年,计算机的速度提高十倍,可靠性增强十倍,体积缩小到原来的十分之一,而成本却降低到原来的十分之一,这种发展速度是任何其他行业所不可比拟的。Intel 公司的创始人之一,戈登·摩尔(Gordon Moore)预言微处理机的处理能力每 18 个月到 24 个月将增加一倍。实际情况证明这个预言是正确的,因而人们把它称为摩尔定律(Moore's Law)。信息产业几乎严格按照这个定律,以指数方式领导着整个经济发展步伐。

3. 计算机类型的划分

计算机有多种分类方式,在 21 世纪之前,如果按照计算机的规模和所处理的数据信息分类,可分为数字计算机、模拟计算机以及由两者构成的模拟—数字混合计算机。

(1) 数字计算机(Digital Computer):是指能够直接对离散的数字和逻辑变量进行处理的计算机,它所处理的电信号在时间上是离散的,称为数字量。在数字计算机中,根据它的适用范围和用途不同,又分为以下两种类型:

① 专用计算机(Special Purpose Computer):是指针对某一特定应用领域或面向某种算法而研制的计算机。例如工业控制机、专用仿真机、卫星图像处理用的大型并行处理机。

② 通用计算机(General Purpose Computer):是最常使用的数字计算机,并根据规模大小,又可分为:巨型计算机(Giant Computer)或称超级计算机(Super Computer),例如银河计算机;大型计算机(Largescale Computer 或 Maiframe Computer);中型计算机(Medium-size Computer);小型计算机(Minicomputer);微型计算机(Microcomputer);工作站(Workstation)等。

〖问题提示〗随着微型计算机(简称为微机)的迅速发展,其字长已达到 32～64 位,主频已达到 1000M 以上,内存容量已达到数 G 字节。因此,今天的微型计算机只是在体积上的缩小,在性能和体系结构方面,与传统的大、中、小型机相比已不再有明显的界线。所以自 21 世纪开始,数字计算机仅分为微型机和巨型机。

(2) 模拟计算机(Analogue Computer):是指能够直接对模拟量进行操作的计算机,它所处理的电信号在时间上是连续变化的,称为模拟量(如温度、流量、电压等)。这种计算机的特点是运算速度很高,但精度较差,所以应用范围比较小。模拟计算机主要用于过程控制和模拟仿真。

(3) 模拟—数字混合计算机(Analogue-Digital Hybrid Computer):是把数字计算机和模拟计算机的优点结合起来设计而成的计算机。因此,这种计算机不仅能处理离散的数字量,而且还能处理连续的物理量。例如,医院使用的监护系统就是一种混合计算机,它通过测量病人的心脏功能、体温和其他生体状况,然后把这些测量信号转换成数字量并进行处理,以监视病人的生体状况。

现代数字化技术不仅可以将一些连续变化的物理量进行模-数转换,变为数字量,还可以把文字、符号、图形、图像、视频等转换成数字量,统称为数字化信息。数字化信息不仅便于传送、存储和处理,而且便于数据压缩。今天,人们所称的计算机都是基于电子器件的数字化计算机,其全称为"电子数字计算机",简称为"计算机",并已成为科学计算和信息处理的主流装置。

回顾计算机的发展历程,从原始的计算工具到 ENIAC,每前进一步,都是计算机先辈们艰苦作杰的结果;每一种新型机的诞生,都是计算机先驱者们智慧的结晶。

§1.2 计算机科学体系的形成

ENIAC 以前的计算机，由于缺乏合理的体系结构和理论依据，因而无法实现重大的突破。19世纪中期至 20 世纪中期，布尔、香农、维纳、图灵和冯·诺依曼等人在计算机相关理论上的突破和概念上的创新，为研制现代计算机奠定了理论基础，形成了较为完善的计算机科学体系。

1.2.1 布尔提出的逻辑代数

乔治·布尔（George Boole，1815—1854 年）是英国著名数学家和逻辑学家。逻辑是一门探索、阐述和确立有效推理原则的学科，利用计算的方法来代替人们思维中的逻辑推理过程。逻辑学最早是由古希腊学者亚里士多德（Aristotle，公元前 384—322 年）创立的，创立的逻辑学的基本特点是使用自然语言来描述逻辑的研究，被称为古典逻辑学。

布尔在 1847 年发表的《逻辑的数学分析》和 1854 年发表的《思维规律研究》两部著作中首先提出了"逻辑代数"的基本概念和性质，建立了一套符号系统，利用符号来表示逻辑中的各种概念（实现逻辑判断符号化），并从一组逻辑公理出发，像推导代数公式那样来推导逻辑定理。人们为了纪念这位伟大的逻辑学家，将"逻辑代数"称为"布尔代数"（Boolean Algebra）。

布尔代数是以形式逻辑为基础，以文字符号为工具，以数学形式分析、研究逻辑问题的理论。布尔代数虽为数学，但与普通数学有着本质的区别。它所研究的对象只有"0"和"1"两个数码，并定义了"与"（AND，符号为∧）、"或"（OR，符号为∨）、"非"（NOT，符号为¬）三种运算，其他运算均可以用最基本的"与""或""非"运算来表示。尽管布尔代数是用文字符号来代替数码，以表示变量，但这种变量的取值范围仅限于取"0"和"1"，所以逻辑变量是二值的，因此被称之为二值逻辑。这种简化的二值逻辑为数字计算机的二进制运算、开关逻辑元件和逻辑电路的设计与简化铺平了道路，并为二进制数字计算机的研制奠定了理论基础。

〖问题提示〗 布尔代数作为一种形式逻辑数学化的方法，提出时与计算机无关，但布尔代数理论和方法为数字电子学和计算机设计提供了重要的理论基础。事实上，作为现代数学中一个重要分支，布尔代数被数学家们应用于很多领域的研究，如人工智能、概率论、信息论、图论、开关理论及计算机科学等。特别是进入 20 世纪后，人们利用布尔代数成功地解决了许多技术问题。

1.2.2 香农提出的逻辑电路

美国学者克劳德·香农（Claude E·Shannon，1916—2001 年）1936 年在硕士论文中将布尔代数引入了计算科学领域，该论文系统地提出了二进制的概念：能够用二进制系统表达布尔代数中的逻辑关系，使用"1"代表"TRUE"（真），使用"0"代表"FALSE"（假）。

二进制概念的提出有着极为重要的意义，至今依然是计算科学发展的基础。1938 年，香农发表了题为 A Symbolic Analysis of Relay and Switching Circuits（继电器开关电路的符号分析）的论文，首次提出了可以用电子线路来实现布尔代数表达式。由于布尔代数只有 1 和 0 两个值，与电路分析中的"开"和"关"现象完全一致，因此可以按布尔代数逻辑变量的"真"或"假"对应开关的闭合或断开。例如，如图 1-11 所示的串联电路表示一个"与"逻辑运算（逻辑乘），其对应的真值表如表 1-2 所示。显然，只有当开关 A 和 B 都闭合时，灯泡才会亮。如果用逻辑表达式来描述，则可写为 $F=A \cdot B$。

如图 1-12 所示的并联电路表示一个"或"逻辑运算（逻辑加），其对应的真值表如表 1-3 所示。显然，只要开关 A 或 B 有一个闭合，灯泡就会亮。如果用逻辑表达式来描述，则可写为 $F=A+B$。

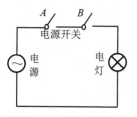

图 1-11 "与"电路

表 1-2 A∧B 真值表

A	B	F=A∧B
0	0	0
0	1	0
1	0	0
1	1	1

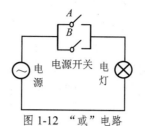

图 1-12 "或"电路

表 1-3 A∨B 真值表

A	B	F=A∨B
0	0	0
0	1	1
1	0	1
1	1	1

自从香农通过继电器开关电路实现了布尔代数运算之后,人们在计算机的设计中开始采用逻辑代数来分析和设计逻辑电路,今天,计算机中的芯片都是由数以万计的微小逻辑部件组成的。

> 1948 年,香农发表了题为《通信的数学原理》的论文,1949 年发表了题为《保密系统的通信理论》的论文,并创立了"香农定理",解决了数字通信中许多悬而未决的问题,因而赢得了被尊称为"信息论之父"。这两篇论文在数字计算机发展史上具有划时代的意义。
>
> 1956 年,香农参与发起了在美国达特茅斯学院(Dartmouth College)举行的世界第一次人工智能学术研讨会,由此香农又成为了"人工智能"这一新兴学科的开山鼻祖之一。

1.2.3 维纳提出的计算机设计原则

美国数学家诺伯特·维纳(Norbert Wiener,1894—1964 年)是控制论学科的创始人,对控制论的创立和发展做出了重大贡献。维纳在创立控制论的过程中对计算机结构设计进行研究和探索,即计算机如何能像大脑一样地工作。他认为,计算机是一个信息处理和信息转换的系统,只要这个系统能得到数据,机器本身就应该能做任何事情。1940 年,维纳提出了设计计算机的一些原则:

(1)计算机中的加法装置和乘法装置应该是数字的,而不是模拟的;
(2)计算机由电子元件构成,尽量减少机械部件;
(3)采用二进制运算;
(4)全部运算均在计算机上自动进行;
(5)采用内部存储数据。

这些原则对新一代计算机的研制具有重要的指导意义,在计算机发展史上,维纳为计算机的设计理论做出了不可磨灭的贡献。

1.2.4 图灵提出的图灵机和图灵测试

阿兰·图灵(Alan Turing,1912—1954 年)是现代计算机思想的创始人,被誉为"计算机科学之父"和"人工智能之父"。正如被尊为计算机之父的冯·诺依曼一再强调的:如果不考虑巴贝奇等人的工作和他们早先提出的有关计算机和程序设计的一些概念,计算机的基本思想来源于图灵。图灵对现代计算机的贡献主要体现在两方面:一是建立了图灵机理论模型,二是提出了定义机器智能的图灵测试。

1. 图灵机(Turing Machine,TM)

在计算机科学中通常所说的计算模型,并不是指在其静态或动态数学描述基础上建立求解某一问题计算方法的数学模型,而是指具有状态转换特征,能够对所处理对象的数据或信息进行表示、加工、变换、输出的数学机器，即描述"计算"这一概念的一种抽象的形式系统或数学系统。

那么，什么样的问题是可计算的？如何设计一台通用的计算机器，并让它完成自动计算呢？对此，1936 年图灵发表了 On Computable Numbers with an Application to the Encryption Problem（论可计算数及其在判定问题中的应用）的论文。在这篇被誉为现代计算机原理开山之作的论文中，描述了一种"图灵机模型"（Turing Machine Model），简称为"图灵机"。

这个"图灵机"不是具体的机器，而是一种理论模型，用来模拟人类用纸笔进行数学计算的过程。他把这一过程简化为：根据计算需要，在纸上写一些符号，在脑海中形成相应的计算方法；把注意力从纸上的一个位置移动到另一个位置，用笔在纸上写上或擦去一些符号；让这两种动作重复进行，下一步执行什么动作，不仅依赖于当前所关注的纸上某个位置的符号，还依赖于当前人的思维状态。为了模拟这一过程，"图灵机"由控制器（控制规则）、读写头和一个两端可以无限延长的工作带组成。为了叙述方便，我们只考虑正整数运算，并且假设图灵机只能接收空白字符（用符号 b 表示）和数字 1，没有 1 的地方用 0 表示。例如整数 7，则用 7 个 1 来构成的字符串表示，图左边的空白字符 b 表示存储在织带上的非负整数的开始，其后是该整数的字符串，右边的空白符 b 表示该整数结束。如果纸带上有多个整数，则至少用一个空白符隔开，如图 1-13 所示。

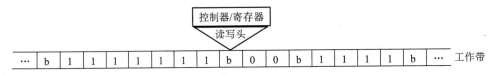

图 1-13　图灵机的读写过程示意

（1）工作带（Tape）：被划分成一个个大小相同的方格，每个方格内记载着给定字母表上的符号，并且自左至右依次编号为 0，1，2，…，工作带的右端可以无限延伸。尽管纸带可以无限长，但写进纸带方格里的符号不能无限多，通常是一个有穷的字母表，可设为 $\{C_0, C_1, C_n, \cdots\}$。

（2）读写头（Head）：可以在工作带上左右移动，它能够读出、修改当前所指格子上的符号。

（3）控制器（Table）：是一个有限状态自动机，其状态可用集合 $\{S_0, S_1, S_m, \cdots\}$ 来表示。根据当前所处状态及当前读写头所指的格子上的符号来确定下一步的动作，并改变状态寄存器的值，令机器进入一个新的状态。控制器的状态也就是图灵机的状态，可设 S_0 为初始状态，S' 为结束状态。

图灵认为"只要为它编好程序，就可以承担起机器能做的任何工作"。那么，图灵机是如何实行读写操作的呢？我们可假设图灵机只有三个状态 A、B、C，状态之间的转移如图 1-14 所示。

图 1-14 描述了图灵机的工作过程。当控制器读入 x 后，它写符号（改写 x），并将读/写头移到左边（L），右边（R）或不动（N）。因此，控制器操作具有如下三种状态：

x/y/R：如果读了 x，就写 y 并右移读写头；
x/y/L：如果读了 x，就写 y 并左移读写头；
x/y/N：如果读了 x，就写 y 但读写头不动。

根据控制器操作的转移状态，我们可以建立一张状态转移表，如表 1-4 所示。表中的每一行代表一条转态转移指令；表中有 5 列，分别表示：当前状态、读、写、移动、新状态。把一行中的 5 列值放在一起，用圆括号括起来，就可以看成

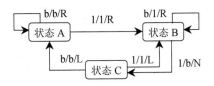

图 1-14　图灵机状态转移示意

表 1-4　转态转移表

当前状态	读	写	移动	新状态
A	b	b	R	A
A	1	1	R	B
B	b	1	R	B
B	1	b	N	C
C	b	b	L	A
C	1	1	L	B

是一条指令。对于这台简单的图灵机,它只有 6 条指令:

① (A, b, b, R, A)
② (A, 1, 1, R, B)
③ (B, b, 1, R, B)
④ (B, 1, b, N, C)
⑤ (C, b, b, L, A)
⑥ (C, 1, 1, L, B)

表 1-4 描述了图灵机状态变换过程,例如第 2 条指令如果机器处于状态 A,读到符号 1 就用一个新的 1 改写原来的 1,读/写磁头向右移到下一个符号上,此时机器从状态 A 转换成了状态 B。

图灵机是一种十分简单但运算能力很强的计算装置,用来计算可以想像得到的可计算函数,它不仅解决了纯数学基础理论问题,而且在理论上证明了研制通用数字计算机的可行性。图灵机把程序和数据以数码的形式存储在纸带上,因而是"存储程序"型的,这种程序能把用高级语言编写的程序译成机器语言程序,工作原理如图 1-15 所示。

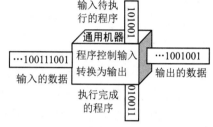

图 1-15 图灵机的原理

图灵机把程序视为将输入数据转换为输出数据的一种变换函数,按照其读入一系列由"0"和"1"组成的信息,就可以执行一个动作。按照程序控制基本动作的思维,这就是"通用图灵机"的模型,也是通用计算机的模型。事实证明,这种机器不仅能进行多种运算,而且还可用于一些定理的证明,图灵机的研究实现了对计算本质(什么是可计算的)的真正认识。

图灵机是从计算过程这一角度来表现计算本质的,并且作为计算机设计的理论基础。人们把图灵机作为判断某一问题是否可计算的准则:<u>凡是图灵机能计算的问题都是可计算问题</u>。

尽管图灵机并不是真实的计算机,而是用数学方法从理论上证明了制造通用计算机的可行性(用简单程序指令解决了计算与逻辑问题,用形式化方法成功地表述了计算这一过程的本质),但其思想奠定了现代计算机发展的理论基础。虽然图灵机只是一个抽象或概念上的机器,但它的计算能力超过了其他任何物理计算机。因为物理计算机只有有限的存储空间,同时物理计算机的操作速度受限于真实世界的各种约束,而图灵机是一个抽象模型,它在操作速度上不会受到真实世界的各种约束。实践证明,如果图灵机不能解决的计算问题,那么实际计算机也不能解决;只有图灵机能够解决的计算问题,实际计算机才有可能解决。

2. 图灵测试(Turing Testing,TT)

1950 年,图灵发表了里程碑式的论文 *Computer Machinery and Intelligence*(计算机器与智能),第一次提出了"机器思维"的概念。图灵提出一个假想:一个人在不知情的条件下,通过一种特殊的方式和一台机器进行问答,如果在相当长时间内,他分辨不出与他交流的对象是人还是机器,那么,这台机器就可以认为是能思维的,这就是著名的"图灵测试"(Turing Testing)。当时全世界只有几台计算机,它们肯定无法通过这一测试。但图灵预言,在 20 世纪末,一定会有计算机通过"图灵测试",计算机能做我们想象不到的事情。图灵测试的详细内容见第 2.4.3 节。

1993 年 11 月 8 日,美国波士顿计算机博物馆举行了一次引起各界关注的"图灵测试"。1997 年 5 月,IBM 公司研制的计算机"深蓝"与俄罗斯的国际象棋冠军卡斯帕罗夫(Kasparov)进行了举世瞩目的国际象棋大赛,可谓"世纪之战",而最终"深蓝"以两胜一负三平战胜了卡斯帕罗夫,这一结果让世界为之惊叹!今天,图灵测试已被公认为是"证明机器具有智能的最佳方法"。今天,图灵测试已被公认为是"证明机器具有智能的最佳方法"。

> 图灵对计算机科学的贡献远不止图灵机和图灵测试，他在专用密码破译、计算机设计、计算机程序理论、神经网络、人工智能等领域做出了开拓性的研究；在量子力学、概率论、逻辑学、生物学等诸多领域都有突出贡献。为了纪念这位伟大的计算机奠基人，美国计算机学会（ACM）在1966年设立了"图灵奖"，专门奖励在计算机科学领域作出贡献的杰出科学家。该奖项是计算机界最崇高的荣誉，有"计算机领域的诺贝尔奖（Nobel Prize in Computing）"之称。

1.2.5 冯·诺依曼提出的 EDVAC

美籍匈牙利著名数学家约翰·冯·诺依曼（John Von Neumann，1903—1957年）曾是ENIAC的顾问。他在研究ENIAC的基础上，针对ENIAC存在的不足，并根据图灵提出的存储程序式计算机的思想，于1945年3月提出了"存储程序控制"概念，1945年6月提出了全新存储程序式的电子离散变量自动计算机（Electronic Discrete Variable Automatic Computer，EDVAC）方案（此时ENIAC还尚未完成）。1946年6月，他发表了更为完善的设计报告《电子计算机装置逻辑结构初探》，其中提出了以二进制和存储程序控制为核心的通用电子数字计算机体系结构。1951年，EDVAC研制完成，1952年在美军阿伯丁弹道实验室开始正常运转。

人们把基于EDVAC结构的计算机称为Neumann结构计算机，它是在分析机、二进制理论、图灵机等基础上发展形成的。Neumann结构计算机的特点主要体现在以下4方面。

1. 采用二进制

计算机虽然很复杂，但其基本元件都可视为电子开关，而且每个电子开关只有"开"（高电位）和"关"（低电位）两种状态。如果分别用"1"和"0"表示这两种状态，则计算机中的所有信息，不论是数据还是命令，都可以统一由"1"和"0"组合来表示。计算机采用二进制具有如下优点。

（1）电路简单：与十进制数相比，二进制数在电子元件中容易实现。因为制造仅有两种不同稳定状态的电子元件要比制造具有十种不同稳定状态的电子元件容易得多。例如，开关的接通与断开、晶体管的导通与截止都恰好表示"1"和"0"两种状态。

（2）工作可靠：用两种状态表示两个代码，数字传输和处理不易出错，因此可靠性好。

（3）运算简单：二进制只有4种求和与求积运算规则：

求和：0+0=0；0+1=1；1+0=1；1+1=10。

求积：0×0=0；0×1=0；1×0=0；1×1=1。

十进制数的求和运算从0+0=0到9+9=18的加法规则有100条，求积运算从0×0=0到9×9=81的乘法规则也是100条。显然，二进制数比十进制数的运算要简单得多。

（4）逻辑性强：计算机的工作原理是建立在逻辑运算基础上的。二进制只有"1"和"0"两种状态，正好与逻辑命题中的"是"和"否"对应。

2. 采用存储程序控制

计算机中的程序是用某种特定的符号（语言）系统对被处理的数据和实现算法的过程进行描述，是各种基本操作命令的有机集合。当初ENIAC完成某一任务的程序是通过操作一系列的开关或改变配线系统来实现的。Neumann结构计算机把运算程序及其相应的数据以二进制的模式存放在存储器中，让计算机的运算操作按照程序步骤自动执行，这个过程被称为"存储程序控制"，并成为Neumann结构的核心。其基本思想包含以下3方面。

（1）编制程序：为了使计算机能快速求解问题，必须把要解决的问题按照处理步骤编制成程序，使计算机把复杂的控制机制变得有"序"可循。

（2）存储程序：计算机要完成自动解题任务，必须能把事先设计的、用于描述计算机解题过程的程序和数据存储起来。

（3）自动执行：启动计算机后，计算机能按照程序规定的顺序，自动、连续地执行。当然，计算机在运行过程中允许人工干预。

3．具有 5 项基本功能

从"存储程序控制"概念不难想象，要实现"存储程序控制"，计算机必须具有以下 5 项基本功能。

（1）输入、输出功能：计算机必须有能力接收原始数据和解题步骤（程序），并且把计算结果与计算过程中出现的情况告诉使用者（输出）。

（2）存储功能：计算机能存储所提供的原始数据、解题步骤和解题过程的中间结果。

（3）计算功能：计算机能进行一些简单、基本的运算，并组成所需的复杂计算。

（4）判断功能：计算机必须具有从预先无法确定的几种方案中选择一种操作方案的能力。例如计算 $a+|b|$，在解题时应能够根据 b 的符号确定下一步进行的运算是"+"还是"−"。

（5）控制功能：计算机能保证程序执行的正确性和各部件之间的协调关系，在程序的控制下，高效完成数据的输入、存储、运算、输出等操作。

4．以运算器为中心

从功能模拟的角度，计算机应由与上述功能相对应的部件组成。这些部件主要包括：输入设备、输出设备、存储器、运算器、控制器等，其逻辑结构如图 1-16 所示。该结构具有以下特点。

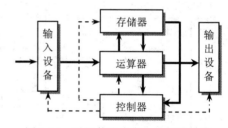

图 1-16　以运算器为中心的逻辑结构

（1）整个机器以运算器为中心，输入、输出信息与存储器之间的数据传输都经过运算器，是 Neumann 结构的特征。

（2）采用存储程序控制，程序和数据放在同一存储器中。

（3）指令（指示计算机执行操作的命令）和数据均以二进制编码表示、存储和运算，并且按存储器的地址进行访问。

（4）控制信息由指令产生，指令由操作码和地址码组成。

（5）指令在存储器内按顺序存放和执行，并在特定条件下可以改变执行顺序，这与 EDVAC 之前只有数据才存储在存储器中的计算机结构是完全不同的。

EDVAC 之所以能自动高效地工作，其关键是冯·诺依曼的"存储程序控制"概念的提出和实现，以及采用二进制。EDVAC 的研制成功标志着计算机科学体系的形成，从此揭开了现代计算机研究的序幕，开启了现代计算机发展的新纪元，因而使得冯·诺依曼被称为"计算机之父"。

〖问题提示〗　以运算器为中心的计算机在运行过程中，运算器不断与存储器交换数据，使得不论是高速部件还是低速部件都要与运算器一起工作，因而极大浪费了运算器的宝贵资源。随着计算机应用的不断拓展，内存与外部设备之间信息交换日益频繁，使得资源争用的矛盾日益突出。

§1.3 基于 Neumann 结构的现代计算机

Neumann 结构实现了计算的自动化，而如何进一步提高计算机系统的整体性能，是人们一直追求的目标。人们在 Neumann 结构上不断探索和改进，使得计算机的体系发生了巨大变革。特别是微电子技术的不断突破，使得计算机以惊人的速度发展，计算机的性能得到了极大提高。

1.3.1 计算机的结构组成

自 EDVAC 诞生以来，为了提高计算机系统的整体性能，人们一直在对基于 Neumann 结构的计算机的体系结构、组成原理、技术实现及其执行模型等进行研究和探索。

1. 计算机体系结构（Computer Architecture）

计算机体系结构是指计算机硬件系统的基本架构，主要研究软/硬件功能分配和对软/硬件界面的确定，即确定哪些功能由软件实现，哪些功能由硬件实现。现代计算机在 Neumann 结构基础上经过几十年的发展，在硬件系统的结构上由以运算器为中心演变成以存储器为中心的结构形式。以存储器为中心的计算机结构代表了当代计算机的典型结构，其结构形式如图 1-17 和图 1-18 所示。

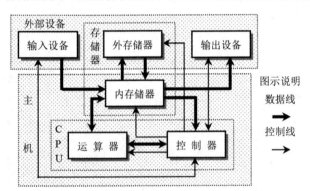

图 1-17 以存储器为中心的结构形式

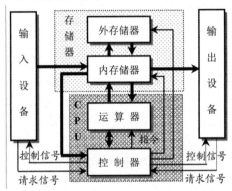

图 1-18 以存储器为中心的信息控制

如图 1-17 和图 1-18 所示的结构反映了计算机硬件系统逻辑结构的基本思想，指出了数据信息和控制信息(数据流和控制流)在计算机内部的流向。其中，控制信息是指挥计算机执行各种操作的命令。

以存储器为中心的计算机的结构形式与工作过程（数据流向）具有以下特点。

（1）整个机器以存储器为中心，所有程序和数据存放在外存储器中。计算机运行时，由控制器将相关程序和数据从外存调入到内存；计算机运行结束时，内存中的所有数据信息存放到外存储器中。

（2）内存储器存储容量小，外存储器存储容量大，为了适应大数据处理，将内存储器与外存储器结合在一起，形成一个存储系统，从而使得外存储器作为内存储器存储容量的"坚强后盾"。

（3）随着微电子技术的高速发展，可将运算器、控制器、指令系统集成在一块芯片内，称为中央处理器（Central Processing Unit，CPU），通常简称为处理器，它是计算机硬件系统的核心。

2. 计算机组成（Computer Organization）

计算机组成（也称为计算机组织）是指计算机体系结构的逻辑实现（包括机器级内的数据流和控制流的组成及逻辑设计等），主要研究硬件子系统各部分的内部结构和相互联系，以实现机器指令级的各种功能和特性。在 60 多年来的研究中，主要围绕提高速度，着重从提高操作的并行度、重叠度，以及分散功能和设置专用功能部件来进行的。

3．计算机实现（Computer Implementation）

计算机实现是指计算机组成的物理实现，主要研究计算机器件和微组装技术，包括：处理机、主存等部件的物理结构；器件的集成度、运算速度和信号，器件、模块、插件、底板的划分与连接；专用器件的设计、微组装技术、信号传输、电源、冷却及整机装配技术等。

计算机体系结构、计算机组成和计算机实现三者之间，既相互联系，又相互影响。体系结构是指令系统及其执行模型，是计算机系统软/硬件的界面；计算机组成是计算机体系结构的逻辑实现；计算机实现是计算机组成的物理实现。结构、组成和实现是设计计算机硬件系统的核心。

1.3.2 计算机的主要特点

基于 Neumann 结构的现代计算机，由于采用高速电子器件、高度集成、二进制、逻辑判断和存储程序控制，体现出如图 1-19 所示的内部性能与外部功能特性的对应关系，形成了现代计算机的主要特点。

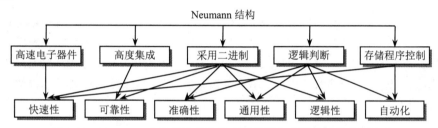

图 1-19　Neumann 结构的计算机的内部性能与外部特性的对应关系

1．运算速度快

由于采用高速电子器件，计算机的运算速度，慢则每秒钟数万次，快则每秒钟数亿次。例如，我国自主生产芯片研制的"神威•太湖之光"的浮点运算速度已达到每秒钟 10 亿亿次以上。仅就每秒一百万次的计算机而言，它连续运行一小时所完成的工作量，一个人一生也做不完。

2．计算精度高

计算机的计算精度随着字长的增加而提高，目前计算机的字长为 2^{32}、2^{64}、2^{128}，有效数字位数可达数十位、数百位甚至千位以上，这是其他计算工具不可比拟的。

3．判断能力强

现代计算机具有准确的逻辑判断能力和高超的记忆能力，是计算能力、逻辑判断能力和记忆能力三者的结合，已成为人类脑力延伸的工具，因而又被称为"电脑"。

4．工作自动化

计算机采用存储程序控制方式，其操作运算都是按照事先编制的程序自动进行的。计算机启动后，不需要人工干预，可以自动、连续、高速、协调地完成各种运算和操作处理。自动化是计算机最突出的特点，也是计算机与计算器之间的本质区别所在。

5．存储容量大

现代计算机采用半导体存储元件作为主存储器，目前仅就微型计算机而言，主存储容量可达数 GB 级，辅助存储容量可达 TB 级。主存储器是衡量计算机性能的重要指标。

6. 可靠性能好

可靠性是衡量一台设备能否安全、稳定运行的重要指标，也是人们对设备的基本要求。随着微电子技术的发展，大规模及超大规模集成电路（VSLI）大大提高了计算机的可靠性，如装配在航天器上的计算机能连续地正常工作几万、几十万小时以上。

〖问题提示〗计算机之所以从它诞生开始就得到迅猛异常的发展，这与电子计算机本身所具有的功能特点是分不开的。对微型计算机而言，除具有上述特点外，还具有体积小、重量轻、价格便宜、使用方便、系统软件升级快、应用软件种类多、对工作环境无特殊要求等诸多优特点。

1.3.3 计算机的基本性能

现代计算机的结构组成及其功能特点，决定了计算机系统的性能，并且一般以字长、内存容量、存取周期、主频、运算速度、外围设备的配置、系统软件、应用软件的配置等指标来衡量。

1. 机器字长（Machine Size）

机器字长是指每个存储单元所包含的二进制位数，即计算机一次所能处理数据位数的多少，机器字长决定了计算机数据处理的速率，是衡量计算机性能的一个重要标志。机器字长越长，计算精度越高、内存容量越大、指令数量越多、功能越强、性能越好，即在同样时间内传输的信息越多，计算速度更快。机器字长不仅决定着寄存器、加法器、数据总线等部件的位数，还直接影响着硬件代价。

2. 内存容量（Memory Capacity）

内存容量是指 RAM 中能存储信息的字节数，反映直接与 CPU 进行信息交换的能力。内存容量直接影响 CPU 处理数据的能力和寻址能力，常用字数乘以字长来表示容量的大小。

3. 存取周期（Access Cycle）

存取周期是指存储器进行一次完整的读写操作所需要的全部时间，即从存储器中连续存（写）、取（读）两个字所用的最小时间间隔称为存取周期。存取周期越短，则存取速度越快，所以存取周期是计算机中的一项重要性能指标。

4. 主频（Clock Speed）

主频是指 CPU 的时钟频率（Clock Speed），即 CPU 在单位时间内发出的脉冲数，单位是兆赫兹（MHz）。计算机采用主时钟产生固有频率（f_c）的脉冲信号来控制 CPU 的工作节拍，因此主时钟频率就是 CPU 的主频率，简称为主频。主频越高，CPU 在一个时钟周期里所能完成的指令数越多，CPU 的运行速度越快。例如，Pentium III/800 的主频为 800MHz、Pentium IV/1.5 的主频为 1.5GHz。

5. 运算速度（Operating Speed）

运算速度是指计算机每秒钟所能执行的指令条数，单位是次/秒。早期计算机 CPU 执行完一条指令后才能取下一条指令分析执行，故采用执行一条指令需要的时钟周期数（Cycles Per Instruction，CPI）描述。现代计算机多采用重叠与流水工作方式，则用一个时钟周期内可以执行多条指令（Instructions Per Cycle，IPC）描述。如果在此基础上加上主频因素，可用每秒百万次指令（Million Instructions Per Second，MIPS）作为计算机运行速度的衡量标准。因此，MIPS 被定义为：

$$\text{MIPS} = 程序中的指令条数/程序执行时间 \times 10^6 = f_c/\text{CPI} \times 10^6$$

例如，已知 Pentium Ⅱ 处理机的 CPI=0.5，计算 Pentium Ⅱ 450 处理机的运算速度。Pentium 处理机的 f_c=450 MHz，因此可计算出：

$$\text{MIPS}_{\text{PentiumⅡ450}} = f_c/\text{CPI} \times 10^6 = 450 \times 10^6/0.5 \times 10^6 = 900 \text{ MIPS}$$

6．RASIS 特性

RASIS 特性是指计算机的可靠性（Reliability）、可用性（Availability）、可维护性（Serviceability）、完整性（Integrality）和安全性（Security），是衡量现代一个计算机系统性能的五大功能特性。如果只强调前三项，就是通常所称的 RAS 特性。

7．兼容性（Compatibility）

兼容性也称为适应性，是指硬件系统或软件系统之间所具有的并存性，它意味着两个系统间存在着一定程度的通用性。因此，兼容性的好坏标志着计算机系统承前启后、便于推广的程度。

8．数据输入、输出最大速率

主机与外部设备之间交换数据的速率是影响计算机系统工作速度的重要因素，由于各种外部设备本身工作的速度不同，因此常用主机支持的数据输入、输出最大速率来表示。

1.3.4 计算机的主要应用

由于现代计算机具有良好的性能特点，所以在科学技术、国民经济、文化教育、社会生活等各个领域都得到了广泛的应用，已成为人们处理各种复杂任务所不可缺少的现代信息处理工具，并取得十分明显的社会效益和经济效益。目前，计算机的主要应用领域可以概括为以下 8 个方面。

1．科学计算（Scientific Compute）

现代计算机的诞生就是源于科学计算，科学计算一直是电子计算机的重要应用领域之一。例如，在天文学、量子化学、空气动力学、核物理学等领域中，都需要依靠计算机的大容量存储和高速运算；在军事领域中，导弹的发射及飞行轨道的计算，飞行器的设计、人造卫星与运载火箭轨道的计算，更是离不开计算机。用计算机解决科学计算问题的过程如图 1-20 所示。

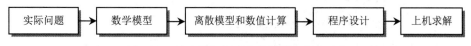

图 1-20　用计算机解决科学计算问题的过程

2．信息管理（Information Management）

信息管理是指利用计算机对各种数据信息实行科学的管理。计算机在信息管理方面的应用极为广泛，如企业管理、库存管理、报表统计、账目计算、信息情报检索等。在当今信息时代，计算机在信息管理中的应用越来越广泛，并已形成一个完整的体系，即信息管理系统。按功能和应用形态划分，信息管理系统可分为事务处理系统、管理信息系统、决策支持系统和办公自动化系统等。

3．实时控制（Real-time Control）

实时控制是指在信息或数据产生的同时进行处理，处理的结果可立即用来控制进行中的现象或过程。实时控制的基本原理是基于反馈（Feedback）机制，即通过被控对象的反馈信号与给定信号进行比较，以达到自动调节的控制技术。实时控制原理如图 1-21 所示。

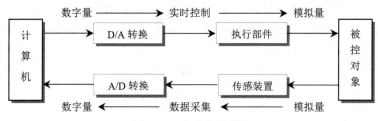

图 1-21 实时控制原理

在该系统中，由计算机给定的数字量（Digtal-Value）经过 D/A，转换成连续变化的模拟量（Analog-Value）送给执行部件（将弱信号转成强信号），以驱动被控制对象，此过程称为实时控制。

为了实现自动控制，必须把被控对象中的连续信号返回到输入端，以形成闭环系统。从被控对象中取出的连续信号接入传感装置（将强信号转成弱信号），经过 ADC（Analog-Digtal Converter，模数转换器）将连续变化的模拟量转换成数字量送入计算机，此过程被称为数据采集。被采集到的数据经计算机进行处理、分析、判断和运算后输出数值控制量。实时控制广泛应用于过程控制、生产控制、参数测量等领域。

计算机用于实时控制，是使用计算机及时地搜索检测被控对象的数据，然后按照某种最佳的控制规律来控制过程的进展，从而可以大大提高生产过程的自动化水平，提高产品质量、生产效率、经济效益和降低成本。国防和高精尖领域更是离不开计算机的实时控制。

4．系统仿真（System Simulation）

系统仿真是利用计算机模仿真实系统的技术，它利用计算机对复杂的现实系统经过抽象和简化，形成系统模型，然后在分析的基础上运行此模型，从而得到系统一系列的统计性能。由于仿真技术的特效所具有的安全性与经济性，因此在航空、航天、军事领域的设计、定型、训练中得到广泛应用。新型武器系统与大型航空航天飞行器在其设计、定型过程中，都要依靠仿真试验进行修改和完善；在航空航天训练方面，利用计算机仿真技术，在导弹研制成功之前就可以让其"飞行"；飞机驾驶员不用上天就能进入"起飞""空战"和"着陆"；敌战双方不发一枪一弹便能开展一场激烈的"战斗"等。目前，系统仿真已发展成为与人工智能相结合组成的专家系统，并成为计算机辅助设计中极其重要的内容。

5．计算机辅助系统（Computer Aided System）

计算机辅助系统是指以计算机作为辅助工具的各种应用系统，利用计算机的高速运算、大容量存储和图形处理能力，辅助进行工程设计、制造、测试、教学的理论和方法。

（1）计算机辅助设计（Computer Aided Design，CAD）：是综合了计算机科学与工程设计方法的最新发展而形成的一门新兴学科，它利用计算机来帮助设计人员进行工程设计，提高设计工作的自动化程度，节省人力物力。现在，计算机辅助设计及其辅助分析已获得广泛应用。

（2）计算机辅助制造（Computer Aided Manufacturing，CAM）：使用计算机进行生产设备的管理、控制和操作的过程，在生产过程中改善工作人员的工作条件，甚至替代人日夜工作。

（3）计算机辅助测试（Computer Aided Test，CAT）：是利用计算机运算速度快、计算精度高、判断能力强的特点，检测某些系统的技术性能指标。从而，提高检测效率、检测质量和检测标准。

（4）计算机辅助教学（Computer Aided Instruction，CAI）：是利用计算机辅助学生学习的自动系统，将教学内容、教学方法以及学生的有关信息存储在计算机中，使学生能够轻松自如地从系统中学到所需知识。随着计算机网络的发展，这种形式现已逐渐演变为"在线学习"，如大规模开放在线课程（Massive Open Online Courses，MOOC）就是在线学习的一种新形式。

现在，计算机在各领域的辅助作用越来越大，使得许多传统的工作模式发生巨大变革。例如，计算机集成制造系统（Computer Integrated Manufacturing System，CIMS）是集设计、制造、管理等功能于一体的现代生产系统，具有生产效率高、生产周期短的特点。CIMS 能将企业内部所有环节和各相关人员通过计算机网络连接起来，形成一个能够协调统一和高速运行的制造系统。

6．多媒体应用（Multi-media Application）

随着计算机技术的迅速发展，软硬件的不断丰富和完善，计算机多媒体技术得到广泛应用，用户可在计算机上进行文本(Text)、图形(Graphics)、图像(Image)、音频(Audio)、视频(Video)、动画(Animation)等媒介信息的捕捉、编辑、存储、传输、转换、管理，并由计算机综合处理为表格、文字、音响、影像等视听信息有机结合的表现形式，从而使计算机的应用拓宽到文化教育、文化娱乐、广告宣传等领域。多媒体技术与人工智能技术的结合，促进了虚拟现实(Virtual Reality)、虚拟制造(Virtual Manufacturing)技术的发展，使人们可以在计算机产生的虚拟环境中感受到真实场景；通过计算机仿真和模拟，可以在制造零件及其产品之前，形成产品的结构形式，了解产品各方面的基本功能和性能指标。因此，多媒体技术已成为现代仿真技术中极为重要的技术手段。

7．网络通信（Network Communication）

计算机技术和数字通信技术的融合，产生了计算机网络通信，并得到飞速发展。网络通信的应用极大地改变了人们的工作和生活方式，用户只要把自己的计算机或手机联到网络中，就能获取网络上的各种信息，足不出户便可以预订机票、车票、选购商品等，甚至通过手机网络可以直接在网络上实现语音、视频交流，能够与远在千里之外的亲人、朋友进行通话或洽谈业务。

8．人工智能（Artificial Intelligence）

人工智能的研究与应用是近年来的热门话题，应用领域包括模式识别、自然语言的理解与生成、自动定理证明、联想与思维的机理、数据智能检索、博弈、专家系统、自动程序设计等。近年发展起来的神经网络计算机技术是人工智能的前沿技术，要解决人工感觉（包括计算机视觉、听觉、嗅觉），即解决大量需要相互协调动作的机器人在复杂环境下的决策问题。

当前，计算机的应用领域仍在不断拓展，已渗透到社会的各方面，并且日益发挥越来越重要的作用，已成为信息社会科学技术和社会发展的核心。同时，随着应用领域的不断拓展和对计算机性能要求的急剧增加，迫使人们研制性能更高的新一代计算机。

§1.4 突破与超越 Neumann 结构

基于 Neumann 结构的计算机奠定了现代计算机的理论基础，为计算机的发展铺平了道路。然而，虽然以存储器为中心的 Neumann 结构使资源争用的矛盾得到一定程度的解决，但是离人们对计算机性能的追求目标相差甚远。Neumann 结构采用串行处理，其读写操作、运算操作、存储操作都是串行进行的，即任一时刻只能进行一个操作，从而使得整个系统的处理能力和速度受到很大的制约。因此，若提高系统的整体性能，必须从计算机的体系结构和组成结构入手。到目前为止，对提高计算机系统整理性能的研究与探索可概括为三方面：一是突破 Neumann 体系结构（Architecture），以提高计算机的性能；二是突破 Neumann 组成结构（Structure），以拓展计算机的应用模式；三是超越 Neumann 体系结构，以寻求计算机性能质的飞跃。

1.4.1 突破 Neumann 体系结构

Neumann 体系结构计算机自问世以来，一直处于发展、改进中，并不断寻找突破它的新体系。然而，计算机的发展并不是孤立的，取决于元器件的进步、体系结构的改进和指令系统的开发。从本质上讲，Neumann 体系结构是以数值计算为目的而设计的，是顺序执行指令的串行工作方式，因而使得计算机在并行处理、字符处理、知识处理等方面显现出低效能。特别是当计算机越来越广泛地应用于非数值计算领域，且处理速度成为人们关心的首要问题时，Neumann 体系结构的局限性逐渐显露。Neumann 体系结构的最大局限是存储器和处理器之间的通路太狭窄，即每次只能执行一条指令，即使扩大存储容量和提高 CPU 的速度，但与提高系统的整体性能不成等比关系，因而其意义不大，人们将这种现象称为"冯·诺依曼瓶颈"。为此，人们不断寻求突破 Neumann 体系结构的途径。通过突破计算机体系结构来提高计算机系统处理速度及其性价比的一个重要措施是增加计算处理的并行性（Parallel），也称为并行计算（Parallel Computing），其策略是采用"时间重叠""资源重复"和"资源共享"；在具体实现上，采用流水线处理器系统、并行处理器系统、多处理器系统、精简指令系统等。

1. 流水线处理器系统（Pipeline Processor System）

流水线处理是以"时间重叠"为特征的指令级并行处理技术，是利用"时间并行"，让多条指令并行执行来提高处理器的执行速度的一条重要途径。流水线处理将计算机中各功能部件要完成的操作分解成若干子过程，每个子过程可以与其他子过程同时进行，其处理方式类似于现代工业生产装配线上的流水作业，具有这种特性的处理器称为流水线处理器(Pipeline Processor)。流水线处理可分为指令执行流水线(Instruction Pipelines)和运算操作流水线(Arithmetic Pipelines)，运算操作流水线是指将一个运算操作分解成若干道"工序"，而每一道"工序"都可在其专用的逻辑部件上与其它"工序"同时执行。下面以指令执行流水线为例，介绍流水线结构的概念。

（1）指令的串行执行：指令由操作码和地址码组成，不同体系结构的处理器具有不同的指令执行过程，如指令的执行过程为 3 个阶段：取指令、分析指令、执行指令。其中，取指令是从 RAM 中取出一条指令送到指令寄存器；分析指令是指对指令的操作码进行译码分析；执行指令则是根据操作码的要求完成指令规定的功能。此时，一条指令执行一个操作数，称为标量指令（Scalar Instruction）。当有多条指令在处理机中执行时，指令可按顺序串行执行，如图 1-22 所示。

图 1-22 指令的执行过程

这种串行执行方式的优点是控制简单，但各功能部件的利用率低，执行速度慢。假定取指令、分析指令和执行指令的时间都相等，均为 t，则完成 n 条指令所需的时间为

$$T = \sum_{i=1}^{n} (t_{\text{取指令 } i} + t_{\text{分析 } i} + t_{\text{执行 } i}) = 3nt$$

（2）指令的重叠执行：若将一条指令的执行过程进一步细分，分为取指令、译码指令、取操作数、执行执令和保存结果 5 个子过程，并用 5 个子部件分别处理这 5 个子过程，这样在上一条指令的第一子过程处理完毕进入第二子过程处理时，第一子部件就可以开始对第二条指令的第一子过程进行处理。随着时间的推移，这种重叠操作最后可达到 5 个子部件同时对 5 条指令的子过程进行操作，形成指令执行的流水线，如图 1-23 所示。

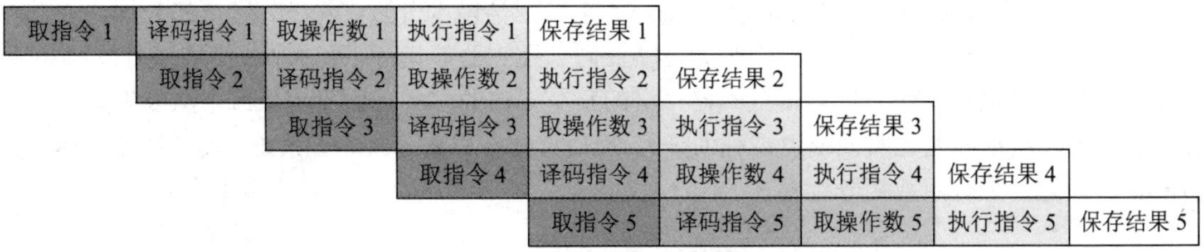

图 1-23　5 条指令的重叠执行

假设各子过程的执行时间相同，都为 t_1，则执行 n 条指令所需时间为

$$T_1 = 5t_1 + (n-1)t_1 = (4+n)t_1$$

显然，$t_1 \leqslant t$ 且 $T_1 \leqslant T$。

从图 1-23 可以看出，该流水线可同时对 5 条指令的不同子过程进行处理，从而在获得第一条指令的结果后，每个子过程的执行时间内都可以连续不断地得到一条指令的执行结果，相当于 5 条指令"并行"执行，提高了计算机的执行速度。但流水线方式的控制复杂，硬件成本较高。

（3）多级流水线：流水线工作时要求各子过程的处理时间相等，但在实际的流水线中各子部件的执行时间会有所不同，为此可采用如下措施。

① 将一条流水线分成多个子过程（数据处理的不同"工序"），称为流水线的"级"或"段"。

② 每个子过程由专门的功能部件实现，每个功能段所需的时间尽量相等，以符合流水节拍。流水线的输入到输出，每个功能段只允许经过一次，流水线的工作顺序如图 1-24 所示。

图 1-24　流水线的工作顺序

③ 将流水线工作分为三个阶段："建立"（第一个任务流出结果的时间）"正常"和"排空"（最后一个任务流出结果的时间）。当流水过程进入稳定工作状态后，每隔一定时间就会有一个结果流出，图 1-25 给出了流水线工作的时空图。

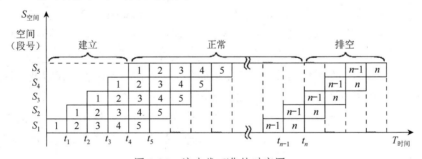

图 1-25　流水线工作的时空图

理论上，一条 k 级线性流水线的处理能力可以提高 k 倍，但由于处理时间不可能完全相同以及其他相关问题而引起处理时间的延长，使得处理能力不可能提高 k 倍。流水线技术特别适合对大批数据重复进行相同操作的场合，如向量处理机（Vector Computer）。向量处理机中的一条向量指令（Vector Instruction）可处理 n 个操作数，相当于 n 条标量指令（Scalar Instruction）。

2．并行处理器系统（Parallel Processor System）

流水线处理器系统是通过同一时间不同处理器执行不同"工序"来实现并行性的，具有"时间并行"特性。并行处理器（Parallel Processor）系统则是以"资源重复"为特征的处理器级并行处理技术，利用"空间并行"，让多个处理器在同一控制器的指挥下，按照统一指令的要求对一个整组数据同时进行操作，以实现处理器一级的整个操作的并行。由于在系统中重复设置了大量处理器，因而流水线处理器系统也被称为阵列处理器（Array Processor）系统，非常适合求解"并行算法"问题，如数组或矩阵运算。

3．多处理器系统（Multiprocessor System）

多处理器系统是以"时间重叠+资源重复"，指令、任务和作业并行操作为特征的多个处理器并行处理技术，同时对多条指令及其分别有关数据进行处理，即系统中的不同处理器执行各自的指令、处理各自的数据，因而属于多指令多数据流结构的计算机。例如，奔腾 CPU 采用了超标量流水技术，即在一个机器周期中同时执行两条指令，因而既具有"时间并行"性，也具有"空间并行"性。多处理器系统的规模，通常可分为以下几种类型。

（1）对称多处理器（Symmetric Multi-Processors，SMP）：是指在一个计算机上汇集了一组多处理器，这种计算机的各个 CPU 之间共享内存子系统以及总线结构。在这种技术支持下，一个服务器系统可以同时运行多个处理器，并共享内存和其它的主机(处理器和内存储器)资源。

（2）单芯片多处理器（Chip Multi-Processors，CMP）：是指将两个或更多的 CPU 集成到一个芯片上，因而也称为多核 CPU。把多个 CPU 放到一个芯片中，各处理器将并行执行不同的进程。这种结构的最大特点是共享系统资源，这些 CPU 共享相同的 Cache、内存、硬盘和网络接口，计算机的性能随 CPU 的增多而翻倍，但开销不会翻倍。

（3）大规模并行处理器（Massively Parallel Processors，MPP）：是指由多个松耦合处理单元（Processing Unit，PU）组成的系统，每个 PU 都有自己的私有资源（CPU、内存、硬磁盘等）以及操作系统和管理数据库的实例副本，这种结构的最大特点在于不共享资源。

4．精简指令系统

计算机指令系统的设计有两个不同的方向：一是增强指令的功能，在指令系统中引入各种操作的指令，即复杂指令集计算机（Complex Instruction-Set Computer，CISC）；二是尽量简化指令功能，只保留那些使用频率高、功能简单的指令，即精简指令集计算机（Reduced Instruction-Set Computer，RISC）。RISC 不仅以简单有效的方式来支持高级语言的实现，又在技术实现方面采取了一系列措施。例如，在逻辑实现上，采用以硬件为主、固件为辅的技术以及延迟转移和窗口重叠寄存的技术；在指令执行上，采用流水线技术，提高运算速度。

与 CISC 相比，RISC 不仅是将指令系统中的指令大为精简，而且在体系结构的设计和实现技术上都有其明显的特点，从而使计算机结构更加合理、高效，运算速度更快，运行时间更短，计算机的性能得到大幅度提高。

1.4.2 突破 Neumann 组成结构

Neumann 体系结构的突破和微电子技术的高速发展，不仅极大提高了计算机的系统性能，又对计算机组成结构（Computer Structure）带来了巨大变革，从而使计算机朝着微型化、巨型化、网络化、智能化和多媒体化的方向发展，因而使得计算机的应用越来越广，已渗透到各个领域。

1. 微型化（Micromation）

由于微电子技术的高速发展，超大规模集成芯片技术水平不断提高，使得计算机的结构发生了巨大变革，曾经的大中型计算机在体形上从"庞然大物"已演变成"笔记本"式，而功能越来越强，能随身携带。随着微电子技术的综合使用，计算机的体型还会不断演变、缩小。

2. 巨型化（Giganticism）

现代科学技术，尤其是国防技术的发展，需要高速度大容量的计算机，促使巨型机得到高速发展。例如，1983年我国成功研制第一台巨型计算机——银河Ⅰ号，运算速度为每秒1亿次，随后雨后春笋般相继诞生了银河系列、天河系列、神威·太湖之光系列等，其运算速度已达到每秒10亿亿次以上，成为世界上最快的超级计算机（简称为超算）。现在，全世界的超算正在争先恐后地高速发展中。

3. 网络化（Networking）

网络化是20世纪90年代计算机发展的一大趋势，也是计算机应用模式的一个巨大变革。通过网络，任何地方、任何种类和任意数目的计算机可以运行需要的程序，并在任意时刻相互通信，极为方便地实现了网络中各系统间的信息交换，使信息和资源得到高效的共享。现在，计算机网络已遍布世界各地，广泛应用于情报、金融、信息管理系统等领域，是现代信息社会的重要标志。

4. 智能化（Intelligentize）

智能化是用计算机来模拟人的感觉、行为、思维过程的机理，使计算机具备逻辑推理、自我学习等能力，目前最具代表性的两个领域是专家系统和机器人。智能化的特点主要体现在逻辑思维和推理方面，如对文字、图像、声音的识别有赖于模式识别和对知识的理解。智能化是计算机理论科学研究的一个重要领域，发展极为迅速，在人们的生活和工作中随处体现计算机的智能化。

5. 多媒体化（Multimedia）

多媒体技术是集多种媒体信息的处理、协调于一体，集微电子与计算机技术于一身的综合信息处理技术。由于计算机的智能化，多媒体技术能把数值、文字、声音、图形、图像、动画等集成在一起，进行交互式处理，因而具有多维性、集成性和交互性的特点。信息表示的多元化和人机关系的自然化，正是计算机应用追求的目标和发展趋势。数字多媒体技术在计算机工业、电信工业、家电工业等方面展示出令人瞩目的新成果，已无可争辩地显示出广阔的应用前景。

1.4.3 超越Neumann体系结构

突破Neumann体系结构，解决"冯·诺依曼瓶颈"，将极大地提高计算机系统的性能，目前在应用上已获得重大成果。但是，基于Neumann体系结构的计算机仍为电子器件。在科学技术日新月异的今天，科学家们已意识到目前作为计算机核心部件的集成电路制造工艺将很快达到理论极限，如神威·太湖之光超级计算机的峰值运算速度已超过12.5亿亿次/秒。随着晶体管的尺寸接近纳米级，芯片发热等副作用逐渐显现，而且电子的运行难以控制，晶体管器件将不再可靠。因此，人们对计算机的体系结构及系统理论提出了新的突破思路——超越Neumann体系结构。

超越Neumann体系结构也称为非Neumann体系结构（No-Neumann Architecture），就是采用非电子器件、非Neumann体系结构（Architecture）和非Neumann组成结构（Structure）的计算机，这是提高计算机系统性能的另一个重要途径。根据目前研究进展，利用非电子器件研制新一代计算机的主要技术有超导技术、光技术、生物技术和量子技术，利用这些技术研究新一代计算机已成为目前世界各国研究的焦点，也是未来人工智能计算机的希望所在。

1. 超导计算机（Superconductor Computer）

超导计算机是指使用超导集成电路组成的计算机，由于该超导材料由约瑟夫逊发明，也被称为约瑟夫逊计算机（Josephson Computer）。超导体开关速度比现有半导体的开关快 10～100 倍，功耗仅为半导体器件的 1/100～1/1000，因此可以实现最紧密排布，可做成运算速度每秒几百亿亿次的超速计算机。特别是 1911 年昂尼斯发现纯汞在 4.2 K 低温下电阻变为零的超导现象，超导线圈中的电流可以无损耗地流动，因而引起了世界范围内的极大关注，各国都在研制超导计算机，已成为下一代计算机的候选对象之一。据报道，中国在该领域取得的最大成就是制造了一个带有 1 万个约瑟夫逊的超导芯片，正在建造一台价值 10 亿元的超导计算机，预计 2022 年完成。由于超导系统产生的电阻几乎为零，该系统最小只需传统计算机能量的 1‰。

2. 光子计算机（Photon Computer）

光子计算机是指以光子代替电子、光互连代替导线互连、光硬件代替电子硬件、光运算代替电运算的数字计算机。研究表明，光子计算机比电子计算机的运算速度快 1000 倍以上。同电子计算机一样，光子计算机分为数字和模拟两类：数字光计算机用光学方法实现数字运算；模拟光计算机是光学模拟与数字运算相结合。光子计算机具有二维并行处理、大容量、传输速度快、信号衰减小、互联密度高、无干扰、高时空带宽等特点，与电子计算机相比具有很大优势。1990 年 3 月，AT&T 公司的 Bell 实验室宣布完成了全光数字处理器的研究。

光子计算技术的另一个重要方面是光学神经网络。在人工智能领域中的模式信息处理，如模式识别、语言理解、联想记忆、学习、推理、决策等，对人的大脑来说是轻而易举的事。但如果使用电子计算机处理这些问题会显得速度太慢，而使用光学神经网络便能快速地进行处理。光学神经网络的主要特点是并行性、高互联密度、联想和容错，这些正是光学方法的特点和潜力。

3. 量子计算机（Quantum Computer）

量子计算机是指利用量子力学规律进行高速运算、存储及处理量子信息的计算机。量子计算机由存储器和逻辑门组成，是利用量子力学特有的物理现象代替传统计算机遵循的经典物理定律实现全新的信息处理方式。经典计算机中的"位"在量子计算机中称为量子比特（Quantum bit），并且一个量子比特可以存储两个数据，n 个量子比特可以同时存储 2^n 个数据，从而大大提高了存储能力。量子计算机具有存储容量大、解题速度快（运算速度比 Pentium III 快 10 亿倍以上）、具有强大的并行处理能力等优点。量子计算机通过量子分裂式、量子修补式进行一系列的大规模高精确度的运算，其运算精确度和速度是普通计算机望尘莫及的。因此，量子计算机是最有发展前景的计算机，特别是在数据通信及其数据加密方面具有广泛应用。

2017 年 5 月 3 日中国国际频道报道，中国科学技术大学潘建伟教授等人在量子计算机研究领域取得两项重大突破，这标志着我国在未来计算机研究领域，全面处于世界先进行列。

4. 生物计算机（Biological Computer）

生物计算机是指以脱氧核糖核酸（Deoxyribo Nucleic Acid，DNA）处理问题的方式为模型的计算机。由于生物系统的信息处理过程是基于生物分子的计算和通信过程，因此也被称为分子计算机。生物计算机的运算过程就是蛋白质分子与周围物理化学介质的相互作用过程，利用蛋白质技术制造生物芯片，从而实现人脑与生物计算机的连接等。

DNA 计算机的显著特点是具有思维能力，它比人的思维速度快 100 万倍以上，其存储量是普通电脑的 10 亿倍。科学家们正试图将真实的人体基因材料植入微处理器中，使用试管中的 DNA 来解决世界数学难题。因此，DNA 计算机的发展，对人工智能的发展具有直接的促进作用。

5. 智能计算机（Intelligent Computer）

随着计算机在各领域的广泛应用及其应用要求的不断提升，加上 Neumann 体系结构的局限性，因而迫切需要具有自学习功能、联想功能、推理功能、识别功能、解决非确定性问题的智能计算机。机器要具有智能功能，必须具有神经网络系统。目前，这一领域不断取得研究进展。特别是随着光子技术、量子技术、生物技术与相关研究的突破，人工智能计算机一定会在不久的将来诞生。

我们有理由相信，21 世纪将是智能计算机、超导计算机、光子计算机、量子计算机、生物计算机等新一代计算机的时代。正如电子计算机对 20 世纪产生了重大影响一样，未来新一代计算机也必将对人类生活和社会发展产生巨大影响。

本章小结

1. 人类社会需求和战争需要是推动计算工具发展的动力。从原始计算工具到现代电子计算机形成经历了 4 个阶段。计算机的形成是人类智慧的结晶，计算机的发展是社会发展的标志。

2. 现代计算机不仅能实现高度的灵活性和自动化，还可以模仿人的某些智能活动。今天的计算机已经远远不只是计算工具，而是人类脑力延伸的重要助手，所以也被称为"电脑"。

3. 目前，计算机的主要应用为：科学计算、信息管理、过程控制、计算机辅助、系统仿真、人工智能、多媒体应用和网络通信等。基于 Neumann 结构计算机的发展趋势为：微型化、巨型化、网络化、智能化和多媒体化。

4. 人们对未来计算机的展望是非 Neumann 结构的新一代计算机，即采用非电子器件、非 Neumann 结构的计算机，如超导计算机、光子计算机、生物计算机、量子计算机等。

习 题 1

一、选择题

1. 世界上第一台电子数字计算机诞生于（　　）。
   A．1945 年　　　　　B．1956 年　　　　　C．1935 年　　　　　D．1946 年
2. 冯·诺依曼对计算机的主要贡献是（　　）。
   A．发明了计算机　　B．存储程序　　　　C．设计第一台计算机　D．程序设计
3. 冯·诺依曼结构计算机中采用的数制是（　　）。
   A．十进制　　　　　B．八进制　　　　　C．十六进制　　　　　D．二进制
4. 计算机硬件由 5 部分组成，（　　）不属于其中。
   A．CPU　　　　　　B．外存储器　　　　C．系统总线　　　　　D．输入/输出设备
5. 冯·诺依曼结构计算机要求程序必须存储在（　　）中。
   A．运算器　　　　　B．控制器　　　　　C．存储器　　　　　　D．光盘

6. 微型计算机中的关键部件是（　　　）。
   A．操作系统　　　　B．系统软件　　　　C．微处理器　　　　D．液晶显示器
7. 一台完整的计算机系统包括（　　　）。
   A．输入/输出系统　　B．硬/软件系统　　　C．键盘和打印机　　D．主机和外部设备
8. 典型的冯·诺依曼结构计算机是以（　　　）为中心的。
   A．运算器　　　　　B．存储器　　　　　C．控制器　　　　　D．计算机网络
9. 个人计算机是指（　　　）。
   A．数字计算机　　　B．模拟计算机　　　C．微型计算机　　　D．电子计算机
10. 计算机是当今（　　　）的核心。
   A．信息化技术　　　B．信息技术　　　　C．信息社会　　　　D．信息产业

二、问答题

1. 冯·诺依曼结构计算机的基本思想是什么？
2. 计算机采用二进制有何优点？
3. 目前，计算机主要应用在哪些领域？
4. 现代计算机科学体系的形成与哪些基础理论有关？
5. 冯·诺依曼对计算机的贡献主要体现在哪些方面？
6. 什么是冯·诺依曼结构计算机的技术瓶颈？
7. 计算机体系结构的演变包括哪些方面？
8. 决定计算机性能的因素有哪些？
9. 当前，计算机的发展趋势主要体现在哪些方面？
10. 非冯·诺依曼结构计算机的研究主要有哪些方面？

三、讨论题

1. 自古以来，人类一直在不断发明和改进计算工具，计算机的形成与发展对你有何启示？
2. 计算机的产生是20世纪最伟大的成就之一，它对人类社会的发展带来了哪些好处？
3. 计算机的逻辑结构、体系结构、组成原理、计算机实现这四者之间有何区别？

第 2 章 计算机学科体系

【问题引出】 基于冯·诺依曼结构的现代电子计算机，以其高速发展和广泛应用，使得从一种计算工具发展成为一门新兴学科——计算机学科。那么，作为一门新兴的综合性学科，它是怎样形成的？该学科的根本问题是什么？具有哪些本质特征？等等，这就是本章所要讨论的问题。

【教学重点】 计算机学科体系、计算机学科方法论、计算机学科的数学方法、计算机学科的根本问题、计算机学科的经典问题等。

【教学目标】 掌握计算机学科的基本概念；熟悉计算机学科的知识体系；了解计算机学科形态、学科特点、科学方法、根本问题、典型问题等。

§2.1 计算机学科体系的构建

20世纪40年代诞生的电子计算机是人类科学技术发展史上的一个里程碑，但是"计算作为一门学科"的存在性经历了一场前所未有的谋求合法性的争论。如果在众多分支领域都取得重大成果并已得到广泛应用的计算机科学作为一门学科的客观存在都不能被承认，那么计算机的发展必将受到极大的限制。因此，给出计算机学科的确切定义并证明其存在性，对该学科的发展具有至关重要的作用。计算机学科体系是一个发展和认识的过程，并建立在坚实的科学基础之上。

2.1.1 科学与学科的概念

科学与学科是一个古老又年轻的话题。在日常生活中，人们常把"科学"理解为"知识"或"学问"，把"科学的"理解为"客观的"或"规范的"，把"学科"理解为"知识体系"或"学术门类"。这些简单且模糊的意会但似乎明了的概念，成为了最受人们敬畏的知识名称。

1. 什么是科学

从词源上说，"科学"一词的英文"Science"源于拉丁文 Scientia，意为知识和学问。中国《辞海》（1999年版）对科学的解释是：<u>科学是运用范畴、定理和定律等思维形式反映现实世界中各种现象的本质和运动规律的知识体系</u>。《韦氏字典》中对科学的定义：<u>科学是从确定研究对象的性质和规律这一目标出发，通过观察、调查和实验而得到的系统知识</u>。

2. 什么是学科

"学科"是"科学"发展的产物，《辞海》对学科的解释是："① <u>学术的分类，指一定科学领域或一门科学的分支，如自然科学中的物理学、生物学等，社会科学中的史学、教育学等</u>；② <u>教学的科目，指学校教学内容的基本单位，如中、小学的政治、语文、数学、外语等</u>"。

由此看出，学科本身具有二重含义：首先是指相对独立的知识体系或学术分类，含义较广；其次是指为培养人才而设立的教学科目。我们通常意义上所讲的学科既具有第一重含义的特征，又包含第二重含义的特征，特别指高等学校或研究部门为培养高级专门人才而设立的教学科目。

3. 学科与科学的关系

"学科"与"科学"两者之间有着自然和必然的关系：科学是以问题为基础的，凡是有问题的地方就会有科学和科学研究；学科是在科学的发展中不断分化和整合而形成的，是科学研究发展成熟的产物。但并不是所有的科学研究领域最后都能发展成为学科，其界定是：<u>科学研究发展成熟并成为一个独立学科的标志是必须有独立的研究内容、成熟的研究方法和规范的学科体制</u>。

随着各科学领域的发展，不断形成新的分支科学及其学科，与计算机紧密关联的科学与学科有计算科学、计算学科、计算机科学、计算机学科等。

（1）计算科学（Computing Science）：从数学角度，计算科学是指计算的科学（Computational Science），是一个与数学模型构建、定量分析方法以及利用计算机来分析和解决科学问题的研究领域，因而又被称为科学计算（Scientific Computing）。从计算机角度，计算科学是应用计算机的高性能计算能力预测和了解客观世界物质运动或复杂现象演化规律的科学，包括数值模拟、工程仿真、高效计算机系统和应用软件等。

（2）计算学科（Computing Discipline）：从计算角度，计算学科是指计算的学科（Computational Discipline），是利用计算科学对其他学科中的问题进行计算机模拟或者其他形式的计算而形成的诸如计算物理、计算化学、计算生物等学科，统称为计算学科。从计算机角度，计算学科是对描述和变换信息的算法过程进行系统研究，包括算法过程的理论、分析、设计、效率分析、实现和应用。计算学科源于对算法理论、数理逻辑、计算模型、自动计算机器的研究，并与存储式电子计算机的发明一起形成于20世纪40年代。

（3）计算机科学（Computer Science）：计算机根植于科学计算，是一种进行算术运算和逻辑运算的机器，并且可实行多机系统的并行运算和分布运算。计算机科学不仅是研究计算机及其周围各种现象和规律的科学，也是研究信息处理的科学，围绕构造和应用各种计算机进行研究。

计算机科学分为理论科学和应用科学。理论科学包括计算理论、编码理论、算法与数据结构、程序语言理论、形式化方法、并行和分布式计算系统、数据库及信息检索等。应用科学包括人工智能、系统结构与工程、计算机图形学、计算机视觉、安全和密码学、信息科学、软件工程等。

计算机科学研究的课题可概括为：可计算性（计算机程序能做什么和不能做什么），算法和复杂性理论（如何使程序更高效的执行特定任务），数据结构和数据库（程序如何存取不同类型的数据），人工智能（程序如何显得更具有智能），人机互动和人机界面（人类如何与程序沟通）。

（4）计算机学科（Computer Discipline）：计算机学科是研究计算模型和计算系统以及如何有效地利用计算系统实现应用或进行信息处理的学科，涉及计算机的设计与制造，以及信息的获取、表示、存储、处理、控制等方面的理论、原则、方法和技术。因而，计算机学科包括科学和技术两方面：科学侧重于研究现象与揭示规律，技术则侧重于研制计算机及使用计算机进行信息处理的方法和技术手段。事实上，科学和技术相辅相成、相互影响和促进，两者高度融合是计算机学科的突出特点。

2.1.2 计算作为一门学科

从1946年电子数字计算机的诞生至今，在短短的几十年里，已形成一个完整的学科体系。计算机的应用和研究受到全世界的高度重视和关注，其发展速度之快，令其他学科所望尘莫及。

1. 计算学科的起源

1956年，哈尔滨工业大学本科教育率先开设了"计算装置与仪器"专业。随后，许多重点大学陆续开办了计算机专业及其计算机科学学位课程。1962 年，美国普度大学（Purdue University）开设了计算机科学学位课程，随后斯坦福大学（Stanford University）也开设了该学位课程。

然而，"计算机科学"名称在世界范围内却引起了激烈争论。因为自 1946 年电子计算机诞生及随后的几十年，计算机主要用于数值计算，所以大多数科学家认为使用计算机仅仅是编程问题，不需要做任何深刻的科学思考，没有必要设立学位，甚至认为计算机不是一门学科。20 世纪 70 至 80 年代，计算机技术得到了迅猛发展，并开始渗透到其他学科领域。但计算机科学能否作为一门学科，它的核心内容是什么，计算机科学是理科还是工科，或者是一门技术等问题的争论仍在继续。

针对这一激烈争论，1985 年，美国计算机学会（Association for Computing Machinery，ACM）和国际电子电气工程师协会计算机学会（Institute of Electrical and Electronics Engineers-Computer Society，IEEE-CS）联合组成工作组，开始对"计算作为一门学科"的存在性进行证明。经过近四年的工作，1989 年 1 月，该工作组提交了 *Computing as a Discipline*（计算作为一门学科）的报告，其主要内容刊登在 1989 年 1 月的 *Communications of the ACM*（ACM 通讯）杂志上。这个报告回答了计算学科中长期以来一直争论的一些问题，完成了计算学科的"存在性"证明，确定了计算学科的"知识框架"体系以及对知识框架进行研究的思想方法。

2．计算学科的定义

Computing as a Discipline 报告把计算机科学和计算机工程统一称为计算学科，认为两者没有基础性的差别，并且第一次给出了计算学科的定义，提出了计算学科的详细内容、研究方法和一系列教学计划等。概括地说，*Computing as a Discipline* 的研讨工作取得了以下 3 项重要成果。

（1）计算作为一门学科的存在性证明：这份报告第一次对计算学科及其核心问题给出了定义：计算学科（Computing Discipline）是对信息描述和变换的算法过程（包括对其理论分析、设计、效率分析、实现和应用等）进行的系统研究。

美国计算科学鉴定委员会（Computing Sciences Accreditation Board，CSAB）发布的报告摘录中强调了计算学科的广泛性："计算学科的研究包括了从算法与可计算性的研究以及可计算硬件和软件的实际实现问题的研究。这样，计算学科不但包括从总体上对算法和信息处理过程进行研究的内容，而且包括满足给定规格要求的有效而可靠的软件、硬件设计，包括所有科目的理论、研究、实验方法和工程设计。"

（2）整个学科核心课程详细设计：这份报告勾画了计算学科的知识框架，给出了计算学科中二维定义矩阵的定义及其相关研究内容，从而将计算学科的主题领域与学科的三个形态（抽象、理论和设计）有机地联系在一起，通过主题领域划分的方式为计算学科课程体系建设提供了基础的指导思想，从而为科学制订教学计划奠定了基础，避免了教学计划设计中的随意性。

（3）强调整个学科综述性引导课程的构建：这份报告提出并解决了未来计算学科教育必须解决的整个学科核心课程问题以及整个学科综述性引导（导论）课程的构建问题，鼓励各种学术团体（如学会或研究会）以及教师个人从事这方面的研究，使人们对整个学科认知科学化、系统化和逻辑化，以有力促进对计算学科方法论的研究，推动计算学科的快速发展。

1990 年，ACM 和 IEEE-CS 在这个报告的基础上，提交了"计算教程 1991"（Computing Curricula 1991，CC1991）报告，其中提取了计算机科学中反复出现的 12 个核心概念，并提出了"社会的、道德的和职业的问题"主领域，使计算学科方法论的研究更为完备。

1998 年，ACM 和 IEEE-CS 建立了计算教程 2001（Computing Curricula 2001，CC2001）联合

工作组，并于 2001 年 12 月提交了最终报告，将 CC1991 中的 11 个主领域扩展为 14 个主领域，并提出了计算机科学知识体系（Computer Science Body of Knowledge）概念，为计算学科核心课程的设计奠定了坚实基础，对学科发展起到了极大的推动作用。某种意义上，该报告是计算领域认知过程中的一个里程碑，为建立计算认知领域的理论体系奠定了基础。

2.1.3 CC2005 学科体系

IEEE-CS 和 ACM 在 CC1991 基础上相继发表了 CC2001、CC2004、CC2005 等，并定义了计算学科中各分支学科的性质、研究领域、教学目标等，给出了各分支的课程体系。

1. 计算学科的分支学科

CC2005 中包含多个报告，并将计算学科划分为 5 个分支学科，其构成如图 2-1 所示。

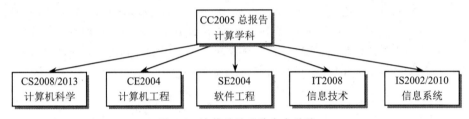

图 2-1 计算学科及其分支学科

（1）计算机科学（Computer Science，CS）：是一门研究计算理论与计算方法的学科，主要研究领域主要包括计算理论、算法基础、机器人开发、智能系统、生物信息学等，涉及寻找求解问题的有效方法、构建应用计算机的新方法以及实现技术，是计算机各分支学科的基础。该学科的学生更关注计算理论和算法基础，并能从事软件开发及其相关理论的研究。

（2）计算机工程（Computer Engineering，CE）：是一门对现代计算机系统和由计算机控制的设备的软件与硬件的设计、建造、实施和维护的学科，主要研究领域包括计算机系统、电路和信号、人机交互、算法与复杂性、计算机网络等，涉及计算机硬件系统的结构组成和计算机软件工程。该学科的学生更关注设计并实施集软件和硬件设备为一体的系统。

（3）软件工程（Software Engineering，SE）：是一门利用系统的、规范的、可量度的方法来开发、运行和维护软件的学科，主要研究领域包括程序设计、算法、数据结构等，涉及数据建模、软件评估、软件研发预算。该学科的学生更关注以工程规范进行大规模软件系统开发与维护原则，尽可能避免软件系统潜在的风险。

（4）信息技术（Information Technology，IT）：是一门针对社会和各企事业单位的信息化需求，提供与实施技术解决方案的学科，主要研究领域包括信息传输、获取和处理等，涉及对计算机软/硬件、计算机网络等相关技术与产品的选择、评价、集成、应用和管理。该学科的学生更关注基于计算机的新产品及其正常运行和维护，并能使用相关信息技术来计划、实施和配置计算机系统。

（5）信息系统（Information System，IS）：是一门实施对数据信息进行高效管理的学科，主要研究领域包括数据处理系统、管理信息系统、决策支持系统、电子商务与电子政务、商务智能和企业资源规划等，涉及如何将信息技术的方法与企业生产和商业流通结合起来，以满足行业的需要。该学科的学生更关注信息资源的获取、部署、管理，能够分析信息的需求和相关商业过程等。

随着计算机科学技术的高速发展和广泛应用，计算学科的分支会不断拓展和调整。

2．计算机科学的课程体系

ACM 和 IEEE-CS 提出的计算机科学知识体系概念，为各分支学科体系的建立提供了范式，将各分支学科（也称为专业方向）划分为知识领域（Area）、知识单元（Unit）和知识点（Topic）三个层次：知识领域代表分支学科中的课程名称；知识单元代表知识领域中的基础内容，分为核心单元和选修单元，核心单元代表该学科都必须学习的基础内容，选修单元代表该学科选择学习的基础内容；知识点代表知识单元中单独的主题模块。例如，计算机科学分支学科课程体系的模式如表 2-1 所示。

表 2-1　计算机科学分支学科课程体系的模式

知识领域（课程名称）	核心单元	选修单元
离散结构	数理逻辑、集合论、组合数学、近世代数、图论	离散概率
……	……	……

计算机科学包含 14 个知识领域，外加一门"导论"，共 15 门核心课程，但导论课程是作为 14 个知识领域的引导性课程，14 个知识领域与计算学科三个形态构成如表 2-2 所示的二维定义矩阵。

表 2-2　计算机科学分支学科核心课程的二维定义矩阵

学科主领域	三个过程		
	抽　象	理　论	设　计
1. 离散结构（DS）	用数学符号描述现实世界	集合论、数理逻辑、近世代数、图论、组合数学等	
2. 程序设计基础（PF）	程序设计结构、算法和问题求解、数据结构等		面向过程和面向对象
3. 算法与复杂性（AL）	算法设计策略、算法分析、并行算法、分布式算法等	可计算性理论、计算复杂性理论、并行计算理论、密码学等	算法及组合问题启发式算法的选择、实现和测试、密码协议等
4. 体系结构与组织（AR）	布尔代数模型、电路模型、有限状态机、硬件可靠性等	布尔代数、开关理论、编码理论、有限自动机理论等	硬件单元、指令集的实现、差错处理、故障诊断、机器实现等
5. 操作系统（OS）	用户可察觉对象与内部计算机结构的绑定、子问题模型、安全计算模型等	并发理论、调度理论、程序行为和存储管理的理论、性能模型化与分析等	分时系统、自动存储分配、多级湿度、内存管理、文件管理、构建操作系统技术等
6. 网络及其计算（NC）	分布式计算模型、组网、协议、网络安全模型等	数据通信理论、排队理论、密码学、协议的形式化验证等	排队网络建模、系统性能评估、网络体系结构、协议技术等
7. 程序设计语言（PL）	基于各种标准的语言分类、语义模型、编译器组件等	形式语言与自动机、图灵机、形式语义学、近世代数等	特定程序设计语言、程序设计环境、翻译技术、统计处理等
8. 人机交互（HCI）	人的表现模型、原型化、交互对象的描述、人机通信等	认知心理学、人机工程学、社会交互科学、人机界面等	交互设备、图形专用语言、交互技术、用户接口、评价标准等
9. 图形学与可视化计算（GV）	显示图像算法、实体对象的计算机表示、图像处理方法等	二维和多维几何、颜色理论、认知心理学、傅里叶分析等	图形算法的实现、图形库和图形包、图像增强系统等
10. 智能系统（IS）	知识表示、推理与学习模型、自然语言理解、自动学习等	逻辑、概念依赖性、认知心理学、相关支持领域等	逻辑程序设计语言、定理证明、专家系统、弈棋程序、机器人等
11. 信息管理（IM）	数据模型、文件表示、数据库查询语言、超媒体模型等	关系代数、关系演算、数据依赖理论、并发理论、统计推理等	数据库设计、数据库安全、磁盘映射、人机接口等

（续表）

学科主领域	三个过程		
	抽 象	理 论	设 计
12. 软件工程（SE）	归约方法、方法学、软件工具与环境、系统评价、生命周期等	程序验证与证明、时态逻辑、可靠性理论、认知心理学等	归约语言、配置管理、软件开发方法、工程管理、软件工具等
13. 计算科学与数值方法（CN）	数学模型、有限元模型、连续问题的离散化技术等	数论、线性代数、数值分析以及其他支持领域等	有限元算法映射到特定结构的方法、标准程序库和软件包等
14. 社会与职业问题（SP）			价值观、道德观、知识产权、美学问题等

（1）离散结构（Discrete Structures，DS）：是计算机科学的理论基础，其内容渗透在数据结构和算法中，也体现在计算学科的其他领域。随着计算技术的发展，离散结构越来越受到重视。CC2005 为了强调其重要性，将它列为计算机科学的第一个主领域。该主领域以抽象和理论两个过程出现在计算学科中，为计算学科各分支领域解决理论基础问题提供了强有力的数学支撑。

（2）程序设计基础（Programming Fundamentals，PF）：是利用计算机解决应用问题所必须具备的基本知识，是学好计算学科绝大多数课程的先决条件和能力。程序设计基础属于学科抽象形态方面的内容，即如何对问题进行抽象，并为计算学科各分支领域基本问题的感性认识（抽象）提供方法。该领域主要包括程序结构设计、算法和问题求解、数据结构等内容。

（3）算法与复杂性（Algorithms and Complexity，AL）：算法是计算机科学和软件工程的基础，是对特定问题求解步骤的一种描述，是指令的有限系列。算法涉及算法理论和可计算理论：算法理论主要研究在各种抽象的计算模型上的算法设计和算法复杂性分析；可计算理论主要研究抽象的计算模型及其性质、可计算函数，以及两者之间的关系。算法复杂性是指除了复杂性的内容，还包括研究基于抽象的公理基础上的可计算函数的复杂性。

（4）体系结构与组织（Architecture and Organization，AR）：是介绍计算机硬件的基本结构和组成的核心课程。计算机在计算学科中处于核心地位，如果没有计算机，那么计算学科只能是理论数学的一个分支，因此应该对计算机系统的结构、组成、功能、特点、性能、相互作用等都有一定的理解。体系结构与组织的主要内容包括数字逻辑、数据的机器表示、汇编级机器组织、存储技术、接口和通信、多道处理、性能优化、网络和分布式系统的体系结构等知识。

（5）操作系统（Operating Systems，OS）：是对硬件性能的一种抽象，计算机用户通过操作系统使用计算机的硬件资源，程序员通过操作系统指挥计算机执行各种运行操作。操作系统的设计与实现涉及的许多理论在计算机科学领域中有着广泛的适用性。例如，并发程序设计与建立虚拟环境、网络管理、算法设计与实现、程序设计等领域都密切相关。

（6）网络及其计算（Net-Centric Computing，NC）：计算机和远程通信网络的发展提升了计算学科中网络技术的重要性，主要包括：计算机通信网络的概念和协议、多媒体系统、Web 标准和技术、网络安全；无线和移动计算以及分布式系统。学生应重视实践和分析，从而加强对重要概念及其实际应用的理解。

（7）程序设计语言（Programming Languages，PL）：是计算机用户与计算机进行信息交流的主要界面，也是用户解决实际问题的工具。一个程序员不仅要熟练掌握多门语言，更要了解各种程序设计语言的不同风格；既要面对所遇到的许多不同语言，也要使用多种不同风格的语言。其基本要求是，理解程序设计语言的多样性和不同编程范例中的设计规范，从而快速掌握新的语言。

（8）人机交互（Human-Computer Interaction，HC）：是人与计算机打交道的界面，需要交互设备和交互软件的支持,而人机交互软件是人机交互系统的核心。其学习重点是理解与交互对象进行交互的人的行为,掌握一般交互软件的人机界面设计知识,懂得如何使用以人为中心的方法开发和评价交互软件。

(9)图形学与可视化计算(Graphics and Visual Computing,GR):是现代计算机及多媒体技术的基础,把图形直接输入计算机,把计算机处理的结果以图形方式输出,可以为人机之间的通信提供方便的手段,从而扩大计算机的信息处理能力。其重点是如何提取抽象的相关数据。

(10)智能系统(Intelligent Systems,IS):是现代计算机研究与发展的趋势,也是当前计算机应用研究的热点话题。人工智能领域涉及智能系统的设计与分析,一个智能系统必须能够感知它所处的处境,采取符合其指定任务所要求的行动,与其他智能系统和人类进行交互。人工智能提供了一套工具以解决那些在现实中用其他方法难以解决的问题。计算学科的学生应能辨别在什么时候对给定的问题采用人工智能方法是恰当的,并能选择和实现一个适合解决的人工智能方法。

(11)信息管理(Information Management,IM):信息管理几乎在所有计算机应用领域都起着关键的作用。其主要内容包括信息获取、信息数字化、信息表示、信息组织、信息变换和信息的表现、有效存取算法和存储信息的更新、数据模型化、数据抽象以及物理文件存取技术等。

(12)软件工程(Software Engineering,SE):是为了解决"软件危机"问题,人们运用工程的方法、过程、技术和度量实施软件开发、分析和建立软件模型,评价和控制软件质量,确定软件演化和重用的规范。软件开发将涉及选择最适合给定开发环境的工具、方法和途径。

(13)计算科学与数值方法(Computational Science and Numerical Methods,CN):是计算科学研究的主要领域,随着计算机解决问题的能力不断增强,变得更加宽广和重要,它提供了许多有价值的思想和技术。因此,计算科学与数值方法是计算学科本科阶段的重要科目之一,涉及数学模型、算法策略、线性代数、数值分析、误差分析、连续问题的离散化技术等。

(14)社会与职业问题(Social and Professional Issues,SP):为了适应当今社会对人才培养的要求,计算学科的学生必须对计算机文化、计算机社会、计算机法律、计算机道德等问题有一定的了解。当他们将来走上工作岗位后,必须认识从业者的基本法律权利和道德责任,必须理解他们的职责和有过错时可能造成的后果,必须明白他们使用的工具的局限性和他们自身的局限性。

(15)计算机科学导论(Introduction to Computer Science):是关于计算学科知识体系的引导性课程,主要介绍计算机的形成与发展、计算学科的知识体系、计算学科的方法论、计算学科的典型问题、计算学科的人才培养等,对学科知识的把控和素质培养具有十分重要的引导作用。

2.1.4 CCC2002 学科体系

为了适应计算机科学与技术的发展和教学的需要,2001 年我国组织了"中国计算机科学与技术学科教程 2002"研究小组,借鉴 CC2001 的成果,结合国内计算机教学实践,形成了《中国计算机科学与技术学科教程 2002》(China Computing Curricula 2002,CCC2002)。

1. 中国计算机教程

我国计算机专业本科教育始于 1956 年哈尔滨工业大学开设的"计算装置与仪器"专业,随后许多大学相继开设类似专业,经历了计算机及应用、计算机软件、计算机科学教育、计算机器件及设备等名称的变化。1998 年,教育部进行本科专业目录调整,计算机类专业名称统一为计算机科学与技术专业。从 2001 年开始,在原有专业的基础上,增设了软件工程专业和网络工程专业。

为了与国外先进课程体系接轨,2001 年 3 月,中国计算机学会教育专业委员会和全国高等学校计算机教育研究会决定成立《中国计算机科学与技术学科教程2002》项目研究组,希望通过对CC2001的跟踪、分析和研究,并结合我国计算机学科的发展状况和我国计算机教育的具体情况提出一个适应我国计算机科学与技术学科本科教学要求的参考教学计划。该项目研究组于2002年4月提交了相关研究报告,并通过了教育部高等教育司组织的专家评审。

2. 中国计算机专业规范

在广泛调研我国不同类型的高等学校和不同类型的IT企业的基础上,借鉴美国《计算教程》(CC2004),2006年6月24日,教育部高等教育司组织了对教育部高等学校计算机科学与技术教学指导委员会编制的《高等学校计算机科学与技术专业发展战略研究报告暨专业规范(试行)》进行了的评审。"专业规范"对我国计算机学科的发展历史与现状进行了全面总结,研究了信息社会对计算机人才的需求,指出了计算机专业办学改革的目标与措施。其主要内容如下。

(1) 在计算机科学与技术专业名称下,鼓励不同的学校根据社会需求和自身实际情况,为学生提供不同人才培养类型的教学计划和培养方案。

(2) 将人才培养的规格归纳为四个专业方向、三种类型:计算机科学(研究型)、计算机工程(工程型)、软件工程(工程型)、信息技术(应用型)。而信息系统(应用型)专业方向被划归为管理学。

(3) 给出了4个专业方向的专业规范,包括培养目标和规格、教育内容和知识体系、办学条件、主要参考指标、核心课程描述等内容。

2008年10月正式出版了教育部高等学校计算机科学与技术教学指导委员会编制的《高等学校计算机科学与技术专业公共核心知识体系与课程》《高等学校计算机科学与技术专业实践教学体系与规范》,并颁布了一系列教学规范的指导文件。

3. 计算机科学与技术学科体系

我国在20世纪60~70年代,计算机已作为一门重要学科。但早期本科专业仅有计算机软件、计算机系统结构、计算机及应用等专业,研究生专业则设定为5个二级学科:计算机软件、计算机理论、计算机系统结构、计算机接口与外部设备、计算机应用。20世纪90年代提出"宽口径"人才培养思路后,计算机科学与技术学科与专业设置有了重大改革。国务院学位委员会将计算机科学与技术学科划分为一个一级学科和3个二级学科,如图2-2所示。

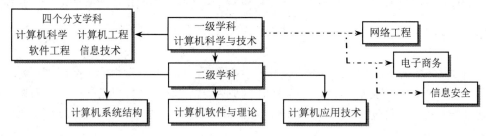

图 2-2 计算机科学与技术学科结构

本科专业按一级学科培养,统一为计算机科学与技术专业;研究生按二级学科培养,统一为计算机软件与理论、计算机系统结构和计算机应用技术3个专业。20世纪末,由于计算机网络、多媒体技术、通信和计算机软件等迅速发展,国家又批准设置了一批新专业。在本科层次上,与计算机科学与技术学科相关的专业有网络工程、电子商务和信息安全等。

作为一级学科的计算机科学与技术涵盖两部分：计算机科学是研究计算机及其相关现象与规律的科学，主要包括计算机科学理论、计算机系统结构、软件和人工智能等；计算机技术则泛指计算机领域中所应用的技术方法和技术手段，包括计算机的系统技术、软件技术、部件技术、器件技术和组装技术等。

〖**问题提示**〗CC2005把五个分支学科统称为"计算学科"，而CCC2002把除信息系统之外的四个分支学科统称为"计算机科学与技术学科"。为了叙述方便起见，这里将"计算学科"和"计算机科学与技术学科"统称为"计算机学科"。

§2.2 计算机学科方法论

人们要认识世界和改造世界，就必须从事一系列的思维实践活动，这些活动所采用的各种方式统称为"方法"，它是各个领域中的行为方式，是用以达到某一目的的手段的总合。以"方法"为对象的研究已成为专门学科——"方法学"或"方法论"，它是人们认识世界和改造世界的根本方法。

2.2.1 计算机学科方法论概念

1. 计算机学科方法论的定义

方法论（Methodology）是关于人们认识世界、改造世界的方法理论，是一种以解决问题为目标的理论体系或系统。方法论分为哲学方法论、一般科学方法论、具体科学技术方法论，并且三者相互依存、相互作用。<u>计算机学科方法论在哲学方法论和一般科学论方法论的指导下，对计算机领域认识和实践过程中的一般方法、性质、特点、内在联系和变化规律进行系统研究和理论总结。</u>

2. 计算机学科方法论的体现

回顾计算机学科的发展历程，每个重要进展几乎都取决于研究方法的获取、改进和创新。
（1）在计算机硬件方面：由以运算器为中的"冯·诺依曼结构"改进为以存储器为中心的现代体系结构，并且采用流水线处理器系统、并行处理器系统、多处理器系统、精简指令系统等。
（2）在计算机软件方面：由程序控制发展为用操作系统对硬件系统全面控制和管理。
（3）在程序设计方面：程序设计语言由低级语言发展成为高级语言，由面向过程语言发展成为面向对象语言；程序设计方法由流程图→模块化→结构化，并由程序开发发展成为软件工程。
（4）在应用技术方面：科学计算→多媒体→数据处理→人工智能→数据库→计算机网络。

3. 计算机学科方法论的研究

每一个学科都有自身的知识结构、学科形态、核心概念和工作流程方式等。随着计算机学科的逐渐成熟，其方法论逐渐丰富。目前计算机学科方法论的研究成果主要体现在以下6个方面。
（1）计算机学科的知识体系：计算机学科的知识体系：《计算作为一门学科》报告的提出，标志着计算机学科知识体系的形成，并从知识领域、知识单元和知识点三个不同的层次给出了知识体系的内容，为整个学科核心课程的详细设计奠定了基础。
（2）计算机学科的三个形态：抽象、理论和设计是计算机学科中问题求解的三个过程，全面描述了计算机学科认知和实践相互作用的动态过程，并且三个形态贯穿于计算机学科的各个分支。
（3）计算机学科的核心概念：认知学科终究是通过概念来实现的，在《计算作为一门学科》中反复提到12个核心概念，这些概念是具有普遍性、持久性的重要思想、原则和方法。
（4）计算机科学的典型方法：是围绕解决学科中的一系列问题而形成的、贯穿于认识和实践过程中问题求解的基本科学方法,包括学科研究工作的一般程序、操作技术和正确的思维方法。

（5）计算机学科的数学方法:计算机学科是计算的学科,计算机学科中典型问题证明、计算过程的高效性和计算结果的可靠性等,都是基于数学理论与方法。

（6）计算思维方法:是运用计算机科学的基础概念进行问题求解、系统设计以及人类行为理解等涵盖计算机科学一系列思维活动的方法,也是近年来倍受计算机学界关注的一种思想方法。

2.2.2 计算机学科的三个形态

《计算作为一门学科》报告认为:抽象、理论和设计是从事计算机科学技术工作的3种主要形态（Paradigm）,是从事一类学科研究与发展工作且具有共性的文化方式,也是定义学科的条件。

1. 抽象形态（Abstract Form）

抽象是指在思维中对同类事物去除其现象、次要的方面,抽取其共同、主要的方面,从而做到从个别中把握一般,从现象中把握本质的认知过程和思维方法,在科学方法论中居于首要位置。

抽象源于建模,是自然科学的根本,其研究内容:一是建立对客观事物进行抽象描述的方法;二是采用统一的描述方法（符号化、图形化语言）建立具体问题的概念模型,从而获得对客观世界的感性认识。抽象的根本目的在于发现并抓住问题的本质,简化复杂问题的解决过程。

抽象的基本步骤:数据采集和假设的形式说明→模型的构造与预测→实验分析→结果分析,为可能的算法、数据结构和系统结构等构造模型时使用的过程。抽象的结果是概念、符号、模型。

2. 理论形态（Theoretical Form）

理论是指为理解一个领域中的对象之间的关系而构建的基本概念和符号。科学理论是经过实践检验、系统化了的知识体系,是由科学概念、科学原理以及对这些概念、原理论证组成的体系。通过抽象的科学理论,已脱离了现实事物,不受现实事物的限制,更能把握事物的本质。

理论源于数学,是数学的根本,其研究内容:一是建立完整的理论体系;二是在现有理论的指导下建立具体问题的数学模型,从而实现对客观世界的理性认识,成为分析问题的思想指导。

理论的基本步骤:定义→公理→定理→证明,使用形式化方法对事物进行严密的定义和论证。理论研究的基础是逻辑学和数学,研究的前提是抽象,研究的过程是用形式化、数学化的概念对事物进行严密的定义与论证。

3. 设计形态（Design Form）

设计是指构造不同应用领域的计算机系统和设备,设计基于抽象和理论,并且具有较强的实践性、社会性和综合性,如数据库应用系统设计是在数据抽象和函数依赖理论上进行的。

设计源于工程,是工程的根本,所研究的内容包括:一是在对客观世界的感性认识和理性认识的基础上完成一个具体的任务;二是对工程设计中所遇到的问题进行总结、提出问题、由理论界去解决,并将工程设计中所积累的经验和教训进行总结,形成方法,以便指导以后的工程设计。

设计的基本步骤:需求分析→建立规格说明→设计并实现该系统→对系统进行测试与分析。在计算机学科中设计的内容包括:系统模型的刻画与说明性文档、算法与过程的构造、程序代码与软硬件的实现等,并且分为形式(符号语言)设计、构造(算法与过程)设计和自动化(系统)设计。

4. 三个形态之间的关系

抽象、理论和设计三个学科形态概括了计算机学科的基本内容,是计算机学科认知领域中最基本的三个概念。三个形态的划分有助于正确理解计算机学科三个过程的地位、作用和联系,也反映了人们的认识是从感性认识(抽象)到理性认识(理论)，再由理性认识(理论)回到实践(设计)中来的科学思维方法。三个形态之间的相互关系如图 2-3 所示。

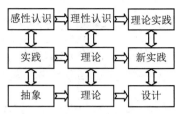

图 2-3　三个形态之间的相互关系

在计算机科学中，"认识"是指抽象过程(感性认识)和理论过程(理性认识)，"实践"是指设计过程。科学实践是建立在科学理论基础之上的，科学认识由感性阶段上升为理性阶段就形成了科学理论。三个形态相互依存、相互影响、相互补充，并具有普遍意义，贯穿于计算机学科的各个分支领域，并且在每个分支领域中，都突显了计算机学科形态的特征。

2.2.3　计算机学科的核心概念

计算机学科的核心概念是 CC1991 报告首次提出的，它表达了计算机学科特有的思维方式，在整个本科教学过程中起着纲领性作用，是具有普遍性、持久性的重要思想、原则和方法。CC1991 的重要贡献之一是提取了计算机学科中 12 个核心概念，其内容如表 2-3 所示。

表 2-3　计算机学科的 12 个核心概念

项　目	内　　容
1. 绑定	绑定是指通过把一个对象与其某种属性相联系，从而使抽象的概念具体化的过程。例如，将一个进程与一个处理机、一个变量与其类型或值分别联系起来，这种联系的建立，实际上就是建立了某种约束
2. 大问题的复杂性	随着问题规模的增长而使问题的复杂性呈非线性增加的效应，这种非线性增加的效应是区分和选择各种现有方法和技术的重要因素。例如，程序代码行的增加，程序的复杂性呈非线性增加
3. 概念与形式模型	模型是对一个想法或问题形式化、特征化、可视化的方法。抽象数据类型、数据流图和 E-R 图等都属于概念模型；逻辑理论、开关理论和计算理论中的模型大都属于形式模型
4. 一致性与完备性	一致性与完备性是计算的一致性和完备性，是正确性、健壮性和可靠性的具体实现。一致性包括公理之间、理论与事实之间、语言与界面之间等的一致性；完备性包括给出的一组公理能恰当解释预期出现的情况、软件和硬件系统合适的功能、系统在错误条件和意外情况下保持良好状态的能力
5. 效率	效率是关于时间、空间、人力和财力等资源消耗的度量，例如算法的空间复杂性和时间复杂性的理论估计；可行性；达到某些预期的结果的效率；给定实施方案的效率等
6. 演化	演化是指系统的结构、状态、特征和功能等随着时间的推移而发生的变化。例如程序设计语言经历了从具体到抽象的演化过程，计算机体系结构经历了从以运算器为中心到以存储器为中心的演化过程
7. 抽象层次	是在复杂系统中隐藏细节对系统各层次进行抽象描述，从而既能控制系统的复杂程度，又能充分描述系统的特性。例如，在数据库应用系统设计时，分层 E-R 图的思想就是这一核心概念的具体应用
8. 按空间排序	按空间排序是指各种定位方式，包括物理上的定位(如网络和存储中的定位)、组织方式上的定位(如处理机进程、类型定义和有关操作的定位)以及概念上的定位(如软件的辖域、耦合、内聚等)。按空间排序是计算技术中一个局部性和相邻性的概念
9. 按时间排序	在计算学科中是局部和邻接的概念。例如，在具有时态逻辑的系统中要考虑与时间有关的时序问题；在分布式系统中要考虑进程同步的时间问题；在依赖于时间的算法执行中要考虑其基本的组成要素
10. 重用	重用是指在新的环境下，系统中各类实体、技术、概念等可被再次使用的能力。例如，软件库和硬件部件的重用，组件技术等。在软件工程中，软件重用是一个重要的研究领域
11. 安全性	安全性是指计算机软硬件系统对合法用户的响应及对非法请求的抗拒，以保护系统不受外界影响和攻击。例如，为防止数据丢失和泄密，在数据库系统中提供口令更换、操作员授权等功能
12. 折中和结论	折中是指为满足系统的可实施性而对系统设计中的技术、方案所做出的一种合理的取舍。例如，在算法研究中，要考虑空间和时间的折中；对于矛盾的软件设计目标，需要在诸如易用性和完备性、灵活性和简单性、低成本和高可靠性

2.2.4 计算机学科的典型方法

在计算机学科发展过程中，围绕解决学科中的一系列问题形成了一些行之有效的方法，常用的典型方法有：抽象方法、构造性方法、公理化方法、形式化方法、系统科学方法等。

1. 抽象方法（Abstract Method）

抽象方法在科学方法论中居于首要位置，在计算机学科中的作用体现主要有以下 4 个方面。

（1）问题描述语义抽象：是计算机学科中无处不在的思维方式，是形式化方法、公理化方法、符号化方法的基础。例如，在数据编码中，用"0"表示正值"+"，用"1"表示负值"-"；在数学建模中，用数学符号对实际问题本质属性进行抽象、刻画和定义；在数据库系统中，概念模型是对现实世界的抽象，逻辑模型是对信息世界的抽象，物理模型是对数据世界的抽象。

（2）计算系统分层抽象：计算系统是对计算机的抽象，并把计算机抽象成硬件层和软件层；把计算机网络中的通信协议抽象成应用层、表示层、会话层、传输层、网络层、链路层和物理层。

（3）程序设计语言抽象：程序设计语言从低级到高级的发展过程，反映的是从底层到外层、从复杂到简单的抽象过程。例如，汇编语言是对机器语言的抽象，高级语言是对汇编语言的抽象。

（4）程序设计方法抽象：在程序设计方法中主要有三种抽象，为了描述数据形成的方法和步骤，采用了过程抽象；为了确保数据的计算精度和节省存储空间，采用了数据类型抽象（字符型、整数型、实数型）；为了使程序能够按照逻辑判断结果顺序执行，采用了控制抽象。

2. 构造性方法（Constructive Method）

构造是指由基本元素进行有机组合形成新的结构体，构造性是指结构体所呈现的基本要素和特性。构造性是计算机学科最本质的方法，在计算机学科中构造性方法可以概括为以下 3 个方面。

（1）计算机系统的构造性：一个完整的计算机系统是由硬件系统和软件系统构成的，并且它所识别的信息只能是离散的或离散过的数据信息，离散型数据信息就是一种构造性的数据信息。

（2）计算机语言的构造性：计算机语言是实现人-机交互的语言，也是进行程序设计的语言。计算机语言是语义符号化的抽象，是语法构造规则的集合，由基本字符及其语法规则构成单词、常量、变量、数据类型、语句、函数等语句成分，然后由这些语句成分构成一个完整的语言程序。

（3）计算机数学的构造性：计算机是为了解决科学计算而问世的，因而计算机方法与数学方法同出本源，人们力求凡是用数学方法能解决的问题都能通过计算机实现。在计算机学科中最具有代表性的构造性数学方法有递归与迭代、数理逻辑、集合论、排列组合、逻辑代数、图论等，它们被广泛应用于计算机学科的各个领域。

3．公理化方法（Axiomatic Method）

公理化方法是一种构造理论体系的演绎方法，即从尽可能少的基本概念和公理出发，运用演绎推理规则推导出一系列的命题，从而建立整个理论体系。构造性是计算机软/硬件系统的最基本特征，递归和迭代是最具代表性的构造性数学方法，已经被广泛应用于计算机学科的各领域。用公理化构建的理论体系称为公理系统（Axiomatic System），它是一套完整的理论法则，如数据库理论中研究函数依赖的阿姆斯特朗（Armstrong）法则是著名的公理系统，是模式分解算法的理论基础。在计算机学科中，形式语义学、关系数据库理论和布尔代数系统中均采用了公理化方法。其中,形式语义学(Formal Semantics)是程序设计理论的重要组成部分,它以数学为工具,利用符号和公式,精确地定义和解释计算机程序设计语言的语义,是语义形式化的学科。

4. 形式化方法（Formalization Method）

形式化方法是一种基于命题逻辑的数学方法,即采用数理逻辑证明的手段对计算机系统进行建模、规约、分析、推理和验证,把各种具有不同内容的思维形式(命题和推理)加以比较,找出其中各个部分相互联结的方式,如命题中包含概念彼此间的联结,推理中则是各个命题之间的联结,抽取出它们共同的形式结构,利用表达形式结构的符号语言,严密、精确而又毫无歧义地描述系统的方法。因此,形式化表示也是一种符号化表示,可将其定义为"符号化＋抽象公理化"。

符号化方法(Symbolic Methods)是将实际问题转化为数学问题,建立数学模型的过程。符号化超越了实际问题的具体情境,深刻地揭示和指明了存在于某一类问题中的共性和普遍性。

基于形式化方法的系统称为形式系统（Formalization System）,它是抽象公理系统。例如,布尔代数抽象公理系统可以解释为有关命题真值的命题代数,则抽象符号 X 可以看作命题 X,"1"和"0"分别表示命题的"真"和"假";也可以解释为有关电路设计的开关代数,此时抽象符号 X 可以看作电路 X,"1"和"0"分别表示电路开关的"闭"和"开"。显然,计算机系统是一个形式系统,其结构可用形式化方法来描述。

形式化方法和形式系统对计算机学科的发展有着重要影响,例如,对计算的形式化研究产生了第一个计算机模型——图灵机;程序设计语言是形式化语言,人工智能语言 Prolog 是典型的符号逻辑形式系统;一阶谓词演算形式系统为知识的形式表示及定理的机器证明奠定了重要基础。

5. 系统科学方法（System Science Method）

系统科学方法是用"系统"的观点来认识和处理问题的各种方法的总称,它是把研究对象视为一个系统,从系统与要素、要素与要素、结构与功能以及系统与环境的对立统一关系中,对研究对象进行考察、分析和研究,以得到最优化的处理与解决问题的一种科学研究方法。计算机学科中的系统科学方法主要体现在以下 5 个方面。

（1）系统分析方法：是以运筹学和计算机作为主要工具,通过对各种要素、过程和关系的考察,确定系统的组成、结构、功能和效用的方法。系统分析法广泛用于计算机硬件的研制、软件的开发、技术产品的革新等。

（2）信息甄别方法：是以信息论为基础,以计算机为工具,根据获取、传递、加工、处理的数据信息,分析系统、认识系统和改造系统。

（3）功能模拟方法：是以控制论为基础,根据两个系统功能的相同或相似性,应用系统模型来模拟原型系统功能。

（4）黑盒检验方法：是对内部结构和要素不清楚的系统,通过研究黑盒的输入与输出的动态系统,确定可供选择的黑盒模型进行检验和筛选,最后推测出系统内部结构和运动规则。

（5）整体优化方法：是从系统的总体出发,运用自然选择或人工技术手段,从系统多种目标或多种可能的途径中,选择最优系统、最优方案、最优功能和最优运动状态,使系统达到最优化。

系统科学方法在计算机科学领域取得的典型成就是冯·诺依曼计算机体系结构;计算机科学中一些重要问题的求解与处理方法,如结构化方法、面向对象方法、子系统和层次结构的定义与划分等，都沿用了系统科学的思想方法；现代计算机系统、信息管理系统、云计算系统、互联网计算系统、专家系统等，都是系统科学方法在计算机学科领域所取得的应用成果。

§2.3　计算机学科中的数学方法

数学方法是认识和改造世界的工具，是其他各门学科的方法论基础。更广义地说，数学方法是横跨各门学科方法和哲学方法的桥梁。古希腊哲学家柏拉图将数学作为构造世界模型的工具，笛卡尔认为数学是所有其他知识的工具和源泉，其主要原因就在于其广泛性、重要性和方法论。

2.3.1　数学方法及其作用体现

数学方法（Mathematical Method）是指用数学语言表述事物的状态、关系和过程，并加以推导、演算和分析，以形成对问题的解释、判断和预言的方法。计算机根植于科学计算，所以计算机学科是一门计算的学科，其计算方法根植于数学方法。因此，数学方法在计算机科学中具有十分重要的作用地位。在电子计算机诞生之前，人们用数学分析方法来研究问题，进行定性和定量分析。电子计算机就是为了解决科学计算问题而问世的，因而计算机方法与数学方法同出本源，计算机科学中的数学方法是计算机进行数值计算和数据处理的最有效方法。

1. 数学方法的基本特征

数学是研究现实世界的空间形式及其数量关系的一门学科，数学方法具有以下3个基本特征。

（1）高度的抽象性：抽象是是任何一门学科乃至全部人类思维都具有的特性，然而，数学的抽象程度大大超过了自然科学中的一般抽象。数学抽象的最大特点是它抛弃现实事物的物理、化学和生物特性，仅保留其量的关系和空间的形式。

（2）严密的逻辑性：数学高度的抽象性建立在严密的逻辑性基础之上，如果没有严密的逻辑性，那么用数学方法对现实世界进行抽象就失去了真实性，不能真实反映客观世界的抽象是没有任何意义的。因此，在运用数学工具解决实际问题时，只有严格遵守形式逻辑的基本法则、充分保证逻辑的可靠性，才能保证结论的正确性。

（3）普遍的实用性：数学抽象是从典型问题中抽象形成一般规律，数学的高度抽象性决定了它的普遍适用性，这一方法广泛地应用于其他所有学科，甚至人们的日常生活中。

2. 数学方法的基本策略

数学方法是一种科学方法，使用数学方法解决实际问题所涉及的基本策略可概括以下两类。

（1）归纳、演绎、类比方法：归纳是从个别到一般，演绎则是从一般到个别，两者是认识过程中解决问题的两个相反相成的方法，而类比是归纳和演绎的综合运用。

（2）分析、综合、抽象方法：分析是把事物分解为各个部分并加以考察的方法；综合是把事物看成一个有机整体来加以考察的方法，分析和综合是互为前提和互相依存的，任何综合都以分析为基础，任何分析又以综合为指导；而抽象是从许多事物中舍弃个别的、非本质的属性，抽出共同的、本质的属性的过程，是形成概念的必要手段。

3. 数学方法的作用表现

数学方法是解决数学问题的策略、途径和步骤，在现代科学技术的发展中已经成为一种必不可少的认知手段。数学方法在科学技术方法论中的作用主要表现在以下3个方面。

（1）为科学技术研究提供简洁的形式化语言：人类在日常交往中使用的语言称为自然语言，它是人与人之间进行交流和对现实世界进行描述的语言工具。然而，这种一般性的语言工具不便于机器理解和执行，并且往往是非唯一性。因此，对于宏观和微观世界中存在的复杂的自然规律，必须借助于数学的形式化语言才能抽象而准确地表达。数学模型是最为典型的数学形式化语言，它是在观测和实验的基础上建立起来的。形式化语言有助于人们在本质上认识和把握客观世界，数学与科学研究中众多的定义和定理公式就是典型的简洁而精确的形式化语言。

（2）为科学技术研究提供定量分析和计算方法：一门科学从定性分析发展到定量分析是其成熟的标志，其中起重要作用的是数学方法。计算机的问世更为科学的定量分析和理论计算提供了必要条件，使过去一些虽然能用数学语言描述，但仍然无法求解或不能及时求解的问题找到了有效的方法。例如导弹发射、卫星导航、天气预报等，都是借助于理论分析和高速而精确的数值计算进行的，如果没有数学方法便无法得到计算模型，如果没有计算机便无法及时得到计算结果。

（3）为科学技术研究提供严密的逻辑推理工具：数学方法严密的逻辑性使它成为建立一种理论体系的重要工具，公理化方法、形式化方法、符号化方法等，都是用数学方法研究推理过程，把逻辑推理形式化和符号化，为建立和发展科学的理论体系提供了有效的工具。

2.3.2 构造性数学与证明方法

构造性数学是现代数学研究的一个重要领域，是计算机学科中的典型方法之一。所谓"构造性"，是指能具体地给出某一对象或者能给出某一对象的计算方法，即当把能证实"存在一个 X 满足性质 A"的证明称为构造性的，能够从这个证明中具体地给出满足性质 A 的一个 X；或者能从此证明中得到一个机械的方法，使其经有限步骤后即能确定满足性质 A 的这个 X。这里简要介绍基于构造性数学的直接证明法、间接证明法、数学归纳法、存在性证明、构造性证明、递归法和迭代法等。

1. 直接证明法

直接证明法是指假设命题 A 为真，通过使用公理或已证明的定理以及正确的推理规则证明 B 也为真，以此证明蕴涵式 $A \rightarrow B$ 为真。

【例 2-1】证明若 n 为奇数，则 $n+1$ 为偶数，即 n 为奇数 $\rightarrow n+1$ 为偶数。

［证明］因为 n 为奇数，所以 $n=2k+1$（k 为整数）；

因此有 $n+1=2k+1=2(k+1)$；

所以 $n+1$ 是偶数。

2. 间接证明法

间接证明是相对于直接证明而言的，因为蕴涵式 $A \rightarrow B$ 为真与其逆否命题 $\neg B \rightarrow \neg A$ 等价，因此可通过证明 $\neg B \rightarrow \neg A$ 来证明蕴涵式 $A \rightarrow B$ 为真。间接证明的常用方法是反证法（Contradiction），其证明过程是首先提出命题，然后设定反命题，并依据推理规则进行推演，以证明反命题的虚假。

【例 2-2】证明：若 n^2 为奇数，则 n 为奇数，即 n^2 为奇数 $\rightarrow n$ 为奇数。

［证明］假设在 n^2 为奇数的前提下，n 为偶数，则有 $n=2k$（k 为整数）；

于是有 $n^2=(2k)^2=4k^2=2(2k^2)$；则有 n^2 是偶数，与原假设 n^2 为奇数矛盾；

所以在 n^2 为奇数的前提下假设 n 为偶数是错误的，即 n 应为奇数。

〖问题提示〗该命题若用直接证明法却不如反证法简易。不论是何种方法，关键是"推演"。

3. 数学归纳法

数学归纳法是一种用于证明某个给定命题在整个自然数范围内成立的方法。该方法是用"有限"的步骤解决"无穷"的对象的论证问题。数学归纳法的基本步骤为：当 $n=1$ 时，显然成立；当 $n=k$ 时也成立；则当 $n=k+1$ 时仍成立，则原命题对任意正整数均成立。

【例 2-3】 用数学归纳法证明：$(3n+1)\times 7^n - 1$，$n \in N^*$，N^* 为自然数的集合能被 9 整除。

[证明] 令 $f(n)=(3n+1)\times 7^n-1$ $(n \in N^*)$
① $n=1$，$f(1)=(3\times 1+1)\times 7^1-1=27$
② $n=k$，假设 $f(k)$ $(k \in N^*)$ 能被 9 整除，则有：
③ $n=k+1$，$f(k+1)-f(k)=[(3k+4)\times 7^{k+1}-1]-[(3k+1)\times 7^k-1]=9\times(2k+3)\times 7^k$
所以 $f(k+1)=f(k)+9(2k+3)\times 7^k$ 能被 9 整除。
由①、②、③可知，对一切 $n \in N^*$，命题都成立。

数学归纳法除证明自然数以外，在离散数学中常用来证明图和树的定理。

【例 2-4】 用数学归纳法证明一棵非空二叉树的第 i 层 $(i \geq 1)$ 上最多有 2^{i-1} 个节点。

[证明] 设 $i=1$，由于此时二叉树只有一个节点，$2^{i-1}=2^0=1$，$i=1$ 时成立；
设 $i=k(k \geq 1)$，第 k 层上有 2^{k-1} 个节点，此时也成立；
$i=k+1$ 时，在第 $k+1$ 层上最多有 $2\times 2^{k-1}=2^k=2^{(k+1)-1}$ 个节点，因为二叉树的每个节点最多只有两个子节点，因而此时仍然成立。结论得以证明。

4. 存在性证明

存在性证明是指存在一个 x 使命题 $P(x)$ 成立，并且可表示为 $\exists xP(x)$，我们把对形如 $\exists xP(x)$ 命题的证明称为存在性证明。顾名思义，存在性证明的关键是证明其存在性，由于相应命题所述对象的不可构造或不易构造，因而只能从逻辑和理论上证明所述对象确实存在，即只能间接指出对象的存在性，而不能具体构造出所需对象。换句话说，存在性证明通常表现为间接证明，即假设所述对象不存在，就会导致矛盾。所以在论证中有时必须依靠一种紧密联系的"逻辑链"才能有力说明其存在性。例如微分学中有三条中值定理：罗尔中值定理、拉格朗日中值定理和柯西中值定理都属于存在性定理，证明罗尔定理时的理论依据是最大值最小值定理，然后拉格朗日中值定理和柯西中值定理的证明则是根据下列构造辅助函数，把问题转化为利用罗尔定理的结论上来。

$$\varphi(x)=f(x)-f(a)-\frac{f(b)-f(a)}{b-a}(x-a)$$

5. 构造性证明

构造性证明是计算机科学中广泛使用的一种证明方法，它是通过找出一个使得命题 $P(a)$ 为真的元素 a，从而完成该函数值的存在性证明。具体说，就是构造一个带有命题所要求的特定性质的实例，以显示具有该性质的物体或概念的存在性。也可以构造一个反例，来证明命题是错误的。例如一元二次方程的求解，就是要具体地得出用方程的系数表示解的求根公式：$x_{1,2}=\dfrac{-b \pm \sqrt{b^2-4ac}}{2a}$，而其结果值是通过配方一步步得到的。

6. 递归方法与迭代方法

递归和迭代是最具代表性的构造性数学方法。递归和迭代密切相关，实现递归和迭代的基本思想是许多序列常常可以由 a_{n-1} 得到 a_n，按照这样的法则，可以从一个已知的首项开始，有限次地重复下去，最后产生一个序列，该系列就是递归和迭代运算的基础。

（1）递归方法：递归方法是在"有限"步骤内根据特定法则或公式对一个或多个前面的元素进行运算，以此确定一系列元素。

例如，数列 1, 2, 3, 5, 8, 13, 21, 34, 55, 89, …

根据元素分布规律，可定义求解任意元素的公式：

$a_1=1$, $a_2=2$, $a_n=a_{n-1}+a_{n-2}$（$n\geq 3$）

【例 2-5】根据递归方法，做出树的递归定义。

树是 $n(n\geq 0)$ 个节点的有限集合，当 $n=0$ 时，称为空树。对一个非空的树 T，具有如下定义：

① 有且仅有一个特定的节点，该节点称为树的根节点。

② 当 $n>1$ 时，除根节点之外的其余节点被分为 m（$m\geq 1$）个互不相交的集合 $T_1, T_2, …, T_m$，其中，每一个集合 T_i（$1\leq i\leq m$）本身又是一颗树，并且称为根节点子树。

根据这个递归定义，便可以把由多个节点组成的"树"构造出来。

（2）迭代方法：是通过反复替换处理的重复性计算问题，例如用下面的公式求 π 的近似值

$$\pi/4=1-1/3+1/5-1/7+\cdots$$

直到最后一项的绝对值小于 10^{-4} 为止。这个公式的计算过程是做循环迭代累加，当累加项的绝对值小于 10^{-4} 时，则循环累加结束。该方法由莱布尼兹（Leibniz）于 1673 年发现。

递归与迭代在计算机学科中具有特别重要的作用地位，<u>递归包含了迭代，迭代包含不了递归</u>。例如，斐波那契问题需要用递归或迭代方法，汉诺塔问题需要用（而且只能用）递归方法。

2.3.3 计算机学科的根本问题

对计算机学科根本问题的认识与人们对计算过程的认识是紧密联系在一起的。计算机科学发展的过程中先后提出了一些重大问题：一是问题的可计算性，二是计算过程的能行性，三是计算结果的正确性。它们既是计算机学科的根本问题，也是计算机学科中极为重要的核心概念。

1. 问题的可计算性

问题的可计算性是指什么是可计算的和不可计算的。我们知道：凡是数学精确定义的直观可计算函数都是可计算的，问题是直观可计算函数是否恰好就是这些精确定义的可计算函数呢？为此，"丘奇—图灵"（Church-Turing）给出了可计算性的形式化定义：<u>任何能直观计算的问题都能被图灵机计算，如果证明了某个问题使用图灵机不可计算，那么这个问题就是不可计算的</u>。

由于数字计算机是一种离散结构，只能处理离散的或离散化了的数量关系，因此可计算性决定了计算机的体系结构和计算机所处理的对象都只能是离散型的，而非离散（连续）的对象必须转化为离散型。例如，计算定积分就是把它变成离散量，再用分段求解的方法来处理的。围绕该问题，计算机学科发展了与之相关的研究领域和分支学科，如离散结构、数值与非数值计算方法、算法设计与分析等都是围绕该问题展开的。可见，"可计算性"是计算机学科的本质。

2. 计算过程的能行性

计算机学科的根本问题是什么能被有效地自动计算。20 世纪 30 年代，图灵用形式化的方法完整表述了计算过程的本质，深刻揭示了计算机所具有的"能行过程"的本质特征：<u>一个计算过</u>

程是能行的当且仅当它能够被图灵机实现，而能够被图灵机实现的实质就是字符串的变换。

计算过程的"能行性"特征决定了计算机学科中问题求解是建立在高度抽象的级别上：思考问题采用符号化的方法，描述问题采用形式化的方式；求解问题过程是建立物理符号系统并对其实施变换的过程，而且变换过程是一个机械化、自动化的过程；在描述问题和求解问题的过程中，主要采用抽象思维和逻辑思维。问题求解过程的能行性逻辑关系如图2-4所示。

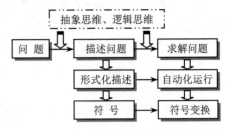

图 2-4　问题求解过程的能行性逻辑关系

3. 计算结果的正确性

计算结果的正确性是任何计算工具和计算方法研究中不可回避的问题，特别是使用自动计算机器进行的各种计算。一个问题在给出了能行的操作系列并解决了其效率问题之后，必须确保计算结果的正确性，否则，计算便毫无意义。围绕这一问题，计算机学科发展了一些相关的分支学科与研究方向，例如 Petri 网理论、程序理论、容错理论与技术、程序测试技术、软件工程技术、分布式网络协议等，都是围绕这一基本问题展开的，其实质就是为了解决计算结果的正确性问题。

§2.4　计算机学科的经典问题

计算机学科的根本问题反映了面对现实世界的可计算性和不可计算性。在人类进行科学探索与研究的过程中，提出过许多对科学发展具有重要影响和深远意义的科学计算问题，这些问题可以大致分为四类：第一类是理论意义上的不可计算问题（图灵论确定的所有非递归函数），第二类是现实意义上的不可计算问题（计算的复杂性），第三类是理论意义上的可计算问题（任何能直观计算的问题都能被图灵机计算），第四类是现实意义上的可计算问题（并发控制）。这些问题的提出不仅有利于加深对计算机学科功能作用的理解，还有利于激发同学们的学习热情和探索意识。

2.4.1　理论意义上的不可计算问题——图论问题

图论（Graph Theory）是研究边和点的连接结构的数学理论，1736 年，瑞士数学家列昂纳德·欧拉（Leonhard Euler，1707—1783 年）发表了关于七桥问题的论文《与位置几何有关的一个问题的解》。该论文为图论的形成奠定了基础。今天，图论已广泛地应用于计算机科学、运筹学、信息论和控制论等学科中，已成为对现实问题进行抽象的一个强有力的数学工具，是"数据结构"和"离散数学"等课程的理论基础。随着计算机科学的发展，图论在计算机科学中的作用越来越大，同时图论本身也得到了充分的发展。下面是图论问题研究中的 3 个著名实例。

1. 哥尼斯堡七桥问题（Konigsberg Seven Bridges Problem）

哥尼斯堡七桥问题也称为欧拉回路。18 世纪中叶，当时东普鲁士有一座哥尼斯堡城（现为俄罗斯的加里宁格勒城 Kaliningrad），城中有一条贯穿全市的普雷格尔（Pregol）河，河中央有座小岛——奈佛夫（Kneiphof）岛。普雷格尔河的两条支流环绕其旁，并将整个城市分成北区、东区、南区和岛区 4 个区域，全城共有 7 座桥将 4 个城区连起来，如图 2-5 所示。

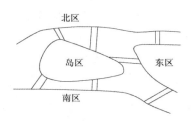 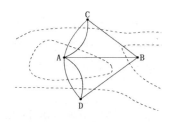

图 2-5 哥尼斯堡七桥问题示意图　　　　图 2-6 哥尼斯堡七桥问题抽象图

人们常通过这 7 座桥到各城区游玩，于是产生了一个有趣的数学难题：一个人怎样不重复地走完 7 座桥，且只许走过每座桥一次，最后回到出发地点？无数试验者反复试走，然而都没有找到这样的路径，这就是著名的"哥尼斯堡七桥问题"。为了探索该问题，瑞士数学家欧拉（Euler）用 4 个字母 A、B、C、D 代表 4 个城区，并用 7 条边表示 7 座桥，如图 2-6 所示。

图 2-6 中只有 4 个顶点和 7 条边，这样做是基于该问题本质的考虑，抽象出了问题最本质的东西，忽视问题非本质的东西（如桥的长度和宽度等），从而将哥尼斯堡七桥问题抽象成为一个纯粹的数学问题，即经过图中每边一次且仅一次的回路问题。事实上，A 城区有 5 座桥与其他城区连通，B、C、D 城区各有 3 座桥与其他城区连通，即通奇数座桥的地方不止 2 个，所以找不到不重复地走完 7 座桥、最后回到出发地点的路径。

如果把图 2-6 改变成如图 2-7 所示的结构，即去掉 A、B 城区之间的桥，这时 A 城区通 4 座桥，B 城区通 2 座桥，C、D 两个城区各通 3 座桥，那么可以找到一条路径 C→A→D→A→C→B→D，每座桥走过一次且只走过一次，只是没有回到原出发点，从一个通奇数座桥的地方出发，到另一个通奇数座桥的地方结束。如果把图 2-6 改成如图 2-8 所示的结构，即在 A、D 城区和 A、C 城区之间各去掉一座桥，在 A、B 城区之间再增加一座桥，这时 A、B 两个城区各通 4 座桥，C、D 两个城区各通 2 座桥，则可找到一条路径 A→C→B→D→A→B→A，每座桥走过一次且只走过一次，便回到原出发点。这就是欧拉回路。

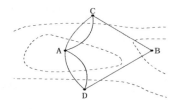 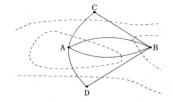

图 2-7 哥尼斯堡七桥问题示意图　　　　图 2-8 欧拉回路示意图

1736 年，欧拉发表论文 *A problem Related to the Location Geometric Solution*（与位置几何有关的一个问题的解），论证了"从一点出发不重复地走遍 7 座桥，最后又回到原出发点是不可能的"。欧拉不仅给出了哥尼斯堡七桥问题的证明，还将问题进行了一般化处理，即对给定的任意一个河流图与任意多座桥，判定是否存在每座桥恰好走过一次的路径（不一定回到原出发点），并用数学方法给出了如下 3 条判定规则：

① 如果通奇数座桥的地方不止 2 个，那么满足要求的路径是找不到的；
② 如果只有两个地方通奇数座桥，可以从这两个地方之一出发，找到所要求的路径；
③ 如果没有一个地方是通奇数座桥的，则无论从哪里出发，所要求的路径都能实现。

欧拉的这篇论文被认为是研究图论的开山之作。据此，<u>经过图中每条边仅且一次的路径被</u>

称为欧拉路径；如果欧拉路径的起点和终点为图中的同一个顶点，那么此欧拉路径被称为<u>欧拉回路</u>，<u>包含有欧拉回路的图被称为欧拉图</u>。欧拉为图论的形成奠定了基础，现在图论已广泛应用于计算科学、运筹学、信息论、控制论等学科中，并成为对现实问题进行抽象的一个强有力的数学工具。

2．哈密尔顿回路问题（Hamilton Loop Problem）

哈密尔顿回路问题是 1857 年爱尔兰的物理学家和数学家威廉·哈密尔顿（William R.Hamilton，1805—1865 年）提出的著名的数学问题，也称为周游世界的数学游戏。哈密尔顿回路问题的规则是设有一个如图 2-9 所示的正十二面体，它有 20 个顶点，把每个顶点看作一个城市，把正十二面体的 30 条边看成连接这些城市的路径。

据此，<u>找一条从某城市出发，经过每个城市恰好一次，并且最后回到出发点的路径，这种路径被称为哈密尔顿回路</u>。若把正十二面体投影到平面上（见图 2-9），标出一种走法，如从城市 1 出发，经过 2、3、…、20，最后回到 1，其周游路径如图 2-10 所示，这就是哈密尔顿回路。

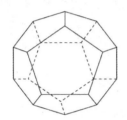   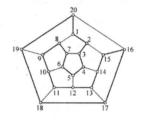

图 2-9　正十二面体投影示意图　　　图 2-10　周游路径示意图

"哈密尔顿回路问题"与"哥尼斯堡七桥问题"看上去十分相似，然而是完全不同的两个问题。"哈密尔顿回路问题"是访问每个顶点一次，而"哥尼斯堡七桥问题"是访问每条边一次。对一个图是否存在"欧拉回路"前面已给出充分必要条件，而对一个图是否存在哈密顿回路至今仍未找到充分必要条件。

对于图 2-6，可以找到一条哈密顿回路 A→D→B→C→A，当然还可找到其他哈密顿回路。而对于图 2-10，就找不到欧拉回路，因为每个顶点都与 3 条边相连。

3．中国邮路问题（China's Postal Problem）

我国数学家管梅谷教授（Mei-KO KWAN，1934 年—）在 1960 年也提出了一个具有重要理论意义和广泛应用背景的问题，被称为"最短投递路线问题"，国际上称之为"中国邮路问题"。问题的描述为：一个邮递员应如何选择一条路线，能够从邮局出发，走遍他负责送信的所有街道，最后回到邮局，并且所走的路程最短。该问题归结为图论问题，对问题的求解思想是：给定一个连通无向图（没有孤立顶点），每条边都有非负的确定长度，求该图的一条经过每条边至少一次的最短回路。

对于有欧拉回路的欧拉图，找到一条欧拉回路即可；对于不存在欧拉回路的非欧拉图，才是中国邮路问题的重点。管梅谷教授及国内外学者给出了一些解决该问题及推广与变形问题的算法，其研究成果除用于邮政部门外，还用于洒水车路线、扫雪车路线、警车巡逻路线的最优设计等。

2.4.2 现实意义上的不可计算问题——计算复杂性

计算机的速度和存储空间都是有限的,尽管一个问题在理论上是可计算的,但如果计算时间长达数十、数百年,那么这样的问题实际上是属于不可解的问题。"计算复杂性"是指利用计算机求解问题的难易程度,包括两方面:一是计算所需的步数或指令条数,称为时间复杂度(Time Complexity);二是计算所需的存储单元数量,称为空间复杂度(Space Complexity)。这类问题被称为计算复杂性理论(Computation Complexity Theory),是用数学方法研究各类问题的计算复杂性学科,研究理论上可计算问题在计算过程中的资源(如时间、空间等)的耗费情况,以及在不同计算模式下,使用不同类型资源和不同数量的资源时,各类问题复杂性的本质特性和相互关系。下面是计算复杂性问题研究中的4个著名实例。

1. 汉诺塔问题(Hanoi Tower Problem)

相传古代印度教的天神汉诺(Hanoi)创造世界时,建造了一座被称为贝拿勒斯的神庙,神庙里安放了一个黄铜座,座上竖有三根宝石柱子。汉诺将64个直径大小不一的金盘子按照从大到小、自下而上的顺序依次放在第一根宝石柱上,形成一座金塔,称为汉诺塔或梵天塔,如图2-11所示。

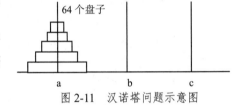

图2-11 汉诺塔问题示意图

天神让庙里的僧侣们将第一根柱子上的64个盘子借助第二根柱子全部移到第三根柱子上,即将整个金塔搬迁,同时定下三条规则:

① 每次只能移动一个盘子;
② 盘子只能在三根柱子上来回移动,而不能放在它处;
③ 在移动过程中,三根柱子上的盘子必须始终保持大盘在下,小盘在上。

天神说,当这64个盘子全部移到第三根柱子上后,世界末日就要到了,这就是著名的汉诺塔问题。那么,把这64个盘子全部移到第三根柱子上,到底需要多少时间呢?

为便于叙述,可把64个盘子的汉诺塔问题化为 n 个盘子的移动问题,并把三根柱子分别标记为a、b、c。根据题意和上述三条规则,将64个盘子全部移到第三根柱子上的过程可描述为:

n=1:a→c
n=2:a→b,a→c,b→c
n=3:a→c,a→b,c→b,a→c,b→a,b→c,a→c
n=4:a→b,a→c,b→c,a→b,c→a,c→b,a→b,a→c,b→c,b→a,c→a,b→c,a→b,a→c,b→c
n=5:a→c,a→b,c→b,a→c,b→a,b→c,……(需要31个移动步骤)
……

按照上面的算法,n 个盘子的移动需要移动的盘子数是 $(n-1)$ 个盘子移动问题需要移动的盘子数的2倍加1,$(n-1)$ 个盘子的移动问题需要移动的盘子数是 $(n-2)$ 个盘子的移动问题的盘子数的2倍加1……以此类推。因此,要完成汉诺塔的搬移,需要移动的次数为:

$$2^{64}-1=18\ 446\ 744\ 073\ 709\ 551\ 615$$

如果每秒移动一次,一年有31 536 000秒,僧侣们一刻不停地来回搬动,也需要花费大约5849亿年的时间。根据天文学知识,太阳系的寿命大约150亿年,这就是说移动完64个盘子,那时的世界真的不复存在了。如果用计算机求解,假定计算机以每秒1000万个盘子的速度进行搬迁,则需要花费大约58490年的时间。

通过这个例子，我们可以了解到理论上可以计算的问题实际上并不一定能实现。在计算复杂性中，这一类问题被称为难解性问题，即汉诺塔问题是现实中不可解的典型实例。

〖问题提示〗 求解汉诺塔问题的算法是"递归算法"，其实现方法在7.2.4节中介绍。

2. 旅行商问题（Traveling Salesman Problem，TSP）

旅行商问题也被称为旅行推销员问题，是哈密顿和英国数学家柯克曼（T.P. Kirkman，1806—1895年）于19世纪初提出的一个数学问题：若干城市，任何两个城市之间的距离都是确定的，现要求一旅行商从某城市出发，必须经过每个城市且只能在每个城市停留一次，最后回到原出发城市。那么，如何事先确定好一条路程最短的旅行路径呢？

人们思考解决这个问题时首先想到的基本方法是：对给定的城市进行排列组合，列出每一条可供选择的路径，然后计算出每条路径的总里程，最后从所有可能的路径中选出一条路程最短的路径。假设给定4个城市，分别为C1、C2、C3和C4，各城市之间的距离是确定的值，城市间的交通如图2-12所示。

从图2-12中可以看到，从城市C1出发，最后再回到C1城市，可供选择的路径共有6条，括号中为路径长度，如图2-13所示。

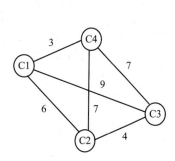

图2-12 城市交通问题示意图

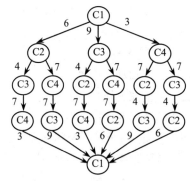

图2-13 组合路径示意图

此时，各路径的长度分别为：

C1→C2→C3→C4→C1（20）   C1→C2→C4→C3→C1（29）
C1→C3→C2→C4→C1（23）   C1→C3→C4→C2→C1（29）
C1→C4→C3→C2→C1（20）   C1→C4→C2→C3→C1（23）

从中可以选出总路程最短路径为C1→C2→C3→C4→C1 或 C1→C4→C3→C2→C1。

当城市的数目为 n 时，那么组合路径数为$(n-1)!$。显然，当城市数目不多时，要找到最短距离的路径并不难，但随着城市数目的不断增多，组合路径数将呈指数规律急剧增长，以至达到无法计算的地步，这就是所谓的"组合爆炸问题"。

假设城市的数目为20，那么组合路径数则为$(20-1)! \approx 1.216 \times 10^{17}$，如此巨大的组合数目，若计算机以每秒检索1000万条路径的速度计算，计算完所有路径的需要386年的时间。显然，这样的算法是没有实际意义的。

1998年，科学家们成功地解决了美国13509个城市之间的TSP问题，2001年又解决了德国15112个城市之间的TSP问题，但是代价巨大。解决15112个城市之间的TSP问题共使用了美国赖斯大学（Rice University）和普林斯顿大学（Princeton University）之间网络互连的、由速度为500MHz的110台计算机，所有计算机花费的时间总和为22.6年。

TSP 问题是最有代表性的优化组合问题之一，无论是技术领域还是日常生活中都涉及这类问题，如在大规模生产过程中寻找最短路径能有效地减低成本。但由于 TSP 问题会产生组合爆炸问题，因此寻找切实可行的简化求解方法就成为问题的关键所在。为此，人们提出了一些求近似解的算法，即找出的路径不一定是最短路径，而是比较短的路径，但求解问题的时间复杂度大大降低了，是可以实用的算法，包括最近邻算法、抄近路算法等。这一思想为问题求解开辟了另一条思路。

3．四色问题（Four-Color Problem）

四色问题又被称为四色猜想或四色定理（Four-Color Theorem），1852 年首先由英国大学生古思里（Francis Guthrie）提出。他在给一幅英国地图着色时发现，只要 4 种颜色就可以让任何相邻的两个郡不同色，并推断任何地图的着色也只需要 4 种颜色就够了，但他未能给出证明。1878 年，英国数学家凯利（Arthur Cayley，1821—1895 年）对此问题进行了认真分析，认为这是一个不可忽视的问题，他正式向伦敦数学学会提出这个问题，于是四色猜想成了世界数学界关注的问题（三大难题之一），世界上许多一流的数学家纷纷参加了四色猜想的大会战。1879 年，英国律师兼数学家肯普（Alfred Kempe，1849—1922 年）发表了证明四色猜想的论文，宣布证明了四色猜想。1890 年，数学家赫伍德（P.J. Heawood，1861—1955 年）以自己的精确计算指出肯普的证明有误。赫伍德一生坚持研究四色猜想，但始终未能证明这一猜想。但赫伍德在肯普的研究基础上，证明了用 5 种颜色对任何地图着色都是足够的，即"地图五色定理"是成立的。

1969 年，德国数学家希斯（Heinrich Heesch）第一次提出了一种具有可行的寻找不可避免可约图的算法，希斯的工作开创了研究的新思路。1970 年，美国伊利诺伊大学（University of Illinois）的数学教授哈肯（Wolfgang Haken）与凯尼斯·阿佩尔（Kenneth Appel）合作从事这一问题研究。他们注意到，希斯的算法可以大大简化和改进，于是从 1972 年开始用这种简化的希斯算法产生不可避免的可约图集，采用新的计算机实验方法来检验可约性。1976 年 6 月，哈肯和阿佩尔终于获得成功，一组不可避免的可约图终于找到了，这组图共 2000 多个，即证明了任意平面地图都能用 4 种颜色着色。他们的证明需要在计算机上计算 1200 小时，程序先后修改了 500 多次。

4．P=NP?问题（P=NP? the Problem）

2000 年 5 月，美国马萨诸塞州克雷数学教研所（Clay Mathematics Institute，CMI）的科学顾问委员会选定了七个"千禧年数学难题"，并设立 700 万美元的奖金，即解决每个难题均可获得 100 万美元奖励。这七个难题分别是：NP 完全性问题、霍奇猜想、庞家来猜想、黎曼假设、杨-米尔斯存在性和质量缺口、纳维叶—斯托克斯方程的存在性与光滑性、贝赫和斯维纳通-戴维猜想。其中，NP 完全性问题排在大奖首位，足见它的显赫地位和无穷魅力。

在计算学科中的可求解（可计算）问题可分为多项式问题（Polynomial Problem，简称 P 类问题）和非确定性多项式问题（Non-deterministic Polynomial Problem，简称 NP 类问题）。

（1）P 类问题：如果一个问题的求解过程的复杂度是问题规模 n 的多项式，如 $O(n^2)$，那么这个问题就可以在多项时间内解决，或者说，这个问题有多项式的是间接。P 类问题采用的是确定性算法，包含了大量已知问题，如计算最大公约数、排序问题等。大部分 P 类问题容易处理，但不是所有 P 类问题都容易处理。例如，一个时间复杂度为 n^{1000} 的问题，虽然属于 P 类问题（它是线性时间的），事实上却很难处理。

（2）NP 类问题：是指算法的时间复杂度不能使用确定的多项式来表示，通常它们的时间复杂度都是指数形式，如 $O(10^n)$、$O(n!)$ 等。NP 类问题数量很大，如汉诺塔问题、四色问题、旅行商问题、排队问题等。

（3）P=NP？问题：1971 年，S.A. Cook 和 L. Levin 相互独立提出：P 和 NP 这两种分类之间的关系，到底是 P=NP 还是 P≠NP，这就是著名的 P=NP？问题。它是计算机科学和当代数学研究领域中最大的悬而未决的问题之一，也是计算机科学领域理论研究者研究的热门话题。

目前已经证明 P 类问题是可计算的，并且所有的 P 类问题都是 NP 类问题，但 P 与 NP 是否等价却是一个既没有证实也没有伪证的问题。不过，找一个问题的解很困难，而要验证一个解往往容易。例如，对于求解方程 $x^{10}+2x+7=1035$ 的解很难，但验证 $x=2$ 很容易。

如果 P=NP，那么所有在多项式时间内可验证的问题都将是在多项式时间内可求解的问题。但是，互联网的安全问题就会成为严重的威胁，因为破译互联网的 RSA 加密系统属于 NP 类问题。

如果 P≠NP，那么大量 NP 类问题都将不具有确定性多项式算法，人们应去研究寻找 NP 类问题的最优近似解。

（4）NPC（NP Complete，NP 完全）问题：NP 类问题中某些问题的复杂性与整个类的复杂性有关，如果这些问题中的任意一个能在多项式的时间内求解，则所有 NP 类问题都能在多项式时间内求解。这些 NP 类问题被称为 NP 完全问题或 NP 难（NP Hard）问题或 NP 类问题的子集。

目前，解决 NP 完全问题的可行方法是寻找具有多项式时间复杂度的近似算法，即求得的是最优解的近似解，但算法的复杂度大为降低，是可用于实际计算的算法。到目前为止，在"计算复杂性理论"中已提出与国民经济发展有密切联系的 2000 多个难题，如货郎担问题、哈密尔顿回路问题、装箱问题、整数规划问题、子图同构问题、平面铺砖问题等。对其中任意一个问题，如果能找到一个多项式时间的算法，也就找到了所有这些问题的多项式时间算法；如果能证明其中任一问题不存在多项式时间算法，也就证明了所有这些问题都不存在多项式时间算法。

2.4.3 理论意义上的可计算问题——计算机智能问题

计算机智能是 20 世纪中叶兴起的一个新的科学技术领域，研究如何用机器或装置去模拟或扩展人类的智能活动，如推理、决策、规划、设计和学习等。计算机智能问题是目前计算机领域的热点研究问题，也是计算机的一个重要发展趋势。下面是计算机智能研究中的 3 个著名实例。

1. 图灵测试（Turing Test）

在计算机科学诞生后，为解决人工智能中一些激烈争论的问题，图灵和西尔勒分别提出了能够反映人工智能本质特征的两个著名的哲学问题，即图灵测试和西尔勒中文小屋。经过多年的研究，人们在人工智能领域取得了长足的进展。

图灵在 1950 年英国 *Mind* 杂志上发表了题为 *Computing Machinery and Intelligence*（计算机器与智能）的论文。一些学者认为，图灵发表的关于计算机器和智能的论文标志着现代机器思维问题研究的开始。论文中提出了"机器能思维吗"这一问题，在定义了"智能"和"思维"的术语后，最终他得出的结论是我们能够创造出可以思考的计算机。同时，他提出了另一个问题："如何才知道何时是成功了呢？"并给出了一个判断机器是否具有智能功能的方法，这就是图灵测试的模拟游戏。

图灵测试方法和过程为：由一个男人 A、一个女人 B 和一个性别不限的提问者 C 来完成。提问者 C 待在与两个回答者相隔离的房间里，如图 2-14 所示。

游戏的目标是让提问者通过对两个回答者的提问来鉴别其中哪个是男人，哪个是女人。为了避免提问者通过回答者的声音、语调轻易地做出判断,在提问者和回答者之间是通过计算机键盘来对话的。提问者只被告知两个人的代号为 X 和 Y,游戏的最后提问者要做出"X 是 A,Y 是 B"或"X 是 B,Y 是 A"的判断。

现在,把上面这个游戏中的男人(A)换成一部机器来扮演,如果提问者在与机器、女人的游戏中做出的错误判断与在男人、女人之间的游戏中做出错误判断的次数相同或更多,那么判定这部机器是能够思维的。这时机器在提问者的提问

图 2-14　图灵测试示意图

上所体现出的智能(思维能力)与人没有什么区别。根据图灵当时的预测,到 2000 年,能有机器通过这样的测试。有人认为,在 1997 年战胜国际象棋大师卡斯帕罗夫的"深蓝"计算机就可以看作通过了图灵测试。

图灵测试引发了许多争论,后来的学者在讨论及其思维时大多要谈到这个测试。图灵测试不要求接受测试的思维机器在内部构造上与人脑相同,而只能从功能的角度来判定机器是否具有思维,也就是从行为角度对机器思维进行定义。在未来,如果人们能像图灵揭示计算本质那样揭示人类思维的本质,即"能行"思维,那么制造具有真正思维的机器的日子也就为期不远了。

2. 西尔勒中文小屋(Silver Chinese Cabin)

与人工智能有关的另一个著名的实验是西尔勒中文小屋。1980 年,美国哲学家西尔勒(J.R. Searle)在 *Behavioral and Brain Sciences* 杂志上发表了论文 *Minds, Brains and Programs*(心、脑和程序),文中他以自己为主角设计了一个假想实验:假设西尔勒被关在一个小屋中,屋子里有序地堆放着足够的中文字符,而他对中文一窍不通。这时屋外的人递进一串中文字符,同时附有一本用英文编写的处理中文字符的规则(作为美国人,西尔勒对英语是熟悉的),这些规则将递进来的字符和小屋中的字符之间的转换做了形式化的规定,西尔勒按照规则对这些字符进行处理后,将一串新的中文字符送出屋外。事实上,他根本不知道送进来的字符串就是屋外人提出的"问题",也不知道送出去的字符串就是所提出问题的"答案"。假设西尔勒很擅长按照规则熟练地处理一些中文字符,而程序员(编写规则的人)擅长编写程序(规则),那么,西尔勒"给出"的答案将会与一个熟悉中文的中国人给出的答案没有什么不同。但是,能说西尔勒真的懂中文吗?真的理解以中文字符串表示的屋外人递进来的"问题"和自己给出的"答案"吗?西尔勒借用语言学的术语非常形象地揭示了"中文小屋"的深刻含义:形式化的计算机仅有语法,没有语义,只是按规则办事,并不理解规则的含义及自己在做什么。因此,他认为机器永远也不可能代替人脑。

图灵测试只是从功能的角度来判定机器是否能思维,在图灵看来,不要求机器与人脑在内部构造上一样,只要与人脑有相同的功能就认为机器有思维。而在西尔勒看来,机器没有什么智能,只是按照人们编写好的形式化的规则(程序)来完成一项任务,机器本身未必清楚自己在做什么。这种对同一问题的不同认识代表了目前人们在计算机智能或人工智能的争议,无论是国际象棋的人机大战还是中国象棋的人机大战,基于图灵的观点,下棋的计算机有了相当高的智能;基于西尔勒的观点,计算机只是在执行人们编写的程序,根本不理解下的是什么棋,走的什么步。

3. 博弈问题(Game Problem)

人们把诸如下棋、打牌、战争等竞争性的智能活动称为博弈。人工智能研究博弈的目的并不是为了让计算机与人进行下棋、打牌之类的游戏,而是通过对博弈的研究来检验某些人工智能技术是否能达到对人类智能的模拟。因为博弈是一种智能性很强的竞争活动,通过对博弈过程的模

拟可以促进人工智能技术深一步的研究。在人工智能中,大多以下棋为例来研究博弈规律,并研制出一些著名的博弈程序。机器博弈研究的关键是智能程序,例如,IBM 研制的超级计算机"深蓝"于 1997 年 5 月与当时蝉联 12 年世界冠军的国际象棋大师卡斯帕罗夫对弈,最终"深蓝"以 3.5 比 2.5 的总比分获胜,从而引起了世人的极大关注。2001 年,德国的"弗里茨"国际象棋软件击败了当时世界排名前 10 名棋手中的 9 位,这是当今人脑与计算机较量的结果。

到目前为止,博弈程序已知道如何考虑要解决的问题,程序中应用的某些技术(如向前看几步,寻找较优解答,并把困难的问题分成一些比较容易的子问题),已发展成为智能搜索和问题归约这样的人工智能基本技术,不但在寻优过程中采用智能算法,而且在对弈过程中能自动地不断从对手(人)那里学习新的知识并丰富知识库,不断自动提高机器博弈水平。

2.4.4 现实意义上的可计算问题——并发控制问题

所谓并发,是指两个或多个事件在同一时间段内发生,并发操作可以有效提高资源的利用率。例如,在只有一个处理器的计算机上并发执行多个进程,就能提高处理器的利用率,进而提高整个计算机系统的处理能力。多个进程的并发执行需要一定的控制机制,否则会导致错误,如完成相关任务的多个进程要相互协调和通信、多个进程对有限的独占资源的访问要互斥等,只有有效的并发控制才能保证进程并发执行的正确和高效。下面列举并发控制问题研究中的 3 个著名实例。

1. 生产者—消费者问题(Producers-Consumers)

1965 年,荷兰计算机科学家埃德斯加·迪科斯彻(Edsgar Wybe Dijkstra,1930—2002 年)在他著名的论文 *Cooperating Sequential Processes*(协同顺序进程)中用生产者—消费者问题对并发程序设计中进程同步的最基本问题,即对多进程提供、释放以及使用计算机系统中的软硬件资源(如数据、I/O 设备等)进行了抽象的描述,并用火车信号系统中的信号灯为例表示进程之间的互斥,解决了并发程序设计中进程同步的最基本问题。

在生产者—消费者问题中,生产者是指提供(或释放)某一软件、硬件资源时的进程,消费者是指使用某一软件、硬件资源时的进程,而信号灯用来表示进程之间的互斥。基于迪科斯彻的思路,此问题大致描述如下:有 n 个生产者和 m 个消费者,在生产者和消费者之间设置了一个能存放取产品的货架。只要货架未满,生产者 p_i ($1 \leq i \leq n$) 生产的产品就可以放入货架,每次放入一个产品;只要货架非空,消费者 c_j ($1 \leq j \leq m$) 就可以从货架取走产品消费,每次取走一个。所有的生产者的产品生产和消费者的产品消费都可以按自己的意愿进行,即相互之间是独立的,只需要遵守两个约定:一是不允许消费者从空货架取产品,现实中也是取不到的;二是不允许生产者向一个已装满产品的货架中再放入产品。

2. 哲学家共餐问题(Philosophers Dining Problem)

在继生产者—消费者问题后,迪科斯彻针对多进程互斥地访问有限资源的问题又提出并解决了一个被称为"哲学家共餐"(The Dining Philosopher)的多进程同步问题。该问题描述有五位哲学家围坐在一张圆桌旁,每个人的面前有一碗面条,碗的旁边仅有一根筷子,如图 2-15 所示。

他们的生活方式是交替地进行思考和用餐,饥饿时试图取用其左右最靠近他的筷子,只有在他拿到两根筷子时才能进餐;

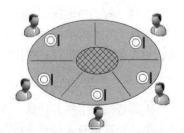

图 2-15 哲学家共餐示意图

进餐完便放下手中的两根筷子，继续思考。由于每个座位前只有一根筷子，因此不会有两个相邻的哲学家同时进餐。假如五位哲学家同时各拿起左边的筷子后再试图去拿右边的筷子时，都将因无筷子可拿而无限期等待，结果是都无法进餐，最终饿死（Starvation），在计算机中被称为"进程死锁"（Process Deadlock）。为避免上面情况的发生，可以采用如下解决方案。

（1）至多只允许有四位哲学家同时拿左边的筷子，最终能保证至少有一位哲学家能够进餐，并在他用餐完后释放出他用过的两根筷子，从而使其他哲学家能够进餐。

（2）仅当哲学家的左、右两根筷子均可用时，才允许他拿起筷子进餐。

（3）规定奇数号的哲学家先拿他左边的筷子，再拿他右边的筷子，偶数号的哲学家则相反。按此规定，将是1、2号哲学家竞争1号筷子，3、4号哲学家竞争3号筷子，即五位哲学家都竞争奇数号筷子。获得后，再去竞争偶数号筷子，最后总有一位哲学家能获得两根筷子而进餐。

3．读者—写者问题（Reader-Writer Problem）

一个数据文件或记录可被多个进程所共享，我们把只要求读该文件的进程称为"读进程"，其他进程则称为"写进程"。所谓"读者—写者问题"，是指允许多个读进程同时读一个共享对象，读操作不会使数据文件混乱，但不允许一个写进程与其他读进程或写进程同时访问共享对象，这种访问会引起混乱。因此，读者—写者问题是保证一个写进程必须与其他进程互斥地访问共享对象的同步问题，这类问题在日常工作和生活中会时常遇到。

例如，在银行转账业务中，设账户A和账户B分别有1000元和2000元，从账户A转账100元到账户B，则可将其转账过程概括以下两个步骤：

① 第1个操作从账户A中减去100元，A=1000-100，账户A中还剩900元。

② 第2个操作是向账户B中加入100元，B=2000+100，账户B中则有2100元。

为了便于分析和讲解，可将上述转账过程用如下程序进行描述：

```
read(A);         /* 将账户A的信息从数据库中读到一个内存缓冲区中 */
A=A-100;         /* 在缓冲区中修改从账户A转出的金额数 */
write(A);        /* 将修改后的结果从缓冲区写入数据库，完成A-100的更新操作 */
read(B);         /* 将账户B的信息从数据库中读到一个内存缓冲区中 */
B=B+100;         /* 在缓冲区中修改向账户B转入的金额数 */
write(B);        /* 将修改后的结果从缓冲区写入数据库，完成B+100的更新操作 */
```

假如在write(A)操作完成后，还未完成write(B)操作，此时系统突然停电或机器出现故障致使系统中断，导致write(B)没有完成存储，其结果是账户A只剩900元，而账户B仍为2000元。这一故障使数据库A与B的和出现了不一致，A+B≠3000，而仅有2900元。

〖**问题提示**〗 上述3个问题是计算机科学中多道程序进程同步的典型实例，是操作系统对处理器管理的核心内容，具体实现方法在第5章中介绍。操作系统的详细内容见参考文献[27]。

本章小结

1．作为计算机学科的学生，熟悉计算机学科的知识体系，对本学科课程的学习、研究方向的把握，以及制定职业生涯规划，具有极为重要的指导意义。

2．科学方法论对研究与认识客观世界是非常重要的，有助于人们深入理解学科的本质。其中，构造性是计算机软硬件系统的最根本特征，已经被广泛应用于计算机学科各个领域。

3．计算机学科的经典问题是指那些反映学科某一方面内在规律和本质内容的典型问题。经典问题往往以深入浅出的形式表达学科深奥的科学规律和本质内容,在学科研究中常用来辅助说明思想、原理、方法和技术。经典问题是计算机学科的研究重点,也是能力培养的重要目标。

习 题 2

一、选择题

1. 广义科学是所有学科的总称,可概括为三类:自然科学、人文科学和（　　）。
   A. 社会科学　　　　B. 信息科学　　　　C. 理论科学　　　　D. 计算科学
2. 在科学研究过程中采取各种手段和途径,这些方法并归为理论科学、实验科学和（　　）。
   A. 物理科学　　　　B. 计算科学　　　　C. 仿真科学　　　　D. 生物科学
3. 计算机学科的根本问题是计算过程的（　　）。
   A. 能行性　　　　　B. 有效性　　　　　C. 准确性　　　　　D. 快速性
4. 计算的本质是（　　）。
   A. 什么是可计算的　B. 模型是离散的　　C. 模型是数值的　　D. 问题是可编程的
5. 在CC2005在CC2004定义了4个学科分支领域的基础上,增加了一个（　　）分支领域。
   A. 离散系统　　　　B. 信息系统　　　　C. 管理系统　　　　D. 智能系统
6. 数学是研究现实世界的空间形式和数量关系的一门科学,它有三个基本特征:一是高度的抽象性;二是严密的逻辑性;三是（　　）。
   A. 科学性　　　　　B. 系统性　　　　　C. 完整性　　　　　D. 普遍的适用性
7. 计算机学科是在数学和（　　）的基础上发展起来的。
   A. 电子学　　　　　B. 电工学　　　　　C. 物理学　　　　　D. 电路理论
8. 从学科体系的角度,可将计算机学科的内容划分为3个层面:应用层、专业基础层和（　　）。
   A. 专业层　　　　　B. 技术层　　　　　C. 理论层　　　　　D. 专业理论基础层
9. 计算机学科的三个形态特征是指:抽象、理论和（　　）。
   A. 方法　　　　　　B. 工程　　　　　　C. 基础　　　　　　D. 设计
10. "计算复杂性"包括时间复杂度和（　　）。
    A. 算法复杂度　　　B. 问题复杂度　　　C. 存储复杂度　　　D. 空间复杂度

二、问答题

1. 什么是学科?
2. 什么是计算机学科?
3. 计算机学科的研究主要包括哪些内容?
4. 什么是学科形态?它包括哪些内容?
5. 我国的计算机科学技术学科定义了哪几个分支学科?
6. 与计算机科学技术学科应用关系最紧密的交叉学科主要有哪些学科?
7. 计算机科学与技术学科的研究范畴包括哪些内容?
8. 在计算机科学学科的知识体系中,被认为是最重要的课程是哪些?
9. 计算机学科的典型问题主要有哪几类?
10. 算法复杂性问题的含义是什么?

三、讨论题

1. 你是如何认识、理解计算机学科的根本问题的?对未来的专业学习有何打算?
2. 计算机学科的经典问题向我们展示了什么问题?你对哪些经典问题有兴趣?

第 3 章 计算思维及其作用体现

【问题引出】人类计算工具的进步、计算环境的演变、计算学科的形成,拓展了人们的思维方式——计算思维。随着计算机科学技术的发展,计算思维正在不断渗透到其它学科领域。那么,什么是计算思维,它具有哪些功能特性,计算思维与计算学科形态有何关系,如何用计算思维来求解问题和进行系统设计,如何培养学生的计算思维能力,等等,这些都是本章所要探讨的问题。

【教学重点】计算思维的基本概念及其本质特征、计算思维与问题求解、计算思维在计算机科学中的作用、计算思维在人才培养中的作用。

【教学目标】掌握计算思维的基本概念;熟悉计算思维的本质与计算机学科形态特征的关系;深刻认识计算思维在计算机学科中的作用体现和计算思维对其他学科的影响。

§3.1 计算思维及其本质特性

思维(Thinking)是人脑对客观事物本质属性和内部规律间接或概括的反映过程,是在表象概念基础上进行分析、综合、判断、推理等认知活动的过程,是人类认识世界的一种高级反映形式。计算思维是人类解决问题或问题求解的一种思想方法,并在其过程中呈现思维本质特性。

3.1.1 人类思维的类别

思维作为一种心理现象,是由一系列知识构成的解决问题的基本思路,是感知的概念化和理性化,也是人类认知思想和智慧的结晶。随着人类认知及其科学探索的深入,不仅概括出人类思维的基本类型和基本特征,还把基于抽象的基本思维引申到科学思维。

1. 思维的基本类型

人类思维有多种类型,按照思维的抽象程度和规律,可以分为理性思维、抽象思维、形象思维、灵感思维和系统思维。

(1)理性思维(Rational Thinking):是指在直观感性的基础上,经过界定概念、客观推理、科学判断后形成的正确反映客观世界的本质和规律的认识过程。理性思维的基本前提是承认客观世界的存在是不以人的主观意志为转移的,但认识主体可以通过直观感性处理后获得客观世界内在的、本质的信息。人的认识可分为感性认识和理性认识,感性认识与人的直觉思维相关联,理性认识则与人的理性思维相关联。感性认识是理性认识的基础,理性认识是感性认识的深化。

(2)抽象思维(Abstract Thinking):也称为逻辑思维,是指人类特有的一种思维方式,是利用逻辑工具对思维内容进行抽象的思维活动。抽象思维过程得以形式化、规则化和通用化,就是要求创造出与科学相适应的科学逻辑,如形式逻辑、数理逻辑和辩证逻辑等。

(3)形象思维(Vivid Thinking):是指综合一切可以利用的素材并加以整理,构筑成一门形象思维的学问。形象思维又称为直觉思维,分为直观动作思维和表象思维两种。直观动作思维是指思维者能直接影响思维对象,并通过思维者自身的动作去影响思维对象,即思维者与思维对象处于同一环境，现实生活中人们所做的每一件事都离不开这种形式的思维。表象思维是指思维时通过想象对思维对象进行加工改造的思维，思维者与思维对象并不处于同一环境。

（4）灵感思维（Inspiration Thinking）：也称为创造性思维，是指在科学研究中不受或者较少受传统思维和范式的束缚，超越常规、构筑新意、独树一帜、捕捉灵感或相信直觉，用于实现科学研究突破的一种思维方式。相比之下，抽象思维是线性的，形象思维是二维的，灵感思维是三维的。

（5）系统思维（System Thinking）：是指考虑到客体联系的普遍性和整体性，认识主体在认识客体的过程中，将客体视为一个相互联系的系统，以系统的观点来考察研究客体，并主要从系统的各要素之间的联系、系统与环境的相互作用中，综合地考察客体的认识心理过程。

2. 思维的基本特征

人类思维是在实践过程中，特别是在表象的基础上，借助语言以知识为媒体来实现的活动。其中，实践活动是思维的基础；表象是对客观事物的直接感知过渡到抽象思维的中间环节；语言是表述思维活动的工具。正是基于这种表象和概念，使得人类思维具有如下特征。

（1）概括性特征（Generality Feature）：是指在人的感性基础上，将一类事物的共同、本质的特征和规律提取出来并加以概括。人的感觉和知觉只能反映事物的个别属性，不具备概括性，而思维能反映一类事物的本质和事物之间的规律性联系。例如，通过感觉和知觉，只能感知太阳每天从东方升起，从西方落下，而通过思维能揭示这种现象是地球自转的结果。

（2）间接性特征（Indirectness Feature）：是指思维凭借知识和经验对客观事物进行非直接的、以其他事物为媒体来反映客观事物。例如，医生根据医学知识和临床经验，并通过病史询问以及使用相关医疗仪器设备进行诊断检查，就能判断病人内脏器官的病变情况，从而确定其病因并做出治疗方案。

（3）能动性特征（Active Feature）：指不仅能认识和反映客观世界，还能对客观世界进行改造。例如，人的肉眼看不到 DNA，但人的思维揭示了 DNA 分子的双螺旋结构，从而揭示了大自然潜藏的遗传密码。又如，人类不仅认识到物体离开地球所需的宇宙速度，还制造出了地球卫星和宇宙飞船飞向太空。

3. 科学思维

随着人类认识的不断深化，在探索科学研究方法（理论、实践、计算）过程中逐渐形成了与其相适应的思维方式——科学思维（Scientific Thinking）。科学思维是人们在科学探索活动中形成的、符合科学探索活动规律与需要的思维方法及其合理性原则的理论体系。国科发财〔2008〕197 号文件指出："科学思维不仅是一切科学研究和技术发展的起点，而且始终贯穿于科学研究和技术发展的全过程，是创新的灵魂。"对此，人们站在不同的视角，对科学思维给出了不同的概念性描述。

描述一：科学思维是指形成并运用于科学认识活动的、人脑借助信息符号对感性认识材料进行加工处理的方式与途径。一般，科学思维比人类基础思维更具有严谨性和科学性。

描述二：科学思维是指认识自然界、社会和人类意识的本质和客观规律性的思维活动，其思维内涵主要表现为高度的客观性，是围绕求得科学答案而展开的思维并采取理论思维的形式。

描述三：科学思维是指理性认识及其过程，即经过感性阶段获得的大量材料，通过整理和改造，形成概念、判断和推理，以便反映事物的本质和规律。

描述四：科学思维是指人脑对自然界中事物的本质属性、内在规律及自然界中事物之间的联系和相互关系所做的有意识的、概括的、间接的和能动的反映,该反映以科学知识和经验为中介,体现为对多变量因果系统的信息加工过程。简而言之,科学思维是人脑对科学信息的加工活动。

虽然上述对科学思维定义的描述不同,但都有其共同的理解,即<u>科学思维是主体对客体理性的、逻辑的、系统的认识过程,是人脑对客观事物能动的和科学的反映</u>。

科学思维之所以有多种不同的描述,是因为科学思维具有多种类型。如果着眼于科学思维的具体手段及其科学求解功能,那么科学思维可分为以下4种。

(1)发散求解思维:是指人们在科学探索中不受思维工具或思维定式的制约,从多方面自由地思考问题答案,其中包括求异思维、形象思维和直觉思维等。

(2)逻辑解析思维:是指人们在科学探索中自觉运用逻辑推理工具去解析问题并由此推得问题解的思维方法,包括类比思维、隐喻思维、归纳思维、演绎思维和数理思维等。

(3)哲理思辨思维:指人们在科学探索中运用不同程度的思辨性哲学思维去寻求问题答案,包括次协调思维、系统思维和辩证思维等。

(4)理论建构与评价思维:指人们在科学探索中总结解题成果进而形成和完善理论系统的思维,包括理论形成思维、理论检验思维和理论评价思维等。

如果从人类认识世界和改造世界的思维方式出发,科学思维又可分为理论思维、实证思维和计算思维,这三种思维被称为"科学发现的三大支柱",对人类进步和文明传承具有巨大的贡献。

(1)理论思维(Theoretical Thinking):又称为逻辑思维,是指通过抽象概括,建立描述事物本质的概念,应用科学的方法探寻概念之间联系的一种思维方法。理论思维以推理和演绎为特征,以数学学科为基础,支撑着所有的学科领域。正如数学一样,定义是理论思维的灵魂,定理和证明是它的精髓,公理化方法是最重要的理论思维方法。

(2)实证思维(Experimental Thinking):又称为实验思维,是通过观察和实验获取自然规律法则的一种思维方法。实证思维以观察和归纳自然规律为特征,以物理学科为基础。实证思维的先驱是意大利科学家伽利略·伽利莱(Galileo Galilei,1564—1642年),他被人们誉为"近代科学之父"。与理论思维不同,实证思维往往需要借助某种特定的设备,从而获取数据,以便进行分析。

(3)计算思维(Computational Thinking):又称为构造思维,是指从具体的算法设计入手,通过算法过程的构造与实施来解决实际问题的思维方法。计算思维以设计和构造为特征,以计算学科为基础。计算思维是思维过程的计算模拟方法论,其研究目的是提供适当的方法,使人们借助计算机逐步实现人工智能的目标。诸如模式识别、决策、优化和自动控制等算法都属于计算思维范畴。

4. 思维方式与科学方法的关系

人类几千年文明的发展和科技的进步都离不开思维与科学。人类思维方式可分为理论思维、实证思维和计算思维,科学方法可分为理论科学、实验科学和计算科学,思维方式与科学方法具有如下对应关系。

(1)逻辑思维对应理论科学,以推理和演绎为特征:逻辑思维和实证思维的对应关系是最早明确和建立的。其中,逻辑思维起源于希腊时期,主要科学家有苏格拉底、柏拉图、亚里士多德,他们构建了基本的现代逻辑学体系。逻辑思维符合两个主要原则:一是要有作为推理基础的公理集合,二是要有一个可靠和协调的推理系统。逻辑思维结论的正确性源于公理的正确性和推理规则的可靠性。为了保证推理结论的可接受程度,要求作为推理基础的公理体系是可证明的。

(2)实证思维对应实验科学,以观察和归纳自然规律为特征:实证思维起源于物理学的研究,主要科学家有开普勒、伽利略和牛顿。开普勒是现代科学中第一个有意识将自然现象观察总结成规律并表示出来的科学家；伽利略建立了现代实证主义的科学体系，强调通过观察和实验获取自然规律法则；牛顿把观察、归纳和推理完美地结合起来，形成了现代科学的整体框架。

（3）计算思维对应计算科学，以抽象化和自动化（或以设计和构造）为特征：计算思维是与人类思维活动同步发展的思维模式，是人类思维的重要组成部分。由于计算思维考虑可构造性和可实现性，而相应的手段和工具的研究进展缓慢，因此计算思维概念的明确和建立经历了漫长的时期。相对于计算思维，实证思维符合三个原则：一是可以解释以往的实验现象，二是在逻辑上不能自相矛盾，三是能够预见新的现象，即思维结论经得起实验的验证。

3.1.2 计算思维的概念

计算思维是人类认识世界和改造世界的一种新的思维方式，也是科学思维的基本方式之一，属于思维科学的一个专门领域，现已成为计算机科学技术问题求解的思想方法。

1. 计算思维的形成

在人类社会进程中，一直在进行着认识和理解自然界的活动，并随着社会的发展和进步，其认识水平和理解能力不断提高。古代，人类主要以观察或实验为依据，经验地描述自然现象。后来，人类开始用科学的技术手段对观测到的自然现象加以假设，然后构造其模型，在经过大量实例验证模型的基础上，对新的自然现象用模型进行解释和预测。在工业社会，人们解决问题的思维方式是首先了解事物的物理特性，然后思考如何用原料生成新事物。由此可见，人类对自然的认识和理解经历了经验的、理论的和计算的三个阶段，但不论哪个阶段，人类认识、理解甚至改造自然所必备的能力是由解决问题的思维方式、技术手段、科学方法所决定的并与社会环境密切相关。

20世纪中期，随着计算机的出现和计算机科学的发展，派生出了基于计算的研究方法，人们通过数据采集、数据处理、结果分析与统计，然后用计算机来辅助分析复杂现象。

进入信息社会后，人们解决问题的思维方式是利用现代计算工具进行数据处理和构想新的数据模型，需要进行数据抽象、数据处理以及计算机科学理论的支持。这种解决问题的思维方式就是"计算思维"，它是人类思维与计算工具能力的综合。

2. 计算思维的定义

计算思维的概念是1996年由美国麻省理工学院（Massachusetts Institute of Technology，MIT）的西蒙·派帕特（Seymour Papert）教授提出的。由于计算思维对科学发展具有举足轻重的作用，因而引发了许多学者的研究探索。2006年3月，美国卡内基·梅隆大学（Carnegie Mellon University，CMU）计算机科学系主任周以真（Jeannette M.Wing）教授给出了计算思维的定义：<u>计算思维是运用计算机科学的基础概念进行问题求解、系统设计以及人类行为理解等涵盖计算机科学之广度的一系列思维活动</u>。这一定义揭示了计算思维概念的核心，指出了计算思维的思想观点和方法。计算思维的提出引发了全球计算机教育界的广泛关注和积极探讨，已成为当今国际计算机界对计算机科学本质以及未来发展走向的研究热点。对于计算思维的研究和探索，可概括为以下3方面。

（1）问题求解中的计算思维：问题求解是科学研究的根本目的之一，利用计算机求解的问题既可以是数据处理、数值分析等问题，也可以是求解物理、化学、经济学、社会学等提出的问题。

例如，求解物理问题，使用计算机求解的过程可分为 4 步：首先，把实际的应用问题转换为数学问题（把问题转换为一组偏微分方程（Partial Differential Equations，PDE），并将 PDE 离散为代数方程组）；其次，建立数据模型，且评估模型是否可解；然后，设计算法和编程实现；最后，在计算机中由程序实行自动运行求解。前两步是计算思维中的抽象，后两步是计算思维中的自动化。

（2）系统设计中的计算思维：任何自然系统和社会系统都可视为一个动态演化系统，演化伴随着物质、能量和信息的交换，这种交换可以映射为符号变换，使之能用计算机实现离散的符号处理。当动态演化系统抽象为离散符号系统后，就可以采用形式化的规范来描述，通过建立模型、设计算法和开发软件来揭示演化的规律，实时控制系统的演化并自动执行。

（3）人类行为理解中的计算思维：计算思维是基于可计算的手段，以定量化的方式进行的思维过程，是能满足信息时代新的社会动力学和人类动力学要求的思维方法。在人类的物理世界、精神世界和人工世界中，计算思维是建设人工世界所需要的主要思维方式。

计算思维的研究包含狭义计算思维和广义计算思维两方面。其中，立足计算机科学本身，研究该学科中涉及的构造性思维称为狭义计算思维，即研究关于怎么把问题的求解过程映射成计算机程序的方法；借助计算机科学概念进行问题求解、系统设计，以及人类行为理解等涵盖所有人类活动（包括反过来指导计算机科学）的一系列思维活动则被称为广义计算思维，是狭义计算思维的延伸和拓展。

3.1.3 计算思维的本质

当我们利用计算机处理或求解一个具体的实际问题时，其思维过程通常按以下步骤进行。

（1）分析问题：在求解问题时，首先是分析问题，理解求解问题的目的，建立正确的数据模型，并确定利用计算机求解时需要提供哪些输入信息，需要输出哪些信息等。

（2）制订计划：根据问题性质，选择适合的算法，制订求解的可行性方案。在此过程中，要考虑如何充分发挥计算机高速运算和计算机按照程序自动执行的优势。

（3）执行计划：计算机按照程序步骤和所提供的参数（输入的数据）进行计算，然后输出结果。

（4）检验结果：检验和分析程序运行结果是否正确，如何改进和提高。

从上述步骤可以看出，利用计算机求解问题是一个人—机结合的联合方式，既要发挥人的特长——抽象，又要发挥计算机的特长——自动化。我们可将其概括为"两 A"——抽象（Abstraction）、自动化（Automation），它既是利用计算机求解问题的思维方法，也是计算思维的本质。

1. 抽象（Abstraction）

在计算机科学中，抽象是一种被广泛使用的思维方法，也是利用计算机求解问题的第一步。计算思维中的抽象完全超越物理的时空观，并完全用符号来表示。与数学和物理科学相比，计算思维中的抽象更为广泛。数学抽象时抛开现实事物的物理、化学和生物学等特性，仅保留其量的关系和空间的形式。而计算思维中的抽象除了具有数学抽象的特点，还要确定合适的抽象对象和选择合适的抽象方法，并考虑如何实现的问题。例如，文件是对输入/输出设备的抽象；虚拟内存是对程序存储器的抽象；进程是对一个正在运行的程序的抽象；虚拟机是对整个计算机的抽象。

现实世界的事物及其规律是一个多层次的系统，因此，揭示自然规律的抽象必然也是一个多层次的系统。在问题抽象过程中，通常分为以下三个层次。

第一层抽象——"计算理论"：它是信息处理机的抽象，信息处理机的工作特性是映射，即把一种信息变换成另一种信息。本层所关注的问题是计算的本质是什么？什么是可计算的？计算机的基本能力和局限性是什么？

第二层抽象——"信息处理"：它是信息表示与算法的抽象，因而涉及输入、输出信息的选择，以及把一种信息变换成另一种信息的算法选择。本层所关注的问题是能否计算和计算的复杂度。

第三层抽象——"硬件系统"：它是信息表示和算法的物理实现的抽象，因而涉及计算机硬件的功能特性。其关注的问题是，物理上如何实现信息表示和算法复杂度，是否理论上不可计算。

从概念上讲，抽象的计算理论与现实的机器硬件之间没有直接关系，但算法是计算理论与机器硬件有关的中介。从现实上，三个层次相互关联，任何问题的计算都是相互协调的结果。

2. 自动化（Automation）

在计算思维中，"抽象"对应"建模"，"自动化"对应"模拟"，抽象是手段，自动化是目的。也就是说，计算思维中的抽象，最终要能够按照程序一步步地自动执行。这一过程是一种映射，即通过计算机语言，把客观世界的实体（问题空间对象）映射成计算机中的实体（解空间对象）。

抽象和自动化的目的是能够一步步地自动执行抽象形成的数据模型，以求解问题、设计系统和理解人类行为。从实施角度讲，计算思维的本质可以从多个层面体现，通常可划分为三个层面。

（1）机器层面：协议（抽象）和编码器/转换器等（自动化），解决机器与机器之间的交互问题。

（2）人机层面：语言（抽象）和译码器/执行器（自动化），解决人与机器之间的交互问题。

（3）业务层面：模型（抽象）和引擎/执行系统（自动化），解决业务与计算之间的交互问题。

抽象层次是计算思维中一个极为重要的概念，使人们可以根据不同的抽象层次，进而有选择地忽视某些细节，最终控制系统的复杂性。为了确保能机械地自动化，就需要在抽象过程中进行精确、严格的符号标记和建模，同时要求软件系统提供各种不同抽象层次之间的翻译工具。

3.1.4 计算思维的特征

计算思维是运用计算机科学的基础概念进行问题求解、系统设计、人类行为理解等涵盖计算机科学的一系列思维活动，并且在思维活动中体现计算思维的概念特性和计算思维的问题特性。

1. 计算思维的概念特性

计算思维是人类的基本思维方式，从方法论的角度讲，计算思维方式体现出 7 个概念特性。

（1）计算思维是人的思维、不是计算机的思维：计算思维是人类求解问题的方法和途径，但绝非试图要让人像计算机那样思考。计算机之所以能求解问题，是因为人类将计算思维的思想赋予了计算机。例如，用计算机求解方程是人类将求解思想赋予计算机后，它才能进行求解计算。

（2）计算思维是概念化思维，不是程序化的思维：计算思维像计算机科学家那样，在抽象的多个层次上思考问题，它远远超出了计算机编程，计算机科学不等于计算机编程。

（3）计算思维是数学和工程相互融合的思维，而不是数学性的思维：计算机科学本质上源自数学思维，其形式化基础是构建于数学之上，但因为受计算设备的限制迫使计算机科学家必须进行工程思考。数学思维和工程思维的相互融合，体现抽象、理论和设计的学科形态。

（4）计算思维是思想，而不是物品：计算思维突显问题方法和计算概念，被人们用来求解问题、管理日常生活、与他人交流和活动。例如，计算机能逻辑推理，它是人类智慧的结晶。

（5）计算思维是一种基础技能，而不是机械技能：计算思维是现代社会中每个人都必须掌握的，刻板的技能意味着机械的重复，但计算思维不是这类机械重复的技能，而是一种创新的能力。

（6）计算思维是一种理念，而不是表现形式：计算思维是一种引导计算机教育家、研究者和实践者的前沿理念，并且面向所有人和所有领域，能融入到人类的各种活动中，而不是停留和表现在形式上。计算思维是解决问题的有效工具，在所有学科、所有专业中都能得到应用。

（7）计算思维是一种思维方法，而不是一种思维模式：计算思维可以由人或计算机执行，例如递归、迭代、黎曼积分，人和机器都可以计算，但人的计算速度无法与计算机相比，借助于计算机的"超算"能力，人类就能够用智慧去解决那些在计算机时代之前不敢尝试的问题，实现"只有想不到，没有做不到"的境界。

2. 计算思维的问题特性

计算思维通常表现为人们在问题求解、系统设计以及人类行为理解的过程中，对抽象、算法、数据及其组织、程序、自动化等概念和方法潜意识地应用，周以真教授将其概括为 7 个问题方法。

（1）计算思维利用化繁为简、化难为易，通过约简、嵌入、转化和仿真等方法，把一个看来困难的问题重新阐释成一个我们知道怎样解决问题的思维方式。

（2）计算思维利用递归思维、并行处理，维既能把代码译成数据，又能把数据译成代码，是一种多维分析推广的类型检查方法。

（3）计算思维是采用抽象和分解来控制庞杂的任务，或进行巨大复杂系统设计的方法，因而是一种基于关注点分离(Separation of Concerns，SoC)的方法。

（4）计算思维选是择合适的方式去陈述一个问题，或对一个问题的相关方面进行建模，使其易于处理的思维方法。

（5）计算思维是按照预防、保护以及通过冗余、容错和纠错的方式，从最坏情况进行系统恢复的一种思维方法。

（6）计算思维是利用启发式推理寻求解答，在不确定情况下的规划、学习和调度的思维方法。

（7）计算思维是利用海量数据加快计算，在时间和空间之间、处理能力和存储容量之间进行权衡折中的思维方法。

正是计算思维的这些概念特性和问题特性，使我们在问题求解和系统设计过程中，突破传统的思维方式，从而使一些复杂问题迎刃而解，计算机学科就是在问题求解的实践中发展起来的。

§3.2 计算思维的问题求解

在计算机科学发展过程中，人们一直在不断探索问题求解的基本策略和思维方式，计算思维就是实行问题求解最为有效的思维方式，问题求解涉及数学建模、求解策略和过程抽象。

3.2.1 问题求解的数学建模

数学建模(Mathematical Modeling)源于计算机科学技术的飞速发展，大量的实际问题需要用计算机来解决，而计算机与实际问题之间需用数学模型(Mathematical Model)来沟通，在此背景下数学建模应运而生。数学建模是 20 世纪 70 年代初诞生的一门新兴学科，它是一种用数学仿真(Mathematical Simulation)或数学模拟(Mathematical Analogue)方法建立起一种数学模型。具体来说，数学建模是针对参照某种事物系统的特征或数量依存关系，用数学符号对实际问题本质属性的抽象、刻画和定义，概括地或近似地表述出系统的数据结构。因此，数学建模方式是一种数学的思维方式，数学建模过程是一种计算思维的过程，是从实际问题中抽象、提炼、简化出数学模型的过程。

1. 模型的基本类型

模型是对研究对象通过抽象、归纳、演绎、类比等方法，用适当形式描述的简洁表达方式。不同类型问题抽象形成的模型具有不同的形式，适应计算机求解的模型可概括为以下 4 种形式。

（1）计算模型（Computational Model）：是指定量或定性地描述系统各变量之间的相互关系或因果关系的模型。计算模型可以是一个数学公式或一组代数方程、微分方程、积分方程、统计学方程，通常用数学语言描述问题的算法特征，或用符号、图形、表格等形式描述问题的结构特征。

（2）仿真模型（Simulation model）：泛指实物仿真模型或数字仿真模型，这里是指对现实系统经过抽象和简化所形成的系统模型，属于数字仿真模型。通过对系统模型进行仿真计算，分析仿真数据及其图形，可以预测实际系统基本性能的优劣，从而对系统进行改进和参数优化。

（3）结构模型（Structural Model）：是指反映系统的结构特点和因果关系的模型，结构模型大部分采用抽象简单的图形表示，它是研究复杂系统的有效手段。计算机科学领域中的结构模型有图灵机模型、数据库概念模型、网络协议层次模型、云计算模型等。

（4）思维模型（Thinking Model）：是指用简单易懂的语言、图形、表格、符号等形式来表达人们思考和解决问题的形式，例如数据库系统中的概念模型和逻辑模型属于思维模型。思维模型具有不同的结构形式，如判断结构、推理结构、证明结构等。由此可见，我们可把思维模型看作是解决实际问题的一种思想策略。

2. 建立数学模型的方法步骤

建立数学模型是为了便于利用计算机来实现问题求解。建立数学模型是实现问题求解中十分关键的一步，也是十分困难的一步。在建立数学模型时，通常要经历以下 4 个步骤。

（1）模型描述（Model Description）：根据问题背景和对象特征，研究变化规律，确定总变量及其相互关系，进而用数学符号(形式)语言进行描述，即把实际问题转化为数学问题。

（2）模型构想（Model Conception）：根据对象的特征和建模目的，用数学思维方法提出假设和数学抽象（Mathematical Abstraction）简化问题，用形式化语言刻画各变量和常量之间的数学关系。例如，用 $s=r^2\times\pi$ 描述圆面积 s 与圆的半径 r 之间的函数关系。其中，s、r 为变量，π 为常量。

（3）模型建立（Model Building）：利用数学工具把数学问题转化为一个代数问题，并且把问题分支归结到解一个方程式，建立问题整体的数学结构，形成能为算法描述提供依据的数学模型。

（4）模型验证（Model Verification）：对所建立的模型进行合理性、准确性、可靠性、适应性分析，然后选取与所建模型有关的数据进行验证，判别模型的优劣。在验证过程中，不仅要充分考虑到现实问题的边界和极端情况，还要考虑数值求解的误差性和稳定性问题。

〖问题提示〗数学建模涉及多方面的数学知识，如计算方法、微分方程、模糊数学、数理统计、图论、最优化方法等。因此，数学建模应具备分析综合能力、抽象概括能力、想象洞察能力、运用数学工具的能力、验证数学模型的能力等。3.3.2 节中的例 3-3 是数学建模的典型实例。

3.2.2 问题求解的基本策略

现实世界中的计算问题往往复杂多样，要实现问题求解，必须具有适应各类问题求解的基本方法。问题求解策略是指利用计算机求解问题的基本方法步骤，可概括为以下 7 个方面。

1. 构建模型（Construct Model）

建立数学模型是问题求解最为重要第一步，数学建模的本质是挖掘数据之间的关系和数据的变化规律，这些"规律"往往隐藏在数据之间而难以发现。所以在数学建模时，如果能够在繁杂的数据中找到有价值的规律并加以合理应用，往往可使问题获得简化，便于利用计算机实现求解。

2．问题界定（Problem Definition）

在构建模型和问题求解过程中，必须理解问题对象的性质、目的、要求等，只有准确地界定了问题的本质特征，才能采取解决问题的有效措施、方法和步骤。否则，就可能劳而无获，甚至南辕北辙。因此，对问题界定是极为关键的。然而，许多问题并非"一目了然"，在问题界定过程中一定要认真观察、分析、思考、研究问题的实质，不要被问题的表象所迷惑。计算机科学中所处理的问题可分为两类：一类是求解问题，一类是求证问题。求解问题的目的是获得问题的准确结果；求证问题的目的是去判定某一个结论是正确的或是错误的，即去证明它，或是去否定它。

3．寻找条件（Looking for Conditions）

在界定问题性质后，尽力寻找解决问题的必要条件，以缩小问题求解范围。当遇到一道难题时，以"简化问题，变难为易"为原则，尝试从最简单的特殊情况入手，找出有助于简化问题、变难为易的条件，逐渐深入，最终分析归纳解题的一般规律。在一些需要进行搜索求解的问题中，可以采用深度优先搜索和广度优先搜索，如果问题的搜索范围太大，减少搜索量最有效的手段是"剪枝"（删除一些对结果没有影响的问题分支），即建立一些限制条件，缩小搜索的范围。

【例 3-1】 若公鸡每只 3 元，母鸡每只 5 元，小鸡每三只 1 元，求 100 元钱买 100 只鸡有多少种方案？这是著名的"百钱买百鸡"问题，是一个典型的不定式方程求解问题。

[解析] 用不定式方程求解，设公鸡为 x，母鸡为 y，小鸡为 z，可列出如下联立方程：
$$x + y + z = 100$$
$$3x + 5y + z/3 = 100$$

虽然两个方程式不可能解出 3 个确定的未知数，但利用计算机的高速运算对上述有限集合中 $1 \leqslant x \leqslant 33$、$1 \leqslant y \leqslant 20$、$3 \leqslant y < 100$、$z \bmod 3=0$ 的 x、y、z 的各种组合值进行试算（称为枚举算法），只要结果符合两个表达式的值为 100，就记录有一种方案。然而，实际工作中遇到的问题往往错综复杂，可以尝试从多个侧面分析寻找必要条件，根据各部分的本质特征，利用各方面的必要条件予以综合分析和处理。

4．问题分解（Resolution of Problem）

在解决复杂问题的过程中，常常将复杂问题进行分解，其分解的基本策略是采用"等价"和"分治"方法将系统分解成多个模块，在求得各模块解后进行综合，从而使复杂问题能简单实现。

（1）利用"等价"关系进行分解：就是把一个复杂系统看作是简单问题的集合，因而可以按"等价关系"把一个大系统分解为若干个子系统。分解的原则是各子系统具有某种共同属性，使合并后仍保持原有属性状态。有些问题通过分解处理，还能使原系统的性能得到进一步提高。例如数据库中的模式分解，不仅消除了数据冗余和操作异常，还能实现更高一级范式规范。

（2）利用"分治"思想进行分解：就是把一个复杂的问题分解成若干个简单的问题，然后逐个解决，这种分而治之的思想在计算机科学技术中得到广泛应用。例如，算法研究中的"分治算法"、"动态规划"，程序设计中的"模块化"、"子程序"等，就是有效解决复杂问题的常用方法。有些问题通过分治处理，能使系统的效率得到提高，例如利用子程序，能提高编程和执行效率。

5．对象离散（Object Discretization）

电子数字计算机是一个离散型的系统，是建立在离散型数字基础上的，所以凡是"可计算"

的问题都必须是离散型的或离散过的数字化数据。而实际问题中的数据对象很多是连续型的,如图像、声音、电压、温度等。连续型对象必须转化为离散型(数字化)才能被计算机处理,如声音、电压、温度等信息需要进行模数(Analog-Digtal)转换;如果处理对象是图像图片,需要按数据帧分解;如果处理对象是用微分方程描述的复杂系统,需要利用数值方法进行离散化。

【例 3-2】如何在计算机屏幕上显示一张图片。

[解析] 在计算机屏幕上显示一张图片时,必须将图片在水平和垂直方向分解成一定分辨率的像素点(离散化);然后将每个像素点再分解成红、绿、蓝(RGB)三种基本颜色;每种颜色的变化分解为 0~255 个色彩等级。这样,计算机会得到一大批有特定规律的离散化数字,此时便能对该图片进行任意处理了,如图片的放大、缩小、旋转、变形、变换颜色等。

6. 确定算法(Determine Algorithm)

求解一个具体问题时必须确定算法。通常有多种算法可供选择,选择的标准是算法的正确性、可靠性、简单性和复杂性。然后分析算法,确定算法的复杂度,选择算法的描述方法。

(1)选择算法:在实行问题求解时需要观察问题的性质和结构,选择相适应的算法。常用算法有枚举法、递推法、迭代法、递归法、分治法、回溯法、贪心法、动态规划等,都有适宜的问题对象,如动态规划适宜解决的问题需要有最优子结构和重复子问题。一旦观察出问题的性质和结构,就可以利用现有的算法去解决它。常用算法及其应用在第 7 章中介绍。

(2)分析算法:获得了求解问题的算法并不等于问题可解,问题是否可解还取决于算法的复杂性,即算法所需要的时间和空间在数量级上能否被接受。在 2.4 节中介绍了计算学科的典型问题,对于难以计算的复杂问题可采用"等价""剪枝""分治"等方法进行简化或近似处理。

(3)描述算法:算法的描述形式有数学模型、数据表格、结构图形、伪代码、程序流程图等。通过算法描述,规划问题求解和自动执行的步骤。问题求解的程序方法在第 6、7 章讨论。

7. 程序设计(Programming)

从构建模型到确定算法,这一切工作都是为了利用计算机实行问题求解的手段,而程序设计则是实现问题求解的目标,也是计算思维本质(抽象与自动化)的真实体现。计算机的本质是程序的机器,所有需要求解的问题都要编成程序,通过机器的高速运算获得结果。

〖问题提示〗关于程序设计、数值数据求解、离散方法等,分别在第 6、7、8 章中介绍。

3.2.3 问题求解的过程抽象

计算思维是人类思维与计算机功能的综合,因此在问题求解的过程中,既体现出人类求解问题的过程抽象,又体现出计算机求解问题的过程抽象,即体现计算思维的本质——抽象和自动化。

1. 人类求解问题的过程抽象

问题求解是一个非常复杂的思维活动过程,是对客观世界的抽象,人的思维越丰富,问题求解越完美。我们可将问题求解的思维活动过程概括为 5 个步骤(可视为层次阶段),如图 3-1 所示。

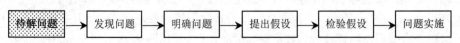

图 3-1 人类求解问题的过程抽象

(1)发现问题:是一切研究的起源,人类的许多重大发明和创造都是从发现问题开始的,只有发现了有价值的问题,才会研究它,直到解决问题,而发现问题比解决问题更重要。那么,怎样发现问题,能否发现和提出重大的、有社会价值的问题,取决于多方面的因素。

① 依赖于各人对事件的态度:人对事件的态度越认真,积极性越高,责任感越强,则越容易从现象中捕捉到有价值的问题,这个问题或许是被其他人忽略的"问题"。

② 依赖于思维活动的积极性:不善于思考、观察和缺乏创新意识的人很难发现问题,只有勤于思考、留心观察和善于钻研的人,才能从细微而平凡的事件或活动中发现有重要意义的"问题"。

③ 依赖于求知欲和兴趣爱好:有好奇心和求知欲强烈、兴趣爱好广泛的人往往不满足现实,而是热心探索和思索,因而往往能从通常事件或活动中发现一些重要"规律"或"奥秘"。

④ 依赖于已有的知识和经验。具有丰富阅历和渊博知识的人容易引起由此及彼、由表及里的分析和类比,由此发现和提出深刻而有价值的"问题"。

(2) 明确问题:在发现问题的基础上,进行问题分析→找出主要矛盾→抓住问题关键→确定问题范围→明确解决问题方案。明确问题是进行问题抽象和构想数学模型的过程,也是一个非常复杂的过程,它不仅与一个人的知识和经验有关,而且与一个人的思维方式和潜在智能有关。

(3) 提出假设:假设的提出依赖于一定的条件:例如已有的知识经验、直观的感性材料、尝试性的实际操作、语言的表达和重复、创造性构想等,都对其产生重要影响。

(4) 检验假设:对所提出的假设是否切实可行,需要进一步检验。检验的方法主要有两种:一种是直接检验法,按照假设条件进行实验,再依据实验结果判断假设的真伪;另一种是间接检验法,根据个人掌握的科学知识,通过智力活动进行论证检验,但最终仍需接受实践的检验。

(5) 问题实施:根据检验假设,找出解决问题的方法、原则、途径,制订解决问题的实施细节并予以实现。这一系列步骤和实施细节是确保问题正确求解的有效措施。

【例3-3】 卫星发射时,要使卫星进入轨道,火箭所需的速度是多少?

[解析] 卫星发射是一个极为复杂的过程,按照问题求解策略和计算思维,求解步骤如下。

(1) 发现问题:把研制好的卫星发射到太空中,并使卫星能正常运行,便是要解决的问题。

(2) 明确问题:火箭是一个复杂系统,为了简化问题,这里只从动力系统及整体结构上分析。

(3) 提出假设:为了简化问题,需要对问题进行界定,即把问题线性化,因而进行如下假设:

① 地球是固定于空间中的一个均匀的球体,其质量集中于球心(根据地球为均匀球体假设)。

② 其他星球对卫星的引力忽略不计,并且火箭的引擎是足够大。

③ 卫星轨道是过地球中心某一平面上的圆,卫星在轨道上以地球引力作为向心力绕地球做平面圆周运动。卫星绕地球运行轨迹如图3-2所示。

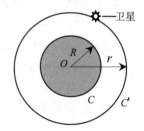

图3-2 卫星绕地球运动

设地球半径为 R,中心点是 O,曲线 C 为地区表面,卫星轨道为 C',轨道半径为 r,卫星质量为 m。根据牛顿定律,地球对卫星的引力为

$$F = G \cdot m/r^2 \tag{3-1}$$

其中 G 为引力常数,可根据卫星在地面的重量计算:

$$Gm/R^2 = mg, \quad G = gR^2 \tag{3-2}$$

将式(3-2)代入式(3-1)得:

$$F = mg \cdot (R/r)^2 \tag{3-3}$$

由假设③,卫星所受到的引力(做匀速运动的向心力),则有:

$$F = m \cdot v^2 / r \tag{3-4}$$

从而得出火箭所需的速度为

$$v = R \cdot (g/r)^{1/2} \tag{3-5}$$

（4）检验模型：取 $g=9.8\text{m/s}^2$，$R=6400\text{km}$，可算出卫星离地面高度分别为 100 km、200km、400km、600km、800km 和 1000km 时，其速度应分别为：7.86km/s、7.80km/s、7.69km/s、7.58km/s、7.47km/s 及 7.371km/s。

（5）问题实施：在完成上述步骤，理论分析和实践检测一切正常无误的情况下，方可实施。

〖**问题提示**〗虽然本例不能概括所有问题求解的思维过程，但能足以说明问题求解中的计算思维方法和步骤，即人类分析问题和解决问题的思维方法和步骤都是建立在过程抽象之上的。

2. 计算机求解问题的过程抽象

现实世界中的计算问题是由实体及实体间的相互关系构成的，我们把现实世界中的实体称为问题空间或问题域对象，把计算机中的实体称为解空间对象。为了实现求解自动化，必须把问题域的对象转换成便于计算机求解的解空间对象，计算机求解问题的过程抽象如图 3-3 所示。

图 3-3 计算机求解问题的过程抽象

（1）问题分析：问题求解的第一步是分析、理解、抽象和归纳，以获取求解问题的思路。
（2）算法设计：根据问题求解的需要组织数据，建立起相应的数学模型或数据结构。
（3）程序编码：根据求解问题的数学模型或数据结构，利用程序设计语言进行编程。
（4）程序编译：用高级语言编写的源程序必须通过编译，形成扩展名为 .EXE 的可执行文件。
（5）运行调试：运行可执行程序，此时程序设计者必须对运行结果进行检测，不仅需要验证运行结果是否正确，而且需要测试各种极端情况下的运行情况。

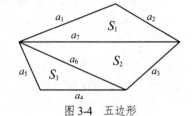

【**例 3-4**】已知五边形的边及对角线的长度，要求按照程序设计方法，编写求如图 3-4 所示五边形面积的源程序。

[**解析**] 参照问题求解的基本策略和问题求解的思维过程，求五边形面积的步骤如下。

图 3-4 五边形

（1）问题分析：求如图 3-4 所示五边形的面积，实际上就是求出 3 个三角形 S_1、S_2、S_3 的面积之和。为了编写程序简便、高效起见，可将计算三角形面积定义成函数，然后在主程序中通过 3 次调用，再进行相加，便可得到五边形的面积。

（2）算法设计：对于数值求解，必须建立数学模型。对于本例，通常可分为三步。
第一步是获取数学模型：求三角形面积的常用计算公式有多种，最常见的有以下几种。

① 已知三角形底 a、高 h，则 $S = a \times h / 2$。

② 已知三角形三边 a、b、c，则 $s = (a+b+c)/2$，$S = \sqrt{s(s-a)(s-b)(s-c)}$。

③ 已知三角形两边 a、b 和这两边夹角 φ，则 $S = \dfrac{1}{2}ab\sin\varphi$。

④ 设三角形三边分别为 a、b、c，内切圆半径为 r，则 $S = (a+b+c)\dfrac{r}{2}$。

⑤ 设三角形三边分别为 a、b、c，外接圆半径为 R，则 $S = ab\dfrac{c}{4}R$。

根据给出的参数，可以选择公式②（即海伦公式）。只要输入三角形的三条边长，就能计算并输出该三角形的面积。

第二步是设计算法框架：针对如图 3-3 所示的五边形，设计求出五边形的面积的具体计算方法，直到能用具体的程序设计语言表达为止。为此，根据问题分析，设计计算步骤如下：

① 输入 a1，a2，a3，a4，a5，a6，a7；
② 计算 S=ts(a1, a2, a7)+ts(a3, a6, a7)+ts(a4, a5, a6)；
③ 输出 S。

第三步是算法设计求精：对各计算步骤进行细化求精，即用算法的表示方法按照问题求解过程进行算法描述。

对算法设计框架的第①步算法求精：input(a1, a2, a3, a4, a5, a6, a7)；

对算法设计框架的第②步算法求精：设三角形的三边长为 a、b、c，则求三角形面积 area。

Step1：输入三条边的边长 a、b、c；
Step2：计算 p=(a+b+c)/2；
Step3：计算 $area = \sqrt{p(p-a)(p-b)(p-c)}$；
Step4：输出 area 的值。

（3）程序编码：设计好一个算法后，利用描述工具，准确、清楚地将所设计的解题步骤进行描述，然后编写成程序代码。编辑源程序就是按照程序设计语言的语法规则编辑程序代码，编辑源程序的过程就是通过计算机提供的编辑工具将程序代码生成文本文件的过程，通过编辑工具形成的程序代码称为源代码（Source Code）。用 C 语言描述的求五边形面积的源代码如下：

```
#include<stdio.h>
#include<math.h>

float ts(float a, float b, float c);              // 函数调用声明
main() {
    float a1, a2, a3, a4, a5, a6, a7, s;
    printf("请输入五边形的7条边长：\n");
    scanf("%f, %f, %f, %f, %f, %f, %f", &a1, &a2, &a3, &a4, &a5, &a6, &a7);
    // 调用3次求三角形面积函数，然后相加得到总面积
    s=ts(a1, a2, a7)+ts(a3, a6, a7)+ts(a4+a5+a6);
    printf("五边形面积 s=%f\n",s);
}

float ts(float a, float b, float c) {             // 求三角形面积的函数
    float p, area;
    // 数据必须满足 a+b>c 且 b+c>a、a+c>b 的条件
    p=(a+b+c)/2;
    area=sqrt(p*(p-a)*(p-b)*(p-c));               // 求三角形面积函数公式
    return area;
}
```

（4）程序编译：无论用何种高级语言编写的源程序，都必须编译成扩展名为·EXE 的文件，计算机才能执行。现在的编译程序大多是将源程序编辑和编译集中在一个环境中，通过编译程序对源代码进行调试编译后，便形成可执行程序（文件）。运行该程序，便可求出任意五边形的面积。

（5）运行调试：运行可执行文件便可得出计算结果，程序设计者必须对运行结果进行验证、

检测和调试。对于本例来说，按照上述计算步骤，只要输入三角形的三条边长，就能计算并输出该三角形的面积。然而，该算法虽然正确，但没有考虑到如果输入的三个数$(a+b)≤c$且$(b+c)≤a$、$(a+c)≤b$时，不能构成一个三角形的情况，因而程序缺乏健壮性。为此，可将该算法改进如下：

Step1：输入三条边的边长 a、b、c；

Step2：如果 a+b>c 且 b+c>a 且 a+c>b，那么执行 Step3；否则，输出提示信息"数据输入不合理"并结束程序；

Step3：计算 p=(a+b+c)/2；

Step4：计算 area = $\sqrt{p(p-a)(p-b)(p-c)}$；

Step5：输出 area 的值。

这样便考虑到了输入不合理数据的处理，满足了对算法健壮性的要求。此外，还需考察各种极端情况下的运行情况。例如，z=y/x，当 y 和 x 均取实型数时，求出 z 的值是正确的。但如果类型设置不当，出现 x=0 或 x 趋向于 0，就无法求出 z 的值，这说明程序中存在漏洞，需采取防护措施。

§3.3 计算思维与计算机学科

计算思维的核心是求解问题、设计系统和理解人类行为，计算思维的理论基础是计算科学。虽然计算思维本身并不是计算机的专属，即使没有计算机，计算思维也会逐步发展，但计算机的出现给计算思维的发展带来了根本性的变化，使得两者相互促进，从而加速了彼此的发展进程。

3.3.1 计算思维本质与学科形态的关系

计算思维之所以与计算学科相互促进，其关键就体现在计算思维本质与计算学科形态的内在关联。那么，它们两者之间有何关联？为了描述方便起见，这里以数据库应用系统设计为例揭示计算学科形态与计算思维的关系，数据库应用系统设计的学科形态如图 3-5 所示。

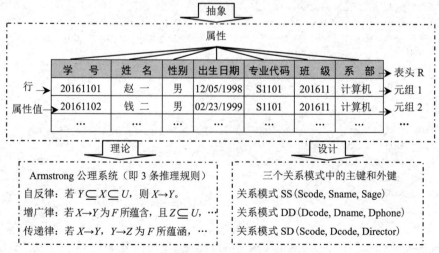

图 3-5 计算学科三个形态描述的示意图

1. 抽象（Abstract）

抽象是指从具体事物中发现其本质特征和方法的过程，是感性认识世界的手段，是人们认识世界和解释世界的方法论。例如，利用计算机实行教学信息管理，通常要经过以下步骤。

第一步，录取学生的基本信息。描述一个学生的基本信息，可以包括：姓名、性别、出生日期、所学专业、班级、系部。然而，这些信息项仅适合某一个学生，一个班级中常常有同名同姓的情况，如果设置"学号"，便有了信息的"唯一性"。

第二步，以表格形式记录与教学管理没有直接关联的学生信息，可以包括：学号、姓名、性别、出生日期、所学专业、班级、系部。

第三步，为了便于对数据记录的操作和科学管理，必须研究"学生信息表"的基本结构及其数据信息的基本特征。例如，把每个学生的信息称为"记录"，把每条记录称为"行"，把行中的各项称为"属性"，把属性的集合称为"表头"。

第四步，在上述基础上进行提炼和概括，形成描述学生基本特征的结构——二维表。

由此可见，在计算机科学中，我们可把抽象的过程概括为：发现→提取→命名→表达。

（1）发现（Find）：是指对客观事物进行观察和分析，从共性中找差异，从差异中找共性，从中发现一些内在联系和规律。例如，图3-5中的"学号"就是通过对学生基本信息分析的结果。

（2）提取（Draw）：是指对所观察的或待研究的事物中的要素进行区分，图3-5中的每行数据是实行学生信息管理必备的信息，每列数据是具有相同类型的数据，是必备关联信息的最小集合。

（3）命名（Name）：是指对每个需要区分的要素进行恰当的命名，以反映区分的结果，它体现出抽象是"现象事物的概念化"，图3-5中将行命名为"元组"，将列命名为"属性"等。

（4）表达（Express）：是指以适当的形式呈现"提取"和"命名"的要素及其之间的关系，形成"抽象"的结果，如对学生基本信息抽象的结果是如图3-5所示的二维表。通过该二维表，可以考察学生信息的基本规律。如果将其抽象结果用数学形式进行表达，便可为理论研究提供数学依据。

2．理论（Theory）

理论是客观世界在人类意识中的反映和用于改造现实的知识系统。理论需要论证，例如，算法、编程语言、编译系统都要验证其正确性、有效性、安全性、完备性、复杂性等，而所有这些验证，都需要理论的支撑。因此，我们可把理论的基本特征概括为：定义→公理→定理→证明。

（1）定义（Definition）：是指对概念的严密化描述。例如，E.F. Codd定义了"域"的概念，域是指具有相同类型值的集合。然后定义了"元组"的概念，元组是二维关系表中的"行"，继而定义"笛卡尔积"为所有可能的元组，并且用数学集合与关系概念来定义二维数据表。

（2）公理（Axiom）：是指依据理性的不证自明的基本事实，经过长期反复实践不需要再证明的基本命题。例如数据库函数依赖中的阿姆斯特朗（Armstrong）公理系统就是著名的推理规则。

（3）定理（Theorem）：是指经过逻辑推理证明为真的陈述，其中证明的依据是定义、公理或其他已被证明的定理，包括条件和结论两部分，即在条件成立的情况下有结论为真的事实。

（4）证明（Proof）：是指通过数学理论对所提出的定理或公理进行验证，是由公理和定理推导出某些命题真假的过程，证明有很多种数学方法，如穷举法、反证法、归纳法、构造法等。

3．设计（Design）

计算机科学中的设计是构建一个应用系统的过程，是技术、原理在计算机系统中实现的过程。尽管设计的形态和内容有多种多样，但其基本特征可概括为：形式→构造→自动化。

（1）形式（Form）：是指被研究对象的呈现形式。例如，开发一个数据库应用系统，它呈现的是数据模式，并且必须以符号化的形式表达才便于编程；如果是数字仿真，必须给出适合编程的数学模型。

（2）构造（Structure）：包括"构"和"造"。其中，"构"是指被研究对象各种要素之间的组合关系与框架；"造"是指建造或构造，即各种要素之间的组合关系与框架的建造。计算学科中的典型构造包括算法构造、抽象层面构造和操作对象构造，如关系数据模式中的主键和外键是操作对象构造。

（3）自动化（Automatization）：是指通过软件、硬件、网络等自动化系统，让机器按照程序指令自动执行。

〖问题提示〗 学科形态是问题求解的基本过程，也是学科研究的价值体现。对计算学科而言，设计是构造计算系统改造世界的手段，如果没有设计，任何系统都难以实现——设计价值；理论是发现世界规律的手段，如果没有理论指导，则无法保证设计的严密性、可靠性、正确性——理论价值；抽象是感性认识世界的手段，也是理论和设计的前提，如果没有抽象，理论和设计都无法达成目标——抽象价值。因此，学科形态体现了学科研究的抽象价值、理论价值和设计价值。

4. 计算学科形态与计算思维本质的比较

比较计算学科的三个形态特征抽象（发现→提取→命名→表达）、理论（定义→公理→定理→证明）、设计（形式→构造→自动化）与计算思维的本质（抽象与自动化）两者之间具有交织关系，共同点都是基于"抽象"；学科形态中的"理论"与"设计"实际上是实行"自动化"的手段和步骤。因此，计算学科形态与计算思维本质的目标是一致的，其宗旨是"寻找通用的方法，处理类似的问题"，在表现形式上是"采用不同的形式，解决同样的问题"。

3.3.2 计算思维在计算机学科中的体现

从上面论述可知，计算思维涵盖了反映计算机科学的一系列思维活动，它把一个看起来求解困难的问题阐述成我们知道怎样解决的问题。计算思维在计算机科学中的体现是全方位的，下面从7个方面描述计算机科学中的计算思维，并分别体现在后述各章的教学内容中。

1. "1和0"的计算思维

计算机科学是研究计算过程的科学，计算过程是通过操作数字符号变换信息或状态的过程。在其变换的过程中涉及语义层面的改变。具体说，就是用计算机处理现实世界中的各类问题时，必须将现实世界的事物转换为适合计算机处理的表示形式，这就是所谓"1"和"0"的计算思维。

用"1"和"0"来描述事物状态的思维，在计算机学科中不仅有着极为重要的作用，而且是计算机科学理论的"基石"。例如，"1"和"0"在电子器件中可以用来表示电位的"有"和"无"；在开关电路中可以用来表示开关的"闭"和"开"；在数据编码中可用来表示运算符号的"－"和"＋"；在逻辑学中可以用来表示事件的"真"和"假"，等等。通过"1"和"0"的有机组合，便能完整地描述事物的特征或现实世界中的自然现象。例如，"1"和"0"的组合，在指令系统中可以表示"地址""操作码""操作数"；中国古代用两仪（"—"表示"1"，"--"表示"0"）构成了八卦图，并利用八卦图来推演自然规律（春、夏、秋、冬）和自然现象（阴、晴、圆、缺）等。

正是由于"1和0"的计算思维，从而演化形成了计算机科学中数据表示形式化、语义符号化、信息集合化、模型构造化的计算思维，因而使得"1和0"的计算思维成为计算机科学的理论基础。审视这些思想，对深度理解计算思维以及利用计算思维去改造客观世界有着极为重要的意义。

〖问题提示〗语义符号化是人类社会发展的标志，并且社会越进步，符号越丰富，含义越深刻。符号具有时代性、社会性、权威性、抽象性等特征，被用来标记事物特征和揭示自然科学规律。

2. "计算系统"的计算思维

计算系统是对计算机的抽象,是由硬件和软件组成且能高效工作的完整系统。而计算系统的计算思维是指如何用系统科学的理论和观点来构建一个能实现科学计算和数据处理的计算系统。

【例3-5】 根据冯·诺依曼结构计算机的原理,描述构建一个完整的计算系统的计算思维。

这里涉及两个方面的问题:一是计算系统的结构组成,二是如何实现科学计算或数据处理。一个完整的计算系统包括硬件系统和软件系统,硬件系统是计算系统的物理支撑,它由内存储器、处理器、输入/输出设备、外存储器等组成;软件系统由编辑软件、翻译软件、操作系统、其他各类软件组成。其中,操作系统为用户操作使用计算机提供支撑,并实行对内存储器、处理器、输入/输出设备、磁盘文件进行管理。计算系统实现数值计算或信息处理的过程实际上就是把现实世界转换为计算机世界的过程。首先将现实世界抽象成适合计算系统处理的数据模型(即数学建模);然后进行程序设计,包括算法设计、程序设计方法(面向过程或面向对象)、程序设计语言(面向过程或面向对象)、编制程序(用程序语言编写算法实现的步骤)、程序翻译(将语言程序翻译形成由0和1组成的可执行程序),然后送入硬件系统,进行数值计算或数据处理。构建一个完整计算系统的计算思维如图3-6所示。

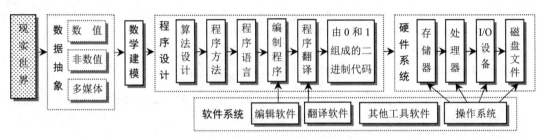

图3-6 构建计算系统的计算思维

〖问题提示〗现实世界所反映出的数据类型可概括为数值数据、非数值数据和多媒体数据等,不同的数据类型构建出不同的数学模型形式。对于多媒体数据的处理,既可以通过硬件来实现,也可使用多媒体软件(Audition、Photoshop、Premiere)进行声音、图像、视频编辑、处理和播放等。

3. "问题求解"的计算思维

问题求解是计算思维的核心,既体现出人类求解问题的过程抽象,又体现出计算机求解问题的过程抽象。抽象形成数学模型,编程实现自动执行,即体现出计算思维本质——抽象和自动化。

【例3-6】 根据计算系统的工作过程,描述利用计算系统实现问题求解的计算思维。

利用计算机实现问题求解的基本步骤可概括为:问题分析、数学建模、算法设计、问题实现,整个过程可形成"反馈"结构。利用计算机实行问题求解的计算思维如图3-7所示。

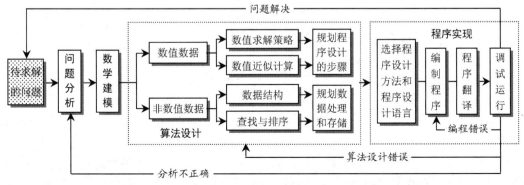

图3-7 利用计算机实行问题求解的计算思维

〖**问题提示**〗在建立数据模型时要考虑问题求解的可能性和有效性，因而需要选择最有效的算法，还要反复测试，验证算法的适应性和算法的正确性。详细内容在第 7 章中介绍。

4．"程序设计"的计算思维

计算机程序是求解问题的"流程"或"顺序"，程序设计思想在计算机科学中是一种极其重要的计算思维，按照 Neumann 原理，计算机解题流程的一般过程如图 3-8 所示。

图 3-8　程序设计的计算思维

【**例 3-7**】以计算 $a+|b|$ 为例，描述利用程序设计实现问题求解的计算思维。

为了使计算机能快速求解问题，首先进行问题分析，把要解决的问题抽象成数学模型，确定问题求解步骤（算法设计）；然后按照处理步骤（算法）编成程序，使计算机把复杂的控制机制变得有序可循；最后进行程序编译、调试和运行，以实现自动、高速地完成解题任务。

（1）分析问题：针对给出的实际问题，理解未知量、数据类型、数据条件、边界条件等。

（2）抽象模型：根据问题分析，将其抽象为便于编程计算的数学模型。对于计算 $a+|b|$，其数学模型为：

$$a+|b|=\begin{cases}a+b & b\geq 0\\ a-b & b<0\end{cases}$$

（3）设计算法：根据给出的数学模型确定计算步骤，并且用程序流程图描述，如图 3-9 所示。该流程是实现数值计算或数据处理"自动化"的根本依据所在。

（4）编写程序：根据算法流程图用计算机语言编写问题求解的算法程序，它是对被处理数据和算法过程进行详细描述。

对于 $a+|b|$，当 $b\geq 0$ 时，$a+|b|=a+b$；当 $b<0$ 时，$a+|b|=a-b$。如果用 C 语言编写算法程序，则为

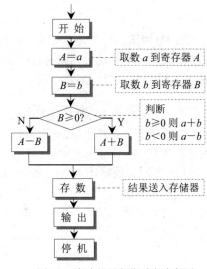

图 3-9　程序设计解题过程流程图

```
#include<stdio.h>
main() {
    float a, b, c;
    scanf("%f, %f", &a, &b);
    if(b>=0)
        c=a+b;
    else
        c=a-b;
    printf("%d\", c);
}
```

（5）程序编译：用程序设计语言编写的程序称为源程序，源程序实际上是各种符号的集合，必须通过编译程序，将其翻译成由 0 和 1 组成的代码程序，计算机才能识别。如果所编写的源程序没有语法错误，那么通过编译，形成可执行程序。如果源程序存在语法错误，那么修改后再编译。

（6）调试运行：运行可执行程序，便能显示运算结果。然而，由于算法设计考虑不周或数据类型定义等问题，会出现错误结果，此时需要反复测试和调试，其调试过程与图 3-7 所示一致。

〖问题提示〗我们可把例3-7看作是例3-6的一个实例。无论是问题求解还程序设计，两者还涉及问题求解的可行性和算法的复杂性分析，详细内容在第6、7、8章中介绍。

5．"递归算法"的计算思维

递归（Recursion）是一种用有限的步骤描述实现近似无限工作的方法，它是计算机学科领域中一种重要的计算思维模式，既是抽象表达的一种手段，也是问题求解的重要方法。

【例3-8】利用"和尚讲故事"典型实例，描述运用"递归"实现问题求解的计算思维。

"从前有座山，山上有座庙，庙里有个老和尚，正在给小和尚讲故事！故事讲什么呢？（从前有座山，山上有座庙，庙里有个老和尚，正在给小和尚讲故事！故事讲什么呢？（从前有座山，山上有座庙，庙里有个老和尚，正在给小和尚讲故事！故事讲什么呢？（从前……）））"。

这里，反复讲故事可以看成反复调动自身，其关键是如何停下来，否则没有任何意义。递归算法求解是借助数学上的递推方法，根据特定法则或公式对一个或多个前面的元素进行运算而得到后续元素，以确定一系列元素的方法。求阶乘算法可以定义成以下3种函数形式：

$$n! = \begin{cases} 1 \\ n \times (n-1) \times (n-2) \times \cdots \times 1 \end{cases}$$

$$n! = \begin{cases} 1 \\ n \times (n-1)! \end{cases}$$

$$n! = \begin{cases} 1 & n \leq 1 \\ n \times f(n-1) & n > 1 \end{cases}$$

当$n \leq 1$时，$f(n)=1$，是递归结束条件；当$n>1$时，$n \times f(n-1)$是对递归形式的完整描述。

〖问题提示〗与递归算法相近似的是迭代算法，它们是问题求解中一种极为重要的计算思维，在计算科学中有着极为重要的地位，关于迭代和递归的算法思想及其编程方法在第7章中介绍。

6．"信息管理"的计算思维

在当今信息时代，人类社会的数据规模和种类正以前所未有的速度增长，传统的手工管理方式已无法实现对大规模数据的有效管理和高效利用。因此，适应大规模复杂数据信息管理的数据库技术应运而生。

【例3-9】根据数据库原理和应用系统开发技术，描述实现计算机信息管理的计算思维。

数据库技术可以解决在大数据的规模效应下的数据存储、管理、分析以及知识发现等问题。基于计算思维的数据库管理的基本步骤为：需求分析、数据库设计（概念模型设计、逻辑模型设计、物理模型设计）、应用系统设计、系统实现、系统测试等。信息管理的计算思维如图3-10所示。

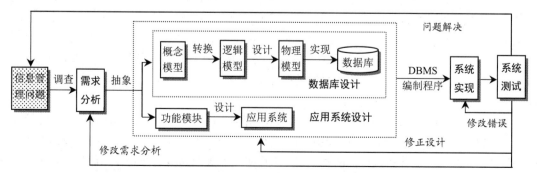

图3-10 利用计算机实现信息管理的计算思维

为了实现数据库信息管理，首先是对现实世界中涉及规模数据管理和处理的复杂性问题进行调查分析，得到较为准确、细致的用户需求；然后将其抽象为信息世界的概念模型，再将概念模型转换为逻辑(记录)模型，由此确定数据库的物理结构，实现数据库信息管理。在数据库系统中，使用数据库管理系统(Database Management System，DBMS)软件对数据库进行科学的组织和管理，并且将数据库与应用系统关联起来，形成一个完整的数据库应用系统，最后进行实施和测试。

〖问题提示〗数据库技术是基于计算系统的应用技术，从例 3-9 可知，数据库技术既能充分体现计算学科的抽象、理论和设计形态，又能充分揭示计算学科形态与计算思维之间的相互关系。因此，故将数据库技术作为实例，在第 10 章中按照计算机学科的 3 个形态展开讨论。

7. "系统融合"的计算思维

随着社会的不断发展和变革，今天对计算机的研究和应用已不再是单台计算机的科学计算，而是面向社会各领域、各个学科融合的计算平台的研究及其应用。"融合"本质上体现了不同抽象层面的计算系统的基本思维，例如，多处理机系统、集群计算机系统、网络通信、物联网、云计算、指挥系统、导弹系统等，都是社会与技术的融合体，从而促使人们用"系统融合"的思维去研究各种技术的综合实现。"系统融合"充分体现出了"信息集合化"和"模型构造化"的计算思维。

【例 3-10】通过互联网、并行计算、分布式计算、云计算来描述"系统融合"的计算思维。

单台计算机的计算能力和存储空间是极其有限的，为了适应日益增长的大规模计算、事务处理、商业计算的需要，可以采用并行和分布式计算；为了更好地利用和共享计算机中的资源，可利用多台计算机进行互联和网络存储。利用云计算环境实现系统融合的计算思维如图 3-11 所示。

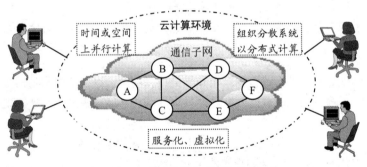

图 3-11 实现"系统融合"的计算思维

（1）并行计算（Parallel Computing）技术：将大型复杂计算问题分解成若干小问题，每个小问题由一个单独的处理机来计算（处理），通过多个处理机并行协同工作，然后综合处理结果，从而使大规模复杂计算问题得到迅速解决。并行计算可以是多处理机系统，也可以是计算机集群。

（2）分布式计算（Distributed Computing）技术：将一个大型复杂计算问题分成许多小部分，并将各小部分分配给网络上的多台计算机进行处理，然后综合处理结果，从而使单台计算机难以胜任的大型复杂计算问题得以圆满解决。

（3）云计算（Cloud Computing）技术：云计算的核心思想是将大量用网络连接的计算资源实行统一管理和调度，构成一个计算资源池向用户提供按需服务，而提供资源的网络被称为"云"。云计算是在并行计算及分布式计算的基础上加入服务化和虚拟化概念，将计算任务分布在大量计算机构成的资源池上，从而使各种应用系统能够根据需要获得计算能力、存储空间和信息服务。

构成云计算的思维是一种"系统融合"的思维，科学技术越发达，系统融合度越高。正是在这一思想基础上，人们提出了"网络思维（Net Thinking）""万维思维（Web Thinking）"等新概念。

§3.4　计算思维的学科作用与能力培养

计算思维是人类认识世界的一种高级反映形式，它作为问题求解的思维方法，人人都应掌握，如同所有人都应具备"阅读、写作、算数"（Reading，wRiting and aRithmetic，简称 3R）能力一样。计算思维代表一种普遍认识和一类普适的技能，其作用目标是：<u>认识世界→发现规律→改造世界</u>。因此，计算思维不仅能有力地促进相关学科的发展，而且在人才培养中具有极为重要的作用意义。

3.4.1　计算思维与计算机教育相互促进

计算思维与计算机科学有着密切关系，计算机的出现给计算思维的发展带来了根本性的变化，而计算思维的形成，对计算机学科教育有着极为重要的促进作用。基于计算思维的计算机教育是一次计算机基础教育的革命。两者彼此相互促进，从而加速了计算思维与计算机学科的发展进程。

1. 计算机教育促进计算思维的发展

大学教育的目标是通过教育对学生未来的发展有所贡献。在当今信息时代，无论是自然科学还是社会科学，无论是国民生产还是国防尖端；无论是现代办公还是家庭生活，其发展无不与计算机密切相关，并且没有哪一个领域不需要计算机的支持。因此，计算机教育在人才培养中具有极其重要的作用地位，并且对计算思维具有极为重要的促进作用，主要体现以下 3 个方面。

（1）计算机教育促进计算思维的培养：计算机教育强调方法论、抽象思维能力、解决问题的意识等，因而使得在学习和应用计算机的过程中有形或无形地培养计算思维，正如学习数学的过程就是培养理论思维的过程；学习物理的过程就是培养实证思维的过程；学习算法的过程就是培养计算思维的过程。计算机教育注重三种能力的培养：一是使用计算机基本能力的培养；二是理解计算机系统能力的培养；三是训练有素的计算思维能力培养。培养应用计算机实行问题求解的能力恰好反映了计算思维中的计算认知和问题求解的基本要素，可以满足计算机学科和其他学科专业基础能力培养的需求。计算机不仅为不同专业提供了解决专业问题的有效方法和手段，而且提供了一种独特的处理问题的思维方式。由此可见，计算机学科是与计算思维最为紧密的学科，计算机课程无疑是培养计算思维最好的课程。

（2）计算机应用促进计算思维的研究：计算机对信息和符号快速处理的能力，使得原本只能停留在理论上的想法可以转化成实际的系统。例如，智能手机和互联网的出现，使用户可以随时随地与朋友分享自己身边发生的事情，这种以机器代替人类部分智力的活动，催发了对智力活动机械化的研究热潮，凸显了计算思维的重要性，推进了对计算思维的形式、内容和表达的深入探究。在此背景下，人类思维活动中以形式化、程序化和机械化为特征的计算思维受到前所未有的重视，从而引发了人们对它的重视和广泛研究，使计算思维的具体形式和表达方式更加清晰和完整。

（3）计算机科学促进思维方式的发展：计算机科学及其相关计算学科的进步，改变着人们的思维方式。例如，计算机博弈论正改变着经济学家的思维方式；计算社会科学正改变着社会学家的思维方式；计算生物学正改变着生物学家的思维方式；量子计算正改变着物理学家的思维方式。随着计算机学科与相关学科的快速发展和相互渗透，对计算思维的促进作用会越来越大。

　　2. 计算思维促进计算机教育的发展

　　计算机学科能有力促进计算思维的发展，而计算思维能力的提高能有力地促进计算机学科的发展。计算思维对计算机学科及其教育的促进作用主要体现在以下3个方面。

　　（1）计算思维促进计算机教育思想：周以真教授指出：大学应该从新生课程入手，教授学生"像计算机科学家一样思考"。我们应将计算思维融入到课程教学中，有意识地逐步培养学生的计算思维，使他们学会运用计算机科学的基础概念去求解问题、设计系统和理解人类行为。将计算思维引入计算机课程中，使授课对象能更加深刻地理解计算的本质和计算机求解问题的核心思想，已成为计算机教育研究的重点课题，即计算机教育的核心任务是计算思维能力的培养。基于计算思维的计算机教育是一次计算机基础教育的革命，在人才培养中有着极其重要的作用意义。

　　（2）计算思维促进对计算机学科的认识：计算思维的提出使计算机学科发生了巨大变革，人们认识到计算的本质就是从一种信息状态到另一种信息状态转变的过程，计算机学科更加注重探讨和研究什么是可计算的，如何将实际问题转变为可计算的问题，进而使用计算机仿真和模拟来解决许多以往难以解决的问题。具体说，就是要理解和建立信息、计算、智能这三大核心科学概念，培养以"合理抽象、高效实现"为特征的构造性过程的能力。而正确提取信息(数据抽象)和实行状态变换，并通过恰当的方式表达出来，使之成为计算机能够处理的形式(实现方式)，就是基于计算思维概念解决自然问题和社会问题的基本原理和方法论。

　　（3）计算思维促进计算机学科的发展：计算思维与计算机学科形态"属性同源""异曲同工"，运用计算思维方式，能为人们思考和探索问题提供更为有效的途径。计算思维提出了面向问题求解的观点和方法，利用这些观点和方法有助于呈现问题的不同方面，有助于探索问题求解过程和解决方案，有助于计算机学科体系的深入研究。因此，计算思维已成为计算学科领域的热门话题。

3.4.2　计算思维有助于跨越专业鸿沟

　　计算思维的概念虽然被广泛接受和认可的时间不长，但是对于计算机学科和其他学科的影响是巨大的。计算思维与其他学科的融合，正不断产生新的研究方向和新兴学科，这表明计算思维在各学科发展中具有重要的作用和地位，并且还有助于跨越专业鸿沟。

　　1. 实现跨越专业鸿沟的因素

　　计算思维主要培养学生的三种能力：一是利用计算机解决专业领域中的问题的能力；二是将计算机应用拓展到其他学科领域的能力；三是利用计算机新技术解决尚未解决应用问题的能力。因此，如果把教学思想和教学内容仅局限在：计算机的结构组成、计算机程序设计、数据库技术、网络技术等课程的学习，而缺乏基于计算思维的问题探索与创新，其教学效果则只能掌握计算机的基本理论和技术，难以满足各学科专业学生未来计算能力的需求，也难以跨越由通用计算手段到未来计算机与本专业课题研究之间的鸿沟。如果掌握了计算思维，则可以有效地帮助计算学科学生跨越专业鸿沟，这是计算思维的本质和特征所决定了的，它主要体现在以下3个方面。

　　（1）计算思维是人类求解问题途径的思想和方法：计算思维的特性决定了它能给人以启迪，给人创造想象的空间。计算思维像计算机科学家那样去思维，而不是像计算机那样去思维，计算机拥有强大的计算能力，但处理问题刻板而机械。而人类通过在抽象的多个层次上思维并且编程实现，将自己计算思维的思想赋予了计算机，解决各种需要大量计算的问题。

（2）计算思维是融合了数学和工程的思维方式：计算思维吸取了现实世界中复杂系统设计与评估的工程思维，是基于问题求解的一般数学思维。而问题求解需要建立现实世界的抽象模型，采用建筑在数学基础之上的形式化语言表达思想。基于计算思维的计算机教育就是要挖掘和传授"问题求解"的思维方法，使学生领悟什么是计算思维，具备用计算思维实现问题求解的能力。

（3）计算思维是基于抽象和自动化的思维方式：这一思维方式对各学科学生创造性思维和创新能力的培养都是极为重要的，是实现跨越专业鸿沟的根基。例如，数据描述"0或1"和数理逻辑"真或假"的思想有助于学生形成"语义符号化"和"语言形式化"的思维模式；"模块化"和"程序设计"的思想有助于学生形成"结构化"和"自动化"的思维模式；"数据查询"和"网络互联"的思想有助于学生形成"信息管理"和"系统融合"的思维模式。

2. 实现跨越专业鸿沟的策略

不论哪一类问题的求解，计算思维的联想性（Associativity）、推展性（Expansibility）、普适性（Universality）、创造性（Creativeness）永远都是第一位的，它是解决各类问题的金钥匙，是跨越专业鸿沟的重要因素，形如一个主修英语的学生可以选择多种不同的职业；一个主修计算机的学生可以从事自然科学或社会科学的任何职业。实现跨越专业鸿沟的基本策略可以概括为3个方面。

（1）了解计算机解决实际问题的方式和过程：充分了解计算机能做什么以及如何做，具体说，就是理解从图灵机模型到冯·诺依曼结构计算机的基本功能，理解数据抽象和过程抽象在理解计算机功能中的作用，理解计算机及解决问题的三部曲：算法、编程和自动执行。

（2）认识计算机对其他学科产生的巨大影响：了解计算机技术的飞速发展和广泛应用对其他学科发展所产生的影响，了解计算机技术的应用引发其他专业发生革命性变革的原因和过程，掌握利用计算机技术解决其他学科专业问题的方法和思路。

（3）将计算思维拓展到其他学科：挖掘计算机解决各种问题的基本原理和运用计算机科学家一样的思维方法，并将这种思维方法运用到解决其他专业问题的思考过程中。人类从用石块、绳结记事到使用文字记录，从用十指、算筹计算到使用计算机求解问题，所有一切都归结于科学思维的进步和跨越。虽然各学科领域具有各自的特点，但计算思维的联想性、推展性、普适性、创造性是永恒的，能应用到各学科领域及其创新活动中。

3.4.3 计算思维有助于其他学科发展

随着计算机在各行各业中的广泛应用，计算思维的思想和方法对自然科学和社会科学等许多学科领域都产生了重要影响。计算思维不仅涵盖了计算机科学领域的一系列思维活动，还代表着普遍的认知和普适的技能，从而渗透到各领域，影响和促进其他学科的发展。

1. 计算生物学（Computational Biology）

计算生物学是生物学中的一个分支，是应用数学建模和计算机仿真技术进行数据分析及理论研究的一门新兴学科。随着生物学研究中的数据量和生物系统的复杂性不断增长，传统的观察、实验以及简单的数据处理方法难以适应复杂生物学的研究，必须利用计算、存储、检索、查询等技术来处理这些海量数据，从中发现复杂的生物规律和机制，建立有效的计算模型，继而进行相关研究。计算机科学的许多领域：数据库、数据挖掘、人工智能、算法、图形学、软件工程、并行计算和网络技术等，都能为生物学研究提供强有力的技术支撑。例如，数据挖掘与聚类分析方法在蛋白质的结构预测中有着广阔的应用空间；从各种生物的 DNA 数据中挖掘 DNA 序列自身规律和 DNA 序列进化规律，可以帮助人们从分子层次上认识生命的本质及其进化规律，进而开发出生物数据处理分析方法库和知识库。这一切都与计算思维有关。

基于 DNA 的生物计算机的研究是人类期望在 21 世纪实现的伟大工程，它是计算机学科中最年轻的一个分支。目前的研究方向一是研制分子计算机，即制造用有机分子元件去代替目前的半导体逻辑元件和存储元件；二是研究人脑结构的思维规律，再由此构想生物计算机的结构。

2．计算神经学（Computational Neuroscience）

计算神经学是使用数学分析和计算机模拟的方法在不同水平上对神经系统进行模拟和研究的交叉学科，涉及神经科学、认知科学、资讯科学、物理学和数学等。计算神经学研究涉及神经生物学和脑科学，神经生物学运用数学、物理学、信息科学等相关领域的研究理论和方法，研究神经科学所关心的大脑工作原理；脑科学运用心理学、人工智能、认知科学和创造学等，研究人脑结构与功能，揭示人脑高级意识功能。美国神经生理学家罗杰·斯佩里进行了裂脑实验，提出了著名的大脑两半球功能分工理论，他认为左脑侧重于抽象思维，如逻辑抽象、演绎推理和语言表达等；右脑侧重于形象思维，如直觉情感、想象创新和图像识别等。正是大脑的复杂性及其神奇的计算和决策能力，吸引了数理科学家、计算机科学家、信息科学家们从计算和建模的角度去进行研究，计算思维便是计算和建模过程中极为重要的思想方法。

3．计算化学（Computational Chemistry）

计算化学是理论化学的一个分支，是近年来快速发展的一门学科。以分子模拟为工具实现各种核心化学的计算问题，架起了理论化学与实验化学之间的桥梁，使用化学、计算方法、统计学和程序设计等各种方法，进行化学与化工理论计算、实验设计、数据与信息处理、分析与测试等。计算化学研究包括以下 5 个领域，每个领域都与计算思维密切相关。

（1）数值计算：利用数值计算方法，对化学各分支学科的数学模型进行数值计算或方程求解。例如，量子化学和结构化学的行演绎计算，分析化学的条件预测，化工过程中的各种应用计算等。

（2）化学模拟：根据某一过程的测试数据模拟工作曲线、预测反应效果、显示反应设备和反应现象的实体。化学模拟包括数值模拟、过程模拟、实验模拟等。

（3）化学中的模式识别：模式识别主要用于最优设计，根据物性数据设计新的功能材料，化学中的模式识别是根据物性数据设计新的功能材料。

（4）化学数据库及检索：化学数据库中存储的信息有数据、常熟、谱图、文摘、操作规程、有机合成线路、应用程序等，根据谱图数据库进行谱图检索，已成为有机分析的重要手段。

（5）化学专家系统：是化学数据库与人工智能相结合的产物，通过把知识规则转换为程序，让机器模拟专家的分析和推理过程，达到用机器代替专家工作的效果。

4．计算经济学（Computational Economics）

计算经济学是一门涉及计算机科学、经济学、数学、社会科学、博弈论等领域的交叉学科。在当今信息社会，计算机科学及其网络技术已成为计算经济学发展的一个重要推动力量：一方面，传统的经济形式和商业模式在网络时代发生了许多变化，经典的经济学理论需要不断被检验和修正，产生新的经济学理论；另一方面，随着分布式系统、网络和云计算等领域的发展，一个计算任务的完成往往需要多方合作，这就要求计算机协议或算法设计不仅要满足有效性、容错性等传统需要，还要考虑博弈论和经济学的约束。所以,无论是从经济学的发展还是从计算机学科的发展来看,二者的交叉和结合都呈现不可阻挡的趋势。也就是说,计算机及其网络技术在计算经济学中起着极为重要甚至关键的作用。相应地,计算思维方法在计算经济学中的重要意义也就不言而喻了。

5. 计算机艺术(Computational Art)

诺贝尔物理奖获得者李政道教授曾经讲过:"科学与艺术是一枚硬币的两个面,它们是不可分割的。它们源于人类活动最高尚的部分,都追求深刻性、普遍性、永恒和富有意义。"计算机艺术是计算机科学与艺术相结合的一门新兴的交叉学科,包括绘画、音乐、舞蹈、影视、广告、书法模拟、服装设计、图案设计、产品和建筑造型设计以及电子出版物等领域。显然,计算机艺术的创作和描述都与计算思维密切相关。

6. 其他学科领域

随着计算机科学技术的高速发展和广泛应用,计算思维对其他各学科的影响越来越大,并且改变了各学科领域的研究模式。例如,通过抽象建模,将研究从定性分析转化为定量研究;通过计算高阶项可以提高精度,进而降低重量、减少浪费、节省制造成本;利用计算机数字仿真,模拟核试验、飓风预测、地震预测、飞机起飞和着陆等情况,从而表现出不可替代的强大作用。

总之,计算思维不局限于计算机科学和科学家,而将成为每个人的技能组合成分。同时,计算思维不仅使许多专家对其他学科研究产生兴趣,还促使各学科研究的思维方式发生变革。计算思维与其他学科相融合,在潜移默化中彼此促进,并且在其中发挥着重要作用。这也表明了学习并掌握计算思维的必要性和重要性,对于人类进步和文明传承的贡献无疑是巨大的。

3.4.4 计算思维能力培养的基本策略

计算思维能力是指具有按照计算机求解问题的基本方式去考虑问题的求解过程,提出问题的解决方法,构建出相应的算法和程序的能力。计算思维能力的培养,有助于人们更加深刻地理解计算的本质和计算机求解问题的核心思想;有助于改变因限于培养操作技能而导致只会套用和搬用却不懂得应用和创新的现状;有助于改变不同学科的人们对各自领域的认识和思考方式,以完成更具创新性的工作。为了培养和提高计算思维能力,可采用以下4项基本策略。

1. 与数学方法理论相结合

计算思维本质上源自数学和逻辑思维,它的形式化解析基础筑于数学之上。数学方法在现代科学技术的发展中已成为一种必不可少的认知手段,在科学技术方法论中的作用主要表现为:

(1) 为科学技术研究提供简洁、精确的形式化语言;
(2) 为科学技术研究提供定量分析和计算方法;
(3) 为科学技术研究提供严谨的逻辑推理工具。

数学方法为计算思维提供了坚实的理论基础,递归和迭代是计算机科学中最具代表性的构造性数学方法;以抽象集合及元素为运算对象的离散数学,非常适合培养学生的计算思维。更重要的是图灵的可计算理论及计算方法理论,如计算机科学中的经典问题汉诺塔问题、旅行商问题、四色问题等均属于可计算理论,计算机科学中的数值计算与分析、系统建模与仿真、数字信号处理、数据可视化、数据处理与工程计算等,均属于计算方法理论。

2. 与计算机科学导论相结合

计算机科学导论课程的核心是计算机科学方法论,是对计算机学科领域认知和实践过程中的一般方法、性质、特点、内在联系和变化规律进行的系统研究和理论描述，是认知计算机科学的方法和工具。因此，计算思维能力的培养，在计算机科学导论课程中主要体现在以下2个方面。

（1）与学科形态相结合：计算机学科方法论的核心是其学科的三个形态：抽象、理论和设计，我们可以把计算机学科的三个形态看作是解决问题过程中的三个阶段。计算思维的本质是抽象与自动化，而自动化的实现必依赖于理论和设计。由此可见，计算机学科的三个形态与计算思维的本质特征是一致的，它们是进行科学研究和问题求解的基本步骤，是认识问题→研究问题→解决问题的有效方法。计算机学科形态与计算思维本质体现出的是：<u>以不同的形式，解决相同的问题</u>。

（2）与思想认知相结合：从计算思维的角度洞悉计算机学科，有助于学生在学习伊始就站在计算思维高度来看待专业学习，培养严谨的抽象思维能力，使计算思维的精髓融入分析问题和解决问题的过程中，这对培养学生的思维能力是极为有利的，也是非常有效的。

基于计算思维的计算机科学导论课程的定位和宗旨就是实行计算思维与计算机学科相结合的"导学"，即在课程内容中坚持运用计算思维方法帮助学生认知计算机科学与技术学科，对学生进行一次整体的专业学习"导游"，培养和提高学生的计算思维能力，为其他课程的学习起到引导作用，达到既"授人以鱼"也"授人以渔"的教学目的。

3．与应用能力培养相结合

当今信息社会，计算机的应用已渗透到各领域，我们不仅要充分利用计算机解决从前不能解决的问题，还要解决由于目前计算机能力的局限性，许多实际应用依旧亟待解决的问题，这就需要用自己的智慧设计出实现各种应用系统，解决因计算机功能局限而不曾敢于尝试的问题。

对计算机学科来说，应用能力一般是指编程能力和系统开发能力，但是计算思维能力的培养不等同于程序设计或编程教学，虽然程序设计是发展学生计算思维的一种重要载体，但计算思维教育不仅是编程教育，其关注的是利用信息技术解决问题的能力，强调学生信息化认知方式的发展，强调学生在真实体验与实践应用中利用信息技术思考与解决问题的独特能力。在这个过程中，不断拓展对计算思维的理解和认识是非常重要的。计算思维为知识与能力建起了一座连接桥梁："思维"随着"知识"的贯通而形成，"能力"随着"思维"的形成而提高。

4．与创新能力培养相结合

在人才培养过程中，创新意识和创新思维是人才培养的核心。在解决科学问题和工程应用问题的过程中，激起学生的好奇心和创造力。计算机科学就是在挑战问题、解决问题的过程中不断发展的，因而计算思维能力也会在分析问题和解决问题的实践中得到充实和提高。以计算思维为核心的计算机科学技术，最能体现和发掘创新思维能力培养与创新思维实现。

（1）培养创新意识：创新是一个民族生存、发展和进步的原动力。人类思维不仅具有丰富的想象力，还有无限的创造力，计算思维能力的培养就是要拓展人类征服自然、改造自然的能力。在当今信息时代，不断提出新的概念，各类新技术层出不穷，因而其思维方式不再是程序化的，而需要在多个层次（计算理论、信息处理、硬件系统）上进行抽象，进行创新式的计算思维。

（2）培养创新方法：计算思维能力培养是加速科学发展与技术创新的催化剂和推进剂，创新思维是必备的科学素养之一，也是创新型人才必备的首要条件。创新要靠科学素养和理解科学，靠科学的思想方法，只有掌握了科学的思想方法，才能在学习和工作中多层次、多视角、全方位地观察和理解客观世界的变化，运用已经掌握的知识和科学方法去理解问题、发现问题、提出问题、解决问题或找到解决问题的途径和方法。技术与知识是创新的支撑，但思维是创新的源头。

（3）培养创新能力：在培养计算思维创新能力的过程中，必须把创新理念融入学习与实践活动，培养怀疑精神和求异思维，激发对计算机科学技术的好奇心，培养思想创新和技术创新意识。与此同时，积极参与符合计算思维能力和创新能力培养的实践环节，积极主动地进行探索式学习。<u>在学习中培养创新，在实践中探索创新</u>。

本章小结

1. 计算思维是人类的一种思维方式，是一种科学的思维方法。计算思维建立在计算过程的能力和限制之上，是选择合适的方式去陈述一个问题，并用最有效的方法实现问题求解。

2. 计算思维本质是抽象与自动化，计算学科形态是抽象、理论与设计，它们两者的形式不同，但目标是一致的，其宗旨是"寻找通用的方法，处理类似的问题"。

3. 计算思维的核心是问题求解，求解的关键是建模，其步骤为：建立模型（将实际问题转化为数学问题）→数学解答（将数学问题转化为数学解）→模型检验（将数学解转化为实际问题的解）。

4. 计算思维在人类改造世界过程中起到至关重要的作用，在应用能力培养的基础上还要注重创新能力的培养，要求加强知识融通与学习能力、迁移能力培养，在横向和纵向两个方向对所学专业有较好的宏观把握。计算思维不仅是计算机专业学生，而是所有大学生都应该具备的能力。

习 题 3

一、选择题

1. 按照思维的进程方向划分，可分为横向思维、纵向思维、发散思维和（　　）。
   A．收敛思维　　　　B．形象思维　　　　C．逻辑思维　　　　D．计算思维
2. 从发展历程看，科学思维的表现主要体现有理性思维、逻辑思维、系统思维和（　　）。
   A．计算思维　　　　B．形象思维　　　　C．收敛思维　　　　D．创造性思维
3. 科学思维的表现主要有发散求解思维、（　　）、哲理思辨思维和理论建构与评价思维。
   A．计算思维　　　　B．逻辑解析思维　　C．收敛思维　　　　D．创造性思维
4. （　　）不属于人类思维特征。
   A．概括性特征　　　B．间接性特征　　　C．可靠性特征　　　D．能动性特征
5. （　　）不属于人类科学思维。
   A．理论思维　　　　B．实证思维　　　　C．计算思维　　　　D．形象思维
6. （　　）不对应理论思维、实证思维和计算思维。
   A．理论科学　　　　B．实验科学　　　　C．计算科学　　　　D．行为科学
7. 利用计算机求解一个问题时通常是按照（　　）、制订计划、执行计划和检验结果进行的。
   A．提出问题　　　　B．分析问题　　　　C．解决问题　　　　D．总结问题
8. 问题抽象过程通常分为三个层次，不包括（　　）。
   A．计算理论　　　　B．信息处理　　　　C．硬件系统　　　　D．软件系统
9. 求解一个具体问题时，算法处理主要涉及三个过程，不包括（　　）。
   A．选择算法　　　　B．分析算法　　　　C．描述算法　　　　D．验证算法
10. 人类对自然的认识和理解经历了三个阶段，不包括（　　）。

  A．经验的   B．理论的   C．计算的   D．学习的

二、问答题

  1．什么是科学思维？
  2．什么是逻辑思维？
  3．什么是系统思维？
  4．什么是创造性思维？
  5．什么是计算思维？
  6．计算思维的本质是什么？
  7．按照计算思维方法，对一个问题求解可分为哪几个阶段？
  8．利用计算机求解问题时可分为哪几个阶段？
  9．在计算机科学中，抽象的含义和基本方法是什么？
  10．计算思维能力培养的核心是什么？

三、讨论题

  1．你是如何看待计算思维与计算机科学形态两者之间的关系的？
  2．你是如何看待计算思维与人才培养的关系的？

基本方法——机器计算的思维方法

第4章 数据表示的基本思维

【问题引出】计算思维的核心是问题求解，在问题求解时人们通常习惯使用十进制数来描述数据大小，用文字来描述语言，用符号来描述图形，用颜色来描述图像。然而，计算机却只能识别由"0"和"1"表示的数字信息。那么，如何解决"人—机"之间的这种"兼容性"问题，把现实世界中的各类数据信息（数值、符号、文字、图形、图像）转换成便于计算机识别、处理和存储的数据信息呢？这就是本章所要探讨的问题，即数值数据的转换和语义符号的表示方法。

【教学重点】计算机中的常用进位计数制、计数制的相互转换、数值数据的编码表示、字符数据的编码表示、逻辑数据的编码表示、多媒体数据的编码表示等。

【教学目标】熟悉数值数据、字符数据、逻辑数据和多媒体数据的编码表示方法；掌握各种进位计数制的表示、转换和运算方法；深刻理解语义符号数值化和信息符号数字化的计算思维。

§4.1 数制及其转换——"人机兼容"的基本思维

在人类社会发展和变革过程中，不仅逐渐发现了事物变化的规律，还找到了描述事物本质特征的方法。为了解决人机交互的"兼容性"问题，可通过"0"和"1"的各种编码来实现，从而使计算机中的所有数值数据、字符数据、逻辑数据、多媒体数据等，都可以用由0和1组成的符号代码来表示；通过不同数制的转换，满足各种信息表示要求，适应人类日常使用习惯。

4.1.1 进位计数制

数制（Numeral System）是用一组固定的数字和一套统一的规则来表示数的方法。按照进位方式计数的数制被称为进位计数制（Positional Notation）。例如，一年12个月，一天24小时，一小时60分，分别称为12进制、24进制、60进制。我们把仅能表示0和1两种状态的数制称为二进制，它是电子器件唯一能识别的数制，人机交互的"兼容性"就是通过不同数制的转换来实现的。

1. 数的位置表示法

人们对各种进位计数制的常用表示方法实际上是一种位置表示法。所谓位置表示法，就是当用一组数码（或字符）表示数值大小时，每个数码代表的数值大小不但取决于数码本身，而且与它在一个数中所处的相对位置有关。例如，十进制数789，其中9表示个位上的数，8表示十位上的数，7表示百位上的数，这里的个、十、百，在数学上称为"权"或"位权"（Weight）。如果把这个十进制数展开，则可表示为

$$789=7\times10^2+8\times10^1+9\times10^0$$

表达式中10的各次幂是各数位的"位值"，称为各数位的"权"。因此，每个数码表示的数值大小等于该数码本身与该位"权"值的乘积；一个数的值是其各位上的数码乘以该数位的权值之和。相邻两个数位中高位的权与低位的权之比如果是常数，则称为基数（Radix）或底数，通常

简称为基(或基码)。如果每个数位都具有相同的基,则称该数制为固定基数值(Fixed Radix Number System),这是计算机内普遍采用的方案。基数是进位计数制中采用的数码的个数,若用 r 来表示,那么它与系数 $a_{n-1}, a_{n-2}, \cdots, a_0, a_{-1}, \cdots, a_{-(m-1)}, a_{-m}$ 表示的数值 N 为

$$N = a_{n-1}r^{n-1} + a_{n-2}r^{n-2} + \cdots + a_0 r^0 + a_{-1}r^{-1} + \cdots + a_{-(m-1)}r^{-(m-1)} + a_{-m}r^{-m}$$

其中,n 是整数部分的位数,m 是小数部分的位数,n 和 m 均为正整数。从 $a_0 r^0$ 起向左是数的整数部分,向右是数的小数部分。a_i 表示各数位上的数字,称为系数,可以在 $0, 1, 2, \cdots, r-1$ 共 r 种数中任意取值。一个 n 位 r 进制无符号数表示的范围是 $0 \sim r^{n-1}$。

2. 常用进位计数制

计算机只能识别由 "0" 和 "1" 组成的二进制代码,而人们通常使用的是十进制数,为了便于人机交互,因而引入了二进制、八进制、十六进制以及用于输入输出的十进制。根据基数 r 的取值不同,可得到不同进位计数制的表达式,并且可用不同的下标来表示。

(1) 当 $r=10$ 时,十进制(Decimal Notation)计数的表达式为

$$(N)_{10} = \sum_{i=-m}^{n-1} a_i 10^i$$

十进制的特点是有 10 个数位,基为 10,系数只能在 0~9 这 10 个数字中取值,每个数位上的权是 10 的某次幂。在进行加、减法运算时,采用 "逢十进一,借一当十" 的运算规则。

【例 4-1】将十进制数 4567.89 按权展开。

[解析] $(4567.89)_{10} = 4 \times 10^3 + 5 \times 10^2 + 6 \times 10^1 + 7 \times 10^0 + 8 \times 10^{-1} + 9 \times 10^{-2}$。

(2) 当 $r=2$ 时,二进制(Binary Notation)计数的表达式为

$$(N)_2 = \sum_{i=-m}^{n-1} a_i 2^i$$

二进制的特点是有 2 个数位,基为 2,系数只能在 0 和 1 这 2 个数字中取值,每个数位上的权是 2 的某次幂。在进行加、减法运算时,采用 "逢二进一,借一当二" 的运算规则。

【例 4-2】将二进制数 $(11011.101)_2$ 按权展开。

[解析] $(11011.101)_2 = 1 \times 2^4 + 1 \times 2^3 + 0 \times 2^2 + 1 \times 2^1 + 1 \times 2^0 + 1 \times 2^{-1} + 0 \times 2^{-2} + 1 \times 2^{-3}$。

在二进制运算过程中,采用 "逢二进一、借一当二" 的运算规则。

【例 4-3】求 11010.101+1001.11。 　　　　【例 4-4】求 100100.011−11010.101。

```
    11010.101                  100100.011
  +  1001.110                −  11010.101
  ───────────                ─────────────
   100100.011                    1001.110
```

(3) 当 $r=8$ 时,八进制(Octave Notation)计数的表达式为

$$(N)_8 = \sum_{i=-m}^{n-1} a_i 8^i$$

八进制的特点是有 8 个数位,基为 8,系数只能在 0~7 这 8 个数字中取值,每个数位上的权是 8 的某次幂。在进行加、减法运算时,采用 "逢八进一,借一当八" 的运算规则。

【例 4-5】将八进制数 $(4334.56)_8$ 按权展开。

[解析] $(4334.56)_8 = 4 \times 8^3 + 3 \times 8^2 + 3 \times 8^1 + 4 \times 8^0 + 5 \times 8^{-1} + 6 \times 8^{-2}$。

【例4-6】求 13450.567+7345.667。

```
   13450.567
 +  7345.667
 ─────────
   23016.456
```

【例4-7】求 23016.456-13450.567。

```
   23016.456
 - 13450.567
 ─────────
    7345.677
```

(4) 当 $r=16$ 时，十六进制（Hexadecimal Notation）计数的表达式为

$$(N)_{16} = \sum_{i=-m}^{n-1} a_i 16^i$$

十六进制的特点是有 16 个数位，基为 16，系数在 0~15 这 16 个数字中取值，其中 0~9 仍为十进制中的数码，10~15 这六个数通常用字符 A、B、C、D、E、F 表示，每个数位上的权是 16 的某次幂。在进行加、减法运算时，采用"逢十六进一，借一当十六"的运算规则。

【例4-8】将十六进制数 $(23AB.4C)_{16}$ 按权展开。

[解析] $(23AB.4C)_{16} = 2 \times 16^3 + 3 \times 16^2 + 10 \times 16^1 + 11 \times 16^0 + 4 \times 16^{-1} + 12 \times 16^{-2}$。

【例4-9】求 05C3+3D25。

```
    05C3
 +  3D25
 ──────
    42E8
```

【例4-10】求 3D25-05C3。

```
    3D25
 -  05C3
 ──────
    3762
```

3. 常用进位制的比较

对于各种进位计数制，除了使用下标法，还可以在数的末尾加一个英文字母以示区别。为了便于对照，表4-1 中列出了 4 种计数制的表示方法。

表 4-1　十进制、二进制、八进制、十六进制

十进制	二进制	八进制	十六进制	十进制	二进制	八进制	十六进制
0	0000B	0Q	0H	8	1000B	10Q	8H
1	0001B	1Q	1H	9	1001B	11Q	9H
2	0010B	2Q	2H	10	1010B	12Q	AH
3	0011B	3Q	3H	11	1011B	13Q	BH
4	0100B	4Q	4H	12	1100B	14Q	CH
5	0101B	5Q	5H	13	1101B	15Q	DH
6	0110B	6Q	6H	14	1110B	16Q	EH
7	0111B	7Q	7H	15	1111B	17Q	FH

其中，B 是 Binary 的缩写，表示二进制数；O 是 Octal 的缩写，表示八进制数（为了避免与"0"混淆，可写成 Q）；H 是 Hexadecimal 的缩写，表示十六进制数；D 是 Decimal 的缩写，表示十进制数。十进制数的后缀可省略，但其他进位制数的后缀不可省略。例如：

$$(331.25)_{10} = (101001011.01)_2 = (513.2)_8 = (14B.4)_{16}$$
$$=101001011.01B=513.2Q=14B.4H$$

从以上实例可知，计算机中各种进位计数制的算术运算（Arithmetic Operation）规则的关键是掌握"逢 r 进一、借一当 r"的特点。无论是二进制、八进制还是十六进制，其进位的概念与十进制的相同。与此同时，二进制乘、除运算法则与十进制的类似。

4.1.2 数制之间的转换

计算机处理数据时使用的是二进制数，而人们习惯于十进制数，于是出现了不同数制间的转换问题。常用的数制转换有二进制、八进制、十六进制和十进制之间的相互转换。

1. r 进制转换为十进制

将 r 进制转换为十进制，是指将二进制、八进制、十六进制的数转换为十进制的数。事实上，任一个用 r 进制表示的数都可用通式 $\sum_{i=-m}^{n} a_i r^i$ 转换为十进制数，通常使用的转换方法是按"权"相加法。转换时，先把各位数码与它们的权相乘，再把乘积相加，便得到了一个十进制数，这种方法称为按权展开相加法。

【例 4-11】 $(100011.1011)_2 = 1\times 2^5 + 1\times 2^1 + 1\times 2^0 + 1\times 2^{-1} + 1\times 2^{-3} + 1\times 2^{-4} = (35.6875)_{10}$。

【例 4-12】 $(37.2)_8 = 3\times 8^1 + 7\times 8^0 + 2\times 8^{-1} = (31.25)_{10}$。

【例 4-13】 $(AF8.8)_{16} = 10\times 16^2 + 15\times 16^1 + 8\times 16^0 + 8\times 16^{-1} = (2808.5)_{10}$。

2. 十进制转换为 r 进制

将十进制转换为 r 进制的常用方法是把十进制整数和小数分别进行处理，称为基数乘除法，整数部分用除基取余法，小数部分用乘基取整法，最后把它们合起来。

（1）除基取余法：整数部分用基值重复相除的方法，即除基值取余数。设 $r=2$，则对被转换的十进制数逐次除以 2，每除一次，必然得到一个余数 0 或 1，一直除到商 0 为止。最先的余数是二进制数的低位，最后的余数是二进制的高位。

【例 4-14】 $327 = (\ ?\ )_2$，求解过程如下：

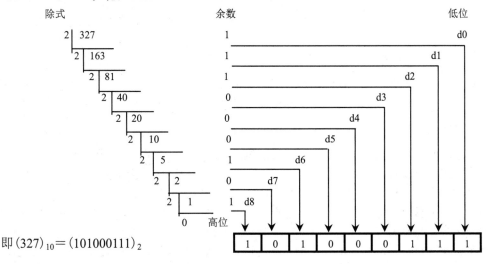

即 $(327)_{10} = (101000111)_2$

用与此类似的方法也可以进行十进制整数→八进制整数的转换，十进制整数→十六进制整数的转换，所不同的只是用 8 或 16 去除。

【例 4-15】 $(1109)_{10} = (\ ?\ )_8$

```
8 | 1109    5   低位
  8 | 138   2    ↑
    8 | 17  1
      8 | 2 2   高位
        0
```

即 $(1109)_{10} = (2125)_8$。

(2) 乘基取整法：用基数 2 去乘十进制纯小数，如整数部分为 1，则先得到所求十进制小数的最高位，然后去掉乘积的整数部分，再用 2 去乘余下的纯小数部分，如此继续，直到乘积全部为整数或已满足要求的精度，所得各整数就是所求二进制小数的各位值。

【例 4-16】$(0.5625)_{10} = (?)_2$

整数部分		0.5625
	×	2
高位 1		.1250
	×	2
0		0.2500
	×	2
0		0.5000
	×	2
低位 1		.0000

即 $(0.5625)_{10} = (0.1001)_2$。

用类似方法也可以进行十进制小数 → 八进制小数的转换或者十进制小数 → 十六进制小数的转换，不同的只是用 8 或 16 去乘。

【例 4-17】$(0.6328125)_{10} = (?)_8$

整数部分		0.6328125
	×	8
高位 5		.0625000
	×	8
0		0.5000000
	×	8
低位 4		.0000000

即 $(0.6328125)_{10} = (0.504)_8$。

由此可知，实型数与整型数的转换方法完全相同。如果一个数既有整数部分又有小数部分，则将这两部分分别按除基取余法和乘基取整法，再合并，即为实型数的转换结果。

3. 二进制数、八进制数、十六进制数间的转换

计算机中常用数制的转换有二进制、八进制、十六进制，由于二进制的权值 2^i 和八进制的权值 $8^i = 2^{3i}$ 及十六进制的权值 $16^i = 2^{4i}$ 都具有整指数倍数关系，即 1 位八进制数相当于 3 位二进制数，1 位十六进制数相当于 4 位二进制数，故可按如下方法进行转换。

(1) 二进制数与八进制数的转换：通常采用"分组法"，当把二进制数转换成八进制数时，以小数点为界，将整数部分从低向高每 3 位为一组（最后一组不足 3 位，在最左端高位添 0，凑足 3 位）；小数部分从高向低每 3 位为一组（最后一组不足 3 位，在最右端添 0，凑足 3 位）。将各组的 3 位二进制数按 2^2、2^1、2^0 权展开后相加，得到 1 位 8 进制数，由此便完成了转换。

【例 4-18】把二进制数 01110101.10100111 转换成八进制数。转换方法如下：

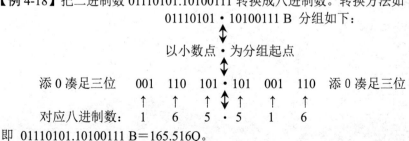

即 01110101.10100111 B = 165.516Q。

当把八进制数转换成二进制数时，其转换是上述的逆过程，即将每位八进制数分别用对应的 3 位二进制数表示。

【例 4-19】把八进制数 6543.21 转换成二进制数。转换方法如下：

```
 6   5   4   3  ·  2   1
 ↑   ↑   ↑   ↑  ↕  ↑   ↑
110 101 100 011 · 010 001
```

即 6543.21Q＝110101100011·010001 B。

（2）二进制数与十六进制数的转换：二进制数与十六进制数的转换方法与二进制数与八进制数的转换方法相似，但它是按 4 位分组，整数不足在高位添 0，凑足 4 位；小数不足在低位添 0，凑足 4 位。

【例 4-20】把二进制数 01110101.10100111 转换成十六进制数。转换方法如下：

01110101·10100111 B 分组如下：

以小数点·为分组起点

添 0 凑足四位　　0111　0101　·　1010　0111

对应十六进制数：　7　　5　·　A　　7

即 01110101.10100111B＝165.516Q＝75.A7H。

【例 4-21】把十六进制数 F8E5.DA3 转换成二进制数。转换方法如下：

```
  F    8    E    5  ·  D    A    3
  ↑    ↑    ↑    ↑  ↕  ↑    ↑    ↑
1111 1000 1110 0101 · 1101 1010 0011
```

即 F8E5.DA3H＝1111100011100101.110110100011B。

八进制数与十六进制数之间是否需要转换？如何实现转换？这一问题留给读者思考。

〖问题提示〗由于二进制的权值是 2^i，八进制的权值是 $8^i=2^{3i}$，十六进制的权值是 $16^i=2^{4i}$，它们之间具有整指数倍数关系，即 1 个八进制数恰好用 3 个二进制位描述，1 个十六进制数恰好用 4 个二进制位描述。正是因为这样，才能使电路器件得到充分利用。二进制数、八进制数、十六进制数、十进制数、r 进制数之间的转换关系如图 4-1 所示。

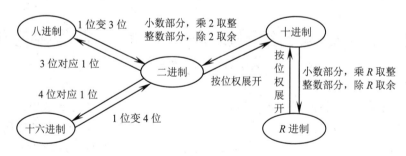

图 4-1　常用数制之间的转换关系

4．十进制数的二进制编码

人们习惯使用十进制数，所以一般计算问题的原始数据都是十进制数，而机器的运算则用二进制数。因此，在计算机输入和输出数据时，必须进行十进制 → 二进制和二进制 → 十进制的进制转换处理。当然，数码转换工作是由计算机输入/输出系统自动完成的，即在键盘上输入各种数字（或字符）时，键盘中的电路便按 ASCCII 值进行转换，把输入的十进制数转换成二进制代码形式。这种以二进制数形式来表示十进制数的编码称为十进制数的二进制编码（Binary-Code Decimal，BCD）。

由于十进制数有 10 个数码（0，1，2，…，9），因此需要取 4 位二进制数表示 1 位十进制数，这 4 位二进制数自左至右，4 位二进制与十进制的对应关系如表 4-2 所示。

从表 4-2 可以看出，每位的权分别是 8、4、2、1，因此我们把具有这一规律的编码称为 8421 码，即

```
1000    0100    0010    0001
 ↑       ↑       ↑       ↑
 8       4       2       1
```

这种编码不仅简单，也最容易理解和记忆，每位的权和二进制数的位是一致的。

4 位二进制码能表示 16 种状态，所以其中的 1010、1011、1100、1101、1110、1111 数码是多余的。从 16 种状态中选取 10 种状态，便形成了不同的编码方法。用 4 位二进制码表示 1 位十进制数的编码方案很多，选择编码方案的原则是既要便于运算，又要便于与二进制数转换，并便于校正错误等。目前，常用的编码除了上述 8421 码，还有 2421 码、余 3 码和循环码，其编码思想是相似的，这里不予详细介绍。

表 4-2　二进制与十进制的对应关系

二进制				十进制
0	0	0	0	0
0	0	0	1	1
0	0	1	0	2
0	0	1	1	3
0	1	0	0	4
0	1	0	1	5
0	1	1	0	6
0	1	1	1	7
1	0	0	0	8
1	0	0	1	9
1	0	1	0	10
1	0	1	1	11
1	1	0	0	12
1	1	0	1	13
1	1	1	0	14
1	1	1	1	15
8	4	2	1	15

进位计数制及其转换为计算机中的数据处理奠定了基础。计算机处理的数据可分为数值型数据和非数值型数据：数值型数据（Numeric Data）是指数学中的代数值，具有量的含义；非数值型数据（Non-Numeric Data）是指输入计算机的其他信息，没有量的含义，这类数据包括字符数据、逻辑数据、多媒体数据。无论是数值型数据还是非数值型数据，在进行数据处理之前，必须将它们进行编码，只有在形成由 0 和 1 组成的二进制代码后才能进行信息处理。

§4.2　数值数据的编码表示——"语义符号数值化"的基本思维

数值数据用来描述数值的大小，不仅有正负之分，还有整数和小数之分。由于计算机只能使用二进制数 0 和 1 来表示各类数据，那么，如何表示整形数据中的正负符号、实型数据中的小数点"."，以及如何实现简化运算呢？这就需要编码处理，即实现语义符号数值化。

4.2.1　整型数的编码表示

整型数可分为无符号整数和有符号整数，最简单的表示方法是无符号整数的所有数位全部用来表示数值的大小，而有符号整数是最高位用来表示数的正负，其他位表示数值的大小。但这种表示方法既不便于计算机统一处理，也不便于简化运算，因而采用多种编码表示方法。

1. 机器数与真值

为了使计算机能表示"＋""－"符号，最简单有效的编码方法是用"0"表示"＋"，用"1"表示"－"。例如，

$$N1 = +0101011 \text{ 和 } N2 = -0101011$$

可将其编码表示为：

$$N1 = 0\,0101011 \text{ 和 } N2 = 1\,0101011$$

这样，机器内部的数字和符号便都用二进制代码统一了。这种用数字编码"0"和"1"来表示正负符号的方法被称为"语义符号化"，它为数据表示和运算提供了极大的方便。

由于计算机字长是一定的，因此带符号位与不带符号位的数值范围是有区别的。如果不带符号位，则机器字长的所有位数都可用于表示数值；如果带符号位，则最高位为符号位，其余 $n-1$ 位表示数值。例如，机器字长为 8 位的不带符号位与带符号位所表示的数值范围如图 4-2 所示。

图 4-2 不带符号位与带符号位的数值区别

<u>通常，我们把由数值和符号两者合在一起构成数的机内表示形式称为机器数（也称为机器码），把所表示的真正数值称为这个机器数的真值。</u>例如，一个带有符号位的 n 位二进制数，可以表示为 $x_n x_{n-1} \cdots x_2 x_1$，这就是机器数。其中，最左位 x_n 称为符号位，以"0"表示正，以"1"表示负；$x_{n-1} \cdots x_2 x_1$ 称为数值位，是机器数的真值。然而，计算机是对机器数进行运算的，而我们最终需要的是真值，因此我们总希望机器数尽可能满足如下要求：

（1）机器数与真值之间的转换既要简单，又要直观；

（2）机器数必须能为计算机所表示；

（3）机器数的运算规则要简单，即计算机只表示不带"＋""－"符号的正数。

显然，用"0""1"表示正负能满足前两个要求，但满足不了第 3 个要求。为此，必须从另一途径来找机器数：对于正的真值，机器数就取其真值；对于负的真值，则通过某种变换将其变为正值，以得到对应的机器数。通过将"减"运算变换为"加"运算，不仅可以简化运算规则，还可以简化电路设计，其变换方式是利用原码和反码求其补码来实现的。

2. 原码（True Form）表示法

原码表示法实际上是机器数表示法，即用符号位和数值位两部分共同表示一个带符号数。

原码表示法规定：<u>设字长为 n 位，最高位为符号位，正数的符号位用"0"表示，负数的符号位用"1"表示，其余 $n-1$ 位为数值位。</u>例如，用 4 位二进制表示一个带符号的二进制数，其最高位为符号位，用"0"表示正数，用"1"表示负数。这样把所有 4 位二进制分成两个范围，0000～0111 表示正整数，1000～1111 表示负整数，表示的数值大小如图 4-3 所示。

0000	0001	0010	0011	0100	0101	0110	0111	1000	1001	1010	1011	1100	1101	1110	1111
0	1	2	3	4	5	6	7	-0	-1	-2	-3	-4	-5	-6	-7

图 4-3 4 位存储单元的二进制原码表示法

设真值 X，其原码记为 $X_原$，机器字长为 n 位，对于整数而言，其数值范围为

$$X_原 = \begin{cases} X & 0 \leqslant X \leqslant 2^{n-1}-1 \\ 2^{n-1}-X=2^{n-1}+|X| & -(2^{n-1}-1) \leqslant X \leqslant 0 \end{cases}$$

即用原码表示法，在 n 位单元中可存储的 X 数值范围为 $-(2^{n-1}-1) \sim +(2^{n-1}-1)$。如果用 8 位二进制数表示数据，最高位为符号位，则原码的最大数为 **0**1111111，最小数为 **1**1111111，即整数原码表示的范围：$-127 \sim +127$。16 位二进制整数原码的表示范围：$-32767 \sim +32767$。

从图 4-3 可知，原码表示法简单直观，也便于直接进行乘除运算，原码表示法具有如下性质：

（1）在原码表示法中，机器数的最高位是符号位，且用"0"代表"+"，用"1"代表"-"，后面各位是数的绝对值，即 $X_原$=符号位+$|X|$。

【例 4-22】$X_1 = +1001000$，$X_2 = -1001000$，求其相应的原码（$n=8$）。

求 X_2 的原码实际上是求真值 X_1 和 X_2 的机器码，$[X_1]_原 = \mathbf{0}1001000$，$[X_2]_原 = \mathbf{1}1001000$。

如果按照定义，则 $[X_1]_原 = 01001000$，$[X_2]_原 = 10000000$（即 2^7）$- (-1001000) = 11001000$。

（2）在原码表示法中，零的表示不是唯一的，有两种编码表示，对于 8 位字长，可以有：

$$[+0]_原 = \mathbf{0}0000000 \qquad [-0]_原 = \mathbf{1}0000000$$

（3）在原码表示法中，不能用它直接对两个异号数原码相加或两个同号数原码相减。

【例 4-23】将十进制数"35"与"65"两个同号数的原码直接相减，即计算 35-65。

$$[35]_原 = \mathbf{0}0100011 \qquad [65]_原 = \mathbf{0}1000001$$

$$[35]_原 - [65]_原 = 00100011 - 01000001 = 11100010$$

其结果符号位为"1"表示负数，真值为"1100010"，即等于十进制数"-98"，显然是错误的。

【例 4-24】将十进制数"35"与"-65"两个异号数的原码直接相加，即计算 35+(-65)。

$$[35]_原 = \mathbf{0}0100011 \qquad [-65]_原 = \mathbf{1}1000001$$

$$[35]_原 + [65]_原 = 00100011 + 11000001 = 11100100$$

其结果符号位为"1"表示负数，真值为"1100100"，即等于十进制数"-100"，显然也是错误的。那么，如何解决对两个同号数相减或两个异号数相加的问题呢？用补码表示法可以解决这类问题。

3．反码（One's Complement）表示法

反码是一种过渡编码，其目的是获取补码。反码表示法的特点是电路实现和运算都很简单。

反码表示法规定：正数的反码与原码相同，负数的反码是原码符号位不变，数值位"0"变"1"，"1"变"0"。4 位存储单元的二进制反码表示法如图 4-4 所示。

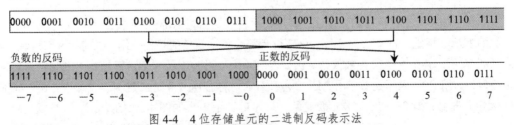

图 4-4 4 位存储单元的二进制反码表示法

设真值为 X 的反码记为 $[X]_反$，机器字长为 n 位，对于整数而言，其数值范围为

$$[X]_反 = \begin{cases} X & 0 \leqslant X \leqslant 2^{n-1}-1 \\ 2^n-1+X & -(2^{n-1}-1) \leqslant X < 0 \end{cases}$$

即利用反码表示法，在 n 位单元中可存储的 X 数值范围为 $-(2^{n-1}-1) \sim +(2^{n-1}-1)$。

从图 4-4 可知，反码表示法简单直观，并具有如下性质：

（1）在反码表示法中，零的表示不是唯一的，也有两种编码表示，对于 8 位字长而言：

[+0]反= 00000000，[-0]反=11111111

（2）在反码表示法中，两数"和"的反码等于两数反码之"和"，即[X+Y]反=[X]反+[Y]反。并且在用反码进行两数相加时，若最高位有进位，必须把该进位值加到结果的最低位才能得到真正的结果，称为"循环进位"。循环进位相当于又一次加法运算，因而会影响运算器的速度。

【例 4-25】X=+1011，Y=+0100，求 X 与 Y 之和的反码。

由于[X]反=01011，[Y]反=00100，则[X+Y]反=[X]反+[Y]反=01011+00100=01111，最高位无进位，得到真正的结果[X+Y]反=01111。

【例 4-26】X=+1011，Y=-0100，求 X 与 Y 之和的反码。

[X]反=01011，[Y]反=11011，[X+Y]反=[X]反+[Y]反=01011+11011=100110，最高位有进位，加到结果的最低位，即 100110→00110+1＝00111。

由此表明，反码不能简化计算。并且可以验证，任何一个数的反码的反码即为原码本身。

4．补码（Two's Complement）表示法

引入补码的目的是简化负数的运算，即实行 $A-B=A+(-B)=A+X=C$。因此，求补码的实质就是如何将 $-B$ 变为 X，这个 X 便是 $-B$ 的补码。那么，如何求出 $-B$ 的补码 X 呢？

为了求得一个数的补码，引入"模"的概念，它形如钟表时针正反转动的情形。假如钟表所指的时间为 6 点整，若需将它调到 3 点（如图 4-5 所示），可用两种方法：一是将时针逆时针方向退回 3 格；二是将时针顺时针方向向前拨 9 格。两种方法都会使时针对准到 3 点，即

图 4-5　时钟转动示意图

6-3=3

6+9=15-12=3（自动丢失了 12）

6-3 与 6+9 之所以具有同样的结果，是因为钟表的刻度最大只能表示 12，大于 12 时，12 便丢失，这个被丢失的数"12"称为模，其数学表达式为：

-3=+9 (mod 12)

即当 mod 12 时，-3=+9 在数学上称为同余（式）。那么，"模"与补码之间有何关系呢？对时钟而言，模数为 12（即 mod 12），此时-3 与+9 是等价的，故把+9 称为-3 对 12 的补码。利用这一表示方法，便可把减法运算变为加法运算。

补码表示法规定：<u>正数的补码与原码相同，负数的补码是原码符号位不变，数值位取反，然后在末位加 1</u>。例如，4 位存储单元的二进制补码表示法如图 4-6 所示。

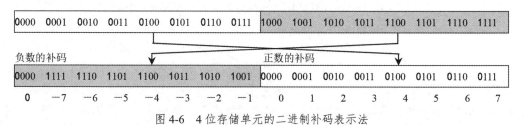

图 4-6　4 位存储单元的二进制补码表示法

设真值 X 的补码记为 $[X]_{补}$，机器字长为 n 位，对于整数而言，其数值范围为：

$$[X]_{补} = \begin{cases} X & 0 \leqslant X \leqslant 2^{n-1}-1 \\ 2^n + X & -2^{n-1} \leqslant X < 0 \end{cases} \pmod{2^n}，当结果超过 2^n 时，丢掉进位$$

即利用补码表示法，在 n 位单元中可存储的 X 数值范围为 $-2^{n-1} \sim +(2^{n-1}-1)$。

从图 4-6 可知，补码表示法具有如下性质：

（1）在补码表示法中，正数的补码是原码，负数的补码为反码的最低位加"1"，$[X]_{补}=[X]_{反}+1$。

【例 4-27】假设字长为 8 位，求十进制数+78 和-78 的补码。

因为 $(78)_{10}=(1001110)_2$，所以

$$[+78]_{原} = [+78]_{补} = 01001110$$

$$[-78]_{原} = 11001110 \qquad [-78]_{补} = [-78]_{反}+1 = 10110010$$

（2）在补码表示法中，在由反码转换为补码时，如果符号位有进位，则按位取模，丢掉该进位。

【例 4-28】$X=+0000000$，$Y=-0000000$，求 $[X]_{补}+[Y]_{补}$。

$[X]_{补}+[Y]_{补}=[00000000]_{补}+[11111111]_{反}+1=00000000+00000000=00000000$

这一性质表明，<u>零的补码是唯一的</u>，对于 8 位字长而言，$[+0]_{补}=[-0]_{补}=00000000$。

〚问题提示〛在求补码过程中，只要结果不超出机器能表示的数值范围，运算后的结果按 2 取模所得到的新结果就是本次加法运算的结果（符号位与数值位都是正确的补码表示）。

（3）两数"和"的补码或两数"差"的补码等于两数的补码之"和"，并且在进行加法运算时，可以把符号位与数值位同等处理（符号位也参与运算）。其运算表达式为

$$[X+Y]_{补} = [X]_{补} + [Y]_{补}$$

$$[X-Y]_{补} = [X+(-Y)]_{补} = X_{补} + (-Y)_{补}$$

【例 4-29】利用补码计算十进制数"35"与"-65"两个数之和，即 35+(-65)=？

因为 $[+35]_{原}=00100011$，$[+35]_{补}=00100011$，$[-65]_{原}=11000001$，$[-65]_{补}=10111111$，所以

$$(35)_{10}-(65)_{10}=[+35]_{补}+[-65]_{补}=00100011+10111111=11100010$$

其结果 11100010 为补码，对它进行一次求补运算，就得到结果的原码表示，即

$$[11100010]_{补}=[10011101]_{反}+1=[10011110]_{原}=-0011110=(-30)_{10}$$

〚问题提示〛由此表明，<u>任何一个数的补码的补码即为原码本身</u>。

（4）补码运算结果与机器字长有关。因为符号位与普通数位一样参加运算，产生进位。如果运算的结果超出了数的表示范围，则有可能使两个正数相加或两个负数相加的结果为负数。

【例 4-30】某计算机用 2 字节表示整数，若进行 30000+20000 运算，则计算过程如下：

```
    (30000)补=0110101100110000
   +(20000)补=0100111000100000
   ─────────────────────
    (结果)补=1100001101010000    符号位变为 1，使其结果变为了负数
    (结果)反=1011110010101111    对运算结果 1100001101010000 求反的结果
    (结果)原=1011110010110000    对求反结果+1 后，相当于十进制数-15536
```

30000+20000=1011110010110000=-15536 显然是错误的。之所以导致错误，是因为机器字长不够造成的。如果用 4 字节来实现 30000+20000 加法运算，就不会出现这个问题了。

〚问题提示〛通过补码表示，可以把减法运算变为加法运算。这样不仅可以提高计算机的运算速度，在设计计算机硬件系统时，还可以省去减法运算电路，从而简化计算机电路的实现，降低电路的复杂程度，提高硬件系统的可靠性。因此，计算机中的加减运算都采用补码运算方式。

5. 原码、反码和补码的比较

采用原码、反码和补码来描述数据的目的是便于负数的运算处理，对原码求反码是为了求取补码，即$[X]_{补}=[X]_{反}+1$。原码、反码和补码表示的比较如图 4-7 所示。

+8 的原码	0	0	0	0	1	0	0	0	正数的原码不变
+8 的反码	0	0	0	0	1	0	0	0	正数的反码与原码相同
+8 的补码	0	0	0	0	1	0	0	0	正数的补码与原码相同
−8 的原码	1	0	0	0	1	0	0	0	负数的原码符号位为 1
−8 的反码	1	1	1	1	0	1	1	1	负数的反码符号位为 1 数值位取反
−8 的补码	1	1	1	1	1	0	0	0	负数的补码是负数反码的末位+1
+0 的反码	0	0	0	0	0	0	0	0	正 0 的反码全部为 0
−0 的反码	1	1	1	1	1	1	1	1	负 0 的反码全部为 1
+0 的补码	0	0	0	0	0	0	0	0	正 0 的补码全部为 0
−0 的补码	0	0	0	0	0	0	0	0	负 0 的补码是负 0 的反码+1，舍弃进位

图 4-7 原码、反码和补码表示的比较

4.2.2 实型数的编码表示

由于计算机中的 "0" 和 "1" 已用于表示正、负，因此小数点便用隐含方式表示，并且隐含小数点的位置可以是固定的，也可以是变动的。例如，十进制数 123.45 可以表示为

$$123.45=12345\times10^{-2}=0.12345\times10^{3}=0.012345\times10^{4}=0.0012345\times10^{5}$$

同样，二进制数也有类似的表示方法。例如，10101.11 和 -10101.11 可以表示为

$$+10101.11=01010111\times2^{-2}=00.1010111\times2^{5}=00.01010111\times2^{6}$$
$$-10101.11=11010111\times2^{-2}=10.1010111\times2^{5}=10.01010111\times2^{6}$$

由此看出，对一个任意 r 进位制实型数 N，它总可以写成下列形式：

$$(N)_r = \pm M \times r^{\pm E}$$

其中，± 称为 "符号位"，正值数据用符号 "0" 表示，负值数据用符号 "1" 表示；M 称为数 N 的尾数（Mantissa），表示数 N 的有效数字；r 称为数 N 的阶码的底；E 称为数 N 的阶码（Exponent），表示数的范围。显然，E 与小数点的位置有关。因此，根据 M 和 E 取值规定不同，实型数的小数点可以用两种方法表示，即定点表示法和浮点表示法。

1. 定点表示法

定点（Fixed Point）表示法是指在计算机中约定小数点在数据字中的位置是固定不变的，用定点表示法表示的数据称为定点数。定点数规定，参与运算的各数的阶码是恒定的，即小数点位置是固定不变的。阶码 E 恒定的最简单情况是 $E=0$，此时 $N=M$，在机器中只需表示尾数部分及其符号即可。如果将小数点的位置定在尾数的最高位之前，则尾数 M 成为纯小数，被称为定点小数；如果将小数点的位置定在尾数的最低位之后，则尾数 M 成为纯整数，被称为定点整数。因此，定点数的格式有以下两种形式，如图 4-8 所示。

（1）定点小数：指小数点的位置隐含固定在符号位之后，最高有效位之前。显然，这是一个纯小数，其绝对值小于 1。

图 4-8 定点表示法

【例4-31】设计算机字长为16位，用定点小数表示0.625。

因为0.625=(0.101)$_2$，设计算机字长为16位，则在计算机内的表示形式如图4-9所示。

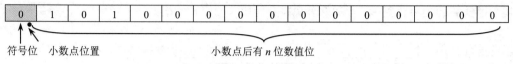

图4-9 计算机内的定点小数表示法

（2）定点整数：指小数点的位置隐含固定在最低有效位之后，显然，这是一个纯整数。

【例4-32】设计算机字长为16位，用定点整数表示387。

因为387=(110000011)$_2$，则在计算机内的表示形式如图4-10所示。

图4-10 计算机内的定点整数表示法

〖问题提示〗定点表示法中小数点的位置是已设计好的，所以在实际机器中不出现小数点。由于定点数所能表示的数据范围非常有限，为了扩大数据的表示范围，人们设计了浮点表示法。

2. 浮点表示法

浮点（Floating Point）表示法是指在计算机中约定小数点在数据字中的位置是浮动的，用浮点表示法表示的数据称为浮点数。浮点数规定，参与运算的各个数的阶码 E（小数的位置）是可变动的。我们把小数点的位置规定在尾数最高位之前的数称为浮点小数，而把小数点的位置规定在尾数最低位之后的数称为浮点整数。设计算机字长为32位，用4字节表示浮点数，阶码部分为8位补码定点整数，尾数部分为24位补码定点小数，则浮点数的一般格式如图4-11所示。其中：阶符 e_s 为阶码符号，正号表示小数点右移，负号表示小数点左移；e 为阶码的位数，即小数点移动的位数；尾符 m_s 为尾数符号，表示该浮点数的正负；m 为尾数的长度。

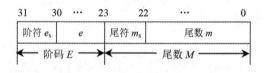

图4-11 浮点数的一般格式

在大多数计算机中，阶码为定点整数，常用补码表示；尾数为纯小数，常用原码或补码表示。为了提高精度，通常尾数的最高位必须是非零的有效位，称为浮点数的格式化形式。由于其阶码为8位，则阶码最大值为 $2^7-1=127$，阶码最小值为$-2^7=-128$，所表示数的范围为-1×2^{127}～$(1-2^{-23})\times 2^{127}$。

在浮点数中，基数 r 通常取2、8、16，一旦计算机定义了基数值就不能再改变。数的浮点表示一般使用16位以上的二进制位。设定字长为16位，前5位表示阶码的符号及其数值，后11位表示尾数的符号及其数值，其一般格式如图4-12所示。

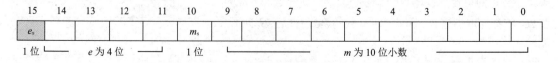

图4-12 浮点数的数据表示格式

按此表示格式，数 101.1 和 10.11 在机器中的实际表示形式分别为如图 4-13 所示。

e_s	0	0	1	1	m_s	1	0	1	1	0	0	0	0	0
e_s	0	0	1	0	m_s	1	0	1	1	0	0	0	0	0

图 4-13　数 101.1 和 10.11 在机器中的表示形式

由此看出，浮点数的表示范围主要由阶码决定，有效数字的精度主要由尾数决定。

〖问题提示〗关于原码、反码、补码表示实型数据时的数据范围，此问题留给读者自行分析。

3．定点表示与浮点表示的比较

（1）浮点数的表示范围比定点数大，定点整数比浮点整数表示范围大。
（2）定点数运算比浮点数运算简单，并且比浮点数运算精度高。

〖问题提示〗用定点表示和用浮点表示的机器分别称为定点机和浮点机。由于浮点机的运算方法及其控制线路更复杂，因而浮点机比定点机的成本高。现在通常使用的计算机均为浮点机。

4．关于溢出问题

当计算机中参与运算的数超出了计算机所能表示的数据范围时便称为溢出。定点表示法所能表示的数值范围非常有限，所以定点运算时很容易溢出。为此，可采用多字节表示一个定点数来扩大定点数的表示范围。一般规定：如果一个数的阶码大于计算机所能表示的最大阶码，则称为上溢；如果一个数的阶码小于计算机所能表示的最小阶码，则称为下溢。上溢时，计算机将停止运算，转溢出中断理处程序进行溢出处理；而下溢时，通常把浮点数的各位强迫置零，以便继续运算。

§4.3　字符数据的编码表示——"字符信息数字化"的基本思维

字符数据是指字母、数码、运算符号、汉字字符，可以分为两大类，一类是西文字符，另一类是汉字字符。由于计算机只能识别 0 和 1 两种数码，因此字符数据也必须采用二进制编码表示，即用一串二进制数码代表一位数字、一个符号或字符，从而实现字符信息数字化。

4.3.1　西文字符的编码表示

计算机中用得最多的符号数据是西文字符和字符串。符号数据在计算机内是按照事先约定的编码形式存放的。所谓编码，就是用一连串二进制数码代表一位十进制数字或一个字符。计算机中西文字符（字母、数码、运算符）编码的常用方式有标准 ASCII、EBCDIC 和 Unicode 编码。

1．ASCII 编码

ASCII 编码是目前计算机中广泛使用的编码，它是美国标准信息交换码（American Standard Code of Information Interchange，ASCII），被国际标准化组织（International Standards Organization，ISO）采纳而成为国际通用的信息交换标准代码。我国 1980 年颁布的国家标准《GB1988—1980　信息处理交换用七位编码字符集》也是根据 ASCII 编码制定的，它们之间只有在极个别地方存在差别。ASCII 编码及其对应的字符如表 4-3 所示。

表 4-3　7 位 ASCII 字符编码表

$b_3b_2b_1b_0$	高 3 位代码 $b_6b_5b_4$							
	000	001	010	011	100	101	110	111
0000	NUL	DLE	SP	0	@	P	`	p
0001	SOH	DC1	!	1	A	Q	a	q
0010	STX	DC2	"	2	B	R	b	r
0011	ETX	DC3	#	3	C	S	c	s
0100	EOT	DC4	$	4	D	T	d	t
0101	ENQ	NAK	%	5	E	U	e	u
0110	ACK	SYN	&	6	F	V	f	v
0111	BEL	ETB	'	7	G	W	g	w
1000	BS	CAN	(	8	H	X	h	x
1001	HT	EM	)	9	I	Y	i	y
1010	LF	SUB	*	:;	J	Z	j	z
1011	VT	ESC	+	<	K	[	k	{
1100	FE	FS	,	=	L	\	l	|
1101	CR	CS	-	>	M	]	m	}
1110	SO	RS	.	?	N	↑	n	~
1111	SI	US	/	␣	O	-	o	DEL

标准 ASCII 编码采用 7 位二进制编码来表示各种常用西文符号，因而有 $2^7=128$ 个不同的编码，即可表示 128 个不同的字符。其中，95 个编码对应计算机终端上能键入、显示和打印的 95 个字符，包括：英文字母大、小写各 26 个，数字 0～9，通用的运算符和标点符号；其他 33 个字符的编码值为 0～31 和 127，但不对应任何一个可以显示或打印的实际字符，被用作控制码，即控制计算机的某些外围设备的工作特性和某些计算机软件的运行情况。ASCII 编码采用 7 位二进制编码，具有如下两项基本规律。

（1）高低位规律：对数字 0～9 编码，高 3 位为 011，低 4 位为 0000～1001。当去掉高 3 位的值时，低 4 位正好是二进制形式的 0～9，这既满足正常的排序关系，又有利于完成 ASCII 编码与二进制码之间的类型转换。由于存取数据的基本单位是字节，因此一个字符在计算机内实际上是用 1 字节来表示，其排列顺序为 $d_7d_6d_5d_4d_3d_2d_1d_0$，并规定 8 个二进制位的最高位 d_7 为 0。在计算机通信中最高位 d_7 常用作奇偶校验位，以检验数据在传输过程中是否发生错误，并予以校正。

（2）排序规律：英文字母的编码值满足正常的字母排序关系，且大、小写英文字母编码的对应关系相当简便，差别仅表现在 b_5 位的值为 0 或 1，有利于大、小写英文字母之间的编码变换。

【例 4-33】英文单词 Computer 的二进制书写形式的 ASCII 编码为

01000011 01101111 01101101 01110000 01110101 01110100 01100101 01110010

在计算机中占 8 字节，即一个字符占用 1 字节。如果写成十六进制数形式，则为 43 6F 6D 70 75 74 65 72。

2．EBCDIC 编码

由 7 位二进制编码构成的 ASCII 基本字符集只能表示 128 个字符，不能满足信息处理的需要，为此 IBM 公司对 ASCII 字符集进行了扩充，称为扩展二—十进制交换码（Extended Binary Coded Decimal Interchange Code，EBCDIC），简称扩展码。EBCDIC 编码采用 8 个二进制位表示字符，因而有 256 个编码状态，编码范围为 00000000～11111111，即可表示 256 个字符和图形符号。扩展码中的前 128 个字符的编码与标准 ASCII 字符集相同，主要用于大型计算机系统。

3. Unicode 编码

各非西文国家的文字编码都是自己制定的，因而各国之间的文字编码都是独立的。随着 Internet 的迅速发展，不同国家（不同语言）之间进行数据交换的需求越来越大，这就要求统一制定文字编码标准，以便在全世界范围内实现文本传输和交流。因此，ISO 于 20 世纪 90 年代初制定了各国文字、符号的统一性编码——Unicode 编码，由 Unicode 公司开发而得名。该编码采用 16 位编码体系，可容纳 65536（2^{16}）个字符编码，因此几乎能够表达世界上所有文字中的不同符号。

Unicode 编码主要用来解决大多数语种的实时、无障碍的信息交换，允许交换、处理和显示多语言文本以及公用的专业符号和数学符号，成为当今最为重要的交换和显示的通用字符编码标准。Unicode 编码适用于所有已知的编码，覆盖美国、欧洲、中东、非洲、印度、亚洲和太平洋地区的语言及专业符号，因而 Unicode 编码也被称为统一码或万国码。

4.3.2 汉字字符的编码表示

ASCII 编码只对英文字母、数字和标点符号等进行了编码，而汉字属于象形文字（一种特殊的图形符号信息），不但字的数目很多，而且形状和笔画多少差异也很大，故不能用少数确定的符号把它们完全表示出来，因此需要进行特殊编码，并要求这种编码容易与西文字母和其他字符相区别。

为了加速计算机的普及应用，我国从 20 世纪 70 年代开始，将汉字信息处理技术列为国家重点工程，组织我国中文信息专家和学者进行研究，于 1981 年 5 月正式推出了第一个计算机汉字编码系统，即信息交换用汉字编码字符集（基本集）（GB2312—1980）标准，并在其基础上，形成了汉字内码扩展规范（Chinese Internal Code Specification），且获得国际标准协会的承认，因而该编码标准又被简称为"国标码"。

在计算机中使用汉字时，通常涉及汉字的输入、汉字的存储和汉字的输出，因此汉字的编码通常包括：汉字输入码、汉字交换码、汉字机内码、汉字字形码、汉字地址码等。正是这些编码的实现使得现代计算机获得最为广泛的应用。

1. 汉字输入码（Chinese Inputting Code）

汉字输入码又称为外码，是指为了能够直接使用西文标准键盘把汉字输入到计算机中而设计的代码。汉字输入码的设计方案及其编码方式可分为以下 4 种。

（1）汉字数字码：用数字串来代表一个汉字输入，如电报码和区位码。在计算机中最常用的编码方法是区位码，是将国家标准局公布的 6763 个两级汉字分为 94 个区，每个区有 94 位，实际上是把汉字表示成二维数组，每个汉字在数组中的下标就是区位码。区位和码位各用 2 位十进制数字，因此输入一个汉字需要 4 个数字，即按键 4 次。例如，"中"字位于 54 区 48 位，区位码为 5448，在区位码输入方式下输入 5448，便输入了"中"字。汉字数字码的优点是无重码，而且与内部编码的转换比较方便，缺点是代码难以记忆。

（2）汉字拼音码：以汉字拼音为基础的输入方法，如全拼码、双拼码、简拼码等。汉字拼音码的优点是不需要记忆，缺点是因为汉字中的同音字太多，输入重码率太高。

（3）汉字字形码：用汉字的形状来进行编码的输入方法，如五笔字型、表形码等。这类编码对使用者来说需要掌握字根表及部首顺序表，输入重码率比拼音编码低。

（4）汉字音形码：以汉字的音和形相结合的方式来进行编码的输入方法，如自然码等。这种编码的重码率比字音编码低。

2．汉字交换码（Chinese Exchange Code）

汉字交换码又称为国标码，是指用于汉字信息处理系统之间或通信系统之间进行信息交换的汉字国标码，以使系统、设备之间信息交换时采用统一的编码形式。

（1）汉字与符号的分级：国标码规定了进行一般汉字信息处理时所用的 7445 个字符编码，其中 682 个非汉字图形字符（如序号、数字、罗马数字、英文字母、日文假名、俄文字母、汉语注音等）和 6763 个汉字的代码。其中，一级常用字有 3755 个，二级（次）常用字有 3008 个。一级常用汉字按汉语拼音字母顺序排列，二级常用汉字按偏旁部首排列，部首顺序依笔画多少排序。国标码汉字与符号的存放区域如图 4-14 所示。

- 汉字和符号（7445 个）
  - 汉字（6763）个
    - 一级常用字有 3755 个，按拼音字母排列，放在 16～55 区
    - 二级（次）常用字 3008 个，按偏旁部首排列，放在 56～87 区
  - 符号（682 个），放在 1～9 区

图 4-14　国际码汉字与符号的存放区域

（2）国标码的表示：由于 1 字节只能表示 256 种编码，显然 1 字节不可能表示汉字的国标码，因此一个国标码必须用 2 字节来表示。

（3）国标码的编码范围：为了中英文兼容，GB2312—1980 规定，国标码中的所有汉字和字符的每字节的编码范围与 ASCII 表中的 94 个字符编码相一致。所以，其编码范围是 2121H～7E7EH。区位码是国标码的另一种表现形式，国标码与区位码之间的转换关系可表示为：国标码=区位码的十六进制区号位号数+2020H。

【例 4-34】汉字“中”的区位码是 5448，表示成十六进制数为 3630H。因此，汉字“中”的国标码为 3630H+2020H=5650H。同理，汉字“国”的区位码是 2590，表示成十六进制数为 195AH。因此，汉字“国”的国标码为 195AH+2020H=397AH。

3．汉字机内码（Chinese Machine Code）

汉字机内码又称为汉字内码，是指汉字信息处理系统内部存储、交换、检索等操作统一使用的二进制编码。西文字符的机内码是 7 位 ASCII 编码，编码值是 0～127，当用 1 字节存放一个字符时，字节最高二进制位的值为 0。可以设想，当该位的值为 1 时，该字节的内容被理解为汉字编码，但最多只有 128 个编码。为此，可用两个连续的字节表示一个汉字，最多能表示出 128×128=16384 个汉字。在 GB2312—1980 规定的汉字国标码中，将每个汉字的 2 字节的最高位都设置为 1，这种方案通常被称为二字节汉字表示，目前被广泛使用。汉字的区位码、国标码与机内码之间的转换关系如图 4-15 所示。

区位码
国标码
机内码
两字节分别减 32
（国标码-2020H）
两字节分别减 128
（机内码-8080H）
两字节分别加 32
（区位码+2020H）
两字节分别加 128
（国标码+8080H）
两字节分别加 A0A0H，即 160

图 4-15　汉字的区位码、国标码与机内码之间的转换关系

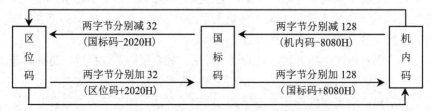

国标码=区位码+2020H（即把区位码的区号和位号分别加上十进制数32）。
机内码=国标码+8080H（即把国标码的高位字节和低位字节分别加上十进制数128）。
机内码=区位码+A0A0H（即把区位码的区号与位号分别加上十进制数160）。

例如，汉字"中"的国标码为5650H，那么它的机内码应该是5650H+8080H=D6D0H；汉字"国"的国标码为397AH，那么它的机内码应该是397AH+8080H=B9FAH；汉字"啊"的国标码为3021H，那么它的机内码应该是3021H+8080H=B0A1H。

4．汉字字形码（Chinese Font Code）

汉字字形码又称为字模码，是指汉字库中用点阵表示的汉字字模代码。由于该编码是用来显示和打印汉字，因而又称为汉字输出码，并且分为点阵表示法和矢量表示法。

（1）点阵表示法：英文字符由 8×8=64 个小点（横向和纵向都用 8 个小点）就可以显示。汉字是方块字，可将方块等分成 n 行 n 列的格子。凡笔画所到的格子为黑点，用二进制数的"1"表示，否则为白点，用二进制数"0"表示。这样，一个汉字的字形就可以用一串二进制数表示了。例如，用 16×16 汉字点阵有 256 个点，需要 256 位二进制位来表示一个汉字的字形码，我们称为汉字点阵的二进制数字化。若以 16×16 点阵"中"字为例，字形点阵与字形码如图 4-16 所示。

根据汉字输出的要求不同，点阵的多少也不同。简易型汉字为 16×16 点阵，普通型汉字为 24×24 点阵，提高型汉字为 32×32 点阵，甚至更高。因此，字模点阵越高，所占存储空间越大。以 16×16 点阵为例，需要 16×16=256 个二进制位。由于 8 位二进制位组成 1 字节，所以需要 256/8=32 字节，即每个汉字要占用 32 个字节的存储空间。同理，24×24 点阵的字形码需要 24×24/8=72 字节的存储空间；32×32 点阵的字形码需要 32×32/8=128 字节的存储空间。

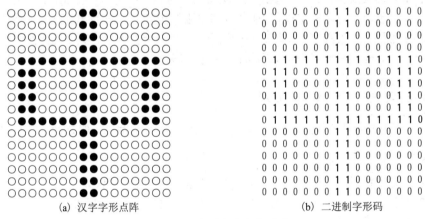

(a) 汉字字形点阵　　　　　　　　　　(b) 二进制字形码

图 4-16　字形点阵与字形码

点阵越高，字形的质量越好，但存储汉字字形码占用的存储空间也相应越多。用于排版的精密型汉字字形点阵一般在 96×96 点阵以上，由于存储的信息量大，所以通常采用信息压缩技术。字模点阵只用来构成汉字库，而不用于机内存储。字库中存储了每个汉字的点阵代码，并且仅当显示输出或打印输出时才检索字库，输出字模点阵得到字形。为了满足不同的需要，出现了各式各样的字库，如宋体、仿宋体、楷体、简体和繁体等字库。

（2）矢量表示法：是对汉字轮廓特征的描述，即输出汉字时通过数学计算，由汉字字形描述生成汉字所需大小和形状，与显示文字的大小和分辨率无关。它能克服汉字点阵字形放大后出现"锯齿"的现象，Windows 中文版采用矢量表示法，可以实现无级放大，使输出的汉字美观、清晰。

5. 汉字地址码（Chinese Address Code）

汉字地址码是指汉字库中存储汉字字形信息的逻辑地址码。汉字库中字型信息是按一定顺序（按汉字交换码中的排序）连续存放在存储介质上的，所以汉字地址码大多是连续有序的，而且与汉字内码间有着简单的对应关系，以简化汉字内码到汉字地址码的转换。

6. 汉字代码之间的关系

汉字的输入、处理和输出的过程是各种代码之间的转换过程，即汉字代码在系统有关部件之间流动的过程。汉字处理系统的工作过程如图4-17所示，汉字代码转换关系如图4-18所示。

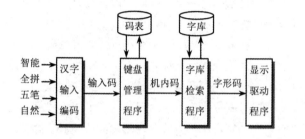

图4-17 汉字处理系统的工作过程　　　　图4-18 汉字代码转换关系

汉字输入码向机内码的转换，是通过使用输入字典（或称索引表，即外码与内码的对照表）实现的。一般的系统具有多种输入方法，每种输入方法都有各自的索引表。在计算机的内部处理过程中，汉字信息的存储和各种必要的加工以及向软盘、硬盘或磁带存储汉字信息都是以汉字机内码形式进行的。而在汉字通信过程中，处理机将汉字内码转换为适合通信用的交换码以实现通信处理。在汉字的显示和打印输出过程中，处理机根据汉字机内码计算出地址码，按地址码从字库中取出汉字字形码，实现汉字的显示或打印输出。有的汉字打印机，只要送出汉字机内码就可以自行将汉字印出，汉字机内码到字形码的转换由打印机本身完成。

4.3.3 综合实例——字符处理

计算机显示的字符包括西文字符和汉字字符，这里以两种字符显示为例说明字符处理过程。

1. 西文字符的处理过程

当我们在键盘上按下一个键、输入一个西文字符或汉字的输入码时，计算机是怎样识别输入的字符的呢？例如，按下字母"B"时，显示器上马上会出现"B"，但"B"并不是从键盘直接送到显示器上的，而要通过计算机处理。计算机对"B"的输入、显示过程如图4-19所示。

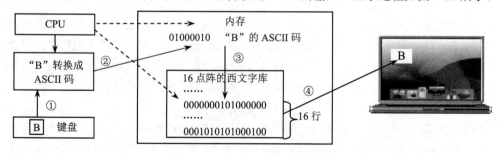

图4-19 "B"的输入和显示过程

可以看出，从输入"B"到显示"B"的过程如下（虚线表示在CPU控制下进行）。

(1) 当"B"被按下时，键盘会把"B"的键盘编码（键盘扫描码）送到一个程序。

(2) 键盘扫描码转换程序被执行（图 4-19 中的虚线表示 CPU 控制执行），把"B"的键盘扫描码转换成"B"的 ASCII 码 01000010（即 66）并送到内存（被存放在显示缓冲区）。

(3) CPU 利用 01000010（"B"的 ASCII 码）在 16×16 点阵的字库中找到"B"的字形码（16 行 16 列的二进制码）首地址。

(4) 从首地址开始把连续的 256 位二进制数送到显示器，显示器把"0"表示成黑色，把"1"表示成白色，这样就得到黑底白字的"B"。

2. 汉字字符的处理过程

汉字字符的显示过程与西文字符相似，其中会用到汉字的各种编码。假设"人"为 16 点阵的宋体字，"民"是 16 点阵的"隶书"，则"人民"两字的处理过程如图 4-20 所示。

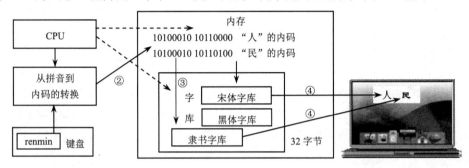

图 4-20　汉字的输入和显示过程

(1) 键盘把用户输入的拼音"renmin"送到输入法处理程序。

(2) 汉字输入法程序把"renmin"转换成"人民"的内码，并把这两个编码存储在内存中。

(3) 根据汉字的内部码，计算出它的点阵字形码在字库中的地址（即"人"的字形码在字库中的起始位置）。汉字有各种不同的字体，如宋体、楷体、行书、黑体……每种字体都有相应的字库，它们都是独立的。因为"人"被设置为 16 点阵宋体字，所以计算机就根据"人"的内码在 16 点阵的宋体字库中找到"人"的字形码的第 1 字节。

(4) 从"人"的字形码首地址开始，把连续的 256 位（32 字节）二进制信息送到显示器，显示器把"0"表示为黑色，把"1"显示成白色，这样显示器上出现了黑底白字的"人"字。再显示"民"字，由于"民"被设置为 16 点阵的"隶书"，因此计算机会利用"民"的内部码在 16 点阵的隶书字库中去找"民"的字形码。

§4.4　逻辑数据的编码表示——"逻辑符号数字化"的基本思维

逻辑数据是体现事物状态特征、彼此分散、不存在中间量的非数值型数据，属于逻辑代数学科的研究范畴。逻辑数据利用 0 和 1 表示事物之间的逻辑关系，即实现逻辑符号数字化。

4.4.1　逻辑代数概念

逻辑代数是 1847 年英国数学家乔治·布尔（George Boole）首先创立的，所以有时又称为布尔代数。逻辑代数与普通代数有本质的区别，逻辑代数中的 0 和 1 不是数量的 0 和 1，只代表所要研究问题的两种可能性或两种稳定的物理状态,即以代数形式对逻辑变量和逻辑函数进行描述。

1. 逻辑变量和逻辑函数

逻辑变量和逻辑函数用来描述输入和输出之间的逻辑关系,描述"真"和"假"的变量称为逻辑变量,把描述逻辑变量关系的函数称为逻辑函数,实现逻辑函数的电路称为逻辑电路,实现逻辑变量之间的运算称为逻辑运算,由基本逻辑电路组成的部件称为逻辑部件。

设 A、B 为输入,F 为输出,则输入和输出之间的逻辑关系可表示为 $F=f(A, B)$。这种具有逻辑属性的变量称为逻辑变量,A、B 称为逻辑自变量,F 是逻辑因变量。当 A、B 的逻辑取值确定后,则 F 的逻辑值也就唯一地被确定了,称 F 是 A、B 的逻辑函数,$F=f(A, B)$ 称为逻辑函数表达式。逻辑变量 A、B 和逻辑函数 F 的取值只有 1 和 0,称为逻辑 1 和逻辑 0,它们表示两种对立的状态:信号的有或无、电位的高或低、电路的导通或截止、开关的接通或断开。换句话说,逻辑变量和逻辑函数只有"真"和"假",对应"1"和"0"两种状态。

2. 逻辑数据和逻辑代数

我们把用来描述逻辑关系的数据称为逻辑数据,它是用来表示二值逻辑中的"是"与"否"或"真"与"假"两个状态。基 2 码的"1"和"0"两个状态恰好能表示逻辑数据的两个状态,我们把由逻辑转态组合而成的数据称为逻辑代数,并且常把逻辑数据运算称为逻辑(代数)运算。

4.4.2 逻辑代数运算

计算机不仅能进行算术运算(Arithmetic Operation),还能进行逻辑运算(Logic Operation)。逻辑运算是对"因果关系"进行分析,运算结果不是表示数值的大小,而是表示逻辑关系,即关系是"成立"还是"不成立"。逻辑运算包括"与""或""非"和"异或"运算。

1. 逻辑"与"运算

逻辑"与"(AND)运算产生两个逻辑变量的逻辑积。仅当两个参加"与"运算的逻辑变量都为"1"时,逻辑积才为"1",否则为"0"。"与"运算用符号"∧"表示。逻辑"与"运算的逻辑电路如图 4-21 所示,逻辑"与"运算的真值表如表 4-4 所示。

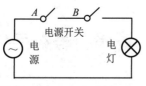

图 4-21 逻辑"与"电路

表 4-4 $F=A\land B$ 真值表

A	B	$F=A\land B$
0	0	0
0	1	0
1	0	0
1	1	1

【例 4-35】设 X=10111001,Y=11110011,求 $X\land Y$。

[解析] 对两个逻辑变量进行"与"运算时,按表 4-4 取值。

$$10111001 \text{ AND } 11110011 = 10110001$$

即 $X\land Y$=10110001。

2. 逻辑"或"运算

逻辑"或"(OR)运算产生两个逻辑变量的逻辑和。仅当两个参加"或"运算的逻辑变量都为"0"时,逻辑和才为"0",否则为"1"。"或"运算用符号"∨"表示。逻辑"或"运算的逻辑电路如图 4-22 所示,逻辑"或"运算的真值表如表 4-5 所示。

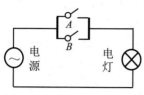

图 4-22 逻辑"或"电路

表 4-5　$F=A \vee B$ 真值表

A	B	$F=A \vee B$
0	0	0
0	1	1
1	0	1
1	1	1

【例 4-36】设 X=10111001,Y=11110011,求 $X \vee Y$。

[解析] 对两个逻辑变量进行"或"运算时,按表 4-5 取值。

$$10111001 \text{ OR } 11110011=11111011$$

即 $X \vee Y$=11111011。

3. 逻辑"非"运算

逻辑"非"(NOT)运算是对单一的逻辑变量进行求反运算。当逻辑变量为"1"时,"非"运算的结果为"0";当逻辑变量为"0"时,"非"运算的结果为"1"。"非"运算是在逻辑变量上加上划线"‾"或符号"`"表示。逻辑"非"运算的逻辑电路如图 4-23 所示,逻辑"非"运算的真值表如表 4-6 所示。与"非"对应的物理概念是开关断开的"非"就是"灯灭";开关关闭的"非"就是"灯亮",灯只有"亮"和"灭"两个状态。

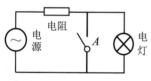

图 4-23 逻辑"非"电路

表 4-6　$F=\overline{A}$ 真值表

A	$F=\overline{A}$
0	1
1	0

【例 4-37】设 x=10111001,求 $\overline{x}$ =?

[解析] 将 1 变为 0,将 0 变为 1,$\overline{x}$ =01000110。因为是二值逻辑代数,所以不是 1 就是 0,不是 0 就是 1。

4. 逻辑"异或"运算

逻辑"异或"(XOR)运算用于两个逻辑变量之间不相等的逻辑测试,如果两个逻辑变量相等,则"异或"运算结果为"0",否则为"1"。异或运算用"⊕"表示。逻辑"异或"运算的逻辑电路如图 4-24 所示,逻辑"异或"运算的真值表如表 4-7 所示。

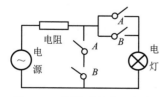

图 4-24 逻辑"异或"电路

表 4-7　$F=A \oplus B$ 真值表

A	B	$F=A \oplus B$
0	0	0
0	1	1
1	0	1
1	1	0

"异或"由双刀"与"和"或"电路组成,即由"A""B"的并联电路和"A""B"的串联电路组成。在给定的两个逻辑变量中,当两个逻辑变量的值相同时,"异或"运算的结果为 0;当

两个逻辑变量的值不同时,"异或"运算的结果为1。

【例4-38】设 X=10101101,Y=00101011,求 $X\oplus Y$。

[解析] 对两个逻辑变量进行"异或"运算时,按表4-7取值,即 1±0=1,0±1=1,1±1=0,0±0=0,其运算表达式为 10101101 XOR 00101011=10000110,即 $X\oplus Y$=10101101 00101011 =10000110。

〖问题提示〗逻辑运算与算术运算的主要区别在于:算术运算是四则运算,运算结果反映的是数值的大小;逻辑运算是关系运算,而不是求数值大小;算术运算有进位和借位操作;逻辑运算的操作数和操作结果都是单个数位的操作,位与位之间没有进位和借位的联系。

§4.5 多媒体数据的编码表示——"动态信息数值化"的基本思维

计算机中所处理的数据信息,除了数值数据、符号数据、逻辑数据,还有声音、图形、图像、视频等,这类信息被称为多媒体信息,并且必须被转换成由0和1表示的数据代码,计算机才能进行存储和处理。这个转换就是多媒体数据的编码表示,实现动态信息数值化。

4.5.1 多媒体基本概念

"多媒体"译自英文"multimedia",由 multiple 和 media 复合而成。multiple 的中文含义是"多样的",media 是 medium(媒体)的复数形式。与多媒体相对应的一词被称为单媒体(monomedia),多媒体是由两种以上的单媒体组成的结合体。国际电信联盟(International Telecommunication Union,ITU)对多媒体含义的表述是:使用计算机交互式综合技术和数字通信网技术处理的多种表示媒体,使多种信息建立逻辑连接,集成为一个交互系统。

1. 多媒体的基本元素

多媒体包含多种媒体元素,是单媒体的集合,多媒体的构成如图4-25所示。

(1)文本(Text):指以 ASCII 码存储的文件,常见的一种媒体形式。

(2)声音(Sound):是由物体振动产生的声波,计算机多媒体中的声音源于解说、背景音乐、各种音响等。

图 4-25 多媒体的构成

(3)图形(Graphics):是计算机绘制的各种几何图形和工程视画。

(4)图像(Image):是由摄像机或扫描仪等输入设备获取的实际场景的静止画面。

(5)视频(Video):是由摄像机等输入设备获取的活动画面,即视频图像。视频图像是一种模拟信号,在输入计算机之前需要将模拟(Analogy)信号转换为数字(Digit)信号,只有在经过模数(A/D)转换后,才能够编辑和存储。

(6)动画(Anomation):是借助计算机生成的一系列动态演播的连续图像(连续运动的画面)。

2. 多媒体的基本类型

"媒体(Medium)"在计算机领域中有两种含义:一种是指用以存储信息的实体,如磁盘、磁带、光盘等;另一种是指信息的载体,如文字、声音、图像等。国际电话与电报咨询委员会(Consultative Committee International Telegraph and Telephone,CCITT)制定了媒体分类标准,将其为5种类型。

(1)感觉媒体(Perception Medium):指能够直接作用于人的感官,让人产生感觉的媒体。

如人类的各种语音、文字、音乐，自然界的各种声音、图形、静止和运动的图像等。

（2）表示媒体（Representation Medium）：指为了加工、处理和传输感觉媒体而研究、构造出来的媒体，是用于传输感觉媒体的手段，即对语言、文本、图像、动画等进行数字编码。

（3）表现媒体（Presentation Medium）：指用来将感觉媒体存入计算机或显示媒体信息的一类媒体，因而可分为输入（如键盘、鼠标、扫描仪）和输出（如显示器、打印机、扬声器）表现媒体。

（4）存储媒体（Storage Medium）：指用于存储表现媒体的介质，即存放感觉媒体数字化以后的代码的媒体。存放代码的存储媒体有计算机内存、软盘、硬盘、光盘、磁带等。

（5）传输媒体（Transmission Medium）：也称为传输介质，指将表现媒体从一处传送到另一处的物理载体，如双绞线、同轴电缆、光纤、空间电磁波等。

【问题提示】在上述各种媒体中，表示媒体是核心。当计算机处理媒体信息时，首先通过表现媒体的输入设备将感觉媒体转换成表示媒体，并存放在存储媒体中，计算机从存储媒体中获取表示媒体信息后进行加工、处理，然后利用表现媒体的输出设备将表示媒体还原成感觉媒体。最后，通过传输媒体，计算机可将从存储媒体中得到的表示媒体传送到网络中的另一台计算机。

4.5.2 音频数字化的编码表示

音频是用来描述声音的，现实中的音频信息是一种模拟数据，不便于数字计算机存储和处理，必须将其转换为便于计算机处理和存储的数字数据，该转换过程被称为音频数字化编码表示。

1. 声音的基本概念

声音是由物质振动所产生的一种物理现象，是通过一定介质传播的一种连续的波，在物理学中称为声波。声波是随时间连续变化的模拟量，可以用一种连续变化的物理信号波形来描述，声音的强弱由声波的振幅来体现；音调的高低由声波的周期（频率）体现，如图 4-26 所示。

（1）振幅（Amplitude）：指波形的最高峰值点 f 或最低谷值点 f 与时间轴 t 的距离，是声波波形的幅度，表示声音信号的强弱程度。显然，振幅越大，声音的响度越大。

（2）周期（Cycle）：指两个相邻声波之间的时间长度，即重复出现的时间间隔，以秒为单位。

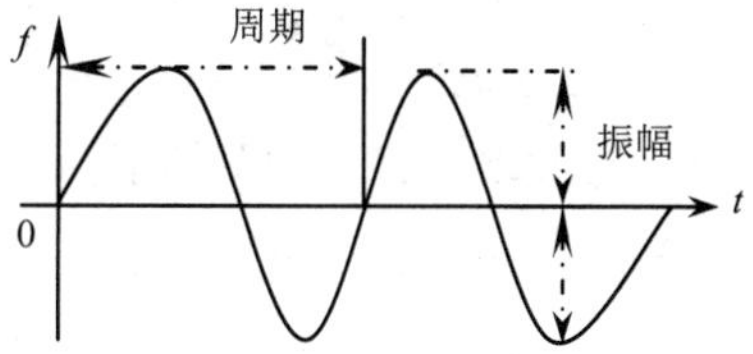

（3）频率（Frequency）：指声音信号每秒钟变化的次数，即周期的倒数，以赫兹（Hz）为单位。人的听觉器官能感知的声波频率为 20Hz～20 kHz，分为三类：次声波、可听声波和超声波。把频率低于 20 Hz 的声波称为次声波（Subsonic）；频率范围为 20 Hz～20 kHz 的声波称为可听声波（Audio）；频率高于 20 kHz 的声波称为超声波（Ultrasonic）。人类说话的声音信号频率通常为 300 Hz～3 kHz，并把在这一频率范围的信号称为语音（Speech）信号。

图 4-26 声音的波形

声音的质量用声音信号的频率范围来衡量，通常称为"频域"或"频带"，不同种类的声源其频带也不同。一般而言，声源的频带越宽，表现力越好，层次越丰富。现在公认的声音质量分为 4 级，如表 4-8 所示。

表 4-8 声音质量的频率范围

声音质量	频率范围
电话质量	200～3400 Hz
调幅广播	50～7000 Hz
调频广播	20～15000 Hz
数字激光唱盘	10～20000 Hz

2. 声音信息数字化

声音信息数字化就是把模拟信息转换为数字信息,通过对声音信息采样、量化和编码来实现。

(1) 采样(Sample):指将模拟音频信号转换为数字音频信号时,在时间轴上每隔一个固定的时间间隔对声音波形曲线的振幅进行一次取值。我们把每秒钟抽取声音波形振幅值的次数称为采样频率,单位为 Hz。显然,采样频率越高,从声波中取出的数据就越多,声音就越真实。

(2) 量化(Quantify):指将采样所得到的值(反映某一瞬间声波幅度的电压值)加以数字化。采样只解决了把音频波形信号在时间轴上切成若干个等分的数字化问题,但每一等分的长方形的高度(代表某一瞬间声波幅度的电压值的大小)需要用某种数字化的方法来反映,这就是量化概念。量化的过程是先将采样后的信号按整个声波的幅度划分成有限个区段的集合,并采用二进制的方式赋予相同的量化值,它决定了模拟信号数字化后的动态范围。通常量化位数有 8 位、16 位、32 位等,分别表示 2^8、2^{16}、2^{32} 个等级。声音的采样、量化和编码如图 4-27 所示。

(3) 编码(Encode):指将量化的数字用二进制数来表示。编码的方式很多,常用的编码方式是脉冲调制(Pulse Code Modulation, PCM),其主要优点是抗干扰能力强,失真度小、传输特性稳定,但编码后的数据量大。图 4-27 中声音采样-量化后所对应的编码值如表 4-9 所示。

表 4-9 取样值编码

取样点	幅值	二进制数	取样点	幅值	二进制数
0	120	01111000	20	48	00110000
2	198	11000110	22	120	01111000
4	248	11111000	24	200	11001000
6	255	11111111	26	220	11011100
8	220	11011100	28	160	11010000
10	174	11101110	30	120	01111000
12	100	01100100	32	100	01100100
14	50	00110010	34	120	01111000
16	24	01001011	36	200	11001000
18	20	00011000			

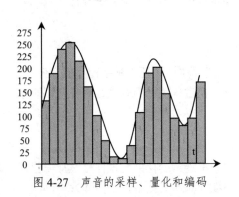

图 4-27 声音的采样、量化和编码

在多媒体声音中,为了满足不同的需要,提供了 3 种标准的采样频率:44.1 kHz(高保真效果)、22.05 kHz(音乐效果)和 11.025 kHz(语音效果)。采样频率越高,所对应的数字信息就越多,保存这些信息的存储空间就会越大。

3. 声音文件的基本格式

由于音频信息占用的存储空间很大,不同公司采用不同的存储和压缩方式,因而形成了不同的音频文件格式,常见的文件格式有 WAV、MIDI、MP3、CD、RealAudio(RA)和 WMA 等。

4.5.3 图像数字化的编码表示

现实中的图像信息如同音频信息一样,属于模拟数据,不便于数字计算机存储和处理,必须将其转换为便于计算机存储和处理的数字数据,该转换过程被称为图像数字化编码表示。图像在计算机中有两种表示方法,矢量图形和位图图形。图像处理包括信息的获取、存储、传送、输出与显示等。

1. 图像和图形的基本概念

计算机屏幕上显示的画面、文字通常有两种描述方法:一种称为矢量图形(Vector Graphics)或几何图形方法,简称图形;另一种称为点阵图像或位图(Bitmap)图像,简称图像。图形、图像是使用最广泛的一类媒体，占据着主导地位。

（1）图形（Graphics）：用一组命令来描述，图形画面由直线、矩形、圆、圆弧、曲线等的形状、位置、颜色等属性和参数构成。图形一般是用工具软件绘出的，并可以方便地对图形的各组成部分进行移动、旋转、放大、缩小、复制、删除、涂色等处理。

（2）图像（Image）：指在空间和亮度上已经离散化的图片，通常是用扫描仪扫描图形、照片、图像，并用图像编辑软件进行加工而成。图像采用像素的描述方法，适合表现有明暗、颜色变化的画面。图像大都是彩色的，并且用亮度、色调、饱和度来描述。

（3）图形与图像的区别：图形与图像的区别除了在构成原理上的区别，还有以下区别。

① 图形的颜色作为绘制图元的参数在指令中给出，所以图形的颜色数目与文件的大小无关；而图像中每个像素所占据的二进制位数与图像的颜色数目有关，颜色数目越多，占据的二进制位数就越多，图像的文件数据量也会随之迅速增大。

② 图形在进行缩放、旋转等操作后不会产生失真；而图像有可能出现失真现象，特别是放大若干倍后可能出现严重的颗粒状，缩小后会掩盖部分像素点。

③ 图形适应于表现变化的曲线、简单的图案和运算的结果等；而图像的表现力较强，层次和色彩较丰富，适合表现自然的、细节的景物。

④ 图形侧重于绘制、创造和艺术性，而图像偏重于获取、复制和技巧性。在多媒体应用软件中，目前用得较多的是图像，它与图形之间可以用软件相互转换。真实图形绘制技术可以将图形数据变成图像，模式识别技术可以从图像数据中提取几何数据，把图像转换成图形。

〖问题提示〗利用软件可以实现图像与图形的转换，即利用图形制作技术，可以把图形数据变换成图像；利用模式识别技术，可以从图像数据中提取几何数据，把图像转换成图形。

2．图像信息数字化

图像信息数字化就是把形如照片、画报、图书、图纸等模拟信息转换为数字信息(计算机能够接受的显示和存储格式)，图像信息数字化通过对图像信息采样、量化和编码来实现。

（1）采样（Sample）：指对二维空间上连续的图像在水平和垂直方向上等间距地分割成矩形网状结构，分割形成的矩形方格称为像素（Pixel），这样一幅图像就被采样成由若干像素构成的集合。像素通常被称为图像的分辨率，常用 dpi（dot per inch）表示，即每英寸为多少像素，用"列数×行数"表示。显然，分辨率越高，图像越清晰，其存储数据量越大。例如，一幅 640×480 的图像，表示这幅图像由 640×480=307200 像素组成。

（2）量化（Quantify）：是将采样的每个像素点的颜色用相同位数的二进制数表示，是在将图像分成像素之后每一像素被赋值为位模式，模式的和值取决于图像。对于仅有黑白点组成的图像，1 位模式足以表示像素，即用 0 模式表示黑像素，用 1 模式表示白像素，被一个接一个记录并存储在计算机中。如果一幅图像不是由纯黑、纯白像素组成，则可增加位模式的长度来表示灰度，例如用 2 位模式可以显示四重灰度：用 00 表示黑色像素，01 表示深灰像素，10 表示浅灰像素，11 表示白色像素。如果是彩色图像，则每一种彩色像素被分解成红、绿、蓝三种主色，分别用 RGB 来表示。这样，每一个像素有 3 位模式，图 4-28 是采用 4 个位模式表示彩色图像中的像素。

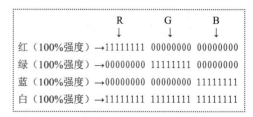

图 4-28　彩色像素的表示方法

(3) 编码（Encode）：指将量化的二进制图像信息通过编码来压缩其数据量，因为图像文件的数据量非常巨大，如果不通过编码压缩，不仅占用大量的存储空间，也不便于信息交换和网络传输。图像的分辨率和颜色深度决定了图像文件的大小，其计算公式为：

$$列数×行数×颜色深度÷8=图像字节数$$

例如，表示一个分辨率为 1280×1024 的 24 位真彩色图像，需要 1280×1024×24÷8≈4 MB。由此可见，数字化后得到的图像数据量巨大，必须采用编码技术来压缩其信息，在一定意义上，编码压缩技术是实现图像传输与存储的关键。

3．图像文件的基本格式

由于图像信息占用的存储空间很大，不同公司采用不同的存储和压缩方式，因而形成了不同的图像文件格式。每种图像文件都有不同的特点和应用范围等，常见的位图格式文件有 BMP、PCX、TGA、TIFF、GIF、JPEG、PNG 等，矢量图的格式文件有 WMF、EMF、EPS、DXF 等。

4.5.4 视频数字化的编码表示

视觉是人类感知外部世界最重要的途径之一，人类接受的所有信息中的 70%~80%来自于视觉，视觉接受的信息可分为静止的和运动的两类。图形图像是静止信息，而视频却是运动信息，它是图像的动态形式；动态图像由一系列的静态画面按一定的顺序排列而成。我们把每一幅画面称为一帧（Frame），"帧"是构成视频信息的最小单位。将这些画面帧以一定的速度连续地投射到屏幕上，由于视觉的暂停现象，给人产生一种动态效果——视频。

1．视频信息数字化

普通的视频信号都是模拟的，而计算机只能处理和显示数字信号，因此在计算机使用视频信号之前，必须进行数字化处理，即需要对视频信号进行扫描（采集）、采样、量化和编码处理。

（1）采集（Collect）：在计算机上通过视频采集卡可以接收来自视频输入端的模拟视频信号。

（2）采样（Sample）：模拟视频数据流进入计算机时每帧画面均对每一像素进行采样，并按颜色或灰度量化，故每帧画面均形成一幅数字图像。对视频按时间逐帧进行数字化得到的图像序列即为数字视频，因此可以说，图像是离散的视频，视频是连续的图像，数字视频可用图 4-29 表示。

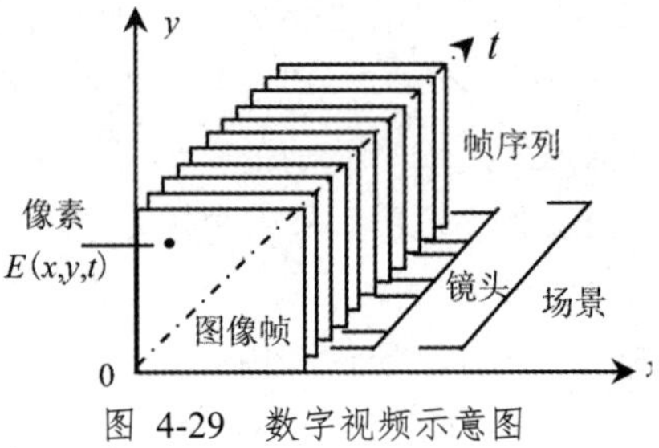

图 4-29 数字视频示意图

由图可见，数字视频是由一幅幅连续的图像序列构成的。其中 x 轴和 y 轴表示水平和垂直方向的空间坐标，而 t 轴表示时间坐标。沿时间轴若一幅图像保持一个时间段$\triangle t$，利用人眼的视觉暂留作用，可形成连续运动图像的感觉。

通常把送入计算机中的一段数字视频称为原始视频流，图像帧是组成视频的最小单位。但如果视频信息仅以图像帧和原始视频流存储，则不利于对视频内容检索，因此常在这两级结构中引入若干级中间结构，如镜头、场景等。把原始视频流划分为镜头称为视频分割技术，视频分割是数字视频处理和视频数据库管理系统中的基本问题。

（3）量化与编码：通过采集的视频信息是面向像素的，因此其量化与编码类似于图像信息的量化与编码。视频数字化后，能做到许多模拟视频无法实现的事情。具体说，它具有以下优点：

① 便于处理：模拟视频只能简单地调整亮度、对比度和颜色等，因此限制了处理手段和应

用范围。而数字视频由于可以储存到计算机中,能很容易进行创造性的编辑与合成,并可进行动态交互。因此,数字视频可用较少的时间和费用创作出高质量的交互节目。

② 再现性好:由于模拟信号是连续变化的,所以复制时容易产生失真,复制次数越多,产生误差越大。而数字视频可以有效克服因为复制而导致失真的问题,其抗干扰能力是模拟视频无法比拟的,它不会因复制、传输和存储而产生图像质量的退化,从而能够准确地再现视频图像。

③ 网络共享:通过网络,数字视频可以很方便地进行长距离传输,以实现视频资源共享。而模拟视频在传输过程中,容易产生信号的损耗、干扰和失真。

2. 视频文件的基本格式

根据视频信息的使用对象不同,视频文件的格式可分为适合本地播放的影视视频和适合在网络中播放的流媒体影视视频两类。在计算机中常见的数字视频文件格式有 MPEG、AVI、ASF、WMV、FLV 等。

4.5.5 计算机动画简介

计算机动画(Computer Animation)又称计算机绘图技术,是计算机图形学和动画的子领域。动画是由一幅幅点阵图连续不断地播放而形成的运动图画。用计算机制作的动画有两种:一种为帧动画(Frame Animation),它是根据人眼的特性,用每秒十五帧至二十帧的速度顺序地播放点阵图而产生的运动感觉。另一种为造型动画(Cast-based Animation)。帧动画是由一幅幅连续的画面组成的图像或图形序列,这是产生各种动画的基本方法。造型动画则是对每一个活动的对象分别进行设计,赋予每个对象一些特征(如形状、大小、颜色等),然后由这些对象组成完整的画面。对这些对象进行实时变换,便形成连续的动画过程。

(1)动画制作软件:计算机动画制作软件是创作动画的工具,不用编程。制作时只要做好主动作画面,其余的中间画面由计算机内插来完成。不运动的部分直接复制过去,与主动作画面保持一致。如果这些画面仅是二维的透视效果,则为二维动画,如果通过 CAD 形式创造出空间形象的画面,就成为三维真实感动画。二维动画制作软件有 Flash、Livemotion、Imageready、Ulead Gif Animator 等。三维动画制作软件有 Cool 3D、3ds max、Maya 等。

(2)动画文件格式:计算机动画一般也是以视频的方式进行存放,最常用的文件格式有以下几种。

① FLIC 格式:FLIC 是 FLI/FLC 的统称,是 Autodesk 公司 2D/3D 动画制作软件中采用的彩色动画文件格式,被广泛用于动画图形中的动画系列、计算机辅助设计和游戏程序等。

② SWF 格式:SWF 是 Micromedia 公司 Flash 的矢量动画(采用曲线描述其内容)格式,这种格式的动画在缩放时不会失真,非常适合描述几何图形组成的动画。由于这种格式的动画可以与 HTML 文件充分结合,并能添加 MP3 音乐,因此被广泛应用在网页上,成为一种准流式媒体文件。

③ GIF 格式:GIF 是一种高压缩比的彩色图像文件格式,称为图形交换格式(Graphics Interchange Format),主要用于图像文件的网络传输,目前 Internet 上动画文件多为这种格式。

〖问题提示〗数字化后的音频、图像、视频、动画信息数据量非常大,通常需要进行数据压缩处理。关于数据压缩的基本原理和压缩方式,在《计算机科学导论学习辅导》第 4 章中介绍。

本章小结

1. 因为计算机硬件只能识别信号的有无，所以需要将送入计算机中的信息转换为用 0 和 1 表示的二进制代码，即需要进行数制转换与编码。当然，这些工作是在计算机设计过程中完成的。

2. 为了表示数据的正数"＋"与负数"－"和实现"＋""－"运算，引入了原码、反码、补码的表示方法和运算法则，从而使数值符号与运算符号都能用"0"和"1"来表示。

3. 计算机中呈现的数据形式可分为数值数据、字符数据、逻辑数据、多媒体数据等。由于计算机中的电子器件只能表示"0"和"1"两种状态，因此各种数据都必须通过编码即以"0"和"1"的表示方式来呈现数据信息，也就是语义符号数字化，这是计算思维在数据表示中的具体体现。

习 题 4

一、选择题

1. 将十进制数 215 转换成二进制数是（　　）。
   A. 11101011　　B. 11101010　　C. 11010111　　D. 11010110
2. 将十进制数 215 转换成八进制数是（　　）。
   A. 327　　B. 268　　C. 352　　D. 326
3. 将十进制数 215 转换成十六进制数是（　　）。
   A. 137　　B. C6　　C. D7　　D. EA
4. 将二进制数 01100100 转换成十进制数是（　　）。
   A. 144　　B. 90　　C. 64　　D. 100
5. 将二进制数 01100100 转换成八进制数是（　　）。
   A. 123　　B. 144　　C. 80　　D. 100
6. 将二进制数 01100100 转换成十六进制数是（　　）。
   A. 64　　B. 63　　C. 100　　D. 0AD
7. 将八进制数 145.72 转换成二进制数是（　　）。
   A. 1100111.111010　　　　　　B. 1110101.1111
   C. 11001010.010111　　　　　　D. 1100101.11101
8. 将十六进制数 3D7.A4 转换成二进制数是（　　）。
   A. 111101111.10101　　　　　　B. 111100111.1010001
   C. 1110010111.1010001　　　　　D. 1111010111.101001
9. ASCII 是（　　）位编码。
   A. 8　　B. 16　　C. 7　　D. 32
10. 设 $x=10111001$，则 $\bar{x}$ 的值为（　　）。
    A. 01000110　　B. 01010110　　C. 10111000　　D. 11000110

二、问答题

1. 什么是信息？什么是数据？两者之间有何关系？
2. 计算机中为何引入不同的计数制？

3. 计算机中为什么要采用二进制？
4. 数值型数据的符号在计算机中如何表示？
5. 机器数与真值有何区别？
6. 什么是定点表示法？什么是浮点表示法？
7. ASCII、BCDIC、Unicode 编码各有什么用途？
8. 汉字输入码、汉字交换码、汉字机内码、汉字字形码、汉字地址码各有何功能和作用？
9. 逻辑数据与数值数据有何区别？
10. 什么是逻辑电路？逻辑电路主要由哪些基本器件组成？

三、讨论题

1. 计算机硬件只能识别用 0 和 1 表示的信息，为什么通过键盘可以输入任意数字和字符？
2. 计算机中的图像、视频、音频信息是怎样得到的？其采样、量化和编码是由"谁"实现的？

第 5 章　计算系统的基本思维

【问题引出】用二进制数表示各类数据的目的是便于计算机进行数值计算和数据处理，而现代计算机是一个完整的计算系统，由硬件和软件组成。那么，如何使软件、硬件能相互"理解"和"支持"，并在数值计算和数据处理中"齐心协力"地高效工作呢？这就是本章要讨论的问题。

【教学重点】计算系统的基本构成与层次关系、各硬件子系统的工作原理、操作系统对各硬件子系统以及磁盘文件的组织与管理、硬件设备的相互连接、操作系统对信息交换的控制与管理等。

【教学目标】熟悉存储系统、处理器系统、总线系统、输入/输出接口等的基本结构组成；了解操作系统在计算机系统中的作用和地位，操作系统对各硬件子系统和文件系统的管理方法。

§5.1　计算系统的基本概念——"系统组成"的基本思维

计算系统（Computing System）是对计算机的抽象，计算机是一种设备，而计算系统则是一种动态实体，由硬件、软件和它们管理的数据构成，用于解决问题以及与它所处的环境进行交互。如何使计算系统高效、可靠地工作，须从"系统科学"观点出发，运用计算思维寻找提高系统性能的思想策略。计算系统全面体现了计算思维和系统科学思想，计算机子系统和层次结构的定义与划分等，是系统科学研究的典例。下面，我们用系统科学及其抽象概念描述计算机软硬件系统。

5.1.1　计算机硬件系统

计算机硬件是指那些看得见、摸得着的部件，是构成计算机的物理装置。构成计算机的所有部件称为硬件（Hardware），这些硬件的整体结合称为硬件系统（Hardware System），是计算机系统的物理实现。如果按照层次抽象，计算机硬件系统由以下 4 个子系统组成。

1. 处理器子系统

处理器子系统是计算系统的核心部件，由运算器、控制器、寄存器和指令系统组成。处理器子系统的功能是实行指令控制、操作控制、时序控制和数据处理，它是实现冯·诺依曼"存储程序控制"的指挥系统，由指令系统发出控制命令，指挥各有关部件有条不紊地执行各项操作。

2. 存储器子系统

存储器子系统包括内存储器和外存储器，是保存程序代码和数据的物理载体，也是计算机中存放程序和数据的各种存储设备、控制部件以及管理信息调度的设备和算法的总称。随着计算机应用领域越来越广泛，应用要求越来越高，数据自动存储能力成为现代计算机的重要指标。

3. 输入/输出子系统

输入/输出子系统用来实现输入设备、内存储器、处理器、输出设备之间的相互连接和不同信息形式的转换，控制外部设备与内存储器、外部设备与处理器之间进行数据交换。输入/输出子系统包括多种类型的输入设备、输出设备，以及连接这些设备与处理器、存储器进行信息交换的接口电路。

4．总线子系统

总线子系统是多个功能部件之间进行数据传送的公共通路，是构成计算机系统的互联机构。总线子系统的主要特征是多个部件共享传输介质，一个部件发出的信号可以被连接到总线上的其他部件接收。采用总线传输方式使各子系统部件间实现地址、数据和控制信息的传递与交换，从而大大减少信息传送线的数量，增强系统的灵活性，并在争用硬件资源的基础上进行工作。

5.1.2 计算机软件系统

计算机软件是相对硬件而言的，它是在计算机操作系统的基础上逐渐发展形成的。为了便于与硬件相区分，我们把计算机中使用的各种程序称为软件（Software），把计算机中所有程序的集合称为软件系统（Software System），它是计算机系统的软件支撑。它能拓展硬件功能和方便用户操作。

1．软件的定义

软件是为使计算机高效地工作所配置的各种程序及相关的文档资料的总称。其中：程序是经过组织的计算机指令序列，指令是组成计算机程序的基本单位；文档资料包括软件开发过程中的需求分析、方案设计、编程方法等的文档及使用说明书、用户手册、维护手册等。

1983 年，IEEE 对软件给出了一个较为新颖的定义：软件是计算机程序、方法、规范及其相应的文稿及在计算机上运行时必需的数据。这个定义在学术上有重要参考价值，它将程序与软件开发方法、程序设计规范及其相应的文档联系在一起，将程序与其在计算机上运行时必需的数据联系在一起，实际上是在考虑了软件生存周期中的各项主要因素之后提出的。

软件在用户和计算机硬件之间架起了联系的桥梁，用户只有通过软件才能使用计算机。同时，计算机软件是对硬件功能的扩充与完善。软件有多种类型，但其基本功能、任务和特点是一致的。

（1）软件的基本功能：使用户能根据自己的意图来指挥计算机工作，并使得计算机硬件系统能高效发挥作用。

（2）软件的主要任务：一是为用户操作计算机提供方便和提高使用效率；二是能充分发挥计算机硬件系统的功能作用；三是能扩大计算机的使用用途。

（3）软件的主要特点：软件是一种逻辑实体而不是具体的物理实体；软件是看不见、摸不着的纯智力产品，其研制成本远远大于其生产成本；软件没有老化问题，但比硬件维护要复杂得多。我们可把软件的特点概括为：独创性、无形性、复制性、永久性、复杂性以及非价格的创新竞争。

2．软件的分类

如同硬件一样，计算机软件也在不断发展。从冯·诺依曼计算机开始，软件的发展过程经历了计算机语言、翻译程序、操作系统、服务程序、数据库管理系统、应用程序等。根据软件的功能作用，可将其分为系统软件、支撑软件和应用软件三类。

（1）系统软件（System Software）：是计算机厂家为实现对计算机系统的管理、调度、监视、服务、维护，以及扩充硬件功能等而提供给用户的软件。操作系统、翻译程序、服务程序都属于系统软件。系统软件的显著特点是与具体应用领域无关。

（2）支撑软件（Supporting Software）：随着数据库应用系统开发和网络应用的不断拓展逐渐

形成的软件。随着计算机技术的发展,软件的开发、维护与运行的代价在整个计算机系统中所占的比重越来越大,远远超过硬件系统。目前,常用的支撑软件有数据库管理系统、各类工具软件(如系统诊断、图像处理)、网络软件、软件开发环境、中间件(独立的系统软件或服务程序)等。

(3) 应用软件(Application Software):是相对于系统软件而言的,是用户针对各种具体应用问题而开发的一类专用程序或软件的总称。例如,计算机辅助设计(CAD)、计算机辅助测试(CAT)、计算机辅助制造(CAM)、计算机辅助教学(CAI)、专家系统(Expert System)、各类信息管理系统(Manage System)、科学计算(Scientific Computing)等,这些应用软件在各有关领域大显神通,给传统的产业部门注入了新的活力。

〖**问题提示**〗翻译程序和服务程序虽然与操作系统都是由计算机厂商提供的系统软件,但在使用时不同:系统启动时,操作系统由"引导程序"从外存储器中将其装入内存;而翻译程序和服务程序是在需要时才由外存储器调入内存,任何其他可执行程序都是如此。

5.1.3 计算机操作系统

一台没有任何软件支持的计算机称为裸机,用户直接面向裸机进行应用操作是相当困难的,几乎是不可能的。因为计算机硬件系统只能识别由 0 和 1 组成的二进制代码信息,所以用户直接操作、使用、管理和维护计算机时,总是觉得机器"太硬"了(不理解人意),而机器总是觉得用户"太笨"了(动作缓慢)。因此,迫切需要解决让计算机理解用户的操作意图和因为用户的操作速度太慢,致使机器显得无事可做等问题。为了摆脱人的这种"高智低能"和发挥机器的"低智高能",必须要让计算机来管理自己和用户。于是,操作系统应运而生。

1. 操作系统的定义

操作系统(Operating System,OS)是随着硬件和软件不断发展而逐渐形成的一套大型程序。从功能上,它是用户与计算机硬件之间的接口,是用户和其他软件与计算机硬件之间的桥梁;从作用上,它为用户操作和使用计算机提供了一个良好的操作与管理环境,使计算机的使用效率成倍地提高,并且为用户提供了方便的使用手段和令人满意的服务质量。因此,可将其定义为:<u>操作系统是有效地组织和管理计算机系统中的硬件和软件资源,合理地组织计算机工作流程,控制程序的执行,并提供多种服务功能及友好界面,方便用户使用计算机的系统软件</u>。

2. 操作系统的作用

现在呈现在用户面前的计算机,是经过若干抽象的计算系统,我们可把整个计算系统按功能划分为 4 个层次,即硬件系统、操作系统、支撑软件和应用软件。这 4 个层次表现为一种单向服务关系,即外层可以使用内层提供的服务,反之则不行。其中,操作系统密切地依赖于硬件系统,如图 5-1 所示,其功能作用主要体现在以下 3 个方面。

(1) 操作系统是用户与计算机硬件之间的接口:用户需要通过操作系统来使用计算机,操作系统使用户不需要过多了解硬件的情况下,方便地控制计算机中的资源,并且能够根据用户需求对硬件进行改造和扩充。因此,可把操作系统看作人一机交互(Human-Computer Interaction)的接口或界面。

图 5-1 操作系统的作用地位

(2) 操作系统是计算机系统的资源管理者:操作系统的基本任务是管理计算机系统中的软硬件资源,是软/硬件之间的协调者。一方面,它控制和管理着系统硬件，向上层的实用程序和用户应用程序提供一个屏蔽硬件工作细节的良好使用环境，把一个裸机变成可"操作"且方便灵活的计算机系统；另一方面，计算机中的程序和数据以文件形式存放在外存储器中，如何与内存储器进行数据交换，都由操作系统来实现。操作系统的管理包括处理器管理、存储管理、文件管理、设备管理，最大限度地提高资源的利用效率和实现资源共享，操作系统使得计算机成为一台"海纳百川"的机器。

（3）操作系统为用户提供了一个虚拟机（Virtual Machine）：计算机硬件系统的功能是有限的，但通过操作系统及其相关软件，可以完成多种多样、复杂多变的任务，很多需要硬件实现的功能可以由软件实现，许多硬件实现不了的功能也由软件来实现。为了方便用户开发更为复杂的程序，操作系统提供了更容易理解的、任务相关的、控制硬件的命令，被称为应用程序接口（Application Program Interface，API），它将对硬件控制的具体细节封装起来，通过在计算机裸机上加上一层又一层的软件来组成一个完整的计算系统，为用户提供了一台扩展基本功能、使用更为方便的机器，称为虚拟机（Virtual Machine），它是一个功能强大、安全可靠、效率极高的计算机系统。

3．操作系统用户接口

用户接口（User Interface）是为方便用户操作使用计算机而提供的人—机交互接口，分为 3 种接口方式：命令接口、程序接口和图形接口。

（1）命令接口：为了便于用户直接或间接控制自己的程序，操作系统提供了命令接口，用户通过该接口向计算机发出命令，执行功能操作。命令接口又分为联机用户接口和脱机用户接口。

① 联机用户接口：由一组操作命令及对应的命令解释程序所组成，当用户输入一条命令后，系统便立即对该命令进行解释和执行。DOS 和 UNIX 操作系统提供的就是联机用户接口。

② 脱机用户接口：是为批处理作业的用户提供的接口，由一组作业控制语言组成。批处理作业的用户不能直接与自己的作业交互作用，只能委托系统代替用户对作业进行控制和干预。作业是指用户在运行程序和数据处理过程中，用户要求计算机所做工作的集合。在批处理作业过程中，用户不能直接与自己的作业交互作用，只能委托系统代替用户对作业进行控制和干预。

（2）程序接口：是为用户程序访问系统资源而设置的接口，为程序中使用操作系统提供的系统调用命令请求操作系统服务，也是用户程序取得操作系统服务的唯一途径。现在的操作系统都提供程序接口，例如，DOS 是以系统功能调用的方式提供程序接口，可以在编写汇编语言程序时直接调用。Windows 操作系统是以 API 的方式提供程序接口，Win API 提供了大量的具有各种功能的函数，直接调用这些函数就能编写出各种界面友好、功能强大的应用程序。在可视化编程环境（VB、VC++、Delphi 等）中，提供了大量的类库和各种控件，如微软基础类（Microsoft Foundation Classes，MFC），这些类库和控件构建在 Win API 函数之上，并提供了方便的调用方法，极大地简化了 Windows 应用程序的开发。

（3）图形接口：虽然用户可以通过联机用户接口来取得操作系统的服务，并控制自己的应用程序运行，但要求用户严格按照规定的格式输入命令。显然，这不便于操作使用。于是，图形用户接口（Graphical User Interface，GUI）应运而生。

GUI 采用图形化的操作界面，用户利用容易识别的各种图标将系统的各项功能、各种应用程序和文件直观、逼真地表示出来。在 Windows 操作系统中，通过鼠标、菜单和对话框来完成对各种应用程序和文件的操作。此时用户不必像使用命令接口那样去记住命令名及格式，只要轻点鼠标就能实现很多功能，从而使用户从烦琐且单调的操作中解放出来，能够为更多的非专业人员使用。这也是 Windows 类操作系统受到用户欢迎并得以迅速发展的原因。

4．常用操作系统

操作系统的研发与计算机硬件系统的性能是相对应的。随着硬件系统的不断发展，研发出了许多不同类型的操作系统。其中，影响最大、目前使用最广的主流操作系统有以下 3 种。

（1）Windows 操作系统

Windows 操作系统是美国 Microsoft 公司于 1984 年在磁盘操作系统（Microsoft Disk Operating System，MS-DOS）基础上发展来的。MS-DOS 是为微型计算机研制的单用户命令行界面操作系统，曾经被广泛安装在微型计算机（也称个人计算机，Personal Computer，PC）上，它对微型计算机的普及应用是功不可没的。虽然今天 MS-DOS 已退出历史舞台，但它的很多重要概念在 Windows 操作系统中仍然是重要的，而且 DOS 的命令行方式在网络中仍然有用。

DOS 的特点是简单易学，系统规模小（占内存空间小），因而对硬件要求低，并且运行快速。但由于它提供的是一种以字符为基础的用户接口，如果不熟悉硬件和 DOS 的操作命令，便难以称心如意地使用 PC，人们企盼 PC 变成一个直观、易学、好用的工具。Microsoft 公司响应千百万 DOS 用户的愿望，研制开发了一种基于 GUI 方式的新型操作系统——Windows 操作系统。在图形用户界面中，Windows 操作系统所支持的应用软件都用一个图标（Icon）表示，用户只要把鼠标指针移到某图标上并双击，即可进入该软件。这种界面方式为用户提供了极大的方便，从此把计算机的操作使用提高到了一个崭新的阶段，并为今天计算机网络的操作和多媒体系统的操作使用创造了极为有利的条件。目前，微机中最常使用的操作系统是 Windows 7/10。

（2）UNIX 操作系统

UNIX 操作系统是 1969 年美国 AT&T 公司的 Bell 实验室开发出来的，也是世界上唯一能在笔记本电脑、个人计算机、巨型机等多种硬件环境下运行的多任务、多用户操作系统。由于 UNIX 操作系统可满足各行业的应用需求，已成为重要的企业级操作平台，也是操作系统中的常青树。

UNIX 操作系统的特点主要体现为：技术成熟、结构简练、功能强大、可移植性和兼容性好、伸缩性和互操作性强，是当今世界最流行的多用户、多任务主流操作系统之一，被认为是开放系统的代表。总体上，UNIX 操作系统的主要发展趋势是统一化、标准化和不断创新。

（3）Linux 操作系统

Linux 操作系统由芬兰赫尔辛基大学的大学生 Linus Benedict Torvalds 等人在 1991 年共同开发的，是一种能运行于多种平台、源代码公开、免费、功能强大、遵守 POSIX 标准、与 UNIX 系统兼容的操作系统。Linux 操作系统继承了自由软件的优点，是最成功的开源软件。Linux 操作系统源程序能完整地上传到 Internet，允许自由下载，因而不仅被众多高校、科研机构、军事机构和政府机构广泛采用，也被越来越多的行业所采用。现在，Linux 操作系统是一种得到广泛应用的多用户多任务操作系统，许多计算机公司（如 IBM、Intel、Oracle、SUN 等）大力支持 Linux 操作系统，各种常用软件也纷纷移植到 Linux 平台。

Linux 操作系统的特点主要体现为：开放性、多用户、多任务、良好的用户界面、支持多个虚拟控制台、可靠的系统安全、共享内存页面、支持多种文件系统、强大的网络功能、良好的可移植性等方面。Linux 操作系统非常适合需要运行各种网络应用程序，并提供各种网络服务。正是 Linux 操作系统的开源才使得它可以根据自身的需要做专门的开发。因此，它更适合需要自行开发应用程序的用户和那些需要学习 UNIX 命令工具的用户。

〖问题提示〗随着移动互联网和智能手机的普及，近年来推出了许多用于移动终端用户（智能手机）操作系统，并且功能强大，性能优越。智能手机及其操作系统，在辅助教材第 5 章中介绍。

5.1.4 软件与硬件的关系

一台能操作使用的计算机必须具有硬件和软件，两者相辅相成，缺一不可，从而构成一个不可分割的整体。硬件与软件既相互支持，又相互制约。只有在取得"共识"的前提下，"相互支撑、齐心协力"地努力工作，才能高效完成用户给定的工作任务。计算机的运行就是硬件和软件彼此相互配合、共同作用的结果。计算机硬件和软件之间的"相互支撑"主要体现在以下 3 个方面。

1. 层次结构关系（Hierarchy Relationship）

一个完整的计算系统，如果按照系统的层次结构抽象，可以抽象为硬件系统层、系统软件层、支撑软件层和应用软件层四层，其结构如图 5-2 所示。

（1）硬件系统层：计算机系统的物理实现，位于计算机系统的底层。计算机指令系统是硬件系统与系统软件交互的工作界面，其信息交互的语言是由 0 和 1 组成的二进制代码。

图 5-2 计算机系统层次结构

（2）系统软件层：能够直接与硬件系统层进行交互的软件，其中最重要的是操作系统，用来帮助用户摆脱硬件的束缚，对硬件进行扩充和改造，为利用硬件资源提供使用环境，是实行管理和使用的核心。操作系统是用户操作使用计算机的界面，其交互信息是 ACSII 代码或图标。

（3）支撑软件层：利用操作系统提供的接口及系统调用来使用计算机系统中的各类系统资源，并为应用软件提供支撑。最典型的支撑软件是语言处理程序、数据库管理系统和其他系统程序。

（4）应用软件层：建立在支撑软件层之上，为用户提供应用系统界面，使用户能够方便地利用计算机来解决具体问题。在应用系统界面上，用户与计算机之间进行信息交换的"公用"语言是程序设计语言，利用程序设计语言，把要解决的问题以命令的形式进行有序的描述。

〖问题提示〗计算机系统中的每层都具有特定的功能，并提供了相应的接口界面，接口屏蔽了层内的实现细节，并对外层提供了使用约定。关于操作系统对各部件的管理在后面 4 节中介绍。

2. 相互依赖关系（Interdependent Relationship）

现代计算机系统中的硬件和软件两者相互依赖和支持。有了软件的支持，硬件才能正常运转和高效率工作。如果把硬件比作计算机系统的躯体，那么软件就是计算机系统的灵魂。

（1）硬件是系统的躯体：硬件是构成计算机的物理装置，也是计算机的物理实现。硬件为软件提供物理支撑，任何软件都是建立在硬件基础之上的，如果离开了硬件，软件则无法栖身。

（2）软件是系统的灵魂：软件是为运行、管理和维护计算机而编制的各种程序的总和。软件为硬件提供使用环境，一个完整的计算系统，如果没有软件的支持，硬件将变得毫无意义。

3. 功能等价关系（Functional Equivalence Relation）

计算机的硬件和软件在逻辑功能上是等价的，即计算机系统的许多功能既可用硬件实现，也可用软件实现。例如，在计算机设计中，如果硬件成本高，软件成本低，为了取得较高的性能价格比，可用软件来实现更高一级的性能，这种做法称为硬件软化。随着集成电路技术的发展，硬件价格逐渐降低、可靠性逐渐提高，因而出现了用硬件替代软件来实现较强的功能，这种做法称为软件硬化。一般，用硬件实现往往可提高速度和简化程序，但将使结构复杂，造价提高；用软件实现，可降低硬件的造价，但使程序变得复杂，运行速度降低。例如，计算机处理汉字时，既可使用硬字库，也可使用软字库。前者造价高，但运行速度快，后者造价低，但运行速度慢。

正是由于软件、硬件在功能上的等价关系，因而促进了软件、硬件技术的发展。一方面，许多生产厂家为实现某一功能或达到某一技术指标，分别用软件或硬件的办法来实现，并各自评价其优、特点。另一方面，硬件技术的发展及性能的改善，为软件的应用提供了广阔的前景，并为新软件的诞生奠定了基础。同时，软件技术的发展给硬件技术提出了新的要求，从而促进新的硬件产生与发展。正是这种彼此促进和激烈竞争，形成了推动软件、硬件技术不断向前发展的强大动力。下面，按照计算思维来介绍各硬件子系统的基本原理以及操作系统如何实现对各子系统的管理。

§5.2 处理器系统——"控制执行"的基本思维

现代计算机是一个高度自动化的计算系统，有人把计算机称之为"电脑"，是因为它具有类似于人类大脑、按照人的意愿，指挥和控制计算机执行各种操作的功能，这个指挥和控制机构就是由运算器、控制器、寄存器、指令系统等构成的处理器系统，它是计算机硬件系统的核心。

5.2.1 处理器的结构组成

随着超大规模集成电路的高速发展，使得电子器件的体积越来越小，为了使主体器件具有一致性能，则将运算器和控制器集成在一块芯片上，称为中央处理器（Central Processor）或中央处理单元（Central Processing Unit，CPU），在微机中称为微处理器（Microprocessor）。

1．CPU 的基本组成

CPU 是计算机中的核心部件，用来实现运算和控制，并由运算器、控制器、控制线路等组成。

（1）运算器（Arithmetical Unit）

运算器是用来完成算术运算和逻辑运算的部件，其功能是：快速地对数据进行加、减、乘、除（包括变更数据符号）等算术运算；"与""或""非"等逻辑运算，逻辑左移、逻辑右移、算术左移、算术右移等移位操作；及时存放算术运算和逻辑运算过程中的中间结果（由通用寄存器组实现），实现挑选参与运算的操作数、选中执行的运算功能，并且把运算结果送到存储器中。运算器的基本结构如图 5-3 所示。

运算器由多功能算术逻辑运算部件（Arithmetic Logical Unit，ALU）、通用寄存器组（包括累加寄存器、数据缓冲寄存器、状态寄存器）及其控制线路组成。寄存器组用来存放运算器的工作信息和运算中间结果，减少访问存储器的次数，以提高运算器的速度。整个运算过程是在控制器的统一指挥下，对取自 RAM 的数据按照程序的编排进行算术或逻辑运算，然后将运算结果送到 RAM。

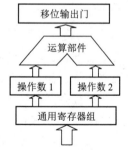

图 5-3　运算器的基本结构

（2）控制器（Control Unit）

控制器是计算机系统发布操作命令的部件，其功能是根据指令提供的信息，实现对系统各部件（不仅包括 CPU）的操作和控制。例如，计算机程序和原始数据的输入、CPU 内部的信息处理、处理结果的输出、外部设备与主机之间的信息交换等，都是在控制器的控制下实现的。

2．CPU 中的主要部件

CPU 是计算机硬件系统的指挥中心，有人将它形容为人脑的神经中枢。CPU 的指挥控制功能由指令控制、操作控制、时间控制、数据加工等部件实现，如图 5-4 所示。

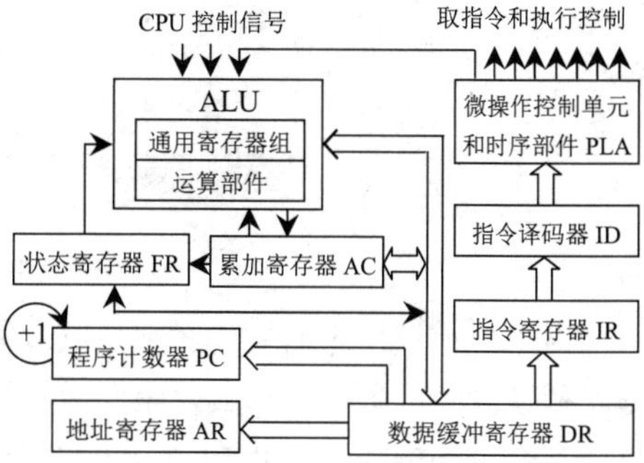

（1）数据缓冲寄存器（Data Register，DR）：存放从 RAM 中取出的一条指令或数据字。

（2）指令寄存器（Instruction Register，IR）：存放从 RAM 中取出的将要执行的一条指令。

（3）指令译码器（Instruction Decoder，ID）：执行 IR 中的指令，必须对指令的操作码进行检测，以便识别所要求的操作。

图 5-4 CPU 的组成

（4）地址寄存器（Address Register，AR）：用来存放当前 CPU 所访问的内存单元的地址。

（5）程序计数器（Program Counter，PC）：用来存放下一条将要执行的指令的地址码。

（6）累加寄存器（Accumulator，AC）：简称位累加器，当 ALU 执行算术或逻辑运算时为 ALU 提供工作区。

（7）状态寄存器（Flag Register，FR）：用来存放算术和逻辑运行或测试的结果建立的条件码内容，如运算进位标志、运算结果溢出标志、运算结果为零标志、运算结果为负标志，等等。

（8）微操作控制单元和时序部件：根据指令操作码和时序信号产生微操作控制信号，对各种操作实施时间上的控制。

5.2.2 计算机指令系统

计算机之所以能自动工作，是因为它能顺序地执行存放在存储器中的程序（一系列命令）。<u>指示计算机执行各种基本操作的命令称为指令（Instruction），计算机中所有指令的集合（Instruction Set）称为该机的指令系统（Instruction System）</u>，它是衡量 CPU 性能的重要指标之一。

1．指令的基本格式

计算机指令由一串二进制代码（即机器语言）表示的操作码和地址码所组成，如图 5-5 所示。

（1）操作码（Operating Code）：用来表示进行何种操作，如进行加法、减法、乘法、除法等操作。在计算机中，机器语言是计算机唯一能识别的语言，所以操作码和地址码都用二进制代码来表示。由于机器语言不便于记忆，而且容易出错，给编程带来很大困难。为此，常采用类似英文单词的符号来表示指令操作码，并称为助记符，其应用实例如表 5-1 所示。

| 操作码 | 地址码 |

图 5-5 指令的基本格式

表 5-1 8 种指令操作的一种简单操作编码

操作码	000	001	010	011	100	101	110	111
助记符	ADD（加法）	SUB（减法）	MUL（乘法）	DIV（除法）	AND（逻辑与）	LD（取数）	MOV（存数）	STOP（停机）

表 5-1 中的操作码为 3 位，可执行 8 种操作。由此可见，操作码的位数越长，其操作功能越强。一个包括 n 位的操作码最多能够表示 2^n 条指令。

（2）地址码（Address Code）：表示从哪个地址中取出操作数及操作的结果存放到哪个地址中去。由于操作运算有操作数、被操作数和操作结果，因而分为三地址格式、二地址格式、一地址格式等。不同操作数的指令格式如图 5-6 所示。

图 5-6 不同操作数的指令格式

对于一地址指令而言，通常是以运算器中的累加寄存器 AC 中的数据为备操作数，指令字的地址码字段中的数为操作数，操作运算结果又放回累加寄存器 AC 中。例如，00111**110** 00001001 这条指令中的操作码是 00111**110**，表示向累加寄存器 AC 送操作数，操作数是 00001001（十进制数 9），这条指令的含义就是"把 7 送到累加寄存器 AC 中"。

〖问题提示〗停机指令中只有操作码，没有操作数，不需要地址码，所以称为零地址指令。

2．指令的基本类型

不同的指令系统，指令的数目和种类有所不同。按照功能，指令可以分为如下 4 类。

（1）数据处理指令：用于对数据进行算术运算、逻辑运算、移位和比较，包括算术运算指令、逻辑运算指令、移位指令、比较指令、其他专用指令等。

（2）数据传送指令：用于把数据从计算机的某一部件传送到另一部件，但数据内容不变。这类指令包括存储器传送指令、内部传送指令、输入/输出传送指令、堆栈指令等。

（3）程序控制指令：用于控制程序执行的次序、改变指令计数器的内容、改变指令执行的正常顺序，包括无条件转移指令、条件转移指令、转子程序指令、暂停指令、空操作指令等。

（4）状态管理指令：用于改变计算机中表示其工作状态的状态字或标志，但不改变程序执行的次序。它不执行数据处理，而只进行状态管理，如允许中断指令、屏蔽中断指令等。

3．指令的控制执行

计算机指令的执行是由控制器来实现的，控制器的主要任务是取指令、分析指令、执行指令、控制程序和数据的输入与结果输出、对异常情况和某些请求的处理，其流程如图 5-7 所示。

① PC 计数器：为了使计算机能自动地工作，在控制器中设置了一个 PC 计数器，用来存放程序地址，并且自动递增，使得自动取出和自动执行地址指令。

② 取指令：以 PC 计数器中的内容作为指令地址，并且每取出一条指令后，PC 计数器中的内容自动加 1，PC=PC+1 作为下一条指令的地址。

③ 分析指令：对取出的指令进行译码，分析功能。

④ 执行指令：以指令的地址码作为内存地址（指向数据区），

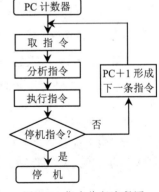

图 5-7 指令执行流程图

取出操作数进行运算操作；如果是转移指令，将用指令的地址码部分去取代 PC 计数器的内容，从而实现按地址转移。

上述步骤②～④周而复始，直至停机，这就实现了自动、连续、灵活地执行程序。通常把其中的一个循环（取指令、分析指令、执行指令）称为计算机的一个指令周期。这样可以把程序对计算机的控制归结为每个指令周期中指令对计算机的控制。

以"存储过程控制"为核心,以"PC 计数器"为关键部件而自动连续执行的存储程序原理,决定了 CPU 的体系结构,这就是沿用至今的著名的冯·诺依曼体系结构。

5.2.3 操作系统对处理器的管理

处理器(Processor)是计算机系统中最为重要的硬件资源,如何对处理器进行资源进行分配,并对其运行进行控制和管理,最大限度地提高处理器的利用率,减少其空闲时间等,是操作系统的重要功能任务之一,我们把实现这一功能任务的管理称为处理器管理(Processor Management)。为了实现对处理器的高效管理,现代操作系统对处理器的分配和运行是以进程为基本单位的,因而对处理器的管理可归结为对进程的管理,进程管理涉及作业方式、进程控制、进程同步、进程通信、处理器调度等。

1. 作业方式(Process Concept)

在早期的计算机中,只允许有一道(单道)用户程序在内存中运行,因此程序运行时完全控制了系统中的所有资源。在现代计算机中,允许有多道程序在内存中运行,为了描述程序执行时的特征,引入了进程(Inter-process)的概念,它是从程序运行的执行方式到状态转换的过程抽象。因此,处理器管理的实质是实现多通道程序下对处理器的分配和调度,使一个处理器能为多个程序交替服务,最大限度地提高 CPU 的利用率。在进程管理中,涉及以下 4 个极为重要的基本概念。

(1)程序:是指为实现某一数值计算或事务处理,由程序员设计的问题求解步骤的命令集合。

(2)作业:是指用户在利用计算机求解问题或事务处理中,要求计算机系统所做工作的总和,是用户向计算机提交一项工作的基本单位,它由完成一个独立任务的程序及其所需的数据组成。

(3)进程:是指正在执行中的程序,是驻留在 RAM 中的作业。只要作业被装入 RAM 就成为进程,每个进程都是作业,而每个作业未必都是进程。我们可将其描述为:

进程=程序+执行

(4)顺序执行和并发执行:程序运行的执行方式可分为顺序执行和并行执行两种方式

① 顺序执行:是指在单道程序处理过程中,每次只能有一道程序在运行,并以顺序的方式执行,且运行时独占全部资源。例如,对有 3 条语句的程序段:

S_1: x=a+b;

S_2: y=x+c;

S_3: z=y+d;

必须按照 S_1、S_2、S_3 的先后顺序执行,即 S_2 必须在 x 被赋值后才能执行,S_3 必须在 y 被赋值后才能执行。显然,如果计算机系统中任何时刻只能运行一道程序,则系统的处理能力无法提高。

② 并发执行:是指在多道程序处理过程中,让多个程序或程序段同时在系统中运行。当某个程序因为某种原因无法继续运行而需要等待时,可让处理器去执行另一个可以运行的程序。因此,顺序执行和并发执行是计算机系统的一种工作状态。其中,顺序执行表示两个或两个以上操作在计算机系统中的某部件按先后顺序执行;并发执行表示两个或两个以上操作在计算机系统中的不同部件同时进行。如果用节点(I)代表输入操作——对应输入设备,用节点(C)代表计算操作——对应处理器,用节点(P)代表输出操作——对应输出设备;用箭头表示前后操作顺序,则程序顺序执行的运行状态如图 5-8 所示,程序并发执行的运行状态图 5-9 所示。

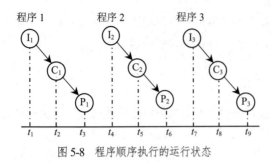
图 5-8　程序顺序执行的运行状态

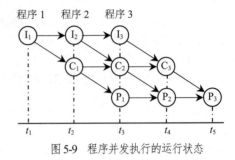
图 5-9　程序并发执行的运行状态

由图 5-9 可知，在并发执行时程序或程序段的执行在时间上是重叠的，一个程序或程序段的执行尚未结束，另一个程序或程序段的执行已经开始。我们把一个正在运行的程序实例定义为进程，用来描述程序并发执行的状态。进程和程序两者密切相关但又有所不同，两者的关联和区别如下。

（1）进程是动态的，程序是静态的。进程是程序的一次执行过程，程序是一组代码的集合。

（2）进程是暂时的，程序是永久的。进程有一个状态变化的过程，程序是计算机执行的步骤。

（3）进程可以演化，程序不能演化。一个进程可以创建其他进程，一个程序不能形成新程序；

（4）进程包含程序，一个程序可对应多个进程，一个进程的组成包括程序、数据和进程控制块。

2．进程控制（Inter-process Control）

在多道程序环境下，程序运行前必须先为它创建一个或几个进程，并为之分配必要的资源。当进程运行结束时，立即撤销该进程，以便及时回收该进程所占用的各类资源，而这一工作是由进程控制来实现的。进程控制的主要任务是为程序创建进程、撤销已结束的进程，以及控制进程在运行过程中的状态转换。

（1）创建进程（Create Process）：系统在创建一个进程时，必须为它分配所必须的、除处理器以外的所有资源（如内存空间、I/O 设备），建立相应的进程控制信息。

（2）撤销进程（Undo Process）：如果进程运行期间出现某些错误或故障而使进程被迫终止，或系统外界请求中断（如发生死锁），必须先对所占有的资源执行回收，然后撤销进程控制信息。

（3）状态转换（State Transition）：进程执行期间可能具有多种状况，我们把进程执行所具有的状况概括为就绪状态、执行状态和等待状态，并且三种状态相互转换，其过程如图 5-10 所示。

① 就绪状态（Ready State）：是指当进程分配到除 CPU 以外的所有必要资源后，只要再获得 CPU 便可立即执行。在一个系统中处于就绪状态的进程可能有多个，通常将它们排成一个队列，称为就绪列队。处于就绪状态的进程已具备了运行条件，因其他进程正在占用处理器，使得暂时不能运行而处于等待分配的状态。

图 5-10　进程的状态及其转换

② 执行状态（Running State）：是指当进程占有 CPU 且正在执行的状态。在单处理机中只有一个进程处于执行状态；在多处理机中，则有多个进程处于执行状态。当分配的时间片已完，则暂停执行，该进程便由执行状态恢复到就绪状态。

③ 等待状态（Waiting State）：也称阻塞状态，是指一个正在执行的进程，由于资源不足或

等待某事件而暂时无法继续执行而处于暂停状态。致使进程等待的典型事件有：请求 I/O、申请缓冲空间、请求的资源正被其他进程访问等。通常将这种处于等待状态的进程排成一个队列，在等待的原因排除（如输入/输出已完成）后，则唤醒该进程，此时进程由等待状态转换为就绪状态。

〖问题提示〗一个程序被加载到内存，系统就创建了一个进程，它是一个程序在其自身的地址空间中的一次执行活动。程序执行完毕，该进程也就结束了。当一个程序同时被执行多次时，系统就创建多个进程。一个程序可以被多个进程执行，一个进程也可以同时执行一个或几个进程。在 Windows 中，按 [Ctrl] + [Alt] + [Del] 组合键，即可看到当前机器执行进程。

3．进程同步（Process Synchronization）

为了保证相互有关的进程能够正常地运行，系统中必须设置进程同步机制。进程同步的主要任务是对存在制约关系的多个进程的运行进行协调，并且分为进程同步方式和进程互斥方式。

（1）进程同步（Inter-process Synchronization）方式

进程同步是指两个并发执行的进程为共同完成一个任务而相互配合的进程间通信。例如，设有一个计算进程 P_1 和一个打印进程 P_2，为使计算结果打印输出，需设置一个输出缓冲区。当进程 P_1 计算完后，将结果送入输出缓冲区；进程 P_2 便可从该缓冲区中取出结果，并进行打印。进程 P_1 和 P_2 的这种协同动作，保证了"计算—打印"工作的顺序进行。

（2）进程互斥（Inter-process Mutual Exclusion）方式

进程互斥是指两个并发执行的进程在同一时刻要求共享同一资源而相互排斥。例如，设有两个进程 P_1 或 P_2，在某一时刻同时要求使用一台打印机，打印机一次只能让一个进程使用。此时，进程 P_1 和 P_2 是互斥的，操作系统只能让其中一个进程（如进程 P_1）先使用打印机，让另一个进程（进程 P_2）处于"挂起"状态，一旦进程 P_1 结束打印，则释放该资源，立即"唤醒"进程 P_2，使进程 P_2 使用该打印机。这种一次只能允许一个进程使用的资源称为临界资源（Critical Resource），而把每个进程中访问临界资源的那段程序称为临界区（Critical Section）。

实现进程互斥的方法是用加锁机制，例如，进程 P_1 获得占用资源 R 使用权时，便立即对资源 R 加锁，若进程 P_2 要使用资源 R，只能等到进程 P_1 使用完毕释放 R 之后。这其中有可能出现两种状况。

① 死锁（Deadlock）：是指一组占用公用资源的进程，当某一进程长久占用资源 R 时，致使其他进程因得不到资源 R 而相互永久等待，即导致各个进程都无法执行。

② 饥饿（Starvation）：是指由于资源分配策略不当等原因，使某一进程永远也得不到所需资源而导致无法执行。所以在加锁机制中必须采取有效方法，避免发生"死锁"和"饥饿"情况。

〖问题提示〗在多道程序环境下，进程同步问题十分重要，因而引发了不少学者对它进行研究。例如，生产者-消费者问题、哲学家共餐问题、读者-写者问题等，都是典型的进程同步问题。

4．进程通信（Process Communication）

在多道程序环境下，可由系统为一个应用程序建立多个进程，这些进程相互合作去完成一个共同的任务，并且在活动过程中彼此间存在相互依赖或者相互制约的关系，这就需要交换信息。例如，有三个相互合作的进程，它们分别是输入进程、计算进程和打印进程。输入进程负责将所输入的数据传送给计算进程；计算进程利用输入数据进行计算，并把计算结果传送给打印进程；打印进程把计算结果打印出来。进程通信的主要任务是实现相互合作的进程之间的信息交换。

5. 处理器调度（Processor Scheduling）

在多道程序系统中，一个作业提交后必须经处理机调度后才能获得执行。处理机调度的主要任务是为并发执行的多个进程分配处理器资源，通常分为三级：作业调度、交换调度和进程调度。

（1）作业调度（Job Scheduling）

作业调度也称为高级调度，其基本任务是从存放在外存中的后备作业队列中，按照一定的算法选择若干作业调入内存并准备执行。例如，用户要求计算机把编好的程序进行编译、连接并执行就是一个作业，作业的运行是以进程方式实现的。作业调度是多道批处理操作系统的重要功能，现代操作系统管理下的多道程序是并发执行的，因而不再用作业调度。

（2）交换调度（Swapping Scheduling）

交换调度也称为中级调度，其基本任务是根据进程的当前状态决定外存和内存的进程交换。当内存容量不足时，将暂时不执行的进程从内存调至外存中（虚拟存储），而将需要执行的进程调入内存。显然，这种方式能极大地提高内存资源的利用率。

（3）进程调度（Inter-process Scheduling）

进程调度也称为低级调度，其基本任务是从进程的就绪队列中按照一定的算法选出一个进程，然后把处理器分配给它，并为它设置运行环境，使该进程进入运行状态。因此，进程调度是操作系统对处理器管理中最为重要、最为频繁的调度。

6. 线程控制（Threads Control）

线程是对进程的改进和提高。进程是一个可拥有资源的独立单位，同时也是一个可独立调度和分派的基本单位，正是由于进程有两个基本属性，所以才使得成为一个能独立运行的基本单位，从而也就构成进程并发执行的基础。如何使多个程序更好地并发执行，同时又尽量较少系统的开销，便成为设计操作系统所追求的重要目标。我们试想，若将进程的两个属性分开，把对于作为调度和分派的基本单位不同时作为拥有资源的单位，这样便可做到"轻装上阵"；而对于拥有资源的基本单位，又不对之进行频繁切换。正是这一思想，形成了"线程"的概念。由此可见，"线程"是"进程"细化的产物。

在操作系统中引入进程的目的，是为了使多个程序能并发执行，以提高资源的利用率和系统吞吐量。而引入线程，则是为了减少程序在并发执行时所付出的开销，从而使操作系统具有更好的并发性。使用线程可以更好地实现并发处理和资源共享，能更有效地提高 CPU 的利用率，特别是对于多处理机系统尤为重要。以线程作为调度和分派的基本单位，可以有效改善多处理机系统的性能。现代通用操作系统都引入了线程，并把多线程作为现代操作系统的基本特征和重要标志。

§5.3 存储器系统——"存储优化组合"的基本思维

现代计算机是以存储器为中心的，所有数据和程序都存放在存储器中，所以人们总是希望存储器的存储容量越大越好，存储速度越快越好，存储时间越长越好，存储器件的价格越低越好。然而，没有哪种存储器能够同时满足存储容量大、存储速度快、存储时间长、存储器件价格低的要求。为了适应系统需要，故采用不同性能的存储器件——内存储器和外存储器；为了满足应用需要，故将不同性能的存储器进行优化组合，构成一个存储系统，并由操作系统实行高效管理。

5.3.1 内存储器

内存储器（Internal Memory）是直接与 CPU 相连并协同工作的存储器，包括只读存储器和随机存储器。随机存储器与 CPU 是计算机中最宝贵的硬件资源，是决定计算机性能的重要因素。

1. 只读存储器（Read Only Memory，ROM）

只读存储器是一种只能读出存储器内的信息，而不能写入信息的存储器。ROM 用来存放系统的引导、检测、诊断、设置等程序。ROM 中的程序内容是在生产制作 ROM 时预先设定好的，是一次性固化得到的，即使停电或关机，ROM 中的信息永远都不会丢失。

在机器启动时，自动读取 ROM 中的程序，即检测 RAM 的存储容量；测试系统硬件设备的连接和完好情况（发现问题会发出报警声）；然后按照基本输入输出系统（BIOS）进行设置；随后，启动磁盘中的引导程序（BOOT）。至此，ROM 工作结束，此后其他一切工作都与 ROM 毫无关系。

2. 随机存储器（Random Access Memory，RAM）

随机存储器是由半导体器件组成的可以随时写入和读出其内容的存储器，主要用来存放当前要使用的操作系统、应用软件、计算程序、输入输出数据、中间结果以及与外存交换的信息等。为了实现高效存取，可采用按"地址"写入和读出数据。RAM 的基本组成如图 5-11 所示。

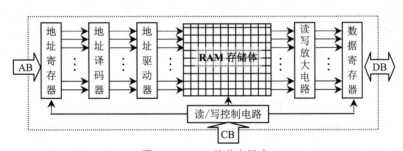

图 5-11　RAM 的基本组成

其中，存储体（Memory Bank）由存储单元（Memory Location）组成，每个存储单元包括若干存储元件（Memory Cell），每个存储元件存放一个二进制位，存储单元的总数为 RAM 的存储容量。RAM 接收来自地址总线（AB）的信息，经地址寄存器、地址译码器、地址驱动器，进入存储体；然后经读写放大电路、数据寄存器与数据总线（DB）相连；读/写控制电路与控制总线（CB）相连。

与 ROM 相比，RAM 的读写有三个特点：一是可以随机读/写，且读/写操作所需时间相同；二是读出时原存内容不会被破坏，写入时被写单元中原有内容被所写内容替代；三是只能用来临时存储信息，断电后 RAM 中的所存信息会立即丢失。这三个特点是 RAM 与 ROM 的重要区别。

〖问题提示〗虽然 RAM 和 ROM 都属于内存储器，对用户而言，只有 RAM 才是可用的存储空间，所以常把 RAM 称为主存储器。通常所说的内存容量实际上是指 RAM 容量。计算机运行过程中，所有参与处理的数据信息和控制器执行各种操作的命令信息都来自 RAM。RAM 容量越大，从外存储器中一次读入 RAM 的数据量就越大，计算机的运行速度就越快。

3. 存储单位（Unit of Storage）

存储单位用来表示存储容量的大小。计算机中所有的数据信息都是以二进制数的形式进行存储的，所以存储单位是指数据存放时占用的二进制位数，常用的存储单位有：位、字节和字。

（1）位（bit，b）：计算机中存储数据的最小单位，用来存放一位二进制数（0 或 1）。一个二进制位只能表示 $2^1=2$ 种状态，若要表示更多的信息，就得组合多个二进制位。

（2）字节（Byte，B）：计算机中的一个存储单元（Memory Cell），ASCII 中的英文字母、阿拉伯数字、特殊符号和专用符号大约有 128～256 个，刚好可以用 8 个二进制位（1 字节）表示。计算机中表示存储容量时通常用 KB、MB、GB、TB、PB、EB 等计量单位，换算关系如下：

1 KB=1024 B=2^{10} B　　　　1 MB=1024 KB=2^{20} B　　　　1 GB=1024 MB=2^{30} B
1 TB=1024 GB=2^{40} B　　　　1 PB=1024 TB=2^{50} B　　　　1 EB=1024 PB=2^{60} B

（3）字（Word，W）：计算机在存储、传送或操作时，作为一个数据单位的一组二进制位称为一个计算机字，简称为"字"，每个字所包含的位数称为字长。一个字由若干字节组成，而字节是计算机进行数据处理和数据存储的基本单位，所以"字长"通常是"字节"的整数倍。

5.3.2 外存储器

外存储器（External Storage）是相对内存储器或主存储器而命名的，所以又称为辅助存储器（Auxiliary Storage），用来存放当前不参加运行的程序和数据。与 RAM 相比，外存储器存储容量较大、价格较低、速度较慢，并且不能直接与处理器相连。由于它是一种磁质存储器，因而能永久保存磁盘中的信息。目前常用的外存储器有硬盘存储器、光盘存储器、U 盘存储器、移动硬盘等。在大型和巨型机中，还有磁带存储器（Magnetic Tape Storage），主要用于大数据存储。

1. 硬盘存储器（Hard Disk Storage）

硬盘存储器通常简称为硬盘，是最主要的辅助存储媒介，是目前存放大量程序和数据的理想设备，因而计算机系统中都配置了硬盘，它是所有数据文件的"栖身"之地。

硬盘存储器是相对于软盘存储器（Soft Disk Storage）而言的。在 U 盘和可移动硬盘出现之前，软盘存储器（简称软盘）曾经是应用最广的外存设备。现在虽已淘汰，但其概念是硬盘的基础。其盘片是用类似薄膜唱片的柔性材料制成的，磁盘片外形如图 5-12 所示。

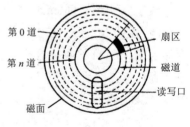

图 5-12　磁盘片

（1）磁道（Track）：以盘片中心为圆心的一组同心圆，每一圆周为一个磁道。磁道的编号从 0 开始，若磁道数为 80，则数据在磁道中的存放顺序为 0～79。

（2）扇区（Sector）：将每个磁道分为多个区域，该区域称为扇区。扇区是存储数据的基本单位，计算机进行数据读、写时，无论数据多少总是读、写一个完整的扇区或几个扇区。因此，一个扇区又称一个记录。

（3）柱面（Cylinder）：指磁盘所有盘面相同位置的磁道构成柱面，一个磁盘通常有多个磁片。

（4）磁头（Heads）：由于每个盘面都有用来实现读写数据的磁头，因此可以用磁头号唯一标识盘面，并且可以用柱面（Cylinder）、磁头（Heads）、扇区（Sector）的英文缩写"CHS"作为寻址方式，或者对扇区采用逻辑块寻址（Logical Block Addressing，LBA）方式。

（5）容量（Capacity）：指磁盘能存储的数据字节总数，是在对磁盘进行格式化时形成的。所谓格式化，就是对磁盘按磁道数和扇区数进行划分，并写入地址码、识别码等信息。在磁盘中存放或读取数据时，就是按照区域信息表（文件表）进行操作的，这样有利于快速存取。

硬盘和软盘都属磁表面存储器，具有同样的存储特性，我们可把硬盘看作由磁盘片叠加而成，如图 5-13 所示。

硬盘通常采用温彻斯特技术（Winchester Technology），故称为温氏硬盘，由一个或多个不可更换的盘片作为存储介质组成。这些盘片外覆盖有铁磁性材料，硬盘盘片与其驱动器合二为一。绝大多数硬盘都是固定硬盘，被永久性地密封固定在硬盘驱动器中，所以硬盘机被称为硬盘驱动器（Hard Disk Drive，HDD）或固定磁盘（Fixed Disk）。当然，也有可更换盘片的硬盘，但在微机中使用的是固定磁盘。

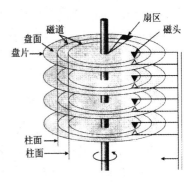

图 5-13　硬盘组成结构

2．光盘存储器（Compact Disk Storage）

光盘存储器是继磁记录存储器之后出现的一种新型存储设备，由于它是利用激光在磁性介质上存储信息，因此又称为光存储器。光盘存储器是一种记录密度高、存储容量大的新型外存储设备，广泛用于存储大量文字、图形、图像、语音等多元信息。目前，绝大多数光盘存储器是只能读不能写。

3．U 盘存储器（U Disk Storage）

U 盘是通用串行总线（Universal Serial Bus，USB）的简称，是使用 USB 接口而不需物理驱动器的微型高容量移动存储设备，通过 USB 接口与微机连接，实现即插即用，因而得到广泛应用。

4．移动硬盘（Mobile Hard Disk）

移动硬盘是近几年才开始使用的新型存储器，其特点是容量更大，使用方便。使用时只要使用一根 USB 接口线便可连接在 USB 接口上，并且即插即用。

5.3.3 存储体系

为了使计算机能自动、高速运行，除实行存储程序控制外，还需要采取相应的技术措施：一是协调 RAM 与 CPU 之间的运行速度；二是动态地组织存储空间；三是充分利用各种存储器的性能特点并进行优化组合，构成一个存储体系，通过彼此协调工作，提高计算机系统的整体性能。

1．高速缓冲存储器（Cache Memory）

CPU 在执行程序时，总是按指令地址或操作数地址访问主存的。理论上，主存的读、写速度与 CPU 的工作速度不仅越快越好，两者的速度还应该一致。然而，现代计算系统对 CPU 的性能要求越来越高，对主存容量要求越来越大。如果用同 CPU 一样性能的材料制作主存储器，则会使计算机的成本大幅度提高。因此，一般通用计算机的主存速度较 CPU 速度低，CPU 的时钟频率远远超过了主存的响应速度，故使得 CPU 的执行速度受主存的限制而不能充分发挥自身的快速作用，从而降低了计算机整体的运行速度。

　　为了协调主存与 CPU 速度上的差异，目前解决这个问题的最有效办法是采用 Cache 技术。Cache 是一种在主存与 CPU 间起缓冲作用的存储器，所以称为高速缓冲存储器。Cache 是在 CPU 与主存两者之间增加一级在速度上与 CPU 相等，在功能上与主存相同的高速缓冲存储器，以其实现在两个不同工作速度的部件之间，在交换信息的过程中起缓冲（协调）作用。

　　Cache 的容量一般为 512 KB 左右，并嵌入 CPU。计算机开始运行后，将当前正要执行的一部分程序批量地从主存复制到 Cache，CPU 读取指令时，先到 Cache 中查找。若在 Cache 中找到，则直接从 Cache 中读取（称为命中），否则从主存中读取。

　　Cache 既提高了系统性能，又保持了造价低廉。现在一般微型机中都含有内部 Cache，否则其速度难以真正实现。

2. 虚拟存储器（Virtual Memory）

　　Cache 的引入相当于提高了主存的速度。但对整体而言，不仅要求主存速度快，而且还要求存储容量大，但主存容量毕竟是有限的。为了解决这一供需矛盾，现代操作系统中普遍采用虚拟存储技术。其基本思想是：在程序装入时只将当前需要执行的内容装入内存，暂时不用的其余部分保留在外存中；在程序执行过程中，如果需要用到的数据不在内存中，则由操作系统从外存储器上将其调入到内存中，从而使用户可以使用一个比实际内存容量大得多的"虚拟存储"空间。

　　虚拟存储器不是一个实际的物理存储器，而是建立在主—辅层次结构上，由主存储器、辅助存储器和操作系统的存储管理软件组成的存储体系。虚拟存储体系的实现有三个基本要素：一是有一定的内存容量，能够存放基本程序和数据；二是有足够的外存空间，能够存放多个用户程序；三是有地址变换机构，以动态实现存储过程中逻辑地址到物理地址的变换，也称为地址映射。

　　〖问题提示〗虚拟内存的最大容量与 CPU 的寻址能力有关，例如，CPU 的地址线是 20 位的，则虚拟内存最多是 1 MB，而 Pentium 芯片的地址线是 32 位的，所以虚拟内存可达 4 GB。Windows 在安装时就创建了虚拟内存页面文件，默认大于计算机上 RAM 容量的 1.5 倍，以后会根据实际情况自动调整。

3. 存储体系结构（Storage Architecture）

　　计算机中的存储器包括主存储器（Main Memory）、辅助存储器（Auxiliary Storage）和高速缓冲存储器（Cache Memory），它们各有其功能特点：主存储器容量较大，运行速度较快，用来在计算机运行时存放操作系统和其他程序代码；辅存是针对主存而言的，主要指硬磁盘，储器容量最大，速度慢，用来存储各种程序和数据；Cache 存储容量最小，运行速度最快，用来协调 RAM 与 CPU 之间速度上的不一致。为了充分利用三种存储器各自有特点，"存储体系"应运而生，人们采用"Cache+RAM+硬磁盘"的三级存储体系来解决存储容量和存储速度上的矛盾。三级存储体系的逻辑结构如图 5-14 所示，其对应的层次结构如图 5-15 所示，三级存储的基本特性如表 5-2 所示。

　　由于采用三级存储体系结构，既能满足速度、容量要求，又具有良好的性能/价格比，因而已成为现代计算机系统中普遍的存储体系结构模式。它们均由操作系统实施调配和协调。

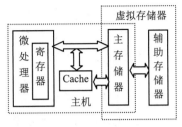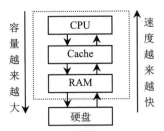

表 5-2　三级存储的基本特性

性能\类别	Cache	RAM	硬盘
容量	小	中	大
速度	最快	中等	最慢
价格	最高	中等	最低

图 5-14　三级存储体系的逻辑结构　　　图 5-15　三级存储体系的层次结构

5.3.4　操作系统对存储器的管理

在计算机运行过程中，凡是要经过 CPU 处理的所有程序和数据都需要先存放在内存储器中。然而，内存储器的容量却是极为有限的，因而它便成为计算机高效、快速、可靠运行的技术瓶颈。因此，如何充分利用有限的存储空间提高计算机的整体性能，是操作系统对存储管理的一项重要任务。存储器管理的主要任务是实行内存分配、内存保护、内存扩充、地址映射等 4 个方面。

1．内存分配（Memory Allocation）

内存分配管理的主要任务：一是为了提高存储器的利用率，最大限度地减少不可用的内存空间；二是当有存储申请时，根据需要选定分配区域；三是占用者不再使用某个区域时，则及时收回。根据存储形式，内存分配管理分为：连续存储管理、分区存储管理和分页存储管理。

（1）连续存储管理（Continuous Storage Management）

连续存储管理又称为单一连续分配管理，是指将内存分为两个连续存储区域，其中一个存储区域固定分配给操作系统使用，另一个存储区域分配给用户作业使用。通常，用户作业只占用所分配的一部分，剩下的一部分存储区域实际上浪费掉了。例如，容量为 256 KB 的内存中，操作系统占用 32 KB，剩下的 224 KB 全部分配给用户作业，如果一个用户作业仅需要 64 KB，就有 160 KB 的存储区间被浪费。单一连续分配如图 5-16 所示。

连续存储是静态分配方式，只有等到作业结束后才能释放内存，并且同一时刻只能运行一道作业，因而不能使资源得到充分利用。

（2）分区存储管理（Partition Storage Management）

分区存储管理是为满足多道程序设计需要的一种最简单存储管理方式，它将内存划分为若干分区。分区的大小可以相等也可以不等，除操作系统占用一个分区之外，其余的每个分区可以容纳一个用户作业。按照分区数目的变化，可以进一步划分为固定分区分配和动态分区分配。

图 5-16　单一连续分配管理

① 固定分区分配：是指将内存的用户区划分成若干大小不等的区域，每个进程占据一个或多个区域，从而实现多道程序设计环境下各并发进程对内存空间的共享。为了便于分配管理，需要建立一张分区表，记录分区号、分区大小、分区起始地址和分区状态信息。当某个用户程序装入内存时需要为它分配存储空间，操作系统根据分区说明表中的信息，找出一个足够大的尚未分配的分区分配给它，然后将该进程调入内存。

图 5-17 将内存划分了 4 个固定分区，并给出了各分区的基本信息。图 5-18 给出了当前进程 A、进程 B、进程 C 所占内存空间的分配情况。由于作业的大小并不一定与某个分区大小相等，因此绝大多数已分配的分区中，都有一部分存储空间被浪费。显然，采用固定分区分配的存储管理方式，内存仍然不能得到充分利用。

② 动态分区分配：是指根据程序的实际需要分配内存空间，使分区大小正好满足作业需要。为了实现动态分区，系统中需要配置一张空闲分区表以记录每个空闲分区的情况，包括分区号、分区起始地址、分区大小及状态等信息，如图 5-19 所示。

区号	区域大小	起始地址	状态
1	8KB	20KB	已分配
2	32KB	28KB	已分配
3	64KB	60KB	已分配
4	132KB	124KB	未分配

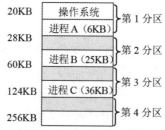

区号	区域大小	起始地址	状态
1	32KB	352KB	空闲
2	…	…	空表目
3	520KB	504KB	空闲
4			空表目

图 5-17 固定分区说明表　　图 5-18 固定分区内存状态　　图 5-19 空闲分区表

为了实现对空闲分区的分配和链接，在每个分区的起始部分设置用于控制分区分布的信息以及用于链接各分区所用的前向指针，将内存的空闲分区连接起来，构成如图 5-20 所示空闲分区链。

分配内存时，从分区中按请求的大小划分一块内存空间分配出去，余下的部分留在空闲分区链表中，然后将分配区的首地址返回给调用者。当进程运行完毕释放内存时，系统根据回收区的首地址，从空闲区链表中找到相应的插入点，插入到适当的位置。

分区存储管理虽然克服了连续存储管理的不足，但将作业存放在一片连续的存储区域中会产生内存碎片。如果能将一个作业存放到多个不相邻接的内存区域中，就可以有效解决碎片问题。

（3）分页存储管理（Paging Storage Management）

分页存储管理是指将一个作业（进程）直接分配到许多互不相邻的分区，因而又称为离散分配方式（Discrete Allocation Method）。根据分配单位不同，可分为 3 种方式：如果离散分配的基本单位是页，则称为页式存储管理；如果离散分配的基本单位是段，则称为段式存储管理；如果离散分配是页和段的组合，则称为段页式存储管理。

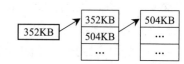

图 5-20 空闲分区链

① 页式存储管理（Page Storage Management）：把用户程序的地址空间划分成若干固定大小的区域，称为"页"，页面的典型大小为 1 KB；相应地，也将物理存储空间分成若干物理块，页和块的大小相等。这样，用户程序的任意一页可以放在内存的任意一块中，实现离散分配。

② 段式存储管理（Segmentation Storage Management）：把用户程序的地址空间分成若干大小不等的段，每个段定义一组相对完整的逻辑信息，在内存中可以不相邻接，以实现离散分配。UNIX 操作系统就是段式存储管理。

③ 段页式存储管理（Segment-Page Storage Management）：把程序的地址空间划分成"段"，再在段中划分成"页"，物理空间划分成为与"页"相等的物理块，段内的页可以存储在不相邻的物理块中。这样既提高了存储器的利用率，又能满足用户要求，是目前大型机系统比较广泛使用的一种存储管理方式。

2．内存保护（Memory Protection）

现代操作系统可实现多道程序管理，在多道程序设计环境下，内存中的许多用户程序或系统程序和数据段可供不同的用户进程共享，因而极大地提高了内存的利用率。为了确保每道程序都只能在自己的内存区中运行，必须建立内存保护机制，我们将这一机制称为内存保护。内存保护的主要任务是绝不允许用户程序访问操作系统的程序和数据，也不允许转移到非共享的其他用户程序中去执行，各进程不能对别的进程的程序和数据段产生干扰和破坏。

3．内存扩充（Memory Expansion）

前面介绍了解决内存储器存储容量不足的技术措施——虚拟存储技术。一方面，操作系统把暂时不用的程序和数据保留在外存中然后继续执行；另一方面，将内存中暂时不用的数据信息调到外存中去，从而腾出空间存放将要调入内存的数据信息。这种调入和调出，是由操作系统自动完成的。从效果上看，它使用户能够在较小的内存中执行较大的用户程序，从而能够在内存中容纳更多的程序并发执行。虚拟存储分别采用了分页虚拟存储、分段虚拟存储和段页式虚拟存储。

4．地址映射（Address Mapping）

一个源程序编译后，通常会形成若干目标程序，经过链接形成可执行程序。这些程序的地址都是从"0"开始的（起始地址），程序中的其他地址都是相对于起始地址计算的，我们将其称为"逻辑地址"和"相对地址"，而把内存中的一系列存储单元所限定的地址范围称为"内存空间"，其中的地址称为"物理地址"。在多道程序环境下，每道程序不可能都从"0"地址装入到内存，这就致使地址空间中的逻辑地址和内存空间中的物理地址不一致。为了使程序能正确运行，必须将地址空间中的逻辑地址转换为内存空间中与之对应的物理地址，我们将这一变换过程称为地址映射或地址重定位。这个变换通常是由硬件和软件相互配合来实现的，并且变换过程较为复杂。

5.3.5 综合实例——计算机的工作过程

现代计算机的基本工作原理仍然是遵循冯·诺依曼的"存储过程控制"理论，根据存放在存储器中的程序，由控制器发出控制命令，指挥各有关部件有条不紊地执行各项操作。

1．存储地址与指令

下面我们以 $y=5+9$，且将结果放在累加器中为例，描述计算机的工作过程。为了便于理解，我们用专用助记符和操作代码来描述 $y=5+9$ 的工作过程。例如，MOV 表示数据传送指令、ADD 表示加法指令、HALT 表示停机指令等。对于一个具体问题，各种计算机都有自己的指令表。处理器计算 $y=5+9$ 的汇编程序，可用以下三条语句来实现。

```
MOV   A, 05H        ;将立即数 05H 送至累加器 A 中
ADD   A, 09H        ;将立即数 09H 加到累加器 A 中
HALT                ;停机
```

该汇编语言程序通过汇编（编译）形成由 0 和 1 组成的机器语言程序，并且在编译过程中形成地址空间及其功能操作指令。上述程序的三条操作指令及其在 RAM 中的存放位置的对应关系如图 5-21 所示。

机器工作时，把上述经过编译形成的程序由外存调入 RAM 中，并以二进制数的形式按区域连续存放，这种连续存放的单

存储地址	RAM 中内容	指令助记符
40H	0011 1110	MOV A, 05H
41H	0000 0101	
42H	1100 0110	ADD A, 09H
43H	0000 1001	
44H	1111 0100	HALT

图 5-21　RAM 地址与指令的对应

元编号称为存储地址（Memory Address）。RAM 中存放的内容为操作指令，操作命令和操作数各占一个存储单元（字节），上述三条指令占据 5 个存储单元。假如把它们存放在以 40H 地址开始的 5 个连续单元中，则相应的存储地址为 40H、41H、42H、43H、44H。

2．指令的执行顺序

程序输入到计算机后，只要告诉计算机程序的起始地址（这里是 40H），并发出一个启动命令，机器就会执行这段程序，执行的过程是反复进行取出指令和执行指令这两个基本操作。

第一条指令取址阶段的基本操作如图 5-22 所示，其他阶段指令操作按照表 5-3 步骤执行。

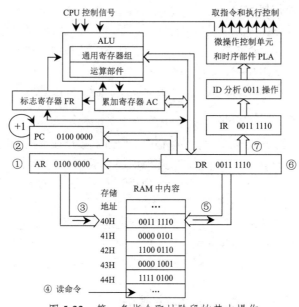

图 5-22　第一条指令取址阶段的基本操作

表 5-3　指令的执行步骤

步骤	第一条指令取指阶段	第一条指令执行阶段	第二条指令取指阶段	第二条指令执行阶段
①	PC=40H 送 AR，使 AR=40H	把 PC 内容 41H 送入 AR	把 PC 内容 42H 送入 AR	把 PC 内容 43H 送入 AR
②	PC 内容加 1 变为 41H	PC 自动加 1，变为 42H	PC 自动加 1，变为 43H	PC 自动加 1，变为 44H
③	AR 把地址 40H 通过 AB 送入存储器，经地址译码器译码后，选中 40H 号单元	AR 把 41H 通过 AB…，选中 41H 号单元	AR 把 42H 通过 AB…，选中 42H 号单元	AR 把 43H 通过 AB…，选中 43H 号单元
④	CPU 发出读命令	CPU 发出读命令	CPU 发出读命令	CPU 发出读命令
⑤	将选中的 40H 号单元内容 3EH 读入 DB	将 41H…05H 读入 DB	将 42H…C6H 读入 DB	将 43H…09H 读入 DB
⑥	读出的内容经 DB 送入 DR	…经过 DB 送入 DR	…经过 DB 送入 DR	…经过 DB 送入 DR
⑦	DR 把指令操作码送入 IR，经过 ID 和 PLA 发出微操作命令，见图 5-18	DR 通过 DB 送入 A，按图 5-18 改变相关值	取指阶段读出指令，与第一条指令取指相同	09H 由 DR 通过 DB 送入 ALU 的另一输入端

第二条指令执行阶段，A 中内容与 ALU 相加，由 ALU 输出送到 A 中。至此，第二条指令执行完毕，转入第三条取指阶段。按照上述过程取出第三条指令，经过译码后，控制器停止产生控制信号而停机。程序执行完毕，$y=5+9$ 的计算任务就此完成，累加器 A 中存放它的运算结果。

3．虚拟存储的使用

上面介绍了运行一个简单程序时 CPU 与 RAM 的基本工作情况。对于一个大的程序，在程序执行过程中，有可能需要实行请求分页调度和请求分段调度或两者都有，因此在程序执行时一部分程序驻留在内存中，一部分放在硬盘中。例如，10MB 内存可以运行 10 个程序，每个程序占用 3MB，则总共需要占用 30MB。而任一时刻 10 个程序能用的 RAM 空间只有 10MB，还有 20MB 在硬盘上。因此，程序运行时共占有 30MB 的虚拟内存，现代操作系统都采用了虚拟存储技术。

§5.4 文件管理系统——"长治久安"的基本思维

5.3.4 节中介绍了操作系统对 RAM（内存储器）的管理，由于 RAM 的容量有限，且不能长期保存，因而需要将程序和数据以文件形式存放在外存储器上，机器工作时随时将它们调入内存。为了管理外存储器上的文件，操作系统中设置了管理文件的功能模块——文件管理系统，简称为文件系统，它负责管理文件，并为用户提供对文件进行存取、共享及保护的手段，这不仅方便了用户，保证了文件的安全性，还可以有效地提高系统资源利用率，实现对磁盘文件"长治久安"。

5.4.1 文件与文件系统

操作系统对文件管理的实质是对存放文件的磁盘存储空间管理。具体说，就是当建立一个新的文件时，文件系统要为其分配相应的存储空间；删除一个文件时，要及时收回其所占用的空间。

1. 文件（Files）

逻辑上具有完整意义的信息集合称为文件。计算机中，所有的程序和数据都是以文件的形式进行存放和管理的。文件通常由若干记录组成，而记录是一些相关数据项的集合，其数据项是数据组织中可以命名的最小逻辑单位。例如，一位教师的信息记录由姓名、性别、籍贯、出生日期、学历、职称等数据项组成，而一个单位职工信息记录的集合就组成了一个文件。文件、记录、数据项之间的层次关系如图 5-23 所示。

在计算机系统中，一个完整的程序或一组完整的数据记录都是一个文件，它是操作系统实行信息管理的基本单位。文件中记录的符号元素不仅可以是文字、公式、表格、插图信息，还可以是视频信息和音频信息等，而承载这些信息的媒介是外存储器（各类磁盘），并将磁盘中的文件称为磁盘文件。

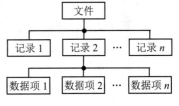

图 5-23 文件、记录、数据项的关系

2. 文件系统（Files System）

文件系统是操作系统中与文件管理有关的软件和数据的结合，是操作系统中负责存取和管理信息的模块，是对文件的存储空间进行组织和分配，负责文件的存储，并对存入文件进行保护和检索的系统。它用统一的方式管理用户和系统信息的存储、检索、更新、共享和保护，并为用户提供一套高效的文件使用方法，是对文件组织和管理的层次抽象。

文件系统由三部分组成：与文件管理有关的软件、被管理的文件、实施管理所需的数据结构，其层次结构如图 5-24 所示。

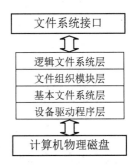

图 5-24 文件系统层次结构

（1）逻辑文件系统层：处理文件及记录的相关操作，例如，允许用户利用符号文件名访问文件及中的记录，实现对文件及记录的保护，实现目录操作等。

（2）文件组织模块层：又称为基本 I/O 管理程序层，完成与磁盘 I/O 有关的工作，包括选择文件所在设备，进行文件逻辑块号到物理块号的转换，对文件空闲存储空间管理，指定 I/O 缓冲区。

（3）基本文件系统层：又称为物理 I/O 层，负责处理内存和外存之间的数据块交换，只关心数据块在辅助存储设备和在主存缓冲区中的位置，不需了解所传送数据块的内容或文件结构。

（4）设备驱动程序层：又称为基本 I/O 控制层，主要由磁盘驱动程序组成，负责启动设备 I/O 操作及对设备发来的中断信号进行处理。

5.4.2 文件组织与结构

文件组织（File Organization）是指根据用户和系统管理的需要，采用不同的存储方式来组织文件。将一个文件存储到外存储器中，涉及文件的逻辑结构和文件的物理结构问题。

1．文件的逻辑结构（File Logical Structure）

文件的逻辑结构是从用户观点出发所观察到的文件组织形式，也是用户可以直接处理的数据及其结构，独立于文件的物理特性。文件的逻辑结构通常分为两种形式：流式文件和记录式文件。

（1）流式文件（Float File）：指用户对文件内的信息不再划分的、可独立的单位，整个文件以顺序的一串信息组成，如 Word 文件、图片文件等。

（2）记录式文件（Record File）：指用户对文件内的信息可以按逻辑上独立的含义再划分信息单位，每个单位为一个逻辑记录，每个记录可以独立存取，如班级成绩单文件，其中每个学生的各科成绩就是一条记录。

2．文件的物理结构（File Physical Structure）

文件的物理结构是指文件在磁盘上的组织形式，所以又称为文件的存储结构。常用的文件物理结构有顺序文件、链接文件、索引文件和哈希文件。

（1）顺序文件（Sequential File）：指文件的物理记录按其在文件中的逻辑记录顺序依次存入存储介质而建立的文件组织形式。读顺序文件时从第一个记录开始顺序进行，如图 5-25 所示。

顺序文件的优点是管理简单、存取速度快。但增删困难，磁盘存储空间的利用率不高，因此只适合长度不变的只读文件。

（2）链接文件（Interlinking File）：指把逻辑文件中的各个逻辑记录任意存放到一些磁盘块中，再用指针将各个块按逻辑记录的顺序（物理块号、链接指针和逻辑快号）连接起来，在文件目录中只记录第一块和最后一块的地址，如图 5-26 所示。

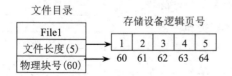
图 5-25　顺序文件存储结构

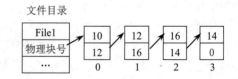
图 5-26　链接文件存储结构

链接文件的优点是文件长度可以动态增长，容易插入和删除信息快，但只能按块队列中的串联指针顺序搜索，只适合逻辑上连续的文件。

（3）索引文件（Index File）：指为每个文件建立一个索引表，表中每个栏目索引表中指出文件的逻辑块号与物理块号的对应关系的组织形式，如图 5-27 所示。

索引文件的优点是既可以满足文件动态增长的要求，又能实现随机存取，很适合对信息处理的及时性要求较高的场合，如飞机订票系统。但访问索引标的过程降低了存取速度。

（4）哈希文件（Hash File）：指为了实现文件存储空间的动态分配，利用 Hash 函数将记录关键字转换为相应记录的地址。Hash 函数所求得的并非是相应记录的地址，而是指向目录表的相应指针，该目录表的内容指向相应记录所在物理块，如图 5-28 所示。

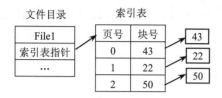

图 5-27 索引文件存储结构

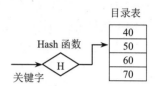

图 5-28 哈希文件存储结构

令 Key 为记录关键字，用 A 作为通过 Hash 函数 H 的转换所形成的该记录在目录表中对应表目的位置，则有关系 $A=H(Key)$。在索引文件中，必须将文件的索引保存在磁盘上，当需要处理数据文件时，先把索引导入内存中，搜索索引找到数据记录的地址，然后再访问数据文件存取记录。而在哈希文件中，用函数来寻找地址不需要索引和伴随它的所有开销，因而它是目前应用最广泛的一种存储结构。

5.4.3 文件目录和目录结构

计算机中最常用的文件载体是硬磁盘。就其存储容量而言，一个磁盘可以存放多个文件。但实际上，如果简单地将文件堆放到磁盘中，不但难以搜索，而且即使有足够的存储空间来存放许多个文件，但允许一个区域存放的文件个数也是有限制的。因此，对磁盘文件管理采用了一种"逐级分化"的计算思维，即建立便于文件存放和查找的文件目录及其目录结构。

1．文件目录（Files Directory）

文件是信息的集合，文件与信息的关系形如书本的"节"、节中的符号元素，"节名"便是文件名，节中的文字、公式、表格、插图等信息便是文件的内容。书本是承载符号元素的载体，一本书由"章""节""小节"组成，"章"和"节"的有序排列便构成了该书的目录。

为了便于文件存储和查找，可在磁盘中建立多个区域，然后在各区域中建立多个"文件夹"，而且允许在各文件夹中建立下一级文件夹，把不同文件分别存放到各相关文件夹中，该文件夹被称为文件目录，该目录名就是文件夹名。在每一个文件夹中，可以存放多个不同名字的文件；而在不同的文件夹中，可以使用（命名）相同名字的文件。

2．目录结构（Directory Structure）

DOS 和 Windows 采用分层式的文件系统结构，即树形目录结构（Tree Directory Structure）。目录和文件的隶属关系像一棵倒置的树，树枝称为子目录，树的末梢称为文件，如图 5-29 所示。

· 树形目录结构有利于在磁盘上组织、管理文件，并具有

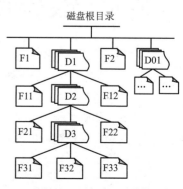

图 5-29 树形目录结构

明确的层次关系。树形目录结构中包括根目录和子目录，根目录是在磁盘格式化时所建立的，也称为系统目录。一个根目录下可以有若干子目录或文件，在每一个子目录下又可以再下挂若干个子目录（如 D1, D2…）或文件（如 F1, F2…）。

（1）子目录名（Subdirectory Name）：根目录下的每个目录项既可以是文件名，也可以是另一个目录名，这些目录名称为子目录。它是用专用命令建立起来的，例如，D1、D01、D2、D3都是子目录名。

（2）当前目录（Current Directory）：为了方便表示或描述树形目录结构中文件所在的位置，把任何时刻当前正在使用的那个目录称为当前目录。例如，机器刚启动时，根目录就是当前目录，在 DOS 状态下的显示标识符为"C:\>"。

（3）目录路径（Directory Path）：指搜索文件所经过的子目录名称的顺序，即目录之间的通路（path），用"\"标识，称为"路径"。例如，在根目录下运行 F33 文件，其目录路径为 C:\D1\D2\D3\F33。

在 DOS 中，用目录命令"CD"改变当前目录；在 Windows 中，通过拖曳鼠标改变当前目录。

【问题提示】在一个目录下只能存放不同名称的文件，而在不同的目录下，可以存放相同名称的文件，例如在目录 D1 和 D2 中，允许存放同名的 F1 文件，这也是目录结构的重要意义所在。

3．文件管理（Files Management）

建立文件目录结构，为文件的管理和使用提供了极大方便。为了便于用户操作、管理和维护，在文件管理中采用了如下管理措施。

（1）文件分类：为了便于管理和控制，可将文件分为多种类型。如果按用途划分，可分为系统文件、库文件和用户文件；如果按数据形式划分，可分为源文件、目标文件和可执行文件。

（2）文件命名：为了便于操作使用，每个文件必须有唯一的标记，称为文件名。文件名由主文件名和扩展名两部分组成：主文件名可以由多个连续的字符组成，类似一个人的姓名；扩展名是根据需要加上的，一般用来标识文件的性质（如系统文件、库文件、可执行文件等，类似于标明某人的性别）。扩展名跟在主文件名之后，以"."开头，后跟 1～3 个连续的字符。

（3）文件属性：操作系统为不同类型文件定义了独特性质，使每个文件能选取不同的属性：隐含（Hidden）、系统（System）、只读（Read only）、档案（Archive），从而构成属性组"HSRA"。

（4）文件操作：为了便于实现文件管理，操作系统提供了许多文件操作功能，如创建文件、复制文件、修改文件、删除文件等。

§5.5 总线系统和输入/输出系统——"组织与协调"的基本思维

计算机硬件系统由功能不同、性能各异的部件组成。为了使系统中的各功能部件能够"彼此适应、齐头并进"地高效工作，必须有效"组织与协调"，而担负起该工作的就是总线系统和输入/输出系统，其研究涉及：系统总线、外部设备、CPU、主存储器等部件的相互连接与数据传递，CPU 对外部设备的控制，以及操作系统对输入/输出设备的管理等。

5.5.1 总线系统

计算机硬件系统中的主机、输入/输出、外存及其他设备，可通过一组导线按照某种连接方式组织起来，构成一个完整的硬件系统。这组导线被称为总线，是各部件之间的数据通道。

1. 总线类型（Bus Type）

为了适应各种设备的连接，可采用不同类型的总线。如果按照通信方式划分，总线可分为串行总线（一次传输一个二进制位的数据，如鼠标、键盘、Modem）和并行总线（一次传输多个二进制位的数据，如打印机）。如果按照功能作用划分，总线可分为以下3种。

（1）内部总线：指CPU芯片内部、寄存器与寄存器之间、寄存器与算术逻辑单元ALU之间的连接总线，因而又称为片内总线，所以从外部是看不见的。

（2）外部总线：指中、低速输入/输出设备、外存储器之间互连的总线，是接口电路与外部设备之间进行信息传送的公共通道，即用来实现计算系统的主机与外部设备之间的互联。

（3）系统总线：指CPU、RAM及各接口之间的连线，是各部件之间进行信息传送的公共通道，是整个计算机系统的"中枢神经"，所有地址、数据、控制信号都是经由这组总线传输的。

2. 总线结构（Bus Structure）

总线结构就是连接各部件的"组织"形式，是指CPU与内存储、外存储器、接口电路、输入/输出设备之间的连接方式。不同类型的计算机具有不同的总线结构，通常分为单总线结构、双总线结构、三总线结构等。这三种总线结构可以启发我们如何提高系统性能的思维。

（1）单总线结构

单总线结构是指计算机中的所有部件、设备都连接到这组导线上，图5-30属于典型的单总线结构，是最简单的总线结构形式，在许多单处理器的计算机中都采用这一总线结构形式。

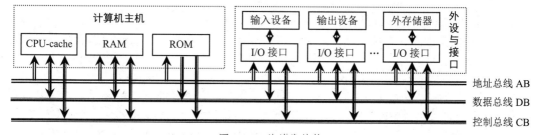

图5-30 单总线结构

① 地址总线（Address Bus，AB）：CPU向存储器或接口传送地址信息的单向通路，用来传送存储单元或输入、输出接口的地址信息。地址总线决定了计算机内存空间的范围。

② 数据总线（Data Bus，DB）：CPU与内存储器或接口传送地址信息的双向通道，用于在CPU与内存或输入、输出设备之间传送数据。数据总线的宽度用二进制位来衡量，如32或64位。

③ 控制总线（Control Bus，CB）：CPU向存储器或接口传送命令或CPU接收信息的通道，用来传送控制器的各种控制信号。控制信号可分为两类：一类是由CPU向内存或外设发送的控制信号；另一类是由外设或有关接口向CPU送回的信号，包括内存的应答信号。

（2）双总线结构

单总线结构中所有部件都挂在总线上，总线只能分时工作，即某一时间只允许一对部件之间传送数据，故使信息传送受到限制。为此可采用如图5-31所示的双总线结构。

双总线结构既具有单总线简单、易于扩充的优点，又可以使CPU与主存储器交换信息，从而减轻了系统总线的负担，使系统吞吐量及其速度得到提高。I/O 接口的作用是连接各种外部设备。

（3）三总线结构

三总线结构是在双总线的基础上增加 I/O 总线，是多个外部设备与 IOP 通道之间进行数据传送的公共通道，如图 5-32 所示。

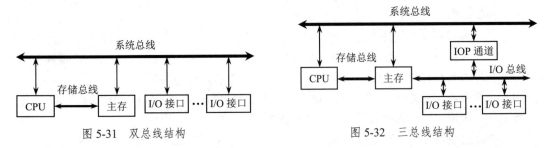

图 5-31 双总线结构　　　　　图 5-32 三总线结构

三总线结构减轻了 CPU 对数据输入输出的控制，进一步提高了 CPU 的工作效率。IOP 又称为 I/O 处理器，它分担了一部分 CPU 的功能，以实现对外部设备的统一管理以及外设与主存之间的数据传送，从而使整个系统的效率得到提高。

3．总线标准（Bus Standard）

不同厂家生产的同一功能的外部设备，由于实现方法不同，因而其技术性能会存在一定差异。若要实现各厂家生产的部件可以替换使用，就需要各生产厂家遵守相同的标准——硬件协议和软件协议，主要包括：总线工作时钟频率、总线新型号定义、系统总线结构、总线仲裁机构、电气规范、物理规范，以及实施总线协议的驱动管理程序等。总线标准主要是针对微型机制定的。

5.5.2 输入/输出设备

输入/输出设备是计算机硬件系统的功能部件，通过输入设备，把程序、数据、图形、图像甚至语音等信息送入计算机。经过计算机运算或处理后，由输出设备输出运算或处理结果。

1．输入设备（Input Device）

输入设备用来向计算机输入各种信息，目前常用的输入设备有键盘、鼠标、光电笔、扫描仪、数字化仪、字符阅读器及智能输入（如将语音或手写体转换成文字）设备等。其中，键盘是计算机中实现人机交互的主要设备，它由一组排列成矩阵形式的按键开关组成，每按下一个键，相当于接通了相应的开关电路，产生一个相应的字符代码（每个按键的位置码），然后将它转换成 ASCII 码或其他编码送到主机。用户不仅可以通过键盘输入命令、数据和程序等信息，还可以通过一些操作组合键来控制信息的输入和编辑，或对系统的运行实行一定程度的干预和控制。

2．输出设备（Output Device）

输出设备用来输出计算机的信息处理结果，包括数字、文字、表格、图形、图像、语音等。目前常用的输出设备有显示器、打印机、绘图仪等。利用输出设备，可将处理结果呈现给用户。

5.5.3 输入/输出接口

计算机主机是集成电路芯片的组合，而外部设备是由机械和电子结合的装置，所以主机与外部设备之间的数据形式、传送方式、传递速率等方面因存在巨大差异而不能直接相连。为了解决这一适配问题，采用了输入/输出接口（Input/Output Interface）技术，简称 I/O 接口。I/O 接口是对输入/输出设备与数据的一种抽象，是实现不同类型信息交换的"协调"机制。

我们可把 I/O 接口视为主机与外部设备之间的一个"信息交换界面"或"信息协调站"，以解决主机与外部设备之间存在速度、时序、信息格式、信息类型等方面的不匹配问题。

（1）速度不匹配：外部设备的工作速度比主机慢得多，而且各种外部设备之间的速度差异很大，有每秒钟能传输几兆位的硬盘驱动器，也有每秒钟只能传输几百个字符的打印机。

（2）时序不匹配：因为外部设备与主机的工作速度不同，所以一般外部设备都有自己的时序控制电路（时钟），以自己规定的速率传输数据，它无法与 CPU 的时序取得同步。

（3）信息格式不匹配：不同的外部设备，信息的储存和处理格式不同，既有并行和串行之分，也有二进制位、ASCII 码、BCD 码之分等。

（4）信息类型不匹配：不同的外部设备，其信号类型有可能不同（可能是数字电压，也可能是连续电流或其他电模拟信号），而且信号量的幅值也可能不同。

〖问题提示〗将计算机中二进制代码转换成不同的输出信息，是由输出设备接口编码实现的。微机中输入/输出系统的物理连接通过主机板（Main Board）来实现的，如 CPU、控制芯片组、内存储器、I/O 接口芯片组、时钟等，均插在主机板的插座或扩展槽中。

5.5.4 操作系统对 I/O 的管理

现代计算机系统中存在着大量的 I/O 设备，I/O 设备越丰富，计算机的功能越强大。为了方便用户连接和使用各种 I/O 设备，操作系统提供了 I/O 管理功能，包括 I/O 设备管理和 I/O 控制管理。

1. I/O 设备管理（I/O Device Management）

I/O 设备管理包括设备分配、设备驱动、设备无关性、缓冲区管理和即插即用的管理，它能有效地分配和使用外部设备、协调 CPU 与外部设备操作之间的时间差异、提高系统总体性能。

（1）设备分配：当进程向系统发出 I/O 请求后，由设备分配程序按照一定的策略把所要求的设备分配给该进程。为确保 CPU 与设备之间能进行通信，还应分配给相应的控制器和通道。

（2）设备驱动：为了实现对外部设备的操作控制，各外部设备必须有一个实现 CPU 与通道和外设之间通信的程序，称为设备驱动程序，操作系统通过驱动程序指挥该设备的操作。设备驱动程序直接与硬件设备打交道，告诉系统如何与设备进行通信，完成具体的输入输出任务。计算机的所有外部设备都有专门的命令集，因而需要自己的驱动程序。否则，外部设备无法工作。

（3）设备无关性：为了使用户编写的程序与实际使用的物理设备无关，由操作系统把用户程序中使用的逻辑设备映射到物理设备，以实现逻辑设备与物理设备的对接。

（4）缓冲区管理：由于计算机中 CPU 的速度快，而外设运行速度慢，这不仅降低 CPU 的使用效率，甚至会中断 CPU 的运行。为了解决 CPU 与外设之间速度不匹配的矛盾，常采用存储缓冲技术，实行缓冲区管理，以提高外设与 CPU 之间的并行性，从而提高整个系统性能。

（5）即插即用：当把设备连接到计算机后，操作系统能随即自动检测到新接入的设备并自动安装驱动程序，而不需进行任何配置，故而称为"即插即用（Plug and Play，PnP）"。目前，绝大多数操作系统支持 PnP 技术，如现在计算机上使用 U 盘便是典型的即插即用。

2. I/O 控制管理（I/O Control Management）

I/O 控制管理是指操作系统对 CPU 与 I/O 之间数据传送的控制，要求传送速度快、系统开销小、充分发挥硬件资源的能力。随着计算机技术的发展，逐渐形成了以下控制方式。

（1）程序查询（Program Inquiry）方式：是指由用户进程来直接控制 RAM 或 CPU 和外部设备之间的数据传送，如图 5-33 所示。

例如，当用户进程需要输入数据时，由 CPU 向 I/O 控制器发出一条 I/O 指令启动设备进行输入。在此期间，CPU 通过循环执行测试指令不断地检测设备状态寄存器的值，当显示设备输入完成时，CPU 将数据寄存器中的数据取出，送入 RAM 单元，再启动设备去读下一个数据。相应地，输出数据时，需要发出输出命令并等待输出操作完成。

（2）程序中断控制（Program Interrupt Control，PIC）方式：是指计算机在执行程序的过程中，当出现异常情况或特殊请求时，立即停止现行程序的运行而转向对异常情况或特殊请求的处理，处理结束后再返回到程序的间断处。这是现代计算机系统中广泛采用的控制方式，如图 5-34 所示。

例如，当用户进程需要输入数据时，由 CPU 向 I/O 控制器发出 I/O 指令启动设备进行输入。在此期间，CPU 可以做其他工作，当设备输入完成时，I/O 控制器向 CPU 发出"中断请求"，"通知"CPU 可以进行输入或输出操作。CPU 收到该信号后，经中断优先级排队后确信可以响应该中断，就向 I/O 设备发出中断响应信号，并转入执行中断服务程序，实现主机与外设之间的数据交换。输入或输出操作完毕，CPU 由中断服务程序返回执行原来的主程序。

（3）直接内存访问（Direct Memory Access，DMA）方式：是指在外部设备和 RAM 之间开辟直接的数据交换通路进行数据传送，即在计算机内增设 DMA 控制器，由它直接控制主机与外设之间的数据交换，如图 5-35 所示。与图 5-33 和图 5-34 比较，便可知道彼此之间的区别。

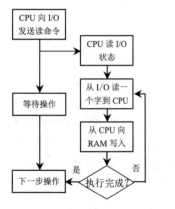

图 5-33　程序查询方式

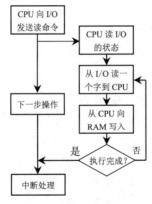

图 5-34　程序中断控制方式

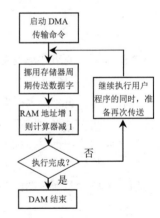

图 5-35　直接内存访问方式

例如，当用户进程需要输入数据时，CPU 将准备存放输入数据的内存起始地址以及要传送的字节数分别送入 DMA 控制器中的内存地址寄存器和传送字节计数器中，并启动输入设备进行数据输入。在此期间，CPU 可以做其他工作。输入设备不断地挪用 CPU 工作周期，将数据寄存器中的数据不断写入 RAM，直到要求传送的数据全部传送完毕。DMA 控制器在传送完成时向 CPU 发送中断信号，CPU 收到中断信号后执行中断处理程序，中断结束后返回被中断程序。

由此看出，DMA 方式与 PIC 方式的主要区别体现在：PIC 方式在每个数据传送完成后中断 CPU，而 DMA 方式则是在所要求传送的一批数据全部传送结束时中断 CPU；PIC 方式的数据传送是在中断处理时由 CPU 控制完成，而 DMA 方式的数据传送则是在 DMA 控制器的控制下完成。

（4）I/O 通道控制（I/O Channel Control）方式：是指使用通道来控制 RAM 和外部设备之间的数据传送。I/O 通道也称为 IOP（Input Output Processor）通道，是用来控制外部设备工作的硬件，相当于一个功能简单的处理机，具有存放传输数据的存储器、类似 DMA 的通道程序、解释和执行通道指令的控制部件，所以通道控制方式又称为处理机方式。

I/O 通道控制方式与直接内存访问方式类似，也是以 RAM 为中心实现设备与 RAM 直接交换数据的控制方式，只要 CPU 发出启动指令，指出要求通道执行的操作和使用的 I/O 设备，该指令就可以启动通道，并使该通道从 RAM 中调出相应的通道程序执行。该控制方式的工作过程如图 5-36 所示。

例如，当用户进程需要输入数据时，CPU 发出启动指令指明执行 I/O 操作、所使用的设备和通道。在对应通道收到启动指令后，从 RAM 中读出并执行通道程序，控制设备将数据传送到 RAM 中指定的区域。在设备进行输入时，CPU 可以做其他工作。当数据传送结束时，设备控制器向 CPU 发送中断请求，CPU 便随即转去执行中断处理程序，中断结束后返回被中断的程序。

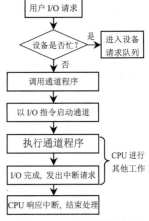

图 5-36 I/O 通道控制方式

本章小结

1. 在解决大型复杂的计算、控制、管理等问题时，需要有具体的系统，如数值仿真系统、导弹控制系统、信息管理系统等，这些系统的核心是计算系统。如何使计算系统高效可靠地工作，需要从系统科学的观点出发，以计算思维分析系统的结构组成，寻找提高系统性能的思想策略。

2. 计算系统是对计算机的抽象，一个完整的计算机系统包括硬件系统和软件系统，硬件是计算机系统的物理支撑，软件是计算机系统的灵魂。它们相互支持和配合，齐心协力地高效工作。

3. 操作系统是软件系统的核心，用来管理和控制计算机系统中的硬件及软件资源。操作系统对计算机的管理包括处理器管理、存储管理、设备管理和文件管理。

4. 存储器管理的主要任务是内存分配、内存保护、内存扩充、地址映射 4 个方面。其中，内存扩充与虚拟存储实际上是同一个概念，通过对内存中程序和数据的调度策略，使用户能够在较小的内存中执行较大的用户程序，并且可以在内存中容纳更多的程序并发执行。

5. 为了管理外存储器上的文件，操作系统中设置了管理文件的功能模块——文件管理系统，它负责管理文件，为用户提供对文件进行存取、共享及保护的手段，以提高系统资源的利用率。

习 题 5

一、选择题

1. 计算机硬件系统由 CPU、存储器、输入/输出和（　　）四个子系统组成。
   A．总线子系统　　　B．接口子系统　　　C．网络子系统　　　D．指令子系统
2. 一个完整的计算机系统可分成硬件系统、系统软件、应用软件和（　　）四个层次。
   A．软件系统　　　　B．程序设计语言　　C．操作系统　　　　D．指令系统

3. 计算机操作系统具有并发性、共享性、虚拟性和（　　）四项基本特征。
   A．同步性　　　　B．可靠性　　　　C．异步性　　　　D．可控性
4. 20世纪90年代以来常用的主流操作系统有DOS、Windows、UNIX和（　　）。
   A．网络操作系统　B．手机操作系统　C．智能操作系统　D．Linux
5. 计算机中指令执行的基本流程可分为（　　）、取指令、分析指令和执行指令。
   A．PC+1　　　　B．编写指令　　　C．存储指令　　　D．操作指令
6. 操作系统对CPU的管理主要包括进程控制、进程通信、进程同步和（　　）。
   A．作业管理　　　B．处理器调度　　C．并发控制　　　D．交通控制
7. 目前，微机中常用的外存储器主要有硬盘、（　　）和移动硬盘。
   A．软盘　　　　　B．光盘　　　　　C．U盘　　　　　D．磁带
8. 输入/输出接口电路主要解决速度不匹配、时序不匹配、格式不匹配和（　　）不匹配的问题。
   A．操作方式　　　B．存储格式　　　C．电器特性　　　D．信息类型
9. 输入/输出的控制方式可分为（　　）、程序中断方式、直接内存访问方式和通道控制方式。
   A．程序查询方式　B．作业管理方式　C．外存访问方式　D．通道管理方式
10. 操作系统对文件的管理主要包括存储空间管、文件目录管理、文件读写管理和（　　）。
    A．文件操作管理　B．文件安全保护　C．文件删除管理　D．文件建立管理

二、问答题

1. 什么是计算系统？
2. 如何定义计算机硬件与硬件系统？如何定义计算机软件与软件系统？
3. 什么是操作系统？
4. 软件与硬件存在哪些关系？
5. 什么是作业？
6. 什么是进程？
7. 并发与并行有何区别？
8. 什么是存储管理？
9. 什么是输入/输出控制？主要有哪些控制方式？
10. 什么是文件和文件系统？

三、讨论题

1. 本章中介绍了三种典型操作系统，为什么要研究多种类型的操作系统？
2. 如果计算机不使用操作系统，你认为，计算机的硬件设计应该解决哪些问题？

第6章 程序设计的基本思维

【问题引出】第5章介绍了计算机的结构组成及其工作原理,它是实现问题求解或数据处理的现代化计算工具。然而,计算工具自身不能直接对各种问题实现自动求解,必须把要解决的问题按照求解步骤编成程序,让计算机按照程序步骤有条不紊地自动执行,才能快速准确地得到求解结果。那么,如何设计(开发)高效、可靠的问题求解程序(软件)呢?这就是本章所要探讨的问题。

【教学重点】程序设计的问题抽象、程序设计语言及其翻译、程序设计方法、软件工程方法等。

【教学目标】掌握程序设计的基本思维及其抽象概念;熟悉源程序的翻译方式和编译过程;了解程序开发的软件工程方法;深刻认识和全面了解通过程序设计实现问题求解的计算思维。

§6.1 程序设计概念——"问题抽象"的基本思维

人们做任何事情都有一定的方法和步骤,这些方法和步骤就是"程序",是进行某项活动或过程所规定的途径。程序设计是把客观世界问题的求解过程映射为计算机的一组动作,用计算机能接受的形式符号(程序设计语言)记录设计内容。根据计算机的特点,规划程序设计过程,使其达到科学化和规范化,是程序设计方法学的核心,也是计算思维本质的体现——抽象与自动化。

6.1.1 程序设计与问题求解

程序设计(Programming)是给出解决特定问题程序的过程,目的是对特定问题进行求解。其中,体现问题特征的是数据结构,体现问题求解方法的是算法设计。

1. 程序设计定义

在利用计算机解决特定任务的过程中,计算机系统必须按照所设计的程序,执行数据操作。所谓"数据",是指计算机所处理的对象,包括数据类型、数据的组织形式和数据之间的相互关系,即数据结构;所谓"操作",是指计算机处理数据的方法和步骤,即算法。1976年,瑞士著名计算机科学家、Pascal 语言的发明者尼克莱斯·沃斯(Niklaus Wirth)教授提出了一个著名公式:

算法(Algorithms)+数据结构(Data Structures)=程序(Programs)

这个公式揭示了计算机科学的两个重要支柱算法和数据结构的重要性和统一性。算法、数据结构和程序,三者紧密相连,密不可分,既不能离开数据结构去分析问题的算法,也不能脱离算法去研究数据结构,更不能脱离算法和数据结构而孤立地进行程序设计,并有如下定义。

(1)算法(Algorithms):对数据处理准确而完整的具体描述,是由基本运算规则和运算顺序所构成的、完整的解题方法和步骤。

(2)数据结构(Data Structures):指相互之间存在一种或多种特定关系的数据元素的集合,是计算机存储、组织数据的方式,反映出数据类型和数据的组织形式。其中,数据的类型体现了数据的取值范围和合法的运算；数据的组织形式体现了相关数据之间的关系。

（3）程序（Programs）：是计算机为完成特定任务，利用算法并结合合适的数据结构而设计的一系列指令的有序集合。程序由程序开发人员根据具体的任务需求，使用相应的语言，结合相应的算法和数据结构编制而成。因此，程序是算法和数据结构的组织者，也是"自动化"的代名词。

程序的目的是"自动"加工数据，如何加工则是算法（对数据的操作）和数据结构（描述数据的类型和结构）的问题。在加工过程中，只有明确了问题的算法，才能更好地构造数据，但选择好的算法常常依赖于好的数据结构。事实上，程序就是在数据的某些特定的表示方式和结构的基础上对抽象算法的具体描述。因此，编写一个程序的关键是合理组织数据和设计好的算法。

2．问题求解方法

问题求解是计算思维的核心，反映的是利用计算机技术解决实际问题的思维方法，包括实行问题处理的思想方法，也包括数据处理的计算方法。为了描述思维方法，下面给出三个求解实例。

【例 6-1】设有甲、乙、丙三个交通线路站点，三地之间的线路如图 6-1 所示，从甲地到乙地的 A 线为 8 km，其间有三处红绿灯；从甲地到丙地的 B 线为 5 km；从丙地到乙地的 C 线为 4 km。那么，如何选择甲地到乙地的最佳路线呢？

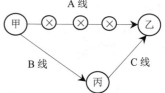

图 6-1　三个交通线路站点

[解析] 如果步行，从甲地到乙地，其最佳路线是什么呢？显然，你一定会回答选择走 A 线；若选择走 B→C 线，势必多绕 1 km 的路程。如果开车，要求用最短的时间从甲地到乙地，此时是选择 A 线还是选择 B→C 线呢？显然，这时该问题求解的条件（环境）已发生了变化，需要对问题重新考量：如选择 A 线，有三处红绿灯；如选择 B→C 线，路程远 1 km。

【例 6-2】输入两个整数并存放到整型变量 a、b 中，要求将 a、b 中的数值变换后输出。

[解析] 在回答这个问题时可能立即想到要求张三与李四交换座位，则双方先起立，然后坐到对方座位上即可。但在程序设计中不能这样交换，如果 $a \leftarrow b$，然后 $b \leftarrow a$，那么原先 a 中的数值会被 b 所覆盖，交换后的结果都是原先 b 的值。因此，需要按照变量赋值的规则考虑解决方案。在此过程中不同的思维方式会形成不同的求解方案，根据题意可列出以下 4 种求解方法。

方法 1：$c=a$，$a=b$，$b=c$。　　　　　　　　　　（难度系数为 0）

方法 2：$a=a+b$，$b=a-b$，$a=a-b$。　　　　　　　（难度系数为 1）

方法 3：$a=a-b$，$a=a+2b$，$a=(b-a)/2$，$b=b-a$。　（难度系数为 2）

方法 4：$b=a*b$，$a=b/a$，$b=b/a$。　　　　　　　（难度系数为 3）

【例 6-3】公元前 300 多年有个名为"鬼谷子"的人提出了这样一道算术题："今有物不知其数，三三数之剩二，五五数之剩三，七七数之剩二，问物几何？"其题意是三个三个地数会剩下 2 个，五个五个地数会剩下 3 个，七个七个地数会剩下 2 个，求这个数的最小值。

[解析] 该问题被称为"孙子定理"或"中国剩余定理"（Chinese Remainder Theorem），属于初等数论中的解同余式。用现在的话说：一个数除以 3 余 2，除以 5 余 3，除以 7 余 2，求这个数。

求解方法一：从 1 开始，取出一个自然数，判断它分别被 3、5、7 整除后的余数是否为 2、3、2。如果是，则该数就是所求的数，求解结束；否则，用下一个数再试，直到找到这个数为止。这种方法是穷举法，通过编程实行循环求解是极为简单快速的。

求解方法二：先列出除以 3 余 2 的数：2, 5, 8, 11, 14, 17, 20, 23, 26, …，再列出除以 5 余 3 的数：3, 8, 13, 18, 23, 28, …在这两列数中首先出现的公共数是 8, 而 3 与 5 的最小公倍数是 15, 两个条件合并为一个则为 8+15×整数，可得一串数：8, 23, 38, …再列出除以 7 余 2 的数：2, 9, 16, 23, 30, …通过比较，便可得出符合题意的最小数是 23。

〖问题提示〗用剩余定理求解本例见配套辅导教材第 9 章，数论的内容见参考文献[24]第 10 章。

上述三个例子体现了求解不同问题的思维方法。例 6-1 说明了求解一个实际问题时必须根据具体情况仔细分析；例 6-2 说明了不同的解题方法步骤直接反映了所采用解决问题方案的难易程度；例 6-3 说明了在求解实际问题时往往需要从复杂关系中找出内在关联。事实上，问题求解的方法和步骤也体现了一个人的思维方式与思维能力，是一个人逻辑思维能力的真实反映。

6.1.2 程序设计的基本抽象

例 6-1～例 6-3 都是对客观世界的抽象，只有把对客观事物的描述抽象为数据才能运算。程序设计的抽象主要包括过程抽象、数据抽象和控制抽象，可视为程序设计的"三要素"。

1. 过程抽象（Process Abstraction）

过程是描述数据形成的方法和步骤，过程抽象的目的是为了获取数据，数据是过程抽象的结果。例 6-1 中选择甲地到乙地的最佳路线，例 6-2 中将 a、b 中的数值变换后输出，例 6-3 中求出符合题意的最小数，它们是程序设计中的过程抽象，是问题求解过程中的第一步。在抽象过程中，通常把现实世界中的实体称为问题空间或问题域对象，把计算机中的实体称为解空间对象。为了实现问题求解，必须把问题域对象转换成便于计算机求解的解空间对象，其映射如图 6-2 所示。

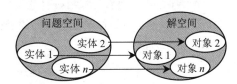

图 6-2　从问题空间到解空间的映

2. 数据抽象（Data Abstraction）

程序设计中的数据抽象是指一种语言所处理的对象按其属性的不同分为不同的类型。在引入分类的方法后，就可以通过观察和抽象获得数据的一个基本特征——数据类型（Data Type）。例如，在 C 语言中，float x 意为定义了一个实型数据，其中"x"称为"实型变量"，表示实型数据的"值"；int x 意为定义了一个整型数据，其中"x"称为"整形变量"，表示整形数据的"值"；char x 意为定义了一个字符数据，"x"称为"字符变量"，表示字符数据的"值"。不同类型的变量占用不同的存储空间，存储空间是对存储单元内一组二进制代码的抽象。因此，数据抽象使我们能在更高的层次上操纵数据，而每个高层数据运算的实现是在内部隐蔽完成的。

3. 控制抽象（Control Abstraction）

控制抽象同过程抽象和数据抽象一样，是程序设计中的一种抽象形式，用来实现程序按条件执行顺序。控制抽象隐含了程序控制机制，而不必说明它的内部细节。不同的程序语言具有不同的控制方式。例如，在 Basic、Fortran 语言中，常用 IF…THEN…GOTO 语句实现控制结构，而在 C/C++语言中，可用 for、while 等语句实现控制结构。例如：

```
用Basic语言实现控制结构              用C/C++语言实现控制结构
   10  i=1                          #include<stdio.h>
   20  x=B(i)+C(i)                  void main()
   30  IF(i>100) THEN GOTO 99       {  int i;
```

```
40  i=i+1                        float x;
50  GOTO 20                      while(i=1; i<=100; i++) x=B(i)+C(i);
99  x=x/100.0                    x=x/100.0;
...                              }
```

实现同样的循环控制，后者是前者循环控制的抽象。while 语句隐含指明了控制转移，不用 GOTO 语句指明，这是语句级的抽象控制。由此说明，不同的程序设计语言具有不同结构。

〖问题提示〗程序设计自始至终都是抽象的过程，计算机解题从程序设计到求解的理解都是抽象的结果。我们不用机器码编写程序，但机器能按照人的旨意求解问题，其根本原因和原理都得益于抽象。

§6.2 程序设计语言——"语言抽象"的基本思维

程序设计语言（Programming Language）是编写计算机程序的语言，是人与计算机进行信息交换的共同"语言"，因而也被称为计算机语言（Computer Language）。计算机语言是进行程序设计和软件开发的工具，无论是程序设计还是软件开发，都要利用计算机语言来实现。

6.2.1 程序设计语言的演化

程序设计语言伴随着计算机硬件的发展和计算机应用的普及而发展。程序设计语言的种类繁多，并有多种分类方法。如果按照程序设计语言的演化过程划分，可分为"五代"，如图6-3所示。

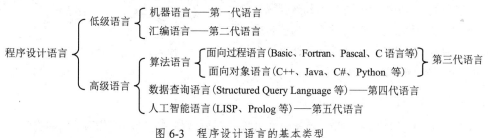

图6-3 程序设计语言的基本类型

1. 机器语言（Machine Language）

我们把用于直接与计算机打交道的、用二进制代码指令表达的计算机编程语言称为机器语言。机器语言是20世纪40年代，计算机诞生后最早使用的、也是计算机硬件系统所能识别和执行的唯一语言，被称为第一代语言。机器语言是对执行运算操作的抽象。

在早期的计算机中，人们是直接使用机器语言编写程序。机器语言是在内存中开辟两个区域：指令区和数据区，前者存放指令，后者存放数据，指令的基本格式如图6-4所示。

机器语言中的每一条语句是由操作码和操作数组成的二进制形式的指令代码，CPU从指令区的第一个地址码开始逐条取出指令并执行，直到所有指令执行完毕。

操作码	操作数

图6-4 指令的基本格式

【例6-4】在8086/8088兼容机上，用机器语言完成求5+9的程序代码如下：

```
1011 0000  0000 0101      ;将数据5放进累加器中
0010 1100  0000 1001      ;将累加器中的值与9相加，结果仍然放在累加器中
1111 0100                 ;停机结束
```

由此看出，机器语言是一种按照计算机指令格式书写的程序语言，能够直接被计算机识别、

执行速度快、运行效率高、占存储空间小。但用二进制代码编程，不但修改、调试难度大，而且与机器硬件结构有关，可移植性和可读性差，因而极大地限制了计算机的使用。克服这一缺点的方法是对机器语言进行抽象，使其尽可能地接近自然语言，以便于程序的编写、修改和调试。

2．汇编语言（Assemble Language）

为了编写程序的方便和提高机器的使用效率，20 世纪 50 年代初，人们在机器语言的基础上研制产生了汇编语言。汇编语言是用一些约定的文字、符号和数字按规定格式来表示各种不同的指令，再用这些特殊符号表示的指令来编写程序。该语言中的每条语句都有一条相应的机器指令，用助记符代替操作码，用地址符代替地址码。通常，人们把汇编语言称为第二代语言，用来编写控制硬件操作的程序。

【例 6-5】在 8086/8088 兼容机上，用汇编机器语言完成求 5+9 的程序代码如下：

```
MOV    AX, 5              ;将5放进AX寄存器中
ADD    AX, 9              ;将AX寄存器中的数与9相加，结果仍然放在AX寄存器中
HLT                       ;停机结束
```

其中，MOV、ADD、HLT 是操作助记符；AX 是寄存器名；";"后面的内容是语句的注释。

由此看出，汇编语言是符号化的机器语言，所以也被称为符号语言。汇编语言是对机器语言的抽象，具体表现在将机器语言的每条指令符号化。汇编语言程序比机器语言程序易读、易查、易修改，同时保持了机器语言编程质量高、执行速度快、占存储空间小的优点。

机器语言与汇编语言都是面向机器的语言，前者用指令代码编写程序，用符号语言编写程序。我们把面向机器的语言称为低级语言，它的使用与具体机型的硬件结构有关，因而不具有通用性和可移植性。当用户使用这类语言编程时，需要花费很多的时间去熟悉硬件系统。

3．算法语言（Algorithmic Language）

为了进一步简化程序设计和降低编程难度，使不熟悉计算机硬件结构的人能方便地使用计算机，在 20 世纪 50 年代中期，对汇编语言进行进一步抽象，使其成为与计算机硬件结构无关的语言，人们把这类语言统称为高级语言（High Level Language）。由于这类语言中的语句形式与数学表达式极为相似似，所以又将它们称为算法语言。随着程序设计语言的发展，人们把这类语言分为面向过程程序设计语言和面向对象程序设计语言，也称为第三代语言。

（1）面向过程程序设计语言（Process-Oriented Programming Language，POPL）

POPL 简称为面向过程语言，如 Basic、Fortran、Pascal、C 语言等，使用这类语言编程时，必须遵循问题求解过程的算法设计。

【例 6-6】用高级语言 C/C++编写求 5+9 的程序功能语句如下：

```
a=5+9;                    /* 将5+9的和赋值给结果变量a */
printf("a=%f\n", a);      /* 打印变量a的值 */
```

由此看出，高级语言是一种数学表达式语言，是对问题与机器的抽象，编写程序与具体机型无关。与低级语言相比，高级语言具有如下显著特点。

① 面向问题：高级语言是独立于具体的机器系统，由于程序语句面向问题而不是面向机器，因而高级语言程序具有良好的通用性和可移植性。

② 编程方便：高级语言使用与自然语言语法相近的自封闭语法体系，因而编程简单、方便，容易阅读和理解。现在一般情况下不用机器语言或汇编语言编写算法程序，而用高级语言编程。

③ 功能性强：高级语言的语句功能强大，一条语句往往相当于多条指令，例如，求 5+9 只

用一条语句"a=5+9;",不仅极大地简化了程序的编制和调试,还使编程效率得到大幅提升。

(2)面向对象程序设计语言(Object-Oriented Programming Language,OOPL)

OOPL 简称为面向对象语言,它是在 POPL 基础上加入了支持对象类、封装和继承特性的语言,有效地解决了 POPL 的安全性、可维护性和可扩展性问题。近年来,面向对象语言发展极为迅速,已成为当前程序设计最常使用的一类语言。目前广泛应用的 OOPL 有 C++、Java、C#等,用来编写科学计算程序和作为系统开发工具语言。

① C++:进入 20 世纪 80 年代,面向对象程序设计方法在程序设计领域引起了普遍重视,AT&T 贝尔实验室的 Bjarne Stroustrup 在 C 语言的基础上,吸收了 OOPL 的特点,开发了面向对象的程序设计语言 C++。C++保留了 C 语言的所有成分,是 C 语言的改进或扩充,是一种全新的语言形式。

1985 年推出的 C++ 1.0 版包括支持面向对象程序设计的主要机制,如类和对象、单继承、虚函数、公有与私有成员的访问控制、函数重载等。而真正促使 C++流行的是在 1989 年推出的 2.0 版本,这个版本扩充了多继承、抽象类、受保护成员的访问控制、运算符重载等特性,更注重功能的完善和安全可靠。1993 年推出的 3.0 版本增加了模版、异常处理机制,并允许嵌套定义类,较全面地满足了软件工程对程序设计语言的需求。随后,1994 年 1 月提出了 C++的 ANSI 标准草案。然而,标准化过程是缓慢的,C++要最后实现标准化,尚需要时日。

② Java 语言:C 语言与 C++是功能强大的优秀语言。然而,开发一个具有相同功能的计算机程序,用 C/C++语言的开发周期比用其他语言开发的周期长。为此,人们一直都在寻找一种可以在功能和开发效率之间达到更好平衡的语言。针对这种需求,美国 Sun Microsystem 公司推出了面向对象的 Java 语言。

Java 语言是 1995 年 5 月推出的面向对象程序设计、支持网络计算、适合分布式计算的新型语言。Java 语言将面向对象、平台无关性、稳定与安全性、多线程等特性集于一身,为用户提供了良好的程序设计环境,因而特别适合 Internet 的应用开发。Java 语言可看作 C++的派生语言,从 C++中继存了大量的语言成分,抛弃了 C++中多余的、容易引起问题的功能(如头文件、编译指令、指针、结构、隐式类型转换、操作符重载等),增加了多线程、异常处理、网络程序设计等方面的支持。因此,掌握了 C++的程序员可很快学会 Java 语言。Java 语言较好地支持了面向对象程序设计,程序中除了数值、布尔值和字符三种基本数据类型,其他数据都是对象。Java 语言仅支持单继承,放弃了语义复杂的多继承,是当时备受欢迎且发展最快的语言。

③ C#:C#(读作 C sharp)是 Microsoft 公司在 2000 年 6 月发布的一种全新、简单、面向对象的程序设计语言。C#吸收了 C/C++、Visual Basic、Delphi、Java 等语言的优点,充分体现了当今最新程序设计技术的功能和精化,开发人员可以使用它来构建在 .NET Framework 上运行的各种安全、可靠的应用程序。C#起源于 C 语言家族,简化了 C/C++的诸多复杂性,提供了空的值类型、枚举、委托、匿名方法和直接内存访问,而这些特点是 Java 语言不具备的。C#可以让程序员快速建立基于微软网络平台的应用。同时,C#提供了大量的开发工具和服务,以帮助程序员开发基于计算和通信的各种应用程序,如 Microsoft Visual Studio 是代码编辑器、编译器、调试器和图形用户界面集成开发环境(Integrated Development Environment,IDE)。因此,C#是一种备受用户青睐的语言,在基于网络平台的各种应用程序和数据库应用系统的开发中得到了广泛应用。

〖问题提示〗算法语言是描述计算过程的符号系统,算法语言从低级到高级的发展,其核心思想是抽象。抽象层次越低,操作越具体,可移植性越差,掌握起来的难度越大;而抽象层次越高,越远离机器特性,可移植性越好;抽象越接近数学或人类的习惯,越容易掌握和使用。

4．数据查询语言（Data Query Language）

在使用 Fortran、C 语言一类过程性（Procedural）语言完成某项数据请求时，用户需要了解数据的存储结构、存储方式等相关情况，并且需要指明机器如何操作。随着数据库管理系统的出现与发展，人们研发出了面向数据库管理的查询语言，其典型代表是结构化查询语言（Structured Query Language，SQL）。SQL 是一种非过程性（Non Procedural）语言，用户只要提出"do what"，而不必指明"how do"，即只要提出查询条件和要求，其查询优化、存取路径、语句操作等均由系统自动完成。SQL 操作简单，功能强大，已成为目前数据库管理的主要语言，也称为第四代语言。例如：

SELECT Scode FROM SC
WHERE Score>=80 AND Score <=100；

SQL 由各子句组成，例如，SELECT 子句表示查询；FROM 子句指明查询的数据源；WHERE 子句说明选择运算的条件。它们的组合功能是从学生成绩表（SC）中找出 80≤Score≤100 的成绩记录。

5．人工智能语言（AI Language）

人工智能程序需要具有人工智能特性的语言来实现，这种语言与其他语言相比，它要求更加面向问题、面向逻辑，能支持知识表示，能够描述逻辑关系和抽象概念，其处理对象更多的是知识(符号)。于是，人工智能程序设计语言应运而生，如 LISP、Prolog 等，也被称为第五代语言。

（1）LISP 语言：是 1960 年约翰·麦卡锡（John McCarthy）首先提出并开发的列表处理器（LISt Processor，LISP）语言，主要用于符号计算和表处理，在知识表示、机器学习、智能训练和语音建模等领域占据着主导地位。麦卡锡也因这一研究对人工智能领域的贡献而获得了 1971 年图灵奖。

（2）Prolog 语言：是 1970 年由英国爱丁堡大学柯瓦斯基（R.Kowalski）首先提出的以逻辑学为基础的程序设计（Lojic Programming）语言。1972，法国马赛大学科迈瑞尔（A.Colmerauer）及其研究小组实现了世界上的第一个 Prolog 系统，并在欧洲得到进一步发展。特别是 1981 年日本宣布以 Prolog 语言作为他们正在研制的新一代计算机——智能计算机的核心语言，从而使 Prolog 语言举世瞩目，迅速风靡世界。

Prolog 语言是一种描述性语言，在求解问题时，程序员只要描述待解问题中的对象及它们之间关系的一些已知事实（fact）和规则（rule），强调描述对象之间的逻辑关系，不存在形如 C 语言中的 if、when 等控制流程语句，只要告诉计算机"do what"，无须告诉"how do"。Prolog 语言以一阶谓词演算（first-order predicate calculus）为基础，并且由事实和规则组成。例如，逻辑学中著名的推导规则：

If（A is B）and（B is C），then（A is C）
将此准则应用于下面的事实
事实 1：Socrates is a human→A is B
事实 2：A human is mortal→B is C
则可以推导出下面的事实
事实 3：Socrates is mortal→A is C
用 Prolog 语言编程就是基于事实规则。例如，关于人类的最初事实可陈述如下：
human（John）
mortal（human）

若用户进行询问

  ? - mortal（John）

程序会响应"yes"。

  由于在 Prolog 程序中一般不需要告诉计算机"怎么做"，而只需告诉它"做什么"，由此我们立即会联想到关系数据库中的结构化查询语言（SQL）。数据库中数据的查询通常用关系算子（Operator）表示，它是一种符号逻辑形式，是非过程性的。逻辑程序设计也是非过程性的，从这个意义上讲，二者是相同的，二者之间是关联的。简单的信息表可以由 Prolog 结构来描述，而表之间的关系则可以方便而容易地描述为 Prolog 规则，对数据的检索过程交由规则操作完成，Prolog 的目标语句提供了对关系数据库的搜索、查询。因此，逻辑程序设计恰能满足关系数据库管理系统的需求。由于 Prolog 语言是以逻辑为基础的程序设计语言，因此用它编写的程序自然是逻辑程序。

  综上所述，计算机语言是进行程序设计的语言工具，是计算机硬件系统全部或部分指令的集合；不同的计算机语言具有不同的功能特征，这是衍生多种语言的原因所在；计算机程序是为实现某个算法，从该语言中选择所需要指令组成的集合，是完成某个特定任务的一组指令系列；语言与程序的关系，形如文字与文章的关系一样，文章是用汉语写的，但文章和汉语是两回事。

6.2.2 程序设计语言的构成

  程序设计语言的种类很多，尽管各种高级语言的应用领域、程序功能、程序风格、语法规则、结构形式等不尽相同，但构成程序设计语言的基本要素和基本组成是大致相似的。程序语言中的各成分都是语义符号化的抽象结果，也是构造性方法的具体体现。程序设计语言的构成如图 6-5 所示。

图 6-5 程序设计语言的构成

1. 基本符号

  基本符号是指程序设计语言中所使用的各类字符。下面给出一个用 C 语言编写的程序实例，以此了解程序设计语言中使用的基本符号。

【例 6-7】用 C 语言编写程序，利用用户自定义函数实现求组合数 $=n!/(m!(n-m)!)$。

```
#include<stdio.h>                    // 编译预定义语句
void main() {
    int factorial (int x);           // 函数引用性声明
    int m, n;                        // 变量类型说明
    float c, c1, c2, c3;             // 变量类型说明
    printf("Please input m, n: ");
    scanf("%d, %d", &m, &n);
    c1=factorial(n);                 // 赋值语句，第1次调用factorial函数，计算n的阶乘
    c2=factorial(m);                 // 第2次调用factorial函数，计算m的阶乘
    c3=factorial(n-m);               // 第3次调用factorial函数，计算n-m的阶乘
    c=c1/(c2*c3);
    printf("c=n!/m!*(n-m)!)=%.2f\n", c);
}
```

```
int factorial(int x) {          // 函数定义说明，求x的阶乘
    int i;                      // 函数开始
    int f=1;
    for(i=1; i<=x; i=1+1)
        f=f*i;
    return (f);                 // 返回计算结果
}                               // 函数结束
```

事实上，所有高级语言程序的基本结构和基本符号都与该程序的结构形式和基本符号相似。基本符号（字符集）是一些可以区分的最小符号，是构成语言的基本元素，由 4 种字符组成。

（1）英文字母：包括 A~Z 和 a~z，26 个大写英文字母和 26 个小写英文字母。大写英文字母 A~Z 的 ASCII 码值为 65~90，小写英文字母 a~z 的 ASCII 码值为 97~122。

（2）数字字符：指 0~9 这 10 个阿拉伯数字，对应的 ASCII 值为 48~57。

（3）特殊字符：+，-，*，/，%，=，_，(，)，~，!，@，#，$，`，&等。

（4）转移字符：用来控制打印输出，不同的语言有不同的控制方法。

2．单词

单词是指由程序员定义的标识符，表示符号常量名、变量名、函数名、类型名、文件名等的字符序列。例如，C 语言中的标识符可分为 3 类。

（1）关键字：又称为保留字，是具有特定含义的标识符。每个关键字都有固定的含义，例如，int 表示整型数、float 表示实型数、if 表示语句执行条件，它们都是关键字，用户不能改变它的用途。

（2）预定义标识符：为编译系统提供的标识符，具有特定含义，如 C 语言提供的编译预处理命令"#include<stdio.h>"属于预定义标识符。

（3）用户自定义标识符：用户根据自己的需要而定义的标识符，如给变量、常量、函数、文件等对象命名。用户标识符不能与关键字同名，也尽量不要与预定义标识符同名。

3．常量

常量是指在程序的执行过程中其值不能被改变的量。程序中的常量不需要类型说明就可以直接使用，常量的类型是由常量本身隐含决定的，并且分为数值型常量和字符型常量。

（1）数值型常量：包括整型常量和浮点型常量。

① 整型常量：即整型常数，如 12、-345、0 等。

② 浮点型常量：又称实型常量，如 3.141256、1.26E5（$1.26×10^5$）等。

（2）字符型常量：包括字符常量和字符串常量。

① 字符常量：由一对单引号括起来的一个单一字符，如字符'A'。

② 字符串常量：由一对双引号括起来的字符序列，如字符串"Computer"。

4．变量

变量是指在程序的执行过程中其值可以被改变的量，是程序中数据的临时存放场所，代表内存中的一块存储区域。该存储区域的名称就是这个变量名，而该存储区域的内容是变量的值。在程序中变量用来存放初始值、中间结果或最终结果。例如，对变量 f，先赋初值"int f=1"，然后"f=f*i"运算。变量通常要先定义后才能使用，如例 6-7 中的"int i""float c,c1,c2,c3"都是变量类型定义。

5. 数据类型

数据类型是程序设计中极为重要的概念，不论是用哪种高级语言进行程序设计，为了确保数值精度和节省存储空间，必须对所有变量进行类型定义，类型定义的含义体现在 4 个方面。

（1）数据类型确定了取值范围：我们通常使用的数据可分为整数型、实数型（也称为浮点型）和字符型等。因而在定义变量时必须确定变量类型，以确保数据的精度。不同的程序设计语言对不同的变量具有不同的字长规定。例如，C 语言中字符型（char）变量的字长为 1 字节；整型数（int）变量的字长为 2 字节；浮点型（float）变量的字长为 4 字节。

（2）数据类型确定了值的操作：不同的数据类型具有不同的操作。例如，整型数有求余（% 或 mod）运算，而实型数没有求余运算；1/2 与 1/2.0 的取值结果是不一样的；1+2、1.0+2.0、1+2.0 的处理方式是不同的，1.0+2.0 需要对阶、尾数相加、规格化，而 1+2.0 需要先做类型转换。

（3）数据类型确定了存储空间：一旦定义了变量类型，就意味着为它安排相应的存储空间。例如，整型（int）数据值通常占用 2 字节，字符（char）数据值占用 1 字节，单精度（float）实型数据值占用 4 字节，双精度（double）实型数据值占用 8 字节，等等。

（4）类型确定了值的存储方式：不同类型的数据在内存中的存储方式是不一样的，就像整型与实型值的存储方式，它们是截然不同的。例如，有一个变量 x 的值为 12，用不同的类型定义其二进制存储方式是完全不同的：

```
int x       整型数据存储：0000 0000 0000 1100   （2字节）
float x     实型数据存储：0100 0001 0100 0000 0000 0000 0000 0000   （4字节）
```

〖问题提示〗 设置数据类型，既为节省存储空间，也为确保数据精度，并具有以下功能作用。

（1）有利于程序编译检查：引入数据类型便明确了变量的取值范围和允许进行的基本操作，编译系统只要通过简单的静态类型检查，就可以发现程序中大部分与数据类型有关的错误，有利于程序员编写程序、理解程序和调试程序，也有利于程序的验证，以保证程序的正确性。

（2）有利于数据存储管理：数据在计算机内部存放时，不同类型的数据所占存储单元的个数是不同的。在程序设计中，如果对需要处理的数据事先进行了类型定义，那么，当程序装入计算机系统时，数据按不同的类型分配相应的存储空间，有利于节约计算机系统宝贵的存储空间。

（3）有利于提高运行效率：设置数据类型后，编译时便可对数据类型信息和操作进行检查，有效避免程序在运行时操作越界和类型错误，从而提高程序的整体运行效率。

6. 语句

在程序设计中为了完成某项任务，必须详细描述完成该任务的一系列步骤，每一步的工作都由语句及其表达式来体现，表达式是由一系列运算符及其操作数实行简单运算后的单一结果值。

（1）运算符：程序语言中的运算符通常包括算术运算符(+、-、*、/、%)、关系运算符(<、<=、>、>=、==、!=)、逻辑运算符(!、&&、||)、赋值运算符(=、+=、-=、*=、/=、%=)等。

（2）语句类型：程序语言中一般都定义了表达式语句、赋值语句、复合语句、控制语句等。

① 表达式语句：由运算符构成单一语句，在执行表达式时进行运算，并以";"结束，例如：s=b*b−4*a*c;

② 赋值语句：由赋值表达式后跟一个分号(每行一句)或逗号(每行多句)构成。C 语言的赋值语句是先计算赋值运算符右边的子表达式的值，然后将此值赋给赋值运算符左边的变量，例如：x=10.0, y=15.0, z=x+y;

③ 复合语句：由两条或两条以上的语句组成，在 C 语言中通常把由一对花括号"{ }"括起

来的语句称为复合语句或块语句；在 Pascal 语言中用 begin…end 构成复合语句或块语句。例如：

```
{                           begin
  z=x+y;                      z := x+y;
  x=sin(z);                   x := sin(z);
}                           end
```

④ 函数调用语句：是由函数调用表达式后跟一个分号构成。例如：

c1=factorial(n);

是一个赋值表达式。此时，函数(即子程序)作为表达式的一部分，函数返回值参与表达式运算。

⑤ 流程控制语句：由运算符和表达式构成的各种语句只能按照语句的排列顺序执行，如果要改变程序的执行顺序，就要实行流程控制，必须具有实现流程控制的语句，并且语句越丰富，其结构形式也就越多，因而语言的表达功能也越强。高级语言中的控制结构通常分为顺序结构、选择结构、循环结构。不同的结构由相应的控制语句来实现。例如，C 语言的流程控制语句有 9 种：if、switch、while、do-while、for、break、goto、return、continue，以此构成各种复杂结构程序。

7．函数

程序设计语言中的函数分为两大类：一类是编译系统提供的系统函数，供用户调用；另一类是用户自定义函数，就是在进行程序设计时把一个复杂问题按功能划分为若干简单的功能模块，各功能模块完成不同的计算或数据处理，这种方法称为模块化程序设计。某些功能语句或某个算法写成一个独立的模块程序，以便反复调用，从而简化程序设计，提高程序设计效率。这种模块程序在 Fortran 和 Basic 语言中被称为"子程序"，在 Pascal 语言中被称为"过程"，在 C/C++语言中被称为"自定义函数"。例如，上面的"c1=factorial(n);"语句就是自定义函数调用语句，以简化 C_n^m 的求解。

6.2.3 计算机源程序的翻译

用语义符号编制的形如例 6-7 所示程序称为源程序（Source Program），源程序一方面是面向问题求解步骤的抽象，另一方面是面向机器动作的抽象。由于计算机硬件只能识别用二进制表示的机器语言，用任何其他语言编制的程序计算机均不能直接执行，必须把源程序翻译成用二进制代码 0 和 1 表示的程序才能执行，担当此翻译任务的就是翻译程序（Translator）。

1．翻译方式

翻译程序将源程序处理成等价的机器代码程序，所以又把翻译程序称为语言处理程序。根据处理方式不同，语言处理程序分为 3 种方式：解释方式、汇编方式和编译方式。

（1）解释方式（Interpreted Mode）

解释方式是指通过解释程序（Interpreted Program）把用高级语言编写的源程序按动态顺序逐句进行检查、分析、解释，并一边解释一边执行，其执行过程如图 6-6 所示。

Basic 语言、Java 语言等都是以这种方式运行的。解释程序是一种简单的翻译程序，不能形成可执行程序，而且运行速度慢。如果源程序有错，则在解释过程中给出程序的错误信息，在纠正错误后继续执行。

(2) 汇编方式（Assembly Mode）

汇编方式是指通过汇编程序（Assembly Program）把用汇编语言编写的源程序翻译成机器语言程序，该过程称为汇编。因为汇编语言的指令与机器语言的指令基本上是一一对应的，所以汇编过程就是对汇编语言指令逐行进行处理的过程。其处理步骤是先将指令的助记符操作码转换成相应的机器操作码，然后将符号操作数转换成相应的地址码，最后将操作码和操作数构造成机器指令。例如，用汇编语言编写求 y=5+9 的源程序汇编成机器语言的过程如图 6-7 所示。

图 6-6　语言源程序的解释执行　　　　图 6-7　汇编语言源程序的汇编过程

(3) 编译方式（Compiling Mode）

编译方式是指通过编译程序（Compiling Program）把用高级语言编写的源程序翻译成机器语言，或先翻译成汇编语言，然后由汇编程序将其翻译成机器语言，绝大多数高级语言都是这种编译方式。在汇编或编译过程中，首先得到的只是目标程序（Object Program）。目标程序不能立即装入机器直接执行，因为目标程序中通常包含有常用函数（如 sin( )、abs( )等），需要通过连接程序将目标程序与程序库中的标准程序相连才能形成可执行程序。高级语言源程序编译连接的过程如图 6-8 所示。

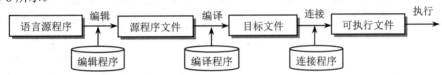

图 6-8　高级语言源程序的编译连接过程

程序库（Library）：各种标准程序或函数子程序及一些特殊文件的集合，程序库可分为两大类：系统程序库（System Library）和用户程序库（User Library），它们均可被系统程序或用户程序调用。操作系统允许用户建立程序库，以提高不同类型用户的工作效率。

连接程序（Linker）：也称为装配程序，用来把要执行的程序与库文件或其他已翻译的子程序（能完成一种独立功能的模块）连接在一起，形成机器能执行的程序。具体说，是把经过编译形成 OBJ 目标文件与库文件相连，形成 EXE 可执行文件。EXE 可执行文件加载到内存的绝对地址中，因而能使机器直接执行。

〖问题提示〗编译方式和解释方式相比，解释方式源程序形成不了可执行文件，运行时不能脱离解释环境；编译方式是一旦形成了可执行文件便可随时调用，再也不需要编译环境，我们可把解释方式比作"口译"，把编译方式比作"笔译"。此外，可执行程序的运行速度比解释执行源程序要快，但人机会话的功能差，而且调试修改也较复杂。

2. 编译过程

同自然语言一样，程序设计语言也是由语法和语义来定义的，语法包括词法规则和语法规则，词法规则规定了如何由语言的基本符号构成词法单位（单词），语法规则规定了如何由单词构成语法单位（语句）；语义规则规定了单词和语句的含义，离开了语义，语言只不过是一堆符号的集合。

不同的高级语言都有相应的编译程序，而且不同的编译程序都有自己的组织方式，尽管它们的具体结构有所不同，但编译程序所做的工作及其过程是基本相同的。编译程序的功能结构及其编译过程如图 6-9 所示，下面以 C 语言的赋值语句"y=x1+ k*x2"为例，说明编译各阶段的主要任务。

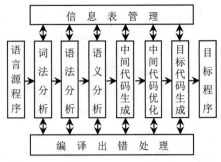

图 6-9 编译程序的过程及功能结构示意图

（1）词法分析（Lexical Analysis）

词法分析是整个编译过程的第一步，其主要任务是对源程序中的每一句从左到右逐个字符进行扫描，以识别符号串，如关键字、标识符、运算符、特殊符号等，把作为符号串的源程序改为单词符号串的中间程序。

词法分析是编译的基础，完成词法分析的程序称为词法分析程序。例如，从赋值语句中可以识别出下列标识符及运算符：y，x1，x2，=，+，*，k（常数）。

（2）语法分析（Syntax Analysis）

语法分析是编译程序的核心部分，其主要任务是根据程序设计语言的语法规则将词法分析产生的单词符号串构成一个语法分析树，以判别它是否为相应程序设计语言中的一个合法程序，如上述赋值语句的语法分析树如图 6-10 所示，其编译表达式的树结构如图 6-11 所示。如果句子合法，则以内部格式把该语句保存起来，否则提示修改错误。

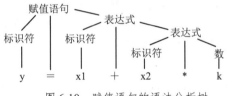

图 6-10 赋值语句的语法分析树

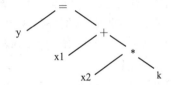

图 6-11 编译表达式的树结构

（3）语义分析（Semantic Analysis）

语义分析是编译过程的一个逻辑阶段，其主要任务是对结构上正确的源程序进行上下文有关性质的审查，以保障源程序在语义上的正确性。任何一种程序语言都有语法特征的和语义特征，前者用来定义语言各语法成分的形式或结构，后者用来规定各种语法成分的含义和功能，即规定它们的属性或在执行时应进行的运算或操作。

（4）中间代码生成（Middle Code Generation）

为了便于优化处理，在语义分析后不直接产生机器语言或汇编语言的目标代码，而是生成一种介于源语言和目标语言之间的中间语言代码，所以称为中间代码。因此，它是向目标代码过度的一种编码，其主要任务是使编译程序的结构在逻辑上更为简单、明确，并且为实现目标代码的优化打下基础。中间代码不涉及具体机器的操作码和地址码，例如，根据上述赋值语句的语法分析树，可以生成下列中间代码：

```
T1=k;
T2=T1*x2;
T3=x1+T2;
y=T3;
```

（5）中间代码优化（Middle Code Optimization）

对中间代码做全局或局部优化，使最后生成的目标代码程序运行更快，占用存储空间更小。

全局优化包括改进循环、减少调用次数和快速获取地址等；局部优化完成冗余操作合并，简化计算。例如，对于上述中间代码可以做如下优化：

```
T1=x2*k;
T3=x1+T1;
```

（6）目标代码生成（Object Code Generation）

目标代码生成是编译的最后一个阶段，其主要任务是由目标代码生成器生成目标机器的目标代码程序，并完成数据分段、选定寄存器等工作，然后生成机器可执行的代码。例如，对于上述优化后的中间代码，可生成下列以汇编语言程序表示的目标代码：

```
MOV   R2, K;        // R2 ← k
MUL   R2, x2;       // R2 ← k*x2
MOV   R1, x1;       // R1 ← x1
ADD   R1, R2;       // R1 ← x1+k*x2
MOV   y, R1;        // y ← x1+k*x2
```

在目标代码生成阶段应着重考虑两个问题：一是如何使生成的目标代码较短；二是如何充分利用计算机寄存器，以便减少目标代码中访问存储单元的次数。这两方面处理的结果，将直接影响到目标代码的运行速度。

（7）信息表管理

信息表管理是对各类编译信息进行登录、查询和更新，其主要任务是当编译程序接到一份源程序清单时，首先从程序段的说明部分得到一些信息。随着编译的向下推进，又会源源不断地得到各种信息，这些信息可能是常数、变量名、标号、专用名词、函数名、过程名以及它们的类型、值、内部表示、在程序中的位置、赋值引用情况等。在编译过程中随时都有可能对它们进行查阅、修改、撤销等操作，而所有这些操作都是由信息表管理程序来完成的。

（8）编译出错处理

编译出错处理是对程序中所含有的各种语法、语义错误进行诊断和处理，不论在编译的哪一阶段发现了错误，编译程序均应能诊断出这些错误、报告出错地点和错误性质，还要采取某些措施，把出错的影响限制在尽可能小的范围内，使得其余部分能够继续编译下去。

这里需要特别指出的是，编译出错处理只能处理语法规则错误，如果程度算法自身缺乏安全性和健壮性，编译系统是无能为力的，这类错误只能在程度调试中去检验、发现和修改源程序。

〖问题提示〗不同的高级语言具有不同的编译系统。关于程序编译的基本原理见参考文献[27]。

§6.3 程序设计方法——"方法抽象"的基本思维

程序设计是对问题方法的抽象，程序设计方法是建立在程序设计语言基础之上的。在程序设计语言的发展过程中，经历了面向过程程序设计语言和面向对象程序设计语言。相应地，在程序设计方法过程中，经历了面向过程程序设计和面向对象程序设计，这也是目前最常用的两种程序设计方法。

6.3.1 面向过程方法

面向过程程序设计（Process Oriented Programming，POP）方法简称为面向过程方法，是最早使用的编程方法。POP方法可分为流程图程序设计、模块化程序设计、结构化程序设计。POP是一种传统的设计方法，其设计过程是自顶向下、逐步求精的过程，并且任何程序都可由顺序结构、选择结构、循环结构这三种基本控制结构构成。

1．流程图程序设计（Flow Chart Programming）

流程图程序设计是最早使用的方法，其优点是简单、直观。设计者可以直接观察整个系统，了解各部分之间的关系。但是，流程图只能表示出程序的结构，而表示不出数据的组织结构或输入/输出模块的结构，因而一般只用于简单问题的程序设计。流程图由表示算法的图形符号组成，每个符号表示算法中指定类型的操作。ANSI（American National Standard Institute，美国国家标准化协会）规定了图形和操作之间的描述方法，如表 6-1 所示。

表 6-1 流程图符号

符　号	符号名称	功能说明
	终端框	算法开始与结束
	处理框	算法的各种处理操作
	预定处理框	算法调用的子算法
	注解框	算法的说明信息
	判断框	算法的条件转移
	输入输出框	输入输出操作
↓　→	流程线	指向另一个操作
○← ←○	引入、引出连接符	表示流程延续

2．模块化程序设计（Modular Programming）

模块化程序设计是当一个程序十分复杂时，可以将它拆分成一系列较小的子程序（小模块），直到这些子程序易于理解为止。每个子程序是一个独立模块，每个独立模块又可继续划分为更小的子模块。把一个程序分成具有多个明确任务的程序模块，分别进行编写和调试，最后把它们连接在一起，形成一个完成总任务的完整程序。例如，对于求组合数：

$$C_n^m = \frac{n!}{m! \times (n-m)!}$$

求该组合数的关键是计算各阶乘，而 C_n^m 中的 3 个阶乘为 $n!$、$m!$ 和 $(n-m)!$。因此，只要找到求解阶乘 $K!$ 的方法，求该组合数的问题就迎刃而解。

模块化方法是对复杂问题"分而治之"原则在软件开发中的具体体现，它将软件开发的复杂性在分解过程中降低。对于复杂的系统，如何分解和设计成独立模块是模块化方法的关键。过程中必须考虑模块的层次抽象和提高模块的独立性问题。

（1）不同层次抽象：用模块化方法解决问题时，可采用不同层次的抽象方法。在抽象的顶层，可以采用概括的方式描述问题的解（通常用自然语言）；在抽象的中层，可以采用过程化的方式描述（通常用流程图）；在抽象的底层，可以采用直接实现的方式来描述（通常用编程语言）。

（2）模块独立性：模块化、抽象和信息隐蔽概念的直接产物，要求每个模块只有一个所要求的子功能，而且具有单一接口。模块独立性可用两个定量准则来量度：聚合（Cohesion）和耦合（Coupling）。其中，聚合是模块功能相对强度的量度，是信息隐蔽概念的一种自然延伸，一个聚合度高的模块只能完成软件内的单一任务，与程序中的其他部分作用很小；耦合则是模块之间相对独立性的量度，即对模块间关联程度的量度，模块间联系越多，其耦合性越强，因而其独立性越差。聚合与耦合是相互关联的，聚合程度越高，耦合程度越低，反之亦然。

3. 结构化程序设计（Structured Programming）

结构化程序设计最早是由荷兰计算机科学家埃德斯加·迪科斯彻（Edsgar Dijkstra）在 1965 年提出来的，强调从程序结构上研究与改变传统的设计方法，即程序的设计、编写和测试都采用一种规定的组织形式进行。这样可使编制的程序结构清晰，易于阅读、调试和修改，充分显示出结构化程序设计的优点。

20 世纪 70 年代初，Boehm 和 Jacobi 提出并证明了结构化程序定理（Structured Program Theorem）：<u>任何一个算法可以只用顺序结构、分支结构和循环结构这三种基本结构来表达。每种结构都只许有一个入口和一个出口，三种结构的任意组合和嵌套就构成了结构化程序。</u>

（1）顺序结构（Sequential Structure）：顺序结构是自上而下的结构，如图 6-12 所示，是在虚线框内执行完 A 框内所指定的操作后，依次执行 B 框内所指定的操作和 C 框内所指定的操作。

（2）分支结构（Branch Structure）：根据给定条件选择执行某个分支语句的结构，因而也称为选择结构。选择结构可分为两种结构形式：一种是如图 6-13 所示的双边结构形式，虚线框内是一个给定条件 P，根据判断给定条件 P 是否成立而选择执行 A 框或 B 框的选择结构；另一种是单边结构形式，如果条件成立时执行 A 框，不成立时，则不执行选择框。

（3）循环结构（For-loop Structure）：又称为重复结构或控制结构。循环结构可分为两种：一种是如图 6-14 所示的"当型"循环结构形式，虚线框内是一个给定条件 P，根据判断给定条件 P 是否成立而选择执行 A 框；另一种是如图 6-15 所示的"直到型"循环结构形式，在虚线框内先执行 A 框处理，再判断给定条件 P，当条件不成立时再次执行处理 A 框。

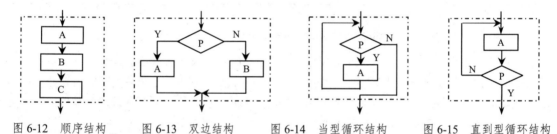

图 6-12　顺序结构　　图 6-13　双边结构　　图 6-14　当型循环结构　　图 6-15　直到型循环结构

面向过程程序设计是一种传统方法，它们有一个共同的特点，都是自顶向下的程序设计（Top_Down Programming），逐步求精的过程。它的基本思想是：先整体后局部、先抽象后具体的原则，把待解决问题的整体视为顶层（第 0 层），然后划分成若干功能相对独立的子问题（第 1 层），每个子问题对应一个子程序（模块）。若往下，每个子问题还可以再设计成若干功能相对独立的子问题（第 2 层、第 3 层）等，直到每个问题意义单一，整个问题可用程序设计语言明确地描述为止。自顶向下的模块化设计流程如图 6-16 所示。

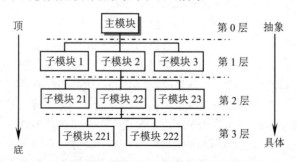

图 6-16　自顶向下的模块化设计

结构化程序设计使得程序结构清晰，可读性好，在出现问题时，便于查错，易于修改，提高了程序设计的质量。但随着软件规模和复杂性的增长，这种方法越来越不能适应庞大、复杂软件的开发，暴露出许多缺点。结构化程序设计最关键的是数据和代码分离，忽略了数据和操作之间的内在联系。在这种背景下，面向对象程序设计方法应运而生。

6.3.2 面向对象方法

面向对象程序设计（Object Oriented Programming，OOP）方法简称为面向对象方法，是20世纪70年代末诞生的程序设计方法，其本质是把数据和处理数据的过程当成一个整体对象。一旦在程序中建立了一个对象，便可以在其他程序中使用这个对象，而不必重新编制复杂的代码。对象的重复使用可以大大节省开发时间，能切实提高软件的开发效率。

面向对象方法的特点是模拟人类习惯的思维方式，从而使描述问题的问题空间（问题域）与实现解法的解空间（求解域）在结构上尽可能一致。与面向过程方法相比，面向对象方法强调模拟现实世界中的概念而不强调算法，即按照人们习惯的思维方式模拟客观世界。而这一目标的实现得益于面向对象方法所具有的4种对象化属性：抽象性、封装性、继承性和多态性。其中，封装性、继承性和多态性是面向对象方法的基本特征，也是构造性方法在面向对象方法中的体现。

1. 抽象性（Abstraction）

抽象是对某个系统的简化描述，通过从特定的实例中抽取共同的性质，以形成一般化概念的过程。因此，抽象是人们在理解复杂现象和求解复杂问题中处理复杂性的主要工具。通常，对系统进行抽象的描述称为对它的规范说明，对抽象的解释称为它的实现。

2. 封装性（Encapsulation）

封装是把一类对象的状态（用数据表示）和操作（用函数来表示）封闭起来，装在类对象体中，形成一个能动的实体。封装模仿了现实生活中的装配技术，把一类对象的属性和行为封闭起来，对象只能通过已定义好的接口进行访问，并尽可能隐蔽代码的实现细节。例如，一块手表有许多零件，将这些零件装在表体内，用户只需用它查看时间，不需了解其内部构造，手表内部的零件装配由制造厂家进行。这种封装技术有如下好处：

（1）内外隔离：隐藏了表内各零件制作和装配的复杂细节，表内零件不易受到外界的破坏；

（2）使用方便：任何人都可用它查看时间，不需要了解各零件的制造及装配过程。

在面向对象的编程中，要求把属性和服务结合起来定义成一个程序单位，并通过编译系统保证对象的外部不能直接存取对象的属性或调用它的内部服务，这种机制即"封装机制（Encapsulation Mechanism）"。封装性能保护类中的数据与过程的安全，防止外界干扰和误用。

【例6-8】如果把"人"作为类对象，则可以用下面的方式封装。

```
类 人{
    姓名（属性1）
    年龄（属性2）
    性别（属性3）
    做事（行为1）
    说话（行为2）
}
```

封装的目的是使程序代码更加模块化。例如，当一段程序代码有3个程序都要用到它时，就可以对该段代码进行封装，其他3个程序只需调用封装好的代码即可，即形如子程序调用。

3. 继承性（Inheritance）

继承是指新的类继承原有类的全部数据、函数和访问机制，并可以增添新的数据、函数和访问特性。继承是一种信息传送方式，即把信息从程序的一部分传送到另一部分。继承实现了程序代码的重用，如子类从父类继承方法，使得子类具有与父类相同的行为。

【例 6-9】 在没有采用继承方式时，"教师"需要使用下面的方式进行封装。

```
类 教师{
    姓名（属性1）
    年龄（属性2）
    性别（属性3）
    做事（行为1）
    说话（行为2）
    授课（行为3）
}
```

【例 6-10】例 6-9 中"教师"的封装与例 6-8 中的"人"的封装是差不多的，只是多了特征行为"授课"。如果采用继承方式，"教师"可以用下面的方式封装。

```
子类 教师 父类 人{
    授课（行为3）
}
```

这样，教师继承了"人"的一切属性和行为，还拥有教师的特征行为"授课"。

在面向对象程序设计中，继承性的引用，大大扩充了程序员定义数据类型和建立该类型的操作能力。正是这种继承特性，形成产生了新类，这个新类也称为子类或派生类，原来的类称为父类或基类，这种产生新类的方法叫类的派生，也称为类的继承。一个子类还可以派生新的子类，这种派生过程进行多次，形成不同层次的类，底层的子类具有它上面各层父类的全部数据、函数和访问特性，被称为类的纵向继承或单向继承。

一个类可从多个父类中继承，称为类的多重继承。例如，人可分为工人、农民、学生和教师等，它们都继承了人的特性，还可以细分：学生又可分为小学生、中学生、大学生和研究生（硕士和博士）；教师又可分为助教、讲师、副教授和教授。这样形成三个层次不同的类，其中研究生既可能是学生又可能是教师，继承了教师和学生的双重特性，故属于多重继承，如图6-17所示。

图 6-17 类层次与多重继承

由此可见，继承特性很符合人的思维方式，通过继承，一个对象可以获得另一个对象的属性，并可加入一些属于自己的特性。类继承的作用主要体现在三个方面：一是增强了类的共享机制，类的共享范围扩大能显著地减少创建新类与对象的工作量，有效地节约了存储空间；二是实现软件的可重用性，提高软件的可靠性；三是简化系统开发工作，使系统易于扩充并具有良好的开放性。

4. 多态性（Polymorphism）

多态性是指一个名字有多种功能或相同的界面有多种实现方法。它以封装和继承为基础，在抽象层面上去实施一个统一的行为，到个体层面时，这个统一的行为会因为个体形态特征不同而实施自己的行为特征。多态性的优点在于通过提供一个相同的接口可以通过不同的动作来访问，从而降低了问题的复杂度。多态性允许不同类的对象对同一消息做出响应。

【例 6-11】"学生"也是"人"的子类，同样继承了人的属性与行为。当然，学生有自己的特征行为，如"听课"。如果采用继承的方式，那么学生子类可以用下面的方式封装。

```
子类 学生 父类 人{
    听课（行为4）
}
```

从例 6-10 和例 6-11 可以看出，"人"是多态的，在不同的形态时，"人"的特征行为是不一样的。本例中，"人"同时有两种形态：一种是教师形态，另一种是学生形态，对应的特征行为分别是"授课"和"听课"。

〖问题提示〗面向过程程序设计是基于面向结构化过程语言的程序设计，其核心是自顶向下、逐步求精；面向对象程序设计是基于面向对象语言的程序设计，其核心是对象和类，两者都是对问题过程的抽象。面向对象程序设计并没有摒弃结构化程序设计方法，而是在充分吸收结构化程序设计优点的基础上引进了对象、类等新的、强有力的概念，从而开创了程序设计工作的新天地。

6.3.3 程序与软件的关系

程序是解决问题的步骤，软件是各种程序的统称，程序与软件可视为同一事物的两个侧面：程序是相对问题求解方法（算法＋数据结构）而言的；软件则是相对硬件而言的，硬件和软件是对计算机系统的抽象。由于软件是通过编译形成的可执行程序，所以人们常把软件称为"程序"。

1. 软件的基本元素

软件是由若干数据表、模块以及由模块衔接起来的关联（运行流程）构成的。各种不同的软件都是由多个不同的元素组成的，我们可将其描述为：

软件={数据(表)}+{模块}+{模块关联或流程}
模块={程序类}+{程序类（对象）的函数调用}
程序类={变量或数据结构}+{函数}

2. 软件的体系结构

软件体系结构（Software Architecture）是具有一定形式的结构化组件（构件或称为元素）的集合，通常包括处理组件、数据组件和连接组件。处理组件负责对数据进行加工；数据组件是被加工的信息；连接组件把体系结构不同的部分组合起来，使之成为一个整体。软件体系结构为软件系统提供一个结构（Structure）、行为和属性的高级抽象，从一个较高的层次来考虑组成系统的组件、组件之间的连接，以及由组件与组件交互形成的拓扑结构。因此，可把软件的体系结构描述为：

体系结构（Architecture）=组件（Components）+连接件（Connectors）+约束（Constraints）

软件体系结构显示了系统需求和构成系统元素之间的对应关系，提供了一些设计决策的基本原理，反映了软件系统开发中具有重要影响的设计决策，为软件开发设计提供一个合适的方案。

〖问题提示〗Architecture 与 Structure 均可译为"结构"，但前者是对系统的抽象，包含组件和连接件，通常称为系统结构或体系结构；后者是指组件之间的结构关系或结构框架。

§6.4 软件工程方法——"过程抽象"的基本思维

软件工程（Software Engineering）是研究大规模程序设计的方法、工具和管理的一门工程科学，应用计算机科学以及数学等理论，以工程化的原则和方法来指导计算机软件开发过程。也就是说，软件工程是用管理学的理论、方法进行软件生产管理，用工程学的观点进行费用估算、制定进度和实施方案，用数学方法建立软件可靠性模型以及分析各种算法和性质，其目标是提高软件生产率和软件质量，降低软件成本，因而综合体现了学科形态特征，每一步都是对软件抽象过程的细化。自软件工程概念的提出至今，经历了几十年的发展，软件工程已成为一门独立学科。

6.4.1 软件工程概念

软件工程是计算机学科中一个年轻并充满活力的研究领域。20世纪60年代末，为了克服"软件危机"，人们进行了大量的研究，逐渐形成了系统的软件开发理论、技术和方法。

1. 什么是软件危机

"软件危机（Software Crisis）"是1968年NATO（North Atlantic Treaty Organization，北大西洋公约组织）的计算机科学家在召开的国际学术会议上第一次提出来的，指软件开发和维护过程中所遇到的一系列严重问题。

（1）产生软件危机的原因：早期的软件开发主要采用手工作坊式方式，编制程序完全是一种技巧，主要依赖于开发人员的素质和个人技能，没有可遵循的原理、原则和方法，缺乏有效的管理。因此，不仅开发出来的软件在质量、可靠性、可维护性等方面较差，而且开发的时间、成本等方面无法满足需求，无法进行复杂的、大型的软件的开发，造成软件危机。

（2）软件危机的表现：一是难以在规定的时间内完成开发任务；二是软件产品的质量得不到保证；三是所开发的软件不能完全满足用户的要求。通过对软件危机的各种表现的分析可以看出，软件开发和维护过程中存在很多严重问题，一方面与软件本身的特点有关，另一方面与软件开发和维护的方法不正确有关。

2. 软件工程思想

为了缓解和解决软件危机，在1968年的NATO会议上，弗里兹•鲍尔（Fritz Bauer）首先提出了"软件工程"（Software Engineering）概念，并定义为："<u>软件工程是为了经济地获得能够在实际机器上有效运行的可靠软件而建立和使用的一系列完善的工程化原则。</u>"1983年，IEEE（Institute of Electrical and Electronics Engineers，美国电气及电子工程司协会）给出的定义为："<u>软件工程是开发、运行、维护和修复软件的系统方法。</u>"其中，"软件"的定义为："<u>软件是计算机程序、方法、规则、相关的文档资料以及在计算机上运行时所必需的数据。</u>"后来尽管有些人提出了许多更完善的定义，但主要思想都是强调在软件开发过程中需要应用工程化原则的重要性。

3. 软件工程要素

20世纪80年代，软件工程思想更为系统和完整，按照工程化的概念、原理、技术和方法来组织和规范软件开发的过程，软件方法、软件工具、软件过程构成了软件工程的三要素。

（1）软件方法（Software Method）：为软件开发提供"如何做"的技术，是完成软件工程项目的手段。软件方法包括多方面的任务，如项目计划和估算、软件系统需求分析、数据结构、系统总体结构设计、算法过程设计、编码、测试和维护等。

（2）软件工具（Software Tool）：为软件方法提供自动或半自动的软件支撑环境。计算机辅助软件工程（Computer-Aided Software Engineering，CASE）将各种软件工具、开发机器和存放开发过程信息的工程数据库组合起来，形成软件开发支撑系统。因此，软件工具是人类在开发软件的活动中智力和体力的扩展和延伸，自动支持软件的开发和管理，支持各种软件文档的生成。

（3）软件过程（Software Process）：将软件工程的方法和工具综合起来，以达到合理、及时地进行计算机软件开发的目的。过程定义了方法使用的顺序、要求交付的文档资料、为保证质量和协调变化所需要的管理及软件开发各阶段完成的任务。

4．软件生存周期

"软件生存周期"（Software Life Cycle）概念是在 20 世纪 70 年代中期提出的，也称为软件生命周期（Systems Development Life Cycle，SDLC），是指从软件的产生直到报废或停止使用的生命周期，犹如一种工业产品从订货开始，经过设计、制造、调试、使用维护，直到该产品最终淘汰且不再生产为止，这就是工业产品的生存周期。

软件生存周期概念的提出使软件开发按阶段性依此进行，该过程分为三个阶段：软件规划、软件开发和软件维护，如图 6-18 所示。

软件生存周期按照软件开发的规模和复杂程度，从时间上把软件开发的整个过程进行分解，形成几个独立阶段，并对每个阶段的目标、任务、方法做出规定，而且规定了一套标准文档作为各阶段的开发成果。软件生存周期各阶段的任务和文档要求及具体实施细节如表 6-2 所示。

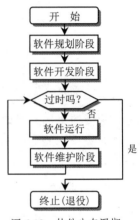

图 6-18　软件生存周期

表 6-2　软件生存周期的三个阶段

阶段 / 项目		任　务	文　档
软件规划阶段	问题定义	确定问题的性质、工程目标以及规模	可作为项目计划书中的一项
	项目计划	进行可行性分析，安排资源分配、进度	可行性分析报告、项目计划书
	需求分析	确定软件的功能、性能、数据、界面等	需求规格说明书
软件开发阶段	软件设计	把用户需求转变为符合成本和质量要求的方案	设计说明书，数据说明书等
	软件编码	用程序语言将软件设计转变为功能程序，即软件实现	遵循编码规范的源程序清单
	软件测试	发现软件中的错误并加以纠正，是保证软件质量的关键	软件测试计划、软件测试报告
维护退役	软件维护	为了改正错误或满足新的需要而修改和完善	记录软件维护过程
	软件退役	终止对软件产品的支持，软件停止使用	记录软件退役的原因、日期

采用软件生存周期来划分软件开发的工程化方法，使得软件开发变得"有章可循"，不仅使每一阶段的任务相对独立，有利于简化整个问题，便于不同人员分工协作，而且其严格而科学的评审制度保证了软件开发的质量，从而大大提高了软件开发的成功率和生产率。

6.4.2 软件工程目标

软件工程是从工程角度来研究软件开发的方法和技术,目标是在给定的时间和费用下开发出一个满足用户功能要求的、性能可靠的软件系统,即在给定成本、进度的前提下,开发出具有如下特性,并能满足用户需求的软件产品。

1. 可修改性（Modifiability）

可修改性是指允许对系统进行修改而不增加原系统的复杂性。可修改性应支持软件的调试与维护,是一个难以度量和难以达到的目标。

2. 有效性（Efficiency）

有效性是指软件系统能最有效地利用计算机的时间资源和空间资源。各种计算机软件无不将系统的时空开销作为衡量软件质量的一项重要技术指标。很多场合,在追求时间有效性和空间有效性方面会发生矛盾,这时不得不牺牲时间效率换取空间有效性或牺牲空间效率换取时间有效性。

3. 可靠性（Reliability）

可靠性是指能够防止因概念、设计和结构等方面的不完善造成的软件系统失效时,系统具有挽回因操作不当造成软件系统失效的能力。对于实时嵌入式计算机系统,可靠性是一个非常重要的目标。例如,宇宙飞船的导航、核电站的运行等实时控制系统中,一旦出现问题可能是灾难性的,后果不堪设想。因此,在软件开发、编码和测试过程中,必须将可靠性放在重要地位。

4. 可理解性（Understandability）

可理解性是指系统具有清晰的结构,能直接反映问题的需求。可理解性有助于控制软件系统的复杂性,并支持软件的维护、移植或重用。

5. 可维护性（Maintainability）

可维护性是指软件产品交付用户使用后,能够对它进行修改,以便改正潜伏的错误,改进性能和其他属性,使软件产品适应环境的变化。由于软件是逻辑产品,只要用户需要,它可以无限期地使用下去,因此软件维护是不可避免的,可维护性是软件工程中一项十分重要的目标。

6. 可重用性（Reusability）

可重用性是指概念或功能相对独立的一个或一组相关模块定义为一个软部件,软部件在多种场合的应用程度称为部件的可重用性。可重用部件应具有清晰的结构和注释,具有正确的编码和较低的时空开销。可重用性有助于提高软件产品的质量和开发效率、有助于降低软件的开发和维护费用。如果从更广泛的意义上理解软件工程的可重用性,还应包括:应用项目的重用、规格说明的重用、设计的重用、概念和方法的重用。一般,重用的层次越高,带来的效益越大。

7. 可适应性（Adaptability）

可适应性是指软件在不同的系统约束条件下,使用户需求得到满足的难易程度。适应性强的软件应采用广为流行的程序设计语言编码,在广为流行的操作系统环境中运行,采用标准的术语和格式书写文档。适应性强的软件较容易推广使用。

8. 可移植性（Portability）

可移植性是指软件从一个计算机系统或环境搬到另一个计算机系统或环境的难易程度。为了获得比较高的可移植性，软件设计过程通常采用通用的程序设计语言和运行支撑环境。对依赖于计算机系统的低级（物理）特征部分，如编译系统的目标代码生成，应相对独立、集中。这样与处理机无关的部分就可以移植到其他系统上使用。可移植性支持软件的可重用性和可适应性。

9. 可追踪性（Traceability）

可追踪性是指根据软件需求对软件设计、程序进行正向追踪，或根据程序、软件设计对软件需求进行逆向追踪的能力。软件可追踪性依赖于软件开发各个阶段文档和程序的完整性、一致性、可理解性。降低系统的复杂性会提高软件的可追踪性。软件在测试或维护过程中，或程序在执行期间出现问题时，应记录程序事件或有关模块中的全部或部分指令现场，以便分析、追踪产生问题的因果关系。

10. 可互操作性（Interoperability）

可互操作性是指多个软件元素相互通信并协同完成任务的能力。为了实现可互操作性，软件开发通常要遵循某种标准，支持这种标准的环境将为软件元素之间的互操作提供便利。

6.4.3 软件工程原则

软件开发目标适用于所有的软件系统开发。为了达到这些目标，在软件开发过程中必须遵循软件工程原则，我们可将其概括为 4 方面。

1. 选取合适的开发模型

在系统设计中，软件需求、硬件需求以及其他因素之间是相互制约和影响的，需要权衡。因此，应充分认识需求定义的易变性，采用适当的开发模型，保证软件产品满足用户的要求。

2. 选取合适的设计方法

在软件设计中通常要考虑软件的特征，采用合适的设计方法有利于特征的实现，以达到软件工程的目标。合适的设计方法包括以下 8 方面。

（1）抽象（Abstraction）：指抽取事物最基本的特性和行为，忽略非基本的细节。采用分层次抽象的办法可以控制软件开发过程的复杂性，有利于软件的可理解性和开发过程的管理。

（2）信息隐藏（Information Hiding）：指将模块中的软件设计决策封装起来，按照信息隐藏原则，系统中的模块应设计成"黑箱"，模块外部只使用模块接口说明中给出的信息，如操作、数据类型等。隐藏对象或操作的实现细节，使软件开发人员将注意力集中在更高层次的抽象上。

（3）模块化（Modularity）：模块（Module）是程序中逻辑上相对独立的成分，是一个独立的编程单位，应有良好的接口定义。例如，Basic 语言和 Fortran 语言中的子程序；Pascal 语言中的过程；C 语言程序中的自定义函数；C++语言程序中的类，等等。模块化有助于信息隐藏和抽象，有助于表示复杂的软件系统。模块的大小要适中，模块过大会导致模块内部复杂性的增加，不利于模块的调试和重用，也不利于对模块的理解和修改。模块太小会导致整个系统的表示过于复杂，不利于控制解的复杂性。模块之间的关联程度用耦合度（Coupling）度量；模块内部诸成分的相互关联及紧密程度用内聚度（Cohesion）度量。

(4) 局部化 (Localization): 指要求在一个物理模块内集中逻辑上相互关联的计算资源。从物理和逻辑两方面保证系统中模块之间具有松散的耦合关系,而在模块内部有较强的内聚性,这样有助于控制解的复杂性。

(5) 确定性 (Accuracy): 指软件开发过程中所有概念的表达应该是确定的、无歧义、规范的。这有助于人们之间在交流时不会产生误解、遗漏,保证整个开发工作协调一致。

(6) 一致性 (Consistency): 指要求整个软件系统(包括文档和程序)的各模块均应使用一致的概念、符号和术语;程序内部接口应保持一致;软件与硬件接口应保持一致;系统规格说明与系统行为应保持一致;用于形式化规格说明的公理系统应保持一致等。一致性原则支持系统的正确性和可靠性。实现一致性需要良好的软件设计工具(如数据字典、数据库、文档自动生成与一致性检查工具等)、设计方法和编码风格的支持。

(7) 完备性 (Completeness): 指要求软件系统不丢失任何重要成分,完全实现系统所需功能的程度在形式化开发方法中,按照给出的公理系统,描述系统行为的充分性;当系统处于出错或非预期状态时,系统行为保持正常的能力。完全性要求人们开发必要且充分的模块。为了保证软件系统的完全性,软件在开发和运行过程中需要软件管理工具的支持。

(8) 可验证性 (Verifiability): 指开发大型软件系统需要对系统逐步分解,系统分解应该遵循系统容易检查、测试、评审的原则,以便保证系统的正确性。采用形式化开发方法或具有强类型机制的程序设计语言及其软件管理工具,可以帮助人们建立一个可验证的软件系统。

抽象和信息隐藏、模块化和局部化的原则支持软件工程的可理解性、可修改性和可靠性,有助于提高软件产品的质量和开发效率;一致性、完全性、可验证性的原则可以帮助人们实现一个正确的系统。

3. 提供高质量的工程支撑

工欲善其事,先必利其器。在软件工程中,软件工具与环境对软件过程的支撑极为重要。软件工程项目的质量与开销直接取决于对软件工程所提供的支撑质量和效用。

4. 重视软件工程的管理

软件工程的管理直接影响可用资源的有效利用、生产满足目标的软件产品以及提高软件组织的生产能力等。因此,只有对软件过程予以有效管理,才能实现有效的软件工程。

6.4.4 软件开发模型

在软件开发发展过程中,为了从宏观上管理软件的开发和维护,必须对软件的开发过程有总体的认识和描述,即要对软件过程建模。软件开发模型是软件开发的指导思想和全局性框架,它的提出和发展反映了人们对软件过程的某种认知观,体现了人们对软件过程认识的提高和飞跃。软件开发模型是从一个特定角度提出的软件过程的简化描述,是一种开发策略,针对软件工程的各阶段提供了一套模型,使工程的进展达到预期的目的。因此,可定义为"软件开发模型是软件开发全部过程、活动和任务的结构框架"。

软件开发模型能清晰、直观地表达软件开发全过程,明确规定了要完成的主要活动和任务,用来作为软件项目开发工作的基础。其中每个开发模型都代表了一种将本质上无序的活动转换为有序化的步骤,每个模型都具有能够指导实际软件项目的控制及协调的特性。对于不同的软件系统，采用不同的开发方法、使用不同的程序设计语言以及各种不同技能的人员、不同的管理方法和手段等，还应允许采用不同的软件工具和不同的软件工程环境。

20 世纪 60 年代以来，随着软件工程思想逐渐形成与发展，出现了很多软件过程模型与方法，如瀑布模型、增量模型和螺旋模型等，被称为传统软件过程模型。这些模型的出现很好地解决了当时软件开发过程的各类问题，使软件开发的小作坊式的随意开发变得日益规范起来。在人们不断地改进传统软件过程模型的同时，新的模型和方法也不断地涌现，以"敏捷过程（Agile Process）""极限编程（Extreme Programming）""净室软件工程（Cleanroom Software Engineering）"等为代表的新的过程模型被越来越多地运用到日常的开发工作中去。这些模型的提出不断丰富着软件过程理论，也为开发者提供了一个可参考的过程框架。但是，这些新方法或多或少仍有一定的局限性，这也是激励人们对现有的软件过程及其模型进行持续改进的原动力。下面简要介绍几种常见的软件开发模型。

1. 瀑布模型（Waterfall Model）

瀑布模型是在 1970 年由 Winston Royce 提出的最早出现的软件开发模型，将软件开发过程中的各项活动规定为依固定顺序连接的若干阶段工作，形如瀑布流水，最终得到软件系统或软件产品。瀑布模型将开发过程划分成若干既互相区别又彼此联系的阶段，每个阶段的工作都以上一个阶段工作的结果为依据，同时作为下一个阶段的工作前提。我们可把瀑布模型的全过程归纳为：制订计划、需求分析、系统设计、软件编码、软件测试、运行和维护 6 个步骤，其流程如图 6-19 所示。

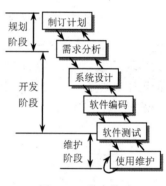

图 6-19　瀑布模型

瀑布模型规定了 6 个工程活动，并规定了自上而下、相互衔接的固定次序，它如同瀑布流水，逐级下落。然而，软件开发实践表明，这 6 项活动之间并非完全是自上而下，呈线性图式。实际情况中每项开发活动大都具有以下特点：

（1）从上一项开发活动接受该项活动的工作对象作为输入；

（2）利用这一输入，实施该项活动应完成的工作内容；

（3）给出该项活动的工作成果作为输出传给下一开发活动；

（4）对该项活动的实施工作成果进行评审。若其工作成果得到确认，则继续进行下项开发活动，如图 6-19 中的向下箭头所示；否则，返回前一项，甚至更前项的活动。

由图 6-19 可知，瀑布模型与图 6-18 软件生存周期过程是完全一致的。40 多年来，瀑布模型广泛流行这是由于它在支持开发结构化软件、控制软件开发复杂度、促进软件开发工程化方面起到了显著作用。它为软件开发和维护提供了一种较为有效的管理模式，制订开发计划、进行成本预算、组织开发人员以阶段评审和文档控制为手段，有效地对软件开发过程进行指导，从而对软件质量有一定程度的保证。我国曾在 1988 年依据该开发模型制定并公布了"软件开发规范"国家标准，对软件开发起到了良好的促进作用。

当然，瀑布模型在实践中也暴露了它的不足和问题，由于是固定的顺序，前期阶段工作中所造成的差错越拖到后期阶段，则造成的损失和影响也越大，为了纠正它而花费的代价也越高。

2. 螺旋模型（Spiral Model）

螺旋模型是由 TRW 公司的 B.Boehm 于 1988 年提出的，它是在瀑布模型的基础上，强调其他模型均忽略了的风险分析。螺旋模型更适合大型软件的开发，对于具有高度风险的大型复杂软件系统的开发是较为实际的方法。螺旋模型沿着螺旋线进行若干次迭代，将开发计划在笛卡尔坐标的 4 个象限上分别表达制订计划、风险分析、实施工程、客户评估 4 方面的活动。

制定计划：确定软件目标，选定实施方案，明确项目开发的限制条件。

风险分析：分析可选方案，分析识别风险，研究解决化解风险的办法。

实施工程：实施软件产品的开发过程。

客户评估：客户对当前工作结果进行评估，提出改进产品的建议。

螺旋模型是由这 4 个活动组成的迭代模型。沿着螺旋线每转一圈，表示开发出一个更完善的新软件版本。如果开发风险过大，开发机构和客户无法接受，项目有可能就此终止；多数情况下会沿着螺旋线继续下去，自内向外逐步延伸，最终得到满意的软件产品。螺旋模型如图 6-20 所示。

螺旋模型既适用于面向过程，也适用于面向对象的软件开发方法，同样适用于二者的组合，它是支持大型软件开发并具有广泛应用前景的模型之一。

3. 喷泉模型（Fountain Model）

喷泉模型是由 B.H. Sotlers 和 J.M. Edwards 于 1990 年提出的一种新开发模型。喷泉一词本身就体现了迭代和无间隙的特性，表明软件开发活动之间没有明显的间隙。无间隙指在各项活动之间无明显边界，如分析和设计活动之间没有明显的界限。喷泉模型主要用于采用对象技术的软件开发项目，如图 6-21 所示。

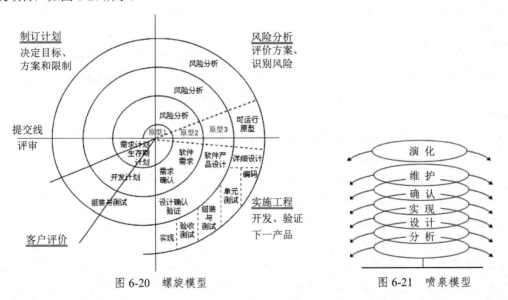

图 6-20 螺旋模型 　　　　　　　　图 6-21 喷泉模型

由于对象概念的引入，表达分析、设计、实现等活动只用对象类和关系，从而可以较为容易地实现活动的迭代和无间隙，使其开发自然地包括对象的复用。软件的某部分常常重复工作多次，相关对象在每次迭代中随之加入渐进的软件成分。

4. 智能模型（Intelligent Model）

智能模型是基于其他模型优点和知识的开发模型，并与专家系统相结合，是知识工程与软件工程在开发模型上结合的产物。因此，智能模型有别于其他开发模型，并可协助软件开发人员完成开发工作。智能模型的基本结构如图 6-22 所示。

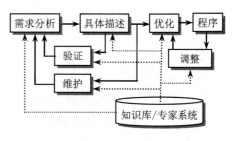

图 6-22 智能模型

智能模型的维护并不在程序一级上进行，而在功能规约一级进行，这样可把问题的复杂性大大降低，从而可以把精力更多集中于具体描述的表达上。具体描述可以使用形式功能规约，也可以使用知识处理语言描述等，因而必须将规则和推理机制应用到开发模型中，所以必须建立知识库，将模型本身、软件工程知识和特定领域的知识分别存入知识库，由此构成某领域的软件开发系统。智能模型应用于规则系统，采用归纳和推理机制，帮助软件人员完成开发工作，并使维护在系统规格说明一级进行。

5．面向对象模型（Object Oriented Model，OOM）

面向对象模型（OOM）是一个基于"组件（构件）"的对象模型。组件是指一个对象，作为一个逻辑紧密的程序代码包，有良好的接口。基于组件的开发（Component-Based Development，CBD）或基于组件的软件工程（Component-Based Software Engineering，CBSE）是一种软件开发新模型。这种模型是在一定组件模型的支持下，复用组件库中的一个或多个软件组件，通过组合手段高效率、高质量地构造应用软件系统的过程。面向对象模型的结构如图 6-23 所示。

面向对象模型从软件需求开始，通过检索组件库，一方面进行组件开发，另一方面进行需求开发。然后，在进行面向对象分析（Object Oriented Analyse，OOA）的过程中，它可以在重用组件库中读取组件，并快速建立起面向对象分析原型（第一次实验性开发的软件）。同理，在进行面向对象设计（Object Oriented Design，OOD）时，在重用组件库中读取组件，快速建立原型。然后，利用生成技术，建成一个目标系统。

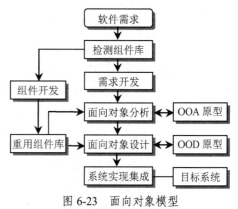

图 6-23 面向对象模型

由此可见，面向对象模型可以使开发人员有效地进行软件复用，减少重复开发，缩短软件的开发时间，降低软件的开发成本。在面向对象模型中，一个系统可以由重用组件组装而成，甚至通过组装可重用的子系统而创建更大的系统。

6.4.5 软件开发方法

软件开发模型只是建立了开发过程的一个框架，它将软件开发的各阶段划定在框架之内，而软件开发方法是从形式上定义软件开发的实现问题。软件开发是在不断的实践过程中形成的，并在一定程度上受程序设计方法的影响，但软件开发方法绝不仅限于程序设计，包含了更多的软件工程活动，并且贯穿于整个软件工程活动过程。目前，常见的软件开发方法有以下 6 种。

1．结构化方法

结构化方法是 1978 年美国科学家尤顿（Edward Yourdon）和康斯坦丁（L.L. Constantine）提

出的，也称为尤顿方法或称为面向数据流的软件开发方法（SASD）。1979 年，汤姆·迪马克（Tom DeMarco）对此方法进行了完善，成为 20 世纪 80 年代使用最广泛的软件开发方法。它首先使用结构化分析（Structured Analysis，SA）方法对软件进行需求分析，然后用结构化设计（Structured Design，SD）方法进行总体设计，最后是结构化编程（Structured Program，SP）。结构化方法不仅开发步骤明确，结构化分析、结构化设计、结构化编程相辅相成，一气呵成，而且给出了两类典型的软件结构（变换型和事务型），便于参照，使软件开发的成功率大大提高，从而深受软件开发人员的青睐。

2．面向数据结构方法

面向数据结构方法是结构化方法的变形，注重的是数据结构而不是数据流。结构化方法以分析信息流为主，用数据流图来表示信息流；而面向数据结构方法是以信息对象及其操作为核心进行需求分析，并用数据结构图来表示，至今仍广泛使用的软件开发方法。

面向数据结构开发的基本思想是从目标系统的输入、输出数据结构入手，导出程序的基本框架结构，然后对细节进行设计，得到完整的程序结构图，因而该方法对输入、输出数据结构明确的中小型系统特别有效。典型的面向数据结构方法有 Warnier 方法和 Jackson 方法。

（1）Warnier 方法：1974 年法国科学家沃尼（J.D. Warnier）提出的结构化数据系统开发方法（Data Structured Systems Development，DSSD），使用的图形工具为 Warnier 图，在构造程序框架时仅考虑输入数据结构。

（2）Jackson 方法：1975 年英国科学家杰克逊（M.A. Jackson）提出的系统开发方法（Jackson Systems Development，JSD），使用的图形工具是 Jackson 图，在构造程序框架时，不仅考虑输入数据结构，还考虑输出数据结构。

面向数据结构方法开发的重点都在于数据结构，即从目标系统输入、输出，通过数据结构的分析导出软件结构。Warnier 方法和 Jackson 方法两者的差别体现在：一是图形工具不同，二是使用的代码不同，三是在构造程序框架时输入、输出数据结构不同。

3．面向问题分析法

面向问题分析法（Problem Analysis Method，PAM）是 20 世纪 80 年代末由日立公司提出的一种软件开发方法。面向问题分析法希望能兼顾 Jackson 方法和自底向上的软件开发方法的优点，而避免它们的缺陷。面向问题分析法的基本思想是：考虑到输入、输出数据结构，指导系统的分解，在系统分析指导下逐步综合。面向问题分析法的具体步骤是：从输入、输出数据结构导出基本处理框，分析这些处理框之间的先后关系，按先后关系逐步综合处理框，直到画出整个系统的问题分析图。

面向问题分析法本质上是自底向上的方法，但在逐步综合之前进行了有目的的分解，这个目的就是充分考虑系统的输入、输出数据结构。由于面向问题分析法在输入、输出数据结构与整个系统之间同样存在着鸿沟，因而该方法只适用于中小型问题。

4．面向对象开发方法

随着面向对象编程（OOP）、面向对象设计（OOD）和面向对象分析（OOA）的发展，在 20 世纪 90 年代形成了基于对象建模技术（Object Modeling Technique，OMT）的软件开发方法。这是一种自底向上和自顶向下相结合的方法，以对象建模为基础，不但考虑了输入、输出数据结构，而且包含了所有对象的数据结构，所以 OMT 完全实现了 PAM 没有完全实现的目标。由于面向对象体系的构造是从具体到抽象，再从抽象到具体，符合人类的思维规律，因此能更快、更方便地完成软件开发任务。不仅如此，面向对象技术在软件开发三个关键环节：需求分析、可维护性和可靠性，以及质量指标上有了实质性的突破，基本解决了在这方面存在的严重问题。

5. 可视化开发方法

可视化开发方法是基于可视化程序设计（Visual Programming）的开发方法。可视化程序设计是在面向对象程序设计基础上的面向 Windows 界面编程，即在程序设计过程中能及时看到程序设计的效果，形成可视化图形界面（Visual Graphic User Interface，VGUI）。具有这种功能的编程语言有 Visual Basic、Visual C++、C#、Delphi、Java、Visual Prolog 等。例如，2002 年微软公司推出的 Visual C++的最新版本——Visual C++ .NET，不仅继承了以往 Visual C++各版本的优点，还增加了许多新的特性，使得开发能力更强、开发的效率更高。可视化编程具有两个重要特点。

（1）基于面向对象思想：可视化编程中的界面基本由控件组合而成，控件就是在程序中能够完成与用户交互、程序运算等功能的部件。

（2）先绘界面后写代码：拖曳需要的各类控件，并设置各种对象的位置、颜色、大小、字体和标题等属性。然后，针对不同对象对键盘、鼠标等操作可能响应的事件编写程序代码。

基于可视化编程的可视化开发方法是在可视开发工具提供的图形用户界面上，通过操作界面元素，如菜单、按钮、对话框、编辑框、单选框、复选框、列表框和滚动条等，由可视开发工具自动生成应用软件。Windows 提供的应用程序设计接口（Application Programming Interface，API），包含 600 多个函数，极大地方便了图形用户界面的开发。为了便于非专业开发人员，Windows API、Borland C++的 Object Windows 提供了许多可视化的开发工具。

可视化开发是软件开发方式上的一场革命，它使软件开发从专业人员的手中解放出来，对缓解 20 世纪 80 年代中后期爆发的应用软件危机起到了重大作用。

〖问题提示〗可视化与图形学密切相关，涉及显示图像算法、实体对象的计算机表示、图像处理方法等。可视化技术在多媒体、虚拟现实、人工智能等技术领域中有着重要应用。

6. 软件重用和组件连接

软件重用（Reuse）又称为软件复用或软件再用，是 1968 年 NATO 软件工程会议上提出的可复用库的思想。1983 年，美国计算机科学家彼得·弗里曼（Peter Freeman）给出了软件重用的定义："在构造新的软件系统的过程中，对已存在的软件人工制品的使用技术。"软件人工制品可以是源代码片段、子系统的设计结构、模块的详细设计、文档和某方面的规范说明等，所以软件重用是利用已有的软件成分来构造新的软件。软件重用可以大大减少软件开发所需的费用和时间，且有利于提高软件的可维护性和可靠性。目前，软件重用沿着如下三个方向发展。

（1）基于软件复用库重用：一种传统的软件重用技术，这类软件开发方法要求提供软件可重用成分的模式分类和检索，且要解决如何有效地组织、标识、描述和引用这些软件成分。

（2）与面向对象技术结合：面向对象技术中类的聚集、实例对类的成员函数或操作的引用、子类对父类的继承等使软件的可重用性有了较大的提高，而且这种类型的重用容易实现。

（3）组件连接：组件（Component）是指将单个应用程序分割成多个独立的部分，组件连接是对数据和方法的封装与重用，是 OOM 的延伸，也是目前发展最快的软件重用方式。最早的组件连接技术（Object Linking and Embedding，OLE）是 Microsoft 公司于 1990 年 11 月在计算机经销商博览会（COMputer DEaler's eXpo，COMDEX）上推出的，并且给出了软件组件（Component Object）的接口标准。这样，任何人都可以按此标准独立地开发组件和增值组件（组件上添加一些功能构成新的组件），或由若干组件组建集成软件。因此，软件重用技术方法备受欢迎，应用系统的开发人员可以把主要精力放在应用系统本身的研究上，因为他们可以在组件市场上找到所需的大部分组件。

本章小结

1. 利用计算机语言将解决问题的方法、公式、步骤等编写成程序的整个过程称为程序设计。程序设计的任务是用计算机语言把用户提出的任务做出描述并予以实现，包含抽象、理论、设计。

2. 目前，最常使用的程序设计方法是结构化程序设计和面向对象程序设计。其中，结构化程序设计强调的是程序结构的清晰性，面向对象程序设计强调的是运行效率和可维护性。

3. 计算机的运行和效率的发挥依赖于操作系统，而计算机软件的形成依赖于翻译程序。无论是系统软件还是应用软件，都要通过翻译程序将源代码程序翻译形成机器代码程序才能形成可运行的程序，即使操作系统软件也不例外。翻译程序是实现计算机语言与计算机操作系统和计算机硬件之间沟通的桥梁，是计算机执行用户程序命令的翻译工具，也是软件开发平台的核心。

4. 软件工程是研究大规模程序设计的方法、工具和管理的一门工程科学。随着计算机科学技术的全面发展，软件工程方法将会在大型程序设计和软件开发中发挥越来越重要的作用。

5. 程序设计语言、程序设计方法、软件工程方法全面体现了计算思维本质，程序设计语言、程序设计方法和软件工程方法是对现实问题抽象的结果，程序设计的目的是为了实现自动化。

习 题 6

一、选择题

1. 程序设计中的抽象主要包括过程抽象、数据抽象和（　　），可视为程序设计的"三要素"。
   A．控制抽象　　　B．抽象方法　　　C．抽象方法　　　D．问题抽象

2. 面向过程程序设计语言可分为低级语言、汇编语言、高级语言。其中，高级语言具有（　　）、编程方便、功能性强三个显著特点。
   A．面向问题　　　B．高度抽象　　　C．自动执　　　D．编程方便

3. 我们把支持对象、类、封装和（　　）特性的语言称为面向对象程序设计语言。
   A．连续性　　　　B．集成　　　　　C．继承性　　　　D．快速性

4. 用高级语言编写的源程序，要转换成等价的可执行程序，必须经过（　　）。
   A．汇编　　　　　B．编辑　　　　　C．解释　　　　　D．编译和连接

5. 计算机能直接执行的程序语言是（　　）。
   A．机器语言　　　B．自然语言　　　C．汇编语　　　　D．高级语言

6. 能将高级语言或汇编语言源程序转换成目标程序的是（　　）。
   A．解释程序　　　B．汇编程序　　　C．编译程序　　　D．连接程序

7. 用（　　）编写的程序不需要通过翻译程序翻译便可以直接执行。
   A．低级语　　　　B．高级语言　　　C．机器语　　　　D．汇编语言

8．程序设计的任务是利用（　　）把用户提出的任务做出描述并予以实现。
　　A．数学方法　　　B．数据结构　　　C．计算方法　　　D．计算机语言
9．在面向过程程序设计中可分为流程图程序设计、模块化程序设计和（　　）程序设计。
　　A．结构化　　　　B．可视化　　　　C．现代　　　　　D．自动化
10．在面向对象程序设计中有三个基本特征，（　　）不属于面向对象程序设计特有的特征。
　　A．封装性　　　　B．抽象性　　　　C．继承性　　　　D．多态性

二、问答题
1．计算机在解决各特定任务中，通常涉及几方面的内容？
2．程序、算法、数据结构三者之间有何关系？
3．计算机指令、计算机语言和计算机软件的区别是什么？
4．高级语言与机器语言有何区别？
5．解释系统的工作过程是什么？它能否生成目标程序？
6．编译系统与解释系统的区别是什么？哪一种方式运行更快？
7．面向对象程序设计的本质是什么？
8．采用面向对象程序设计的优点是什么？
9．"软件工程"课程研究包括哪些内容？
10．软件生存周期可以分为哪几个阶段？

三、讨论题
1．同一个具体问题由不同人的编写出求解程序，其运行效率和运行结果是否完全一样？
2．所有软件都是通过编译系统编译形成的，那么编译程序本身是怎样形成的呢？

基本理论——问题求解的算法构建

第 7 章 问题求解的算法基础

【问题引出】第 6 章介绍了程序设计的基本思维，程序设计的目的是实现问题求解。对初学者而言，程序设计的难点在于语言基本要素和语法规则的掌握，而设计出高水平程序的基础是良好的算法设计。算法是问题求解的灵魂，被公认为计算科学的基石，也是计算思维的具体体现。那么，面对各类问题的求解，如何选择适合的算法呢？这就是本章要讨论的问题。

【教学重点】数值数据的描述、计算的复杂性、数值数据的常用算法、非数值数据的数据结构类型及其处理方法、数据元素的查找与排序。

【教学目标】掌握算法的基本概念；了解数值数据的常用描述方法和计算的复杂性概念；熟悉数值数据的常用算法、非数值数据的常见结构及其处理方法、数据元素的查找与排序方法。

§7.1 算法——问题求解的核心

计算机科学的宗旨是如何利用计算机来处理复杂问题，这些问题可概括为三类：第一类是数值数据求解，是计算机应用研究最早的领域，已对各类数值模型设计形成了许多行之有效的算法，即计算方法，主要用于科学计算；第二类是数据元素的查找和排序，已形成"查找与排序"的有效算法，主要用于情报信息检索；第三类是非数值数据处理，虽然其研究不如前两类成熟，但已构成基本模型，即数据结构，主要用于数据信息管理。无论是哪一类问题，求解的核心都是算法。

7.1.1 算法的基本概念

算法（Algorithm）是一种求解问题的思维方式，是对事物本质的数学抽象。具体说，算法是由基本运算规则和运算顺序构成的、完整的解题方法和步骤，是程序设计的核心。

1. 算法的起源

算法的中文名称出自我国西汉末年（公元前 1 世纪）编撰的天文学著作《周髀算经》，其中提出了关于测量太阳高和远的陈子测日法。《周髀算经》是我国最古老的天文学著作，它在数学上的主要成果是介绍了勾股定理（Pythagorean Theorem）及其在测量上的应用和怎样引用到天文计算。

公元 825 年，一位名叫阿勒·霍瓦里茨米（拉丁文 al-Khowarizmi）的阿拉伯数学家写了一本著名的教科书《波斯教科书》（*Persian Textbook*），提出了"算法"概念，并且概括了进行算术四则运算的法则。现代"算法"的英文 Algorithm 就来源于这位数学家的名字。

算法研究史上最著名的古老算法是用于求两个整数的最大公约数的欧几里得（Euclid）算法。这个算法最早出现在大约公元前 350—300 年由古希腊数学家欧几里得写成的《*Elements*》（《几何原本》）中，它被人们公认为是算法史上的第一个算法，欧几里得算法的原理是重复应用等式

$$\gcd(m, n) = \gcd(n, m \bmod n)$$

其中，$\gcd(m, n)$ 表示求正整数 m，n 的最大公约数；$m \bmod n$ 为 $\mathrm{mod}(m, n)$，表示 m 除以 n 之后的余数。

【例7-1】 用欧几里得算法求91和52的最大公约数。

[解析] 对于两个已知数 a 和 b（设 $a>b$），用欧几里得算法求最大公约数的计算过程为：

$$r_1=\text{mod}(a, b) \quad r_2=\text{mod}(b, r_1) \quad r_3=\text{mod}(r_1, r_2)$$

一直计算直到 $\text{mod}(r_{n-1}, r_n)=0$，这时 r_n 就是 a 和 b 的最大公约数。

该算法是一个典型的循环结构，通过反复迭代执行，直到余数 $r=0$ 时才停止运算，因而又称为辗转相除法。求解过程如下：

Step1:　　　　mod(91, 52)=39
Step2:　　　　mod(52, 39)=13
Step3:　　　　mod(39, 13)=0

即13就是91和52的最大公约数。

因此定义：<u>算法是为解决特定问题所采取的方法和步骤的描述，是指令的有限序列。算法所处理的对象就是为解决特定问题所涉及的相关数据，是逐步（step-by-step）执行某类计算的方法。</u>

〖**问题提示**〗欧几里得算法见参考文献[23]第10章，可以求解最大公约数与最小公倍数。

2．算法的特征

算法是求解问题的方法和步骤，并具有完整的规则。著名计算机科学家唐纳德·E·克努斯（Donald E. Knuth）在所著 *The Art of Computer Programming* 中把算法归纳为以下5个显著特征。

（1）确定性（Certainty）：又称为唯一性，算法的每个步骤（每条指令）都必须有确切的含义，不能有二义性（Ambiguity）。计算机只能根据程序员给它的具体明确的步骤执行，且同一个步骤不能有多种理解。算法描述中如果出现"好像"之类的似是而非的语法成分，则是非确定的。例如，在进行汉字读音辨认时，汉字"解"在"解放"中读作 jiě，但作为姓氏时读作 xiè，这就是多义性。如果算法中存在多义性，计算机将无法正确执行。

（2）有效性（Effectiveness）：又称为可行性，算法中所描述的每个运算和每个操作必须是可以通过有限次基本运算来实现的，即每条指令都必须是切实可行的，都能得出确定的结果。例如，一个数被0除就不能满足有效性，即在分式表达式中，要避免出现分母为零的情况。

（3）有穷性（Finiteness）：一个算法是有限步骤的描述，因此必须在执行有穷步骤后正常结束。算法中如果出现"死循环"等现象，就不符合算法有穷性的要求。例如，求级数 $2n \times n!$，只有当 n 具有确定的值时才能有唯一的结果。当 n 趋向于无穷大时，则是无终止的计算，这样的计算是没有任何意义的。

（4）有零个或多个输入（Input）：要使给出的问题具有确切的解答，必须给算法提供加工的原始数据（初始值）。如果算法本身能够生成数据，则可不需外界数据。

（5）有一个或多个输出（Output）：算法实现的目标是经过加工处理后获得结果，此结果只有输出才能为用户所用。因此，算法至少有一个输出，没有输出的算法是没有意义的。

7.1.2 算法的设计要求

在设计一个具体算法时，不仅遵守上述5个基本特征，还必须满足以下4项基本要求。

1．正确性（Correctness）

正确性是指对一切合法的输入，都能在有限次的计算后产生正确的结果。算法的正确是评价一个算法优劣的重要指标，一旦完成对算法的描述，必须证明它是正确的。然而，在实际问题中，不可能检测每个计算步骤的正确性，通常采用测试方法，即选择典型数据进行实际计算。例如，在处理包含条件的问题时，可以选取条件边界处的数据进行输入，以验证程序的正确性。

2．可读性（Readality）

可读性是指算法可供人们阅读的容易程度。一个好的算法应便于阅读、理解、编码、修改等。从书写角度来说，结构上要直观、清晰、美观，并在必要的地方加上注释说明。

3．健壮性（Robustness）

健壮性是指一个算法对不合理输入数据的反应能力和处理能力。一个算法除了对合法的输入数据能得到正确的结果，还应对非法的或不合乎要求的输入数据做出正确合理的处理，这就要求程序设计时要充分考虑异常情况（Unexpected Exceptions）。健壮性体现了思维的缜密性，如果没有对算法进行仔细认真的考察，特别是极端数据、特殊数据的处理，就很可能使算法失去准确性。

【例 7-2】根据三角形三条边的边长求三角形的面积。

[解析] 如果按照计算公式求解则描述则为：
Step1：　　　　输入三条边的边长 a、b、c
Step2：　　　　计算 $s = (a+b+c)/2$
Step3：　　　　计算 area $= \sqrt{s(s-a)(s-b)(s-c)}$
Step4：　　　　输出 area 的值

按照上述计算步骤，只要输入三角形的三条边长，就能计算并输出该三角形的面积。但是该算法没有考虑到如果输入的三个数不能构成一个三角形时，程序应该如何处理呢？显然，该算法虽然正确，但缺乏健壮性，需要在上述算法步骤 Step1 后增加一条判断语句，即可保障其健壮性。

Step2：　　　　如果 $a+b>c$ 且 $b+c>a$、$a+c>b$，则执行 Step3
　　　　　　　否则，输出提示信息"数据输入不合理"并结束程序

这样，算法考虑了对输入了不合理数据的处理，所以满足了对健壮性的要求。

4．算法的运行效率

算法的运行效率是指在程序执行时，所需耗用的时间和所占用的内存空间。耗用的时间和占用的空间越少，则算法的运行效率越高。算法的运行效率是评价算法好坏的重要指标。

7.1.3 算法的复杂性

在解决同一个问题时往往可选用不同的算法，而不同的算法会决定着解决问题的复杂程度和性能（程序执行所需的时间和所占用的内存空间）。那么，如何衡量（评价）一个算法的优劣（好坏）呢？下面通过实例来说明选择算法的重要性。

【例 7-3】计算 n 次多项式

$$f(x) = a_1x^n + a_2x^{n-1} + a_3x^{n-2} + \cdots + a_nx + a_{n+1}$$

[解析] 若采用直接法，计算第 1 项要做 n 次乘法运算，其中求乘幂为 $(n-1)$ 次，乘系数再加 1 次。计算第 2 项要做 $(n-1)$ 次乘法，第 3 项要做 $(n-2)$ 次乘法，⋯，第 n 项做 1 次乘法，整个算法要计算 $[n(n+1)/2]$ 次乘法以及 n 次加法。若将多项式改写为

$$f(x) = \{[\cdots(a_1x+a_2)x+a_3]x+\cdots+a_n\}x+a_{n+1}$$

则被称为秦九韶算法。每层括号中的值均为 $P_i = P_{i-1}x + a_i$，对 P 值重复计算 $n+1$ 次，共计算乘法与加法各 $n+1$ 次即可。秦九韶算法的描述如下：

```
input(n, x);
input(coefficients array a[n+1]);
p=0;
for(i=1; i<=n+1; i++)
    p=p*x+a[i];
printf(p);
```

比较两种算法，由于做一次乘法运算比做一次加法运算在时间上要长数十倍，如果忽略在加法次数上的差异，直接法的乘法次数与 n^2 成正比，秦九韶算法的乘法次数与 n 成正比，差异极大，它反映了一个算法的效率，即运行该算法时计算机所占用的时间和存储空间。显然，占用的时间和空间越少，则算法的效率越高。因此，一个算法的优劣常用时间复杂度和空间复杂度来衡量。

1. 时间复杂度（Time Complexity）

算法的时间复杂度是指度量时间的复杂性，即算法的时间效率的指标。换言之，时间复杂度是与求解问题的规模、算法输入数据相关的函数，该函数表示算法运行所花费的时间。为了简化问题，通常用算法运行某段代码的次数来代替准确的执行时间，记为 $T(n)$。T 即 Time 的首字母，$T(n)$ 中的 n 表示问题规模的大小，一般指待处理的数据量的大小。

在实际的时间复杂度分析中，经常考虑的是当问题规模趋于无穷大的情形，因此引入符号"O"，以此简化时间复杂度 $T(n)$ 与求解问题规模 n 之间的函数关系，简化后的关系是一种数量级关系。这样，算法的时间复杂度记为 $T(n)=O(f(n))$。其中，n 表示问题的规模；$T(n)$ 表示渐进时间复杂度；$f(n)$ 是问题规模 n 的函数；$O(f(n))$ 取的是函数 $f(n)$ 的上界。当且仅当存在正常数 c 和 n_0，对所有的 n（$n \geq n_0$），满足 $T(n) \leq c \times f(n)$，此时将 $c \times f(n)$ 记为 $O(f(n))$。

【例7-4】求两个 n 阶矩阵相乘的算法描述如下：

```
for (i=1; i<=n; i++)
    for (j=1; j<=n; j++)
    {
        c[i][j]=0;                              // 语句1
        for(k=0; k<n; k++)
            c[i][j]=c[i][j]+a[i][k]*b[k][j];    // 语句2
    }
```

要计算上面代码的时间复杂度，其实只需要计算语句1和语句2的执行次数（频率）。设语句的执行次数为 $f(n)$，语句 1 的执行次数为 n^2，语句 2 的执行次数为 n^3，则有 $f(n)=n^2+n^3$，因为 $n^2+n^3 \leq c \times n^3 = O(n^3)$，所以上面程序段的时间复杂度为 $O(n^3)$。

如果某个算法的时间复杂度为 $T(n)=n^2+2n$，那么，当求解规模 n 趋于无穷大时，则 $T(n)/n^2 \to 1$，表示算法的时间复杂度与 n^2 成正比，记为 $T(n)=O(f(n))=O(n^2)$。

时间复杂度最好的算法是常数数量级的算法。常数数量级算法的运行时间是一个常数，所消耗的时间不随所处理的数据个数 n 的增大而增长。或者说，常数数量级的算法和所的数据个数 n 无关，表示为 $O(c)$，其中 c 表示任意常数。

2. 空间复杂度（Space Complexity）

算法的空间复杂度是指算法运行的存储空间，是实现算法所需的内存空间的大小。空间复杂度也是与求解问题规模、算法输入数据相关的函数，记为 $S(n)$。S 为英文单词 Space 的第一个字母，n 代表求解问题的规模，一般指待处理的数据量的大小。空间复杂度主要也是考虑当问题规模趋于无穷大的情形，符号"O"同样被用来表示空间复杂度 $S(n)$ 与求解问题规模 n 之间的数量级关系。例如，$S(n)=O(n^2)$表示算法的空间复杂度与n^2成正比，记为$S(n)=O(n^2)$。

空间复杂度的分析方法与时间复杂度的分析是类似的，往往希望算法有常数数量级或多项式数量级的空间复杂度。通常，用算法设置的变量所占内存单元的数量级来定义该算法的空间复杂度。如果一个算法占的内存空间很大，在实际应用时该算法也是很难实现的。

【例 7-5】 考察不同变量所占用的存储空间与空间复杂度的对应关系，算法描述如下：

```
int  x, y, z;                        // 算法1
#define  N 1000                       // 算法2
int  k, j, a[N], b[2*N];
#define  N 100                        // 算法3
int  k, j, a[N][10*N];
```

其中，算法 1 设置三个简单变量，占用 3 个内存单元，其空间复杂度为 $O(1)$。算法 2 设置了两个简单变量与两个一维数组，占用$(3n+2)$个内存单元，显然其空间复杂度为 $O(n)$。算法 3 设置了两个简单变量与一个二维数组，占用$(10n^2+2)$个内存单元，显然其空间复杂度为 $O(n^2)$。由此可见，二维或三维数组是空间复杂度高的主要因素之一。在算法设计时要注意尽可能少用高维数组。

7.1.4 算法的描述方法

算法是对解题过程的精确描述，描述算法的方法很多，常用的描述方法有自然语言、图形描述（流程图、N-S 结构图、PAD 结构图）、伪代码、程序设计语言等。

1．用自然语言描述算法

自然语言是人们日常所使用的语言，如汉语、英语、日语等。用自然语言描述算法是最原始方法，也是最直观、通俗易懂、为人们所熟悉的方法。

【例 7-6】 用自然语言描述欧几里得算法。

[解析] 欧几里得算法是一个反复迭代执行，直到余数 $r=0$ 时才停止运算，是一个典型的循环结构，用自然语言描述该算法如下：

输入正整数 a、b；输出 a 与 b 的最大公约数（公因子）

Step1：　　　求余数，以 b 除 a，并令 r 为所得的余数（$0 \leqslant r < b$）

Step2：　　　余数 r 为 0 吗？若 $r=0$，算法结束；b 即为答案

Step3：　　　若 $r \neq 0$，则执行置换 $a \leftarrow b$，$b \leftarrow r$，转 Step1

由此可以看出，使用自然语言描述算法的优点是使用者不必对工具本身再花精力去学习，写出的算法通俗易懂。其缺点是：

（1）由于自然语言的歧义性，容易引起某些算法执行步骤的不确定性；

（2）由于自然语言的语句较长，从而导致算法冗长，不便转换成计算机程序；

（3）由于自然语言表示的串行性，使得对分支、循环较多时算法表示不清晰。

2．用图形描述算法

由于用自然语言描述算法的逻辑结构不是太好，对于稍复杂的算法问题很容易出错，因此常用图形描述算法。目前，用来描述算法的图形有 3 种：流程图（Flow Chart）、N-S 图和 PAD 图，它们各有其优点，人们更多地习惯用流程图描述算法，并特别适合初学者。

【例 7-7】 从键盘输入三个数，找出其中最大的那个数，并用流程图进行算法描述。

【解析】 设任意给定三个整数 a、b、c，为了求出其中的最大值，可以先比较出 x 和 y 中较大

的数，再用这个较大的值与 c 进行比较，然后将其比较大的值作为结果输出即可。若用流程图描述该算法，则如图 7-1 所示。

由此可见，用流程图描述算法具有直观、清晰、逻辑性好的优点，便于检查、修改和交流。流程图表示的算法既独立于任何特定的计算机，又独立于任何特定的计算机程序设计语言，使得程序设计人员不必熟悉特定的计算机和特定的程序设计语言。

3．用伪代码描述算法

用流程图描述算法比较直观易懂，但作图比较麻烦，而且不易修改。为此，人们采取了用伪代码（Pseudo Code）描述算法的方法。伪代码是一种介于自然语言与高级语言之间描述方法，常用伪代码符号如表 7-1 所示。

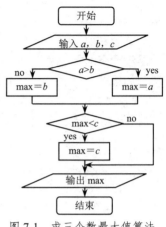

图 7-1　求三个数最大值算法

表 7-1　常用的伪代码符号

运算符	符号表示	示　例
赋值符号	←或=	A←5，A=5
算术运算符号	+、-、×、/、mod（整除取余）	A+B、A-B、A×B、A/B、A Mod B
关系运算符号	>、≥、<、≤、=、≠	A>B、A≥B、A<B、A≤B、A=B、A≠B
逻辑运算符号	AND（与）、OR（或）、NOT（非）	NOT(A≥B AND A+B≤A*B OR A>0)
输入和输出	Input、Output 或 Print	Input A、Output B 或 Print B
选择结构	如果 P 成立，则 A；否则 B；If P Then A Else B	If A＝B Then Print A Else B
循环结构	While P Do A；Repeat A…Until P；Do A…While P	Count←1；While(Count<7)　Do {　　}
程序过程	Procedure Name；Procedure Name(参数列表)	Procedure Printing；Procedure Fac(N)

【例 7-8】用伪代码描述判断某一年是否为闰年的算法。

[解析] 所谓闰年，是指符合下面两个条件之一：能被 4 整除，但不能被 100 整除；能被 4 整除，又能被 400 整除，其逻辑表达式为：

```
(year % 4 == 0 && year % 100 != 0) || year % 400 == 0
```

对于条件一，能被 4 整除，写作 year%4==0；不能被 100 整除，写作 year%100 != 0。要求两者同时满足，内部是一个逻辑与的关系，可合并为：

```
year % 4 == 0 && year % 100 != 0
```

对于条件二，因为能够被 400 整除一定能被 4 整除，所以第二个条件可以简化为能够被 400 整除，写作 year%400==0。因此，用伪代码的描述判断闰年条件的算法描述如下：

```
input(k)                       // k表示当前年份
if((k mod 400=0) AND (k mod 100≠0)) OR ((k mod =0) AND (k mod 400=0))
    then output(闰年)
else
    output(不是闰年)
end if
```

4．用程序设计语言描述算法

无论是用自然语言或伪代码，还是用流程图所描述的算法，都不能被机器识别，最后必须将它们转换成程序设计语言。因此，用程序设计语言来描述算法是最直接有效的方法。

【例 7-9】用 C 程序设计语言描述判断某一年是否为闰年的算法，算法程序如下：

```c
#include<stdio.h>
int main()
{
    int year;
    printf("please input year: ");
    scanf("%d", &year);
    if((year % 4 == 0 && year % 100 != 0) || year % 400 == 0)
        printf("%d是闰年! \n", year);
    else
        printf("%d不是闰年! \n", year);
}
```

使用计算机程序设计语言描述算法的优点是严谨、清晰、简明、专业性强、能一步到位，即写出的算法能直接由计算机处理，是算法描述的终极形式，但存在以下不足：

（1）要求设计者必须熟练掌握程序设计语言和编程技巧；
（2）要求描述计算步骤的细节，从而忽视了算法的本质；
（3）程序设计语言基于串行，算法的逻辑流程难以遵循，逻辑较复杂时问题越显严重。

〖问题提示〗各种算法描述方法均有优缺点，它们适合问题处理的不同情况和不同阶段。

§7.2 数值数据求解——算法策略

算法策略（Algorithm Policy）是指在问题空间中搜索所有可能的解决问题的方法。其中，算法是面向实现的；策略是面向问题的；问题空间（Problem Space）是问题解决者对一个问题所达到的全部认识状态，问题的解决过程就是穿越其问题空间搜索一条通往问题目标状态的路径。事实上，大多数问题可以通过多条路径来解决，这个"路径"就是算法策略。数值数据求解的常用算法有穷举算法、递推算法、迭代算法、递归算法、分治算法、回溯算法、贪心算法、动态规划等。

7.2.1 穷举算法

穷举算法（Exhaustive Attack Algorithm），也称为枚举算法（Enumerate Algorithm）或称为强力算法（Brute-force Algorithm），是针对要解决的问题，列举所有可能的情况，逐个判断哪些条件符合问题所要求的约束条件，从而得到问题的解。因而，穷举算法被视为一种原始而笨拙的算法。

1. 算法思想

（1）确定范围：按照问题要求确定问题解的大致范围一一列举，遍历所有可能的组合值。
（2）条件约束：判断题解是否符合正解条件，避免解题结果错误。
（3）循环运算：使可能解的范围降至最小，以便提高解题效益。

2. 算法特点

（1）算法优点：思路简单，问题的答案是一个有穷的集合，可以一一列举出来。
（2）算法缺点：运算量比较大，解题效率不高。
（3）算法应用：适用于决策类最优化问题，例如求城市间的路径和距离，见7.2.8节动态规划。

3. 算法实例

【例 7-10】我国古代数学家张丘建在《算经》一书中提出：鸡翁一，值钱三；鸡母一，值钱五；鸡雏三，值钱一，百钱买百鸡，问翁、母、雏各几何？

[解析] 若公鸡每只3元，母鸡每只5元，小鸡每3只1元，求100元买100只鸡有多少种方案，是穷举算法的典型实例。设公鸡为x，母鸡为y，小鸡为z，可列出其联立方程：

$$\begin{cases} x+y+z=100 \\ 3x+5y+z/3=100 \end{cases}$$

两个方程中有3个变量，因而是不定式求解，即穷举算法具有多个答案。虽然两个方程式不可能解出3个确定的未知数，但利用计算机的高速运算对上述有限集合中$1 \leq x \leq 33$，$1 \leq y \leq 20$，$3 \leq z < 100$，$z \bmod 3 = 0$ 的 x、y、z 的各种组合值进行试算，只要结果符合两个表达式的值都为100，就记录有一种方案。算法描述如下：

```
Buy Chicks()
void main()
{
    int x, y, z;
    for (x=1; x<=33; x++)
        for (y=1; y<=20; y++)
        {
            z=100-x-y;
            if(3*x+5*y+z/3 = 100)
                printf("%d, %d, %d\n", x, y, z);
        }
}
```

7.2.2 回溯算法

回溯算法（Back-Tracking Algorithm）是穷举法和试探法的结合，它将要解决的问题的所有解空间（Solution Space）分为若干节点，每个节点有若干可供选择的后续节点，然后按某种顺序逐一穷举和试验。若不满足条件，返回到上一层节点，恢复刚才的参数，再试探其他分支。

1. 算法思想

回溯法是一种解决问题的方法，而不是一种特殊算法。回溯算法一般按照以下步骤求解：
（1）定义：针对所给问题，定义问题的解空间，至少包含问题的一个最优解；
（2）确定：根据定义，确定易于搜索的解空间结构，使得能用回溯方法搜索整个解空间；
（3）搜索：以深度优先的方式搜索解空间，并且在搜索过程中用剪枝函数避免无效搜索。

2. 算法特点

回溯算法本质上是一种穷举法，但它是比穷举"聪明"的搜索技术，有"通用解题法"之称。当一个问题没有显而易见的解法时，可以尝试使用回溯法求解。不过，该算法耗时多，效率低。由于回溯算法是对解空间的深度优先探索，所以在一般情况下可用递归函数来实现回溯算法。

3. 算法实例

【例7-11】 回溯算法的典型应用是"走迷宫"和"N皇宫"问题。设有一个如图7-2所示的"迷宫"，图中的每个空白方块是通道，阴影方块是墙壁，要求寻找一条从入口到出口的简单

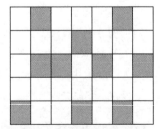

图 7-2 迷宫问题分析

路径。

[解析] 用计算机求解迷宫问题时，通常用"试探和回溯"的方法，即从入口出发，顺着某一个方向（如往东）向前探索。若能走通，则继续向前；否则沿原路退回后，改换方向（往南、往西、往北）继续探索，直至所有可能的通路都探索到为止；如果所有可能的通路都探索后还是不能走到终点，则说明该迷宫不存在从起点到终点的通道。由此，走迷宫的算法思想可概括如下：

（1）从入口进入迷宫后若当前位置"可通"，则纳入"当前路径"，并继续朝"下一位置"探索。

（2）若当前位置"不可通"，则应朝着"来的方向"退回到"前一通道块"，然后朝着另一方向继续套索，从一个走得通的方向继续往前，直到出口。

（3）若该通道块的四周四个方块均"不可通"，则应从"当前路径"上删除该通道块。

【例 7-12】四色问题是计算机学科中的典型问题，可用穷举法或回溯算法分析四色问题。

[解析] 为了便于描述，这里对地图进行简化为如图 7-3 所示。图中每个区域代表一个省，区域中的数字表示省的编号，根据"四色问题"题意，要求给给每个省涂上红、蓝、黄、白四种颜色之一，并且使用相邻的省份用不同的颜色加以区分。然后，按下列步骤予以求解。

（1）问题抽象：将每个省视为一个点，将省份之间的联系视为一条边，得到如图 7-4 所示的图形。

（2）连接矩阵：根据如图 7-4 所示的各省之间的相邻关系，用数据矩阵表示，用二维数组表示为：

$$R[x,y] = \begin{cases} 1 & \text{表示 } x \text{ 省与 } y \text{ 省相邻} \\ 0 & \text{表示 } x \text{ 省与 } y \text{ 省不相邻} \end{cases}$$

其相应矩阵如图 7-5 所示。

（3）填色处理：从编号为 1 的省份开始按四种颜色顺序着色，当第一个省的颜色与相邻省的颜色不同时，就可以确定第一个省的颜色。然后，依次对第二、第三……进行处理，直到所有省份都着上颜色为止。

（4）问题算法：在着色过程中，如果即将填的颜色与相邻省的颜色相同，而且四种颜色都试探过以后均不能满足要求，则需要回溯到上一个点（前一个省），修改上一个点的颜色，然后再重新试探下一个颜色。用数组 S 表示某个省所涂的颜色，R 数组表示省之间的关联。检查相邻区域是否着色或所着色是否相同，可用 $S[k]*R[x,k] \neq x$ 表示。

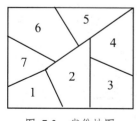

图 7-3　省份地图

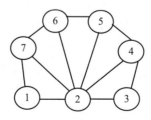

图 7-4　地图的抽象表

	1	2	3	4	5	6	7
1	0	1	0	0	0	0	1
2	1	0	1	1	1	1	1
3	0	1	0	1	0	0	0
4	0	1	1	0	1	0	0
5	0	1	0	1	0	1	0
6	0	1	0	0	1	0	1
7	1	1	0	0	0	1	0

图 7-5　区域的矩阵表示

7.2.3　递推算法

递推算法（Recurrence Algorithm）是根据问题本身的已知条件，利用特定关系得出中间推论，直至得到结果的算法。递推算法本质上属于归纳法，即根据简单、特殊实例，总结一般性结论。

递推算法分为顺推和反推（逆推）两种。顺推是指从已知条件出发，逐步推算出求解结果；反推是指从已知结果出发，用迭代表达式逐步推出问题的开始条件（初始值），它是顺推的逆过程。

1. 算法思想

递推方法是假设问题在某一步某个条件下成立，下一步可根据这一步所得到的关系进行推导，把一个复杂、庞大的计算过程转化为简单过程的多次重复运算。递推算法一般按以下步骤进行。

（1）确定问题数据之间的特定关系，并将这种关系规律归纳成简捷的递推关系式 $F_n = g(F_{n-1})$；

（2）确定由已知的基础数据可以递推出后面的数据，而且尽量简化变量，以减少变量暂用空间。

2. 算法特点

每相邻两项之间的变化有一定规律性，通过后项与前项之间的关系，从初始条件入手，一步一步地按递推关系进行递推，直到求出最终结果。

（1）算法优点：思路简单，无论是程序编写还是程序调试，都很方便，而且程序运行效率高。

（2）算法缺点：运算的过程值较多，耗用空间大。适合大、小规模之间的关系。

（3）算法应用：适用于已知本身条件，利用特定关系得出中间推论，直至得到最终结果。

3. 算法实例

【例7-13】1202年意大利数学家斐波那契（Fibonacci）在他的《珠算全书》中提出了一个关于兔子繁殖的问题：如果一对兔子每月能生一对小兔（一雌一雄），每对小兔在它们出生后的第1个月又生一对小兔。在不发生死亡的情况下，由一对出生的小兔开始50个月后会有多少小兔？

[解析] 分析上述规律，第1个月和第2个月只有一对兔子，第3个月有两对兔子……从第1个月开始计算，每月兔子对数依次为1, 1, 2, 3, 5, 8, 13, 21, 34, 55, 89, 144, 233, …，此数列被称为斐波那契数列（Fibonacci Sequence），求此数列第 n 项的值，存在如下递推关系式：

$F(1)=1$ $F(3)=F(1)+F(2)=2$

$F(2)=1$ $F(4)=F(2)+F(3)=3$

$F(n)=F(n-1)+F(n-2)$ ……

根据斐波那契数列公式，直至所求的结果为止。对此，可通过循环控制序列项编号，就可以容易得到所求的项值。算法描述如下：

```c
#include<stdio.h>
void main()
{
    int i, k, fn, fn_1=1, fn_2=1, k=2;
    printf("% 12d\n", fn_1, fn_2);         /* 输出第1个月和第2个月的兔子数 */
    for(i=3; i<=24; i++);
    {
        fn = fn_1+fn_2, k = k+1;           /* 迭代求出当前月份的兔子数 */
        if(k % 6 == 0)
            printf("% 12d\n", fn);         /* 每行输出6个数 */
        else
            printf("% 12d", fn);           /* 输出当前月份的兔子数 */
        fn_2=fn_1, fn_1=fn;                /* 为下一次迭代准备，求出新的fn_2和fn_1 */
    }
    printf("\n");
}
```

运行结果：根据程序中给定的 n 值，得出其相应的数据项。

1	1	2	3	5	8
13	21	34	55	89	144
233	377	610	987	1597	2584
……					

7.2.4 迭代算法

迭代算法（Iterative Algorithm）就是在数的序列中建立起后项与前项之间的关系，通过从一个初始值出发，不断用变量的旧值递推新值的过程。迭代算法包括求精确解和近似解的算法。

1. 迭代算法思想

所谓迭代，就是为了逼近所需目标或结果而重复反馈，每次迭代的结果作为下次迭代的初始值。迭代与递推的区别源于问题的性质，在实际问题中可能遇到以下两种情况。

（1）可以表示成数学上明确的递推公式。

① 求 n 个自然数的和：如 $S_n=1+2+\cdots+n$，可写成递推公式：$S_n=S_{n-1}+n$。

② 求 n 个数的阶乘：如 $f_n=1\times 2\times 3\times\cdots\times n$，可写成递推（递归）公式：$f_n=n\times f_{n-1}$。

（2）无法直接写出显式递推公式：只能通过"迭代"，并且可分为精确迭代和近似迭代。

① 精确迭代：可得到精确值，如欧几里得算法。

② 近似迭代：只能求近似值，如简单迭代法和牛顿迭代法，常用来求非线性方程的根。

③ 利用迭代算法解决问题的基本步骤是：确定迭代变量；建立迭代关系；对迭代过程进行控制。

2. 算法特点

（1）算法优点：对一组指令进行重复执行，每次执行时都从变量的原值中推出它的一个新值。

（2）算法缺点：如果方程无解，算法的近似根序列不会收敛，迭代过程失败；如果方程虽然有解但迭代公式选择不当，或迭代的初始近似根选择不合理，也会导致迭代失败。

（3）算法应用：是递推算法的反推形式，适用于方程求根，方程组求解，矩阵求特征值等。

3. 算法实例

【例 7-14】猴子吃桃问题：一只猴子第一天摘下若干桃子，当即吃了一半，但还不过瘾，又多吃了 m 个；第二天早上又将剩下的桃子吃掉一半后，又多吃了 m 个；以后每天都是如此，到第十天早上再吃时，见只剩下一个桃子了。求猴子第一天共摘下了多少个桃子？

[解析] 第一天吃去的桃子数是第 2 天桃子数加 m 后的 2 倍，第二天吃去的桃子数是第 3 天桃子数加 m 后的 2 倍……第 k 天吃去的桃子数是第 $k+1$ 天加 m 后的 2 倍。显然，这是一个典型的递推问题。设第 k 天吃去的桃子数为 $t(k)$，则每天与前一天的递推关系为

$$t(k)=2\times(t(k+1)+m) \quad k=1, 2,\cdots, n-1$$

初始条件 $t(k)=1$。

求猴子第一天共摘下了多少个桃子，实际上就是逆推求出 $t(1)$。算法描述如下：

```
# include<stdio.h>
void main()
{
    int  k, m, n;
    long f[1000];
    printf("请输入n、m: ");        // n为哪一天，m为多吃的桃子数
```

```
            scanf("%d%d", &n, &m);
            t[n]=1;                              // 确定初始条件
            for(k=n-1; k>=1; k--)                // 逆推计算t(1)
                t[k]=2*(t[k+1]+m);
            printf("第1天摘桃g%ld个。\n", t[1]);
            for(k=1; k<=n-1; k++)
            {
                printf("第%d天摘%4ld个桃,", k, t[k]) ;
                printf("吃了%d+%d = %4ld个,", t[k]/2, m, t[k]/2+m);
                printf("还剩%4ld个。\n", t[k]/2-m) ;
            }
            printf("第%d天早上还剩1个。", n);
        }
```

7.2.5 递归算法

递归算法（Recursive Algorithm）是指在定义算法的过程中，用自身的简单情况来定义自身，直接或间接地调用自身的一种算法。一个直接或间接地调用自身的过程称为递归过程（Recursive Procedure），一个使用函数自身给出定义的函数称为递归函数（Recursive Function）。

1. 算法思想

递归是一种强有力的数学工具，它可使问题的描述和求解变得简洁和清晰，它有两种形式。

（1）直接递归：重复一个或一组操作，如累加、累减、累乘、累除等运算就是直接递归，程序设计中的赋值语句 "a=a+1;" 是累加，把 a+1 的值赋给 a 是递归计算，而不是表达式计算。

（2）间接递归：是指从 1 到 n 之间所有自然数相乘的结果，阶乘计算就是典型的间接递归，程序用到它自身的前一步或前几步，即

$n! = n \times (n-1) \times (n-2) \times \cdots 2 \times 1 = n \times (n-1)!$

$(n-1)! = (n-1) \times (n-2) \times \cdots 2 \times 1$

递归算法求解可分为 3 个步骤：①确定递归公式；②确定终结条件；③构架可以调用自身的子程序。定义 $f(0)=0!=1$，$f(1)=1!=1\times f(0)=1$ 为边界条件，$f(n)=n \times f(n-1)$ 为基本公式，这样的函数称为递归函数。根据阶乘定义，便可设计出计算 $n!$ 的递归算法。求阶乘算法描述见 "求阶乘算法程序 Factorial f(int n)"。

```
// 求阶乘子程序
int Factorial(int n)
 {long int x;
  if(n==1) x=1;
  else
   x=n* Fact(n-1);
  returen x;
  printf("%d", x);
}
```

2. 算法特点

本质上，递归和递推都是同一种解决问题的思路，都是把问题进行分解，但递推是由小到大的推导，而递归则是由大到小的推导。

（1）算法优点：程序代码简洁、清晰，可读性好。

（2）算法缺点：如果递归层次太深（太多），会导致堆栈溢出，而且递归算法运行效率较低。

（3）算法应用：适用于当问题本身或所涉及的数据结构是递归定义的情况，可与分治法结合。

3. 算法实例

【例 7-15】第 2 章介绍了世界著名的汉诺塔问题，该问题最适合用递归算法求解。

[解析] 虽然这是一个现实意义上的不可行的时间复杂问题，但在算法理论上是可行的，这个问题可以用递归算法解决它。盘子数 n 为 1、2、3 时，在 a，b，c 柱子上搬移的过程为：

$n=1$：　　　a→c
$n=2$：　　　a→b, a→c, b→c
$n=3$：　　　a→c, a→b, c→b, a→c, b→a, b→c, a→c

则可用形式化的递归算法描述见"Hanoi(int n, char a, char b, char c)"子程序。

```
// 主调函数
main()
{
scanf("%d", &num);
Hanoi ('A','B','C'); /*调用过程
*/
 return 0;
}
```

```
Hanoi(int n, char a, char b, char c);
{ if (n==1) printf("a→c");   //输出将某柱子最上面的盘子移到另一柱子
else
 { Hanoi(n-1, a, c, b);        //将n-1个盘子由a柱子移到b柱子
printf("a→c") Hanoi;          //输出将一个盘子由a柱子移到c柱子上
 Hanoi(n-1, b, a, c);          //将n-1个盘子由b柱子移到c柱子
 }
}
```

这是一个典型的递归算法——自己调用自己，从递归给定参数出发递归到达边界（$n=0$）。

7.2.6 分治算法

分治算法（Divide and Conquer Algorithm）是将一个难以直接解决的大问题，划分成一些规模较小子问题，以便各个击破。因此，分治算法是一种"分而治之"的算法思想策略。

1. 算法思想

由分治算法产生的子问题往往是原问题的较小模式，最终使子问题缩小到容易直接求解，自然导致递归过程的产生，也为使用递归技术提供了方便。分治算法一般按照以下步骤求解：

（1）分解：将要解决的问题划分成若干规模较小的同类问题（子问题）；
（2）求解：当待解决的问题划分得足够小后，用简单的方法求得结果；
（3）合并：按照原问题的要求，将子问题的解逐层合并构成原问题的整体解。

2. 算法特点

"分而治之"策略是很多高效算法的思想基础，由分治法产生的子问题往往是原问题的较小或最小模式，这既导致了递归过程的产生，也为使用递归技术提供了方便，最终使子问题缩小到很容易直接求出其解。分治算法与递归算法像一对孪生兄弟经常同时应用在算法设计中，并由此产生许多高效算法，如汉诺塔问题、折半查找、快速排序等，都是分治策略运用的典型实例。

3. 算法实例

【例 7-16】使用分治法求 n 个数的最大值和最小数。

[解析] 使用分治法，可将求解 n 个数的最大值和最小值问题转换成求 $n/2, n/4, \cdots, 2$ 个数中的最大值和最小值问题。例如，数组 a 中存放 8 个元素：12, 66, -25, 36, -12, 96, 10, -8，原问题的规模为 8。若将问题规模缩小一半，可从中间将数组中的元素分成两半，即{12, 66, -25, 36}和{-12, 96, 10, -8}。若继续缩小问题规模，最终每个子问题的规模为 2，子问题分别为：{12, 66}，{-25, 36}，{-12, 96}，{10, -8}。

此时只要比较两个数的大小，便可找出子问题中的最大值 max1、max2、max3、max4 和最小值 min1、min2、min3、min4。然后将子问题 1 和 2 合并，3 和 4 合并，可求出最大者；比较 min1、min2、min3、min4，分别求出最小者。以此类推，直到求出整个问题的最大值和最小值为止。

7.2.7 贪心算法

贪心算法（Greedy Algorithm）是把一个复杂问题分解为一系列较为简单的局部最优选择，每一步选择都是对当前解的一个扩展，直到获得问题的完整解。贪心算法的典型应用是求解最优问题（Optimization Problem），即在满足一定约束条件下，使得目标函数的值达到最大或最小。

1. 算法思想

贪心算法的指导思想是将待求的问题分解成若干子问题进行分步求解，并且每一步总是做出当前最好的选择，即得到局部最优解，然后将各个子问题的局部最优解组合成原问题的一个解。由此可见，贪心算法体现了"快刀斩乱麻"的思想，以当前和局部利益最大化为导向的求解策略。

2. 算法特点

贪心算法是最接近人类日常思维的一种问题求解方法，例如"背包问题""田忌赛马"等都是典型实例。贪心算法也可用图论中的最小生成树求解，详细内容在第 9 章的 9.4.6 节中介绍。

3. 算法实例

【例 7-17】 假设钱柜中有面值为 100 元、50 元、20 元、10 元、5 元、2 元、1 元的货币，需要找给顾客 56 元现金，如何才能使付出货币的数量最少？

[解析] 在给顾客找零钱时有多种方案，其原则是在不超过应付款金额的条件下，选择面值较大的货币，尽可能使付出的货币最快地满足支付要求，这就体现了贪心算法思想。方法如下：

（1）50＋5＋1；
（2）50＋2＋2＋2；
（3）20＋20＋10＋5＋1；

显然，此处用 50＋5＋1 共 3 张货币是最优选择配置，能直接得到最优解的算法是枚举算法。

7.2.8 动态规划

动态规划（Dynamic programming）是运筹学的一个分支，它不像数值计算那样求得精确解，而是求解决策过程（Decision process）最优化的一种方法，即把一个多阶段决策过程转化为一系列单阶段问题，利用各阶段之间的关系逐个求解，最终解决过程的优化问题，被广泛应用于最优控制。

1. 算法思想

为了解决某一多阶段决策过程的优化问题，而依次做出 n 个决策 $D_1, D_2, \cdots, D_n$；如果这个决策序列是最优的，不论前面决策是怎样的，以后的最优决策取决于由前面决策所确定的当前状态。动态规划一般按照以下步骤求解。

（1）划分：将待求解的问题划分为若干个阶段，即若干互相联系的子问题。
（2）推导：按照自底向上的顺序，推导出原问题的解。
（3）记录：记录子问题的解，避免求解过程中重复多次求解同一子问题，提高算法求解效率。

2. 算法特点

（1）算法优点：能够得到全局最优解，可以得到一族最优解，由于动态规划方法反映了动态过程演变的联系和特征，在计算时可以利用实际知识和经验提高求解效率。

(2) 算法缺点：一是没有统一的标准模型；二是数值方法求解时需要额外的内存空间。

(3) 算法应用：动态规划方法是解决复杂问题的思维方法，在经济管理、生产调度、工程技术和最优控制值等方面得到广泛应用，用动态规划方法求解比用其它方法求解更为方便、有效。

3. 算法实例

【例7-18】设有如图7-6所示的10个城市，智能手机中的导航软件——全球定位系统（Global Positioning System，GPS）如何计算出从出发地到目的地的最佳路径，甚至用时最少和路费最少？

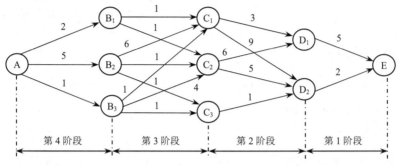

图7-6 城市之间的路径和距离

[解析] 图7-6是描述10个城市之间的有向图，节点表示城市，边上的权值表示距离，用动态规划求解从节点A到节点E的最短路径，从目标状态E向左推，将整个求解过程划分为4个阶段，每个阶段为4个子问题，先求子问题，然后根据子问题求解另外相关问题的解，每个阶段到E的最短距离为本阶段子问题的解。各阶段的全程路径和最短距离如表7-2所示。

(1) 第1次输入的节点为 D_1、D_2：计算 E 到 D_1 和 D_2 的距离，E→D_1 的距离是5，E→D_2 的距离是2。

(2) 第2次输入的节点为 C_1、C_2、C_3；C_1→D_1→E 的距离是3+5，C_1→D_2→E 的距离是9+2，此时 C_1→D_1→E 可取，故将其保留到表7-2中；C_2→D_1→E 的距离是6+5，C_2→D_2→E 的距离是5+2，此时 C_2→D_2→E 可取，保留到表7-2中；C_3→D_2→E 的距离是10+2。

(3) 第3次输入的节点为 D_1、D_2、D_3；按照步骤（2）的方法，计算出决策路径和距离。

(4) 第4次输入的节点为 A：按照步骤（2），得出最优决策路径为 A→B_2→C_1→D_1→E。

表7-2 用动态规划法计算所有局部最短路径和距离

阶段	节点	子问题解	最短距离	全程路径	阶段	节点	子问题解	最短距离	全程路径
1	D_1	D_1→E	5	D_1→E	3	B_2	B_2→C_1	6+8=14	B_2→C_1→D_1→E
1	D_2	D_2→E	2	D_2→E	3	B_3	B_3→C_2	12+7=19	B_3→C_2→D_2→E
2	C_1	C_1→D_1	3+5=8	C_1→D_1→E	4	A	A→B_1	2+20=22	A→B_1→C_1→D_1→E
2	C_2	C_2→D_2	5+2=7	C_2→D_2→E	4	A	A→B_2	5+14=19	A→B_2→C_1→D_1→E
2	C_3	C_3→D_2	10+2=12	C_3→D_2→E	4	A	A→B_3	1+19=20	A→B_3→C_2→D_2→E
3	B_1	B_1→C_1	12+8=20	B_1→C_1→D_1→E				—	

§7.3 非数值数据处理——数据结构

随着计算机的广泛应用，计算机加工处理的对象已由数值数据发展到字符、表格、图形、图像、声音、视频等具有一定结构的非数值数据。对于数值型数据的求解通常是在分析问题的基础上，将各量之间的关系抽象成一定的数学模型，再进行编程求解。而非数值型数据无法用数学方程来描述，即数据之间的相互关系很难用数学方程式加以描述，只能设计出合适的数据元素表达式，对实际问题的数据元素进行描述和处理才能有效地解决问题。为此，1968 年美国著名计算机科学家 Donald Ervin Knuth 开创了用"数据元素集合"和"数据元素关系集合"来描述非数值型数据的数据结构（Data Structure），并形成计算机学科中的一个分支。

通常，数据元素之间的逻辑关系被称为逻辑结构，数据的逻辑结构在计算机存储空间中的存放形式被称为存储结构或物理结构。在数据结构的研究中，根据数据结构的元素关系，可将非数值型数据分为"一对一关系（线性表结构、栈结构、队列结构）""一对多关系（树结构）"和"多对多关系（图结构）"。为了节省篇幅，我们把图结构放在第 9 章的图论中讨论。

7.3.1 线性表结构

线性表结构（Linear Table Structure）是最简单且最常用的数据结构，线性表就是典型的线性结构。线性结构的特点是数据元素之间是一种线性关系，即一对一的关系（联系）。

1. 线性表的定义

线性表（Linear Table）是由有限个相同的数据元素所构成的序列，通常记为 $a_1, a_2, \cdots, a_n$。除了第一个元素只有直接后继、最后一个元素只有直接前驱，其余数据元素都有一个直接前驱和一个直接后继。节点与节点之间的关系是一种简单的一对一联系，即线性关系。具有这种特点的数据结构称为线性结构，如图 7-7 所示。

学生档案表是一个典型的线性表。利用计算机进行学生成绩管理，便是对表 7-3 中的数据记录实现浏览、查询、插入、删除、修改等操作。

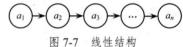

图 7-7　线性结构

表 7-3　学生档案表

学　号	姓　名	性别	出生日期	入学成绩	政治面貌	籍贯
20200001	张智明	男	2002.10.23	597	团员	北京市
20200002	李小倩	女	2002.08.24	605	党员	武汉市
20200003	赵　凯	男	2003.08.12	612	团员	岳阳市

对于表 7-3 这类的问题，如果用若干简单变量来表示，显然难以描述清楚。此外，数据之间的关系也不能用方程式表示。如果把每行看成一个记录并称为一个节点，则表中每个节点只有一个前驱节点（第一个节点除外）和一个后继节点（最后一个节点除外）。节点按学号从小到大排列，并且学号是标识节点唯一性的数据项，即关键项，通常称为关键字。

2. 线性表的实现

将一个线性表存储到计算机中可以采用多种不同的方法来实现，通常采用的方法有顺序存储结构（也称为静态存储结构）和链式存储结构（也称为动态存储结构）。

（1）顺序存储结构

在计算机内可用不同的方式来表示线性表，最简单和最常用的方式是用一组地址连续的存储单元依次存储线性表的元素，一维数组就是以这种方式组织起来的结构。用这种方法存储的线性表称为顺序表（Sequential List），这样的结构称为顺序存储结构。

便于线性表处理的有效方法是利用数组来存放数据元素。例如，一副扑克牌中的 13 张红桃，为了能在程序中方便引用每一张红桃，可以建立一个数组变量 Card，其范围是 1～13，即包含有

13 个分量：Card[1]，Card[2]，…，Card[13]。数组中每项都有一个下标，其排列如图 7-8 所示。

红桃A	红桃2	红桃3	红桃4	红桃5	红桃6	红桃7	红桃8	红桃9	红桃10	红桃J	红桃Q	红桃K
[1]	[2]	[3]	[4]	[5]	[6]	[7]	[8]	[9]	[10]	[11]	[12]	[13]

图 7-8　一维数组线性结构

使用数组可以通过数组的下标访问其中的任一项，数组的最大优点就是可以随机存取元素。然而，由于数组的逻辑顺序与存储（物理）顺序对应，当向数组中插入一个元素时，从插入的位置开始其后的所有元素都要向后移。而要删除数组中的一个元素时，其后的所有元素都要向前移动。因此，无论是插入还是删除操作，都要移动大量的元素。由于在定义数组时已指定了数组大小，这就意味着必须为可能要用到的最大数组保留足够的空间，而那些没用到的空间将会造成浪费。

（2）链式存储结构

解决上述问题的方法是使用链接，在每个数据元素中添加一个指向另一个元素的指针。根据这个原理，可以建立一个称为链表的线性表，包含一组数据元素。在数据结构中，这样的数据元素通常被称为"节点"。每个节点中除包含一个数据域，还包含一个指针域，用以存放下一个节点的指针，这样的链表称为单链表，如图 7-9 所示。

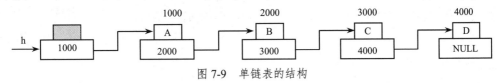

图 7-9　单链表的结构

图 7-9 中指针变量 h 存放的是附加头节点的指针，附加头节点用来存放第一个具有数据的节点的指针，而第一个节点的指针域存放第二个节点的指针……最后一个节点的指针域要置空（NULL）。在计算机内，指针实际上就是某个存储单元的地址。

使用链表进行元素的插入和删除非常方便，只需调整指针域的值。例如，在如图 7-9 所示的单链表中，在数据值为"C"的节点前插入一个数据值为"E"的新节点的操作如图 7-10 所示。

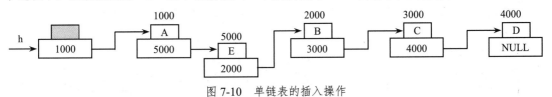

图 7-10　单链表的插入操作

即用新插入节点的地址"5000"替换数据值为"B"指针域的值"3000"，而新节点指针域置数据值为"C"节点的地址"3000"，这就将新节点插入到了数据值为"C"的节点前面。若要删除一个节点，只需将欲删除节点的前驱节点的指针域的值改为欲删除节点的后继节点的地址即可。例如，删除图 7-10 单链表中数据值为"C"的节点，其操作如图 7-11 所示。

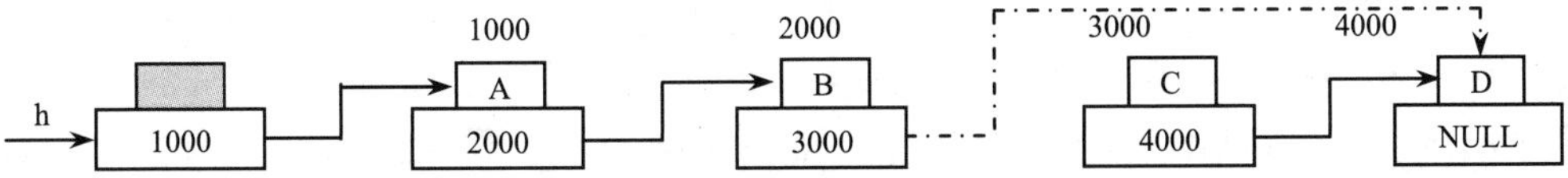

图 7-11　单链表的删除操作

3. 线性表的应用

线性表是最简单、最常用的一种数据结构,通常用于对大量数据元素进行随机存取的情况,例如,程序设计中使用的数组和字符串,由学生学籍信息构成的档案表项,用计算机进行学籍管理时对数据表项实现添加、删除、修改、查找、存储等操作,都是线性表的典型应用。若对线性表的这些基本操作加以一定的限制,则形成特殊结构的线性表,即栈结构和队列结构。

7.3.2 栈结构

栈结构(Stack Structure)是限定仅在表尾进行插入或删除的线性表,其特点是只能在表端进行操作,且按照"先进后出(First In Last Out)"或"后进先出(Last In First Out)"的规则进行操作。

1. 栈结构的定义

栈(Stack)或堆栈是限制线性表中元素的插入和删除只能在线性表的同一端进行的一种特殊

线性表,是一种"先进后出"的数据结构,首先存入栈中的元素在栈底(Bottom),最后存入栈中的元素在栈顶(Top),它是允许插入或删除的端口,没有元素的堆栈称为空栈。栈结构形如子弹夹,其数据动态如图7-12所示。

在栈结构中,若元素是以 $a_1, a_2, \cdots, a_n$ 的顺序进栈,则退栈的次序是 a_n, $a_{n-1}, \cdots, a_1$。

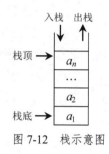

图 7-12 栈示意图

2. 栈结构的实现

栈结构的具体实现取决于栈的存储结构,存储结构不同,其相应的算法描述方法也不同。存储结构通常分为顺序存储和链接存储两种形式。

3. 栈结构的应用

栈在日常生活和计算机程序设计中有着许多重要应用。在程序设计中通常用于数据逆序处理的各种场合,如对数据进行首尾元素互换的排序操作、函数嵌套调用时返回地址的存放、编译过程中的语法分析等。在程序设计中,函数嵌套调用和递归调用的实现都包含栈的应用。

7.3.3 队列结构

队列结构(Queue Structure)是一种特殊的线性结构,反映数据元素之间的关系以及对数据元素的操作。凡是符合先进先出原则的数学模型都可以使用队列。

1. 队列结构的定义

队列结构也是一种运算受限的线性表,其限制是仅允许在表的一端进行插入,而在表的另一端进行删除。这种逻辑结构被称为队列(Queue),只允许插入的一端被称为队尾(Rear),只允许删除的一端被称为队首(Front)。向队列中插入新元素被称为进队或入队,新元素进队后就成为新的队尾元素,从队列中删除元素称为离队或出队。元素离队后,其后继元素成为队首元素。因为队列的插入和删除操作分别是在各自的一端进行的,每个元素必然按照进入的次序离队,所以队列是一种"先进先出(First In First Out)"数据结构,如图7-13所示。

在队列结构中，若依次加入元素 $a_1, a_2, \cdots, a_n$ 后，则退出队列的次序是 $a_1, a_2, \cdots, a_n$。

2．队列结构的实现

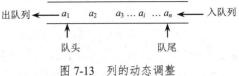

图 7-13　列的动态调整

队列结构可以采用顺序存储结构来实现，也可以采用链表存储结构来实现。

顺序存储结构：一般情况下，使用一维数组作为队列的顺序存储空间；再设两个指示器：一个指向队头元素位置的指示器 front，另一个指向队尾元素位置的指示器 rear。

链表存储结构：在一个链表队列中需要设定两个指针（头指针和尾指针），分别指向队列的头部和尾部。为了操作的方便，与线性表一样，给链队列添加一个头节点，并设定头指针指向头节点。因此，空队列的判定条件就成为头指针和尾指针都指向头节点。

3．队列结构的应用

队列结构可用于应用系统中的事件规划，典型的实例是 CPU 资源的竞争问题，如在操作系统中用来解决主机与外部设备之间速度不匹配或多个用户引起的资源竞争问题。在具有多个终端的计算机系统中，多个用户需要使用 CPU 运行自己的程序，它们通过各自的终端向操作系统提出使用 CPU 的请求，操作系统按照每个请求的先后顺序将其排成一个队列，把 CPU 分配给队首的用户使用。当相应的程序运行结束或用完规定的时间片时则令其出队，再把 CPU 分配给新的队首用户，直到所有用户任务处理完毕。这样既满足了每个用户的请求，又使 CPU 能正常运行。

7.3.4　树结构

线性表、栈、队列都是线性结构，其特点是逻辑结构简单，易于查找、插入和删除等操作。然而，这些结构不便于描述数据之间的分支、层次和递归关系，为此引入了树结构。

树结构（Tree Structure）是一种非常重要的非线性数据结构，该结构因节点之间存在的分支、层次关系非常类似一颗倒立的树而得名。树结构的特点是节点之间具有一对多的联系，具有这种特点的数据结构称为树结构，如家族的成员关系是典型的树结构，如图 7-14 所示。

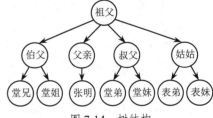

图 7-14　树结构

1．树结构的定义

树（Tree）是 n（$n \geq 0$）个节点的有限集合 T。当 $n=0$ 时，集合 T 为空，此时树为空树；当 $n>0$ 时，集合 T 非空，此时树为非空树。根（Root）节点有且仅有一个，是特定的，其余节点可分为 m（$m \geq 0$）个互不相交的子集 $T_1, T_2, \cdots, T_m$，其中每个子集本身又是一棵树，称为根的子树（Subtree）。树的定义是递归的，深刻地反映了树的固有特性，即一棵非空树是由若干子树构成的，而子树又可由若干更小的子树构成。树结构具有如下特性：

（1）存在唯一的根节点，根节点没有前驱节点。其他节点都只有一个前驱节点。

（2）每个节点都可以有 0 个或多个后继节点，因此可把线性结构看作树结构的一种特例。

为了全面、准确地描述树结构，下面以如图 7-14 所示的树结构为例，描述树结构中常使用的术语。

（1）度（Degree）：节点拥有的子树数被称为该节点的度。一棵树的度是该树中节点的最大度数。

（2）叶子（Leaf）和分支节点：度为零的节点被称为叶子或终端节点，度不为零的节点称为分支节点或非终端节点。除根节点之外的分支节点统称为内部节点，根节点又称为开始节点。

（3）祖父（Ancestor）和子孙（Descendant）：一个节点的祖先是指从树的根到该节点所经分支上的所有节点（包括根节点），一个节点的子树的所有节点都称为该节点的子孙。

（4）双亲（Parents）和孩子（Child）：树中某个节点的子树之根称为该节点的孩子或儿子，相应地，该节点称为孩子的双亲或父亲。

（5）节点的层数（Level）：设根的层数为1，其余节点的层数等于其双亲节点的层数加1。

（6）兄弟（Sibling)和表兄弟：同一个双亲的孩子称为兄弟，双亲同一层的节点互为堂/表兄弟。

（7）路径（Path）：若树中存在节点序列 $k_1, k_2, \cdots, k_j$，使得 k_j 是 k_{j+1} 的双亲（$1 \leqslant i \leqslant j$），则该节点序列是从 k_i 到 k_j 的一条路径或通路。若一个节点序列是路径，则在树的树型图表示中，该节点序列"自上而下"地通过路径上的每条边。

（8）树的高度（Height）：树中节点的最大层数称为树的高度或深度（Depth）。

（9）有序树（Ordered Tree）和无序树（Unordered Tree）：若将树中每个节点的各子树看成从左到右有次序的（即不能互换），则称该树为有序树，否则被称为无序树。

（10）森林（Forest）：森林是 m（$m \geqslant 0$）棵互不相交的树的集合。对树中每个节点而言，其子树的集合即为森林；反之，给一个森林加上一个节点，使原森林各树成为所加节点的子树，便得到一棵树。

2. 二叉树和哈夫曼树

树结构可分为多种，其中最常用、最重要的树结构是二叉树和哈夫曼树。

（1）二叉树（Binary Tree）

二叉树是指每个节点的度至多为2的有序树，如图7-15所示。

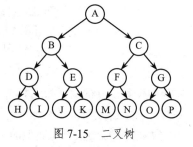

图7-15 二叉树

二叉树是一种最重要的非线性结构，有两个重要特点：一是非空二叉树只有一个根节点；二是每一节点最多两颗子树，分别称为左子树、右子树。

二叉树有两条基本性质：二叉树的第 k 层上最多有 2^{k-1}（$k \geqslant 1$）个节点；对于深度为 m 的二叉树最多有 $2^{m}-1$ 个节点。

二叉树可用来实现折半查找，7.4.1节中讨论的折半查找算法是基于数组的折半查找算法，不能用于链表结构，而构建基于二叉树的折半查找算法，可以实现链表结构查找。

（2）哈夫曼树（Huffman Tree）

哈夫曼树又称为最优二叉树，是指对于一组带有确定权值的叶节点构造出具有最小带权路径长度（最精简、最高效描述）的二叉树。

哈夫曼树在数据通信与数据压缩领域中有着广泛使用。例如，有一组字符ABACCAD，该字符串中只包含4个不同的字符，因此只需要用2位二进制码来表示每个字符。假设A、B、C、D的编码分别为00、01、10、11，则对应的编码信息为00010010100011。这种编码就是基于哈夫曼树结构的编码，因而称为哈夫曼码。显然，用哈夫曼码进行信息传输或存储是极为精简和高效的。

3. 二叉树的实现

二叉树的实现可以采用顺序存储结构，也可以采用链表存储结构，但主要采用链表存储结构。

顺序存储结构：完全二叉树采用自上而下，每层自左向右的顺序存储；非完全二叉树也按完全二叉树的形式来存储，不过需要增加空节点。

链表存储结构：用顺序存储结构存放一般的二叉树比较浪费存储空间，所以通常采用链表的方式存储。采用链表存储结构时通常树中的每个节点都添加至少两个指针域，分别称为左指针（Left）、右指针（Right），分别指向该节点的左子树、右子树，如图7-16所示。

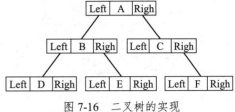

图 7-16　二叉树的实现

4．二叉树的遍历

遍历（Traversal）是指沿着某条搜索路线依次对树中每个节点仅做一次访问。二叉树遍历的实质是将非线性结构的数据线性化的过程，并先遍历左子树，再遍历右子树。访问节点所做的操作依赖于具体应用问题。遍历是二叉树上最重要的运算之一，是二叉树进行其他运算的基础。

5．树结构的应用

树结构在计算机领域中具有广泛应用。例如，在编译系统中，用树来表示源程序的语法结构；在人工智能系统中，用树来描述数据模型；在文件系统中，用树来描述目录结构；在数据库中，用树结构来组织信息和大型列表的搜索，下面介绍的数据元素的查找便是树结构的应用实例。

§7.4　数据元素操作——查找和排序

数据元素操作通常是对数组中的元素进行查找与排序，是介于数值数据处理与非数值数据处理的一种特殊形式，是程序设计中极为重要的内容，具有重要的理论研究价值和实际应用价值。

7.4.1　查找算法

查找（Search）又称为搜索，即在一个给定的数据模型（数组）中找出满足指定条件的元素。数据查找的方法很多，常见的查找算法有顺序查找、折半查找、分块查找、优先查找等。不同的查找算法有不同的特点。这里简要介绍顺序查找和折半查找。

1．顺序查找（Sequential Search）

顺序查找，又称为线性查找，是一种最简单的查找算法，既适用于线性表的顺序存储结构，也适用于线性表的链式存储结构（见7.3.1节）。这里仅讨论顺序存储结构时查找算法的实现过程。

（1）顺序查找算法思想

顺序查找是从线性表的一段开始，顺序扫描该线性表。设待查找的数据元素 $a_1, a_2, \cdots, a_n$ 存放在一元数组 A[1], A[2], A[3], $\cdots$, A[n]中，用被查找的关键元素（key）与序列元素进行比较。若序列中某元素与关键元素相等，则表明查找成功；若遍历所有元素 R[n]仍未找到与 key 相等的元素，则表明该序列中没有匹配的数据，查找失败。

【例 7-19】假设一维数组 array[10]={13, 26, 37, 45, 48, 56, 60, 66, 73, 98}，数组元素是无序的。查找指定的数据 key=66 是否在数组 array 中，并返回其数组下标位置。

[解析] 要在该数组 array[10]中查找关键元素 key=56，可以定义遍历变量 i，然后用关键元素 key 与数组 array[10]中的每个元素依次比较（遍历数组元素），直到找到该元素值为止，具体实

现见算法程序 7-1。

```
// 算法程序7-1：顺序查找算法
int Seqsearch(A[], x, n)
{
    i=1;
    while (A[i]≠x)
        i++;
    if(i>n)
        printf("没有要找的数据");
    else
        return(i)
}
```

（2）顺序查找算法分析

对 n 个元素进行顺序查找，若查找成功，则所需比较关键字的次数最少为 1，即 R[n]就是要找的元素；最多为 n，则 R[1]是要找的元素；若要查找元素 R[i]，则比较($n-i+1$)次。

2. 折半查找（Binary Search）

折半查找，又称为二分查找，是不断将列表进行对半分割，每次用中间元素和查找元素进行比较，如果匹配成功，则宣布查找成功，并指出查找元素的位置；否则，继续进行查找；如果查找到最后一个元素仍然没有匹配成功，则宣布查找的元素不在列表中。

（1）折半查找算法思想

设 R[low..high]存放 n 个递增有序元素，折半查找的基本思想是将线性表中间位置：mid=(low+high)/2 元素的关键字与给定值 k 进行比较。其算法可分为如下 3 个步骤，具体实现见算法程序 7-2。

① 若 k=R[mid].key，则查找成功，R[mid]就是索要查找的元素。

② 若 k<R[mid].key，当存在关键值为 k 的元素时，那么待查的元素必定在表的前半部分 R[low..high-1]，此时再对前面的子表进行折半查找。

③ 若 k>R[mid].key，当存在关键值为 k 的元素时，那么待查的元素必定在表的后半部分 R[low+1..high]，此时再对后面的子表进行折半查找。

重复上述过程，直到查找成功或子表长度为 0。

```
// 算法程序7-2：折半查找算法
int BinSearch(A[ ], x, n)
{
    low = 1;
    high = n;
    find = FALSE;
    while (low≤high and NOT FIND)
    {
        mid = (low+high)/2;
        if (x<r[mid])
            high = mid-1;
        else if (x>r[mid])
            low = mid+1;
        else
        {
            i = mid;
            find = TRUE;
```

```
            }
        }
    if (NOT FIND)
        printf("没有要找的数据");
    else
        return(i);
}
```

【例7-20】设列表元素为{12, 13, 14, 35, 36, 37, 58, 59, 60, 66}，查找元素"59"。

[解析] 在列表中查找一个元素的位置时，如果列表是无序的，则只能用穷举法一个一个地顺序搜索。但如果列表是有序的，就可以用二分查找（折半查找）算法，如图7-17所示。

↓low=1									↓high=10
12	13	14	35	36	37	58	59	60	66

↓low=1				↓mid				↓high=10	
12	13	14	35	36	37	58	59	60	66

				↓low	↓mid			↓high	
12	13	14	35	36	37	58	59	60	66

						↓low	↓mid	↓high	
12	13	14	35	36	37	58	59	60	66

图7-17 折半查找过程

① 第1次折半。计算中位数mid=(low+high)/2=(1+10)/2=5.5，对中位数5.5取整后，将mid指针移到第5个元素（36）；将第5个元素的值与需要查找的元素（59）进行比较，由于36<59，因此查找的元素必然在第5个元素之后。

② 第2次折半。将low指针移到第5个元素，计算中位数mid=(5+10)/2=7.5，对中位数7.5取整后，将mid指针移到第7个元素（58）；将第7个元素的值与需要查找的元素（59）进行比较，由于58<59，因此查找的元素在第7个元素之后。

③ 第3次折半。将low指针移到第7个元素，计算中位数mid=(7+10)/2=8.5，整后将mid指针移到第8个元素（59）；将第8个元素的值与需要查找的元素（59）进行较，由于59=59，因此元素匹配成功，位置是列表中的第8个元素。

（2）折半查找算法分析

折半查找算法的平均复杂度为$O(\log n)$，而顺序查找算法的平均复杂度为$O(n/2)$，当n越来越大时，$O(\log n)$的优势就越来越明显。折半查找算法的优点是比较次数少，查找速度快，平均性能好；缺点是要求待查列表有序表。折半法查找算法适用于不经常变动而查找频繁的有序列表。

7.4.2 排序算法

排序是指将一组杂乱无章的数据元素按照关键字以递增或递减的顺序重新排列，以方便检索。常用的排序方法有冒泡排序、快速排序、插入排序、选择排序等，下面介绍前3种排序方法。

1. 冒泡排序（Bubble Sort）

冒泡排序法和快速排序法是借助数据元素的"交换"来进行排序的一种方法，冒泡排序法是一种最简单的排序方法，如果其后存在一个元素小于它，则称为存在一个逆序。

（1）冒泡排序法思想

冒泡排序法是通过对无序序列中相邻元素关键字的比较和位置交换，使得关键字较小的元素向一头漂移，较大的元素向另一头下沉，犹如冒泡一般，从而使无序序列变成有序序列。其算法可分为以下 4 个步骤，具体实现见算法程序 7-3。

① 从第一个元素开始，对所有元素从左至右每相邻两个元素进行比较，如果左边的元素的值比右边的大，则交换它们的位置，将数值小的数放在左面，大数放在右面，以此类推。

② 经过第 1 轮比较后，最大值的元素会"沉"到 n 的位置，其他元素则冒泡上移。

③ 然后指针归位，除最后一个元素外，对其他所有元素重复以上步骤。

④ 对越来越少的元素重复以上步骤，直到没有任何一对元素需要比较，则排序完成。

```
// 算法程序7-3：冒泡排序法
void BubbleSort(A[], n)
{
    exchange = TRUE;
    k = n-1;
    while (exchange)
    {
        exchange=FALSE;
        for (i=1; i≤k; i++)
        {
            if (A[i]>A[i+1])
            {
                A[i]=A[i+1];
                exchange=TRUE;
            }
        }
        k=k-1;
    }
}
```

【例 7-21】初始列表为{5, 2, 4, 3, 1}，要求排序后按升序排列。

[解析] 将最小的元素排到左端，最大的元素沉到右端，排序的详细过程如图 7-18 所示。

循环状态	指针	元素冒泡排序过程					说　明
初始状态		5	2	4	3	1	
第 1 轮比较	$j=0, i=0$	2	5	4	3	1	2 与 5 交换，i 指针移动
	$j=0, i=1$	2	4	5	3	1	4 与 5 交换，i 指针移动
	$j=0, i=2$	2	4	3	5	1	3 与 5 交换，i 指针移动
	$j=0, i=3$	2	4	3	1	5	1 与 5 交换，5 沉底，其他冒泡上移
第 2 轮比较	$j=1, i=0$	2	4	3	1	5	2 与 4 交换，i 指针移动
	$j=1, i=1$	2	3	4	1	5	3 与 4 交换，i 指针移动
	$j=1, i=2$	2	3	1	4	5	1 与 4 交换，4 沉底，其他冒泡上移
第 3 轮比较	$j=2, i=0$	2	3	1	4	5	2 与 3 交换，i 指针移动
	$j=2, i=1$	2	1	3	4	5	1 与 3 交换，3 沉底，其他冒泡上移
第 4 轮比较	$j=3, i=0$	1	2	3	4	5	1 与 2 交换，冒泡排序完成

图 7-18　冒泡排序过程

（2）冒泡排序法分析

冒泡排序法的最大优点是不需要占用太多的内存空间，仅需要一个交换时进行元素暂存的临时变量存储空间，因此空间复杂度为 $O(1)$，不浪费内存空间。但是，冒泡排序法是一种效率低下的排序方法，在元素规模很小时可以采用。在最好的情况下，元素列表本来就是有序的，则一趟扫描即可结束，共比较($n-1$)次，无须交换。在最坏的情况下，元素逆序排列，则一共需要做($n-1$)次扫描，每次扫描都必须比较($n-i$)次，因此一共需做$[n(n-1)/2]$次比较和交换，时间复杂度为$O(n^2)$。

2．快速排序（Quick Sort）

快速排序法是东尼·霍尔（C. R. A. Hoare，1980年获图灵奖）提出的一种算法，是对冒泡排序法一种本质的改进。由于排序效率高，因此广泛应用于各种数据库排序、列表排序、查询排序中。

（1）快速排序法思想

快速排序法是在待排序的 n 个元素中取一个基准元素 K（通常取第1个元素），采用从两头往中间扫描的办法，利用比较和交换，将基准元素移动到最终位置上。即以元素 K 作为分割标准，将待排序序列划分为左右两部分，把小于 K 元素的数据元素移到 K 的左边，把大于 K 元素的数据元素移到 K 的右边，而把该元素排在中间。其算法可分为如下4个步骤，具体实现见算法程序7-4。

```
// 算法程序7-4：快速排序法
void QuickSort(A[ ], start, end)
{
   if (start<end)
   {
      i=start;
      j=end;
      x=A[start];
      while (i<j)
      {
         while (j>i && A[i]≥x)
            j=j-1;
         if (i<j)
         {
            A[i] = A[j];
            i = i+1;
         }
         while (i<j && A[i]≤x)
            i=i+1;
         if (i<j)
         {
            A[j] = A[i];
            j = j-1;
         }
      }
      A[i]=x;
      QuickSort(A[], start, j-1);
      QuickSort(A[], j+1, end);
   }
}
```

① 先从列表中取出一个元素作为"基准数"。

② 将大于基准数的元素放到它的右边，小于基准数的元素放到它的左边，相同的数可以放在任一边。退出分区后，基准数处于列表中间位置。

③ 利用递归算法对小于基准数的元素排序，然后对大于基准数的元素排序。

④ 递归结束条件是列表长度小于或等于1，当列表长度等于0或1时，排序完成。

【例7-22】对列表{6, 1, 2, 7, 9, 3, 4, 5, 10, 8}中的10个元素进行快速排序。

【解析】 设置分界线 K，把线性表分割为两个子表，称为第一趟排序。然后，对 K 前后的两个子表分别重复上述过程，直到分割的子表的长度为1为止。

① 初始状态下，以序列左边第一位的 6 为基准数，目标是将"6"挪到序列中间的某个位置，并且以 K 为分界点，左边的数小于或等于基准数 6，右边的数都大于或等于基准数 6，如图 7-19 所示。

② 分别从初始序列的两端开始探测，先从右往左找一个小于 6 的数，再从左往右找一个大于 6 的数，然后交换它们的位置。首先定义两个变量 i 和 j，刚开始的时候让指针 i 指向序列的最左边（即 i=1），即指向数字 6；让指针 j 指向序列的最右边（j=10），即指向数字 8，如图 7-20 所示。

图 7-19　元素排序第 1 步　　　　　　　图 7-20　元素排序第 2 步

③ 因为设置的基准数是最左边的数 6，所以需要让右指针 j 一步一步地向左挪动，直到找到一个小于 6 的数 5。左指针继续向右挪动，直到找到一个大于 6 的数 7，如图 7-21 所示。

交换左指针 i 和右指针 j 所指向的元素，将元素 5 和 7 进行交换，到此第一轮循环的第一次交换结束，如图 7-22 所示。

图 7-21　元素排序第 3 步（1）　　　　图 7-22　元素排序第 3 步（2）

④ 右指针 j 继续向左挪动（每次必须是右指针 j 先出发），因 4 比基准数 6 要小，满足要求而停下来。左指针 i 继续向右挪动，因 9 比基准数 6 要大，满足要求停下来。再次交换元素内容，第一轮循环的第二次交换结束，如图 7-23 所示。

⑤ 右指针 j 继续向左挪动，因 3 比基准数 6 小，满足要求停下来。左指针 i 继续向右移动，左指针 i 和右指针 j 在元素 3 处相遇了（j=i），此时"探测"结束，将基准数 6 和元素 3 进行交换，到此第一轮探测真正结束，如图 7-24 所示。

图 7-23　元素排序第 4 步　　　　　　　图 7-24　元素排序第 5 步

⑥ 由于基准数 6 左右两边的序列目前是无序的，按照上述方法先处理基准数 6 左边的序列"3, 1, 2, 5, 4"，右边的序列"9, 7, 10, 8"。将这个序列以 3 为基准数进行调整，使得 3 左边的数小于 3，3 右边的数大于 3，如图 7-25 所示。

⑦ 第二轮分区查找开始，右指针 j 继续向左挪动，发现 2 比基准数 3 小，满足要求即停止。左指针 i 继续向右移动，左指针 i 移到元素 2 时就与右指针 j 相遇了（j=i），"探测"结束。将基准数 3 与元素 2 进行交换，如图 7-26 所示。

图 7-25　元素排序第 6 步　　　　　　　图 7-26　元素排序第 7 步

⑧ 此时以基准数 3 为分界点，3 左边的数都小于等于 3，3 右边的数都大于等于 3。此时将原来的序列以 3 为分界点拆分成两个序列，左边的序列是"2, 1"，右边的序列是"5, 4"。接下来分别对这两个序列进行排序。

⑨ 对于序列"2, 1"以 2 为基准数进行调整，处理完毕的序列为"1, 2"。序列"1"只有一个数，因此不需要进行任何处理。至此，对序列"2, 1"已全部处理完毕，得到的序列是"1, 2"。

对于序列"5,4"的处理类似,最后得到的序列如图 7-27 所示。

图 7-27　元素排序第 8 步

⑩ 对"9,7,10,8"的处理与上相似,直到不可拆分出新的子序列为止,最终将得到序列:1,2,3,4,5,6,7,8,9,10。整个快速排序法的处理过程如图 7-28 所示。

循环状态	排序元素列表								说　　明
初始状态	6	1	2	7	9	3	4	5	10	8	初始系列,以 6 为基准书
第 1 轮	3	1	2	5	4	6	9	7	10	8	基准数 6 归位
第 2 轮	3	1	2	5	4						以 3 为基准数
	2	1	3	5	4						基准数 3 归位
第 3 轮	2	1									以 2 为基准数
	1	2									基准数 2 归位
第 4 轮	1										只有 1 位,不需排序
第 5 轮				5	4						以 5 为基准数
				4	5						基准数 5 归位
第 6 轮				4							只有 1 位,不需排序
第 7 轮							9	7	10	8	以 9 为基准数
							8	7	9	10	基准数 9 归位
第 8 轮							8	7			以 8 为基准数
							7	8			基准数 8 归位
第 9 轮							7				只有 1 位,不需排序
第 10 轮									10		只有 1 位,不需排序
循环结束	1	2	3	4	5	6	7	8	9	10	排序完成

图 7-28　快速排序过程

(2)快速排序法分析

在平均状态下,快速排序 n 个元素要做 $O(n\log n)$ 次比较,其时间复杂度为 $O(n\log n)$,在最坏状态下需要做 $O(n^2)$ 次比较,但这种状态并不常见。事实上,快速排序法明显比其他复杂度为 $O(n\log n)$ 的算法更快,因为它的内部循环效率很高。

3. 插入排序(Insertion Sort)

插入排序是每次将一个待排序元素按其元素值的大小插入前面已经排好序的子表的适当位置,直到全部元素插入完成为止。

(1)插入排序法思想

插入排序法非常类似玩扑克牌时的排序方法,当从桌上摸起一张牌后,要与手中已有的牌从左至右逐张进行比较,然后将它插入牌序的正确位置。通常,手中的扑克牌都是按颜色(黑、红、梅、方)及其大小依次排序。其算法可分为如下 8 个步骤。具体实现见算法程序 7-5。

```
// 算法程序7-5:插入排序算法
void InsertSort(A[], n)
{ for (i=2; i≤n; i++)
    if (A[i]<A[i-1])
    { x=A[i]; j=i-1;
      while(x<A[j] and j≥1)
         {A[j+1]=a[j]; j=j-1; }
      A[j+1]=x;
    }
}
```

① 设排序列表的长度为 m,定义一个长度为 $(m+1)$ 的数组 a[n]、一个临时变量 key。

② 将列表元素依次输入到 a[1]~a[n]数组中保留。

③ 将第一个元素 a[1]复制到左边 a[0]数组中，并且假设它已经排序好了，无须比较。这时 i 自加 1（i++），进行下一个元素 a[i]的比较。

④ 将 a[i]复制到一个名为 key 的临时变量中。

⑤ 向左边扫描已排序的元素序列，比较 key 与 a[i-1]、a[i-2]等元素大小；若 key>a[i-1]，则将 key 插入在 a[i-1]元素之后（即将 key 值复制到 a[i]单元），a[i]作为已经排序好的元素；然后 i 自加 1（i++），取右边下一个元素继续进行比较，依次类推。

⑥ 如果在上面的比较中，key<a[i-1]，key 则继续与左边的 a[i-2]进行比较，直到 key 值小于或等于目标元素处停止，或者到左边列表开始处（a[0]）停止。

⑦ 如果 a[i-2]<key<a[i-1]，则将 a[i-1]元素向右移动，即复制到 a[i]单元；然后将 key 值插入原来 a[i-1]元素的位置，即将 key 值复制到 a[i-1]单元；这时，a[i]作为已经排序好的元素子序列；然后 i 自加 1，取右边下一个元素继续进行比较依次类推。

⑧ 重复执行④~⑦，直到列表右边最后一个元素为止。

【例 7-23】假设元素的初始列表为{5, 2, 4, 3, 1}，要求排序后按升序排列。

[解析] 根据上述算法步骤，插入排序过程如图 7-29 所示。

指针	元素插入排序过程						说明
数组	a[0]	a[1]	a[2]	a[3]	a[4]	a[5]	数组 a[i]作为元素存储单元，key 为临时变量
初始状态		5	2	4	3	1	
i=1	5		2	4	3	1	key=5，将 key 左移到 a[0]，作为已排序好的元素
i=2	2	5		4	3	1	key=2，比较 key<5，5 左移，key 插入到 a[0]
i=3	2	4	5		3	1	key=4，比较 2<key<5，5 左移，key 插入到 a[1]
i=4	2	3	4	5		1	key=3，比较 2<key<4<5，4-5 左移，key 插入到 a[1]
i=5	1	2	3	4	5		key=1，key<2<3<4<5，2-3-4-5 左移，key 插入到 a[0]

图 7-29 插入排序过程

（2）插入排序法分析

插入排序法的元素比较次数和元素移动次数与元素的初始排列有关。最好情况下，列表元素已按关键字从小到大有序排列，每次只需要与前面有序元素的最后一个元素比较一次，移动两次元素，总的比较次数为(n-1)，元素移动次数为2(n-1)，算法复杂度为 $O(n)$；在平均情况下，元素的比较次数和移动次数约为(n^2/4)，算法复杂度为 $O(n)$；最坏的情况是列表元素逆序排列，其时间代价是 $O(n^2)$。插入排序法是一种稳定的排序方法，优点是算法思想简单，在元素较少时，是比较好的排序方法。

本章小结

1. 算法是一个有穷规则的结合，规则规定了解决某一特定类型问题的运算序列，或者规定了任务执行或问题求解的一系列步骤。无论采用何种算法，必须有效而且高速。

2. 对于数值数据，实行问题求解的关键是选取合适的算法。程序设计中的常用算法有穷举算法、递推算法、递归算法、迭代算法、分治算法、贪心算法、回溯算法和动态规划等。

3. 对于非数值数据，它不是求问题的数值解，只能采用数据结构的方式来实现对数据的处理，常用方法有线性表结构、栈结构、队列结构、树形结构、图结构等。其中，线性表结构、栈结构、队列结构属于线性结构；树形结构和图结构属于非线性结构。

4. 数据查找和排序实际上是对数组中的数据元素进行处理，常用处理方法有顺序查找、折半查找、冒泡排序、快速排序、插入排序等。数组是数据元素的有序集合，在程序设计中占有非常重要的地位。数据查找和排序是数据库技术中的重要内容，其理论基础是离散结构（离散数学）。

习 题 7

一、选择题

1. 在设计一个具体算法时，必须满足正确性、可读性、健壮性和（　　）四项基本要求。
   A．运行效率　　　B．运算精度　　　C．运行时间　　　D．可计算性
2. 描述算法的常用方法有自然语言描述法、图形描述法、（　　）描述法和程序语言描述法。
   A．数学描述法　　B．伪代码描述法　C．顺序描述法　　D．循环描述法
3. 用分治算法求解问题时，一般按照分解、求解和（　　）三个步骤进行。
   A．运行　　　　　B．结束　　　　　C．合并　　　　　D．返回
4. 用回溯算法求解问题时，一般按照定义、确定和（　　）三个步骤进行。
   A．运行　　　　　B．结束　　　　　C．循环　　　　　D．搜索
5. 用贪心算法求解问题时，一般按照建模、求解和（　　）三个步骤进行。
   A．还原　　　　　B．分析　　　　　C．设计　　　　　D．结束
6. 用动态规划方法求解问题时，一般按照划分、推导和（　　）三个步骤进行。
   A．合并　　　　　B．记录　　　　　C．组合　　　　　D．计算
7. 在编程求解一个问题时，其中最为重要的是算法设计，算法是对解题过程的（　　）描述。
   A．复杂　　　　　B．大概　　　　　C．精确　　　　　D．简单
8. 数据结构是指对非数值数据的处理，包括线性结构、栈结构、队列结构、树结构和（　　）。
   A．体系结构　　　B．循环结构　　　C．网状结构　　　D．图结构
9. 常见的查找算法有顺序查找、折半查找、分块查找、（　　）等。
   A．优先查找　　　B．快速查找　　　C．网络查找　　　D．智能查找
10. 常见的排序算法有冒泡排序、快速排序、插入排序和（　　）等。
    A．优先排序　　　B．选择排序　　　C．顺序排序　　　D．智能查找

二、问答题

1. 什么是算法？
2. 算法有哪些特征？
3. 算法的复杂性是指什么？
4. 在问题求解过程中，算法的描述方法由哪几种？
5. 穷举算法的基本思想是什么？
6. 迭代算法的基本思想是什么？
7. 递归算法的基本思想是什么？
8. 递归算法和递推算法有何区别？
9. 分治算法的基本思想是什么？
10. 动态规划的基本思想什么？
11. 数据结构、数据查找与数据排序有何区别？

三、讨论题

1. 你认为，研究数值数据算法、数据查找与排序、数据结构的意义在哪里？
2. 问题求解的算法基础在计算机科学中的作用地位主要体现在哪些方面？

*第8章 问题求解的近似计算

【问题引出】第7章介绍了求取问题确切结果的基本方法及其算法。在实际应用中还会遇到三类问题：一是如何求解连续性问题；二是如何求解无法直接得到公式解、解析解、精确解或最优解问题；三是如何求解非线性问题。这就需要拓展我们的计算思维：一是将连续问题离散化；二是利用近似算法、概率算法、仿生学算法等寻求问题的近似解或最优解；三是通过弱化有关条件来解决普遍性问题中的一些特例或范围窄小的问题。这也是为什么近似计算问题的存在，不会构成对计算思维观念动摇的原因所在。问题求解的近似计算，对拓展和提高我们解决实际问题的思维能力是极为有益的。为了突出重点和节省篇幅，把非线性问题的求解放在学习辅导中介绍。

【教学重点】定积分的近似计算、有限元方法、随机事件及其概率、蒙特卡罗法、圆周率的近似计算、仿生学方法。

【教学目标】以近似计算为载体拓展计算思维，认识近似计算的作用意义，了解定积分的近似计算、蒙特卡罗近似计算、圆周率的近似计算、有限元近似计算、仿生学求最优解的思想方法。

§8.1 定积分的近似计算

定积分的近似计算是将连续问题离散化的典型实例，也是求连续函数数值解的有效手段。计算定积分的传统方法是利用牛顿–莱布尼茨(Newton-Leibniz)公式，即对于在区间$[a,b]$上函数$f(x)$的积分，只要能找到被积函数$f(x)$的原函数$F(x)$，便可用 Newton-Leibniz 公式求得定积分：

$$I = \int_a^b f(x)\mathrm{d}x = F(b) - F(a)$$

然而，在实际应用中，当函数没有具体表达式，而只有由试验测得的数据表格或图形，或者$F(x)$无法用初等函数表示时，例如$\int_a^b \sin x^2 \mathrm{d}x$，$\int_a^b \mathrm{e}^{x^2}\mathrm{d}x$等，这就需要我们用一些近似方法求取积分值。对此，可以借助于计算机数值求解的近似计算(Approximate Calculation)来解决这一问题。

用计算机求定积分近似值的方法如同数值积分一样，即对积分区间进行细分，并在每个小区间上找到一简单函数$\varphi(x)$来近似代替$f(x)$。这样，便把复杂的$\int_a^b f(x)\mathrm{d}x$计算转化为求简单积分值$\int_a^b \varphi(x)\mathrm{d}x$。因此，定积分的近似计算实质上就是求被积函数的近似值。

8.1.1 近似计算方法

不论定积分在$\int_a^b f(x)\mathrm{d}x$在实际问题中的意义是什么？在几何意义上都等于曲线$f(x)$在两条

直线 $x=a$、$x=b$ 与 x 轴围成的曲边梯形的面积。因此，只要近似算出曲边梯形的面积，就能得到所求积分的近似值。根据定积分定义

$$\int_a^b f(x)\mathrm{d}x = \lim_{n\to\infty}\sum_{i=1}^n f(\xi_i)\Delta x_i \quad (\xi_i \in [x_{i-1}, x_i])$$

推算出求解定积分近似值表达式

$$\int_a^b f(x)\mathrm{d}x \approx \sum_{i=1}^n f(\xi_i)\Delta x_i \quad (\xi_i \in [x_{i-1}, x_i])$$

显然，n 取值越大，得到的近似值越精确，因而适合使用计算机的高速度、高密度运算求解。根据 $\sum_{i=1}^n f(\xi_i)\Delta x_i$ 的计算精度与要求，可以采用矩形积分法、梯形积分法和抛物线积分法来求解，这三种方法是近似计算中最常用的定积分方法。

1．矩形积分法（Rectangular Integral Method）

矩形积分法的基本思想是采取等分法，把曲边梯形分成若干个小的矩形，用每个小矩形面积来近似替代小曲边梯形的面积，然后将每个小矩形面积相加，从而得到定积分的近似值。具体说，就是把问题区间 $[a,b]$ 划分为 n 个长度相等的小区间，并且可以任意选取某一点为 $\xi_i \in [x_{i-1}, x_i]$，以此求取小矩形面积，对每个小矩形面积相加，便求得近似积分值，其几何图形如图 8-1 所示。

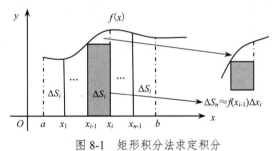

图 8-1 矩形积分法求定积分

为了计算方便，我们可选择一些特殊点进行求和，例如，左端点求和、右端点求和或中点求和。

（1）左端点求和：对等分区间 $a=x_0<x_1<\cdots<x_i=a+\dfrac{b-a}{n}i<\cdots<x_n=b$ 在区间 $[x_{i-1}, x_i]$ 上取左端点，即取 $\xi_i = x_{i-1}$，从而对于任一确定的自然数 n，有

$$\int_a^b f(x)\mathrm{d}x \approx \frac{b-a}{n}[f(x_0) + f(x_1) + \cdots + f(x_{n-1})]$$

若以 $\int_0^1 \dfrac{1}{1+x^2}\mathrm{d}x$ 为例，取 n=100，采用左端点法计算其定积分的近似值：

$$\int_0^1 \frac{1}{1+x^2}\mathrm{d}x \approx \frac{1-0}{100}[f(0) + f(0.01) + \cdots + f(0.99)] \approx 0.78789399673078$$

已知理论值 $\int_0^1 \dfrac{1}{1+x^2}\mathrm{d}x = \dfrac{\pi}{4}$，此时计算的相对误差为

$$\left|\frac{0.78789399673078-\frac{\pi}{4}}{\frac{\pi}{4}}\right|\approx 0.003178$$

（2）**右端点求和**：区间划分与左端点求和的相同，在区间$[x_{i-1}, x_i]$上取右端点，即取$\xi_i = x_i$，从而对于任一确定的自然数n，有

$$\int_a^b f(x)\mathrm{d}x \approx \frac{b-a}{n}[f(x_1)+f(x_2)+\cdots+f(x_n)]$$

仍以$\int_0^1 \frac{1}{1+x^2}\mathrm{d}x$为例，取$a=0$，$b=1$，$n=100$，采用右端点求和法计算其定积分的近似值：

$$\int_0^1 \frac{1}{1+x^2}\mathrm{d}x \approx \frac{1-0}{100}[f(0.01)+f(0.02)+f(1)] \approx 0.78289399673078$$

已知理论值$\int_0^1 \frac{1}{1+x^2}\mathrm{d}x = \frac{\pi}{4}$，计算的相对误差为

$$\left|\frac{0.78289399673078-\frac{\pi}{4}}{\frac{\pi}{4}}\right|\approx 0.003188$$

由此可见，取左端点的计算结果误差与取右端点的计算结果误差是极为接近的。

（3）**中点求和**：从以上两种情况可以看出，左端点求和与右端点求和的相对误差几乎一样，那么，如果区间划分与左端点求和的相同，在区间$[x_{i-1}, x_i]$上取中点，即取$\xi_i = (x_{i-1}+x_i)/2$，此时对于任一确定的自然数n，有

$$\int_a^b f(x)\mathrm{d}x \approx \frac{b-a}{n}[f(\frac{x_0+x_1}{2})+f(\frac{x_1+x_2}{2})+\cdots+f(\frac{x_{n-1}+x_n}{2})]$$

仍以$\int_0^1 \frac{1}{1+x^2}\mathrm{d}x$为例，取$n=100$，采用中点求和法计算其定积分的近似值：

$$\int_0^1 \frac{1}{1+x^2}\mathrm{d}x \approx \frac{1-0}{100}[f(0.005)+f(0.015)+f(0.995)] \approx 0.78540024673078$$

已知理论值$\int_0^1 \frac{1}{1+x^2}\mathrm{d}x = \frac{\pi}{4}$，计算的相对误差为

$$\left|\frac{0.78540024673078-\frac{\pi}{4}}{\frac{\pi}{4}}\right|\approx 0.000002653$$

由此看出，采用中点求和法计算其定积分的相对误差要小得多，即近似的结果要精确得多。而当n值足够大时，三种取点求和所得到的结果应该无限接近，n值越大，误差越小。

从图8-1可知，矩形积分法是用矩形面积来近似代替函数区间面积，这种近似程度的相对误差是很大的。为此，人们采取了被称之为"梯形"和"抛物线"的近似积分方法。

2. **梯形积分法（Trapezoidal Integral Method）**

梯形积分法是把曲边梯形分成若干个小窄曲边梯形，每个小窄曲边梯形面积用小直边梯形面

积来近似代替，然后将每个直边梯形面积相加，从而得到定积分的近似值，其几何图形如图 8-2 所示。

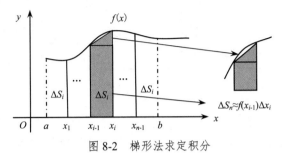

图 8-2　梯形法求定积分

与矩形积分法计算相似，等分区间：

$$a=x_0<x_1<\cdots<x_i=a+\frac{b-a}{n}i<\cdots<x_n=b, \Delta x=\frac{b-a}{n}$$

将曲线 $y=f(x)$ 上相邻的点用线段两两相连，这使得每个 $[x_{i-1},x_i]$ 上的小曲边梯形成为真正的小直边梯形，其面积为

$$\Delta S_i \approx \frac{f(x_{i-1})+f(x_i)}{2}\Delta x_i \quad (i=1,2,\cdots,n)$$

于是，各小直边梯形面积之和就是曲边梯形面积的近似值：

$$\int_a^b f(x)\mathrm{d}x \approx \frac{f(x_{i-1})+f(x_i)}{2}\Delta x_i$$

$$\int_a^b f(x)\mathrm{d}x \approx \frac{b-a}{n}[\frac{f(x_0)}{2}+\cdots+f(x_i)+\cdots+f(x_{n-1})+\frac{f(x_n)}{2}]$$

仍以 $\int_0^1 \frac{1}{1+x^2}\mathrm{d}x$ 的近似计算为例，取 $n=100$，可得

$$\int_0^1 f(x)\mathrm{d}x \approx \frac{1-0}{100}[\frac{f(x_0)}{2}+f(0.01)+\cdots+f(0.99)+\frac{f(1)}{2}] \approx 0.78539399673078$$

如同矩形积分，已知理论值 $\int_0^1 \frac{1}{1+x^2}\mathrm{d}x=\frac{\pi}{4}$，则计算的相对误差为

$$\left|\frac{0.78539399673078-\frac{\pi}{4}}{\frac{\pi}{4}}\right| \approx 0.000005305$$

从图 8-2 可知，梯形积分法是在每个小区间上用线段来近似替代原来的曲线段，即用线性函数近似替代被积函数，从而得到定积分的近似值。采用梯形积分法的相对误差要比简单矩形积分中的左端点求和和右端点求和的相对误差小得多，而与矩形积分中的中点求和的相对误差值在同一个数量级。

3．抛物线积分法（Parabola Integral Method）

虽然梯形积分法比矩形积分法的误差小，但还是不够精确。如果每段改用与凸起相接近的二次曲线来近似，这就是抛物线积分法，也称为辛普森（Simpson）方法，如图 8-3 所示。

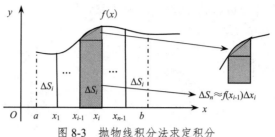

图 8-3 抛物线积分法求定积分

矩形法和梯形法分别用矩形和梯形的面积来近似计算每个小分块上的面积，即"以直代曲"。而抛物线法则是"以曲代曲"，从而得到比梯形积分法更精确的解。它用过三点 M_{i-1}、M_i、M_{i+1} 的曲线用抛物线 $y=ax^2+bx$ 代替，以抛物线为曲边，以 $[x_{i-1}, x_{i+1}]$ 为底的曲边梯形面积为

$$\frac{1}{6}(y_{i-1}+4y_i+y_{i+1})\cdot 2\Delta x = \frac{b-a}{3n}(y_{i-1}+4y_i+y_{i+1})$$

然后将各段进行累加，则可得到 $[a, b]$ 的近似积分为

$$\int_a^b f(x)\mathrm{d}x = \sum_{i=1}^n \int_{x_{2i-2}}^{x_{2i}} f(x)\mathrm{d}x \approx \sum_{i=2}^n \frac{b-a}{6n}(y_{2i-2}+4y_{2i-2}+y_{2i})$$

整理后可得

$$\int_a^b f(x)\mathrm{d}x \approx \frac{b-a}{6n}[y_0+y_{2n}+4(y_1+y_3+\ldots+y_{2n-1})+2(y_2+y_4+\ldots+y_{2n-2})]$$

仍以 $\int_a^b \frac{\mathrm{d}x}{1+x^2} = \frac{\pi}{4}$ 的近似计算为例，取 $a=100$，$b=1$，$n=100$，$y_i=f(x_i)=1/(1+x_i^2)$，则有

$$\int_a^b \frac{\mathrm{d}x}{1+x^2} \approx \frac{b-a}{6n}[y_0+y_{2n}+4(y_1+y_3+\ldots+y_{2n-1})+2(y_2+y_4+\ldots+y_{2n-2})] \approx 0.78539816339745$$

如同梯形积分法，已知理论值 $\int_0^1 \frac{\mathrm{d}x}{1+x^2} = \frac{\pi}{4}$，则计算的相对误差为

$$\left|\frac{0.78539816339745 - \pi/4}{\pi/4}\right| \approx 2.827\times 10^{-16}。$$

〖问题提示〗这里，我们把求定积分的近似计算作为一个载体，拓展问题求解的计算思维：一是计算机是一个离散型的系统，向它提供的信息必须是离散型的，因此对于连续函数的求解必须将其离散化，即把连续信息转化为离散信息；二是不同的离散方法，具有不同的近似精度。

8.1.2 计算求解方法

上面讨论了近似计算定积分的思想方法，并且以 $\int_0^1 \frac{1}{1+x^2}\mathrm{d}x$ 的近似计算为例，取 $n=100$，分别用不同的算法计算出了定积分的近似值，并且 n 取值越大，所计算的近似值越接近于真实值。但是，与之相应的计算工作量也越大。要想快速计算出精度更高的结果，依靠原始的手工计算显然是不现实甚至是不可能的。若利用计算机的高速迭代计算，则可容易得到高精度的运算结果。

1. 编程求解方法

这里仍以定积分 $\int_a^b f(x)\mathrm{d}x$ 的近似计算为例，讨论利用计算机实现矩形积分法中右端点求和法的实现方法。基本算法步骤如下。

Step1：　　　求 $(b-a)/n$，将区间 n 等分；
Step2：　　　求 $f(x_1)$ 的值；
Step3：　　　求 $f(x_2)$ 的值；
……
Step$n$-2：　　求 $f(x_n)$ 的值；
Step$n$-1：　　求 $\sum_{i=1}^{n}f(x_i)=f(x_1)+f(x_2)+\cdots+f(x_n)$；
Step$n$：　　　将 Step(n-1)的结果乘以 Step1 得到一个值，这个值就是最后结果。

这样的算法虽然是正确的，但步骤烦琐。如果 n 取值 1000，则要书写 1000 个步骤，而且每次都要单独存储计算出来的值。那么，是否能找种通用的表示方法呢？答案是肯定的。

对此，拓展我们的思维。由于 a、b、n 都是已知数，所以可以设置 4 个变量：若用 h 变量存放 $(b-a)/n$ 的值；用 x 变量存放 a 的值；用 y 变量存放 $f(x)$ 的值；用 sum 变量存放 $f(x)$ 的累加和及最终结果，然后通过循环计算，即可求出结果。因此，可将上述算法改写如下。

Step1：　　　$h=(b-a)/n$；
Step2：　　　$x\leftarrow a$；
Step3：　　　$\text{sum}\leftarrow 0$；
Step4：　　　$x\leftarrow x+h$；
Step5：　　　$y\leftarrow f(x)$；
Step6：　　　$\text{sum}\leftarrow \text{sum}+y$；
Step7：　　　如果 $x=b$，则返回 Step4 和 Step5、Step6，否则执行 Step8；
Step8：　　　$\text{sum}\leftarrow \text{sum}\times h$，最后得到的 sum 值就是 $\int_0^1 f(x)\mathrm{d}x$ 的近似值。

显然，这个算法比前面列出的原始算法简练，只用 8 条语句就描述清楚了。这种方法表示的算法具有通用性、灵活性。根据上述计算过程，可编制出计算程序，并且 Step4~Step6 可组成一个循环，反复多次执行，直到 $x\geq b$，则不再执行循环，转而执行完 Step8，此时算法结束。

2. 工具软件方法

随着计算机应用的普及，人们根据计算机解决实际应用问题的需要，不仅编制出了许多专用算法程序，还研发出了一些功能强大的计算工具软件，现在已有很多商品软件可用于定积分的近似计算，如 Matlab、Maple、Mathematica 等。

上述方法各有特点，但 Matlab 应用最广。Matlab 全称为 Matrix Laboratory（矩阵试验室），是当今最受控制系统设计和仿真领域青睐的工具软件，可用于数值计算、数据建模、数字仿真、数据处理、工程与科学绘图等，为众多科学领域提供了全面的解决方案，代表了当今国际科学计算软件的先进水平；Maple 是目前世界上最通用的数学和工程计算软件之一，在数学和科学领域享有盛誉，有"数学家的软件"之称；Mathematica 是世界上通用计算系统中最强大的系统，拥有强大的数值计算和符号运算能力,在科技和其他领域产生了深刻的影响。这里简要介绍运用 Matlab 求定积分计算的基本方法。

【例 8-1】以定积分 $\int_0^1 \frac{1}{1+x^2} dx$ 近似计算为例,利用 Matlab 中的函数求定积分的近似值。

【解析】以 Matlab 中的梯形法函数 trapz 为例,其中 x 由分割点(节点)组成,y 由被积函数在节点上的函数值组成,已知 $a=0$,$b=1$,取 $n=100$,$y_i = f(x_i) = 1/(1+x_i)^2$,根据 trapz($x, y$)函数命令,输入如下参数:

```
>>x=0:1/100:1;
>>y=1./(1+x.^2);
>>trapz(x, y);
```

便可立即求出计算结果。与前面介绍的梯形积分法公式:

$$\int_0^1 \frac{1}{1+x^2} dx \approx \frac{1-0}{100}[\frac{f(x_0)}{2} + f(0.01) + \cdots + f(0.99) + \frac{f(1)}{2}]$$

相比,显然,利用数学计算工具软件 Matlab 实行近似计算要简单得多。由于工具软件是可视化的,并且有自己的公式表达语句,因而不需要运用计算机程序设计语言来编写计算程序。

§8.2 有限元方法

定积分是通过局部近似计算来获得区域解的数值方法,有限元方法(Finite Element Method)是一种通过求单元近似解来获得原问题解的数值方法,是用科学研究和科学计算来揭示用实验手段尚不能表现的科学奥秘和科学规律的有效方法,是工程领域广泛应用的数值模拟方法之一。

8.2.1 有限元方法的基本概念

科学计算领域常常需要求解各类微分方程,而许多微分方程的解析解一般很难得到,使用有限元方法将微分方程离散化后通过编制计算程序来求解,已成为现代结构设计的主导计算方法。

1. 有限元方法的理论基础

有限元方法是一种用于求解微分方程组数值解的数值技术。这一解法基于完全消除微分方程,即将微分方程转化为<u>代数方程组</u>或将偏微分方程(组)改写为<u>常微分方程</u>(组)的逼近,这样便可用标准的数值技术(如欧拉法,龙格-库塔法等离散方法)实现微分方程的数值近似解。

有限元方法是基于数值计算发展起来的一种近似数值方法,用来解决力学、数学中的带有特定边界条件的偏微分方程问题,而这些偏微分方程是工程实践中常见的固体力学和流体力学问题的基础。有限元方法和计算机的发展共同构成了现代计算力学的基础,有限元方法的核心思想是"离散化"和"数值近似",所以它的发展过程也是围绕着这两个点来展开的。

2. 有限元方法的解题思想

有限元方法基于变分原理,它将求解域看成是由许多称为有限元的小的互联子域组成的,并且对每一单元假定一个合适而简单的近似解,然后推导求解这个域总的满足条件(如结构的平衡条件),从而得到原问题的解。这个解不是准确解,而是近似解,因为实际问题被简单问题所替代。

基于上述思想,人们可以利用数字仿真(数据模拟)技术,在计算机上用软件来模拟一个实际工程中的所有过程，即根据数字仿真结果就能分析和观察到设计结果，由此及时调整设计，从而有效地降低产品开发成本，缩短产品设计周期，这对飞机和现代武器的设计具有极为重要的意义。

有限元方法可用于求解一般连续域的问题，例如结构应力分析、热传导、电磁场、流体力学、声学等问题，都需要求解偏微分方程，这类问题均适合用有限元方法来求取问题的数值近似解。

3. 有限元方法的应用发展

20 世纪 40 年代，航空航天事业的快速发展对飞机结构设计提出了越来越高的要求，希望实现重量轻、强度高、刚度好。然而，仅用三角形模块的集合来进行应力分析，不能进行精确的设计、分析和计算。在这一背景下，有限元的思想概念逐渐形成。

20 世纪 50 年代，有限元方法首先在连续体力学领域——飞机结构静、动态特性分析中，用以求得结构的变形、应力、固有频率以及振型。

20 世纪 60 年代，有限元的理论方法逐步形成并得到迅速发展。由于其有效性而风靡全球，广泛应用于各种力学问题和非线性问题，成为分析大型、复杂工程结构的强有力技术手段。

20 世纪 70 年代，有限元方法的应用已从线性问题扩展到非线性问题，分析的对象从弹性材料扩展到塑性、粘弹性、粘塑性和复合材料；从连续体扩展到非连续体。

20 世纪 80 年代，随着电子计算机技术的发展，有限元方法迅速发展成为一种弹性力学问题的数值求解方法，例如从汽车到航天飞机，几乎所有的设计制造，都离不开有限元的分析和计算，有限元方法已成为目前工程领域应用最为广泛的数值模拟方法之一。

8.2.2 有限元方法的计算思维

有限元方法的核心思想就是通过离散化来分割为有限个单元，将无穷转化为有限。因此，有限元方法是求取复杂问题近似解的一种工具，体现了古人"化整为零，化曲为直"的计算思想。

1. 局部与整体的计算思维

有限元方法将问题解析与数值计算、逼近与模拟、抽象与具体等多种概念聚集为一体，不仅衍生出多种多样的研究内容，而且拓展应用到许多科学领域，因此科学家们将有限元方法作为 20 世纪应力学的最伟大成就之一，也是我们将其列入本教材教学内容的原因所在。

有限元方法的关键思想是离散化，它完美体现了局部与整体的哲学思想，若要解决整体问题，必须先研究局部问题。把复杂的结构看成由有限个单元组成的整体，化整为零、集零为整是有限元方法的基本思想，这种思想为我们处理复杂工程问题提供了一种基本思路。

2. 单元与组合体的计算思维

许多工程问题的分析与求解，最终都归结为在边界条件下求解其微分方程的问题，但能用解析方法求出精确解的只是方程比较简单，而且几何边界相对规则的少数问题。对于大多数工程技术问题，由于物理的几何形状较复杂或问题的某些非线性特征，很少能求出其精确解。而有限元方法将连续方程的求解域离散为有限个由单元组成的组合体，以此组合体来模拟和逼近原求解域。由于各单元本身具有不同的几何形状，并且各单元间可以按照各种不同的联结方式组合，所以这个组合体可以模拟几何形状复杂的求解域，并且原问题单元划分越细，单元数越多，求解的逼近程度越高。如果单元满足收敛条件，那么得到的近似解最后将收敛于原问题的精确解。这一求解思想，与第 7 章中的"分治算法"的基本思想是一致的。

§8.3 随机事件及其概率

前面我们所讨论和关注的是如何用数值计算方法解决确定性问题，但现实世界中的很多问题却是随机的，即过程的下一个状态取决于之前的状态和一些随机因素，因而只能用随机过程来描述。

概率论（Probability Theory）和数理统计（Mathematics Statistics）是研究和揭示自然现象统计规律性的一门数学分支学科，是其他学科重要的数学基础，如信息论、对策论、排队论、控制论、模糊数学等，都是以概率论为基础的，它的应用遍及自然科学、社会科学、军事科学、工程技术等各个领域。这里，我们简要介绍随机事件及其概率，它在计算机学科中具有重要地位。

8.3.1 随机事件

随机事件是概率论与数理统计中极为重要的基本概念，包括随机现象、基本事件、随机事件的特征、随机事件的关系、随机事件的运算等。

1. 什么是随机事件

自然界有很多现象，一类是在一定条件下的必然发生，并且不需进行任何判断，例如向空中抛出一颗石子，它必然落下，这类现象被称为"确定性现象"；另一类是在同一条件会发生两种可能，如向空中抛出一枚硬币，落下来后的结果可能正面朝上，也可能正面朝下，这种现象称为"随机现象"。如果多次重复抛一枚硬币，所得到的结果是正面朝上与正面朝下的次数几乎各占一半，我们把这种占有的几率称为"概率"，而把经过大量重复试验或观察中所呈现出的固有规律性称为"统计规律"。

我们把对一个客观事物进行的"试验""调查"或"观测"统称为"试验"。一个试验知道可能产生的所有结果，而且这个试验在相同条件下可以重复进行，这样的试验称为"随机试验"。例如，向空中抛出一枚硬币，我们知道其结果必然自由落下，而且有两种可能。"随机试验"产生的结果称为"随机事件"，一般用 $A, B, C \cdots$ 表示。

在随机事件中，每一可能发生的基本结果称为"基本事件"（或样本），一般用小写希腊字母 ω 表示，由全体基本事件组成的集合称为随机试验的"样本空间"，用大写字母 S 表示。

如果某事件包含了样本空间中所有的样本点，则称为"必然事件"，记作 Ω，必然事件在每次试验中一定发生。如果某事件不包含任何样本点，则称为"不可能事件"，记作 Φ，不可能事件在每次试验中一定不会发生。

2. 随机事件的特征

随机事件是样本空间中满足一定条件的子集。例如掷硬币时正面朝上为 ω_1，正面朝下为 ω_2，则其子集为 $S=\{\omega_1, \omega_2\}$。随机事件具有如下 3 个重要特征：

（1）具有重复性：可以在相同条件下，反复进行多次试验；
（2）没有确定性：在一次试验（观察）中，随机事件可能发生或不发生，结果具有偶然性；
（3）统计规律性：在大量重复试验（观察）中，随机事件的发生具有某种统计规律性。例如多次重复抛一枚硬币得到正面朝上与反面朝上的次数几乎各占一半，这就是统计规律性。

3. 随机事件的关系

随机事件的关系是指事件 A 与事件 B 的包含、相等、互斥、互逆这 4 个方面的相互关系。

（1）**包含**：如果事件 A 的发生必然导致事件 B 的发生，即事件 A 的基本事件都属于 B，则称为 B 包含 A（或 A 包含 B），记作 $A \subset B$；

（2）**相等**：如果事件 A 与事件 B 相互包含，则称 B 和 A 相等，记作 $A=B$。

（3）**互斥**：如果事件 A 和事件 B 没有相同的基本事件，不能同时发生，则称事件 A、B 互斥或互不相容，记作 $AB=\Phi$。

（4）**互逆**：对于事件 A，若事件 A' 满足 $AA'=\Phi$ 和 $A \cup A'=S$，则称事件 A 的对立事件，A' 是由样本空间 S 中所有不属于 A 的基本事件构成的。

4．随机事件的运算

对于同一个样本空间 S 的任意两个事件 A 和 B，可用文氏图运算，并具有以下 3 种运算关系。

（1）**并（或和）**：事件 A 与事件 B 中至少有一个发生的事件，称为 A 和 B 的并，记作 $A \cup B$，如图 8-4 所示。

（2）**积（或交）**：事件 A 与事件 B 中同时发生的事件，称为 A 和 B 的交，记作 $A \cap B$ 或 AB，如图 8-5 所示。

（3）**差（或减）**：事件 A 发生而事件 B 不发生的事件，称为事件 A 与事件 B 的交，记作 $A-B$，如图 8-6 所示。

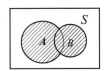 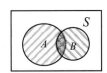 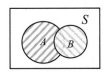

图 8-4　阴影区域 $A+B$　　图 8-5　阴影区域 AB　　图 8-6　阴影区域 $A-B$

8.3.2 随机概率

概率论用来研究大量随机现象的统计规律，是通过统计规律找出反映事物的客观规律，这一客观规律的数字化就是随机概率，简称为概率。概率的应用是通过概率计算和概率变量实现的。

1．概率的统计定义

为了揭示概率统计规律，我们希望寻求一种合适的数来表示事件发生的可能性的大小。通过大量反复试验，随机事件具有以下两个重要特征。

（1）在一次试验中，随机事件的发生具有偶然性。

（2）在大量反复试验中，随机事件的发生具有统计规律性。

例如，在相同条件下投掷一枚硬币，设事件 A："正面朝上"，如果投掷 10 次，若事件 A 发生 6 次，则它与试验次数的比值为 0.6。当大量重复试验时，事件 A 发生的次数(也称为频数)能够体现出一定的规律，事件 A 约占总试验次数的一半，即有 A 发生的频率＝频数/试验次数。并且重复试验的次数越多，这个值越接近 0.5。

随机事件的频率的这种稳定性为我们量化随机事件发生可能性的大小提供了依据，由此产生了随机事件概率的统计定义。

【定义 8-1】在相同条件下重复一个试验 n 次，记 μ 是 n 次试验中事件 A 发生的次数，如果 A 发生的频率 μ/n 随着试验次数的增大而稳定在某一个常数 $p(0 \leqslant p \leqslant 1)$ 的附近摆动，则常数 p 称为随机事件的概率，记作 $P(A)=p$。

2．概率的性质

由概率的统计定义和频率的有关性质，可以得到概率的如下性质。

（1）对任一事件 A，有 $0 \leqslant P(A) \leqslant 1$。

（2）$P(S)=1$，$P(\Phi)=0$。

（3）对任一事件 A，有 $P(\bar{A})=1-P(A)$。

（4）如果事件 A 与 B 互不相容，那么 $P(A+B)=P(A)+P(B)$。如果有 n 个事件 $A_1, A_2, \cdots, A_n$ 互不相容，则

$$P(A_1+A_2+\cdots+A_n)=P(A_1)+P(A_2)+\cdots+P(A_n)$$

（5）对于任意两个随机事件 A 和随机事件 B，有

$$P(A+B)=P(A)+P(B)-P(AB)$$

【例 8-2】 甲、乙两人同时向一架敌机实施炮击，已知甲击中敌机的概率为 0.8，乙击中敌机的概率为 0.7，只有当甲、乙都击中时敌机才坠毁，已知敌机坠毁的概率是 0.5，求敌机被集中的概率。

[解析] 记事件 A 为"甲击中"，B 为"乙击中"，C 为"敌机被击中"，D 为"敌机坠毁"，则 $P(A)=0.8$，$P(B)=0.7$，$P(D)=0.5$，求 $P(C)$。我们知道，A、B、C、D 之间具有如下关系：

$$C=A+B, \quad D=AB$$

因此有

$$\begin{aligned} P(C) &= P(A+B) = P(A)+P(B)-P(AB) \\ &= P(A)+P(B)-P(D) \\ &= 0.8+0.7-0.5 \\ &= 1.0 \end{aligned}$$

【例 8-3】 生产某种零件需要经过甲、乙两台机器加工，每台机器正常运转的概率是 0.85，两台机器同时正常运转的概率是 0.75，试求两台机器至少有一台正常运转的概率。

[解析] 根据题意，设事件 A_1 为"甲机器正常运转"；A_2 为"乙机器正常运转"；A 为"两台机器至少有一台正常运转"。

显然，$A=A_1+A_2$，于是有

$$\begin{aligned} P(A) &= P(A_1+A_2) = P(A_1)+P(A_2)-P(A_1 A_2) \\ &= 0.85+0.85-0.75 \\ &= 0.95 \end{aligned}$$

3．古典概型

为了说明什么是古典概型，我们先考察下列试验实例：

E_1：抛一枚质地均匀的硬币，观察正面 H、反面 T 出现的情况；

E_2：抛两枚质地均匀的硬币，观察正面 H、反面 T 出现的情况；

E_3：抛一颗骰子，观察其朝上的那一面的点数。

通过上述 3 个试验，会显现出如下两个共同特性：

（1）随机试验只有有限个可能的结果；

（2）每一个结果发生的的可能性大小相同。

具有以上两个特点的试验称为"等可能概型"，它在概率论发展初期曾是主要的研究对象，所

以也称为"古典概型"。古典概型在数学上可表示为：

（1）试验的样本空间只包含有限个元素，记 $S=\{e_1, e_2, \cdots, e_n\}$；

（2）试验中每个基本事件发生的可能性相同，记 $A_i=\{e_1\}$（$i=1, 2, \cdots, n$），即

$$P(A_1)=P(A_2)=\cdots=A_n$$

根据古典概型的特点，可以定义任一随机事件的概率。

【定义 8-2】 对给定的古典概型，若其样本空间中基本事件的总数为 n，事件 A 包含其中 k 个基本事件，则事件 A 的概率为

$$P(A)=\frac{k}{n}=\frac{A包含的基本事件数}{S中基本事件的总数}$$

这样，求概率的方法是把问题转化为对基本事件的计算问题，此类计算问题可以借助排列组合得出。具有以上两个特点的的试验称为"等可能模型"，它在概率论发展初期曾是主要的研究对象，所以也称为"古典概型"。下面讨论在古典概型中，随机事件 A 的概率计算。

【例 8-4】 在一盒子中放有 10 个球，分别标有号码 1，2，$\cdots$，10，现从中任选取一球，求取得号码为偶数的概率。

[解析] 根据题意，设 A：取出的球的号码是偶数；A_1 表示取出的球的号码为 i，$i=1, 2, \cdots, 10$，则 A 中所含基本事件有 A_2、A_4、A_6、A_8、A_{10}，基本事件个数为 5，而事件总数为 10，因此其概率为：

$$P(A)=5/10=0.5$$

【例 8-5】袋中有 8 个球，3 个白球，5 个黑球，从中随机抽取 4 个，求：① 白球和黑球各 2 个的概率；② 4 个都是黑球的概率。

[解析] ① 样本空间所含样本点的个数为组合数 $C_n^k=\frac{n!}{k!(n-k)!}=C_8^4$，设 A："白球和黑球各 2 个"，由乘法原理，A 所含的样本点个数为 $C_3^2 C_5^2$，故

$$P(A)=\frac{C_3^2 C_5^2}{C_8^4}=\frac{3\times 10}{70}=\frac{3}{7}$$

② 设 B："4 个都是黑球"，B 所含的样本点个数为 $C_3^2 C_5^2$，故

$$P(B)=\frac{C_3^0 C_5^4}{C_8^4}=\frac{1\times 5}{70}=\frac{1}{14}$$

〖问题提示〗古典概型常用排列组合来描述，排列组合的运算法则见学习辅导 9.1.1 中的组合分析。此外，随机概率中还包括条件概率、加法定理、乘法定理、事件的独立性等，这里不做详细介绍。

8.3.3 随机变量

在讨论随机事件及其概率时，我们注意到在随机现象中，有很大一部分问题与实数之间存在着某种客观的联系。例如，抛掷一颗骰子，观察其出现点数的试验中，该试验的结果可分别用 1、2、3、4、5、6 来表示。抛掷一枚硬币，观察其出现正面或反面的试验中，我们可以用"1"来代表正面，用"0"来代表反面。由此表明，不管随机试验的结果是否具有数量的性质，都可以建立一个样本空间和实数集之间的对应关系，使之与数值发生联系。这样，便引入了随机变量的概念。

1. 随机变量的定义

一般地，如果一个变量的取值随着试验结果的不同而变化，当试验结果确定后，它所取的值也就相应地确定，这种变量称为随机变量。

【定义 8-3】设随机试验的样本空间为 S，称定义在样本空间 S 上的实值单值函数 $X=X(w)$ 为随机变量，随机变量 X 的取值由样本点 w 决定。反之，使 X 取某一特定值 a 的那些样本点的全体，构成样本空间 S 的一个子集，即 $A=\{w|X(w)=a\}\subset S$。

随机变量通常用大写字母 X、Y、Z 或希腊字母 ξ、η、ζ 等表示，而表示随机变量的取值时，一般采用小写字母 x、y、z 表示。

【例 8-6】投掷三枚硬币，考察正面 H、反面 T 出现情况的试验中，求如下样本空间的概率。

$$S=\{HHH, HHT, HTH, HTT, THH, THT, TTH, TTT\}$$

[解析] 该样本空间形如二进制数的 000 到 111，共有 8 种状态，若统计出正面朝上的枚数的状态值，便构成正面朝上枚数的整数集$\{0, 1, 2, 3\}$，其各自的概率如下：

$P\{X=0\}=P\{TTT\}=1/8$； $P\{X=1\}=P\{HTT, THT, TTH\}=3/8$；
$P\{X=2\}=P\{HHT, HTH, THH\}=3/8$； $P\{X=3\}=P\{HHH\}=1/8$；
$P\{X\leq 1\}=P\{HTT, THT, TTH, TTT\}=4/8$。

根据随机变量取值的情况，可分为离散型随机变量和非离散(连续)型随机变量两种类型。

2. 离散型随机变量

离散型随机变量的特点是随机变量 X 的所有取值可以一一列举，所取值是有限个或数多个。

【定义 8-4】设随机变量 X 的所有取值为 $x_1, x_2, \cdots, x_k$，并且 X 的取值相应的概率为

$$p_k=P(X=x_k), \quad k=1, 2, \cdots$$

则称 X 为离散型随机变量，称 p_k 为离散型随机变量 X 的概率分布或分部列，简称为分布。

例 8-6 中的变量是便是离散型变量，变量 X 的所有取值可以一一列举出来。

3. 连续型随机变量

连续型随机变量的特点是随机变量 X 的所有取值不能一一列举，所取值是某区间上的取值。

【定义 8-5】设随机变量 X 存在非负可积函数 $f(x)$ $(-\infty<x<+\infty)$，使得对任意实数 $a\leq b$，有

$$P(a\leq X\leq b)=\int_a^b f(x)dx$$

则称 X 为连续型随机变量，称 $f(x)$ 为 X 的概率密度函数，简称为概率密度或分布密度。

【例 8-7】某型号雷达发射管的寿命 X 服从参数为 $1/200(h)$ 的指数分布，求发射管的寿命不小于 $100(h)$ 的概率。

[解析] 已知 X 服从参数为 $1/200(h)$ 的指数分布，根据连续型随机变量定义，则有

$$P\{X\geq 100\}=1-P\{X<100\}=1-\int_0^{100}\frac{1}{200}e^{-\frac{1}{200}x}dx=1+\left[e^{\frac{-x}{200}}\right]_0^{100}=e^{-0.5}\approx 0.6055$$

§8.4 蒙特卡罗方法

蒙特卡罗方法（Monte Carlo Method）是一种以概率统计理论为指导的数值计算方法，也称为随机抽样技术（Random Sampling Technique，RST）或统计试验法，用于求解复杂问题的概率解。

蒙特卡罗方法源于第二次世界大战期间美国为研制原子弹的"曼哈顿计划"（Manhattan Project），是 1942 年至 1946 年美国联合英国、加拿大为第二次世界大战所做的一项军事研究项

目，制订该计划的主要成员有 Stanislaw Marcin Ulam（波兰数学家）、John von Neumann（冯·诺依曼，匈牙利数学家）、Enrico Fermi（意大利物理学家）和 Nicholas Metropolis（希腊数学家）。为了解决弹道导弹的复杂计算问题，他们提出了一种基于概率统计的数值计算方法，John von Neumann 用驰名世界的赌城——摩纳哥的 Monte Carlo 来命名这种方法，因而为该计算方法蒙上了一层神秘色彩。

8.4.1 蒙特卡罗方法的概念

蒙特卡罗方法也称为随机抽样技术（Random Sampling Technique）或统计实验方法，是一种应用随机数进行仿真实验的方法。在金融工程学、宏观经济学、计算物理学（如粒子输运计算、量子热力学计算、空气动力学计算）等领域广泛应用，在科学研究过程中也广泛使用，在许多实际问题中都有重要应用。

1．求解思想

蒙特卡罗方法是以概率统计理论为指导的一类非常重要的数值计算方法，所以在解决实际问题时的模拟方法主要有两部分：一是用蒙特卡罗方法模拟某一过程，产生满足该随机过程概率分布的随机变量；二是用统计方法估计模型的数字特征，从而得到实际问题的数值解。

2．求解方法

蒙特卡罗方法与传统的确定性算法解决问题的思路截然不同，是基于概率论及数理统计来解决计算问题的方法，是一种应用随机数进行仿真试验的方法，在具体实现上常采用以下两种方法。

（1）模拟随机过程

根据所求解问题本身具有的内在随机性，借助于计算机的运算能力模拟随机过程。例如，核物理研究中分析中子在反应堆中的反映过程。我们知道，中子与原子的核作用会受到量子力学规律的制约，人们只知道它们相互作用发生的概率，却无法准确获得中子与原子核作用时的位置以及裂变产生的新中子的行进速率和方向。此时可利用蒙特卡罗方法，即依据其概率进行随机抽样得到裂变位置、速度和方向，在模拟大量中子的行为后，经过统计，便能获得中子传输的范围，以此作为反应堆设计的依据。

（2）获取概率统计

将求解问题转化为某种随机分布的特征数，如随机事件出现的概率或随机变量的期望值。通过随机抽样的方法，以随机事件出现的频率估计其概率，或者以抽样的数字特征估算随机变量的数字特征，并以此作为问题的解。这种方法常用来求解复杂的多维积分问题，如计算一个不规则图形的面积，不规则程度和分析性计算的复杂程度是成正比的。

【例 8-8】在一个 1 m² 的正方形木板上随意画一个不规则的图形，如图 8-7 所示，如何求这个不规则图形的面积呢？

[解析] 如果图形是标准的圆，只要测量出半径 r 的值，通过公式 $S = \pi r^2$ 便可以求出该圆的面积。然而，对于一个不规则的图形没有可以套用的面积公式，只能寻求他法。

图 8-7 不规则图形

假设手里有一支飞镖，并将飞镖掷向木板，而且每次都能掷在木板上而不会偏出木板，但每次掷在木板的什么地方是完全随机的，即每次掷出的飞镖扎进木板任何一点的概率是相等的（从数学的角度来说掷点的概率分布是均匀的）。例如投掷 100 次，然后统计这 100 次中扎入不规则图形内部的次数，如果用 k 表示，就可用 $k/100$ 近似估计不规则图形的面积。

例如，100 次有 56 次掷入图形内，就可以估计图形的面积为 0.56 m²。如果认为该结果不够准确，可以投掷 1000 次甚至更多，然后进行统计计算。投掷次数越多，概率结果越准确，这就是蒙特卡罗方法的直观应用实例。这种方法用频率代替概率或得到随机变量的某些数字特征，以此作为问题的解。

3. 准确性问题

蒙特卡罗方法不是一个确定性算法，其准确或正确性依赖于概率和统计。设总面积为 S，不规则图形面积为 S_1，共投掷 n 次，其中掷在不规则图形内部的次数为 k。根据伯努利大数定理，当试验次数增多时，k/n 依概率收敛于事件的概率 S_1/S，其理论依据如下。

设总面积为 S，其中的不规则图形面积为 S_1，有事件 A，投掷一次并投掷在不规则图形之内。因为投掷点服从二维均匀分布，所以 $p(A)=S_1/S$，设 k 是 n 次投掷中投掷在不规则图形内的次数，$\varepsilon>0$ 为任意正数，根据伯努利大数定理，则

$$\lim_{x\to\infty}p\left(\left|\frac{k}{n}-p(A)\right|<\varepsilon\right)=\lim_{x\to\infty}p\left(\left|\frac{k}{n}-\frac{S_1}{S}\right|<\varepsilon\right)=1$$

这就从数学上证明了用频率估计不规则图形面积的合理性，进一步可以给出误差分析，从而选择合适的试验次数 n，将误差控制在可以容忍的范围内。其正确性和准确性依赖概率论，具有严格的数学基础，当 n 趋向于无穷大时，频率 k/n 依概率收敛于 S_1/S。

8.4.2 蒙特卡罗方法求定积分

蒙特卡罗方法通过构造符合一定规则的随机数来解决数学上的许多问题。对于那些由于计算过于复杂而难以得到解析解或根本没有解析解的问题，蒙特卡罗方法是一种求数值解的有效方法。

1. 蒙特卡罗积分

蒙特卡罗方法在数学中最常见的应用就是蒙特卡罗积分。计算定积分是金融、经济、工程等领域实践中经常遇到的问题，计算定积分的经典方法是使用牛顿—莱布尼茨公式：

$$\int_a^b f(x)\mathrm{d}x=F(b)-F(a)$$

其中，$F(x)$ 为 $f(x)$ 的原函数。

这个公式虽然能方便地计算出定积分的精确值，但必须有能够通过不定积分得到被积函数的原函数。事实上，有时求原函数是非常困难的，如 $f(x)=\sin x/x$ 已经被证明不存在初等原函数，此时就不能用牛顿—莱布尼茨公式，只能寻求其他方法，而蒙特卡罗方法就是方法之一。下面以 $f(x)=\sin x/x$ 为例，介绍使用蒙特卡罗方法计算定积分的方法。

$f(x)=\sin x/x$ 在整个实数域是可积的，但不连续，因为在 $x=0$ 这一点没有定义。但当 x 趋近于 0 时，其左右极限都是 1。为了严格起见，补充定义：当 $x=0$ 时，$f(x)=1$，并且 $f(x)$ 在负无穷到正无穷上连续、可积、有界，其界为 1，即 $|f(x)|\leq 1$，当且仅当 $x=0$ 时，$f(x)=1$。

2. 数值积分法的选择

对于连续可积函数，定积分的直观意义就是函数曲线与 x 轴围成的图形中，$y>0$ 的面积减掉 $y<0$ 的面积。基于这一思想的数值积分法有简单梯形法、改进梯形法、辛普森法、改进辛普森法。

简单梯形法是最简单、最直观的数值积分方法，它用以 $f(a)$ 和 $f(b)$ 为底，x 轴和 $f(a)$、$f(b)$ 连线为腰组成的梯形面积来近似估计积分，所以这种方法在某些情况下偏差很大；改进梯形法是

将积分区间分段，然后累加每段计算梯形面积，因此计算精度大大提高，分段越多精度越高；在简单梯形法和改进梯形法的基础上进一步提高的是辛普森法和改进辛普森法，因而形成了如下 4 种数值积分计算公式。

（1）简单梯形法：$\int_a^b f(x)dx \approx \frac{b-a}{n}[f(a)+f(b)]$

（2）改进梯形法：$\int_a^b f(x)dx \approx \sum_{i=1}^n \frac{x_i - x_{i-1}}{2}[f(x_{i-1})+f(x_i)]f(x_i)$

（3）辛普森法：$\int_a^b f(x)dx \approx \frac{b-a}{2}[f(a)+4f(\frac{a+b}{2})f(b)]$

（4）改进辛普森法：$\int_a^b f(x)dx \approx \sum_{i=1}^{n/2} \frac{b-a}{3n}[f(x_{2i-2})+4f(x_{2i-1})+f(x_{2i})]$

3．四种数值积分法与蒙特卡罗方法的比较

针对以上四种数值积分法与蒙特卡罗方法比较，以 $\sin x / x$ 在区间[1, 2]上的定积分计算为例，编程测试它们的实际效果（绝对误差、相对误差和执行时间）。测试时，针对改进梯形法和改进辛普森法，把积分区间[1, 2]分别划分为 10、10000 和 10 000 000 几个分段。另外。针对蒙特卡罗方法，投点数（随机数个数）也分为 10、10000 和 10 000 000。有人在此基础上给出了如表 8-1 所示的测试结果。

表 8-1 测试对比数据

基本算法	绝对误差	相对误差	执行时间
简单梯形法	0.01127	1.7%	<1 ms
改进梯形法（10 分段）	0.000 111 8	0.016 958%	<1 ms
改进梯形法（10 000 分段）	0.000 000 056 323 58	0.000 008 54%	5 ms
改进梯形法（1 000 000 分段）	0.000 000 056 82	0.000 008 617 9%	972 ms
辛普森法	0.427 629 899 4	64.858%	<1 ms
改进辛普森法（10 分段）	0.099 596 1	15.1%	<1 ms
改进辛普森法（10 000 分段）	0.000 090 882	0.013 78%	2 ms
改进辛普森法（1 000 000 分段）	0.000 000 034 494	0.000 005 231 7%	915 ms
蒙特卡罗方法（10 个）	0.059 329 85	6.168 4%	1 ms
蒙特卡罗方法（10 000 个）	0.004 029 85	0.693 15%	6 ms
蒙特卡罗方法（10 000 000 个）	0.000 061 65	0.029 57%	402 ms

（1）蒙特卡罗方法的时间效率：当频度较低时，各种方法没有太大的差别，但在 1000 万级别时改进梯形法和改进辛普森法相差不大，而蒙特卡罗方法的效率快 1 倍。

（2）蒙特卡罗方法的准确率：当频度较低时几种方法的误差都很大，随着频度提高，四种数值积分法要远远优于蒙特卡罗方法。特别在 1000 万级别时，蒙特卡罗方法的相对误差是四种数值积分法的近万倍。总之，在数值积分方面蒙特卡罗方法效率高，但准确率不如数值积分法。

（3）蒙特卡罗方法的优点：能够比较逼真地描述具有随机性质的事物的特点及物理试验过程，受几何条件限制小，收敛速度与问题的维数无关，具有同时计算多个方案与多个未知量的能力，误差容易确定，程序结构简单，易于实现。其缺点是：收敛速度慢，误差具有概率性。

（4）蒙特卡罗方法的主要应用范围：粒子输运问题（试验核物理、反应堆物理、高能物理）、统计物理、真空技术、激光技术、医学、生物、探矿等。

§8.5 圆周率的近似计算

圆周率是一个古老的学术名称，虽然至今仍不知道该名称的命名者是谁，但圆周率的近似计算在计算史上有着极为重要的地位，它隐含着人类自然的许多奥秘，人们对它的研究源远流长。

8.5.1 圆周率的计算史

圆周率是一个无理数，它是人类获得的最古老的数学概念之一。为了计算出精确的圆周率的近似值，一代又一代的数学家为探索这个神秘的数值计算贡献了无数的时间和心血，其探索经历了试验法、几何法、分析法、计算机法4个阶段。

1. 试验法时期

圆是最简单、最基本的曲边图形，其量度问题在几何学中占有相当重要的位置。今天数学上的许多成果，得益于人类对于几何形状的认识与探测过程中，实现了从"直"到"曲"，从"有限"到"无限"这一历史性的跨越。早在2000多年前的西汉初年，我国最古老的数学著作《周髀算经》和《九章算术》中记载的"周三径一"揭示了"直"与"曲"的关系，这个"关系"就是圆周率 π=3，意为 1 米长的直径，则该圆的周长为 3 米。东汉时期，张衡推出圆周率的值为 3.162；三国时期，王藩推出圆周率的值为 3.155。此后，经过历代数学家的相继探索，推算出的圆周率数值日益精确。

2. 几何法时期

魏晋时期，中国古代数学家刘徽利用算筹，采用称为"割圆术（Cyclotomic Methou）"的计算方法，将直径为 1 丈的圆内接一个 6 边形，依次内接一个 12 边形、24 边形、48 边形……，每割一次，都按勾股定理用算筹摆出乘方、开方等式，求出多边形的边长和周长。不断求出多边形的周长，也就不断逼近圆周。接到 96 边形时遇到了难以想象的困难，当年刘徽就是至此止步，将得到的 3.1416 定为最佳数据。π=3.1416 这个精度虽然不能与利用计算机计算的精确已到小数点后面数亿次相比，但在今天的许多应用中已能达到工程精度要求，成为基准近似值。

> 刘徽（公元 225—295 年），汉族，山东滨州邹平县人，魏晋期间伟大的数学家，中国古典数学理论的奠基人之一。是中国数学史上一个非常伟大的数学家，他的杰作《九章算术注》和《海岛算经》，是中国最宝贵的数学遗产。他在《九章算术》中用割圆术证明了圆面积的精确公式，并给出了计算圆周率的科学方法。他从圆内接六边形开始割圆，每次边数倍增，算到 192 边形的面积，得到 π=157/50=3.14，算到 3072 边形的面积，得到 π=3927/1250=3.1416，称为"徽率"。
>
> 刘徽是中国最早明确主张用逻辑推理的方式来论证数学命题的人，他清理了中国古代数学体系并奠定其理论基础，而且提出很多自己的观点，不仅对中国古代数学发展产生了深远影响，而且在世界数学史上也确立了崇高的历史地位。鉴于刘徽的巨大贡献，所以不少书上把他称作"中国数学史上的牛顿"。

在刘徽之后 200 年的南北朝时期，我国古代天文学家、数学家祖冲之利用刘徽的"割圆术"，继续分割，内接多边形的周长还会增加，接到 24576 边形时，圆周率已经精确到了小数点后第 8

位,即 3.14159261,更接近于圆周,若再增加也不会超过 0.0000001 丈,所以圆周率必然在 3.1415926~3.1415927 之间。在当时,这个数值已相当精确,比欧洲数学家奥托的相同结果早了 1000 多年,可见古代中国在计算领域的领先地位和对计算圆周率的贡献。

在全凭手工计算的古代,能取得如此精确的计算,是人类在几何学的处理方法和思想观念上突破和跨越了从"直"到"曲",从"有限"到"无限"的结果。

祖冲之的这一结果保持了一千多年的世界纪录。直到 1249 年,伊朗天文学家、数学家卡西(Kashi)算出 π = 3.14159265358979325,精确度达到小数点后的第 16 位。

100 年后,这个纪录又被荷兰数学家卢道夫(Lodulph avAN Cenlen,1540—1610 年)打破了。

3．分析法时期

随着人类社会的进步和计算数学研究的不断进展,人们开始摆脱利用多边形周长的计算方法,而开始利用无穷级数或无穷连乘来计算圆周率的近似值,在研究圆周率的近似计算过程中,找到了以下计算方式。

第一种形式:$\frac{2}{\pi}=\frac{\sqrt{2}}{2}\times\frac{\sqrt{2+\sqrt{2}}}{2}\times\frac{\sqrt{2+\sqrt{2+\sqrt{2}}}}{2}\times\cdots$,由英国人韦达(Vieta)于 1579 年发现。

第二种形式:$\frac{2}{\pi}=\frac{2\times2\times4\times4\times6\times6\times8\times8\times\cdots}{1\times1\times3\times3\times5\times5\times7\times7\times\cdots}$,由英国人瓦里斯(Wallis)于 1650 年发现。

第三种形式:$\frac{\pi}{4}=1-\frac{1}{3}+\frac{1}{5}-\frac{1}{7}+\cdots$,由莱布尼茨(Leibniz)于 1673 年发现。

第四种形式:$\frac{\pi}{6}=\frac{1}{\sqrt{3}}\times(1-\frac{1}{3^2}+\frac{1}{3^2\times5}-\frac{1}{3^3\times7}+\frac{1}{3^4\times9}-\cdots)$,由英国人夏普利发现。

第五种形式:$\frac{\pi}{4}=16\arctan\frac{1}{5}-5\arctan\frac{1}{239}$,由英国人梅钦(Machin)于 1706 年发现。

第六种形式:$\frac{\pi}{4}=12\arctan\frac{1}{38}+20\arctan\frac{1}{57}+24\arctan\frac{1}{268}$,由英国人香克斯于 1873 年发现。

4．计算机法时期

1946 年,世界上第一台电子计算机 ENIAC 诞生,并得到飞速发展,从此开启了现代科学的新时代,人工计算圆周率的历史从此结束。人们用计算机求解圆周率的值,即使在普通的微机上,求得上万位的圆周率的值也是轻而易举的事。只要提供足够多的机时,就可以将圆周率的值计算到任意多位。

利用计算机进行科学计算与人工计算的一个重大区别就在于:计算机在工作过程中能"不厌其烦""不知疲倦"地连续工作,而且每秒能做几百万、几千万甚至几千亿次的运算,只要设计正确,就能得出精确的计算结果。理论上,计算机的计算精度不受限制,一般的计算机均能达到 15 位有效数字,通过一定技术手段可以实现任何精度的要求。今天,利用超级计算机,可以求出圆周率的值到小数点后的 31.4 万亿位。

8.5.2 蒙特卡罗方法求圆周率

蒙特卡罗方法是借助于其他学科的成果进行圆周率 π 近似计算的典型方法,它是一种统计试验方法。由于是一种基于<u>随机数</u>的计算方法,因而又被称为计算机<u>随机模拟方法</u>。作为蒙特卡罗方法的应用实例,下面给出用该方法计算π近似值的基本思想。

利用数值概率算法求π的核心思想是在一个单位的正方形中,以一个顶点为圆心,r为半径做一个 1/4 的圆,随机向该正方形中投入点,其中落入该 1/4 圆内的点的概率的 4 倍就是π的近似值,如图 8-8 所示。根据计算圆面积的公式:$s=r^2 \times \pi$。

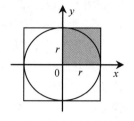

图 8-8 蒙特卡罗方法计算π

当 $r=1$ 时,$s=\pi$。由于圆的方程为 $x^2+y^2=1$,因此,1/4 的圆面积为 x 轴、y 轴和上述方程所包围的部分。如果在 1×1 的矩形中均匀地落入随机点,则落入 1/4 圆中点的概率是 1/4 圆的面积。显然,该面积的 4 倍就是整个圆的面积。由于半径为 1,因此该面积的值就是π的值。此例也能说明,概率值并不都是"粗糙"的,很多时候是极为"精确"的。

为了便于有兴趣的读者进行验证,下面给出用蒙特卡罗方法计算π近似值的 C 语言源程序。

```c
#include<stdio.h>
#include<stdlin.h>
#include<stime.h>
int main(void)
{
    int n=0, m=0;
    double x, y;                              // 坐标值
    printf("请输入要产生的随机点数m: ");
    scanf("%d", &m);
    srand(time(00));
    for (int i=1; i<=m; ++i)                  // 在1×1的矩形中产生m个随机点
    {
        x=(double) rand()/(rand_max);         // 在0~1之间产生一个随机x坐标
        y=(double) rand()/(rand_max);         // 在0~1之间产生一个随机y坐标
        if ((x*x+y*y)<=1.0)
            ++n;                              // 统计落入单位元中的点数
    }
    printf("\n 计算值为: %f\n", 4*(double)n/m); // 计算出圆周率的近似值
    return n;
}
```

8.5.3 研究计算圆周率的意义

尽管圆周率π的值目前已计算出 10 亿多位,但对π和π的计算的研究依然没有终止,并且在一些国际上颇有影响的学术刊物上仍不时出现有关π的论文。1989 年美国库德诺夫斯基(D. V. Chudnovsky)在完成他们的计算后曾指出,关于π还有很多工作可做。事实上,求圆周率π的重要意义已不在计算本身,而是研究圆周率π的理论价值、存在价值和应用价值。

1. 检验计算机系统的性能

利用圆周率π的求解检验计算机硬件和软件的性能是一项具有重要意义的工作。例如,在 486Dx/100 微机上计算 5 万位π值,大约需要 6 小时,运行中任何一个微小的机器故障都将导致错误的结果。因而,这对于计算机的运行速度以及运行的可靠、稳定性都是一个很好的检验手段。

又例如，1986 年将 π 值计算到 2900 万位的贝利（Bailey）指出，做这一计算就是为了检验超级计算机 CRAY-2 的硬件环境和检验 FORTRAN 编译系统与操作系统的可靠性与完善性。由此可以看出，高精度 π 值计算可作为检验和比较计算机性能的一个标准计算。

2．研究圆周率的值随机分布性质

1771 年，德国数学家兰伯特（Lambert，1728—1777 年）证明了圆周率是无理数；1882 年，德国数学家林德曼（Lindemann，1852—1939 年）进一步证明了圆周率是超越数（即它不是任何一个有理系数代数方程的根）。但是关于圆周率的各位小数的随机分布的性质，目前还主要依赖于统计分析，计算的位数越多，统计分析的结果就越可靠。随机数在多种应用与研究中都占有重要的地位，目前许多重要的研究课题都需要分布很均匀的随机数。为此有人设计了一个用蒙特卡罗方法做定积分计算的试验，分别用 Basic、C、Pascal 等语言系统提供的随机数和圆周率的小数值为随机数进行计算，结果表明，用圆周率的小数位计算的效果最好。

在 20 世纪 60 年代以前，人们使用随机数主要依赖于法国博物学家布丰（Buffon，1707—1788 年）等制作的一些随机数表。有了计算机，多种高级语言提供了用某种算法产生的随机数（即伪随机数），只占用很少空间，但有两个致命弱点：周期不够长，分布不够均匀。这对于一般的应用影响不大，但对某些重要的科学计算将会产生不能容忍的误差，因此，在必要时用圆周率或由圆周率生成的其他数作为随机数似乎更为理想。

3．促进相关计算理论的发展

高精度圆周率的值的计算涉及多方面的计算机算法。例如，大多数计算要使用高精度乘法，这就要设法利用快速傅里叶（Fourier，1768—1830 年）变换或快速数论变换，可将一个乘法的位复杂度由 $O(n^2)$ 降至 $O(n\log2n)$，还涉及各种并行算法，以便充分利用并行（向量）计算机所提供的功能。例如，贝利在计算圆周率的值时设计的并行算法比串行算法快了 20 倍。这些工作的意义都远远超出了对圆周率的值本身的计算。

圆周率的值的各种现代算法与高斯（Gauss，1777—1855 年）的算术几何平均数列、印度数学家拉玛努贾（Ramaaujan，1887—1920 年）的模方程理论有着密切的联系，这要涉及解析数论、特殊函数论，特别是椭圆函数理论等较深奥的数学分支。

4．圆周率 π 的值可用于密码学研究

圆周率作为超越数，特别是均匀分布的性质，可在密码学上发挥独特的作用。圆周率可看作一个取之不尽的"码源"，源文中每个字符使用密码的个数可与它出现的频率成正比，从而使用传统的统计分析方法几乎无法破译。唯一的缺陷是密文的长度可能是源文的几倍，但利用现代的通信技术，这已不是问题的问题。

§8.6　仿生学算法

自古以来，自然界是人类各种技术思想、工程原理和重大发明的源泉。例如，鱼在水中的游弋启发了人们模仿鱼的形状制造船舶和航行；蝙蝠发出一种超声波，遇见物体便返回，人们据此发明了雷达。在计算机科学领域，人们通过模拟生物群体智能实现 NP 问题求解，而解决这类问题的算法称为仿生学算法（Bionics Algorithm，BA），包括生物遗传算法和群体智能优化算法。下面，我们简要介绍遗传算法和群体智能优化算法的基本概念，以进一步拓展我们的计算思维。

8.6.1 遗传算法的基本概念

遗传算法（Genetic Algorithm，GA）是近年来迅速发展起来的一种全新的随机搜索与优化算法，是基于英国生物学家查尔斯·罗伯特·达尔文（Charles Robert Darwin，1809—1882年）的进化论，用计算机模拟生命进化规则而发展起来的一门新兴学科。遗传算法根据适者生存、优胜劣汰等自然进化规则进行计算和问题求解，对许多用传统数学难以解决或明显失效的复杂问题，特别是最优化问题，提供了一个行之有效的新途径，即通过研究生物的生存方式，寻找求最优解的有效方法。

达尔文自然选择学说认为，生物要生存，就必须进行生存斗争。而在生存斗争中，具有有利变异（Mutation）的个体容易存活下来，并且有更多的机会将有利变异传给后代；具有不利变异的个体容易被淘汰，产生后代的机会就少得多。达尔文把这种在生存斗争中适者生存、不适者淘汰的过程称为自然选择。这种自然选择学说表明，遗传和变异是决定生物进化的内在因素。

1. 生物领域遗传因子

自然界的生物从其父代继承特性或性状，这种生命现象称为遗传（Heredity），是父代与子代之间在性状上存在的相似现象。而把非继承特性或性状的生命现象称为变异（Variation），是父代与子代之间以及子代的个体之间在性状上或多或少地存在差异的现象。

在生物体内，遗传和变异的关系十分密切。一个生物体的遗传性状可能会发生变异，而变异的性状有的可以遗传。遗传能使生物的性状不断地传送给后代，因此保持了5种特性变异，能够使生物的性状发生改变，从而适应新的环境而不断地向前发展。正因如此，生物得以一代代繁衍，而繁衍出的后代随环境的变化优胜劣汰、适者生存。

生物的各项生命活动都有物质基础，生物的遗传和变异也是这样。根据现代遗传学的研究可知，构成生物的基本功能单位是细胞，细胞中含有一种微小的丝状化合物，称为染色体（Chromsome），它是遗传物质的主要载体，生物的所有遗传信息都包含在这个复杂而微小的染色体中。染色体主要由脱氧核糖核酸（Deoxyribonucleic Acid，DNA）和蛋白质（Protein）组成。其中，DNA是最主要的遗传物质，在染色体中有规则地排列着，形成一个链状且相互卷曲的双螺旋结构。现代分子水平的遗传学研究进一步证明，生物中的遗传信息是由基因（Gene）组成的，它是DNA链结构中占有一定位置的遗传的基本单位。生物体自身通过对基因的复制和交叉（即基因分离、自由组合和连锁互换）的操作，使其性状的遗传得到选择和控制。与此同时，通过基因重组、基因变换和染色体在结构和数目上的变异，产生丰富多彩的变异现象。

2. 生物领域遗传方式

生物领域的遗传方式实际上就是基因的重组方式，其基本的重组方式主要有以下几种。

（1）复制（Reproduction）：指在遗传过程中，父代的遗传物质DNA被子代继承，即细胞在分裂时，DNA通过复制而转移到新生的细胞中，新细胞就继承了旧细胞的基因。这是生物的主要遗传方式。

（2）交配（Crossover）：也称为杂交或交叉，是指有性生殖生物在繁殖下一代时，两个同源染色体之间通过交叉而重组，即在两个染色体的某一相同位置处DNA被切断，其前后两串分别交叉组合而形成两个新的染色体，如同一父母的多个子女间的特性是不同的。

（3）突变（Mutation）：指在进行细胞复制时有可能产生某些复制差错，虽然这种差错的概率很小，却会使 DNA 发生某种突变，从而产生出新的染色体，这些新的染色体可能表现出新的性状。换句话说，遗传基因或染色体在遗传的过程中，由于各种原因，有可能发生变化。

3．生物界的进化过程

地球上的生物都是经过长期进化而形成的，并且具有很强的繁殖能力。在繁殖过程中，大多数生物通过遗传使物种保持相似的后代，部分生物由于变异，后代具有明显差别，甚至形成新的物种。另一方面，由于生物不断繁殖后代，生物的数目不断增加，而自然界中生物赖以生存的资源毕竟是有限的，因此，生物在生存竞争中，根据对环境的适应能力，适者生存，优胜劣汰。根据达尔文的进化论，多种多样的生物之所以能够适应环境而得以生存进化是与生物的遗传和变异生命现象分不开的。生物的遗传特性使生物界的物种能够保持相对的稳定；生物的变异特性使生物个体产生新的性状，以形成新的物种，推动了生物的进化和发展。

8.6.2 遗传算法的基本方法

遗传算法是计算智能（Computational Intelligence，CI）的一个分支，源于 20 世纪 60 年代的自适应系统研究，其基本思想是用程序来模拟群体的遗传和变异，通过自然选择，适者生存，达到种群优化的目的。遗传算法加上遗传程序设计（Genetic Programming，GP）和遗传策略（Genetic Strategy，GS），形成演化算法（Evolutionary Algorithm，EA）。演化算法进一步与支持向量计算机、博弈论和神经网络等结合，形成新的算法，从而出现了诸如演化人工神经网络的新型计算工具。

1．遗传算法流程

遗传算法流程包括编码生成初始种群、个体、适应度、选择、交叉和变异，如图 8-9 所示。

（1）种群（Population）：生物的进化是以集团的形式共同进行的，这种团体称为群体或种群。在遗传算法中，它是若干可能解的集合。

（2）个体（Individual）：是组成群体的单个生物，在遗传算法中，它是一个可能解的表现型。

（3）适应度（Fitness）：每个个体对其生存环境都有不同的适应能力，这种适应能力称为个体适应度。在遗传算法中，一个可能接近最优解的一个度量。

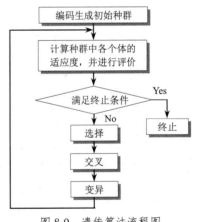

图 8-9 遗传算法流程图

（4）选择（Selection）：从种群解集中，依据个体适应度，淘汰劣质个体，保留优质个体的过程称为选择。在遗传算法中，它是按某种条件选择某些个体的可能解。

（5）交叉（Crossover）：对两个可能解的编码，通过交换某些编码位而形成两个新的可能解的遗传操作。

（6）变异（Variation）：新的可能解的一种形成方法，通过随机地改变一个可能解的编码的某些基因，而使一个可能解变为一个新的可能解的遗传操作。

2．遗传算法编码

遗传算法主要通过遗传操作对种群中具有某种结构形式的个体施加结构重组处理，从而不断搜索出种群中个体间的结构相似性，形成并优化积木块，以逐渐逼近最优解。由此可见，遗传算法不能直接处理问题的参数，必须把参数转换成遗传空间的、由基因按一定结构组成的染色体或个体。这一转换操作被称为**编码（Code）**或者**问题的表示（Representation）**。在遗传算法中的编码有位串编码和符号编码两种方式。

位串编码：遗传算法中最常用的一种二进制编码方法，使得编码的符号集是由二进制符号 0 和 1 所组成的二值符号集{0, 1}，它构成的个体基因型是一个二进制编码的符号串。

符号编码：指组成个体编码串的码值无数值含义，而仅有字符含义。虽然码值本身或者字母表中各种码值可能以数字形式出现，但其代表的意义则只能是字符，许多组合优化问题所采用的编码形式经常是符号编码。

3. 遗传算法示例

人们正是通过对环境的定向选择、基因的交叉和变异这一生物进化的迭代过程和模仿，从而提出了能够用于求解最优化问题的强鲁棒、自适应的遗传算法。为了便于理解遗传算法和模拟，下面通过求多项式函数的最小值问题来介绍遗传算法的基本思想。设求最小值多项式函数为：

$$\min F(x) = x^2 - 19x + 20$$

其中，x 为区间[1, 64]中的整数。下面按照遗传算法流程图的步骤介绍其基本概念和思想。

（1）初始种群：根据问题的固有性质，设法把握最优解所占空间在整个空间的分布范围，然后在此分布范围内设定初始群体。本例初始种群是求多项式函数 x 为区间[1, 64]的最小值。

（2）种群个体：种群中一个可能解的表现形式，本例即为多项式函数 x，它是十进制整数。

（3）染色体：一种可能解的基因形式，本例中的染色体即为二进制编码。由于 x 的取值空间为 1～64，即 2^6=64，因此需要取 6 位二进制位来表达 x，$x=b_6b_5b_4b_3b_2b_1$，其中等位基因 b_i=0 或 1（i=1, 2, …, 6）。

（4）选择算法：将选择算子作用于群体，即从种群（解集）中依据适应度，按照某种条件选择某个体（可能解）。选择运算选择的目的是把优化的个体直接遗传到下一代或通过配对交叉产生新的个体再遗传到下一代，选择操作是建立在群体中个体的适应度评估基础上的。

选择运算是从初始种群（初始解集）开始的，本例初始种群的规模可事先确定为 4，初始种群的个体可随机产生，也可以按照某种规律生成。为了便于描述，t 表示进化的代数，$P(t)$表示所产生的第 t 代种群，那么，本例产生的初始种群{010101, 101010, 001000, 111001}便记为 $P(0)$。

（5）交叉运算：指把两个父代个体的部分结构加以替换重组而生成新个体的操作，以繁衍后代。在本例中，将初始种群 $P(0)$中的 4 个个体分成两组，在每组中的 2 号基因座后切断，通过交叉形成 2 个新个体，形成 4 个新个体{011010, 100101, 001001, 111000}。

（6）变异运算：指对群体中的个体串的某些基因座上的基因值进行变动，繁衍后代，得到下一代群体 $P(t)$。在本例中，$P(0)$中另 2 个个体分别在基因座 4 和 2 处发生变异，也形成 2 个新个体{001100, 101001}。

由此可见，对于种群，可以确定不同的选择、交叉、变异规则，再根据此规则进行对应的遗传操作，繁衍后代。若交叉与变异个体的选择规则不同、交叉与变异的位置和方式不同，所产生的候选种群及其规模也可能不同，遗传算法通常采取概率化的随机选择方式处理遗传操作。本例将初始种群 $P(0)$中的 4 个个体分为 2 组，在每组中的 2 号基因座后切断，两两交叉形成 4 个新个体；另外 2 个个体分别在基因座 4 和 2 出发生变异，也形成 2 个新个体，与原来的 4 个个体合并，形成 10 个个体候选种群{011010, 100101, 001001, 111000, 001100, 101001, 010101, 101010, 001000,

111001},记为 $C(0)$。$C(t)$ 为第 t 代所产生的候选种群,如图 8-10 所示。

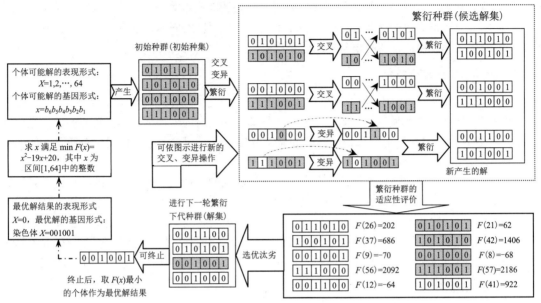

图 8-10 遗传算法

(7)适应度评价:适应度是一个可能解接近最优解的一个度量,在本例中可以直接用 $F(x)$ 作为其适应度的度量函数,即先将基因型的解还原成表现型的解,然后代入函数中计算函数值,该值即可作为该个体的适应读值。例如,$x=011010$,还原为 $x=26$,计算 $F(26)=202$,其他 x 值的适应度计算结果见图 8-10。

(8)优胜劣汰操作:选取 $F(x)$ 最小的 4 个个体,形成新一代种群 $P(1)=\{001100, 001001, 010101, 001000\}$。对 $P(1)$ 重复进行上述交叉、变异等操作,在基因座 4 后切断并进行交叉操作,即可得到目标种群 $C(1)=\{000101, 001010, 010100, 001001, 000110, 001001, 010101, 001000\}$,再进行种群个体适应度计算,并选择 $F(x)$ 最小的 4 个个体,形成 $P(2)=\{001010, 001001, 000110, 001000\}$。

(9)终止结束:遗传算法可以在进化 N 代或在寻找到满意解后结束,结束的准则是在 $P(N)$ 中取得 $F(x)$ 最小个体,即最优解的值越小,越接近最优解。本例中的满意值是 $x=9$ 或 $x=10$。

由此看出,遗传算法是一种算法策略,借助生物遗传和进化过程中的选择、交叉和变异特性,完成对问题最优解的自适应搜索过程,以实现每个个体的适应性的提高。

8.6.3 群体智能优化算法概念

所谓群体智能优化算法,是指模仿生物群体智慧来辅助人类智能的一类算法,是仿生学算法中的一个重要分支领域。遗传算法和群体智能优化算法统称为进化算法(Evolutionary Algorithm)。目前,群体智能优化算法中较为典型的有蚁群优化算法、粒子群优化算法、人工蜂群算法等。

1. 蚁群优化算法概念

蚁群优化算法(Ant Colony Optimization Algorithm,ACOA)是一种依照蚂蚁觅食原理设计的一个群体智能算法。当蚂蚁找到食物并将它搬回时,会在其经过的路径上留下一种分泌激素,称为"信息素(Pheromone)",其他蚂蚁嗅到这个信息素就沿着最短路径奔向食物。

20 世纪 90 年代,意大利学者 Marco Dorigo 在他的博士论文中首次提出了一种全新的蚁群系统（Ant System）启发式算法，从此计算智能得到迅速发展，出现了一些体现群体智能的方法。

蚁群优化算法是一种随机通用试探法，属于分布式智能模拟算法，可用于求解各种不同的组合优化问题。有人根据蚁群优化算法求解 144 个城市的最短回路问题，求得解的结果同其他方法求得的解一样精确，由此说明蚁群优化算法是求解组合优化的可行算法。

2．粒子群优化算法概念

粒子群优化算法（Particle Swarm Optimization，PSO）也称为粒子群算法、微粒群优化算法，是 1995 年 Eberhart（埃伯哈特）和 Kennedy（肯尼迪）提出来的一种基于群体智能的随机进化算法。该算法被认为是群集智能（Swarm Intelligence，SI）的一种，可纳入多主体优化系统（Multiagent Optimization System，MAOS）。

粒子群优化算法是通过模拟鸟群觅食行为而发展起来的一种基于群体协作的随机搜索算法，基本思想是模拟鸟群的捕食行为，即一群鸟在随机搜索食物，在这个区域里只有一块食物，但所有的鸟都不知道食物在哪里，但是它们知道当前的位置离食物还有多远，那么找到食物的最优策略是什么呢？显然，最简单有效的就是搜寻目前离食物最近的鸟的周围区域。因此，研究该算法的意义在于利用位置和速度的变化，模拟鸟群迁移中个体行为和群体行为之间的相互影响。

3．人工蜂群算法概念

随着集群智能优化算法的不断发展，人们受到自然界中蜜蜂的行为启发而提出的一种新颖的智能优化算法——蜂群算法（Bee Algorithm，BA）。蜜蜂是一种群居昆虫，虽然单个昆虫的行为极其简单，但是由单个简单的个体所组成的群体表现出极其复杂的行为。蜜蜂种群能够在任何环境下，以极高的效率从食物源（花朵）中采集花蜜，并能适应环境的改变。蜂群算法是英国学者 D. T. Pham 受启发于蜂群的采集行为机制而提出的。之后，土耳其学者 Dervis Karaboga 改进了蜂群算法，提出了基于蜜蜂采集机制的人工蜂群算法（Artificial Bee Colony Algorithm，ABCA）。ABCA 是建立在蜜蜂自组织模型和群体智能基础上的一种非数值优化计算方法，是模仿蜜蜂行为而提出的一种优化方法，是集群智能思想的一个具体应用，其主要特点是不需要了解问题的特殊信息，只需要对问题进行优劣的比较，通过各人工蜂个体的局部寻优行为，最终在群体中使全局最优值突现出来，因而有着较快的收敛速度，可以解决多变量函数优化问题。

综上所述，生物学算法的主要特点是直接对结构对象进行操作，不存在求导和函数连续性的限定，具有内在的隐并行性和更好的全局寻优能力，采用概率化的寻优方法，能自动获取和指导优化的搜索空间，自适应地调整搜索方向，不需要确定的规则。生物学算法的这些性质，被广泛地应用于组合优化、机器学习、信号处理、自适应控制、人工生命等领域，并已成为现代智能系统中的关键技术。为了解决其他相关问题，人们还会不断发现、探索出一系列的相关算法。

本章小结

1．在许多实际问题中，常常需要计算定积分的值。然而，当被积函数是图形或表格时不能用牛顿-莱布尼茨公式计算，只能利用定积分的近似计算方法求得问题的解。

2．概率论与数理统计是研究和揭示自然现象统计规律性的一门数学学科，掌握概率论与数理统计方法，就能用概率论的思想和观点观察、处理"随机"事件。

3．蒙特卡罗方法是一种统计试验方法，典型应用是求圆周率的近似值和定积分的近似计算。

4．圆周率 π 是一个无理数，它是人类获得的最古老的数学概念之一。圆周率的近似计算在计算史上有着极为重要的地位，它隐含着人类自然的许多奥秘，人们对它的研究源远流长。

5. 有限元方法是基于数值计算发展起来的一种近似数值方法，用来解决力学、数学中的带有特定边界条件的偏微分方程问题。随着计算机技术的发展，有限元方法得到广泛应用。

6. 生物学算法是借鉴生物界的进化规律演化而来的随机化搜索方法，由于该算法求解复杂优化问题的巨大潜力和在工业控制领域的成功应用，因而其研究受到了广泛关注和高度重视。

习 题 8

一、选择题

1. 下列选项中，（　　）不是定积分的近似计算方法。
   A. 矩形积分法　　B. 拉格朗日积分法　　C. 梯形积分法　　D. 抛物线积分法
2. 下列选项中，（　　）不是矩形积分法的计算步骤。
   A. 左端点求和　　B. 右端点求和　　C. 两端点求和　　D. 中点求和
3. 随机事件具有 3 个重要特征，下列选项中，（　　）不是 3 个重要特征之一。
   A. 具有重复性　　B. 具有准确性　　C. 没有确定性　　D. 统计规律性
4. 下列选项中，（　　）不属于概率论研究的主要范畴。
   A. 随机现象　　B. 随机事件　　C. 随机检测　　D. 随机试验
5. 下列选项中，（　　）不是蒙特卡罗方法求解问题的过程。
   A. 构造描述过程　　B. 概率分布抽样　　C. 建立估计量　　D. 选择计算方法
6. 蒙特卡罗方法是一种基于概率论的方法，下列选项中，（　　）不属于其中。
   A. 概率论　　B. 随机事件　　C. 随机试验　　D. 随机检测
7. 研究计算圆周率的意义是多方面的，下列选项中，（　　）不属于其中。
   A. 探索计算方法　　B. 检验机器性能　　C. 用于密码学研究　　D. 促进学科发展
8. 有限元方法将问题解析与（　　）、逼近和模拟、抽象与具体等多种概念聚集为一体。
   A. 数值计算　　B. 数字模拟　　C. 科学计算　　D. 计算思维
9. 遗传算法是一个迭代过程，下列选项中，（　　）不属于这一过程。
   A. 选择　　B. 染色　　C. 杂交　　D. 变异

二、问答题

1. 定积分的近似计算有哪些方法？
2. 什么是概率论？它有何作用？
3. 什么是随机变量？
4. 什么是离散型随机变量？
5. 什么是连续性随机变量？
6. 什么是蒙特卡罗方法？
7. 研究圆周率的近似计算有何意义？有哪些方法？
8. 什么是有限元方法？
9. 什么是仿生学算法？研究仿生学算法有何意义？
10. 蒙特卡罗算法与智能算法有何区别？

三、讨论题

1. 你认为，近似计算在解决实际问题时的作用意义大吗？
2. 你认为，本章所讨论的近似计算哪一种最具实际应用价值？

*第 9 章　问题求解的离散结构

【问题引出】 第 7、8 章介绍了利用数学语言描述数值求解、数据处理、近似计算的基本方法。在计算机科学中，还有一类体现事物状态、彼此分散、逻辑关联的离散型问题。如何用形式语言描述离散量的结构及其相互关系，便是"离散结构"所要研究的问题。它是操作系统、数据库、数据结构、编译理论、人工智能、密码学、逻辑电路设计等课程的重要理论基础。那么，离散结构包括哪些基本内容？它在计算机科学中主要有哪些应用？等等，这就是本章所要探讨的问题。

【教学重点】 数理逻辑、集合论、逻辑代数、图论等基本概念和理论知识，以及这些基本理论知识在计算机科学中的应用。

【教学目标】 掌握数理逻辑、集合论、逻辑代数、图论的基本概念；了解离散结构（离散数学）中各分支内容的相互关系；熟悉离散数学在计算机科学技术中的作用地位和主要应用。

§9.1　数理逻辑

人们在交往活动中，通常用自然语言交流思想，但是自然语言叙述问题往往不够确切，易产生二义性，不适合进行严格的推理，因此需要制定一种符号语言（也称为形式语言或目标语言），并对这些符号给出明确的定义，以描述人类思维方式，实现对事物的判断、推理、论证等。为此，17 世纪中叶，德国哲学家、数学家莱布尼茨（Leibniz）给逻辑学引进了一套符号体系，称为数理逻辑（Mathematical Logic），也称为符号逻辑（Symbolic Logic）或理论逻辑（Theory Logic）。

数理逻辑是研究逻辑推理的一门科学，运用数学方法研究思维形式和规律，特别是数学中的思维形式和规律。所谓数学方法，是指用数学符号化的方法描述推理规则，继而建立逻辑推理体系，使得对形式逻辑的研究归结为对一整套符号所组成的逻辑推理体系的研究。数理逻辑包括命题逻辑和谓词逻辑，是电路理论、程序构造、定理证明、人工智能的理论基础。

9.1.1　数理逻辑引例

数理逻辑是离散结构中极为重要的内容，为了说明什么数理逻辑，我们考察下面的引例 9-1。

【引例 9-1】 用数理逻辑方法及其符号语言描述如图 9-1 所示的开关电路，并以此简化该开关电路。

[解析] 对如图 9-1 所示的开关电路进行简化的常用方法有命题逻辑方法、布尔代数方法、卡诺图方法和奎因-莫可拉斯基方法等。若用命题逻辑方法及其符号（形式）语言表示如图 9-2 所示的开关电路的逻辑关系，则可表示为

$$(P \wedge Q \wedge R) \vee (P \wedge S \wedge R)$$

然后利用命题逻辑等价关系，将该表达式简化为

$$(P \wedge Q \wedge R) \vee (P \wedge S \wedge R) = (P \wedge R \wedge Q) \vee (P \wedge R \wedge S)$$
$$= (P \wedge R) \wedge (Q \vee S)$$

根据简化表达式，便将如图 9-1 所示的电路简化为如图 9-2 所示的电路。

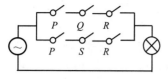

图 9-1　串、并联开关电路

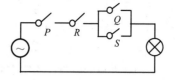

图 9-2　简化电路

9.1.2　命题逻辑

命题是通过有真假意义的语句反映客观事物的思维形态，命题逻辑是以逻辑运算符结合原子命题来构成代表"命题"的公式，以及允许某些公式构建成"定理"的一套形式"证明规则"。

1．命题和真值

在数理逻辑中，能够分辨真假但不能同时既真又假的陈述句的内容被称为命题（Proposition）。命题是具有唯一判断结果（有明确的对错之分）的陈述句，而不是类似感叹的抒情句、祈使句等。

【例 9-1】下列陈述句都是命题。

（1）1+1=3。

（2）2 是偶数。

（3）Fermat 定理是正确的。

（4）软件数学基础是软件专业的一门重要基础课程。

（5）中国是个发展中国家。

（6）2 能整除 4 但不能整除 5。

（7）如果我有足够的钱，我一定要买辆车。

【例 9-2】下列语句都不是命题。

（1）几点了？

（2）你会下国际象棋吗？

（3）请把门关上！

（4）这是一部多么感人的电影呀！

（5）$x+y+1=2$。

（6）$x \geq y$。

（7）我现在所说的话都是假话。

[解析]（1）和（2）是疑问句，因此它们不是命题。（3）和（4）是感叹句，也不是命题。（5）和（6）虽然是陈述性语句，可是由于语句中的 x 和 y 是一个变量，在 x 和 y 的值没有给定之前，我们无法确定这两个命题的真假，因此它们不是命题。（7）虽然表面上也是一个陈述句，但是它是一个自相矛盾的陈述，无论其真值为"真"还是真值为"假"都会得出矛盾，因此无法确定其真值，不是命题。

由此可见，命题一定是通过陈述句来表达的，但是陈述句并不一定都是命题．只有明确"真""假"可言的陈述句才是命题。

2．命题连接词

在日常生活中，人们可以用"不""或者""当且仅当"等连接词把简单句连接成一个复合语句；在数的研究中，人们可以通过"+""-""×""÷"等运算，由已知数产生新的数；在命题逻辑中，可以通过连接词由已知命题产生新的命题，我们把这个连接命题与命题的字词称为命题连接词。关于这个问题的系统研究，1854 年首次出现在英国数学家乔治·布尔（George Boole，1815—1864 年）的著作 *The Laws of Thought* 中。

在命题逻辑中，有些命题是简单陈述句，并且不能被分成更简单的陈述句，这样的命题称为<u>简单命题</u>（Simple Proposition）或<u>原子命题</u>（Atomic Proposition），通常用 P、Q、R、S 等表示。当它们表示确定的命题时，称为<u>命题常元</u>（Propositional Constant）；当它们表示不确定的命题时，称为<u>命题变元</u>（Propositional Variable）。命题判断的结果只有"真"或"假"，表示正确判断的命题为真命题，其真值为"真"，用"T"表示；表示错误判断的命题为假命题，其真值为"假"，用"F"表示。

把由简单命题通过连接词而成的陈述句被称为<u>复合命题</u>（Compound Proposition）。构成复合命题的连接词有 5 个，分别为：否定、合取、析取、蕴含、等价，并且此顺序为逻辑运算的优先级。

（1）否定（Negation）

否定即"逻辑非"或"取反"。否定连接词为"¬"。

【定义 9-1】设 P 为一个命题，则复合命题"非 P"称为 P 的否定，记为"$¬P$"。符号 ¬ 称为否定连接词，即当 P 为真时，则 $¬P$ 为假；反之，当 P 为假时，则 $¬P$ 为真。真值表如表 9-1 所示。

由此可见，否定连接只有一个输入，输出位与输入位相反。如果输入为 0，则输出为 1；如果输入为 1，则输出为 0。

表 9-1 P 与 $¬P$ 的真值表

P	$¬P$
0	1
1	0

【例 9-3】P：今天是星期五；$¬P$：今天不是星期五。

（2）合取（Conjunctive）

合取即"逻辑与"，只有当两者都为"真"时，结果才为"真"。合取连接词为"∧"。

【定义 9-2】设 P、Q 是两个命题，命题"$P∧Q$"表示"P 并且 Q"称为 P 与 Q 的合取式。只有 P、Q 同时为真时，$P∧Q$ 真值才为真，否则 $P∧Q$ 真值为假。真值表如表 9-2 所示。

【例 9-4】设 K1、K2 是照明线路的一组串联开关，只有当 K1、K2 都合上时，线路才是接通的，灯亮。

（3）析取（Disjunctive）

析取即"逻辑或"，两者中只要有一个为"真"，则结果为"真"。析取连接词为"∨"。

【定义 9-3】设 P、Q 是两个命题，命题"$P∨Q$"表示"P 或者 Q"称为 P、Q 的析取式。只有当命题 P、Q 同时为假时，$P∨Q$ 的真值才为假，否则为真。真值表如表 9-3 所示。

表 9-2 $P∧Q$ 的真值表

P	Q	$P∧Q$
0	0	0
0	1	0
1	0	0
1	1	1

表 9-3 $P∨Q$ 的真值表

P	Q	$P∨Q$
0	0	0
0	1	1
1	0	1
1	1	1

【例 9-5】设 K1、K2 是照明线路的一组并列开关，只要任一开关合上，都会接通线路，照明灯亮。

（4）蕴含（Implication）

蕴含也称为条件连接，即前因后果。蕴含连接词为"→"。

【定义 9-4】设 P、Q 是两个命题，命题"$P→Q$"表示"如果 P，则 Q"，称为 P、Q 的蕴含式。其中命题 P 称为蕴含的前件（Antecedent），Q 称为蕴含的后件（Consequent）。当且仅当 P

的真值为真，Q 的真值为假时，$P→Q$ 的真值才为假；否则，$P→Q$ 的真值为真。真值表如表 9-4 所示。

【例 9-6】P：$f(x)$ 是可微分的；Q：$f(x)$ 是连续的；则 $P→Q$：若 $f(x)$ 是可微分的，则 $f(x)$ 是连续的。

（5）等价（Equivalent）

等价也称为双条件连接，即进行逻辑"异或"后再取"非"。等价连接词为"↔"。

【定义 9-5】设 P、Q 是两个命题，命题"$P↔Q$"表示"P 当且仅当 Q"，称为 P 与 Q 的等价式。当且仅当 P 和 Q 的真值同时为真或同时为假时，$P↔Q$ 的真值为真，否则真值为假。真值表如表 9-5 所示。

表 9-4　$P→Q$ 的真值表

P	Q	$P→Q$
0	0	1
0	1	1
1	0	0
1	1	1

表 9-5　$P↔Q$ 的真值表

P	Q	$P↔Q$
0	0	1
0	1	0
1	0	0
1	1	1

【例 9-7】P：$a+b=a$；Q：$b=0$；则 $P↔Q$：$a+b=a$ 当且仅当 $b=0$。

3．命题公式

【定义 9-6】如果 P 代表真值未指定的任意命题，则称 P 为命题变元；如果 P 代表一个真值已指定的命题，则称 P 为命题常元。将命题常元、命题变元用连接词和"( )"按一定的逻辑关系连接起来的符号串被称为合式公式，或命题公式，或命题形式，并有如下规则：

① 单个命题常元和命题变元是合式公式，则称为原子命题公式。
② 若 P 是合式公式，则 $¬P$ 也是合式公式。
③ 若 P、Q 是合式公式，则 $P∧Q$、$P∨Q$、$P→Q$、$P↔Q$ 也是合式公式。
④ 只有有限次地应用①~③形式的符号串才是合式公式。

合式公式可以简称为公式。例如，$(P→Q)∧(Q↔R)$、$(P∧Q)∧¬R$、$P∧(Q∧¬R)$ 等都是合式公式，而 $PQ→R$、$P→(R→Q)$ 等不是合式公式。

4．命题公式分类

【定义 9-7】根据命题公式 A 在命题变元的任何真值指派下其值的性质，可分为 3 种。

（1）永真式（Tautology）：如果命题公式 A 在命题变元的任何真值指派下其值恒为真，则称 A 为永真式或重言式，并常用 1 表示永真式。例如，$¬(P∧Q) ↔ (¬P)∨(¬Q)$ 命题为永真式。

（2）永假式（Contradiciton）：如果命题公式 A 在命题变元的任何真值指派下其值恒为假，则称 A 为永假式或矛盾式，常用 0 表示永假式。例如，$(P∧Q)∧¬P$ 命题为永假式。

（3）可满足式（Contingency）：如果命题公式 A 至少有一组命题变元的真值指派使其值为真，则称 A 为可满足式或可能式。事实上，只要 A 不是矛盾式，则其必然是可满足式，反之亦然。永真式是可满足式的特殊情况。例如，$(P∧Q)∨(¬P∧¬Q)$ 命题为可满足式。

判断一个命题公式的类型是永真式、永假式、可满足式，可通过构造命题公式的真值表来实现，在命题演算中称为真值表技术。例如，上面的三种命题可用 $¬(P∧Q)↔(¬P)∨(¬Q)$、$(P∧Q)∧¬P$、$(P∧Q)∨(¬P∧¬Q)$ 的真值来求别永真式、永假式和可满足式。

5. 逻辑等价关系

在所有可能的情况下具有相同真值的两个复合命题称为逻辑等价。T 表示永远为真，F 表示永远为假，则复合命题的等价关系如表 9-6 所示。而条件和双条件的复合命题等价关系如表 9-7 和表 9-8 所示。

表 9-6　复合命题的等价关系

名　称	等　价　式
恒等律	$P \wedge T \equiv P$, $P \vee F \equiv P$
支配率	$P \vee T \equiv T$, $P \wedge F \equiv F$
幂等律	$P \vee P \equiv P$, $P \wedge P \equiv P$
双重否定律	$\neg(\neg P) \equiv P$
交换律	$P \vee Q \equiv Q \vee P$, $P \wedge Q \equiv Q \wedge P$
结合律	$(P \vee Q) \vee R \equiv P \vee (Q \vee R)$ $(P \wedge Q) \wedge R \equiv P \wedge (Q \wedge R)$
分配律	$P \vee (Q \wedge R) \equiv (P \vee Q) \wedge (P \vee R)$ $(P \wedge Q) \wedge R \equiv P \wedge (Q \vee R) \equiv (P \wedge Q) \vee (P \wedge R)$
吸收率	$P \vee (P \wedge Q) \equiv P$, $P \wedge (P \vee Q) \equiv P$
否定律	$P \vee \neg P \equiv T$, $P \wedge \neg P \equiv F$
德·摩根律	$\neg(P \wedge Q) \equiv \neg P \vee \neg Q$ $\neg(P \vee Q) \equiv \neg P \wedge \neg Q$

表 9-7　条件命题的逻辑等价关系

$P \rightarrow Q \equiv \neg P \vee Q$
$P \rightarrow Q \equiv \neg Q \rightarrow \neg P$
$P \vee Q \equiv \neg P \rightarrow Q$
$P \wedge Q \equiv P \rightarrow \neg Q$
$\neg(P \rightarrow Q) \equiv P \wedge \neg Q$
$(P \rightarrow Q) \wedge (P \rightarrow R) \equiv P \rightarrow (Q \wedge R)$
$(P \rightarrow Q) \wedge (Q \rightarrow R) \equiv (P \vee Q) \rightarrow R$
$(P \rightarrow Q) \vee (P \rightarrow R) \equiv P \rightarrow (Q \vee R)$
$(P \rightarrow R) \vee (Q \rightarrow R) \equiv (P \vee Q) \rightarrow R$

表 9-8　双条件命题的逻辑等价关系

$P \leftrightarrow Q \equiv (P \rightarrow Q) \wedge (Q \rightarrow P)$
$P \leftrightarrow Q \equiv \neg P \leftrightarrow \neg Q$
$P \leftrightarrow Q \equiv (P \wedge Q) \vee (\neg P \wedge \neg Q)$
$\neg(P \leftrightarrow Q) \equiv P \leftrightarrow \neg Q$

逻辑等价为定理论证和简化电路设计提供了有力支撑，引例 9-1 就是根据等价关系简化的。

9.1.3　谓词逻辑

命题逻辑主要研究由简单命题利用连接词复合而成的复合命题，而不考虑命题的内在性质和命题之间的内在联系。由于忽略了命题的内涵，因而无法研究命题语句的结构、成分和内在的逻辑特征，故无法表示两个原子命题间的共同特征，甚至无法处理一些常见的简单逻辑推理过程。例如，逻辑学中著名的"苏格拉底三段论"：

　　P：所有的人都是要死的。
　　Q：苏格拉底是人。
　　R：苏格拉底是要死的。

从直觉上而言，我们感觉上述推理是正确的，R 应该是 P 和 R 的逻辑结果或有效结论。如果把上述推理按照命题逻辑的形式写出来：$(P \wedge Q) \rightarrow R$，$R$ 却不是 P 和 Q 的逻辑结果，因为 $(P \wedge Q) \rightarrow R$ 并非为永真式。这三个命题虽然有内在联系，但命题逻辑无法完全反映其中的内在联系。

用命题逻辑无法证明该命题正确性的原因在于命题逻辑不能刻画命题内部的逻辑结构，也就无法研究建立在命题内部逻辑结构之间联系命题的关系。为了能够反映这种内在联系，需要对简单命题引入能刻画命题内部逻辑结构的元素及其推理形式和规则，所引入的元素是个体词、谓词、量词，称为逻辑命题符号化的三个基本要素。由此可见，谓词逻辑是命题逻辑的扩充和发展，所研究的内容是对简单命题进一步分解，分析命题内部的逻辑结构和命题间的内在联系。

1. 个体词（Individual Word）

【定义 9-8】 在命题逻辑中，个体词是指所研究对象中可以独立存在的具体或抽象的客体。

例如，"小华是研究生"和"手机是通信工具"，其中的"小华"和"手机"是个体词。个体词是不依赖于人的主观而独立存在的客观实体，是原子命题中所描述的对象，可以是具体的，也可以是抽象的，如"李明""自然数""计算机""思想"等。在命题逻辑中，个体词具有以下三要素。

（1）个体常元：指表示具体或特定客体的个体词，一般用 a、b、c、…表示。
（2）个体变元：指表示抽象或泛指的个体词，一般用 x、y、z、…表示。
（3）个体域：也称为论域，是指个体变元的取值范围，或数据的集合，如$\{1, 3, 5, 7, 9\}$等。

2. 谓词（Predicate Word）

【定义 9-9】 在命题逻辑中，谓词是指用来刻画个体词的性质或个体词之间相互关系的词。

例如，"小华是研究生"和"手机是通信工具"，其中的"是研究生"和"是通信工具"是谓词。谓词用来刻画个体词的性质或个体词之间关系：当谓词与一个个体相联系时，刻画个体性质；当与两个或两个以上个体相联系时，则刻画个体之间的关系。例如，"张三是个大学生"和"李四是个大学生"，这两个命题可以表示为 P、Q，两者的共同特征是"是大学生"，所以"张三"和"李四"为客体，"是个大学生"为谓词。

3. 量词（Measure Word）

【定义 9-10】 在命题逻辑中，量词是指表示个体常元（项）或个体变元（项）之间数量关系的词。

为了区分命题中的"所有的"和"有一些"，量词又分为"全称量词"和"存在量词"。
（1）全称量词：表示"所有的""一切的""任意的""每一个""任一个""凡是"等，用"$\forall$"表示。$\forall x$ 表示个体域中的所有个体，用 $\forall xF(x)$ 表示所有个体具有性质 F。
（2）存在量词：表示"存在着""有一个""至少有一个""存在一些""对于一些""某个"等，用"$\exists$"表示。$\exists x$ 表示个体域中的个体，$\exists xG(x)$ 表示有的个体具有性质 G。

【例 9-8】 将以下命题用谓词逻辑符号化。
① 所有的自然数都是大于零的。
② 没有不犯错误的人。
③ 这个班有些学生请假了。

[解析]
① 设 $A(x)$：x 是自然数；$B(x)$：$x>0$；则原命题符号化为：$\forall x(A(x) \rightarrow B(x))$。
② 设 $A(x)$：x 是人；$B(x)$：x 犯错误；则原命题符号化为：$\neg\exists x(A(x) \rightarrow \neg B(x))$。
③ 设 $A(x)$：x 是这个班的学生；$B(x)$：x 请假了；则原命题符号化为：$\exists x(A(x) \wedge B(x))$。

4. 谓词推理（Verb Reasoning）

谓词推理是利用命题公式间的各种等价关系、蕴含关系，通过一些推理规则，从已知命题公式推出一些新的公式。因此，谓词推理是命题逻辑推理的推广。但是，由于谓词推理不是以整个命题为推理对象的，它的推理对象通常有量词限制，因而具有以下规则。

（1）全称量词消去规则（Universal Specification，US）：如果谓词公式 $\forall xP(x)$ 为真，则可推出 $P(c)$ 为真，即：$\forall xP(x) \Rightarrow P(c)$。其中，$P$ 是谓词，c 是个体域中某个任意的个体。例如，设

个体域为全体偶数的集合，$P(x)$ 表示 "x 是整数"，则 $\forall xP(x)$ 表示 "所有的偶数都是整数"。设 6 为指定个体域中的一个个体，则根据 US 规则有 $P(6)$，即 "6 是整数"。

（2）存在量词消去规则（Existential Specification，ES）：如果谓词公式 $\exists xP(x)$ 为真，则可推出 $P(c)$ 为真，即：$\exists xP(x) \Rightarrow P(c)$。其中，$c$ 是个体域中满足条件义的个体常元。例如，设个体域是全体整数，$P(x)$ 表示 "x 是偶数"，$Q(x)$ 表示 "x 是奇数"，显然，$P(2)$ 和 $Q(3)$ 都为真，故 $\exists xP(x)$ 和 $\exists xQ(x)$ 都为真，但 $P(2) \land Q(3)$ 为假。

（3）全称量词引入规则（Universal Generalization，UG）：如果谓词公式 $P(x)$ 中的自由个体变元 x 无论取个体论域的任何值，$P(x)$ 都为真，则可推出 $\forall xP(x)$ 为真，即：$P(x) \Rightarrow \forall xP(x)$。其中，$x$ 是个体域中任意一个个体。例如，设个体域是全体人类，$P(x)$ 表示 "x 是要死的"，显然，对于任意一个人 a，$P(a)$ 都成立，即任何人都是要死的，则应用 UG 有 $\forall xP(x)$ 成立。

（4）存在量词引入规则（Existential Generalization，EG）：如果谓词公式 $P(c)$ 为真，则可推出 $\exists xP(x)$ 为真，即：$P(c) \Rightarrow \exists xP(x)$。其中，$c$ 是个体域中满足条件 A 的个体常元。例如，设个体域是全体人类，$P(x)$ 表示 "x 是天才"，$P(爱因斯坦)$ 表示 "爱因斯坦是天才" 成立，故 $\exists xP(x)$ 成立。

应用这 4 条规则和命题逻辑的推理规则，就可以像命题逻辑一样进行推理。在谓词逻辑推理过程中，先使用 US 或 ES 规则消去量词，再使用命题逻辑中的重言式进行推理，在适当的时候使用 UG 或 EG 加上量词得到所需的结论。

【例 9-9】 苏格拉底论断相当于推理，利用量词和推理，证明苏格拉底三段论。

[解析] 将苏格拉底的三段论论题符号化，并且在证明中使用命题演算规则：

P: $\forall x(M(x) \rightarrow P(x))$ $M(a) \rightarrow P(a)$
Q: $M(a)$ P
R: $P(a)$ T

其中，$M(x)$ 表示 x 是人；$P(x)$ 表示 x 是要死的；a 表示苏格拉底。因此，$\forall x(M(x) \rightarrow P(x))$，$M(a) \Rightarrow P(a)$，说明苏格拉底论断成立。

9.1.4 数理逻辑在计算机科学中的应用

数理逻辑和计算机科学有着十分密切的关系，两者都属于模拟人类认知机理的科学。无论是数字电子计算机雏形的图灵机，还是数字电路的逻辑代数，以及作为程序设计工具的语言、程序设计方法学、关系数据库、知识库、编译方法、人工智能等领域，均离不开数理逻辑。数理逻辑对于计算机科学理论的研究有着非常重要的作用，主要体现在以下几方面。

1. 培养逻辑思维

通过对数理逻辑中所揭示的思维规律和所用方法的学习，能培养自己严密的逻辑思维能力，为计算机科学后继课程的学习奠定良好的基础。在计算机的设计与制造中，使用数字逻辑技术实现计算机各种运算的理论基础是代数和布尔代数。布尔代数只是在形式演算方面使用了代数的方法，其内容的实质仍然是逻辑。

2. 作为理论支撑

计算机学科是一个综合性的学科，涉及的知识面很广。数理逻辑是计算机学科中非常重要的理论支撑，特别在以下课程中具有重要作用。

（1）数学建模（Mathematical Modeling）：从计算模型和可计算性的研究看，计算可以用函数演算来表达计算模型，也可以用逻辑系统来表达可计算性。作为一种数学形式系统，图灵机及其与它等价的计算模型的基础是数理逻辑，人工智能领域的一个重要方向就是基于逻辑的人工智能。

（2）程序设计（Programming）：程序设计语言中的许多机制和方法，例如，子程序调用中的参数传递、赋值等都源于数理逻辑方法，数理逻辑的发展为语言学提供了方法论基础。事实上，在程序验证、程序变换、程序综合、软件形式说明、程序设计语言的形式语义学、人工智能以及人的脑力劳动自动化过程中都要用到数理逻辑的基本方法和理论。

（3）电路设计（Circuit Design）：数字逻辑为计算机硬件中的电路设计提供了重要的数学基础，命题逻辑中的连接词运算可以解决电路设计中由高低电平表示的各信号之间的运算以及二进制数位运算问题。例如，引例 9-1 的电路简化就是一个典型实例。

（4）人工智能（Artificial Intelligence）：计算机学科中一个非常重要的方向，人类的自然语言可以用符号进行表示，而语言的符号化就是数理逻辑研究的基本内容，计算机智能化的前提是将人类的语言符号化成机器可以识别的符号，这样计算机才能进行推理，才能具有智能。

（5）数据库原理（Database Principle）：关系数据库中的关系演算和关系模型需要用到谓词逻辑知识；关系数据库的逻辑结构是由行和列构成的二维表，表数据的查询、插入、删除、修改等操作都需要用到数理逻辑和关系代数理论知识。

§9.2 集合论

集合论（Set Theory）是以研究由不同对象抽象构成的整体的数学理论，主要研究怎样表示数据集合、集合运算、集合性质、集合关系以及集合函数等。集合论是现代数学中的一个独立分支，也是数学中最富创造性的伟大成果之一，在数学中占有独特的地位。集合论的基本概念已渗透到数学的所有领域，并且不断促进着许多数学分支的发展，被视为各个数学分支的共同语言和基础。

集合论起源于 16 世纪末期数集的研究，直到 1876 年至 1883 年德国数学家康托尔（Georg Cantor）发表了一系列有关集合论的论文，从而奠定了集合论的基础，康托尔也因此被公认为集合论的创始人。随着应用需求的拓展，集合论得到迅速发展和创新。20 世纪相继出现了模糊集合论、可拓集合论，使得其应用领域不断扩大。集合论在计算机科学（程序设计、形式语言、关系数据库、操作系统）、人工智能学科、逻辑学、经济学、语言学和心理学等方面有着广泛的应用。

9.2.1 集合论引例

集合论是整个现代数学的理论基础，由于集合论的语言适合描述和研究离散对象及其关系，因而在计算机科学中有着许多重要应用。下面通过一个实例引出集合论涉及的相关概念。

【引例 9-2】调查计算机系在校学生中是否拥有台式计算机或笔记本电脑。调查结果全系由 306 名学生拥有台式计算机，266 名学生拥有笔记本电脑，128 名学生没有台式计算机，68 名学生既无台式计算机又无笔记本电脑。

（1）求计算机系在校学生人数。
（2）求计算机系既有台式计算机又有笔记本电脑的学生人数。
（3）计算机仅有笔记本电脑的学生人数。

[解析] 假设 E 表示计算机系在校学生的集合，A 表示拥有台式计算机的学生的集合，B 表示拥有笔记本电脑的学生的集合。显然，E 是全集，根据题意，则有如下表达式：

$$|A|=306, |B|=266, |\sim A|=128, |\sim A \cap \sim B|=68$$

（1）计算机系在校学生人数

$$|E|=|A|+|\sim A|=306+128=434$$

（2）既有台式计算机又有笔记本电脑的学生人数为

先由 $|E|=|A \cup B|+|\sim(A \cup B)|$ 求出

$$|A \cup B|=|E|-|\sim(A \cup B)|=|E|-|\sim A \cap \sim B|=434-68=366$$

$$|A \cap B|=|A|+|B|-|A \cup B|=306+266-366=206$$

（3）计算机系仅有笔记本电脑的学生人数为

$$|B|-|A \cap B|=266-206=60$$

本节讨论集合论涉及的集合的表示与运算、关系、函数，以及集合论在计算机科学中的应用。

9.2.2 集合的表示与运算

通常，一类对象的整体或具有共同特征的一组对象的全体被称为集合（Complex），组成一个集合的对象称为该集合的一个元素（Element）或成员（Member）。如果元素的个数是有限的，则称为有限集合，否则称为无限集合。因此，集合是描述人脑对客观事物的识别和分类的数学方法。

1. 集合的表示

集合通常用大写的英文字母 A、B、C、$\cdots$ 表示，它的元素通常用小写的英文字母 a、b、c、$\cdots$ 表示。表示一个集合的方法通常有列举法和描述法。

（1）列举法：也称枚举或穷举法，就是列举出集合的所有元素，元素之间用逗号隔开，并把它们用"{ }"括起来，如 $A=\{a,b,c,d\}$。有时列举法无法列出所有元素时，可以采用元素的一般形式或适时地利用省略号，如 $A=\{1,2,3,\cdots,n,\cdots\}$。

（2）描述法：不要求列出集合中的所有元素，只要把集合中的元素具有的性质或满足的条件用文字或字符描述出来。描述法有两种方法：$A=\{x:x\text{为整数},x>0\}$ 或 $A=\{x|x\text{为整数},x>0\}$，表示由正整数 1，2，3…组成的集合。例如，$A=\{x|x^2-1=0,x\in \mathbf{R}\}$ 表示由方程 $x^2-1=0$ 的实数解组成的集合。其中，$x\in \mathbf{R}$ 表示"x 是 $\mathbf{R}$ 的元素"或称"x 属于 $\mathbf{R}$"。

2. 集合间的关系

集合要讨论的是一类对象的整体或具有共同特征的对象的汇集，实数之间有=、≤、<、≥、>关系，类似地，可以定义集合之间的关系有=、⊆、⊂、⊇、⊃，其关系定义如下。

【定义9-11】设 A、B 为集合，如果 A 和 B 中的每个元素完全相同，则称集合 A 和 B 相等，相等的符号化表示为 $A=B \Leftrightarrow A\subseteq B \wedge B\subseteq A$；如果 A 和 B 不相等，则记为 $A\neq B$。

【定义9-12】设 A、B 为集合，如果 B 中的每个元素都是 A 中的元素，则称 B 是 A 的子集，称 B 被 A 包含，或 A 包含 B，记为 $B\subseteq A$。若集合 A 不包含集合 B，则 $B\subseteq A$ 不成立。

【定义9-13】设 A、B 为集合，如果 $B\subseteq A$ 且 $B\neq A$，则称 B 是 A 的真子集，记为 $B\subset A$。如果 B 不是 A 的真子集，则记为 $B\not\subset A$。真子集的符号化表示为 $B\subset A \Leftrightarrow B\subseteq A \cup B\neq A$。

【定义9-14】不含任何元素的集合称为空集，记为 $\varnothing$。符号化表示为 $\varnothing=\{x|x\neq x\}$。例如，集合 A 是方程 $x^2+1=0$ 的在实数集合上的解，则 $A=\varnothing$。空集是一切集合的子集。

【定义9-15】由集合 A 的所有子集为元素组成的集合称为集合 A 的幂集，记为 $P(A)$。例如，设 $A=\{a,b,c\}$，则 $P(A)=\{\varnothing,\{a\},\{b\},\{c\},\{a,b\},\{b,c\},\{a,c\},\{a,b,c\}\}$。

由此可见，若集合 A 有 n 个元集，则 $P(A)$ 有 2^n 个元素。

【**定义 9-16**】在一个具体问题中，如果所涉及的集合都是某个集合的子集，则称这个集合为全集，记为 E（或 U）。

3．集合的基本运算

两个实数进行加、减、乘、除运算可以得到一个新的实数，类似地，两个集合 A 和 B 之间可以进行交、并、差、补运算而得到新的集合。

【**定义 9-17**】设 A、B 为两个任意集合，由属于 A 或属于 B 的所有元素组成的集合 S，称为 A 和 B 的并集，记为 $A \cup B$，即 $S = A \cup B = \{x \mid x \in A \vee x \in B, 或 x \in B\}$。

【**定义 9-18**】设 A、B 为两个任意集合，由集合 A 和 B 的所有公共元素组成的集合 S，称为 A 和 B 的交集，记为 $A \cap B$，即 $S = A \cap B = \{x \mid x \in A 且 x \in B\}$。

【**定义 9-19**】设 A、B 为两个任意集合，所有属于 A 而不属于 B 的一切元素组成的集合 S，称为 B 对于 A 的差集，记为 $A - B$，即 $S = A - B = \{x \mid x \in A 但 x \notin B\}$。

设 E 为全集，$A \subseteq E$，由 E 中所有不属于 A 的元素组成的集合 S 被称为 A 的补集，记为 $\sim A$，即 $\sim A = \{x \mid x \in E 但 x \notin A\}$。补集 $\sim A$ 可看作全集 E 与集合 A 的差集，即 $\sim A = E - A$。

反映集合并、集合交、集合差与补运算之间联系的重要性质是德·摩根（De Morgan）定律。

【**定义 9-20**】设 A、B 为两个任意集合，集合 $(A - B) \cup (B - A)$ 称为集合 A 和 B 的对称差，记为 $A \oplus B$，即 $S = A \oplus B = (A - B) \cup (B - A) = \{x \mid x \in A 且 x \notin B, 或 x \in B 且 x \notin A\}$。

4．集合的文氏图表示

集合之间的运算也可以用文氏图（Venn Diagram）来描述，即用一个矩形表示全集 E，在矩形内用圆表示子集，这种表示方法被称为文氏图表示法。集合并、集合交、集合差、集合对称差、集合补的文氏图如图 9-3 所示，其应用见例 9-10 和 10.3.1 节的关系代数运算。

（a）$A \cup B$（覆盖重复区） （b）$A \cap B$（取重复区） （c）$A - B$（去掉 B 区） （d）$A \oplus B$（取阴影区） （e）$\sim A$（取阴影区）

图 9-3 集合运算的文氏图表示

5．集合运算恒等式

集合运算具有与逻辑运算等价（见表 9-6）相似的运算规则，集合运算的恒等式如表 9-9 所示。

表 9-9 集合运算的恒等式

名 称	恒等式	名 称	恒等式	名 称	恒等式
交换律	$A \cup B = B \cup A$ $A \cap B = B \cap A$	恒等律	$A \cup \emptyset = A$ $A \cap E = A$	结合律	$A \cup (B \cup C) = (A \cup B) \cup C$ $A \cap (B \cap C) = (A \cap B) \cap C$
幂等律	$A \cup A = A$ $A \cap A = A$	支配律	$A \cup E = E$ $A \cap \emptyset = \emptyset$	分配律	$A \cup (B \cap C) = (A \cup B) \cap (A \cup C)$ $A \cap (B \cup C) = (A \cap B) \cup (A \cap C)$
互补律	$A \cup \overline{A} = E$ $A \cap \overline{A} = \emptyset$	德·摩根律	$\overline{A \cup B} = \overline{B} \cap \overline{A}$ $\overline{A \cap B} = \overline{A} \cup \overline{B}$	吸收律	$A \cup (A \cap B) = A$ $A \cap (A \cup B) = A$

6．有限集合的计数

【**定义 9-21**】设 A 是一个有限集，$|A|$ 表示集合 A 包含的不同元素。如果 A 和 B 是两个不相

交的有限集，则 $A \cup B$ 也是有限集，且 $|A \cup B|=|A|+|B|$。

如果 A 和 B 是两个相交的有限集，则 $A \cup B$ 显然也是有限集。

如果 A 和 B 是两个有限集，则 $A \cup B$、$A \cap B$ 也是有限集，且 $|A \cup B|=|A+B|-|A \cap B|$。

如果 A、B 和 C 是有限集，则 $A \cup B \cup C$ 也是有限集，且

$$|A \cup B \cup C|=|A|+|B|+|C|-|A \cap B|-|A \cap C|-|B \cap C|+|A \cap B \cap C|$$

以上计算公式也被称为<u>容斥原理</u>，是集合计算的重要原理，具有非常重要的实用价值。

【例 9-10】假设外语系 120 名教师中，至少有 100 名能教英语、德语、法语中的一种语言，有 65 人教英语、45 人教德语、42 人教法语、20 人教英语和德语，25 人教英语和法语，15 人教的德语和法语，另有少量教师教其他语言，要求用图解法实现如下计算：

（1）求出能教英语、德语、法语三种语言的老师人数。

（2）在文氏图的 8 个区域（如图 9-4 所示）中填上准确的教师人数，其中 E、G、F 分别代表教英语、德语和法语的教师组成的集合。

（3）分别求出只能教一种语言和只能教两种语言的教师人数。

[解析]（1）假设 E 表示教英语的教师的集合，G 表示教德语的教师的集合，F 表示教法语的教师的集合。因为 100 名教师至少能教英语、德语、法语中的一种语言，所以可得如下表达式：

$$|E \cup G \cup F|=|E|+|G|+|F|-|E \cap G|-|E \cap F|-|G \cap F|+|E \cap G \cap F|=100$$

根据题意，有 $65+45+42-20-15-25+|E \cap G \cap F|=100$，由此解出 $|E \cap G \cap F|=8$，即教所有三种语言的教师为 8 人。

（2）根据教所有三种语言的人数，可得如图 9-5 所示结果。

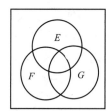 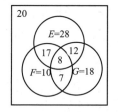

图 9-4 文氏区域图　　　　图 9-5 文氏数据图

20-8=12 名教师教英语和德语，但不教法语。

25-8=17 名教师教英语和法语，但不教德语。

15-8=7 名教师教德语和法语，但不教英语。

65-12-8-17=28 名教师只教英语。

45-12-8-7=18 名教师只教德语。

42-17-8-7=10 名教师只教法语。

120-100=20 名教师不教这三种语言中的任何一种。

（3）根据图 9-5 可以看出，只能教一种语言的教师人数为 28+18+10=56，教两种语言的教师人数为 12+17+7=36。

9.2.3 二元关系

所谓关系（Relation），就是事物之间存在着的某种联系。集合的元素之间被表示成一种结构，即关系。集合中研究的关系主要有三种：等价关系、序关系和映射（函数）关系，这些关系是建立在序偶和笛卡尔积概念上的二元关系。

1. 笛卡尔积

【定义 9-22】 设 A、B 是两个集合，称集合 $\{(x,y) | x \in A, y \in B\}$ 为 A 与 B 笛卡尔积（Cartesian Product），记为 $A \times B$，集合 $A \times B$ 中的元素称为<u>有序对</u>或<u>序偶</u>（Ordered Pair）。若 $x=a$，$y=b$，则 $(x, y)=(a, b)$，$A \times A$ 记为 A^2。

例如，有两个集合 $A=\{a,b\}$，$B=\{0,1,2\}$，则

$$A \times B = \{<a,0>,<a,1>,<a,2>,<b,0>,<b,1>,<b,2>\}$$
$$B \times A = \{<0,a>,<0,b>,<1,a>,<1,b>,<2,a>,<2.b>\}$$

若 A 中有 m 个元素，B 中有 n 个元素，那么 $A \times B$ 有 $m \times n$ 个元素。

2. 二元关系定义

【定义 9-23】 设 A、B 是两个集合，如果 R 是两个笛卡尔积 $A \times B$ 的一个子集，则称为从 A 到 B 的一个<u>二元关系</u>（Binary Relation）。特别地，当 $A=B$ 时，则称为 A 上的二元关系。

如果 R 为从 A 到 B 的一个关系，对于任意 $a \in A$，$b \in B$，如果 $(a,b) \in R$，则称 a 与 b 具有或满足关系 R，并记为 aRb；如果 $(a,b) \notin R$，则称 a 与 b 不具有或不满足关系 R。

二元关系具有如下性质（特殊的二元关系）：

① 如果 $R = \varnothing$，那么 R 称为空关系。
② 如果 $R = \{<x,y> | x \in A \wedge y \in A\} = A \times A$，那么称 R 为 A 到 B 的权关系 EA。
③ 如果 $R = \{<x,y> | x \in A\}$，则称 R 为 A 中的恒等关系 IA。

3. 二元关系表示

二元关系通常用三种方式表示有限集之间的关系：集合表示法、矩阵表示法和关系图表示法。

（1）集合表示法

关系也是一种特殊的结合，所以集合两种基本的表示法也可以用到关系的表示中，即可用列举法和描述法来表示关系。

① 列举法：列出集合中的所有元素，如 $R=\{<1, 2>, <1, 3>, <2, 4>, <4, 3>\}$。
② 描述法：描述集合中元素的性质或所满足的条件，如 $R=\{<x,y> | x$ 是 y 的倍数$\}$。

（2）矩阵表示法

给定集合 $A = \{a_1, a_2, \cdots, a_n\}$，集合 $B = \{b_1, b_2, \cdots, b_m\}$，设 R 为从 A 到 B 的一个二元关系，构造一个 $n \times m$ 阶矩阵。用集合 A 的元素标注矩阵的行，用集合 B 的元素标注矩阵的列，对于 $a_i \in A$ 和 $b_j \in B$，若 $<a_i, b_j> \in R$，则在行 i 和列 j 交叉处标 1，否则标 0。这样得到的矩阵称为 R 的关系矩阵 $M_R = (m_{ij})_{n \times m}$：

$$m_{ij} = \begin{cases} 1, & <a_i, b_j> \in R \\ 0, & <a_i, b_j> \notin R \end{cases}$$

〖问题提示〗用矩阵表示关系，便于用代数方法研究关系的性质，也便于用计算机处理。

（3）关系图表示法

设集合 $A = \{a_1, a_2, \cdots, a_n\}$，集合 $B = \{b_1, b_2, \cdots, b_m\}$，$R$ 是从 A 到 B 的一个二元关系，先在平面上画出 n 个点（圆圈），分别表示 $a_1, a_2, \cdots, a_n$；然后画出 m 个点，分别表示 $b_1, b_2, \cdots, b_m$；如果 $a_i \in A$ 和 $b_j \in B$，且 $<a_i, b_j> \in R$，则从节点 a_i 到节点 b_j 作出一条有向弧，其箭头指向 b_j。如果 $<a_i, b_j> \notin R$，则节点 a_i 与节点 b_j 之间没有线段连接。用这种方法得到的图被称为 R 的关系图，记作 G_R。对于集合 A 上的关系 R，G_R 可以仅以 A 元素为节点做出。

【例9-11】设 $A=\{1, 2, 3, 4\}$，下列定义的关系 R_1 和 R_2 都是 A 上的关系：
$$R_1 = \{<x, y>|(x-y)^2 \in A\}$$
$$R_2 = \{<x, y>|x/y \text{是素数}\}$$

试求关系 R_1 和 R_2 的关系集合（列举法）、关系矩阵 M_{R_1}、M_{R_2} 和关系图 G_{R_1}、G_{R_2}。

[解析]
$R_1 = \{<1,2>,<1,3>,<2,1>,<2,3>,<2,4>,<3,1>,<3,2>,<3,4>,<4,2>,<4,3>\}$
$R_2 = \{<2,1>,<3,1>,<4,2>\}$

M_{R_1} 如图 9-6 所示，M_{R_2} 如图 9-7 所示，G_{R_1} 如图 9-8 所示，G_{R_2} 如图 9-9 所示。

$$M_{R_1} = \begin{bmatrix} 0 & 1 & 1 & 0 \\ 1 & 0 & 1 & 1 \\ 1 & 1 & 0 & 1 \\ 0 & 1 & 1 & 0 \end{bmatrix} \quad M_{R_2} = \begin{bmatrix} 0 & 0 & 0 & 0 \\ 1 & 0 & 0 & 0 \\ 1 & 0 & 0 & 0 \\ 0 & 1 & 0 & 0 \end{bmatrix}$$

图 9-6　M_{R_1} 矩阵　　图 9-7　M_{R_2} 矩阵　　图 9-8　G_{R_1} 关系图 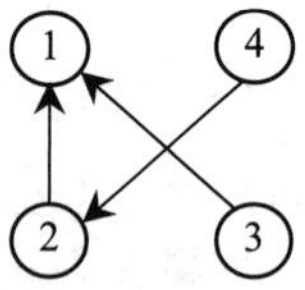　　图 9-9　G_{R_2} 关系图

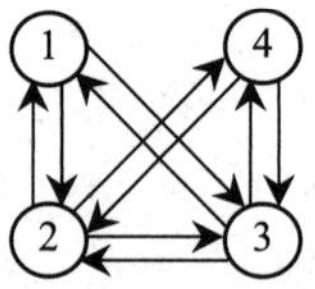

4．二元关系运算

除了对关系进行交、并、差、补运算，在集合中还可进行逆运算和复合运算。为了运算结果作为关系的意义更明确，因此要求运算对象应有相同的域，从而使运算结果是同一域内的关系。

【定义 9-24】设 R 是二元关系，其中所有的有序对的第一元素构成的集合称为 R 的<u>定义域</u>（Domain），记为 Dom(R)；有序对的第二元素构成的集合称为 R 的<u>值域</u>（Range），记为 Ran(R)；定义域和值域的并集称为 R 的<u>域</u>，记为 Fld(R)。若将三者符号化，则分别表示为：

$$\text{Dom}(R) = \{x \mid y(<x, y> \in R)\}$$
$$\text{Ran}(R) = \{x \mid x(<x, y> \in R)\}$$
$$\text{Fld}(R) = \text{Dom}(R) \cup \text{Ran}(R)$$

【例9-12】设 $R = \{<1,2>,<1,3>,<2,4>,<4,3>\}$，则
$$\text{Dom}(R) = \{1, 2, 4\}$$
$$\text{Ran}(R) = \{2, 3, 4\}$$
$$\text{Fld}(R) = \{1, 2, 3, 4\}$$

【定义 9-25】设 R 是从 A 到 B 的二元关系，如果将 R 中的每个有序对的元素顺序互换，所得到的集合称为 R 的<u>逆关系</u>（Inverse Relation），简称 R 的逆，记作 R^{-1}，即 $R^{-1} = \{<x, y> \mid <y, x> \in R\}$。

由定义可知，若 R 是从 A 到 B 的二元关系，则 R^{-1} 是从 B 到 A 的二元关系，即 $R^{-1} \subseteq A \times B$，$R^{-1}$ 的定义域和值域分别是 R 的值域和定义域；若 R 是一个关系，则 $(R^{-1})^{-1} = R$；若 R 是 A 上的二元关系，则 R^{-1} 也是 A 上的二元关系。

【例9-13】设 $A = \{a,b,c,d\}$，A 上的关系 $R = \{<a,a>,<a,d>,<b,d>,<c,a>,<c,b>,<d,c>\}$，则
$$R^{-1} = \{<a,a>,<d,a>,<d,b>,<a,c>,<b,c>,<c,d>\}$$

【定义 9-26】设 A、B、C 是三个集合，若 R 是集合 A 到 B 的二元关系，S 是集合 B 到 C 的二元关系，则称为 R 与 S 的复合关系(Compound Relation)，记作 $T = R \circ S$ 或 $T = RS$，即

$$R \circ S = \{<x, z> \mid x \in A, z \in C, \text{存在} y \in B \text{使得} <x, y> \in R, <x, y> \in S\}$$

【例9-14】设 $A=\{1,2,3,4\}$，$B=\{a,b,c,d\}$，$C=\{x,y,z\}$，A 到 B 的关系取为 $R=\{<1,a>,<2,d>,<3,a>,<3,b>,<3,d>\}$，$B$ 到 C 的关系取为 $S=\{<b,x>,<b,z>,<c,y>,<d,z>\}$，计算 $R\circ S$。

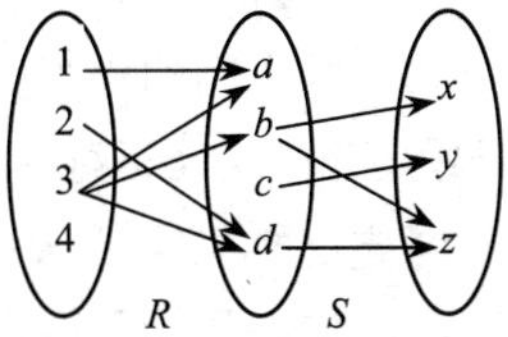

[解析] 复合关系如图9-10所示，根据复合关系的定义，可求出所有满足条件的序偶 $<x,y>$ 为：

$<2,z>x\in R\circ S$，因为存在 $y=d\in B$，使得
$$<2,d>x\in R，<d,z>\in S$$
$<3,x>x\in R\circ S$，因为存在 $y=b\in B$，使得
$$<3,b>x\in R，<b,x>\in S$$
$<3,z>x\in R\circ S$，因为存在 $y=b\in B$，使得
$$<3,d>x\in R，<d,z>\in S$$

图9-10 复合关系

所以，$R\circ S=\{<2,z>,<3,x>,<3,z>\}$。

由复合运算的定义可知，若 $R\subseteq A\times B$，$S\subseteq B\times C$，则 $R\circ S=A\times C$，即 $R\circ S$ 是集合 A 到 C 的二元关系。关系的复合运算是不满足交换律的，所以要注意运算顺序。

5．二元关系的性质

设二元关系为集合 A 上的关系，则其具有自反性、反自反性、对称性、反对称性、传递性的性质。
（1）自反性：若 $\forall x(x\in A\rightarrow <x,x>\in R)$，则称 R 在 A 上是自反的。
（2）反自反性：若 $\forall x(x\in A\rightarrow <x,x>\notin R)$，则称 R 在 A 上是反自反的。

【例9-15】设 $A=\{1,2,3\}$，R_1、R_2 和 R_3 是 A 上的关系，其中 $R_1=\{<1,1>,<2,2>\}$，$R_2=\{<1,1>,<2,2>,<3,3>,<1,2>\}$，$R_3=\{1,3\}$，描述 R_1、R_2 和 R_3 是否为 A 上的自反关系和反自反关系。

[解析] 根据性质（1）和（2），因 $<3,3>\notin R_1$，故 R_1 不是自反关系，$<1,1>\in R_1$，故 R_1 不是反自反关系；R_2 是自反关系，但不是反自反关系；R_3 是反自反关系，但不是自反关系。

（3）对称性：若 $\forall x\forall y(x,y\in A\wedge <x,x>\in R\rightarrow (y,x)\in R)$，则称 R 为 A 上的对称关系。
（4）反对称性：若 $\forall x\forall y(x,y\in A\wedge <x,x>\in R\wedge (y,x)\in R\rightarrow x=y)$，则称 R 为 A 上的反对称关系。

【例9-16】设 $A=\{1,2,3\}$，R_1、R_2、R_3 和 R_4 是 A 上的关系，其中 $R_1=\{<1,1>,<2,2>\}$，$R_2=\{<1,1>,<1,2>,<2,1>\}$，$R_3=\{<1,1>,<1,3>\}$，$R_4=\{<1,1>,<2,1>,<1,3>\}$，描述 R_1、R_2、R_3 和 R_4 是否为 A 上的对称和反对称关系。

[解析] 根据性质（3）和（4），其中 R_1 既是对称关系，也是反对称关系；R_2 是对称关系，但不是反对称关系；R_3 是反对称关系，但不是对称关系；R_4 既不是对称关系，也不是反对称关系。

（5）传递性：若 $\forall x\forall y\forall z(x,y,z\in A\wedge <x,x>\in R\wedge (y,z)\in R\rightarrow (x,z)\in R)$，则称 R 为 A 上的传递关系。

【例9-17】设 $A=\{1,2,3\}$，R_1、R_2 和 R_3 是 A 上的关系，其中 $R_1=\{<1,1>,<2,2>\}$，$R_2=\{<2,3>,<1,2>\}$，$R_3=\{<1,3>\}$，描述 R_1、R_2 和 R_3 是否为 A 上的传递关系。

[解析] 根据性质（5），在 R_2 中，$<1,2>\in R_2$，$<2,3>\in R_2$，但 $<1,3>\notin R_2$，因此 R_1、R_3 是传递关系，R_2 不是传递关系。

6．二元关系的特征

二元关系的特征体现在它具有两个重要的特殊关系——等价关系和偏序关系。在计算机科学

和数学领域中使用的分类和排序方法就是这种特殊关系的典型应用。

（1）等价关系

在实数之间的相等关系、集合之间的相等关系、谓词公式之间的等值关系具有类似的性质，它们都具有自反性、对称性和传递性，具有这三种性质的关系称为等价关系。

【定义9-27】设 R 为非空集合 A 上的二元关系，若 R 具有自反性、对称性和传递性，则称 R 为 A 上的<u>等价关系</u>（Equivalence Relation）。

设 R 是一个等价关系，若 $<x,y>\in R$，则称 x 等价于 y，记为 $x\sim y$。

例如，设集合 $A=\{a,b,c,d,e,f,g\}$，A 中元素分别表示某班同学的年龄，若集合 A 上的关系 R 表示同龄关系，则 R 是等价关系。等价关系的重要意义在于它能把集合 A 分解为一些没有公共元素的子集的并。

【定义9-28】设 R 为非空集合 A 上的等价关系，令 $x\in A$，$[x]_R=\{y\,|\,y\in A\wedge xRy\}$，则称 $[x]_R$ 为 x 关于 R 的等价类（Equivalence Class），简称为 x 的等价类，记为$[x]$。

（2）偏序关系

事物之间的次序常常是事物群体的重要特征，决定事物之间的次序是事物间的关系——偏序关系，具有传递性，因此可根据这个特性来研究集合中各元素的排序关系。

【定义9-29】设 R 为非空集合 A 上的二元关系，若 R 具有自反性、反对称性和传递性，则称 R 为 A 上的<u>偏序关系</u>偏序关系(Partial Order Relation)或半序关系，记为"$\prec$"。集合 A 和 A 上的偏序关系"$\prec$"一起称为偏序集，记为 $(A,\prec)$。设 $\prec$ 是一个偏序关系，如果 $<x,y>\in\prec$，则记为 $x\prec y$。

注意："$x\prec y$"不是比较数的大小，而是指偏序关系中的顺序，x 排在 y 的前面或者 x 就是 y。根据不同的偏序定义，对"序"有不同的解释。例如，整除是偏关系 $\prec$，$3\prec 6$ 的含义为 3 整除 6。

【定义9-30】设 R 为非空集合 A 上的半序关系，如果对任意 $x,y\in A$，必有 $x\prec y$ 或 $y\prec x$，则称 R 是 A 上的全序关系（Total Order Relation），或称线序关系（Line Order Relation）。

【例9-18】判断实数集 $\mathbf{R}$ 上大于等于关系"$\geq$"是否为偏序和全序关系。

[解析] 对 $x\in\mathbf{R}$，有 $x\geq x$ 成立，即 $\geq$ 是自反的；对 $x,y\in\mathbf{R}$，如果 $x\geq y\wedge y\geq x$，则 $x=y$，即 $\geq$ 是反对称的；对 $x,y,z\in\mathbf{R}$，如果 $x\geq y\wedge y\geq z$，则 $x\geq z$，即 $\geq$ 是传递的。所以 $\geq$ 是偏序关系。又因为对任意 $x,y\in\mathbf{R}$，都有 $x\geq y$ 或 $y\geq x$，所以 $\geq$ 也是全集关系。

9.2.4 函数

函数（Functions）也称为映射（Mapping）或变换（Transformation），包括实数集上的函数和任意集合上的函数。这里讨论的是一种具有特殊性质的二元关系，是建立从一个集合到另一个集合的一种变换关系，这种变换关系在计算科学中有着重要应用。例如，编译程序是把源程序变换成机器语言的指令集合（目标程序），在数据库中通过函数依赖把关系模式变换成规范模式。

1. 函数定义

【定义9-31】设 A、B 是两个任意集合，f 是 A、B 上的一个二元关系，若对于每个 $x\in A$，都有唯一的 $y\in B$，使得 xfy（或 $<x,y>\in f$）成立，则称<u>关系 f 为从 A 到 B 的函数</u>，记为 $f:A\to B$ 或 $A\xrightarrow{f}B$。若 $<x,y>\in f$，则记为 $y=f(x)$。

该定义中，称 x 为<u>自变量</u>或<u>原像</u>（Preimage），称 y 为 x 在 f 作用下的<u>映像</u>（Image）。

f 的定义域 $\mathrm{Dom}(f) = A$，f 的值域 $\mathrm{ran}(f) \subseteq B$，即 f 的值域或像是 A 中元素所有像的集合。若 f 是从 A 到 B 的函数，则称 f 把 A 映射到 B；若 $f : A \to A$，则称 f 为 A 上的函数。

例如，有以下关系：
$$f_1 = \{<x_1, y_1>, <x_2, y_1>, <x_3, y_2>\}$$
$$f_2 = \{<x_1, y_1>, <x_1, y_2>, <x_2, y_1>, <x_3, y_2>\}$$

判断它们是否为函数。

因为对于 $x_1 \in \mathrm{Dom}(f)$，有 $x_1 f y_1$、$x_1 f y_2$ 同时成立，故 f_1 是函数，f_2 不是函数。由于这里讨论的函数也是集合，因此我们可以用集合相等来定义函数的相等。

【定义 9-32】设 $f : A \to B$，$g : C \to D$，若 $A=C$，$B=D$，且 $f(x) = g(x)$，则称函数 f 和 g 相等。

2. 函数性质

函数性质是指函数 $f : A \to B$ 满射（Onto）、单射（One to one）或双射（Bijection）的性质，如图 9-11 所示。

【定义 9-33】设 $f : A \to B$，则存在如下 3 种情况：

① 若 $\mathrm{Ran}(f) = B$，则称 $f : A \to B$ 是**满射**的。

② 若 $y \in \mathrm{Ran}(f)$ 都存在唯一的 $x \in A$，使得 $f(x) = y$，则称 $f : A \to B$ 是**单射**的。

③ 若 $f : A \to B$ 既是满射又是单射的，则称 $f : A \to B$ 是**双射**的。

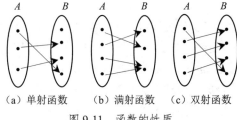

(a) 单射函数　(b) 满射函数　(c) 双射函数

图 9-11　函数的性质

由定义可知，如果 $f : A \to B$ 是满射的，则对于任意 $y \in B$，都存在 $x \in A$，使得 $f(x) = y$；如果 $f : A \to B$ 是单射的，则对于 $x_1, x_2 \in A$，$x_1 \neq x_2$，一定有 $f(x_1) \neq f(x_2)$；也就是说，如果对于 $x_1, x_2 \in A$，有 $f(x_1) = f(x_2)$，则一定有 $x_1 = x_2$。

【例 9-19】对于以下给定的 A、B 和 f，判断是否构成 $f : A \to B$。如果是，说明 $f : A \to B$ 是否为满射的、单射的或双射的，并根据要求进行计算。

(1) $A = \{1,2,3,4,5\}$，$B = \{6,7,8,9,10\}$，$f = \{<1,8>,<3,9>,<4,10>,<2,6>,<5,9>\}$。

(2) $A = \{1,2,3,4,5\}$，$B = \{6,7,8,9,10\}$，$f = \{<1,7>,<2,6>,<4,5>,<1,9>,<5,10>\}$。

(3) $A = \{1,2,3,4,5\}$，$B = \{6,7,8,9,10\}$，$f = \{<1,8>,<3,10>,<2,6>,<4,9>\}$。

(4) $A = B = R$，$f(x) = x^3$。

[解析]

(1) 能构成 $f : A \to B$，但既不是单射也不是满射的。因为 $f(3) = f(5) = 9$，且 $7 \notin \mathrm{Ran}(f)$。

(2) 不能构成 $f : A \to B$，因为 f 不是函数，$<1,7> \in f$ 且 $<1,9> \in f$，与函数定义矛盾。

(3) 不能构成 $f : A \to B$，因为 $\mathrm{Dom}(f) = \{1,2,3,4\} \neq A$。

(4) 能构成 $f : A \to B$，且 $f : A \to B$ 是双射的。

9.2.5　集合论在计算机科学中的应用

集合论与计算机科学及应用研究有着非常密切的关系，不仅表示数与数的运算，还应用于非数值领域信息的表示和处理，特别是在程序设计、数据结构、数据库系统等领域有着重要应用。

1. 在程序语言中的应用

计算机内部的所有信息、各种编码都是字符的集合。在程序设计语言中的英文字母、数字字符、特殊字符、词法符号、各类语句、各类函数、数据类型、数组等都是字符的集合，人工智能程序设计语言 Prolog 和 Lisp 中的语句是事实、规则、问题的集合。

2. 在数据结构中的应用

数据结构是计算机存储、组织数据的方式。数据结构是指相互之间存在一种或多种特定关系的数据元素的集合。一个数据结构有两个要素：数据元素的集合、关系的集合。例如，程序设计中的数组用来存放数据元素，数据的查找和排序是面向数据元素的操作。

3. 在数据库中的应用

集合在关系数据库中有着广泛的应用，数据库的数据模型是以集合、二元关系、多元关系和关系代数为理论基础的，数据库中的并、交、差等都是基于集合的基本运算，数据库中记录的查询、插入、删除、修改、表之间的连接操作等基于笛卡尔积，关系模型的优化是基于集合函数。

§9.3 逻辑代数

逻辑代数（Logical Algebra）是代数系统（Algebraic System）的一个分支。代数系统是由对象集合及其在集合上的运算与性质组成的数学结构，因而又被称为代数结构（Algebraic Structure）。代数系统是研究和考察现实世界中的各种现象或过程时，针对某一具体问题选用适合的数学结构去进行较为确切的描述，因而是一种离散结构，其研究方法和结果在构造可计算数学模型、研究算术计算复杂性、刻画抽象数据结构（程序理论、编码理论）中具有极其重要的理论和实际应用意义。代数系统包括群、域、环、格、逻辑代数等，在计算机科学中最具实际应用的是逻辑代数。

逻辑代数是 1847 年英国数学家乔治·布尔（George Boole）首先创立的，所以又称为布尔代数。布尔代数是以形式逻辑为基础、以文字符号为工具、以数学形式分析和研究逻辑问题的理论。

9.3.1 逻辑代数引例

逻辑代数只代表所研究问题的两种可能性或两种稳定的物理状态，正是这种表示为逻辑电路的实现和简化奠定了理论基础。这里通过逻辑代数实现电路简化来说明逻辑代数的基本概念。

【引例 9-3】 设计两个开关的控制电路：当灯不亮时，敲击任何一个开关都能使灯亮；反之，当灯是打开时，敲击任何一个开关都能使灯灭。

[解析] 为了实现用两个开关电路来控制灯的开与关，可用多个逻辑部件组成一个控制电路，如图 9-12 所示，该电路所呈现的逻辑功能真值如表 9-10 所示。

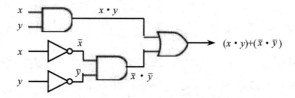

图 9-12 由两个开关控制灯的电路

表 9-10 逻辑功能真值表

x	y	$F(x, y)$
1	1	1
1	0	0
0	1	0
0	0	1

逻辑代数所要研究的问题是如何用代数形式来表示被研究对象的逻辑关系、如何用逻辑部件来表示逻辑函数、如何利用逻辑代数实现逻辑电路的简化等，在计算机科学具有极为重要的地位。

9.3.2 逻辑代数的表示

逻辑代数是指由布尔建立的"代数逻辑（Algebraic Logic）"，即利用"与""或""非"法则来研究逻辑问题，用代数"0"和"1"形式对逻辑变量和逻辑函数进行描述。

1. 逻辑代数与命题逻辑的区别

命题逻辑是一种形式逻辑，其中定义了"与"（AND，符号为∧）、"或"（OR，符号为∨）、"非"（NOT，符号为¬）、"异或"（XOR，符号为⊕）、"等值"（Equivalence，符号为↔）、"蕴含"（Implication，符号为→）等。逻辑代数是以形式逻辑为基础的，所有运算均可以用基本的"与""或""非"运算来表示。尽管逻辑代数也用文字符号代替数码，以表示变量，但这种变量的取值范围仅限于取"0"和"1"，所以逻辑变量是二值的，又被称为<u>二值逻辑</u>。

逻辑代数虽为数学，但与普通数学有着本质的区别，研究的对象只有"0"和"1"两个数码，提供的是集合{0,1}上的运算规则，用"·"（与）"+"（或）"¯"（非）对应命题逻辑的"∧""∨""¬"，用"1"和"0"对应命题逻辑的"T"（真）和"F"（假），其对应关系为：

$$(T \wedge T) \vee \neg F \equiv T \Leftrightarrow (1 \cdot 1) + \overline{0} = 1$$
$$(T \wedge F) \vee \neg (T \vee F) \equiv T \Leftrightarrow (1 \cdot 0) + \overline{(0 + 1)} = 0 + \overline{1} = 0 + 0 = 0$$

2. 布尔变量及其基本运算

与普通代数一样，布尔代数用字母表示变量，不同的是，布尔变量只有两种取值，即 0 或 1，即命题的"假"和"真"。布尔变量运算只有"·"（与）"+"（或）"¯"（非）三种。

"与"运算：又称为逻辑乘，两个变量"与"运算的逻辑关系可表示为 $C = A \cdot B$。

"或"运算：又称为逻辑加，两个变量"或"运算的逻辑关系可表示为 $C = A + B$。

"非"运算：又称为逻辑反，对一个变量"非"运算的逻辑关系可表示为 $C = \overline{A}$。

3. 布尔函数与布尔表达式

布尔代数的函数定义与普通代数的函数定义极为相似，设 x, y 为输入 F 为输出，输入和输出之间的逻辑关系可表示为 $F = f(x, y)$，则称 C 是 x, y 的逻辑函数，$F = f(x, y)$ 为逻辑函数表达式。

例如，当两个变量 A 和 B 取值相同时，函数取值为 0，否则函数取值为 1。此函数称为异或函数，可以用布尔表达式 $F = f(A, B) = \overline{A} \cdot B + A \cdot \overline{B}$ 来表示。

显然，只要将 A 和 B 的 4 种可能取值代入表达式（真值表），验证是正确的。

4. 布尔代数的恒等关系

一个逻辑代数是一个集合 $B=\{0,1\}$，有两个二元运算 $\wedge$ 和 $\vee$、元素 0 和 1，以及一个一元运算 $^-$，且 B 中的所有元素 x, y, z 满足类似逻辑运算和集合运算中的对等关系。根据布尔变量取值和三种运算关系，可以容易推出类似逻辑运算法则的恒等式，与复合命题的等价关系（表 9-6）、集合运算的恒等式（表 9-7）是相似的，布尔代数运算的恒等式如表 9-11 所示。

表 9-11 布尔代数运算的恒等式

名称	恒等式	名称	恒等式	名称	恒等式
交换律	$A+B=B+A$ $A \cdot B = B \cdot A$	同一律	$A+0=A \quad A+1=1$ $A \cdot 1 = A \quad A \cdot 0 = 0$	结合律	$(A+B)+C=A+(B+C)$ $(A \cdot B) \cdot C = A \cdot (B \cdot C)$
幂等律	$A+A=A$ $A \cdot A = A$	双重补律	$\overline{\overline{A}} = A$	分配律	$A+B \cdot C = (A+B) \cdot (A+C)$ $A \cdot (B+C) = A \cdot B + A \cdot C$
互补律	$A+\overline{A}=1$ $A \cdot \overline{A} = 0$	德·摩根律	$\overline{A \cdot B} = \overline{A} + \overline{B}$ $\overline{A+B} = \overline{A} \cdot \overline{B}$	吸收律	$A+A \cdot B = A$ $A+\overline{A} \cdot B = A+B$ $A \cdot (A+B) = A$ $A \cdot (\overline{A}+B) = A \cdot B$

9.3.3 逻辑电路的简化

1938 年，美国数学家、信息论的创始人香农首次提出了可以用电子线路来实现布尔代数表达式。由于布尔代数只有 1 和 0 两个值，与电路分析中的"开"和"关"现象完全一致，都只有两种不同的状态，因此可以按布尔代数逻辑变量的"真"或"假"对应开关的"合"或"开"。

1. 逻辑电路部件

我们把描述"真"和"假"的变量称为逻辑变量；把描述逻辑变量关系的函数称为逻辑函数；把实现逻辑函数的电路称为逻辑电路；把实现逻辑变量之间的运算称为逻辑运算；把由基本逻辑部件组成的电路称为逻辑电路，逻辑电路中的常用逻辑部件如图 9-13 所示。

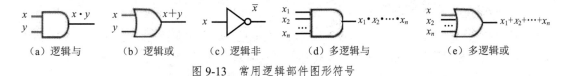

(a) 逻辑与　　(b) 逻辑或　　(c) 逻辑非　　(d) 多逻辑与　　(e) 多逻辑或

图 9-13　常用逻辑部件图形符号

在布尔代数中，虽然布尔表达式及其逻辑部件的符号与命题逻辑表达式及其开关电路的形式不同，但具有相同的物理意义和相同的真值。在布尔代数中，为了便于用代数形式描述，通常省略"与"的运算符"·"，例如 $A \cdot B = AB$。

【例 9-20】将如图 9-14 所示的开关电路用逻辑代数表达式及其逻辑电路图来表示。

[解析] 如图 9-14 所示的开关电路，其命题逻辑表达式为

$$F = (A \vee B) \wedge (C \vee D)$$

所对应的布尔代数表达式为

$$F = A \cdot B + C \cdot D = AB + CD$$

其对应的逻辑电路如图 9-15 所示。

图 9-14　开关电路　　　　　　　图 9-15　逻辑电路

2. 逻辑电路简化

计算机中的逻辑电路就是根据布尔表达式相应的逻辑部件组成的。在设计一个逻辑电路时，通常先根据功能要求选取逻辑部件，再根据逻辑函数表达式的真值验证设计正确与否。但根据这种方法设计的逻辑电路不一定是逻辑部件最小化，布尔代数为逻辑电路简化提供了理论依据，这个理论依据就是<u>布尔代数运算恒等式</u>。

【例 9-21】将如图 9-16 所示的逻辑电路利用布尔代数恒等式进行化简并给出其简化逻辑图。

[解析] 如图 9-16 所示的逻辑电路的命题表达式为：
$$((A \wedge B) \vee (A \wedge C)) \wedge (B \wedge C)$$

然后，利用布尔代数恒等式进行化简，化简步骤为：

$$
\begin{aligned}
((A \wedge B) \vee (A \wedge C)) \wedge (B \wedge C) &= (AB + AC) \cdot BC \\
&= (A(B+C)) \cdot BC \\
&= (ABC) \cdot (B+C) \\
&= ABC + ABC \\
&= A \cdot (BC)
\end{aligned}
$$

这样便把如图 9-16 所示的逻辑电路简化为如图 9-17 所示的逻辑电路。对逻辑电路进行简化的常用方法除了命题逻辑方法和布尔代数方法，还有卡诺图方法和奎因－莫可拉斯基方法等。

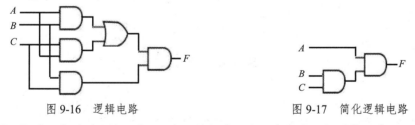

图 9-16　逻辑电路　　　　　　　图 9-17　简化逻辑电路

〖问题提示〗关于卡诺图方法和奎因-莫可拉斯基方法见参考文献[25]第 8 章。

9.3.4　代数系统在计算机科学中的应用

布尔代数是代数系统中的重要内容之一。代数系统是计算科学的重要理论基础，如自动机理论、编码理论、形式语义学、代数规范、密码学、算法的复杂性、刻画抽象的数据结构等都基于代数系统，特别是以下 5 个方面的应用。

1. 提供精简的形式化语言

随着计算机科学与技术研究的深层次发展，微观和宏观世界中存在的复杂的自然规律需要抽象、准确、简洁地描述，这也是代数的形式化语言所做的工作。数学模型运用的形式化语言是在观测和实验的基础上建立起来的，有助于人们从本质上认识和把握客观世界。在计算机科学中，众多的定理和公式就是典型的简洁而精确的形式化语言，如对笛卡尔积的定义。

2. 提供严密的逻辑推理工具

代数系统的严密性和逻辑性使它成为建立一种理论体系的重要工具。计算机科学中的各种公理化方法、形式化方法都是用数学方法来研究推理过程，把逻辑推理形式加以公理化、符号化，为建立和发展计算机科学的理论体系提供了有效的途径。例如，数理函数、人工智能语言、逻辑电路设计与优化等都是基于代数系统的。

3. 提供定量分析和计算方法

一门学科从定性分析发展到定量分析，是从量变到质变的结晶，也是该学科成熟的标志，数学方法在其中具有至关重要的作用。计算机的问世为科学的定量分析和理论计算提供了必要条件，使一些过去虽然能用数学语言描述但无法求解或不能及时求解的问题找到了解决的方法，这完全得益于数学的支撑。其中，代数系统在构造可计算数学模型、研究算术计算复杂性、刻画抽象数据结构（程序理论、编码理论和数据理论）中具有极为重要的理论和实际意义。

4. 为数据通信实现数据编码

代数系统在计算机中的应用广泛，如有限机、开关线路的计数等，常见的是纠错码方面的应用。在计算机和数据通信中需要传递二进制数字信号，但在传递过程中难免出现错误，为此需要采用纠错码来避免传递错误的发生，而设计这种纠错码的数学基础就是代数系统。

5. 为生物学研究提供数学支撑

生物信息学是现代计算机科学中一个崭新的分支，是计算机科学与生物学相结合的产物。由于 DNA 是离散数学中的序列结构，生物学中的组合问题将成为离散数学的一个前沿领域。DNA 计算机的基本思想是：以 DNA 碱基序列作为信息编码的载体，利用现代分子生物学技术，在试管内控制酶作用下的 DNA 序列反应，作为实现运算的过程。这样，以反应前 DNA 序列作为输入的数据，反应后的 DNA 序列作为运算的结果，DNA 计算机几乎够解决所有的 NP 完全问题。

§9.4 图论

图论（Graphic Theory）是既古老而又年轻的学科，近年来发展迅速又应用广泛。图论起源于 1736 年瑞士数学家欧拉发表的解决"哥尼斯堡七桥问题"的第一篇论文，1852 年格斯里（Gathrie）提出了"四色问题"，1859 年哈密尔顿（Hamilton）提出了"哈密尔顿回路问题"，1874 年德国物理学家基尔霍夫（G.R.Kirchhoff）第一次把图论用于电路网络的拓扑分析。1936 年，科尼格（Konig）出版了第一本"图论"专著，从此确立了图论在数学领域的地位，并受到重视。

9.4.1 图论引例

在现实生活中有很多问题可以用图来描述、分析和研究。用图来描述实际问题有时比用文字或公式要形象、直观得多，因而更能说明现实世界的变化现象。

【引例 9-4】 设有四个城市之间的单向航线如图 9-18 所示，要求用矩阵表示转机信息。

[解析] 如图 9-18 所示的航线图表达了这四个城市间的航线信息，由图可知，城市 4 和城市 2 之间没有直达航线而只能转机，因此可用矩阵 A_1 来表示，如图 9-19 所示；可用矩阵 A_2 表示一个

城市经一次中转到另一个城市的单项航线条数，如图 9-20 所示。

$$A_1 = \begin{bmatrix} 0 & 1 & 1 & 1 \\ 1 & 0 & 0 & 0 \\ 0 & 1 & 0 & 0 \\ 1 & 0 & 1 & 0 \end{bmatrix}$$

$$A_2 = \begin{bmatrix} 2 & 1 & 1 & 0 \\ 0 & 1 & 1 & 1 \\ 1 & 0 & 0 & 0 \\ 0 & 2 & 1 & 1 \end{bmatrix}$$

图 9-18　航线图　　　　图 9-19　航线信息　　　　图 9-20　中转信息

例如，A_2 的第 2 行第 3 列元素为 1，表示从城市 2 经一次转机到城市 3 的航线有 1 条（2→1→3）；A_2 的第 4 行第 2 列元素为 2，表示从城市 4 经一次转机到城市 2 的航线有 2 条（4→1→2，4→3→2）。这样，人们可以较为全面地了解不同城市间经一次转机到达的航线信息。

下面讨论图论的基本概念、图的矩阵表示、路径、回路与连通图、欧拉图和哈密尔顿图、图的最短路径和最小生成树以及图论的基本应用。

9.4.2　图论的基本概念

1．什么是图论

图论是研究边和点的连接结构的数学理论，所研究的图形不同于普通几何学研究的图形，几何图形中的"点"和"线"没有具体的含义，而图论中图形的"点"用来表示事物，"线"用来表示相应两个事物间的关系。因此，图论是一门专门研究事物（点）之间相互关系（线）的数学分支，是把图作为研究对象的一门数学学科，是组合数学的一个分支。

图论的研究起源于有名的哥尼斯堡七桥问题，用于描述各种复杂的数据图，如铁路交通图、通信网络结构、国家之间的外交关系、人与人之间的社会关系等。

假如在 5 个城市之间建立起通信网络，使得每两个城市都有直接或间接的通信线路，则可描述成如图 9-21 所示的通信网络。

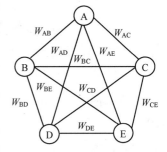

图 9-21　用图描述通信网络

这样，一个实际问题就被表达成清晰的图结构了。如果用一个节点代表一个城市，用节点之间的连线代表相应两个城市之间的通信线路，若在连线旁边附加一个数值，便可以表示该通信线路的造价。由此可见，图论是表示网状关系结构的重要数学工具，并且得到了广泛应用。

2．图的定义

图（Graph）是由一些节点和某些节点对之间的连线所组成的，连接两个节点之间的连线称为两个节点之间的边。图是一种非线性的数据结构，其特点是结构中的数据元素之间存在着多对多的关系。

【定义 9-34】图是由非空的节点集合 $V(G)$、一个描述节点之间关系 $E(G)$、边（弧）φ_c 的结合组成的一个三元组 $<V(G), E(G), \varphi_c>$，其中：

（1）$V(G)$ 是一个非空节点集合，它的数据元素称为<u>节点</u>或<u>顶点</u>（Node or Vertice）。

（2）$E(G)$ 是边集合，其成员称为边（Edge）。$E(G)$ 可以是空集，若 $E(G)$ 为空，则图 G 只有节点而没有边。

（3）φ_c 是从边集合 $E(G)$ 到无序偶集合 $V(G) \times V(G)$ 上的函数，称为边与节点的<u>关联映射</u>

（Associative Mapping）。

【例 9-22】 对如图 9-22 所示的图形，给出对应的 $<V(G), E(G), \varphi_c>$ 中各集合的内容。

[解析] 根据定义，$G=<V(G), E(G), \varphi_c>$ 中的各集合如下。

非空节点集合：$V(G) = \{a, b, c, d\}$。

边集合：$E(G) = \{e_1, e_2, e_3, e_4, e_5\}$。

无序偶集合：$\varphi_c(e_1) = (a, b)$，$\varphi_c(e_2) = (a, c)$，$\varphi_c(e_3) = (b, c)$，$\varphi_c(e_4) = (a, d)$，$\varphi_c(e_5) = (b, d)$。

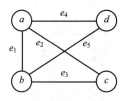

图 9-22 图的图形表示

显然，图论也是一种数据结构，由两个集合及其关联映射组成。通常，图中的边与两个节点相关联，所以可把一个图简记为 $G=<V, E>$，其中 V 表示非空节点集合，E 表示边集，这样便把图论的三元组简化为二元组。

3．无向图和有向图

【定义 9-35】 图 G 由非空节点集合 $V = \{v_1, v_2, \cdots, v_n\}$ 和边的集合 $E = \{e_1, e_2, \cdots, e_m\}$ 组成，记为 $G=<V, E>$。如果图 G 中的所有边都是没有方向的，则称为<u>无向边</u>（Undirected Edge），如 (v_1, v_2)；如果图 G 中的所有边都是有方向的，则称为<u>有向边</u>（Directed Edge），如 $<v_1, v_2>$；如果一个图中的所有边都是无向的，则称 G 为<u>无向图</u>（Undirected Graph），如图 9-23 所示；如果一个图中的所有边都是有向的，则称 G 为<u>有向图</u>（Directed Graph），如图 9-24 所示；如果一个图中既有无向边又有有向边，则称该图为<u>混合图</u>（Mixed Graph）。

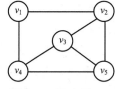

图 9-23 无向图 G_1

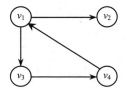

图 9-24 有向图 G_2

在有向图中，有向边也称为弧（Arc），一条有向边是由两个节点组成的有序对 $<v_1, v_2>$，其中有向边的始点 v_1 称为弧尾（Tail），有向边的终点 v_2 称为弧头（Head）。

通常，关联于同一条边的两个节点被称为<u>邻接点</u>（Adjacent Point），关联于同一节点的两条边被称为<u>邻接边</u>（Adjacent Edge），关联于同一节点的一条边被称为<u>自回路</u>（Self Circuit）或环（Cycle），连接于同一对节点间的多条边被称为<u>平行边</u>，含有平行边的图被称为<u>多重图</u>，不含平行边和环的图被称为<u>简单图</u>。环既可以视为有向边，也可以视为无向边。

【定义 9-36】 简单图 $G=<V, E>$ 中如果每一对节点间都有边相连，则称为完全图。具有 n 个节点的无向图 G，若具有 $n(n-1)/2$ 条边，则称 G 为无向完全图（Undirected Complete Graph），记作 K_n。若 K_n 中对每一条边任意确定一个方向，即 n 个节点的有向图 G 如果具有 $n(n-1)$ 条弧，则称 G 为有向完全图（Directed Complete Graph）。

例如，图 9-25 具有 4 个节点且有 $4×(4-1)/2=6$ 条边，因此是一个无向完全图；图 9-26 具有 4 个节点且有 $4×(4-1)=12$ 条弧，因此是一个有向完全图。对于有向完全图 G 的每两个不同节点对之间，都由两条不同方向的弧将它们连接起来。

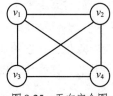

图 9-25 无向完全图

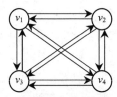

图 9-26 有向完全图

9.4.3 图的矩阵表示

图的表示方法很多，可用集合表示（见例 9-22）、图形表示（无向图和有向图）和矩阵表示。但用集合或图形表示都不便于计算机处理，而用矩阵表示不仅便于用代数方法研究图的性质，还便于计算机处理，因为矩阵能表示多种多样的存储结构。常用的存储结构有关联矩阵、邻接矩阵等。

1. 邻接矩阵（Adjacency Matrix）

邻接矩阵是将图的逻辑结构用一个矩阵来表示各节点之间的邻接关系，即表示节点之间有边或没有边的情况。实际上，引例 9-4 的矩阵 A_1 就是邻接矩阵。

【定义 9-37】设图 $G=<V,E>$ 是一个有 n 个节点的简单有向图，其中 $V=\{v_1,v_2,\cdots,v_n\}$，$E=\{e_1,e_2,\cdots,e_m\}$，φ 为节点与边的关联映射，则有 $n\times m$ 矩阵如下：

$$a_{ij}=\begin{cases}1, & <v_i,v_j>\in E（或(v_i,v_j)\in E），即 v_i 与 v_j 邻接\\ 0, & <v_i,v_j>\notin E（或(v_i,v_j)\notin E），即 v_i 与 v_j 不邻接\end{cases}$$

称为图 G 的邻接矩阵，记为 $A(G)$。邻接矩阵多用于简单有向图，例如，如图 9-27 所示的有向图可以得到如图 9-28 所示的矩阵。

邻接矩阵可以完全描述一个图，即给定一个邻接矩阵就能够确定一个图。无向图中节点的邻接关系和矩阵是对称的；简单无向图邻接矩阵的对角线上的元素全为 0，行元素之和等于相应节点的度数。当给定的图是有向图时，邻接矩阵不一定是对称的，只有两节点间的边均成对出现，邻接矩阵才是对称的。

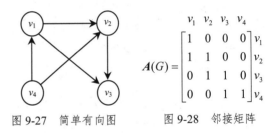

图 9-27 简单有向图　　图 9-28 邻接矩阵

2. 关联矩阵（Incidence Matrix）

关联矩阵是把一个图的逻辑结构用矩阵来表示图中各点和每条边之间的对应关系。

【定义 9-38】在一个图中不与任何节点邻接的节点称为孤立节点，在图 $G=<V,E>$ 中，与节点 $v(v\in V)$ 关联的边数称为节点 v 的度数，记作 $\deg(v)$。如果 G 是有向图，射入 v 的边数称为节点 v 的入度（Indegree），从节点 v 射出的边数称为节点 v 的出度（Outdegree）。

【定义 9-39】设 $G=<V,E>$ 是简单无向图，$V=\{v_1,v_2,\cdots,v_n\}$，$E=\{e_1,e_2,\cdots,e_m\}$，φ 为节点与边的关联映射，则有 $n\times m$ 矩阵如下：

$$m_{ij}=\begin{cases}1, & 节点 v_i 与 e_j 关联\\ 0, & 节点 v_i 与 e_j 不关联\end{cases}$$

称为图是 G 的关联矩阵，记为 $M(G)$。

关联矩阵多用于简单无向图，如图 9-29 所示的无向图，$V=\{v_1,v_2,v_3,v_4,v_5\}$，$E=\{e_1,e_2,e_3,e_4,e_5,e_6,e_7\}$，可得到如图 9-30 所示的关联矩阵。

〚问题提示〛无向图的关联矩阵的每行对应图中的一个节点；每列对应图中的一条边，每列元素之和等于 2，因每条边仅关联 2 个节点；每行元素之和为相应节点的度数；所有元素之和等于边数的 2 倍，即所有节点的度数之和；若一行全为 0，则其节点为孤立点。而对有向图的关联矩阵，每列的元素和为 0；任意一行的 1 的个数等于该行所对应的节点的出度，-1 的个数等于所对应的入度；1 的与-1 的个数相等且均为图中边的数目。

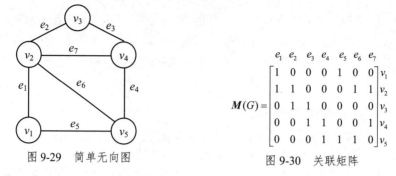

图 9-29　简单无向图　　　　图 9-30　关联矩阵

9.4.4　路径、回路与连通图

如何从一个图 G 中的给定节点出发，沿着一些边连续移动到另一个指定节点？这样依次由节点和边组成的序列就形成了图的连通概念，包括路径、回路、通路、连通等。

1. 路径

【定义 9-40】给定图 $G=<V,E>$，设 $v_0,v_1,\cdots,v_n \in V$，$e_1,e_2,\cdots,e_n \in E$，其中 e_i 是关联节点 v_{i-1} 和 v_i 的边，交替序列 $v_0e_1v_1e_2\cdots e_nv_n$ 称为连接 v_0 到 v_n 的<u>路径</u>（Walk）。v_0 和 v_n 分别称为路径的<u>起点</u>（Origin）和<u>终点</u>（Terminal），边的数目 n 称为路径的<u>长度</u>（Length）。

2. 回路与通路

【定义 9-41】给定图 $G=<V,E>$，设 $v_0,v_1,\cdots,v_n \in V$，$e_1,e_2,\cdots,e_n \in E$，当 $v_0=v_n$ 时，这条路径被称为<u>回路</u>（Circuit）或环（Cycle）。若在一条路径中，所有的边 $e_1,e_2,\cdots,e_n$ 均不相同，则这条路径被称为<u>迹</u>（Locus）。若在一条路径中，所有的节点 $v_0,v_1,\cdots,v_n$ 均不同，则称为<u>通路</u>（Path）。除 $v_0=v_n$ 外，其余节点均不相同的路径称为<u>圈</u>（Circle）。

3. 连通图

【定义 9-42】在无向图 G 中，节点 u 与 v 之间若存在一条路，则节点 u 和 v 称为是<u>连通</u>的。若图 $G=<V,E>$ 的任意两个节点均有路径连通，则 G 称为<u>连通图</u>（Connected Graph），否则称为<u>非连通图</u>（Unconnected Graph）。

无向图的连通性概念不能直接应用在有向图中，在有向图 $G=<V,E>$ 中，从节点 u 到 v 有一条路，则称 u 到 v 是<u>可达的</u>，它是有向图节点集合上的一个自反的、传递的二元关系。

【定义 9-43】在有向图 $G=<V,E>$ 中，如果对 G 中任何一对节点 u、v，不仅从 u 到 v 有一条通路，且从 v 到 u 也有一条通路，则称 G 是<u>强连通图</u>（Strongly Connected Graph），如图 9-31（a）所示；如果对 G 中任何一对节点 u、v，只要从 u 到 v 有一条通路，或者从 v 到 u 有一条通路，则 G 称为<u>单向连通图</u>（Unilateral Connected Graph），如图 9-31（b）所示；如果在图 G 中略去边的方向，将它看成无向图后，是连通的，则 G 称为<u>弱连通图</u>（Weakly Connected Graph），如图 9-31（c）所示。

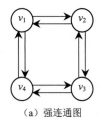 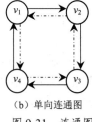 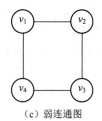

(a) 强连通图　　　　　　　(b) 单向连通图　　　　　　(c) 弱连通图

图 9-31　连通图

4．计算节点之间的通路数

在一个图 G 中两个节点之间的通路数可以用这个图的邻接矩阵 A 来确定，A 相对于图中的节点 $v_1,\cdots,v_n$（允许带有无向边、有向边、多重边和环），从 v_i 到 v_j 长度为 r 的不同通路数等于 A_r 的第 (i,j) 项。由此可以判定图是否连通和最短通路长度。

【例 9-23】对于如图 9-32 所示的无向图，求 a 到 d 的长度为 4 的通路数。

[解析] 如图 9-32 所示的简单无向图 G 的节点顺序为 a,b,c,d，邻接矩阵如图 9-33 所示，该邻接矩阵是对称的。从 a 到 d 的长度为 4 的通道是 A_4 的第 $(1,4)$ 项，如图 9-34 所示，所以恰好有 8 条从 a 到 d 长度为 4 的通道。

$$A = \begin{bmatrix} 0 & 1 & 1 & 0 \\ 1 & 0 & 0 & 1 \\ 1 & 0 & 0 & 1 \\ 0 & 1 & 1 & 0 \end{bmatrix}$$

$$A_4 = \begin{bmatrix} 8 & 0 & 0 & 8 \\ 0 & 8 & 8 & 0 \\ 0 & 8 & 8 & 0 \\ 8 & 0 & 0 & 8 \end{bmatrix}$$

图 9-32　无向图　　　　　　图 9-33　邻接矩阵　　　　　　图 9-34　A_4 矩阵

由此看出，这 8 条通道是：$ababd$，$abacd$，$abdbd$，$abdcd$，$acabd$，$acacd$，$acdbd$，$acdcd$。

9.4.5　欧拉图和哈密尔顿图

2.3.1 节介绍了欧拉图和哈密尔顿图的问题起源。在图论的研究中，路与回路是两个不同的重要概念，能否从一个节点出发沿着图的边前进，恰好经过图的每条边一次且回到这个节点？同样，能否从一个节点出发沿着图的边前进，恰好经过图的每个节点一次且回到这个节点？虽然这两个问题有相似之处，却描述的是不同性质的问题，前者是关于是否具有欧拉回路问题，后者是关于是否具有"哈密尔顿回路问题"，它们在不同的领域都有重要应用。例如，"中国邮政问题"和"旅行商问题"都是图论中的典型问题，也是计算机学科中的典型问题。这里主要讨论如何判断"欧拉图"和"哈密尔顿图"。

1．欧拉图（Euler Graph）

人们把哥尼斯堡七桥回路问题称为欧拉图，自 1736 年瑞士数学家欧拉（Euler）发表《与位置几何有关的一个问题的解》论文后，引起了世界范围内的深入研究，并用图论方法建立模型。

【定义 9-44】设图 $G=<V,E>$ 是无向图或有向图，通过图中所有边一次且仅一次行遍图中所有节点的通路称为<u>欧拉通路</u>；通过图中所有边一次并且仅一次行遍所有节点的回路称为<u>欧拉回路</u>；具有欧拉回路的图称为<u>欧拉图</u>；具有欧拉通路而无欧拉回路的图称为<u>半欧拉图</u>。

【定理 9-1】无向图 $G=<V,E>$ 具有欧拉回路（G 是欧拉图）的充分必要条件是：当且仅当 G 是连通图，而且 G 中所有节点的度数都是偶数。

【定理 9-2】无向图 $G=<V,E>$ 具有欧拉通路的充分必要条件是：当且仅当 G 是连通图，而且 G 中恰有两个节点的度数都是奇数，其余节点的度数都是偶数。

上述定理给出了判别欧拉图的一个非常简单有效的方法，可以随即判断出哥尼斯堡七桥问题是无解的，因为哥尼斯堡七桥问题对应的图中每个节点的度数均为奇数。

【例 9-24】判断图 9-35 中哪些无向图是欧拉图？不是欧拉图的图中哪些具有欧拉通路？

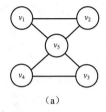 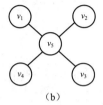 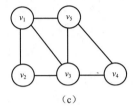

（a）　　　　　　　　　　　（b）　　　　　　　　　　　（c）

图 9-35　判断欧拉回路和欧拉通路

[解析] 根据上述定理，图 9-35(a) 是连通图，而且每个节点的度数都是偶数，该图有欧拉回路，如 $v_1v_5v_3v_4v_5v_1$，因而是欧拉图。

图 9-35(b) 有 4 个节点的度数是奇数，因而该图没有欧拉回路，也没有欧拉通路。

图 9-35(c) 有 2 个节点的度数是奇数，其余节点度数均为偶数，因而该图没有欧拉回路，但有欧拉通路，如 $v_1v_2v_3v_1v_5v_3v_4v_5$。

利用欧拉通路和欧拉回路可以解决的相关应用问题为：要求一条通路或回路，恰好一次经过一个街区的每条街道、一个交通网中的每条道路、一个通信网络里的每条链路，或者一个高压输电网里的每个连接等。

【例 9-25】有如图 9-36 所示的街道图，邮递员从邮局 a 出发沿路投递邮件。问是否存在一条邮递路线，使邮递员从邮局出发，通过所有街道一次再回到邮局？

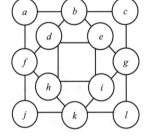

[解析] 根据题意，这实际上就是判断图 9-28 是否为欧拉图。

由于该图是连通的，并且每个节点的度数都是偶数。根据定理 9-2 可知，这是一个欧拉图，所投的邮递路线是存在的，欧拉回路有多条，下面就是其中的一条：

图 9-36　街道路图

$$\prod: (a,b,c,g,e,b,d,e,i,g,l,k,i,h,k,j,f,h,d,f,a)$$

这是典型邮政实例，可广泛用于类似于交通问题的最优路线设计。欧拉通路和欧拉回路的其他应用领域还有电路布线、网络组播和分子生物学，在分子生物学中用欧拉通路进行 DNA 测序。

〖问题提示〗有一种称为"一笔画"的智力游戏，笔不离纸也不重复连续移动描绘一幅图，以是否能一笔完成来判断该图形是否存在欧拉通路和欧拉回路。例如，图 9-37(a)可以一笔完成，因而是欧拉图，而图 9-37(b)不能一笔完成，不是欧拉图，这是简单有效的判断法。

（a）　　（b）

图 9-37　一笔画智力游戏

2．哈密尔顿图（Hamilton Graph）

判断一个有向或无向图是否有欧拉通路和欧拉回路的充分必要条件是哈密尔顿图，这个问题归结为求通过图中各节点一次且仅一次的回路。正是这个"周游世界游戏"，引出了哈密尔顿通路、哈密尔顿回路、哈密尔顿图、半哈密尔顿图等概念。

【定义 9-45】设图 $G=<V,E>$ 是无向图或有向图，通过图中所有节点一次且仅一次的通路称为哈密尔顿通路；通过图中所有节点一次且仅一次的回路称为哈密尔顿回路；具有哈密尔顿回路的图称为哈密尔顿图；具有哈密尔顿通路而无哈密尔顿回路的图称为半哈密尔顿图。

【例9-26】判断图9-38中哪些图具有哈密尔顿回路？没回路的图中哪些具有哈密尔顿通路？

[解析] 根据哈密尔顿定义可知，图9-38(a)有哈密尔顿回路，如$v_1v_2v_3v_4v_5v_1$，该图是哈密尔顿图。图9-38(b)没有哈密尔顿回路，但有哈密尔顿通路，如$v_2v_1v_4v_3$。图9-38(c)既没哈密尔顿回路，也没有哈密尔顿通路。

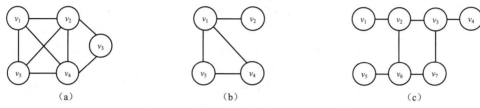

图9-38 判断哈密尔顿回路和哈密尔顿通路

3. 欧拉图和哈密尔顿图的区别

欧拉图和哈密尔顿图研究的目的不同，欧拉回路研究的是遍历图的所有边，哈密尔顿回路研究的是遍历图的所有节点。虽然都是遍历，但两者的困难程度大不相同。现在已经满意地解决了欧拉图的问题，而至今尚未找到无向图具有哈密尔顿回路的充分必要条件。目前只找到了一个无向图存在哈密尔顿回路的充分条件，那就是下面的定理。

【定理9-3】设图$G=<V,E>$具有n个节点的连通的无向简单图，$n \leqslant 3$ 如果G中每个节点度数至少为$n/2$，则G中有哈密尔顿回路。

利用哈密尔顿回路和哈密尔顿通路，可以解决的相关应用问题为：要求一条通路或回路恰好访问一个城市的每个路口、一个设备网络的每个管道交汇处或一个通信网络的每个节点访问一次，此时只需求出适当图模型中的哈密尔顿回路和哈密尔顿通路，就可以解决这样的问题。例如，著名的旅行商问题（TSP）要求一个旅行商为了访问一组城市所应当选取的最短路线，将在图的最短路径和最小生成树中讨论。这里举一个生活中常见的哈密尔顿回路判断的概念实例。

【例9-27】某研讨会有20人参加，其中每个人至少有10个老朋友。这20人同坐一圆桌，那么有没有可能任意而坐的相邻两个人都是老朋友？为什么？

[解析] 把参会的每个人看成相应的节点，若两个人是老朋友，则对应的两个节点间连上一条无向边，即做出一个简单无向图。若图中节点的度数都大于等于10，即图中任两个不相邻的节点的度数大于等于20(节点数)，则这个图是一个哈密尔顿图，从而存在哈密尔顿回路。任取一条哈密尔顿回路，按回路经过的节点的次序安排对应人的座位，就可以满足要求。

9.4.6 最短路径和最小生成树

研究图论的目的是解决用传统算法不能解决的问题，其中典型的是求图的最短路径和图的最小生成树，是利用图论解决实际问题时一种显而易见的有效方法。

1. 求最短路径

求最短路径是指利用图论解决实际问题最常用的一种策略，如利用图结构表示实际的交通网络并求取两点之间的最短路径。求取两点之间的最短路径的常用算法有两种：一种是求从某个源点到其余各节点最短路径的 Dijkstra 算法，另一种是求某一对节点之间最短路径的 Floyd

算法。

Dijkstra 算法是 1959 年荷兰计算机科学家迪科斯彻（E. W. Dijkstra）提出的，被公认为目前最有效的算法。该算法用来求连通简单无向带权图中，从某个节点到其余各节点之间最短路径。

Floyd 算法是 1978 年图灵奖获得者、美国计算机科学家罗伯特·弗洛伊德（Robert W. Floyd）提出来的，因而称为弗洛伊德算法（Floyd-Warshall Algorithm）。Floyd 算法是解决给定的加权图中节点间的最短路径的一种算法，可以正确处理有向图或加权的最短路径问题，也被用于计算有向图的传递闭包。因篇幅所限，这里仅简要介绍 Dijkstra 算法的基本概念及其应用。

Dijkstra 算法从某个源点到其余各节点最短路径是指在给定带权有向图 G 和源点 v，求从 v 到 G 中其余各项节点的最短路径。若每次以一个节点为源点，重复执行 Dijkstra 算法 n 次，即可求得每对节点之间的最短路径。

【定义 9-46】如果图的每条边都标有一个正数，该正数称为边的<u>权重</u>，该图称为<u>加权图</u>（Weighted Graph）或带权图（Weighted Graph）。

【定义 9-47】在带权图中给定节点 v_i 和 v_j，由 v_i 到 v_j 的各条通路中，各边权之和最小的通路称为从 v_i 到 v_j 的<u>最短通路</u>，从 v_i 到 v_j 的最短通路长度记为 $d(v_i,v_j)$。

【例 9-28】有如图 9-39 所示带权有向图，求有向图 G 中从 v_0 到各节点的最短路径。

[解析] 从图中可以看出，从 v_0 到 v_3 有两条路径：$v_0v_4v_3$ 和 $v_0v_2v_3$。显然，后者为最短路径。从 v_0 到 v_5 也有两条路径：v_0v_5 和 $v_0v_4v_3v_5$。显然，前者为最短路径。

有向图 G 中从 v_0 到各节点的最小路径如图 9-40 所示，可以算出从 v_0 到各节点的最短路径的长度（距离）。

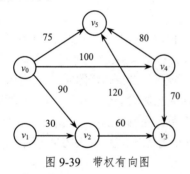

图 9-39 带权有向图

始点	终点	最短路径	长度
v_0	v_1	无	
	v_2	$v_0 \rightarrow v_2$	90
	v_3	$v_0 \rightarrow v_2 \rightarrow v_3$	150
	v_4	$v_0 \rightarrow v_4$	100
	v_5	$v_0 \rightarrow v_5$	75

图 9-40 v_0 到各点的最短路径

〖问题提示〗权在不同的问题中会有不同的含义，如在交通网络中权可能表示运费、里程或道路造价。Dijkstra 算法不仅可以求出连通简单无向带权图中从一个节点到其余各节点之间最短通道的长度，还可以求带权完全无向图中总权数最小的哈密尔顿图。

2. 最小生成树

所谓最小生成树，就是假设在 n 个城市之间建立一个通信网络，即在最节省经费的情况下建立连通 n 个城市只需 $(n-1)$ 条线路的通信网络。那么，如何在这些可能的线路中选择 $(n-1)$ 条线路，而使得总花费最小？

【定义 9-48】将一个无向网络结构转换成树结构，且该树结构能够保证网络结构中所有节点之间的连通性，则该树结构称为<u>无向网络结构的生成树</u>，简称为<u>图的生成树</u>，而所有生成树中包含的边的权之和最小的生成树称为<u>最小生成树</u>（Minimum Spanning Tree）。

构造最小生成树有多种算法，经典的有 Prim 算法、Kruskal 算法和管梅谷（Mei-KO KWAN）算法。最小生成树是树和图的综合结构体，常用来指导工程建设，如敷设管道、光缆、建设公路等，解决如何使铺设的总费用最低问题。这里以典型实例说明最小生成树的概念和应用。

【例 9-29】假设要 n 个城市之间铺设光缆，各城市之间铺设光缆的距离不同，问如何铺设使得 n 个城市的任意两个之间都可以通信，并使铺设光缆的总费用最低（光缆总长度最短）？

[解析] 这个问题可结合贪心策略求最小生成树，得到图的最小生成树。设有 4 个城市之间的无向网络结构（光缆连接）如图 9-41 所示。节点表示城市，边上的权值表示两个城市之间铺设光缆的距离。图的生成树包含图中全部 n 个节点，但只有边集合中的 $(n-1)$ 条边，且不构成回路，即生成树中任何两个节点之间有路径（通路）。

然而，一个图生成树不是唯一的，图 9-41 中选择 ab、bc、da 三条边可构成生成树，选择 ab、ac、dc 也可构成生成树，但在图的所有生成树中，边上权值之和最小的生成树才是图的最小生成树。

用贪心法求解最小生成树的基本选择策略是选择权值最小的边，若与之前加入的边构成回路，则放弃；否则加入最小生成树。

因此，图 9-41 中无向网络结构的最小生成树如图 9-42 所示，其形成过程如下：

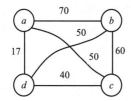 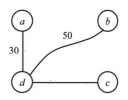

图 9-41　无向网络结构　　　　　　图 9-42　最小生成树

① 根据图 9-41，贪心选择边 ad。
② 贪心选择边 dc，不构成回路。
③ 贪心选择边 ac，此时构成回路 $a \to d \to c \to a$，因而放弃。
④ 贪心选择边 db，不构成回路，此时已构成 $n-1$ 条边，结束。

9.4.7　图论在计算机科学中的应用

图论是一个古老又十分活跃的数学学科，也是一门很有实用价值的学科，在自然科学、社会科学等领域均有很多应用，主要体现在以下几方面。

1．作为研究工具

图论是研究边和点的连接结构的数学理论，作为研究工具，把理论意义上不可计算的问题用图论来描述。例如，交叉路口交叉灯的管理、数据库管理系统、哥尼斯堡七桥问题、哈密尔顿回路问题、最短投递路线问题等，无法用传统的数学模型描述的问题都可用图结构进行描述。近年来，图论受计算机科学蓬勃发展的刺激，发展极其迅速，应用范围不断拓展，已经渗透到诸如语言学、物理学、化学、电信工程、人工智能、计算机科学以及数学的其他分支当中，特别在计算机科学领域，如形式语言、数据结构、计算机网络、分布式系统、操作系统等方面都有极为重要的应用。

2．在数据结构中的应用实例

【例 9-30】将教学计划中多门课程的编排抽象成数据模型，并用图结构来表示其顺序。

[解析] 一个教学计划包含许多课程，其中有些课程必须按照教学的先后顺序进行，如计算机科学方向的部分课程及其课程之间的进程关系如图 9-43 所示。在教学计划编排问题中，计算机的

操作对象是课程，课程开设的进程可以用图结构来描述，课程之间的顺序关系如图 9-44 所示。

课程编号	课程名称	先修课程
C_1	高等数学	无
C_2	计算机导论	无
C_3	离散数学	C_1
C_4	C 语言程序设计	C_1、C_2
C_5	数据结构	C_3、C_4
C_6	计算机组成原理	C_2、C_4
C_7	数据库原理	C_4、C_5、C_6

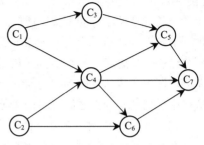

图 9-43 计算机科学方向的部分课程及课程之间的进程关系　　图 9-44 课程之间的顺序关系

本章小结

1. 离散结构（Discrete Structure），即离散数学（Discrete Mathematics），是计算机学科的理论基础，数据库原理、算法设计、程序设计、数据结构、操作系统、编译原理、人工智能、计算机网络、信息论与编码、通信理论、现代密码学、数字信号处理、形式语言等都与离散数学密切相关。

2. 数理逻辑是用数学的方法来研究推理的规律，主要任务是借助数学方法来研究推理逻辑。基于数理逻辑和布尔逻辑的逻辑思维是计算思维强有力的理论支撑。

3. 集合论研究集合怎样表示数以及集合的运算，研究非数值计算信息的表示和处理，以及数据间关系的描述。集合论被视为现代数学的语言基础，在计算机科学中具有广泛的应用。

4. 代数结构是对数学结构的抽象，是讨论由对象集合及其运算与性质组成的数学结构的一般特性，集合运算及其特性是代数结构的核心。计算机科学中最典型的应用是布尔代数。

5. 图论研究由点和线组成的各种图的点和线的相互关系与表示方法。图论的经典问题是欧拉回路问题、哈密尔顿图、最短路径算法、着色问题等。图结构和树结构是数据结构中的重点内容。

习 题 9

一、选择题

1. 在数理逻辑中，能够分辨真假但不能同时既真又假的陈述句的内容称为（　　）。
   A．命题　　　　　　　B．逻辑判断　　　　　C．程序判断　　　　　D．命题逻辑

2. 在数理逻辑中，连接命题与命题的字词称为（　　）。
   A．关键词　　　　　　B．命题连接词　　　　C．逻辑连接词　　　　D．谓词逻辑

3. 不能表示成含命题连接词的命题称为简单命题或原子命题，否则称为复合命题。复合命题是使用（　　）连接简单命题而得到的。
   A．逻辑连接词　　　　B．关键词　　　　　　C．命题连接词　　　　D．谓词逻辑

4. 对于一个命题公式，如果给其中所有命题变量进行一次真值指派，那么该命题公式就有一个相应的真值，这个过程称为给命题公式（　　）。
   A．初始化　　　　　　B．命题连接　　　　　C．赋初值　　　　　　D．赋值

5. 通过对两个实数进行加、减、乘、除，可以得到另一个实数。两个集合也可以通过并、交、差、补等运算得到另一个集合。由已知集合构造新集合的方法称为（　　）。
   A．集合运算　　　　　B．集合命题　　　　　C．集合连接　　　　　D．集合赋值

6. 函数也称映射，是一种具有特殊性质的关系，称为（　　）。
   A．函数关系　　　　　B．二元关系　　　　　C．运算关系　　　　　D．逻辑关系
7. 一个抽象代数结构有三方面的要素：集合、集合上的（　　）以及说明运算性质或运算之间关系的公理。其中，运算是特定集合上的函数，是代数结构的核心。
   A．函数　　　　　　　B．关系　　　　　　　C．运算　　　　　　　D．逻辑
8. 图论是研究边和（　　）的连接结构的数学理论，研究起源于有名的哥尼斯堡七桥问题。
   A．边　　　　　　　　B．线　　　　　　　　C．连接　　　　　　　D．点
9. 图的表示方法很多，可以用集合来定义，也可以用图形来表示，还可以用（　　）表示。
   A．矩阵　　　　　　　B．边线和点　　　　　C．连接线　　　　　　D．几何图形
10. 用矩阵表示图，不仅便于用代数方法研究图的性质，还便于计算机处理。常用的存储结构有关联矩阵和（　　）。
    A．对角矩阵　　　　　B．邻接矩阵　　　　　C．数量矩阵　　　　　D．三角矩阵

二、问答题

1. 什么是数理逻辑？
2. 什么是命题逻辑？
3. 什么是谓词逻辑？
4. 什么是谓词逻辑推理？
5. 什么是集合论？
6. 什么是代数结构？
7. 什么是布尔代数？
8. 什么是图结构？
9. 什么是图论？
10. 图论与图结构有何区别？

三、讨论题

1. 离散数学与高等数学的本质区别是什么？
2. 离散数学在计算机学科中的作用主要体现在哪些方面？

基本技术——数据共享与前沿技术

第 10 章　数据库技术

【问题引出】计算机科学技术高速发展，已渗透到各学科和各领域。数据库技术是研究数据库的结构、存储、设计、管理和使用的一门学科，并成为计算机科学技术中发展最快、应用最广的领域之一。数据库的建设规模、数据库容量的大小和使用频度已成为衡量一个国家信息化程度的重要标志。同时，数据库技术最能反映计算学科的形态（抽象、理论、设计）和计算思维的本质（抽象、自动化）。因此，本章作为实例，从抽象、理论、设计三方面来描述数据库技术。

【教学重点】关系数据模型与关系数据库——抽象；关系数据的查询、优化与规范化——理论；构建数据库应用系统——设计。

【教学目标】熟悉关系数据模型、模式和关系数据库管理系统；了解关系数据的查询、优化、规范化的基本方法以及数据库应用系统的设计方法；掌握开发数据库应用系统的方法和步骤。

§10.1　数据库技术概述——抽象（Ⅰ）

数据库技术是计算机科学的重要分支，是现代信息管理技术的核心，主要研究数据的组织、存储、管理和应用，其研究目标是实现数据的高度共享，它是对数据管理的基本抽象。本节介绍数据库技术中基本而重要的概念，包括数据与信息、数据库、数据库管理系统、数据库系统等。

10.1.1　数据与信息

人类的一切活动都离不开数据和信息。数据与信息两者相互依存，数据是信息的载体，信息是数据的内涵。数据与信息的概念，在数据库技术乃至在整个计算科学技术中都是十分重要的。

1. 信息

<u>信息(Information)是对客观事物的反映，泛指那些通过各种方式传播的、可被感受的声音、文字、图形、图像、符号等所表征的某一特定事物的消息、情报或知识。</u>具体说，信息是客观存在的一切事物通过物质载体所发生的消息、情报、数据、指令、信号中所包含的一切可传递和交换的知识内容。信息是一种资源，它不仅被人们所利用，而且直接影响人们的行为动作，能为某一特定目的而提供决策依据。因此，信息必须具有以下属性。

（1）事实性：是信息的核心价值，也是信息的第一属性。不符合事实性的信息不仅没有价值，还会产生误导。

（2）时效性：信息具有时效性，实时接收并且与其效用直接关联，过时的信息是没有价值的。

（3）传输性：信息可以通过各种方式进行传输和扩散，信息的传输可以加快资源的扩散。

（4）共享性：信息可以共享，但不存在交换。通常所说的交换信息，实际上是信息共享。

（5）层次性：由于认识、需求和价值判断不同，可分为战略信息、战术信息和作业信息等。

（6）不完全性：在收集数据时，不要求完全，而是要抓住主要的，舍去次要的，这样才能正确地使用信息。信息的不完全性是由客观事物的复杂性和人们认识的局限性所决定的。

2. 数据

<u>数据（Data）是承载信息的媒体，是描述事物状态特征的符号，是信息定量分析的基本单位。</u>数据是信息的一种符号化的表示方法，它包括两个方面的含义：一是数据的内容是信息；二是数据的表现形式是符号。凡是能被计算机接受，并能被计算机处理的数字、字符、图形、图像、声音、语言等统称为数据。数据具有如下基本特征：

（1）数据具有"型（Type）"和"值（Value）"之分：数据的型是指数据的类型及其结构，表示数据的内容构成及其对外联系；值是对型的具体赋值。例如，描述一个学生基本信息的型和值为：

型：学生(学号，姓名，性别，年龄，系别)

值：（'20140101'，'张莉'，'女'，'18'，'信息工程系'）

又如：描述课程的数据可由课程号、课程名、学时数三项内容组成，反映了课程的基本信息；而学号、姓名、课程号、课程名、分数 5 项数据，反映了学生数据与课程数据之间的联系。

（2）数据具有数据类型和取值范围约束条件：数据因其描述的对象或属性的不同而具有不同的数据类型。由于数据类型的不同，其表示方式、存储方式以及能进行的运算方式也不同。同理，数据因其描述的对象或属性的不同，具有不同的取值范围。比如，性别的取值范围为{男，女}。

（3）数据可以通过观察、测量和考核等手段获得：通常情况下，通过观察可以获得定性数据。比如，直接观察不同人员时得到的"老年""中年""青年"的定性结论数据，而通过不同仪器设备或考核手段获得的一般是定量数据，例如气温的高低，水的流量，地震的强度等。

3. 数据与信息的关系

数据与信息两者之间既有相互依存关系，也有相互替代关系。主要表现为：数据反映信息，信息则依靠数据来表达；数据是使用各种物理符号和它们有意义的组合来表示信息，它是信息的一种量化表示；数据是信息的具体表现形式，而信息是数据有意义的表现。在通常简单描述时，信息代表数据，数据代表信息。

4. 数据处理

计算机所处理的信息是数字化信息，即由二进制数码"0"和"1"的各种组合所表示的信息。<u>我们把对数据的收集、存储、整理、分类、排序、检索、统计、加工和传播等一系列活动的总和称为数据处理（Data Processing）。</u>其中"加工"包括计算、排序、归并、制表、模拟、预测等操作。

由此可见，数据处理是指将数据转换成信息的过程。数据处理的目的是将简单、杂乱、没有规律的数据进行技术处理，使之成为有序的、规则的、综合的、有意义的信息，以适应或满足不同领域对信息的要求和需要。从数据处理的角度而言，信息是一种被加工成特定形式的数据。因此，我们可以把数据与信息之间的关系简单地表示为

信息＝数据＋数据处理

尽管这个表达式在概念上是抽象的，但却描述了信息、数据和数据处理三者之间的关系。其中，数据是原料，是输入；而信息是产出，是结果。人们对原始数据进行综合推导加工，得出新的数据，结果数据表示新的信息。当两个或两个以上数据处理过程前后相继时，前一过程称为预处理。预处理的输出作为二次数据，成为后面处理过程的输入，此时信息和数据的概念就产生了

交叉，表现出相对性。信息、数据和数据处理三者之间的关系如图 10-1 所示。

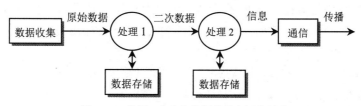

图 10-1　数据、信息与数据处理之间的关系

5．数据管理

我们把对数据的分类、组织、编码、存储、检索、传递和维护称为数据管理（Data Management），它是数据处理的中心问题。数据量越大、数据结构越复杂，其管理的难度也越大，要求数据管理的技术也就越高。数据管理及其组织是数据库技术的基础，数据库技术本质上就是数据管理技术。

6．信息系统

当今社会已进入信息时代，信息已经受到社会的广泛重视，被看作是社会和科学技术发展的三大支柱（材料、能源、信息）之一。信息系统是指为了某些明确的目的而建立的，由人员、设备、程序和数据集合构成的统一整体。目前，信息系统可分为以下三类。

（1）数据处理系统（Electronic Data Processing，EDP）：是指用计算机代替繁杂的手工业务或事务处理工作，其目的是提高数据处理的准确性、及时性，节约人力、提高工作效率。

（2）管理信息系统（Management Information System，MIS）：是指由若干子系统构成的一个集成的人机系统，从组织的全局出发，实现数据共享，提供分析、计划、预测、控制等方面的综合信息，其主要目的是发挥系统的综合效益，提高管理水平。

（3）决策支持系统（Decision Support System，DSS）：是指为决策过程提供有效的信息和辅助决策手段的人机系统，其主要目的是帮助决策者提高决策的科学性和有效性。

当代信息系统都是基于计算机的高速运算、处理和存储，并通过数据库管理技术来实现的。

10.1.2　数据库

人类认识世界和改造世界的一切活动，都离不开数据信息。要对这些数据信息进行研究，必须具有存放数据信息的物理装置，这个物理装置就是数据库（Data Base，DB），它是数据的集合。

1．数据库的定义

数据库是对数据信息管理的抽象。其中，数据（Data）是承载信息的媒体，是描述事物的符号记录，是信息的一种符号化的表示方法；信息（Information）是客观事物的反映，泛指那些通过各种方式传播的、可被接受的声音、文字、图形、图像、符号等所表征的某一特定事物的消息、情报或知识。为了对数据信息进行高效管理，必须将收集到的数据有效地组织并保存起来，这就形成了数据库。由此定义：数据库是为满足对数据管理和应用的需要，按照一定数据模型的组织形式存储在计算机中、能为多个用户所共享的、与应用程序彼此独立的、相互关联的数据集合。

2．数据库的特点

数据是数据库中存储的基本对象，一个适用的、高效的数据库，应该具有以下特点。

（1）数据的共享性：数据库中的数据不是为某一个独立用户需要而建立的，而是为多个用户共享数据提供极大方便，因此必须具有一定的结构，以实行统一管理。数据库不但能灵活应用数据，而且便于扩充数据，为尽可能多的应用程序提供服务。可见，数据共享是数据库的重要特点之一。

（2）数据的独立性：独立性是指程序文件与数据结构之间相互依赖关系的程度，将程序文件与数据结构彼此分开，这样可以减少一方改变时对另一方的影响，从而增强了数据的独立性。例如，数据结构一旦有变化，不必改变应用程序；而改变应用程序时，不必改变数据结构。

（3）数据的完整性：数据库是在系统管理软件的支撑下工作的，提供对数据定义、建立、检索、修改的操作，并且允许用户并发执行，以保证多个用户使用数据库的安全性和完整性。

（4）减少数据冗余：在文件系统中，数据的组织和存储是面向应用程序的，不同的应用程序会有不同的数据，这不仅使存储空间浪费严重、数据冗余度大，也给修改数据带来很大的困难。在数据库系统中，由于数据的共享性，因此可对数据实现集中存储、共同使用，这样既减少了相同数据的重复存储，又能达到控制甚至消除数据冗余度的目的。

（5）便于使用和维护：数据库系统具有良好的用户界面和非过程化的查询语言，用户可以直接对数据库进行操作，如对数据的修改、插入、查询等一系列操作，而且操作极为简便。

3. 数据库管理

数据库管理是一个按照数据库方式存储、维护并向应用系统提供数据支持的复杂系统。如果将它比作图书管理，则更能确切理解，如图10-2所示。

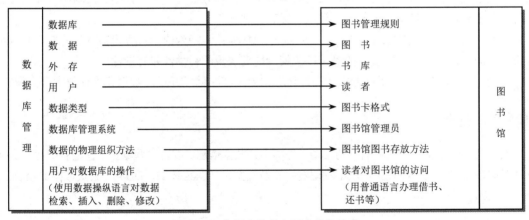

图10-2　数据库管理与图书馆的比较

图书馆是一个存储、管理和负责借阅图书的部门，而不能简单地与书库等同看待。图书馆若要规范化管理并能很好地为读者提供服务：首先，必须按照一定的顺序和规则（物理结构）分别存放图书，列出各类书籍存放的对应关系；其次，建立完善的图书卡，图书卡的内容通常包括书号、书名、作者名、出版社名、出版时间、内容摘要及其他细节；最后，规定图书的借还手续，即读者对图书的访问（查找）、管理员对读者访问的响应过程。数据库管理与图书馆的共同点是均按照一定的规则存储和访问，不同点是数据库管理的对象是数据，而图书管理包括数据和实物。

10.1.3 数据库管理系统

随着数据库技术的发展,数据库中的数据量越来越大,结构越来越复杂,如何高效地获取、组织、存储和维护数据就变得越来越重要,数据库管理系统(DataBase Management System,DBMS)是对数据进行有效管理的软件系统。

1. DBMS 的基本功能

DBMS 是为用户提供数据的定义功能、操纵功能、查询功能,以及数据库的建立、修改、添加、删除等管理和通信功能,并且具有维护数据库和对数据库完整性控制的能力;同时提供了直接利用的功能,用户只要向数据库发出查询、检索、统计等操作命令,就能获得所需结果,而不需要了解数据的应用与数据的存放位置和存储结构。正像在图书馆借书一样,读者只要填写借书卡,而不需知道图书在书库中的存放位置。

2. DBMS 的层次结构

DBMS 是一个庞大而复杂的软件系统,构造方法是按其功能划分为多个程序模块,各模块之间相互联系,共同完成复杂的数据库管理。以关系型数据库为例,DBMS 可分为应用层、语言处理层、数据存取层和数据存储层,如图 10-3 所示。

(1)应用层:DBMS 与终端用户和应用程序的界面,主要负责处理各种数据库应用,如使用结构化查询语言(Structure Query Language,SQL)发出的事务请求或应用程序对数据库的请求等。

(2)语言处理层:由数据定义语言(Data Define Language,DDL)编译器、数据操纵语言(Data Manipulation Language,DML)编译器、数据控制语言(Data Control Language,DCL)编译器、查询器等组成,负责完成对各类语句进行词法、语法和语义的分析,生成可执行的代码,并负责进行授权检验、视图转换、完整性检查、查询优化等。

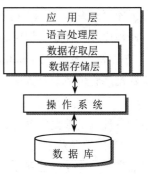

图 10-3 DBMS 层次结构

(3)数据存取层:将上层的集合操作转换为对记录的操作,包括扫描、排序、查找、插入、删除、修改等,完成数据的存取、路径的维护以及并发控制等任务。

(4)数据存储层:由文件管理器和缓冲区管理器组成,负责完成数据的页面存储和系统的缓冲区管理等,包括打开和关闭文件、读写页面和缓冲区、页面淘汰、内外存交换以及外层管理等。

【问题提示】上述 4 层体系结构的 DBMS 是以操作系统为基础的,操作系统所提供的功能可以被数据库管理系统调用。因此可以说,DBMS 是对操作系统的一种扩充。

10.1.4 数据库系统

DBMS 仅仅是对数据库进行高效管理的一种软件,而要充分发挥其作用,必须有一个存放数据的硬件系统和对数据信息进行管理与操作的软件系统,这样的系统被称为数据库系统(Data Base System,DBS),数据库系统是由数据库硬件系统和软件系统构成的一个完整系统。

1. 数据库系统的基本组成

数据库系统就是引入数据库技术后的计算机系统,是由有组织地、动态地存储有密切联系的数据结合，并对其进行统一管理的计算机软件和为数据库提供物理支撑的硬件所组成的系统。数据库系统的组成如图 10-4 所示，其对应的层次结构如图 10-5 所示。

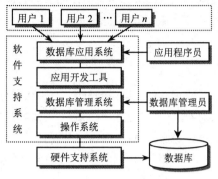
图 10-4 数据库系统的组成

图 10-5 数据库系统的层次结构

（1）硬件支持系统（Hardware Support System）：建立数据库系统的必要条件是物理支撑。数据库系统对硬件支持系统的要求是需要足够大的内存来存放支持数据库运行的操作系统、数据库管理系统的核心模块、数据库的数据缓冲区、应用程序及用户的工作区域。

（2）软件支持系统（Software Support System）：指数据库系统的支持环境，包括操作系统、数据库管理系统、数据库应用系统、应用系统开发工具、各种通用程序设计语言（也称宿主语言）编译程序和各种实用程序等。

① 操作系统（Operating System，OS）：是软件系统中的底层，与硬件支持系统打交道，支持数据库管理系统对数据库的存取操作。

② 数据库管理系统（DBMS）：是介于用户与操作系统之间的系统软件，实行对数据库的操纵和管理，是数据库系统的重要组成部分和核心技术。

③ 应用开发工具（Use Developing Tools，UDT）：是开发数据库应用系统所使用的工具，目前最为广泛使用的开发工具语言有 Delphi、Java、Visual C#、Visual Basic 及其开发平台。

④ 数据库应用系统（Database Application System，DAS）：是使用数据库语言及其开发工具开发的、满足数据处理要求的应用程序，如财务管理系统、图书管理系统、教学管理系统等。

（3）用户和人员（User and Personnel）：在数据库系统中的用户是指终端用户，而人员是指管理、开发、维护、使用和控制数据库的人员，不同人员履行各自不同的职责。

① 系统分析员（System Analysts）：按照软件工程思想，进行需求分析和总体设计。

② 数据库设计员（Database Designer）：根据系统分析员提供的依据，设计数据库的体系结构、存储结构和存取策略，确保数据库使用中的安全性、完整性和一致性。

③ 应用程序员（Application Programmer）：设计和编写程序代码，实现对数据库的访问。

④ 数据库管理员（Data Base Administrator）：负责数据库的运行、使用、管理和维护。

⑤ 终端用户（End User）：使用数据库语言访问数据库，或通过数据库应用程序操纵数据库。

2．数据库系统的体系结构

数据库系统有着严谨的体系结构。1975 年，美国国家标准协会（ANSI）所属的标准计划和要求委员会（Standards Planning And Requirements Committee，SPARC）为数据库系统建立了三级模式结构，即内模式、概念模式和外模式，三级体系结构之间的关系如图 10-6 所示。

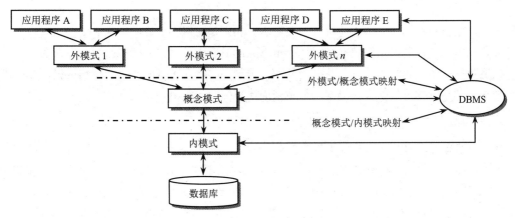

图 10-6　数据库系统三级体系结构

（1）外模式（External Schema）：又称为关系子模式（Sub Schema）或用户模式（User's Schema），是数据库用户看见的局部数据的逻辑结构和特征的描述，如描述课程的课程号、课程名、课时数、授课教师等。外模式是应用程序与数据库系统之间的接口，是保证数据库安全性的一个有效措施。

（2）概念模式（Conceptual Schema）：又称为关系模式（Relational Schema）或逻辑模式（Logical Schema），是数据库整体逻辑结构的完整描述，包括概念记录模型、记录长度之间的联系、所允许的操作以及数据的完整性、安全性约束等数据控制方面的规定，如学生关系模式（学号，姓名，性别，专业代码）。概念模式不涉及物理存储细节和硬件环境，与应用程序和开发工具无关。

（3）内模式（Internal Schema）：又称为物理模式（Physical Schema）或存储模式（Storage Schema），是数据库内部数据存储结构的描述，定义了数据库内部记录类型、索引和文件的组织方式以及数据控制方面的细节。在数据库系统中，外模式可以有多个，而概念模式和内模式只能各有一个。

§10.2　数据模型——抽象（Ⅱ）

模型（Model）是对现实世界中某个事物特征及行为的抽象和模拟，数据模型（Data Model）是对数据特征的抽象，是数据库系统中用来提供信息表示和操作手段的形式构架。

10.2.1　数据模型概念

数据模型是对客观世界进行抽象的结果，通常可以分为实物模型、逻辑模型和数学模型。实物模型是对实物外形的模拟和抽象，如飞机模型是抽象了飞机的基本特征——机头、机身、机尾、驾驶室等，可以模拟飞机的起飞、滑翔、降落、刹车等。逻辑模型是对客观事物的某些外观特征或功能特性的模拟与刻画，如飞机、火箭、楼房、桥梁等的设计是对其结构进行抽象，并且用图形来表示。数学模型是揭示客观事物某些本质的、内部的特征，如 $s = \pi r^2$ 描述圆面积 s 与圆的半径 r 之间的数量关系，是一种数学抽象。在数据库技术中，不同的数据模型决定了数据库系统的结构、数据定义语言和数据操纵语言、数据库设计方法、数据库管理系统的设计与实现。例如，实行对关系数据模型进行管理的软件是关系数据库管理系统。

1. 数据模型的定义

用数学结构或标记（如专门的符号、图形等）和术语对现实世界中事物的特征、联系和行为进行抽象与模拟的模型被称为数据模型（Data Model）。因此，数据模型是组织数据的方式，是用于描述数据、数据之间的关系、数据语义和数据约束的概念工具的集合。换句话说，数据模型是一种对客观事物抽象化的表现形式，是用来描述数据的一组概念和定义。

2. 数据抽象过程

计算机信息管理的对象是现实世界中的客观事物，但这些客观事物是无法直接送入计算机的，必须进一步抽象、加工、整理成数据信息。人们把客观存在的事物以数据的形式存储到计算机中，经历了对现实世界中事物特性的认识、概念化到计算机数据库的具体表示的逐级抽象过程，并分为三个世界：现实世界→信息世界→数据世界，数据抽象过程与三个世界的联系如图10-7所示。

图10-7 数据抽象过程与三个世界的联系

（1）现实世界（Real World）：人们所管理的对象都存在于现实世界中，用户需将现实世界中的部分需求用数据库来实现。现实世界的事物与事物之间存在着某种联系，这种联系是客观存在的，是由事物本身的性质所决定的。例如，图书管理是图书和读者的借阅关系，教务管理是学生、课程、教师、成绩的教学关系。管理对象越多，事物之间的联系越多。

（2）信息世界（Information World）：是现实世界在人们头脑中的反映，是对客观事物及其联系的一种抽象描述。现实世界中的事物及其联系由人们的感知，经过人们头脑的分析、归纳、抽象，形成信息。对这些信息进行记录、整理、归类和格式化后便构成了信息世界。信息世界是现实世界到数据世界的中间层次，信息世界的信息可以用文字或符号记录下来，然后对其进行整理，并且以数据的形式存储到计算机中，存入计算机中的数据就是将信息世界中的事物数据化的结果。

（3）数据世界（Data World）：也称为计算机世界（Computer World）。数据世界对应的是物理模型表示，是在信息世界基础上致力于在计算机物理结构上的描述从而形成的物理模型。在数据世界中，计算机提供底层服务，由指令系统提供操作使用，由存储设备提供基础数据的存储。

3. 数据模型的分类

在数据库中，通常用数据模型来抽象、表示和处理现实世界中的数据和信息。因此，从建模的原则上讲，数据模型应该满足三个要求：一是能比较真实地模拟现实世界，二是容易为人们所理解，三是便于在计算机上实现。但事实上，一种数据模型能够很好地满足这三方面的要求是很困难的，因此在数据库技术中，根据数据抽象的不同级别，将数据模型分为三个层次：概念数据模型、逻辑数据模型和物理数据模型，通常简称为概念模型、逻辑模型和物理模型，表示数据处理的3个阶段。数据抽象与数据模型的对应关系如图10-8所示。

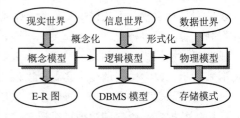

图10-8 数据抽象与数据模型的对应关系

(1) 概念数据模型（Concept Data Model）：简称为概念模型，是面向数据库用户的现实世界的模型，是现实世界到数据世界的第一层抽象，用来描述现实世界的概念化结构，表达用户需求所涉及的事物及联系的语义。概念模型主要用于数据库的描述阶段——概念建模，其设计结果是实体-联系（E-R）图。E-R 图具有较强的语义表达能力，能够方便、直观地表达客观对象或抽象概念，而且描述简单、清晰、易于用户理解，是数据库设计人员进行数据库设计的有力工具。

(2) 逻辑数据模型（Logic Data Model）：简称为逻辑模型，是用户从数据库所看到的信息模型，是现实世界到数据世界的第二层抽象，将现实世界的个体抽象成信息世界的实体，用来描述概念模型的整体逻辑结构，表达事物本身及事物之间的各种联系。逻辑模型主要用于数据库的设计阶段——逻辑建模，其设计结果是 DBMS 所支持的模型。

DBMS 的管理对象是数据库中数据记录，因而又将逻辑模型称为记录模型。按记录模型的发展过程，先后有层次数据模型（Hierarchical Data Model）、网状数据模型（Network Data Model）、关系数据模型（Relation Data Model）等。由于层次模型和网状模型都有其局限性，因而现在已经不再使用，目前广泛应用的是关系数据模型，它是一个基于二维表的关系结构。

〖问题提示〗面向对象模型具有概念模型和逻辑模型的特性，但其建模技术目前尚不够成熟。

(3) 物理数据模型（Physica Data Model）：简称为物理模型，是用户面向系统的计算机模型，是现实世界到数据世界的第三层抽象，将信息世界的实体及其联系抽象成便于计算机存储的二进制格式，用来描述数据在系统内部的表示方式和存取方法，表达存储结构和存取方法之间的各种关系。物理模型主要用于数据库的实现阶段——物理建模，其设计结果是存储模式。具体说，它是在逻辑数据模型结构设计基础上，构建存储结构和存取方法。

4．数据模型转换的实现

为了把现实世界中的具体事务抽象、组织成为某数据库管理系统支持的数据模型，通常先将现实世界抽象为信息世界，再将信息世界转换为逻辑机器世界，最后将逻辑机器世界映射为物理机器世界。在这个过程中，从现实世界到信息世界的转换是由数据库设计人员完成的，从概念模型到逻辑模型的转换是由数据库设计人员（通常借助数据库设计工具）完成的，从逻辑模型到物理模型的转换一般是由数据库管理系统完成的。其中，概念模型的转换极为重要，起着承上启下的作用。

目前，广泛使用的数据库是基于关系数据模型的关系数据库，下面围绕关系数据库的设计涉及的概念数据模型、关系数据模型结构、关系数据模式、关系数据查询与优化理论等展开讨论。

10.2.2 概念数据模型

概念数据模型是从现实世界的概念和视图等抽象级别上描述数据的，是数据库设计人员和用户之间进行交流的语言。概念数据模型的表示方法很多，目前广泛使用的是美籍华人陈平山（Peter Ping Shan Chen）在 1976 年提出的"实体—联系方法"（Entity-Relationship Approach，E-R），简称为 E-R 方法。该方法是用 E-R 图来描述客观世界，并以此建立概念模型的工程方法。

1．E-R 模型要素

E-R 方法是使用图解的方法描述数据库的概念模型，因而也称为 E-R 模型或 E-R 图，通常用实体、实体属性、实体型、实体集、实体联系五个要素来描述。

（1）实体（Entity）：指客观存在并可相互区别的事物，是将要搜集和存储的数据对象，可以是具体的人、事、物，也可以是抽象的概念或联系。例如，一个职工、一个学生、一个部门、一门课程等都是实体。

（2）实体属性（Entity Attribute）：指实体所具有的某一种特性，是实体特征的具体描述，是实体不可缺少的组成部分。一个实体可以由若干属性来刻画。例如，"人"是一个实体，而"姓名""性别""工作单位""特长"等都是人的属性。

（3）实体型（Entity Type）：指具有相同属性的特征和性质，用实体名及其属性名集合来抽象和刻画同类实体。例如，学生(学号，姓名，性别 出生年月，专业，籍贯)就是一个实体型。

（4）实体集（Entity Set）：指同型实体的集合，如全体学生是一个实体集。在这种意义下，实体集与实体型同义。例如，全体学生就可以用上面的学生实体型来表示学生实体集。

（5）实体联系（Entity Relation）：指不同实体集之间的联系。例如，"班级""学生""课程"是三个实体，它们之间有着"一个班级有多少学生""一个学生需要修读多少门课程"等联系。

多个实体之间的联系可分为以下 3 类。

① 一对一联系（1:1）：如一个班级只有一个正班长，并且只能够在本班任职。

② 一对多联系（1:N）：如一个班级可以有多个学生，而一个学生只能属于一个班级。

③ 多对多联系（N:M）：如一个学生可以修读多门课程，而一门课程又有很多学生选修。

码（Key）：也称为"键"，是指实体型中能唯一标识一个实体的属性或属性集的关键字。

2．E-R 模型的表示

E-R 模型一般用图形方式来表示，E-R 图提供了表示实体、属性和联系的图形表示法。

（1）实体：用矩形表示，矩形框内写明实体名。

（2）属性：用椭圆形表示，并且用无向边与其相应的实体相连。

（3）联系：用菱形表示，框内写明联系名，通常与实体相连，而实体与无向边连接，并且在无向边旁边标注上联系的类型。多个实体集之间的联系如图 10-9 所示。

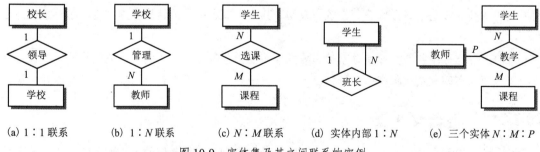

(a) 1:1 联系　　(b) 1:N 联系　　(c) N:M 联系　　(d) 实体内部 1:N　　(e) 三个实体 N:M:P

图 10-9　实体集及其之间联系的实例

在描述概念模型时，往往需要选择多个实体，并做出每种实体的 E-R 图及其实体之间的联系。作 E-R 图时应先确定实体集与联系集，将各实体联系起来，然后再分别为每个实体加上实体属性。

【例 10-1】一个简单的学生选课数据库包含学生、课程和任课教师 3 个实体，其中学生可以选修多门课程，每门课程可有多个学生选修，一名教师可以讲授多门课程，但一门课程只允许一名教师讲授。那么，学生、课程、教师各实体的属性如下：

学生：学号, 姓名, 性别, 年龄
课程：课程号 课程名, 学时数
教师：姓名, 性别, 职称

该选课数据库的 E-R 图如图 10-10 所示。

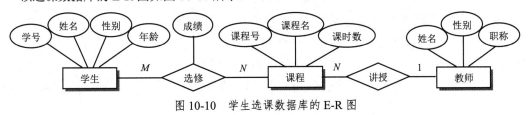

图 10-10　学生选课数据库的 E-R 图

10.2.3　关系数据模型

关系数据模型是在继层次模型和网状模型后发展的一种记录模型，具有严格的数据理论基础，并且表示形式更加符合现实世界中人们的常用形式。关系数据模型的描述涉及三方面：关系模型结构、关系模型约束、关系模型操作，称为关系数据模型的三要素。

1. 关系模型结构

关系模型实际上是一个由"二维表框架"组成的集合，每个二维表又可称为关系，所以关系模型是"关系框架"的集合。二维表的结构如图 10-11 所示。

图 10-11　二维表的结构

如图 10-11 所示的二维表是一个名为"学生基本信息"关系，在关系数据库中称为关系数据表。关系数据表的表头（框架）称为关系模式，表头中的各项称为属性名，关系数据表具有如下特性。

（1）元组（Tuple）：关系数据表中的每行就是关系的一个元素或元组，关系是元组的集合，元组是属性的集合。在关系数据库中，元组也常称为记录，用来描述一个具体的客观对象或联系。

（2）属性（Attribute）：关系数据表中的每一列就是关系的一个属性，也常称为字段。实体具有的某一特性称为实体的属性。

（3）属性值（Attribute Value）：关系数据表中行和列的交会处的元素称为该行对应的元组在该列对应的属性上的取值，简称为属性值，属性值相当于记录中的一个数据项。

（4）值域（Domain）：指属性的取值范围，通常简称为域，是一组具有相同数据类型的值的集合。属性值被限定在某个值域内，如"学号"的值域是字符串的某个子集，性别的值域为（男，女）。关系中的每个属性必须有一个对应的值域，不同属性的值域可以相同。

2. 关系模型约束

关系模型约束是对关系数据提出的约束条件，是关系模型的一个重要组成部分。关系模型中有4类完整性约束：域完整性、实体完整性、参照完整性和用户定义完整性。

（1）**域完整性（Domain Integrity）**：指向表的某列添加数据时，添加的数据类型必须与该列字段的数据类型、格式、有效的数据长度相匹配。

例如，成绩域（Score）的取值范围是0～100，如果某学生成绩输入为"105"，则超过了值域，即破坏了域完整性约束规则，如图10-12所示。

（2）**实体完整性（Entity Integrity）**：指在表中不能存在完全相同的两条或两条以上的记录，而且每条记录都具有一个非空且不重复的主键（关系表中的主要属性）值。

例如，在添加一条记录时，该记录已存在，这就破坏了实体完整性约束规则，如图10-13所示。

选修关系 SC

Scode	Cname	Score
20201101	计算机科学导论	95
20201102	计算机组成原理	93
20201103	数据库技术及应用	87
20201104	C语言程序设计	105

图 10-12 域完整性

学生关系 S

Scode	Sname	Sex	Sbirthin
20201101	赵 一	男	12/05/2002
20201102	钱 二	男	02/23/2002
20201103	孙 三	女	11/12/2003
20201101	赵 一	男	12/05/2002

图 10-13 实体完整性

（3）**参照完整性（Referencing Integrity）**：指当两个实体之间存在着对应关系时，可能存在着关系与关系间的参照或引用。例如，学生选课信息表所描述的学生必须是学生选课信息表中已有的学生，而不能在学生选课信息表中描述一个原本不存在的学生。一个表中某列的取值受限于另一个表的取值范围约束称为参照完整性。

例如，学生关系 S 中的外键 Pcode 引用了专业关系 P 中的主键 Pcode，S 关系中 Pcode 属性的取值必须是 P 关系主键属性 Pcode 的有效值，两个关系之间属性的引用如图 10-14 所示。

学生关系

Scode	Sname	Sex	Sbirthin	Pcode
20201101	赵 一	男	12/05/2002	1102
20201102	钱 二	男	02/23/2002	1102

参照关系 → 专业关系

专业关系（被参照关系）

Pcode	Pname	Plead
1101	计算机	张 杉
1102	自动化	李 斯

图 10-14 学生关系和专业关系之间的属性引用

（4）**用户定义完整性（User-defined Integrity Rule）**：指用户根据数据库系统应用环境的不同自行设定约束条件。例如，成绩登记表中"成绩"字段的取值只能为0～100，学号不允许为非数字符号，否则便视为违反约束，如图10-15所示。

3. 关系数据操作

关系数据操作建立在关系的基础上，并且与关系数据约束紧密相连，是施加于数据模型中数据的运算及其规则，用于描述系统的动态特性，反映事物的行为特征。为此，在数据模型中必须定义操作的含义、符号、规则以及实现操作的语言（数据定义、数据操纵和数据控制）。关系数据操作包括数据查询、数据更新和数据修改。

选修关系 SC

Scode	Cname	Score
20201101	计算机科学导论	95
20201102	计算机组成原理	93
20201103	数据库技术及应用	87
202010×	C语言程序设计	−89

图 10-15 用户定义完整性

(1) 数据查询（Data Query）：对数据库进行各种检索，通常简称为关系查询，包括一个关系内的查询和多个关系的查询。关系数据查询的基本单位是元组分量，查询的前提是关系中的检索或者定位。关系数据查询是通过查询语言实现的，最典型的是结构化查询语言（SQL）。

(2) 数据更新（Data Change）：也被称为数据操纵（Data Manipulate），是指更新数据库内容，包括数据删除、数据插入和数据修改等基本操作。

(3) 数据修改（Data Update）：指修改数据记录，在一个关系中修改指定的元组和属性值，数据修改可分解为两个更基本的操作：先删除需要修改的元组，再插入修改后的元组。

10.2.4 关系数据模式

关系数据模式（Relation Date Schema）简称为关系模式，是对数据库逻辑结构的完整描述，具有值和型的概念。例如，一个二维表由表头和表体两部分组成，如果把表体看作关系，那么表中的每个数据行对应关系的一个元组，是值的概念，而表头对应于关系的框架结构，是型的概念。

1. 关系数据模式定义

【定义 10-1】对关系的结构及其特征的抽象描述称为关系数据模式，简称为关系模式。一个关系的完整模式可表示为 $R(U, D, DOM, F)$，这是一个五元组的关系模式。其中，R 为关系模式名；U 为组成关系的属性名集合；D 为 U 中属性数据域集合；DOM 为属性到域的映射集合；F 为属性间数据依赖关系集合，用来限定组成该关系的各元组必须满足的完整性约束条件，体现关系的元组语义（各属性值之间的"关联性"）。

由于 D 和 DOM 对模式设计关系不大，因而五元组关系模式可简记为三元组 $R(U, F)$；如果属性间不存在数据依赖关系 F，则可将关系模式简记为二元组 $R(U)$ 或 $R(A_1, A_2, \cdots, A_n)$。其中，$A_1, A_2, \cdots A_n$ 为关系 R 的所有属性名。例如，教学管理系统中的学生关系模式可描述为：学生（学号，姓名，性别，出生日期，专业代码，班级，系部），该模式的一个具体取值就是学生信息表中的记录。

同样，关系数据库也有型和值之分。关系数据库的型就是关系数据库模式，是对关系数据库结构形式的描述，是关系模式的集合；关系数据库的值是关系模式在某一时刻对应的关系集合。

2. 关系数据模式导航图

关系之间的 $M:1$（或 $1:1$）联系或一个关系内部的 $M:1$（或 $1:1$）联系通过有向连线表示，并含有主键和外键依赖的数据模式图被称为关系数据模式导航图或模式图（Schema Diagram）。关系数据模式导航图可以清晰地描述一个关系数据库中各关系模式之间的有机联系。

【例 10-2】在教学管理数据库 JXGL 中有学生、班级、课程、成绩 4 个关系，要求通过关系数据模式导航图来描述关系数据库模式、各关系模式与关系键之间的关系。

[解析] 对 JXGL 数据库中的学生、班级、课程、成绩 4 个关系，关系主键的属性集用下画线表示，关系的外键属性用斜体表示。外键用来实现两个关系之间的 $M:1$（或 $1:1$）联系或一个关系内部的 $M:1$（或 $1:1$）联系，则 JXGL 数据库中各关系模式之间的关系如图 10-16 所示。

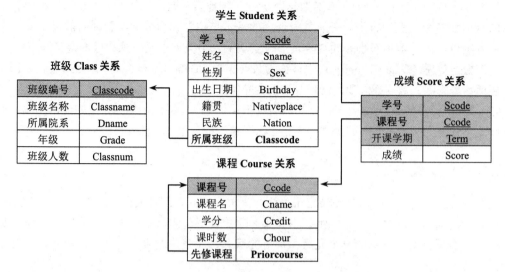

图 10-16 学生成绩管理关系数据模式导航图

Student 关系：Student 与 Class 两者之间存在 $N:1$ 的"归属"联系，即一个班由多个学生组成，但一个学生只能属于某个班。Student 关系与 Class 关系通过外键 Classcode 实现联系。

Course 关系：Course 与 Student 两者之间存在 $N:M$ 的"选修"联系，即一个学生可以选修多门课程，而一门课程可供多个学生选修，这种 $N:M$ 联系通过一个"选课"关系 Score 所反映。

Score 关系：Score 是某一学生在某一学期选修了某门课程的记录，因此其主键为{Scode, Ccode, Term}。这一限定是一个学生在同一个学期不可能（也不允许）修读一门课程多次。

Course 关系：Course 内部存在一门课程最多只需定义一门直接先修课程，并且多门课程可以指定同一门课程为直接先修课程的 $N:1$ "先修要求"联系。对此，可通过 Course 的外键 Priorcourse 来实现。

〖**问题提示**〗关系是关系模式在某一时刻的状态或内容。实际工作中通常把关系模式和关系统称为关系。关系模型和关系模式的建立为关系数据操作提供了极大方便和理论支撑。

3．关系数据查询语言

实现关系数据操作的是关系数据查询语言（Relational Data Query Language）。它根据用户的需要以一种可读的方式从数据库中提取所需数据，为用户提供一个结果集。关系数据库抽象层次上的关系查询语言可以分为三类：关系代数语言、关系演算语言、具有关系代数和关系演算双重特点的语言，如图 10-17 所示。其中，关系代数语言是用代数方式表达的关系查询语言，关系演算语言是用逻辑方式表达的关系查询语言，SQL 是介于关系代数语言和关系演算语言之间、具有双重特点的结构化查询语言。关系代数语言、关系演算语言和 SQL 构成一个完整的关系数据库查询语言体系，它们都是基于下面的理论基础。

关系数据查询语言 ｛
  关系代数语言（如 Information System Base Language，ISBL）
  关系演算语言 ｛元组关系演算语言（如 APLHA、QUEL）
        域关系演算语言（如 Query By Example，QBE）
  具有关系代数和关系演算双重特点的语言（如 SQL）

图 10-17 关系数据查询语言的分类

§10.3 关系数据库——理论

关系数据库之所以能得到迅速发展，是因为它具有坚实的理论基础，包括关系代数运算、关系演算、关系数据的查询优化、关系模式的函数依赖、关系模式分解、关系模式规范化等。也正是由于关系数据库具有坚实的理论支撑，才使得它具有良好的可靠性而得到广泛应用。

10.3.1 关系代数运算

在关系代数中，不但运算对象是关系，而且运算结果也是关系。关系代数通过对关系的运算来表达查询，每个运算都以一个或多个关系作为它的运算对象，并生成另一个关系作为运算结果，运算对象、运算符、运算结果是所有运算的三大要素。

关系代数运算分为两类：传统的集合运算和专门的关系运算。传统的集合运算包括并、交、差、广义笛卡尔积；专门的关系运算包括选择、投影、连接、除。关系运算类型如表 10-1 所示。

表 10-1 关系运算类型

传统的集合运算				专门的关系运算			
并	交	差	广义笛卡尔积	选择	投影	连接	除
∪	∩	−	×	δ	Π	∞	÷

1. 传统的集合运算

传统的集合运算就是将一个二元关系看成元组的集合运算，包括并、差、交、广义笛卡尔积 4 种运算，并且要求参加运算的关系必须是相容的关系。4 种运算通常采用文氏图（Venn Diagram）表示。文氏图是在集合论数学分支中，在不太严格的意义下用以表示集合的一种草图，用于展示在不同的事物集合之间的数学或逻辑联系。4 种运算的文氏图如图 10-8 所示。

 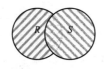

(a) $R \cup S$ 运算　　　　(b) $R - S$ 运算　　　　(c) $R \cap S$ 运算　　　　(d) $R \times S$ 运算

图 10-18 传统的集合运算的文氏图表示

（1）并（Union）运算

并运算是将两个相容的关系 R 和 S 中的所有元素合并，构成一个新的关系。

【定义 10-2】设关系 R 和关系 S 都有 n 个属性，且相应的属性取自同一个域，则关系 R 与关系 S 的并由属于 R 或属于 S 的元组组成，其结果仍为 n 目关系，记为

$$R \cup S = \{t | t \in R \vee t \in S\}$$

其中，∪ 为二目运算，从"行"上取值，其作用是在一个关系中插入一个数据集合，自动去掉相同的元组，即在并的结果关系中，相同的元组只保留一个；等式右边大括号中的 t 是一个元组变量，表示结果集合由元组 t 构成；"|" 右边是对 t 约束条件，或者说是对 t 的解释。以下其他运

算的定义方式与此类似。

【例10-3】两个结构完全相同的学生表 R 和 S 分别存放两个班的学生，若将学生表 R 的记录追加到表 S 中，则需使用并运算 R∪S，其运算关系如图10-19所示。

（2）差（Difference）运算

差运算是将两个相容的关系 R 和 S，使其属于 R 但不属于 S 的元组构成一个新的关系。

【定义10-3】设关系 R 和关系 S 具有相同的目 n，且相应的属性取自同一个域，则关系 R 与关系 S 的差由属于 R 而不属于 S 的所有元组组成，其结果关系仍为 n 目关系，记为：

$$R - S = \{t | t \in R \wedge t \notin S\}$$

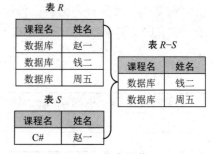

图10-19 集合运算 R∪S

【例10-4】有两个结构完全相同的学生表 R 和学生表 S，R 是选修数据库的学生集合，S 是选修 C#课程的学生集合，若查询选修了数据库但没有选 C#的学生，则需要使用差运算 R-S，其运算关系如图10-20所示。

（3）交（Intersection）运算

交运算是将两个相容的关系 R 和 S，使其属于 R 也属于 S 的元组构成一个新的关系。

【定义10-4】设关系 R 和关系 S 具有相同的目 n，且相应的属性取自同一个域，则关系 R 与关系 S 的交由既属于 R 又属于 S 的元组组成，其结果关系仍为 n 目关系，记为：

$$R \cap S = \{t | t \in R \wedge t \in S\}$$

图10-20 集合运算 R-S

【例10-5】有两个结构完全相同的学生表 R 和表 S，R 是选修了数据库课程的学生集合，S 是选修了 C#课程的学生集合，若查询选修了数据库和 C#的学生，则需要使用交运算 R∩S，其运算关系如图10-21所示。

（4）广义笛卡尔积（Extended Cartesian Product）

对关系数据库的查询会涉及多个关系，如查询某个同学选修各门课程成绩就涉及学生关系和选修关系，如何将这两个并不兼容的关系合并在一起呢？广义笛卡尔积就是用来合并两个关系的基本运算，是指关系的乘法运算。

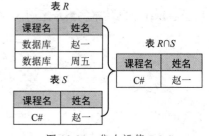

图10-21 集合运算 R∩S

【定义10-5】设 R 为 m 元关系，S 为 n 元关系，则 R 与 S 的广义笛卡尔积 R×S 是 m+n 元关系，其中的每个元组的前 m 个分量是 R 的一个元组，后 n 个分量是 S 的一个元组。若 R 有 K_1 个元组，S 有 K_2 个元组，则 R×S 有 $K_1 \times K_2$ 个元组，即广义笛卡尔积为：

$$R \times S = \{(a_1, a_2, \cdots, a_m, b_1, b_2, \cdots, b_n) | (a_1, a_2, \cdots, a_m) \in R \wedge (b_1, b_2, \cdots, b_n) \in S\}$$

【例10-6】利用表 R 和 S 所示数据做广义笛卡尔积，其结果如图10-22所示。

表 R

教师号	姓名	系部
T1101	张叁	计算机
T1102	李肆	自动化

表 S

教师号	姓名	职称
T1101	张叁	教授
T1102	李肆	副教授

表 R 与 S 的广义笛卡尔积

教师号	姓名	系部	教师号	姓名	职称
T1101	张叁	计算机	T1101	张叁	教授
T1101	张叁	计算机	T1102	李肆	副教授
T1102	李肆	自动化	T1101	张叁	教授
T1102	李肆	自动化	T1102	李肆	副教授

图 10-22 集合运算广义笛卡尔积

2．专门的关系运算

关系运算是针对关系数据进行的操作运算，由于传统的集合运算只是从行的角度进行运算，因此不能实现关系数据库灵活多样的查询操作。为此，E.F. Codd 又定义了一组专门的关系运算，包括选择、投影、连接和除法 4 种运算。

（1）选择（Selection）运算

选择运算，又称为限制（Restriction）运算，是指从关系中选取满足给定条件的元组构成一个新关系。换句话说，选择运算是根据给定的条件对关系进行水平分解。

【定义 10-6】 在关系 R 中选择满足条件的元组组成一个新的关系，这个关系是关系 R 的一个子集。如果选择条件用 F 表示，则选择运算可记为

$$\delta_F(R) = \{t | t \in R \wedge F(t) = "真"\}$$

其中，δ 是选择运算符，R 是关系部，F 是限定选择条件。F 可以递归定义为：

① F 是一个逻辑表达式，取值为"真"或"假"。
② F 由逻辑运算符"∧"（and）、"∨"（or）、"¬"（not）连接各种算术表达式组成。
③ 算术表达式的基本形式为 $x \theta y$，$\theta = \{>, \geq, <, \leq, =, \neq\}$。$x$、$y$ 可以是属性名、常量或简单函数。

【例 10-7】 若从学生信息表 R 中选出性别为"女"的学生，则可以得到女生的学生信息表 S。选择运算结果如图 10-23 所示。

表 R

学号	姓名	性别	出生日期
20161101	赵 一	男	12/05/1998
20161102	钱 二	男	02/23/1999
20161103	孙 三	女	11/12/1998
20161201	李 四	男	01/12/1999
20161202	周 五	女	09/12/1998

表 S

学号	姓名	性别	出生日期
20161103	孙 三	女	11/12/1998
20161202	周 五	女	09/12/1998

图 10-23 选择运算过程

（2）投影（Projection）运算

投影运算是指从一个关系中选取所需的列构成一个新的关系，具体说，就是对一个关系做垂直分解，消去关系中的某些列，删除重复元组，并重新排列次序。

【定义 10-7】 设关系 R 为 r 目关系，其元组变量为 $(t_1, t_2, \cdots, t_r)$，且关系 R 在其分量 $A_{j_1}, A_{j_2}, \cdots, A_{j_k}$ 上的投影是一个 k 目关系，并定义为

$$\Pi_{j_1, j_2, \cdots, j_k}(R) = \{t | t = (t_{j_1}, t_{j_2}, \cdots, t_{j_k}) \wedge (A_{j_1}, A_{j_2}, \cdots, A_{j_k}) \in R\}$$

其中，Π 为投影运算符。投影运算按照 $j_1, j_2, \cdots, j_k$ 的顺序（或按照 $A_{j_1}, A_{j_2}, \cdots, A_{j_k}$ 属性名序列），从关系表中取出列序号为 $j_1, j_2, \cdots, j_k$（或按照属性名序列）的 k 列，并除去结果中的重复元组，构成一个以 $j_1, j_2, \cdots, j_k$ 为顺序（或以 $A_{j_1}, A_{j_2}, \cdots, A_{j_k}$ 为属性名序列）的 k 目关系。

【例 10-8】从学生信息表 R 中抽出学号、姓名列，得到学生的花名册表 S。投影运算结果如图 10-24 所示。

表 R

学号	姓名	性别	出生日期	专业代码	班级
20161101	赵一	男	12/05/1998	S1101	201611
20161102	钱二	男	12/23/1989	S1101	201611
20161103	孙三	女	11/12/1998	S1102	201611
20161201	李四	男	01/12/1999	S1102	201612

表 S

学号	姓名
20161101	赵一
20161102	钱二
20161103	孙三
20161201	李四

图 10-24 投影运算

（3）连接（Join）运算

由于广义笛卡尔积会产生大量的无效元组，为了能实现关系的有效合并，元组之间应按照一定的条件进行组合，这就是连接运算。连接运算是把两个关系中的元组按条件连接起来，形成一个新的关系。连接运算是笛卡尔积、选择和投影操作的组合。连接运算有多种类型，常用的有条件连接（Condition Join）、等值连接（Equivalence Join）、自然连接（Natural Join）。因为篇幅限制，下面列举两个连接实例。

【例 10-9】因某种情况，将原来的两个学习小组 R 和 S 合成为一个学习组 W。其连接条件是表 R.组=表 S.组。等值连接结果如图 10-25 所示。

图 10-25 等值连接结果

【例 10-10】设有两个表，把两个表按属性名相同的进行等值连接，对于每对相同的属性在结果中只保留一个。自然连接结果如图 10-26 所示。

表 R

教师号	姓名	职称
T1101	张叁	教授
T1102	李肆	副教授
T1103	王伍	讲师

表 S

教师号	姓名	系部
T1101	张叁	计算机
T1102	李肆	计算机
T1103	王伍	外语

表 W

教师号	姓名	职称	系部
T1101	张叁	教授	计算机
T1102	李肆	副教授	计算机
T1103	王伍	讲师	外语

图 10-26 自然连接结果

（4）除（Division）运算

除运算，也称为商（Quotient）运算，是基于选择、投影、连接的、从关系的行方向和列方向进行的运算。例如，若查询选修了某些课程的学生，并且这些课程只是具有给定特征的一组不能明确列举出来的课程，用选择操作是远远不够的。因为选择条件无法明确指出具体的课程，这时就需要用除运算。因此,除运算在表达某种特殊类型的查询时是非常有效的。

【定义10-8】给定关系 $R(X, Y)$ 和 $S(Y, Z)$,其中 X、Y、Z 为属性组,R 中的 Y 与 S 中的 Y 可以有不同的属性名,但必须是出自相同的域集。R 与 S 的除运算得到一个新的关系 $P(X)$,P 是 R 中满足下列条件的元组在 X 属性列上的投影,元组在 X 上分量值 x 的像集 Y,包含 S 在 Y 上投影的集合,记作:

$$R \div Y = \{t_r[X] | t_r \in R \land \prod_y(S) \in Y_x\}$$

其中,Y_x 为 x 在 R 中的像集,$x = t_r[X]$。

【例10-11】设有学生选修课程关系表 SC 和课程表 C,试找出选修了全部课程的学生的学号。对于这类问题可用除运算解决,即 $SC \div C$,结果如图10-27所示。

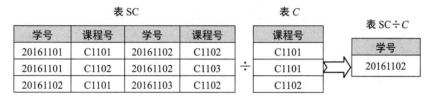

图10-27 除运算

〖问题提示〗 关系数据的查询不仅可以用关系代数表达式表示,还可以用数理逻辑中的一阶谓词来表示,这就是关系演算(Relational Calculus)。关系演算与关系代数的区别是:关系演算用谓词公式表示查询条件,只要指出"做什么",而"怎样做"由系统解决,因而是一种高度非过程化语言;而用关系代数查询时,用户必须指出运算方法和步骤(由连接、并和投影等集合操作符告诉系统运算顺序),因而不是完全非过程化查询语言。由于关系演算是把谓词演算(Predicate Calculus)推广到关系运算中而构成的,因此关系代数和关系演算是可以相互替代的。

关系演算中使用两种谓词变量,谓词为元组变量的演算被称为元组关系演算,谓词为域变量的演算被称为域关系演算。关系演算使用元组关系演算语言和域关系演算语言。

10.3.2 关系数据查询优化

关系代数语言和关系演算语言都是形式化查询语言,由于一个查询请求通常可用不同的表达式来表示,那么系统应该选择哪一种表达式和采取什么样的操作顺序,才能达到既省时间又省空间,而且是效率较高呢?这就是关系数据查询优化(Query Optimization)要研究的问题。

查询优化是从查询的多个执行策略中进行合理选择的过程,在关系数据库系统中具有非常重要的作用地位,是影响关系数据库管理系统整体性能的关键因素。关系数据库系统和非过程式的 SQL 之所以能取得巨大成功,其关键是查询优化技术的应用。

1. 问题的提出

在关系运算中,决定运算效率的因素有两方面:其一,做笛卡尔积和连接运算是最耗时间的。若关系 R 有 m 个元组、关系 S 有 n 个元组,那么 $R \times S$ 有 $m \times n$ 个元组。当关系很大时,R 和 S 本身就占很大的外存空间,由于内存容量是有限的,只能把 R 和 S 的一部分元组读进内存,如何有效地执行笛卡尔积操作,才能使耗费较小的时间和空间呢?其二,对于同一个查询要求,通常对应多个不同形式但相互等价的关系代数表达式,对不同代数表达式在执行查询操作时所付出的开销通常有很大的差别。那么,如何选择合适的代数表达式及如何执行笛卡尔积操作呢?这就是查询优化的策略问题。

【例 10-12】 查询选修了课程 C1 的全体学生的姓名：

    SELECT Student.Sname
    FROM Student, SC
    WHERE Student.Scode=SC.Scode AND SC.Ccode='C1'

[解析] 数据库管理系统可有多种等价的关系代数表达式来完成这一查询。一般，在 SQL 语句转换为关系代数表达式的过程中，SELECT 语句对应投影运算，FROM 语句对应笛卡尔积运算，WHERE 语句对应选择运算。

为了说明查询优化问题，现在进行如下假设：

（1）Student 包含 1000 个元组，SC 包含 1000 个选课元组，C1 包含 50 个选修课程元组。
（2）磁盘中每个物理块能存放 10 个 Student 元组或 100 个 SC 元组。
（3）内存一次可以存放 5 块 Student 元组、1 块 SC 元组和若干连接结果元组。
（4）读写一块磁盘的速度为 20 块/秒。
（5）为了问题简化，所有内存操作所花的时间忽略不计。

2．问题解决方案

对于本例，可以使用如下三种形式的关系代数表达式：

$$Q_1 = \Pi_{Scode}(\delta_{S.Scode=SC.Ccode \wedge SC.Ccode='C1'}(Student \times SC))$$
$$Q_2 = \Pi_{Sname}(\delta_{SC.Ccode='C1'}(Student \infty SC))$$
$$Q_3 = \Pi_{Sname}(Student \infty \delta_{SC.Ccode='C1'}(SC))$$

事实上，还可以写出多种等价的关系代数表达式，但仅对这三种表达式进行分析就足以说明，对于同一个问题，因不同的表达式采用不同的查询策略所存在的效率差别。

3．涉及的基本问题

关系数据查询优化涉及的基本问题有关系代数表达式的等价变换、查询优化策略、查询优化算法等。有兴趣的读者可查阅数据库原理教材。

10.3.3 关系模式的规范化

在设计一个数据库应用系统时，如何根据数据模型来构造一个合适的关系模式集，以减少数据库中的数据冗余以及由此带来的各种操作异常现象，这就是关系模式的规范化问题。

1．问题的提出

在关系数据库中，关系模型包括一组关系模式，各关系是相互关联的，而不是完全独立的。如何设计一个适合的关系模式，既提高系统的运行效率，减少数据冗余，又方便快捷，是数据库系统设计成败的关键。那么，什么样的关系模式才是好的关系模式？

【例 10-13】 设计一个教学信息管理的关系数据库，采用单一关系模式设计为 $R(U)$。其中，U 由属性 Sno（学号）、Sname（学生名）、Dname（系名）、Mname（系主任）、Cno（课程号）、Cname（课程名）、Grade（成绩）、Credit（学分）组成的 SCD 属性集合模式为：

SCD(Sno, Sname, Cno, Cname, Grade, Credit, Dname, Mname)

在对该选课关系模式进行插入、删除、修改等操作时，会存在以下 4 个方面的问题。

（1）插入异常（Insertion Anomalies）：指由于主键中元素的属性值不能取空值，使应该插入关系的数据而不能插入。例如，如果某学生还没有选课，则课程号为空，根据实体完整性规则——主属性不能为空，因而无法插入主属性为空值的学生信息。

（2）<u>删除异常（Deletion Anomalies）</u>：指把不应该删除的数据从关系中删除了。例如，在选课关系模式中，当某学生的总学分已满时，需要删除这名学生的某选修课，由于主属性不能为空，因此在做删除操作时不仅删除了课程信息的整个元组，还删除了这名学生的整个基本信息。显然，这是一种不合理的删除现象。

（3）<u>更改异常（Update Anomalies）</u>：指对相关数据没有全部被修改而出现不一致性的问题。例如，一个学生转系，对应的所有元组都必须修改，否则，若有一个地方未改，就会造成数据的不一致性。

（4）<u>数据冗余（Data Redundancy）</u>：也称为存储冗余（Storage Redundancy），是指同一个数据被重复存储多次。例如，某学生选修多门课程，则学生信息会重复出现多次。同理，多个学生选修同一门课程，则该门课程及授课的教师信息也会重复出现多次，因而造成数据冗余。数据冗余不仅浪费存储空间，还会引起数据修改的潜在不一致性，因而成为影响系统性能的重要问题之一。

2．问题解决方案

例 10-13 不是一个"好"的关系模式，之所以产生上述问题，是由于模式中某些属性之间存在依赖关系，如学号决定姓名、课程号决定课程名、学号和课程号决定考生成绩。如果将选课关系模式分解为以下 3 个关系模式：

  学生(<u>Sno</u>,Sname)
  课程(<u>Cno</u>,Cname,Credit)
  选修(<u>Sno</u>,<u>Cno</u>,Grade)

就不会发生操作异常和数据冗余问题了，这才是一组"好"的关系模式集。

3．涉及的基本问题

关系模式规范化主要研究如何把一个"不好"的关系模式分解为一组"好"的关系模式集，涉及的理论基本知识有函数依赖、关系模式分解、关系模式范式、多值依赖与连接依赖等。有兴趣的读者可查阅数据库原理的教材。

10.3.4 关系数据的一致性

前面所讨论的数据库操作都没有涉及不同用户操作之间的内在联系，而在现实应用中，数据库多用户并发操作之间往往具有一定的语义和关联性，并且这种关联性直接影响到数据库一致性问题，如 2.3.4 节中的"读者-写者问题"。因此，如何确保数据库一致性是 DBMS 的一项重要内容。

1．问题的提出

数据库系统中既存在单用户串行操作，也存在多用户并发操作，而且只有完成整个作业流程才会得出正确的数据结果，否则会导致逻辑上的错误，破坏数据的完整性和一致性。

【例 10-14】银行转账业务中，设账户 A 和账户 B 分别有 1000 元和 2000 元，从账户 A 转账 100 元到账户 B，则可将其过程概括为：① 从账户 A 中减去 100 元，1000-100，账户 A 中还剩

900 元；② 向账户 B 中加入 100 元，2000+100，账户 B 中则有 2100 元。

为了便于分析和讲解，可将上述转账过程用如下程序进行描述：

```
Read(A);            /* 将账户A的信息从数据库中读到一个内存缓冲区中 */
A=A-100;            /* 在缓冲区中修改从账户A转出的金额数 */
Write(A);           /* 将修改后的结果从缓冲区写入数据库，完成A-100的更新操作 */
Read(B);            /* 将账户B的信息从数据库中读到一个内存缓冲区中 */
B=B+100;            /* 在缓冲区中修改向账户B转入的金额数 */
Write(B);           /* 将修改后的结果从缓冲区写入数据库，完成B+100的更新操作 */
```

若在 Write(A) 操作完成后，还未完成 Write(B) 操作，此时系统突然出现问题（突然断电、硬件故障或软件错误）导致系统中断，则会导致 Write(B) 没有完成存储，其结果是账户 A 已只剩有 900 元，而账户 B 仍为 2000 元。这一故障使系统销毁了 100 元，从而使数据库 A 和 B 的总和出现了不一致，A+B≠3000，而仅有 2900。

对于这种单用户串行操作，系统突然中断会导致数据库中的数据的不一致性；而对于多个用户共享同一资源的系统，除了系统突然中断，还存在异地并发访问操作所出现的问题。

【例 10-15】飞机订票数据库管理系统是一个面向多个售票网点的系统，设有如下活动序列：
① T1 售票点查询出 2016 年 8 月 8 日上午 9:15 时 1575 次航班的剩余机票为 10，设 A=10。
② T1 售票点卖出一张机票后，$A=A-1$，此时 A 仅剩下 9，把 A 写回数据库。
③ T2 售票点查询出 2016 年 8 月 8 日上午 9:15 时 1575 次航班的剩余机票也为 10，A=10。
④ T2 售票点也卖出一张机票，$A=A-1$，此时 A 也剩下 9，把 A 写回数据库。

事实上，在某一时刻同时卖出了 2 张机票，因为异地同时操作，数据库中只减少了 1 张机票，这就使得数据显示与真实数据相互矛盾，但使用数据库的用户不知道发生的这些情况。

2．问题解决方案

为了解决上述问题，引入了事务（Transaction）概念。完成一个应用处理的最小单元称为事务，例 10-14 的执行行为被称为串行执行（Serial Execution），例 10-15 的执行行为称为并行执行（Parallel Execution）。在事务管理中，用户有关联的操作被当作一个逻辑工作单元看待，要么都执行，要么都不执行，确保同时发生的行为与数据的有效性不发生冲突。而且，这些数据必须同时能被其他用户看到，才能保证数据库中数据的完整性和一致性。

3．涉及的基本问题

关系数据的一致性涉及的理论知识有事务管理、并发访问控制、封锁机制、数据库恢复技术等。有兴趣的读者可查阅数据库原理的教材。

§10.4 构建数据库应用系统——设计

数据库应用系统（DataBase Application System，DBAS）是指由系统开发人员利用数据库系统资源开发出来的、面向某一类实际应用的应用软件系统，其开发过程被称为数据库设计（DataBase Designed），是根据用户需求进行概念结构、逻辑结构和物理结构的设计，建立一个既能反映现实世界信息、满足用户工作要求，又能在一定软件、硬件条件下实现且工作高效的应用系统。

10.4.1 数据库应用系统设计要求

数据库设计是否合理的一个重要指标是数据能否高度共享、能否消除不必要的数据冗余、避免数据异常、防止数据不一致性，这也是数据库设计要解决的基本问题。具体说，一个成功的数据库应用系统应满足以下基本要求。

1. 良好的共享性

建立数据库的目的是实现数据资源的共享。因此，在设计一个数据库应用系统时，必须把各部门、各方面常用的数据项全部抽取到位，能为每个用户提供执行其业务职能所要求的数据的准确视图；同时，必须有并发共享的功能，考虑多个不同用户同时存取同一个数据的可能性；此外，不仅要为现有的用户提供共享，还要为开发新的应用留有余地，使数据库应用系统具有良好的扩展性。

2. 数据冗余最小

数据的重复采集和存储将降低数据库的效率，要求数据冗余最小。例如，在一个单位数据库中，可能多个管理职能部门都用得到职工号、姓名、性别、职务（称）、工资等，若重复采集势必造成大量的数据重复（冗余）。因此，这样的公用数据必须统一规划，以减小冗余。

3. 数据的一致性要求

数据的一致性是数据库重要的设计指标，否则会产生错误。引起不一致性的根源往往是数据冗余。若数据在数据库中只存储一次，则不可能发生不一致性。虽然冗余难免，但它是受控的，所以数据库在更新、存储数据时必须保证所有的副本同时更新，以保证数据的一致性要求。

4. 实施统一的管理控制

数据库对数据进行集中统一有效的管理控制，是保证数据库正常运行的根本保证。所以必须组成一个称为数据库管理（DataBase Administration，DBA）的机构，由它根据统一的标准更新、交换数据，设置管理权限，进行正常的管理控制。

5. 数据独立

数据独立就是数据说明和使用数据的程序分离，即数据说明或应用程序对数据的修改不引起对方的修改。数据库系统提供了两层数据独立：其一，不同的用户对同样的数据可以使用不同的视图。例如，人事部门在调资前事先从数据库中把每个职工的工资结构调出来，根据标准进行数据修改，此时只在人事部门自己这个视图范围内更改，而没有宣布最后执行新工资标准前，数据库中的工资还是原来的标准，此时若其他部门要调用工资的信息，还是原来的。这种独立称为数据的逻辑独立性。其二，可改变数据的存储结构或存取方式，以适应变化的需求，而不需修改现有的应用程序。这种独立称为数据的物理独立性。

6. 减少应用程序开发与维护的代价

设计的数据库必须具有良好的易操作性、可移植性、可维护性等，这是在数据库建设中必须充分考虑的问题。

7. 安全、保密和完整性要求

数据库系统的建立必须保障数据信息的安全性、完整性和一致性，既要防止不正确操作导致数据信息错误，更要避免因为受到外界因素影响而破坏数据库。

8. 良好的用户界面和易于操作性

在设计时，除了设计好例行程序进行常规的数据处理，还要允许用户对数据库执行某些功能而根本不需要编写任何程序，努力实现操作的简单化与便捷化。

10.4.2 数据库应用系统设计过程

数据库应用系统以数据库为基础，数据库应用系统的设计以数据库为核心。这里以教学信息管理（简称 JXGL）为例介绍数据库的设计过程，其设计流程如图 10-28 所示。

1. 需求分析

需求分析是对组织的工作现状和用户需求进行调查、分析，明确用户的信息需求和系统功能，提出拟建系统的逻辑方案。这里的重点是对建立数据库的必要性及可行性进行分析和研究，确定数据库在整个数据库应用系统中的地位，确定出各数据库之间的关系。例如，对于 JXGL，在进行需求分析时涉及以下几方面。

（1）涉及的部门

与 JXGL 有密切关系的部门如下。

① 学生处：录入新生的信息、处理毕业生的信息、产生各种各样的学生统计表。

② 教务处：每学期要制定教学执行计划、给教师排课、产生课程表、统计学生选课记录、登录学生成绩、产生学生成绩单和补考通知单等。

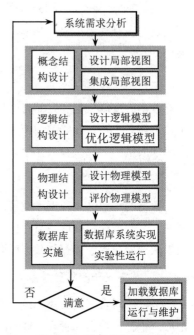

图 10-28 数据库设计流程

③ 系部：经常查询教师授课、学生选课、开设课程、考试成绩等情况。

（2）涉及的功能模块

根据功能需求设计 JXGL 的功能模块，形成模块逻辑结构框图。较为完善的 JXGL 至少应提供如图 10-29 所示的功能模块。

本系统由 5 个子系统组成，各子系统中包含多个不同的功能模块。其中，新生入学信息子系统是新生入学报到时录入的基本信息，由招生部门提供，为整个系统所共享。

（3）制作系统全局数据流图

数据流图（Data Flow Diagram，DFD）是软件工程中专门描绘信息在系统中流动和处理过程的图形化工具，系统全局 DFD 用来表明应用系统的范围以及和周围环境的数据交换关系，可以自上而下、逐层地画出 DFD。对于如图 10-28 所示的教学管理系统，按照 DFD 的绘图规则，形成如图 10-30 所示的全局 DFD。

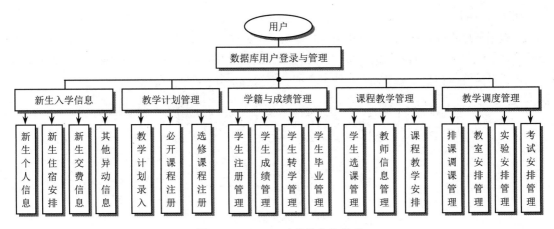

图 10-29　JXGL 功能模块的组成

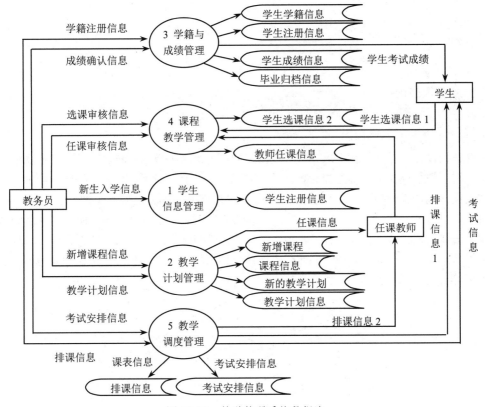

图 10-30　教学管理系统数据流

（4）系统局部数据流图

全局 DFD 从整体上描述了系统的数据流向和加工处理过程，反映的是系统必须完成的逻辑功能，是一种功能模型。一个复杂的系统要清楚地描述系统数据的流向和加工处理的每个细节，仅用一张全局 DFD 是难以完成的，需要在全局 DFD 的基础上进一步细化，即按照问题的层次结构进行逐步分解。例如，学生信息管理的局部数据流如图 10-31 所示。

（5）数据字典（Data Dictionary，DD）

数据字典是结构化设计方法的另一个工具，用来对系统中的各类数据进行详尽的描述。DFD

只描述了系统的"分解",如系统由哪几部分构成及各部分之间的联系,并没有对各个数据流、加工及数据存储进行详细说明。使用 DD 可以定义 DFD 中各个成分的具体含义,它以一种准确、无歧义性的说明方式,为系统的分析、设计及维护提供有关元素一致的定义和描述。DD 和 DFD 共同构成系统逻辑模型,是"需求说明书"的主要组成部分。

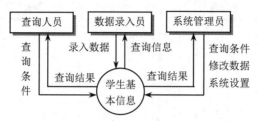

图 10-31 学生信息管理的局部数据流

【例 10-16】在教学信息管理系统中,学生的学号就是一个数据项,它的数据描述如下:

数据项名:学号
含义说明:能够标识学生的一个代号
别 名:学生编号
类 型:字符型 CHAR(8)
长 度:8
取值范围:00000000~99999999
存取含义:前 4 位代表年级,后 4 位代表该学生的顺序号

2. 概念结构设计

概念结构设计的目标是将需求分析阶段得到的用户需求抽象为反映现实世界信息需求的数据库概念结构(概念模式),描述概念模式的有效工具是实体—联系(Entity-Relation,E-R)图。概念结构设计包括三个步骤:设计局部 E-R 图、集成局部 E-R 图为全局 E-R 图、优化全局 E-R 图。

【例 10-17】学生选课系统的数据实体应当有学生、教师、课程及成绩,而且三者之间的关系为:学生选修课程、教师讲授课程。其中,学生的属性包括学号、姓名、性别、年龄,教师的属性包括姓名、性别、年龄、职称等,课程的属性包括课程号、课程名、学时、学分等。它们之间的关系用 E-R 图表示,如图 10-32 所示。

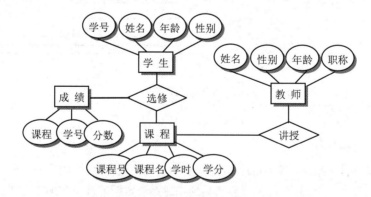

图 10-32 学生选课系统 E-R 图

3. 逻辑结构设计

概念结构设计的结果是得到一个与计算机软、硬件的具体性能无关的全局概念模式。逻辑结构设计的目标是把概念结构设计阶段的 E-R 图转换成与具体的 DBMS 支持的数据模型相一致的逻

辑结构。逻辑结构设计包括两个步骤：将 E-R 图转换为关系模型，然后对关系模式进行优化。

【例 10-18】 根据概念模型转换成关系模型的转换规则，可把如图 10-31 所示的 E-R 图转换成如下关系模型，其中关系的码（主键）用下画线标示。

  学生情况表={<u>学号</u>,姓名,年龄,性别}
  教师授课表={<u>姓名</u>,年龄,性别,职称}
  课程表={<u>课程号</u>,课程名,学时,学分}
  学生选课表={<u>学号</u>,<u>课程号</u>,分数}

然后进行模式优化，将一个复杂关系模式通过优化，形成多个简单模式，从而解决插入异常、删除异常、修改异常、数据冗余等问题。优化局部和全局 E-R 图就是在此基础上进行的。

逻辑结构设计得到的关系数据模型就可以转换成符合具体的能被计算机接受的关系数据库管理系统模型。

4．物理结构设计

数据库在实际物理设备上的存储结构和存取方法称为数据库的物理结构，物理结构设计的目标是在选定数据库管理系统上建立起逻辑结构设计确立的数据库的结构，物理结构设计依赖于给定的硬件环境和数据库产品。为了实现数据存储，必须收集和存储的数据对象并对这些数据的存储结构进行设计，确定选课数据库中应包括该校所有教师、学生、课程、成绩等要存储的数据对象。例如，课程基本信息表 CourseInfor 代码如下：

```
CREATE TABLE CourseInfor              /* 课程信息表 */
{
    Cid varchar(8) Notnull,            /* 课程编号 */
    Cname varchar(20) Notnull,         /* 课程名称 */
    Period varchar(4),                 /* 讲授学时 */
    Credit numeric(4, 1),              /* 课程学分 */
    Constraint cidkey PRIMARY KEY(Cid)
}
```

5．数据库实施

数据库实施就是根据逻辑设计和物理设计的结果，在选用的关系数据库管理系统上建立起数据库。具体说，实施如下 3 项工作：

① 建立数据库的结构，以逻辑设计和物理设计的结果为依据，用关系数据库管理系统的数据定义语言书写数据库结构定义源程序，调试执行源程序后就完成了数据库结构的建立。

② 载入实验数据并测试应用程序，实验数据可以是部分实际数据，也可以是模拟数据，应使实验数据尽可能覆盖各种可能的实际情况，通过运行应用程序，测试系统的性能指标。如不符合，是程序的问题则修改程序，是数据库的问题则修改数据库设计。

③ 载入全部实际数据并试运行应用程序，发现问题做类似处理。

6．数据库运行与维护

数据库经过试运行后就可以投入实际运行了，由于应用环境在不断变化，对数据库设计进行评价、调整、修改等维护工作是一个长期的任务，也是设计工作的继续和提高。在数据库运行阶段，对数据库经常性的维护工作主要由数据库管理员完成，主要工作包括数据库的转储和恢复、数据库的安全性和完整性控制、数据库性能的监督和分析、数据库的重组织与重构造等。

设计一个高校学生选课子系统,其功能是学生根据开课清单选课,系统根据教学计划检查应修的必修课自动选择,检查是否存在未选取必修课的学生,如果存在,则要求重选。学生不仅可以按照选修课选课规则选择选修课(如从 4 组选修课中选取 3 门),还可以查询各门课程的成绩、学分及平均成绩,输出学生的个人课表和选课(交费)清单。

本章小结

1. 数据库技术是计算机技术最典型的应用,并且最能反映计算机学科的三个形态,因此本章按照抽象、理论和设计三个形态,并结合计算思维展开了讨论。

2. 随着数据库技术应用的深入,数据库应用系统已成为现代信息技术的重要组成部分,是现代计算机信息管理以及应用系统的基础和核心。

3. 数据库管理系统基于数据模型,目前广泛使用的是关系数据模型,因而常见的数据库管理系统是关系型的数据库管理系统,它由一组相关联的数据集合和一组用以访问这些数据的程序组成。数据库管理系统的基本目标是为用户提供一个方便、高效地存取数据的环境。

4. 数据库系统是一个由硬件和软件构成的系统,主要用来管理大量数据、控制多用户访问、定义数据管理构架、执行数据库操作等。数据库系统的主要应用是实现数据信息管理。

5. 数据库技术与网络通信技术、人工智能技术、多媒体技术等相互结合和渗透,是新一代数据库技术的显著特征。数据库技术随着信息技术发展而发展,目前,数据库朝着分布式数据库、面向对象数据库、知识数据库、数据挖掘和 Web 数据库方向发展。

习 题 10

一、选择题

1. 在数据管理技术发展中,文件系统与数据库系统的重要区别是数据库具有( )。
   A. 数据可共享   B. 数据不共享   C. 特定数据模型   D. 数据管理方式
2. DBMS 对数据库中的数据进行查询、插入、修改和删除操作,即( )。
   A. 数据定义功能 B. 数据管理功能 C. 数据控制功能   D. 数据操纵功能
3. 数据库的概念模型独立于( )。
   A. 具体计算机   B. E-R 图   C. 信息世界   D. 现实世界
4. 设同一仓库存放多种商品,同一商品只能放在同一仓库,仓库与商品是( )。
   A. 一对一关系   B. 一对多关系   C. 多对一关系   D. 多对多关系
5. 关系数据模型使用统一的( )结构,表示实体与实体之间的联系。
   A. 数   B. 网络   C. 图   D. 二维表
6. 在 E-R 图中,用来表示实体的图形是( )。
   A. 矩形   B. 椭圆形   C. 菱形   D. 三角形
7. 用二维表来表示实体及实体之间联系的数据模型是( )。
   A. 关系模型   B. 网状模型   C. 层次模型   D. 链表模型
8. 数据库设计的根本目标是要解决( )问题。
   A. 数据共享   B. 数据安全   C. 大量数据存储   D. 简化数据维护

9. 在数据库系统的三级模式结构中，用来描述数据库整体逻辑结构的是（　　）。
   A．外模式　　　　B．内模式　　　　C．存储模式　　　　D．概念模式
10. 在关系数据库中，元组在主关键字各属性上的值不能为空，这是（　　）约束的要求。
    A．实体完整性　　B．参照完整性　　C．数据完整性　　D．用户定义完整性

二、问答题
1. 图书馆与图书仓库是同一个概念吗？
2. 数据库管理系统主要完成什么功能？
3. 数据库管理系统有哪些主要特点？
4. 什么是概念模型？
5. 关系数据模型是什么结构？
6. 关系数据模型有哪些特点？
7. 关系与关系模式之间有何关联和区别？
8. 数据库设计的要求是什么？
9. 数据库系统的体系结构是指什么？
10. 数据库系统由哪些部分组成？

三、讨论题
1. 你认为，目前广泛使用的关系数据是否还存在哪些不足？
2. 你认为，数据库技术的发展与哪些学科的研究进展有关？

第 11 章　计算机网络技术

【问题引出】 计算机网络是计算机技术和通信技术相结合的产物，不仅使计算机的体系结构发生了巨大变革，还改变了人们的生活和工作方式，已成为数字化、网络化和信息化的时代特征。本章按照学科形态的三方面来介绍计算机网络及其信息安全技术。

【教学重点】 计算机网络的基本类型、体系结构——抽象；网络信息传输、数据编码、分组交换——理论；网络结构组成与因特网——设计、计算机信息安全技术——理论与设计。

【教学目标】 了解计算机网络的发展过程、网络的基本类型、网络数据传输；熟悉网络的结构组成、网络互联、因特网的基本应用和信息安全技术；掌握网络通信协议和层次模型等概念。

§11.1　计算机网络概述——抽象

计算机网络是基于信息传播和信息处理的综合技术，也是当今信息时代的主要特征。它不仅呈现计算学科的三个形态（抽象、理论、设计），也体现出计算思维的本质（抽象和自动化）。在计算机网络技术中，"抽象"不仅是诸多重要概念的集合，更是构建一个计算机网络最重要的一环。

11.1.1　计算机网络的基本概念

1. 计算机网络的定义

<u>计算机网络（Computer Network）是指把分布在不同地点，并具有独立功能的多个计算机系统通过通信设备和线路连接起来，在功能完善的网络软件和协议的管理下，以实现网络中资源共享和交换为目标的系统。</u>其中，资源共享是指在网络系统中的计算机用户能享受网络内其他计算机系统中的全部或部分资源。显然，该定义是对一个复杂系统结构组成的抽象，并包括理论和设计。

2. 计算机网络的形成

计算机网络从 20 世纪 60 年代开始发展至今，经历了从简单到复杂、从单机到多机、由终端与计算机之间的通信演变到计算机与计算机之间的直接通信，经历了 4 个阶段。

（1）远程联机阶段

20 世纪 50 年代，那时的计算机网络是由一台大型计算机充当主机（Host），与若干台远程终端（Terminal）通过通信线路连接起来，构成面向终端的"计算机网络"。

（2）互联网络阶段

20 世纪 60 年代中期，英国国家物理实验室（National Physics Laboratory，NPL）的戴维斯（Davies）提出了分组（Packer）的概念。1969 年，美国 ARPA（Advanced Research Projects Agency）研制了分组交换网 APPANET（通常称为 APPA 网），将分布在不同地区的多台计算机主机用通信线路连接起来，彼此交换数据、传递信息，形成了真正意义上的计算机网络。其核心技术则是分组交换技术，它为 Internet 的形成奠定了基础。

（3）标准化网络阶段

从 20 世纪 70 年代开始，计算机网络采用直接通信方式。1972 年后，国际上各种以太网、局域网、城域网、广域网等迅速发展，计算机生产商纷纷发展各自的计算机网络系统。由于网络系统是非常复杂的系统，计算机之间相互通信涉及许多复杂的技术规范问题，因此随之而来的是计算机网络体系与网络协议的国际标准化问题。

（4）网络互联与高速网络

进入 20 世纪 90 年代，计算机技术、通信技术和建立在互联网络技术基础上的计算机网络技术得到了迅猛的发展。特别是 1993 年美国宣布建立国家信息基础设施（National Information Infrastructure，NII）后，全世界许多国家纷纷制订和建立本国的 NII，从而极大推动了计算机网络技术的发展，使计算机网络进入了一个崭新的阶段，即"信息高速公路"。互联网络（Internetwork）和高速计算机网络也称为第四代计算机网络。

3．网络的功能

计算机网络最大的优点是最大限度地为用户提供信息共享及信息的快速传递，网络的功能可概括为 5 个方面：资源共享（Resource-sharing）、网络通信（Network Communication）、分布式处理（Distributed Disposal）、集中管理（Centralized Management）、均衡负荷（Balancing Load）。其中最重要的功能是资源共享和网络通信，它突破了地理位置的局限性，使网络资源得到充分利用。

11.1.2 网络的基本类型

计算机网络有多种分类方法，可按网络的覆盖范围分类、按传输介质分类、按通信信道分类、按传输技术分类等。如果按照网络的传输介质及其覆盖范围分类，可分为有线网和无线网。

1．有线网（Cable Network）

有线网是指网络与网络之间以及网络与用户之间的信息传递是通过有线传输介质来实现的。根据网络连接的地理范围，可将有线网络分成为局域网、城域网、广域网和接入网。

（1）局域网（Local Area Network，LAN）

局域网是局部地区网络的简称，其作用范围是几百米到十几千米，所以一个企业或一个大学内部都可组建局域网，即企业网或校园网。局域网通常由计算机、服务器、防火墙设备、交换机、集线器、打印机等设备组成。

（2）城域网（Metropolitan Area Network，MAN）

城域网即网络规模局限在一座城市范围内，覆盖的地理范围从几十千米至数百千米。城域网是局域网的延伸，用于局域网之间的连接。城域网的传输介质和布线结构涉及的范围比较广，如在一个城市范围内各部门的计算机进行联网，可实现大量用户的多媒体信息传输，包括音频、动画、视频图像、电子邮件和超文本网页等。

（3）广域网（Wide Area Network，WAN）

广域网又称为远程网，覆盖的地理范围从数百千米到数千千米，甚至上万千米。广域网用在一个地区、行业甚至在全国范围内组网，达到资源共享的目的。例如，国家邮电、公安、银行、交通、航空、教学科研等部门组建的网络都属于广域网范畴。广域网一般使用远程通信线路，如载波线路、微波线路、卫星通信线路或专门铺设的光缆线路等。

（4）接入网（Access Network，AN）

近年来，接入网是由于用户对高速上网的需求而出现的一种连接技术，用于局域网（校园网）和城域网之间的连接。

广域网、城域网、接入网和局域网都是具体的物理网络，其连接关系如图11-1所示。

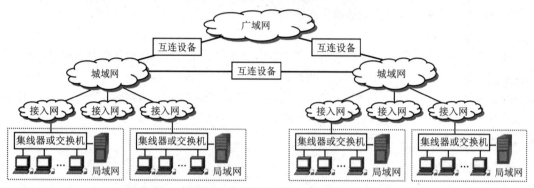

图11-1 广域网、城域网、局域网和接入网的连接

2．无线网（Wireless Network）

随着计算机通信和网络技术的高速发展，无线通信及其无线网络已成为当今人们关注的热点。无线网可以构成一个覆盖全球的网络，人们在任何地点都可以接入网络，获取各种信息资源，利用个人数字助理（Personal Digital Assistant，PDA）、笔记本电脑、手机等，即可在网络上进行信息交互和各种商务活动。无线网与有线网的最大区别是传输介质的不同，无线网利用电磁波在空中传播信息。为了区分不同的信号，采用不同的频率进行信息传输。与有线网相似，无线网通常也按网络的覆盖范围分类。

（1）无线个域网（Wireless Personal Area Network，WPAN）是指在个人工作区域内，利用无线技术把所使用的电子设备（如手机、数码照相机、扫描仪、打印机等）与计算机连接起来，构成一个个人办公网络，通信范围通常为10～100 m。无线个域网的实现基于下面三种联网技术。

（2）无线局域网（Wireless Local Area Network，WLAN）

无线局域网是一种基于IEEE 802.11协议的无线局域网技术。其中，IEEE 802.11b运行于2.4 GHz频段，可以提供11 Mbps数据传输速率；IEEE 802.11a和802.11g分别运行于5 GHz频段和2.4 GHz频段，可以提供54 Mbps数据传输速率；IEEE 802.11n协议为双频工作模式（2.4 GHz和5 GHz两个工作频段），保障与IEEE 802.11a/b/g标准的兼容，可以提供108 Mbps数据传输速率。

（3）无线城域网（Wireless Metro Area Network，WMAN）

无线城域网以IEEE 802.16标准为基础，可以覆盖城市或郊区等较大范围的无线网络，目前比较成熟的标准有IEEE 802.16d和IEEE 802.16e。IEEE 802.16d标准在50 km范围内的最高数据传输速率可达70 Mbps。IEEE 802.16e标准可以支持移动终端设备在120 km范围内以70 Mbps数据传输速率接入。

（4）无线广域网（Wireless Wide Area Network，WWAN）

无线广域网是移动电话和数据业务使用的数字移动通信网络，可以覆盖相当广泛的范围甚至全球，一般由电信运营商进行维护。目前，数字移动通信网络主要采用GSM（Global System for Mobile Communications，全球移动通信系统）和CDMA（Code Division Multiple Access，无线通信码分多址）技术，分别称为 2 代和 2.5 代移动通信系统，它们只能提供最快 100 kbps 的数据传输速率。

〖问题提示〗实现有线网和无线网连接的线路被称为网络传输介质（媒介），是实现数据信息传输的载体。目前，网络中常用的传输介质有双绞线、光纤、微波、卫星、红外线等。双绞线用于局域网连接，光纤用于有线网连接，微波、卫星、红外线用于无线网连接。

11.1.3 OSI/RM 体系结构

计算机网络是由计算机及其互连设备通过通信线路连接起来的复杂系统，由于计算机的机型、连接方式、通信方式等各不相同，这就给网络中各节点间的通信带来了很多的不便。为了实现计算机之间的通信，需要把每个计算机互联的功能划分成定义明确的层次，并且规定同层次进程通信的协议及相邻层之间的接口及服务，我们把同层进程间的通信协议以及相邻层接口间的协议统称为网络体系结构，它是通信协议、网络分层及其服务的抽象集合。

ISO（International Standard Organization，国际标准化组织）采用三级抽象，即体系结构、服务定义和协议规则说明，即 OSI/RM（Reference Model of Open Systems Interconnection，开放系统互连参考模型）。体系结构部分定义 OSI/RM 的层次结构、各层关系及各层可能的服务；服务定义部分详细说明了各层所提供的功能；协议规则部分的各种协议精确定义了每层在通信中发送控制信息及解释信息的过程。

1. 网络协议（Network Protocol）

计算机网络是由多个互连的节点组成的，各节点之间需要不断地交换数据和控制信息。要做到有条不紊地交换数据，每个节点必须遵守一些事先约定好的规则，规则明确地规定了所交换数据的格式和时序。我们把为网络数据交换而制定的规则、约定和标准统称为网络协议，它是两个实体间完成通信或服务必须遵循的规则和约定。网络协议通常分为对等层间的对话协议和相邻层间的接口协议，主要由以下三要素组成。

（1）语法（Syntax）

语法规定了如何进行通信，即对通信双方采用的数据格式、编码等进行定义。例如，报文中内容的组织形式、内容的顺序、形式等。可见，语法定义的是如何写。

（2）语义（Semantics）

语义规定了用于协调双方动作的信息及其含义，是发出的命令请求、完成的动作和返回的响应组成的集合，即对发出的请求、执行的动作以及对方的应答做出解释。例如，报文由哪些部分组成？哪些部分用于控制数据？哪些部分是真正的通信内容？这些都是协议的语义问题。可见，语义定义的是写什么。

（3）时序（Timing）

时序规定了事件实现顺序的详细说明，即确定通信状态的变化和过程，如通信双方的应答关系、是采用同步传输还是异步传输等。可见，时序定义的是先后顺序。

2. OSI/RM 模型（OSI/RM Model）

为了促进多个厂家的国际合作、网络体系结构标准化，1977 年，ISO 成立了 SC16 委员会，在研究、吸取了各计算机厂商网络体系标准化经验的基础上，制定了 OSI/RM，采用分而治之的思想，将整个网络按照功能分为 7 层，要求在两个通信实体（系统 A 和系统 B）必须遵循这 7 层结构，如图 11-2 所示。

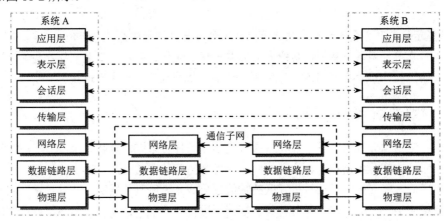

图 11-2　OSI/RM 的结构

（1）物理层（Physical Layer）

物理层利用传输介质为通信网络节点之间建立、维护和释放物理连接，实现比特流的透明传输，进而为数据链路层提供数据传输服务，即连接通信媒体实现数据传输。

（2）数据链路层（Datalink Layer）

在物理层所提供服务的基础上，数据链路层在通信的实体间建立数据链路连接，传输以帧（Frame）为单位的数据包，并进行差错检测和流量控制，形成无差错数据链路。

（3）网络层（Network Layer）

网络层为分组（Packet）交换网络上的主机提供通信服务，为以分组为单位的数据包通过子网选择适当的路由，解决多节点传送时的路由选择、拥塞控制和网络互联等。

（4）传输层（Transport Layer）

传输层向用户提供端到端（End-to-End）的数据传输服务，解决对上层屏蔽下层的数据传输问题。

（5）会话层（Session Layer）

会话层负责维护通信中两个节点之间的会话连接的建立、维护和断开，实现应用进程之间的通信控制，管理数据的交换。

（6）表示层（Presentation Layer）

表示层用于处理在两个通信系统中交换信息的表示方式，主要包括不同数据格式的变换、数据的加密与解密、数据压缩与解压等。

（7）应用层（Application Layer）

应用层直接为最终用户提供各种应用服务，包括用户使用的协议。

分层处理是人们处理复杂问题的抽象方法。OSI/RM 层与层之间的联系是通过各层之间的接口来进行的，上层通过接口向下层提出服务请求，而下层通过接口向上层提供服务，实现上层的意图。两个用户计算机通过网络进行通信时，除了物理层，其余各对应层之间均不存在直接的通信关系，而是通过各对应层的协议进行通信。在实际中，当两个通信实体通过一个通信子网进行通信时，必然会经过一些中间节点。一般来说，通信子网的节点只涉及低 3 层的结构。

〖问题提示〗不同层次抽象出来的外在属性是不同的，低层抽象一般体现出高层抽象的属性，但不能代表高层抽象；高层抽象蕴含了底层抽象的主要属性，但不能代表低层抽象的全部属性。

11.1.4 TCP/IP 体系结构

美国国防部高级研究计划局（Advanced Research Projects Agency，ARPA）从 20 世纪 60 年代开始致力于研究不同类型计算机网络之间的互连问题，并成功开发出了著名的传输控制协议/网际协议（Transmission Control Protocol/Internet Protocol，TCP/IP）协议。TCP/IP 协议可以实现异型网的互联（Interconnection）与互通（Intercommunication）。

TCP/IP 由 TCP 和 IP 这两个主要协议而得名，Internet 上所有网络和主机之间进行交流所使用的共同"语言"，是 Internet 上使用的一组完整的标准网络连接协议。通常所说的 TCP/IP 协议实际上包含了大量的协议和应用，且由多个独立定义的协议组合在一起。因此更确切地说，应该称其为 TCP/IP 协议集。

1. TCP/IP 协议

TCP/IP 协议之所以能迅速发展起来，不仅因为它是美国军方指定使用的协议，更重要的是因为它恰恰适应了世界范围内数据通信的需要。TCP/IP 协议具有以下特点。

（1）开放的协议标准：可以免费使用，并且独立于特定的计算机硬件与操作系统。
（2）独立于特定的网络硬件：可以运行在局域网、广域网，更适合互联网。
（3）统一的网络地址分配方案：整个 TCP/IP 设备在全网中具有唯一的 IP 地址。
（4）标准化的高层协议：可以提供多种可靠的用户服务。

2. TCP/IP 模型

在如何用分层模型来描述 TCP/IP 的问题目前上争论很多，但共同的观点是 TCP/IP 参考模型可以分为 4 层：应用层、传输层、互联层、网络接口层。TCP/IP 的层次结构与 OSI/RM 层次结构的对应关系如图 11-3 所示，TCP/IP 各层的功能作用如下。

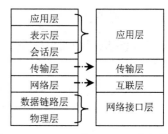

图 11-3　OSI/RM 与 TCP/IP 对应关系

（1）应用层（Application Layer）

应用层对应 OSI/RM 的高 3 层(应用层、表示层、会话层)，与 OSI/RM 中的高 3 层的任务相同，主要功能是为用户提供网络服务，如文件传输（File Transfer Protocol，FTP）、远程登录（Telnet）、域名服务（Domain Name Service，DNS）和简单网络管理协议（Simple Network Management Protocol，SNMP）等。用户通过应用程序编程接口（Application Programming Interface，API）调用应用程序来使用 Internet 提供的多种服务。应用程序负责收发数据，并选择传输层提供的服务类型，然后按传输层要求的格式递交。

（2）传输层（Transport Layer）

传输层对应 OSI/RM 的第 4 层，主要功能是提供可靠的数据流传输服务，确保端到端（End-to-End）应用进程之间无差错地通信，常称为端到端通信。因此，TCP/IP 参考模型的传输层与 OSI/RM 参考模型的传输层功能是相似的。

（3）互联层（Interconnection Layer）

互联层也称为网际层（Internet Layer）或 IP 层，对应 OSI/RM 的网络层，主要功能是负责异构网或同构网的计算机进程之间的通信，将传输层的分组封装为数据报（Datagram）格式进行传输，每个数据报必须包含目的地址和源地址。在 Internet 中，路由器是网间互联的关键设备，路由选择算法是网络层（包括互联子层）的主要研究对象。

（4）网络接口层（Network Interface Layer）

网络接口层也称为网络访问层，是 TCP/IP 协议栈的底层，对应 OSI/RM 参考模型的物理层和数据链路层，主要功能是负责与物理网络的连接。网络接口包含各种设备驱动程序，也可以是一个具有下 3 层协议的通信子网，支持现有各种网络的接入标准。

〖问题提示〗TCP/IP 模型与 OSI/RM 参考模型有很多相似之处，都是基于独立的协议栈的概念，而且各层的功能大体相似，但在模型设计、层间调用关系、可靠性要求等方面是不同的。两者的最大区别在于 OSI/RM 参考模型是理论参考模型，而 TCP/IP 模型是实际应用模型。

§11.2 网络数据传输——理论

在计算机网络上传递的信息包括数值数据、符号、文字、音频、音乐、图形、图像、视频等。为了高效、可靠地传递各种信息，我们必须研究数据在传输介质上的传输问题，包括数据通信、数据传输方式、多路复用传输、数据调制编码、数据分组交换等，这些都是网络数据传输的理论基础。

11.2.1 数据通信

计算机网络中的数据通信（Data Communication）是指在计算机之间、计算机与终端以及终端与终端之间传送字符、数字、语音、图像的过程，涉及如下概念及其理论。

1. 数据类型

在计算机网络通信线路中传输的数据信息，根据数据性质，可分为模拟数据和数字数据两种。

（1）模拟数据（Analogous Data）：指在时间和幅值取值上都是连续的，其电平随时间连续变化，如声音、语音、视频和动画片等。

（2）数字数据（Digital Data）：指在时间上是离散的，在幅值上是经过量化的，一般是由 0、1 二进制代码组成的数字序列。

2. 信号类型

信号是数据的具体物理表现形式，具有确定的物理描述，分为模拟信号和数字信号。

（1）模拟信号（Analogous Signal）：一种连续变化的电脉冲序列，如电话语音信号、电视信号等，是随时间变化的函数曲线。模拟信号的优点是适于远距离传输，缺点是容易产生失真。

（2）数字信号（Digital Signal）：一般是离散的、不连续的电信号，通常用"高"和"低"电平的脉冲序列组成的编码来表示数据。数字信号的优点是不易产生失真，缺点是不适于远距离传输，所以在远距离通信时，需要将其转为模拟信号。

〖问题提示〗无论是模拟信号还是数字信号，都是信息的具体表现形式，信息是该数据的内容或解释。数据与信息两者之间的关系是数据反映信息，信息则依靠数据来表达。

3. 数据通信系统

数据通信是在不同计算机之间传送表示字母、数字、符号的二进制代码 0、1 比特序列的过程，数据通信系统就是这个过程的物理实现，并且由发送设备、传输信道和接收设备 3 大部分组成。数据通信系统如图 11-4 所示。

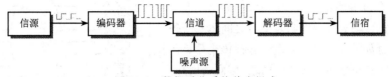

图 11-4　数据通信系统基本组成

产生和发送信息的一端被称为信源，接收信息的一端被称为信宿，将信源传输到信宿的通信线路被称为信道，信道能传输信息的最大能力被称为信道容量（Channel Capacity）。

信道容量和信道带宽成正比，信道带宽越宽，信道容量越大，传输效率越高。信道容量的计算有两条著名的定理。

奈奎斯特（Nyquist）定理：1942 年，奈奎斯特证明，任何一个信号如果通过带宽为 W（Hz）的理想低通滤波器，若每秒取样 $2W$ 次，即可完整地重现该滤波过后的信号。在理想条件下（无噪声有限带宽 W 的信道），其最大的数据传输速率 C（信道容量）为

$$C = 2W \log_2 N$$

其中，N 为离散性信号或电平的个数。

香农（Shannon）定理：1948 年，香农在奈奎斯特定理基础上进而给出了在有噪声的环境中，信道容量将与信噪功率比有关。信道容量与信道带宽之间的关系：

$$C = W \log_2(1 + S/N)$$

其中，N 为噪声功率；S 为信号功率。信道传输的信息多少完全由信道带宽所决定。此时，信道中每秒所传输的最大比特数由奈奎斯特定理决定：

$$R_{\max} = 2W \log_2 L$$

其中，$R_{\max}$ 为最大功率；W 为信道带宽；L 为信道上传输的信号可取的离散值的个数。

11.2.2　数据传输方式

计算机网络中的数据传输方式可分为串行传输与并行传输方式以及同步传输与异步传输方式。

1．串行传输与并行传输

（1）串行传输（Serial Transmission）

串行传输是指数据以串行方式在一条信道上传输，在计算机中通常用 8 位二进制代码表示一个字符。在数据通信中，可以按如图 11-5 所示的方式，将待传输的每个字符的二进制代码按由低位到高位的顺序依次传输，称为串行传输。由于计算机内部都采用并行传输，因此数据在发送前，要将计算机中的字符进行并/串变换，而在接收后，要通过串/并变换，还原成计算机的字符结构，才能实现串行通信。

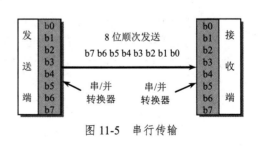

图 11-5　串行传输

（2）并行传输（Parallel Transmission）

并行传输是指数据以成组的方式在多个并行信道上传输。数据通信中将表示一个字符的 8 位二进制代码同时通过 8 条并行的通信信道发送出去，每次发送一个字符代码，这种工作方式称为

并行传输，如图 11-6 所示。

显然，串行传输只需要在收发双方之间建立一条通信信道，因而费用低，但速度慢；并行传输需要在收发双方之间建立并行的多条通信信道，因而费用高，但速度快。

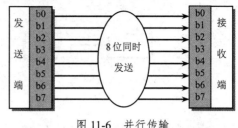

图 11-6 并行传输

2．同步传输与异步传输

在数据通信系统中，整个计算机通信系统能否正确有效地工作，在相当程度上依赖是否能很好地实现同步。当发送端与接收端采用串行通信时，通信双方交换数据，必须高度协调，彼此间传输数据的速率、每位持续时间和间隔必须相同；否则，收发之间会产生误差，导致传输的数据出错。因此，收发之间的同步是数据传输中的关键技术之一。目前，串行通信的传输按通信约定的格式分为两种，即同步传输和异步传输。

（1）同步传输（Synchronous Transmission）

数据通信系统中通常使用的同步技术可分为两类，一类是位同步，另一类是字符同步。

① 位同步（Bit Synchronous）

数据通信的双方如果是两台计算机，其时钟频率即使标称值都相同（均为 166 MHz），也会存在一定频率误差。因此，在数据通信过程中，首先要解决收发双方的时钟频率的一致性问题。解决的基本方法是：要求接收端根据发送端发送数据的起止时间和时钟频率，来校正自己的时间基准与时钟频率。

② 字符同步（Character Synchronous）

保证收发双方正确传输字符的过程称为字符同步。字符同步传输将字符以组为单位传送，在每组字符前加上一个用于同步控制的同步字符 SYN，数据结束后加上后同步信号，接收端根据 SYN 与后同步信号确定数据字符的起始与终止。所加前、后同步信号与所传输的数据信息构成一个完整的同步传输方式下的数据单位，称为数据帧，简称帧。帧是数据链路层的数据传输单位，同步传输方式如图 11-7 所示。

图 11-7 同步传输方式

（2）异步传输（Asynchronous Transmission）

为了实现字符同步，每个字符的第一位前加 1 位起始位（逻辑"1"），字符的最后一位后加 1 位或 2 位终止位（逻辑"0"），如图 11-8 所示。

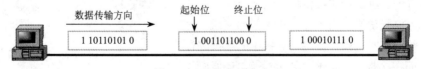

图 11-8 异步传输方式

异步传输的特点是：每个字符作为一个独立的整体进行发送，字符之间的时间间隔可以是任意的，因而实现比较容易；但每传输一个字符都需要多使用 2～3 位，故适合低速通信。

11.2.3 多路复用传输

在通信工程中,通信线路架设的费用相当高昂,而在通信网络中传输介质的传输容量通常都超过了单一信道传输的通信量。为了提高线路的利用率,必须研究在一条物理线路上建立多条通信信道的技术,使多路数据信号共同使用一条线路进行传输,这就是载波通信中的多路复用(Multiplexing)传输技术,即在一条线路上实行多路通信,从而使通信线路得到高效利用。多路复用传输的基本原理如图11-9所示。

多路复用调制把来自多个输入线路的信号组合、调制成一个复合信号,并将此信号送至高速通信线路。对方多路复用解调将复合信号通过解调还原为各路信号,然后送往各个用户端。连接两端多路复用设备(多路复用器)的传输媒体可以是具有频率带宽很宽的光纤电缆、地面微波、卫星设施等,不同的传输媒体具有不同的带宽。多路复用可分为频分多路复用、时分多路复用、波分多路复用和码分多路复用4种基本形式,这里简要介绍频分多路复用技术。

频分多路复用(Frequency Division Multiplexing,FDM)引用了载波通信中频分复用的概念,把传输媒体信道的可用频带进行分割,分成多个互不交叠的频段,每路信号以不同的载波频率进行调制,而且各载波频率是完全独立的,即各路信号所占用的频段不相互重叠,相邻信号之间用"警戒频段"隔离,以防多路信号之间的相互干扰。那么,各频段就能独立地传输一路信号。在载波电话系统中,每路需要300~3400 Hz的带宽,双绞线电缆的可用带宽是100 kHz。因此,在同一根双绞线电缆上采用频分多路复用技术可传输多达24路电话。如果以6路为例,频分多路复用的基本传输工作原理如图11-10所示。

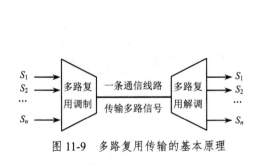

图11-9 多路复用传输的基本原理

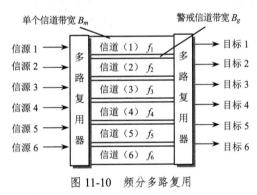

图11-10 频分多路复用

设单个信道带宽为B_m,警戒信道带宽为B_g,那么每个信道实际占有带宽B_m+B_g,由N个信道组成的频分多路复用系统所占用的总带宽为

$$N \times B_m + N \times B_g$$

频分多路复用技术的实质是将一个区域的多个用户信息通过多路复用器进行组合汇集,调制成一路复合信息,然后通过一条高容量的物理线路传送到接收设备;接收设备通过多路复用器将复用信息解调还原为多路信息分发到多个用户。这样就可以用一对多路复用器、一条通信线路来代替多套发送、接收设备与多条通信线路。

频分多路复用技术主要用于电话和电视(Cable TeleVision,CATV)系统。一根CATV电缆的带宽约是500 MHz,可传输80个频道的电视节目。每个频道6 MHz的带宽中进一步分为声音子通道、视频子通道、彩色子通道,并留有警戒频段。ITU对FDM的信道群体系制定了标准,一个基群信道包含12路音频信道,5个基群构成一个超群,5个超群构成一个主群。

11.2.4 数据调制编码

计算机中的数据是用二进制 0、1 序列表示的，在物理上是用低电平和高电平来呈现的。由于在线路上传输的数据有模拟数据和数字数据，因此数据传输的通信信道有模拟信道与数字信道之分。为了便于不同数据在不同的信道中传输（适应不同的传输特性），在数据送入信道前必须对其进行调制和编码，即把一种数据特性转为另一种数据特性，再进行数据编码。数据调制编码可以分为 4 种形式，如图 11-11 所示。下面简要介绍模拟—数字调制编码和数字—数字调制编码。

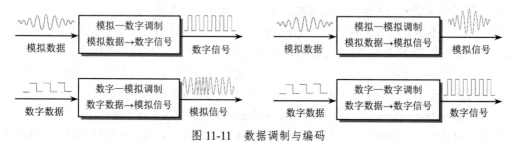

图 11-11　数据调制与编码

1．模拟—数字调制编码

模拟—数字调制编码是把模拟数据转换为数字信号的编码方法。由于数字信号传输失真小、误码率低、数据传输速率高、便于计算机存储，因此将模拟数据数字化已成为必然趋势。

模拟—数字调制编码的最常用方法是**脉冲编码调制**（Pulse Code Modulation，PCM），其典型应用是语音数字化。在计算机网络中，若将语音与计算机产生的数字、文字、图形、图像等同时传输，就必须将语音模拟数据数字化。PCM 的工作过程包括 3 个步骤：采样、量化与编码，如图 11-12 所示。

图 11-12　PCM 脉冲编码调制过程

（1）采样（Sampling）

模拟信号数字化的第一步是采样。模拟信号是连续变化的信号，采样是在间隔的时间内将模拟信号的电平幅度值取出作为样本，让其表示原来的信号。采样频率 f 应为

$$f \geqslant 2B \quad \text{或} \quad f=1/T \geqslant 2f_{\max}$$

其中，B 为通信信道带宽，T 为采样周期，$f_{\max}$ 为信道允许通过的信号的最高频率。

研究结果表明，如果以大于或等于通信信道带宽 2 倍的速率定时对信号进行采样，其样本可以包含足以重构原模拟信号的所有信息。目前，实用上一般采用 8000 次/秒的采样频率，每个采样信号被称为**脉冲振幅调制**（Pulse Amplitude Modulation，PAM）。

（2）量化（Quantizing）

量化是将采样样本幅度按量化级决定取值的过程。经量化后的样本幅度为离散的量化级值，已不是连续值。量化的目的是为每个 PAM 信号设定一个信号值。量化之前要规定将信号分为若干量化级，如可分为 8 级、16 级或更多，这要根据精度要求决定；同时，规定好每一级对应的幅度范围。若量化范围为 0~127，则每个采样用 7 位二进制（2^7=128）来表示，量化速率需要 56000 bps（8000×7）；若量化范围为 0~255，则每个采样用 8 位二进制（2^8=256）来表示，量化速率需要 64000 bps（8000×8）。

（3）编码（Encoding）

码是用相应位数的二进制代码表示量化后的采样样本的量级。为了精确地还原成原来的模拟信号，量化值编码在传输数字信号至数模转换器时，其速率必须与采样时一样。经过转换后，信号才会与原来的模拟信号波形接近。

【例 11-1】声音的带宽为 4000 Hz，采用频率为 8000 次/秒，用 8 位二进制编码，则信道的数据传输速率为

$$8 \times 8000 = 64000 \text{ bps} = 64 \text{ kbps}$$

2．数字-数字调制编码

利用数字通信信道直接传输数字数据信号的方法称为数字信号的基带传输。数字信号在进行基带传输前，需要进行数字编码（Encoding）。数字信号的数字编码就是把数字信号用物理信号的波形表示，用高低电平的不同组合来表示二进制。常用的编码方式主要有 3 种：不归零编码、曼彻斯特编码和差分曼彻斯特编码，如图 11-13 所示。

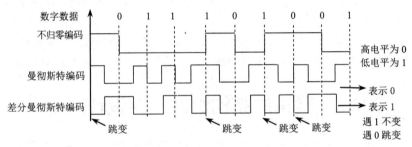

图 11-13 数字信号的编码

不归零编码（Non-Return to Zero）：一种全宽码，即信号波形在一个码元全部时间内发出或不发出电流，每个码元占用全部码元的宽度。

曼彻斯特编码（Manchester Encoding）：目前应用最广泛的编码方法之一。其编码规则是：每位的周期 T 分为前 $T/2$ 与后 $T/2$ 两部分；前 $T/2$ 传输该位的反码，后 $T/2$ 传输该位的原码。

差分曼彻斯特编码（Differential Manchester Encoding）：对曼彻斯特编码的改进，都是将时钟和数据包含在信号中，在传输代码信息的同时将时钟同步信号一起传输到对方，所以都属于自同步编码，其数据传输速率只有调制速率的 1/2。

11.2.5 数据分组交换

在网络通信中，数据通过网络节点的某种转发方式，实现从一个端系统到另一个端系统的数据传输技术称为数据交换技术。数据交换方式可分为电路交换、报文交换和分组交换。

计算机网络采用分组交换（Packet Switching），也称为报文分组交换或包交换，分组的目的是便于信息的传递。例如，从某出版社订购了 2000 本书，为了便于邮递，可将这 2000 本书分为 50 个包装（邮局的每个包装箱只能装 40 本书），如果把每个包装箱看成一个分组，并在每个包装箱上写上地址后寄出，那么每个包装箱可以经过不同的路径邮寄到你的手中。

网络上的数据传输与此相似。当通信子网接收主机 A 发来的数据（报文）太大，不便于网络传输时，则被分成一个个大小相等的数据段（如每个数据段为 1024 bit），每个数据段便构成了一个分组（Packet），然后由路由器选择传输路径。假如将报文分为 3 个分组 P_1、P_2、P_3，路由器 C_A 根据通信子网当前的通路情况及通信量情况，将分组 P_1、P_2、P_3 沿不同的网络路径发送出

去，接收端路由器 C_D 将收到的分组重新组装成报文，如图 11-14 所示。

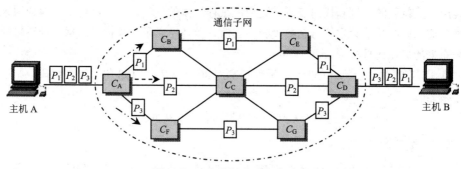

图 11-14　数据报方式交换过程

为了便于接收和恢复，每个数据段的前面加了一个首部（Header），每个数据段也被顺序编号。其中，首部包含目的地址、源地址、校验码等重要信息。这相当于将每个数据组装在一个特定的 IP 信封中，可以沿相同或不同的路径传递。当接收方收到所有的分组后，再按分组的编号从小到大将各分组组装起来，将数据复原。

〖问题提示〗为了确保信息传输可靠无误，通常采用差错控制编码，对传输的信息进行校验。数据传输校验方法见教学辅导第 11 章关联知识中的"奇偶校验码"和"差错纠正码"。

§11.3　网络的结构组成——设计（Ⅰ）

如同计算机系统、数据库系统一样，一个完整的网络系统由硬件系统（网络设备）和软件系统（网络操作系统）组成，并且具有一定的结构和组成方式。本节讨论网络硬件系统的拓扑结构、逻辑结构和互连设备。不同的拓扑结构、逻辑结构、互连设备及其协议组成不同的网络系统。

11.3.1　网络的拓扑结构

拓扑学是几何学的一个分支。拓扑学首先把实体抽象成与其大小、形状无关的点，将连接实体的线路抽象成线，进而研究点、线、面之间的关系，即拓扑结构（Topology Structure）。

在计算机网络中，抛开网络中的具体设备，服务器、工作站等网络单元被抽象为"点"，网络中的电缆、双绞线等传输介质被抽象为"线"。这样，从拓扑学的观点看计算机网络系统，就形成了由"点"和"线"组成的几何图形，从而抽象出网络系统的几何结构。因此，计算机网络的拓扑结构是指计算机网络中的通信线路和节点相互连接的几何排列方法和模式。拓扑结构影响着整个网络的设计、功能、可靠性和通信费用等方面，是决定局域网性能优劣的重要因素之一。计算机网络中的拓扑结可以概括为以下 5 种。

1. 总线型结构（Bus-Network Structure）

总线型结构是指所有节点共享一条数据通道，一个节点发出的信息可以被网络上的多个节点接收。总线型结构采用一根传输总线，所有节点通过硬件接口连接在这根传输总线上，网络中的多个处理机、存储器和外围设备等共享同一通路，因而总线成了数据交换的唯一公共通路，如图 11-15 所示。

图 11-15　总线型结构

总线型结构的优点：结构简单、灵活、容易布线、可靠性高、容易扩充、不需要中央控制器、数据通道的利用率高、一个站点发送的信号其他站点都可接收，而且某个站点自身的故障一般不会影响整个网络。所以，目前相当多的网络产品都采用总线型结构。

总线型结构的缺点：一是总线上的数据传输很容易成为整个系统的瓶颈，其次是故障诊断和故障检测都很困难，而且总线故障会导致整个系统的崩溃。总线上同时连接了多个节点，但在任一时刻只允许一个节点使用总线进行数据传输，其他节点只能处于接收或等待状态，因此效率低。

2．星型结构（Star-Network Structure）

星型结构是以服务器为中心，连接若干外围节点的辐射式互连结构，如图 11-16 所示。

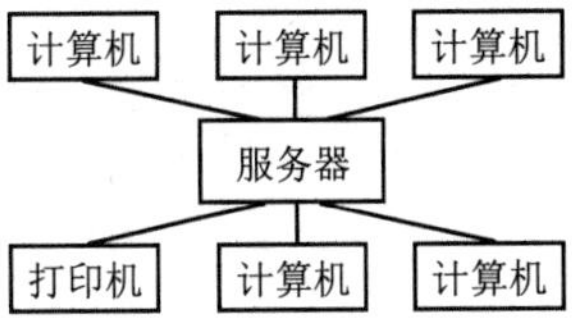

星型结构的优点：结构简单，容易在网络中增加新的节点，容易实现数据的安全性和优先级控制、网络监控，外围节点的故障对系统的正常运行没有影响。

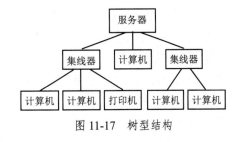

图 11-16　星型结构

星型结构的缺点：由于各外围节点之间的互相通信必须通过中央节点，因此中央节点出现故障会使整个网络不能正常工作。

3．树型结构（Tree-Network Structure）

树型结构是星型结构的扩展，是分层次结构，具有根节点和分支节点，如图 11-17 所示。在树型结构中，所有节点形成了一个层次化的结构，树中的各节点都为计算机。一般，层次结构不宜过多，以免转接开销过大，使高层节点的负荷过重。

树型结构的优点：与星型结构相比，树型结构的通信线路总长度短、成本低、易于推广，适用于分级管理和控制系统，现代 Internet 基本上采用这种结构。

图 11-17　树型结构

树型结构的缺点：结构对根节点的依赖性太大，当根节点出现故障时，全网不能正常工作，因此要求根节点和各层的分支节点具有较高的可靠性。

4．环型结构（Ring-Network Structure）

环型结构是 IBM 公司推出的 IBM Token Ring 网络结构，将网络节点连接成闭合环路，其特点是符合 TCP/IP 协议和 IEEE 802.5 标准。在环型结构中，所有节点通过点到点通信线路连接成闭合环路，数据将沿一个方向逐节点传输，因此每个节点的地位和作用是相同的，并且每个节点都能获得执行控制权。该结构的显著特点是每个节点用户都与两个相邻的节点用户相连，因而具有上游节点和下游节点之称。用户 N 是用户 $N+1$ 的上游节点用户，用户 $N+1$ 是用户 N 的下游节点用户。如果 $N+1$ 节点需要将数据发送到 N 节点，则几乎要绕环一周才能到达 N 节点，如图 11-18 所示。

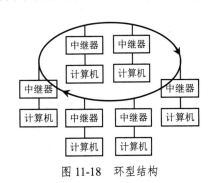

环型结构的优点：能连接各种计算机设备（从大型机到微型机），采用的电缆长度短，可采用光纤传输介质，并且控制软件简单、实时性强等。

图 11-18　环型结构

环型结构的缺点：环路中的每个节点与连接节点之间的通信线路都会成为网络可靠性的屏障，网络的故障检测困难，网络中任何一个节点或线路的故障都会引起整个系统的中断；对于网络节点的加入、退出，以及环路的维护和管理都比较复杂。

5. 网状拓扑结构（Netlink-Network Structure）

网状拓扑结构中的所有节点之间的连接是任意的，目前实际存在与使用的广域网基本上采用网状拓扑结构，如图11-19所示。

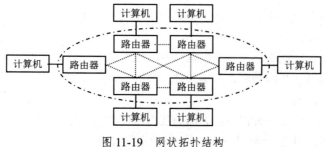

图 11-19 网状拓扑结构

网状拓扑结构的优点：可靠性高、容错能力强。

网状拓扑结构的缺点：结构复杂，必须采用路由选择算法和流量控制方法，不易维护和管理。

〖**问题提示**〗在局域网中，由于使用的中央设备不同，其物理拓扑结构（各设备之间使用传输介质的物理连接关系）和逻辑拓扑结构（设备之间的逻辑链路连接关系）也将不同。例如，当使用集线器连接所有计算机时，其结构只能是一种具有星型物理连接的总线型结构，而只有使用交换机时才是真正的星型结构。

不论是局域网还是广域网，选择拓扑结构的依据为：一是简易性，要求易于安装和扩展；二是可靠性，易于故障诊断和隔离；三是适应性，适应软件、硬件的更新，并考虑对网络运行速度的影响。

11.3.2 网络的逻辑结构

计算机网络要完成数据处理与数据通信两大任务，因此可从逻辑功能上将计算机网络划分为资源子网和通信子网两大组成部分。在Internet中，用户计算机需要通过校园网、企业网或Internet服务提供商接入地区主干网，然后通过国家间的高速主干网形成一种由路由器互连的大型、层次结构的互连网络，如图11-20所示。

1. 通信子网（Communication Subnet）

通信子网是计算机网络的内层。通信子网的主要任务是将各种计算机互连起来，完成数据传输、交换和通信处理。就局域网而言，通信子网由网卡、缆线、集线器、中继器、网桥、路由器、交换机等设备和相关软件组成；就广域网而言，通信子网由一些专用的通信处理机节点交换机及其运行的软件、集中器等设备和连接这些节点的通信链路组成。目前，我国正在积极研究利用普通输电线、移动电话通信系统、电视网络等作为Internet的通信子网。

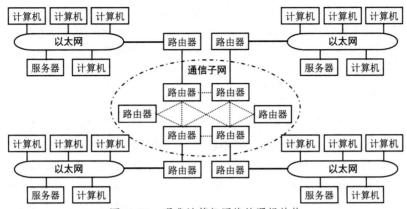

图 11-20 现代计算机网络的逻辑结构

2. 以太网（Ethernet）

以太网是基于总线型结构的广播式网络，是现有局域网中最早标准化的，也是目前最成熟、最成功、应用最广泛的一种局域网技术。基于载波监听多路访问/冲突检测（Carrier Sense Multiple Access/Collision Detect，CSMA/CD）方法、采用 IEEE 802.3 协议标准、运行在 10 Mbps 速率的局域网称为传统以太网，数据传输速率在 100 Mbps 以上的局域网称为高速局域网。今天的以太网已发展到快速以太网、千兆以太网（Gigabit Ethernet）、万兆以太网乃至更快的以太网。近年来，千兆以太网的数据传输速率为 1000 Mbps，可以适应用户带宽的需求。

11.3.3 计算机网络互连设备

网络互连不仅要把多个网络用物理线路连接起来，更重要的是使它们能够透明地通信，使用户无法察觉不同网络之间的差异。网络互连实质上是网络协议之间的转换，网络协议都是分层的，不同网络使用的协议在不同协议层次上存在差别。OSI/RM 共 7 层，各种网络协议的功能不同，分属于不同的层次。不同功能层次的网络互连时，涉及的互连设备必然不同。从互连的层次上讲，通常有物理层互连、数据链路层互连、网络层互连和网络高层互连。不同层次的互连都有各自的互连特点及其互连设备。一般，网络采用的协议差别越大，进行互连的层次就越高，互连设备的实现也就越复杂。网络各层与相应设备的对应关系如图 11-21 所示。

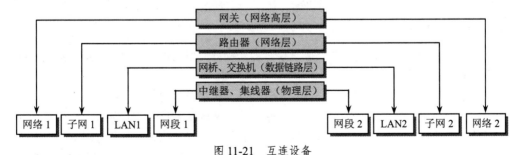

图 11-21 互连设备

1. 网关（Gateway）

网关，又称为网间连接器、协议转换器，是工作在 OSI/RM 参考模型高 3 层（会话层、表示层和应用层）的软件、硬件。网关的硬件用来提供不同网络的接口，软件则实现不同网络协议之间的转换。例如，一个校园网的内部局域网常常需要通过安全网关对 Internet 进行访问。

网关的主要作用是实现不同网络传输协议的翻译和转换工作,因此又被称为网间协议转换器。网关的重要功能是完成网络层上的某种协议之间的转换。将不同网络的协议进行转换,即把一种网络协议变成另一种网络协议,把一种数据格式变成另一种数据格式,把一种传输速率变成另一种传输速率,以求两者的统一。网关好比语言翻译,能进行两种语言的翻译。

2. 路由器（Router）

路由器,又称为选径器,工作在网络层上,用于将两个或多个逻辑上相互独立的网络互连。路由与交换的主要区别在于：交换发生在数据链路层,路由发生在网络层。

路由器连接的物理网络可以是同构网络,也可以是异构网络,多协议路由器能支持多种不同的网络协议,能够容易地实现 LAN-LAN、LAN-WAN、WAN-WAN 和 LAN-WAN-LAN 的多种网络连接形式。目前,路由器已经成为建设企业网或校园网使用最为广泛的一种互连设备,也是局域网接入 Internet 的首选设备之一。Internet 就是使用路由器加专线技术将分布在各地的数千万个计算机网络互连的。

3. 网桥（Bridge）

网桥,又称为桥接器,是工作在数据链路层的中继设备,其主要作用是将两个或多个在数据链路层以上具有相同或兼容协议的局域网互连为一个逻辑网,使一个局域网上的用户可以透明地访问另一个局域网上的资源。同时,通过对网络上的数据帧进行筛选来实现网络分段,网桥将一个大的局域网分成若干网段,使网段间的通信量小于每个网段内部的通信量,以减少整个局域网中的信息流量,从而在某种程度上解决了信道拥挤的问题。因此,网桥不但可以扩展网络的距离或范围,而且可以提高网络系统的安全和保密性能。网桥不仅具有增强信号传输的功能,还具有信息收集、过滤、传输和数据链路层协议帧格式变换的功能。

4. 交换机（Switch）

交换机,也称为交换式集线器（Switching Hub）,是专门为计算机之间能够相互通信且独享带宽而设计的一种包交换设备。从工作原理上,交换机与网桥一样,都工作在网络层。但从工作特性来讲,交换机提供全双工通信、流量控制和网络管理功能,并且可以直接替换网络中的集线器。交换机的最大特点是可以将一个局域网划分成多个端口,每个端口可以构成一个网段,扮演着一个网桥的角色,而且每个连接到交换机的设备都可以享用自己的专用带宽。目前,交换机已取代传统集线器在网络连接中的霸主地位。

5. 中继器（Repeater）

中继器,又称为转发器,是工作在物理层上的一种最简单的局域网设备,用来实现网络物理层网段之间的互连。

由于传输介质存在电阻、电容和电感,当信号在介质中传输时,信号强度会逐渐减弱,信号波形也会发生畸变。中继器的功能就是将因传输而衰减和畸变的信号进行放大、整形和转发,以延长信号的传输距离。中继器的结构非常简单,没有软件,只是物理层的信号增强,以便传输到另一个网段,而各网段属于同一个网络,各网段上的工作站可以共享某一网段上的文件服务器。

6. 集线器（Hub）

集线器是局域网中重要的部件之一,其实质是一个多端口的中继器。中继器通常带有两个端口,用于连接一对同轴电缆,而随着双绞线以太网的出现,中继器被做成具有多个端口的装置,用于星型网络中,被称为集线器。因此,集线器有时也被称为中继集线器或多端口集线器,有些文献上也将中继器和集线器统称为中继器。因此，与中继器一样，集线器也是工作在物理层的设备。集线器具有放大和整形功能、检测冲突功能、端口扩展功能、数据转发功能、介质互连功能。

7．网络接口卡（Network Interface Card）

网络接口卡，也称为网络接口适配器（Network Interface Adapter），简称为网卡。它是插在计算机总线插槽内或某个外部接口上的扩展卡，是计算机联网必不可少而且极为重要的基本设备。

网卡的主要功能是充当计算机和网络缆线之间的物理接口，将计算机连接到网络中，完成物理层连接，并负责将计算机的数字信号转换成电信号或光信号在媒介中传输，实现介质访问控制（Medium Access Control，MAC）、循环冗余编码（Cyclic Redundancy Code，CRC）校验、曼彻斯特编码与解码、收发器与冲突检测功能。网卡还负责与网络操作系统配合工作，将要发送的数据转换为网络上其他设备能够识别的格式，通过介质传输，或从网络介质接收信息，并经过一系列信息处理，转换成网络程序能够识别的格式，提交给网络操作系统。

§11.4 计算机因特网——设计（Ⅱ）

Internet 是起源于美国的全世界最大的互联网络，是对全世界各地方已有的各种网络资源进行整合，组成一个横贯全球的庞大的互联网，被称为网络的网络。当初，组建该网的目的是便于研究部门和大学的研究人员及其学者探讨学术问题，因此有科研教育（或国际学术网）之称。进入20世纪90年代，Internet 面向社会开放，人们不仅利用它进行学术研究，还越来越多地利用它开展商务活动。今天，Internet 不仅成为各行各业获取和发布信息的工具，还成为人们工作、学习、娱乐中不可缺少的一部分，并且正在改变人类的生产、工作、生活甚至思维方式。

11.4.1 Internet 的 IP 地址

1．IP 地址的概念

在日常生活中，通信双方借助于彼此的地址和邮政编码进行信件的传递。Internet 中的计算机通信与此相类似，网络中的每台计算机都有一个网络地址（相当于人们的通信地址），发送方在要传输的信息上写上接收方计算机的网络地址，信息才能通过网络传递到接收方。在 Internet 上，每台主机、终端、服务器和路由器都有自己的 IP 地址，这个 IP 地址是全球唯一的，用于标识该机在网络中的位置。由于目前使用的 IP 协议的版本为 4.0，所以又称为 IPv4，它规定每个 IP 地址用 32 个二进制位表示（占 4 字节）。例如：

　　第一台计算机的地址编号为：　　00000000 00000000 00000000 00000000
　　第二台计算机的地址编号为：　　00000000 00000000 00000000 00000001
　　……　　　　　　　　　　　　　　……
　　最后一台计算机的地址编号为：　11111111 11111111 11111111 11111111

则有 2^{32}=4 294 967 296 个地址编号，这表明因特网中最多可有 4 294 967 296 台计算机。

然而，要记住每台计算机的 32 位二进制数据编号是很困难的。为了便于书写和记忆，人们通常用 4 个十进制数来表示 IP 地址，分为 4 段，段与段之间用"."分隔，每段对应 8 个二进制位。因此，每段能表达的十进制数是 0~255。比如，32 位二进制数

　　　　　　　　　　11111111 11111111 11111111 00000111

就表示为：　　　　　255.　　　255.　　　255.　　　7

其转换规则是将每字节转换为十进制数据,因为8位二进制数最大为255,所以IP地址中每个段的十进制数不超过255。这个数据并不是很大,过不了几年就会用完,为此设计了IPv6,它采用128位二进制数表示IP地址,这是个很大的数据(2^{128}),足够用许多年。

2. IP地址的分类

在Internet中,根据网络地址和主机地址,常将IP地址分为A、B、C、D、E五类。
A类地址主要用于大型(主干)网络,其特点是网络数量少,但拥有的主机数量多。
B类地址主要用于中等规模(区域)网络,其特点是网络数量和主机数量大致相同。
C类地址主要用于小型局域网络,其特点是网络数量多,但拥有的主机数量少。
D类地址通常用于已知地址的多点传送或者组的寻址。
E类地址为将来使用保留的实验地址,目前尚未开放。
常用的A、B、C三类IP地址的起始编号和主机数如表11-1所示。

表11-1 A、B、C三类IP地址

IP地址类型	最大网络数	最小网络号	最大网络号	最多主机数
A	127(2^7-1)	1	127	$2^{24}-2=16777214$
B	16384(2^{14})	128.0	191.255	$2^{16}-2=65534$
C	2097152(2^{21})	192.0.0	223.255.255	$2^8-2=254$

Internet最高一级的维护机构为网络信息中心,负责分配最高级的IP地址。它授权给下一级申请成为Internet网点的网络管理中心,每个网点组成一个自治系统。信息中心只给申请成为新网点的组织分配IP地址的网络号,主机地址则由申请的组织自己来分配和管理。自治域系统负责自己内部网络的拓扑结构、地址建立与刷新,这种分层管理的方法能有效地防止IP地址冲突。

11.4.2 Internet的域名系统

IP地址虽然解决了Internet上统一地址的问题,并用十进制数来表示各段的二进制数。但是,这串用数字符号表示的IP地址非常难以记忆。因此,在Internet上采用了一套"名称-IP"的转换方案,即名称和IP地址对应的域名系统(Domain Name System,DNS),而用来完成这一转换工作的计算机被称为域名服务器。

1. 域名地址

DNS使用与主机位置、作用、行业有关的一组字符来表示IP地址,这组字符类似英文缩写或汉语拼音,这个符号化了的IP地址被称为"域名地址",简称为"域名",并由各段(子域)组成。例如,搜狐的域名为www.shou.com,对应的IP地址为61.135.150.74。显然,域名地址既容易理解,又方便记忆。

2. 域名结构

Internet的域名系统和IP地址一样,采用典型的层次结构,每层由域或标号组成。最高层域名(顶级域名)由因特网协会(Internet Society)的授权机构负责管理。设置主机域名时必须符合以下规则。

① 域名的各段之间以"."分隔。从左向右看,"."右边域总是左边域的上一层,只要上层域的所有下层域名字不重复,那么网上的所有主机的域名就不会重复。

② 域名系统最右边的域为一级（顶级）域，如果该级是地理位置，则通常是国家（或地区）代码，如 cn 表示中国，如表 11-2 所示。如果该级中没有位置代码，就默认在美国。常用的机构顶级域名有 7 个，如表 11-3 所示。

表 11-2 国家或地区（部分）顶级域名

国家或地区	代码	国家或地区	代码	国家或地区	代码
中国	cn	英国	uk	加拿大	ca
日本	jp	法国	fr	俄罗斯	ru
韩国	kr	新加坡	sg	澳大利亚	au
丹麦	de	巴西	br	意大利	it

表 11-3 常用的机构顶级域名

代码	域名类型	代码	域名类型
com	商业组织	mil	军事部门
edu	教育机构	net	网络支持中心
gov	政府部门	org	各种非营利组织
int	国际组织		—

因为美国是 Internet 的发源地，所以美国的主机其第一级域名一般直接说明其主机性质，而不是国家（或地区）代码。如果用户看到某主机的第一级域名为 com、edu、gov 等，一般可以判断这台主机置于美国。其他国家（或地区）的第一级域名一般是其代码。

③ 第二级是"组织名"。由于美国没有地理位置，这一级就是顶级，对其他国家（或地区）来说是第二级。第三级是"本地名"即省区，第四级是"主机名"，即单位名。

④ 域名不区分大小写字母。一个完整的域名不超过 255 个字符，其子域级数不予限制。

3．域名分配

域名的层次结构给域名的管理带来了方便，每部分授权给某机构管理，授权机构可以将其所管辖的名字空间进一步划分，授权给若干子机构管理，形成树型结构，如图 11-22 所示。

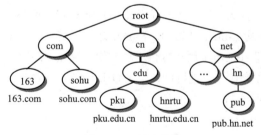

图 11-22 域名结构

在中国，一级域名为 cn，二级域名有教育（edu）、电信网（net）、团体（org）、政府（gov）、商业（com）等。

各省份则采用其拼音缩写，如 bj 代表北京、sh 代表上海、hn 代表湖南等。例如，长沙的 E-mail 主机域名为 pub.cs.hn.net，其中，cs 表示长沙，pub 是主机名。

4．DNS 服务

用户使用域名访问 Internet 上的主机时，需要通过提供域名服务的域名服务器将域名解析（转换）成对应的 IP 地址。当用户输入域名时，计算机的网络应用程序自动把请求传递到域名服务器，域名服务器从域名数据库中查询出此域名对应的 IP 地址，并将其返回发出请求的计算机，计算机通过 IP 地址和目标主机进行通信。

Internet 上有许多域名服务器，负责各自层次的域名解析任务，当计算机设置的主域名服务器的名字数据库中查询不到请求的域名时，会把请求转发到另一个域名服务器，直到查询到目标主机。如果所有域名服务器都查不到请求的域名，则返回错误信息。

11.4.3 Internet 提供的服务

随着计算机网络的普及，其应用范围越来越广，服务方式越来越多。目前，Internet 提供的信息服务方式可分为基本服务方式和扩充服务方式两类。基本服务方式包括电子邮件、远程登录和文件传输；扩充服务方式包括基于电子邮件的服务，如新闻与公告类服务等。

1. WWW 服务

WWW（World Wide Web）称为环球信息网或万维网，简称 Web 或 3W，是 1989 年设在瑞士日内瓦的欧洲粒子物理研究中心的 Tim Berners Lee 发明的。其初衷是让世界范围内的物理学家能够同时共享科学数据，而研究的一种进行数据传输的方法。Tim Berners Lee 与 Rogert Cailliau 一起于 1991 年研制出了第一个浏览器，于 1994 年建立了世界上第一个网站。经过多年的发展，WWW 已成为集文本、图像、声音和视频等多媒体信息于一体的信息服务系统。

WWW 服务的实质就是将查询的文档发送给客户的计算机，以便在 Web 客户机浏览器中显示出来。WWW 把分布在世界各地的信息点（网页）链接起来，构成一个庞大的、没有形状的信息网络。WWW 允许信息分布式存储，使用超文本方式建立这些信息的联系，用统一的方案描述每个信息点的位置，使得信息查询非常方便，信息的存储和插入非常自由。WWW 的应用已进入电子商务、远程教育、远程医疗、休闲娱乐与信息服务等领域，是 Internet 中的重要组成部分。

2. 电子邮件服务

电子邮件（Electronic Mail，E-mail）服务是目前 Internet 使用最频繁、应用最广泛的一种服务。据统计，现在世界上每天大约有 2500 万人通过 E-mail 相互联系，而且多数 Internet 用户对 Internet 的了解，都是从接发 E-mail 开始的。E-mail 之所以受到广大用户的青睐，是因为与传统通信方式相比，E-mail 能为 Internet 用户提供一种方便、快捷、高效、廉价、多元、可靠的现代化通信服务。身处在世界不同国家、地区的人们通过 E-mail 可在最短的时间内，花最少的钱取得联系，相互收发信件和传递信息。

3. 文件传输服务

文件传输服务是 Internet 上二进制文件的标准传输协议（File Transfer Protocol，FTP）应用程序提供的服务，所以又称为 FTP 服务，是广大用户获得 Internet 资源的重要方法之一，也是 Internet 中最早提供的服务项目之一。FTP 提供了在 Internet 上任意两台计算机之间相互传输文件的机制，不仅允许在不同主机和不同操作系统之间传输文件，还允许含有不同的文件结构和字符集。FTP 服务与其他 Internet 服务类型相似，也采用 C/S 工作模式。FTP 服务器是指提供 FTP 的计算机，负责管理一个大的文件仓库；FTP 客户机是指用户的本地计算机，使每个联网的计算机都拥有一个容量巨大的备份文件库，这是单机无法比拟的。文件从 FTP 客户机传输到 FTP 服务器的过程被称为上传，文件从 FTP 服务器传输到 FTP 客户机的过程被称为下载。

4．远程登录服务

远程登录（Telnet）是指在网络通信协议 Telnet 的支持下，用户本地的计算机通过 Internet 连接到某台远程计算机上，使自己的计算机暂时成为远程计算机的一个仿真终端，享用远程主机资源。通过远程登录，用户可以通过 Internet 访问任何一台远程计算机上的资源，并且可以在本地计算机上对远程计算机进行允许的操作。

5．新闻与公告类服务

Internet 的魅力不仅表现在能为用户提供丰富的信息资源，还表现在能与分布在世界各地的网络用户进行通信，并针对某个话题展开讨论。在 Internet 上讨论的话题涉及工作与生活的各个方面。用户既可以发表自己的意见，也可以领略别人的见解。新闻与公告类服务包括网络新闻组（Usenet）、电子公告牌（Bulltin Board System，BBS）、现场实时对话（Internet Relay Chat，IRC，也称为 Internet 闲谈）、即时通信（Instant Messenger，IM）等。其中，即时通信是 Internet 上的一项全新应用，使得上网的用户把信息告之网络上的其他网友；同时也能方便地获取其他网友的上网通知，并且能相互之间发送信息、传送文件、网上语音交谈，甚至是通过视频和语音进行交流。更重要的是，这种信息交流是即时的，如 QQ 通信。

§11.5　计算机信息安全技术——理论与设计

计算机网络的广泛应用促进了社会的进步和繁荣，并为人类社会创造了巨大的财富。但是，计算机及其网络自身的脆弱性、人为的恶意攻击和破坏，也给人类带来了不可估量的损失。因此，计算机信息安全（Computer Security）问题已成为重要的研究课题。

计算机信息安全是一门涉及计算机科学、网络技术、通信技术、密码技术、应用数学、数论、信息论等学科的综合性学科。信息安全的目标是保证信息的机密性、完整性和可用性。为保障信息安全，要求有信息源认证、访问控制等技术措施。目前，计算机信息安全技术主要包括防病毒技术、防黑客技术、防火墙技术、信息加密技术、数字认证技术等。

11.5.1　防病毒技术

计算机病毒（Computer Virus）最早由美国计算机专家 F. Cohen 博士提出。自 1987 年在计算机系统中发现世界上第一例计算机病毒"Brain"以来，至今全世界已发现了数以千计的计算机病毒，并已成为现代高新技术的一大"公害"。计算机病毒的出现立即引起了全世界的注意，并在 1992 年被评为计算机世界的十大新闻之一。由于计算机病毒直接威胁着计算机应用的安全性和可靠性，因此普通用户对此心存畏惧。特别是随着计算机网络的普及应用，计算机病毒造成的危害更大。据国外统计，计算机病毒以每周 10 种的速度递增。因此，计算机病毒的防护已成为当前计算机用户关心的重大问题。掌握计算机病毒知识，增强安全防范意识和技术手段是非常重要的。

1．病毒的定义

什么是计算机病毒？目前还没有一个令大家普遍接受的定义，但根据生物界（在医学上）病毒的概念，即病毒的主要特征是传染性和危害性，所以目前对计算机病毒的定义一般也是围绕着这两个特征来加以叙述的。著名计算机专家 Neil Shapiro 认为：<u>计算机病毒是一种自身繁殖的程序，它能感染系统文件，并把自身传播到其他磁盘</u>。

1994年2月18日，我国正式颁布实施的《中华人民共和国计算机信息系统安全保护条例》第28条中明确提出："计算机病毒是指编制或者在计算机程序中插入的破坏计算机功能或数据，影响计算机使用并能够自我复制的一组计算机指令或者程序代码。"

2．病毒的表现

计算机病毒与医学上的病毒不同，它不是天然存在的，而是人为制造的，即针对计算机软件、硬件固有的缺陷，对计算机系统进行破坏的程序。正确全面认识计算机病毒的表现，有助于反病毒技术的研究。根据计算机病毒的来源、定义、表现形式和破坏行为进行分析，可以抽象出病毒所具有的基本特点和特征。计算机病毒的主要特征是传染性、潜伏性、隐蔽性、激活性、破坏性；计算机病毒的主要特点是感染方式多、传播速度快、破坏性强、消除难度大。

3．病毒的类型

计算机病毒的种类繁多，现在计算机大多已联网，常见的网络病毒可以归纳为以下5种。

（1）网络病毒（Internet Worm）：最典型的网络病毒是由欧美地区兴起的专攻网络的 GPI（Get Password I）病毒，是"耶路撒冷"病毒的变种，是专门突破 Novell 网络系统安全的病毒。

（2）电子邮件病毒（E-mail Virus）：由于电子邮件的广泛使用，E-mail 已成为病毒传播的主要途径之一。有病毒的通常不是邮件本身，而是其附件，例如，扩展名为.EXE 的可执行文件，或者 Word、Excel 等可携带宏程序的文档。

（3）网页病毒（Web Virus）：主要指 Java 及 ActiveX 病毒，大部分保存在网页中，所以网页也会感染病毒。对这种类型的病毒而言，当用户浏览含有病毒程序的网页时，并不会受到感染，但如果用户将网页存储到磁盘中，使用浏览器浏览这些网页就有可能受到感染。

（4）网络蠕虫程序（Network Worms Program）：通过扫描网络中计算机漏洞，并感染存在该漏洞的计算机，它是一种通过间接方式复制自身的非感染型病毒，具有极强的破坏力，可以在一分钟内感染网络中所有存在该漏洞的计算机。

（5）特洛伊木马程序（Trojan Horse Program）：指伪装成合法软件的非感染型病毒，驻留在计算机里，随着计算机的启动而启动。它的工作方式通常是在某一端口进行侦听，试图窃取用户名和密码的登录窗口，或试图从 Internet 服务器提供商盗窃用户的注册信息和账号信息。

4．病毒的防治

不论何种病毒，轻则对计算机系统的运行带来这样或那样的干扰，重则破坏或影响系统的正常运行，特别是通过网络传播的病毒，能在很短的时间内使整个计算机网络处于瘫痪状态，从而造成巨大的损失。因此，预防病毒的入侵、阻止病毒的传播和及时地清除病毒是一项非常重要的工作。自计算机病毒出现以来，人们不断地研制各种预防、检测和清除病毒的工具软件，我国研制的这类工具软件有瑞星杀毒软件、金山毒霸、360安全卫士等。

11.5.2 防黑客技术

1．黑客的定义

提起计算机"黑客"，人们总是感到那么神秘莫测。"黑客"是英文"Hacker"的音译，意思是"干了一件漂亮的事"。一般认为，黑客起源于20世纪50年代麻省理工学院的实验室中，最初是指热心于计算机技术、水平高超的计算机专家，通常是程序设计人员。他们精力充沛，非常精通计算机软/硬件知识，对操作系统和编程语言有深刻的认识，善于探索计算机操作系统的奥秘，发现系统的漏洞所在。他们崇尚自由，反对信息垄断，倡导信息共享，公开他们的发现并与其他人共享。他们遵从的信念是：计算机是大众的工具，信息属于每个人，源代码应当共享，编码是艺术，计算机是有生命的。

2．黑客的分类

今天，人们常常把"黑客"与"计算机病毒制造者"画等号。其实不然，黑客也有好坏之分。

一类黑客协助人们研究系统安全性，出于改进的愿望，在微观层次上考察系统，发现软件漏洞和逻辑缺陷，编程检查软件的完整性和远程机器的安全体系，而没有任何破坏系统和数据的企图。这类黑客是计算机网络的"捍卫者"。

另一类黑客专门窥探他人隐私、任意篡改数据、进行网上诈骗活动，他们是计算机网络"入侵者"。这类入侵者怀着不良企图闯入远程计算机系统甚至破坏远程计算机系统完整性，利用获得的非法访问权经常偷偷地、未经允许侵入政府、企业或他人的计算机系统，破坏重要数据，拒绝合法用户的服务请求等。因此，入侵者的行为是恶意的。

由于有些黑客既是"捍卫者"，也是"入侵者"，因而在大多数人的眼里黑客就是入侵者，他们已成为人们眼中"计算机网络捣乱分子和网络犯罪分子"的代名词。当然，我们通常所讨论的黑客都是指"入侵者"而不是"捍卫者"。

11.5.3 防火墙技术

1．防火墙的定义

防火墙（Firewall）源于古时候人们常在寓所之间砌起一道砖墙，一旦火灾发生，能够防止火势蔓延到别的寓所的一项安全措施。在信息网络时代，如果一个网络连接到 Internet 上，它的用户就可以访问外部世界并与之通信。同时，外部世界同样可以访问该网络并与之交互。为了防止病毒传播和黑客攻击，可以在该网络与 Internet 之间插入一个中介系统，竖起一道安全屏障。这道屏障的作用是阻断来自外部通过网络对本网络的威胁和入侵，提供扼守本网络的安全和审计的唯一关卡，与古时候的防火砖墙有类似之处，因此，人们把这个屏障称为"防火墙"。由此可见，防火墙是一种用来加强网络之间访问控制的特殊网络互连设备，如路由器、网关等。防火墙对两个或多个网络之间传输的数据包和链接方式按照一定的安全策略进行检查，以此决定网络之间的通信是否被允许。防火墙能有效地控制内部网络与外部网络之间的访问及数据传送，从而达到保护内部网络的信息不受外部非授权用户的访问和过滤不良信息的目的。

2．防火墙的分类

目前，根据防火墙在 OSI/RM 中的逻辑位置和网络中的物理位置及其所具备的功能，可以分为如下两大类。

（1）基本型防火墙：包括包过滤路由器和应用级防火墙。

（2）复合防火墙：将以上两种基本型防火墙结合使用，主要包括屏蔽主机防火墙和屏蔽子网防火墙。

11.5.4 信息加密技术

信息加密（Encryption）是一种传统的密码技术，也是数据处理系统和通信系统中的一个重要研究课题。随着计算机网络和通信技术的发展，密码技术得到了前所未有的重视和迅速发展，已从一门古老而深奥的密码学发展成为计算机密码学。信息加密是研究计算机信息加密、解密及其变换的新兴科学,也是数学、通信、网络和计算机的交叉学科,涉及物理方法、存取数据管理和控制、数据加密等数据安全技术,是实现数据保密与安全的有效方法,是信息安全技术中的重要内容。

1. 古典加密方法

古典加密方法,也称为传统加密方法,加密的历史可以追溯到文字通信的开始。常用的古典加密方法有代换密码、转换密码、二进制运算等。

(1) 代换密码(Substitution Cipher)

代换密码是指用一个或一组字符代换另一个或另一组字符,以起到伪装掩饰的作用。代换密码有单字符加密方法和多字符加密方法两种。

① 单字符加密方法

单字符加密方法是用一个(组)字母代替另一个(组)字母,古老的凯撒密码术就是如此。它把 A 变成 E,B 变成 F,C 变为 G,D 变为 H,即将明文的字母移位若干字母而形成密文。单字母加密方法有移位映射法、倒映射法、步长映射法等,如图 11-23 所示。

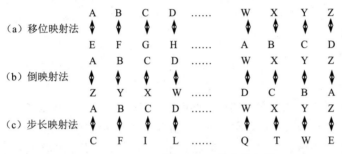

图 11-23 单字母加密

在单字母加密方法中,最典型的是罗马人凯撒发明的凯撒密码(Caesar Cipher)法。

【例 11-2】用凯撒密码法对英文单词 computer 进行加密。

将单词 computer 中的每个字符右移一位,就变换成了字符串 dpnqvufs。computer 的含义是"计算机",但字符串 dpnqvufs 的含义就很难理解了。

② 多字符加密方法

单字符加密方法的优点是实现简单,缺点是容易破译。多字符加密方法是对不同位置的字符采用不同的替换方式。

【例 11-3】采用(+1, −1, +2)的替换方式对 computer 加密。

将单词 computer 中的第 1 个字符右移 1 位,第 2 个字符左移 1 位,第 3 个字符右移 2 位,第 4 个字符又是右移 1 位;如此进行,完成明文中所有字符的替换。替换的结果为:dnoqtvfq。

(2) 转换密码(Convert Password)

转换密码不是隐藏字符信息,而是重新安排字母的次序实现加密。

【例 11-4】设明文(原文)为

it can allow students to get close up views

对该明文实行加密,其方法可按以下三个步骤进行。

① 设定密钥为 GERMAN,并对密钥按字母表顺序由小到大编号,即:

G	E	R	M	A	N
3	2	6	4	1	5

② 根据密码长度，将原文按顺序排列形成明文长度与密钥长度相同的明文格式，如图 11-24 所示。

③ 将密钥中的各字母及其编号与明文各列相对应，并按照密钥字母编号由小到大顺序，把明文以此顺序按列重新排列，便是所形成的密文，如图 11-25 所示。加密结果为：

nsttustldooiilutlvawneewatscpcoegse

i	t	c	a	n	a
l	l	o	w	s	t
u	d	e	n	t	s
t	o	g	e	t	c
l	o	s	e	u	p
v	i	e	w	s	

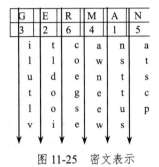

图 11-24　明文格式　　　　　　　　图 11-25　密文表示

（3）二进制运算

利用二进制的逻辑运算 AND、OR、NOT、XOR 的运算特性进行加密。其中，异或运算对加密来说有一个很好的特性：一个数和另一个数进行两次异或运算，其结果又变回这个数本身，即

A XOR B XOR B=A

【例 11-5】采用异或运算，对英文单词 computer 进行加密。

异或运算首先以 ASCII 形式把每个英文字符转换成二进制，然后选定一个 8 位二进制数 00001100 作为加密密码（也称为密钥），把每个明文字符的 ASCII 值分别与密钥进行异或运算（加密），即实行如下变换：明文字符 → 明文 ASCII 值 → 密文 ASCII 值 → 密文字符。

接收方也用相同的密钥进行一次异或运算（解密），还原成明文。

古典加密方法简单，具有较高的可靠性，有的已沿用了数千年。直到现在，有些方法在某些场合还在应用。但这些方法很容易破密，如果借助计算机，就更容易了。图灵是破译密码的高手。在第二次世界大战期间，图灵在英国外交部的一个下属机构工作，他使用自己研制的译码机破译了德国军队的不少情报，为盟军战胜德国法西斯立了大功，被授予帝国勋章。

2．现代加密方法

现代密码学家研究的加密方法是在古典加密方法的基础上，采用越来越复杂的算法和较短的密码簿或密钥达到尽可能高的保密性。在现代加密方法中，常用的加密算法有 DEA 加密算法、IDEA 加密算法、RSA 加密算法、HASH 加密算法和量子加密系统等。根据使用的密钥方式不同，加密体制分为两类：对称式密码和非对称式密码。

对称式密码（Symmetric Cryptosystem）：指收发双方使用相同密钥的密码体制，传统加密方法都属于此类，采用数据加密算法（Data Encryption Algorithm，DEA），对称式密码的加密过程如图 11-26 所示。对称式密码是 IBM 公司为保护产品的机密而研制的一种现代通用加密方法，后被美国国家标准局和国家安全局选为数据加密标准（Data Encryption Standard，DES），1981 年被采纳为 ANSI 标准，自动取款机（Automated Teller Machine，ATM）就是典型案例。

非对称式密码（Asymmetric Cryptosystem）：指收发双方使用不同密钥的密码，现代加密方式都属于此类。它相当于用两把密钥对付一把锁，开锁的不能关锁，关锁的不能开锁，非对称式密码的加密过程如图 11-27 所示。

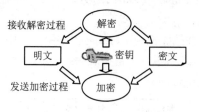

图 11-26 对称式密码的加密过程

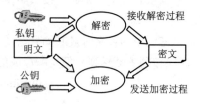

图 11-27 非对称式密码的加密过程

最具代表性的非对称加密算法是 RSA，它是由 R. L. Rivest、A. Shamir 和 L. M. Adleman 三位教授于 1978 年在美国麻省理工学院研发出来的。为此三人共同获得了 2002 年度图灵奖。

RSA 使用很大的质数来构造密钥对与公钥发给所有的信息发送方，密钥由接收方保管，用来解密发送方用公钥加密后发送来的密文。RSA 的优点是密钥空间大，难以破译。RSA 的缺点是速度慢，如果 RSA 和 DES 结合使用，则正好弥补各自的缺点，即 DES 用于明文加密，RSA 用于 DES 密钥的加密。

（3）量子加密系统：DES 及其类似算法要求加密和解密的密钥是相同的，因此密钥必须保密。量子加密系统是加密技术的新突破。量子加密系统的原理是两个用户各自产生一个私有的随机数字字符串，第一个用户向第二个用户的接收装置发送代表数字字符串的单个量子序列（光脉冲），接收装置从两个字符串中取出相匹配的二进制值，它们就可以组成密钥。

〖问题提示〗RSA 算法理论见参考文献[23]的第 10 章、参考文献[24]的第 7 章和本书的辅导教材第 9 章。

11.5.5 数字认证技术

数字认证是随着网络技术的广泛应用而形成的一种认证技术，既可用于对用户身份进行确认和鉴别，也可对信息的真实可靠性进行确认和鉴别，以防止冒充、抵赖、伪造、篡改等问题。数字认证技术涉及数字签名、数字时间戳、数字证书和认证中心等，其中常用的是"数字签名"。

1. 数字签名（Digital Signature）

数字签名是指通信双方在网上交换信息采用公开密钥法来防止伪造和欺骗的一种身份签证。在日常工作和生活中，人们对书信或文件的验收根据亲笔签名或盖章来证实接收者的真实身份。在书面文件上签名有两个作用：一是因为自己的签名难以否认，从而确定了文件已签署这一事实；二是因为签名不易伪冒，从而确定了文件是真实的这一事实。但是，在计算机网络中传输的报文又如何签名盖章呢？这就是数字签名所要解决的问题。

2. 数字时间戳（Digital Time Stamp）

在交易文件的书面合同中，文件签署的日期和签名一样都是十分重要的。在电子交易中，同样需要对交易文件的日期和时间信息采取安全措施，数字时间戳为电子文件发表的时间提供了安全保护和证明。数字时间戳是由第三方提供的一种可信时间标记服务，通过该服务获得的数字时间戳数据来证明在某一时刻数据已经存在。数字时间戳是网上安全服务项目，由专门的机构提供。

3．数字证书（Digital Certificate）

数字证书从某个功能上来说很像密码，是用来证实用户身份或对网络资源访问的权限等可出示的一个凭证。尤其是在电子商务中，如果交易双方出示了各自的数字证书，并用它们进行交易操作，那么双方都不必为对方身份的真实性担心了。数字证书也可用于电子邮件、电子资金转移等方面。

数字证书的内容格式是由 CCIT TX.509 国际标准规定的，必须包含的信息内容有证书的版本号、签名算法、数字证书的序列号、颁发数字证书的单位、证书拥有者的姓名、颁发数字证书单位的数字签名、证书拥有者的公开密钥、公开密钥的有效期等。

4．认证中心（Certificate Authority）

在电子交易中，无论是数字时间戳服务还是凭证的发放，都不是靠交易的双方自己来完成的，那么公正性何在呢？因此，需要有一个具有权威性和公正性的第三方来完成。认证中心就是承担网上安全电子交易认证服务的，是签发数字证书并能确认用户身份的服务机构。认证中心的主要任务是受理数字凭证的申请，签发数字证书及对数字证书进行管理。

认证中心对外提供服务的窗口称为业务受理点。如果某些客户没有计算机设备，可以到业务受理点由工作人员帮他录入和登记。业务受理点也可以作为用户证书发放的审核部门，当面审核用户提交的资料，从而决定是否为用户发放证书。

本章小结

1．计算机网络是计算机技术与通信技术高度发展、紧密结合的产物，网络技术的进步正在对当前信息产业的发展产生着重要的影响。

2．Internet 是由各种不同类型和规模、独立运行与管理的计算机网络组成的全球范围的计算机网络，其资源共享，使人们可以跨越时间和空间的限制，快速地获取各种信息。

3．实现网络通信的关键是 TCP/IP 协议，IP 地址能唯一地确定 Internet 上每台计算机与每个用户的位置。在遵循相同协议的前提下，世界各地的人和组织进行相互通信，利用 Internet 信息资源和各种服务。对于用户来说，Internet 地址有两种表示形式：IP 地址和域名。

4．Internet 是世界范围的信息资源宝库，所提供的主要服务包括信息浏览与搜索、文件的下载与上传、语音与图像通信、电子邮件的接收与发送、BBS 的使用等。

5．随着计算机网络的广泛应用，计算机信息安全技术成为一个重要的研究课题。目前常用的计算机信息安全技术有反病毒技术、反黑客技术、防火墙技术和计算机密码技术。

6．计算机网络技术的高速发展，推动了相关技术的发展，网络数据库、移动互联网、物联网、云计算、大数据等新技术的应用都是基于计算机网络技术。

习 题 11

一、选择题

1．计算机网络的应用越来越普遍，它的最大好处在于（　　）。
　　A．节省人力物力　　B．扩大存储容量　　C．实现资源共享　　D．实现信息交互

2．因特网是（　　）的简称。

A. 局域网　　B. 城域网　　　　C. 广域网　　　　D. 互联网
3. 因特网上的每台正式入网的计算机用户都有一个唯一的（　　）。
   A. E-mail　　B. 协议　　　　C. TCP/IP　　　D. IP 地址
4. Internet 上每台主机都分配有一个 32 位的地址，每个地址都由两部分组成，即（　　）。
   A. 网络号和地区号　　　　　B. 网络号和主机号
   C. 国家号和网络号　　　　　D. 国家和地区号
5. Internet 使用的基本网络协议是（　　）。
   A. IPX/SPX　　B. TCP/IP　　　C. NetBEUI　　D. OSI
6. 启动互联网上某一地址时，浏览器首先显示的那个文档称为（　　）。
   A. 主页　　　　B. 域名　　　　C. 站点　　　　D. 网点
7. 电子邮件地址由两部分组成，用"@"隔开，其中"@"前为（　　）。
   A. 用户名　　　B. 机器名　　　C. 本机域名　　D. 密码
8. 表示统一资源定位器的是（　　）。
   A. HTTP　　　　B. WWW　　　　C. URL　　　　D. HTML
9. Internet 上的搜索引擎是（　　）。
   A. 应用软件　　B. 系统软件　　C. 网络终端　　D. WWW 服务器
10. 在浏览网页时，若超链接以文字方式表示，则文字通常会带有（　　）。
    A. 括号　　　　B. 下画线　　　C. 引号　　　　D. 方框

二、问答题

1. 什么是因特网？
2. 什么是网络体系结构？
3. 什么是网络协议？
4. 浏览器/服务器模式有哪些主要特点？
5. 简述 WWW 的工作方式。
6. 电子邮件应用程序的主要功能是什么？
7. 域名结构有什么特点？
8. 什么是防火墙技术？
9. 目前，流行的、基于分组过滤的防火墙体系结构有哪几种类型？
10. 什么是数字认证技术？

三、讨论题

1. 你认为，计算机网络发展的趋势是什么？计算机网络发展的关键技术是什么？
2. 你认为，杀毒软件和防火墙技术能否确保计算机系统不再受病毒影响？

第 12 章 计算机前沿技术

【问题引出】随着信息社会的高速发展和人们对计算机应用需求的不断提高,需要不断研发新技术。目前,人工智能、虚拟现实、移动互联网、物联网、云计算、大数据等前沿技术应用已渗透到各个领域,从而加速了信息社会的发展进程,便利了人机交互,极大地提高了工作效率。本章以"概念""技术""应用"展开讨论如上技术,对应学科形态的抽象、理论、设计。

【教学重点】人工智能、虚拟现实、移动互联网、物联网、云计算、大数据等技术特征和应用。

【教学目标】熟悉计算机新技术,如人工智能、虚拟现实、物联网、移动互联网、云计算、大数据这些前沿技术的基本结构与组成;掌握人工智能、虚拟现实、物联网、移动互联网、云计算、大数据的基本概念;了解这些前沿技术中的关键技术及其在相关领域中的基本应用。

§12.1 人工智能技术

虽然人工智能技术形成于 20 世纪 50 年代,但一直是计算机科学技术领域中的研究热点,并且一直备受世界关注。特别是在当今新信息时代,许多学科的研究和发展都涉及人工智能技术,如模型识别、卫星导航、导弹跟踪、人机对话等都基于人工智能技术的支撑。正因为如此,人工智能技术被提到国家发展战略的高度。

12.1.1 人工智能的概念

实现人工智能是人类自古以来的渴望和梦想,人类一直设法用机器来代替人的部分脑力劳动,并用机器来延伸和扩展人类的某些智能行为。据史书《列子•汤问》记载,在我国西周时期(公元前 1066—771 年),周穆王曾路遇一个名叫偃师的巧匠,他献给周穆王一个歌舞"机器人",这个"机器人"会走路、会唱歌、会跳舞,使周穆王误以为是一个真人。这一记载标志着人类对人工智能持久而狂热的追求。人们把基于冯•诺依曼结构的电子数字计算机称为"电脑",反映了人们对人工智能的期盼和渴望。

1. 冯•诺依曼结构计算机的局限性

自 20 世纪 40 年代以来,基于程序存储控制原理和二值逻辑的冯•诺依曼结构的计算机在串行符号处理方面获得了巨大的成功,凭借芯片集成度的不断提高和并行技术开发,以简单的逻辑运算为基础开发出了处理复杂运算的高精度和高速度,已成为当今信息时代人类社会各领域越来越离不开的工具。然而,冯•诺依曼结构的计算机并非能适合一切场景,因为它存在如下致命弱点。

(1)在计算机硬件方面

冯•诺依曼结构的计算机最突出的特征是"控制驱动、共享数据、串行执行",即指令的执行顺序和发生时机由指令控制器控制,指令指针指向哪一条指令时才能执行哪条指令;存储器的速度远低于 CPU,且每次只能访问一个单元,从而使 CPU 与共享存储器间的信息通路成为影响系统性能的"瓶颈"。不管 CPU 和主存的吞吐能力有多高,也不管主存的容量有多大,在 CPU

与主存之间只有一条且每次只能交换一个字的狭窄数据通道。J. Backus 在 1977 年接受 ACM 图灵奖时的学术报告中，把这个狭窄的数据通道称为"冯·诺依曼瓶颈"，即使采用并行处理技术，只不过是基于冯·诺依曼体系的计算机系统性能的改进，随着器件的物理性能接近极限，这些改进所花费的代价会越来越高。

（2）在适应性方面

冯·诺依曼结构的计算机只适合求解确定性的、可以程序化的问题，这是由它的"程序存储控制"体系原理决定的，只能解释事先所存储的程序，只要针对问题的性质，提出相应的算法并编制有效的计算程序，即可对问题进行求解。实践证明，冯·诺依曼结构的计算机在高精度计算和一些可编程问题的求解以及过程模拟、过程控制等方面已经取得了巨大的成功，而对于那些找不到有效算法问题，如在人工智能、模糊识别、动力学过程模拟等方面，就碰到了有限时间和空间的障碍，对于人脑所具有的直觉感知、创造性思维、联想功能等更是无能为力。

（3）在软件开发方面

随着计算机应用的广泛与深入，软件的规模和复杂度越来越大，软件系统的开发成本、可靠性、可维护性、性能却越来越难以控制，人们把这种现象称为"软件危机"。解决"软件危机"的出路除了从改进软件的开发方法方面寻找出路，还可以从尽量减少人的干预入手，即把人工智能技术与软件工程结合起来，逐步实现程序设计自动化。

为了谋求在以上三方面获得突破性的进展，在 20 世纪 70 年代末开始了智能计算机的研究工作。为了能解决非确定性的问题，必须让机器具有人一样的智能，即开发人工智能。

2. 人工智能的定义

人工智能（Artificial Intelligence，AI）就是通过某种机器（或系统）来实现"智能"行为，也指研究这样的智能系统是否能够实现以及如何实现的科学领域。由于人工智能是用人的大脑研究与大脑自身相关的问题，这在逻辑上似乎是一个悖论，从数学上看则是一个复杂的递归过程，难度极大。但事实上，人们在研究大脑的过程中，大脑本身一直是在不断变化和发展的，一旦大脑的某个层面被研究得较清楚时，脑功能可能又已经发展了，原来的状态可能又改变了，与原来赖以研究的对象已经不再相同。由此可见，人工智能研究是一种螺旋式的研究，也是一种循序渐进的研究，其成果在各种实际问题中得到应用，并且随着研究的深入，应用领域也越来越宽。

或许正是上述原因，到目前为止，对人工智能还没有一个确切的定义。顾名思义，人工智能从功能上至少应具有感知能力、记忆能力、思维能力、学习能力、自适应能力和行为能力。这些能力必然涉及计算机科学、控制论、信息论、生理学、神经生理学、语言学、哲学等多门学科。因此可以说：<u>人工智能是研究、设计和应用智能机器或智能系统来模拟人类智能活动的能力，以延伸人类智能的科学</u>，因而也被称为机器智能（Machine Intelligence，MI）。目前，机器智能主要指通过普通计算机来实现的智能。

人工智能是当前科学技术发展中的一门前沿学科，也是一门新思想、新观念、新理论、新技术不断出现的新兴学科。人工智能是在计算机科学、控制论、信息论、神经心理学、哲学、语言学等多种学科研究的基础上发展起来的，因此又被看作一门综合性的边缘学科。人工智能的出现及所取得的成就引起了人们的高度重视，并得到了很高的评价。有人把它与空间技术、原子能技术一起誉为 20 世纪的三大科学技术成就，并且把它称为继工业革命后的又一次信息革命。如果说，冯·诺依曼结构计算机是把人类从繁重的体力劳动中解放出来，那么人工智能则是延伸人脑的功能，实现脑力劳动的自动化。

12.1.2 人工智能关键技术

人工智能研究与实践已涉及本身的理论（知识表示、获取、存储、推理及应用）、智能系统构造工具、机器学习、定理证明、模式识别、通用问题求解、专家系统等领域。目前，人工智能学科研究的关键技术主要有以下方面。

1．模式识别（Pattern Recognition）

模式识别是研究如何使机器具有感知能力，主要研究视觉模式和听觉模式的识别，如识别物体、地形、图像、字体、照片、工程图纸或其他视觉信息中的物体和形状等。对于人类来说，模式识别非常容易，但是对于计算机来说却十分困难。由于大量无关数据的存在、物体的某一部分被其他物体所遮挡、模糊的边缘、光源和阴影的变化、物体移动时图像的变化等众多复杂因素的干扰，因此模式识别程序需要强大的记忆和处理能力。

模式识别在日常生活和军事上都有广泛的用途，近年来迅速发展起来应用模糊数学模式、人工神经网络模式的方法逐渐取代传统的用统计模式和结构模式的识别方法。目前，模式识别已成功应用于手写字符的识别、汽车牌照的识别、指纹识别等方面。随着应用范围的不断扩大和计算机科学的不断进步，基于人工神经网络的模式识别技术将得到更大、更快的发展，量子计算技术的应用将有力促进模式识别技术的进展。

2．语音识别（Voice Recognition）

语音识别主要研究各种语音信号的分类识别。语音识别技术利用话筒和各种传感器接收外界信息，并把它转换成电信号，通过计算机，将这些电信号进行各种变换和预处理，从中抽取有意义的特征，得到输入信号模式，然后与已有的标准模式进行比较，完成对输入信息的分类识别。

3．语言理解（Language Understanding）

目前，人们在使用计算机时大都用计算机的高级语言编制程序来告诉计算机"做什么"和"怎样做"。如果能让计算机"听懂""看懂"人类自身的语言（如汉语、英语等），不但可以使更多的人方便地使用计算机，而且极大地提高使用计算机的效率。而这一功能的实现则依赖自然语言理解的研究。自然语言理解是语言学、逻辑学、心理学、生理学、计算机科学等相关学科综合形成的一门交叉学科，并且必须建立在人工智能的基础之上才能实现。

4．机器学习（Machine Learning）

要使计算机具有知识，要么将知识表示为计算机可以接收的方式输入计算机，要么使计算机本身有获得知识的能力，并在实践中不断总结、完善，这种方式称为机器学习。机器学习的研究主要在以下三方面进行：一是研究人类学习的机理、人脑思维的过程；二是研究机器学习的方法；三是建立针对具体任务的学习系统。机器学习的研究是建立在信息科学、脑科学、人工神经网络学、逻辑学、模糊数学等学科基础之上的。

5．智能行为（Intelligent Behaviour）

智能行为与人的行为能力相对应，智能行为主要是指计算机的表达能力，即"说""写""画"等。对于智能机器人，它还应具有人的四肢功能，即能走路、能取物、能操作等。目前，智能行为主要包括智能检索与调度、智能控制和机器人,而机器博弈可看作智能行为的一个实例。

12.1.3 人工智能技术应用

人工智能研究的目标是使机器能够胜任通常需要人类智能才能完成的复杂工作,其短期目标是研究在现有计算机上进行智能行为模拟,使现有计算机能够表现某些智能行为,因此可把人工智能理解为计算机科学的一个分支;其远期目标是探究人类智能和机器智能的基本原理,研究用自动机(Automata)模拟人类的思维过程和智能行为。这个远期目标已远远超出计算机科学研究的范畴,几乎涉及自然科学和社会科学的所有学科,从而使人工智能出现了欣欣向荣的景象。随着计算机科学技术的高速发展,人工智能的应用已渗透到许多领域。

1. 智能机器人(Intelligent Robot)

人工智能是控制论、计算机科学、心理学等多学科综合的产物,是计算机应用研究最前沿的学科领域,也是探索计算机模拟人的感觉和思维规律的科学。各类智能机器人的大量出现,是人工智能研究取得重大进展的主要标志之一。

2. 智能控制(Intelligent Control)

智能控制是用计算机模拟人类智能的一个重要研究领域,是一类无须(或需要尽可能少的)人的干预就能够独立地驱动智能机器实现其目标的自动控制。智能控制的核心在高层控制,即组织级控制,其任务在于对实际环境或过程进行组织,即决策和规划,以实现广义问题求解。已经提出的用以构造智能控制系统的理论和技术有分级递阶控制理论、分级控制器设计的熵方法、智能逐级增高而精度逐级降低原理、专家控制系统、学习控制系统和基于神经网络的控制系统等。

3. 智能专家系统(Intelligent Expert System)

智能专家系统通常简称为专家系统,它是一个基于专门的领域知识来求解特定问题的计算机程序系统,主要模仿人类专家的活动,通过推理与判断来求解问题。专家系统是嵌入人类专家知识、模拟人类专家对问题的求解过程的计算机系统。

专家系统是人工智能研究中开展最早、成效最多的领域,广泛应用于医疗诊断、地质勘探、石油化工、航空航天等领域,产生了良好的社会效益与经济效益。专家系统目前尚无公认的定义,但研究者们比较一致的粗略定义是:<u>专家系统是一个智能的计算机程序,运用知识和推理步骤来解决只有专家才能解决的复杂问题,任何解题能力达到了同领域人类专家水平的计算机程序都可以称为专家系统。</u>可见,专家系统是在特定领域中以人类专家水平求解困难问题的计算机程序或系统。换句话说,系统中必须具有某个领域专家大量的知识和经验,运用这些知识和推理步骤解决那些只有专家才能解决的复杂问题。

专家系统是目前人工智能应用中最成熟的一个领域,可解决的问题包括解释、预测、诊断、设计、规划、监视、修理、指导、控制等。现在高性能专家系统具有"自学习"能力,并从学术研究开始进入实际应用研究。一般专家系统的逻辑结构如图12-1所示。

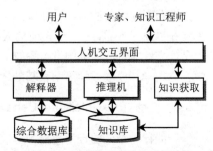

图12-1 一般专家系统的逻辑结构

（1）知识获取：专家系统是依靠人类专家已有的知识建立起来的知识系统，因此，专家系统知识库是否优越的关键，也是专家系统设计的"瓶颈"问题，通过知识获取，可以扩充和修改知识库中的知识。至今，已经有了一些知识获取的方法，包括对客观世界进行观测、分析、总结获取知识，对人类专家（领域专家）进行访问、调查获取知识以及进行理论分析和演绎来获取知识。在自动知识获取方面，以机器学习、数据挖掘等领域为代表提供了许多获取知识的技术和方法。

（2）知识库：专家系统的问题求解过程是通过知识库中的知识来模拟专家的思维方式的，因此知识库是专家系统质量是否优越的关键所在，即知识库中知识的质量和数量决定着专家系统的质量水平。一般来说，专家系统中的知识库与专家系统程序是相互独立的，用户可以通过改变、完善知识库中的知识内容来提高专家系统的性能。

（3）推理机：是针对待求解问题的条件或已知信息，反复匹配知识库中的知识，不断获得新的结论，最终得到问题求解结果。智能系统中的推理机是由程序实现的，如同专家解决问题的思维方式，知识库就是通过推理机来实现其价值的。在专家系统中主要使用的是不确定推理。不确定性表现在证据、规则和推理三方面，需要对专家系统中事实与规则给出不确定性描述，并以此建立不确定性的计算方法。因此要对不确定性知识的处理，需要解决不确定知识的表示问题、不确定信息的计算问题以及不确定性表示和计算的语义解释问题。

（4）综合数据库：管理推理机使用的原始数据、基本事实、推理的中间结果和最后结果。

（5）解释器：用于对知识表示解释，即根据用户的提问，对结论、求解与推理过程说明。

（6）人机交互界面：是计算机与人之间通信和对话的接口，已成为计算机科学中的一个研究领域。事实上，人机交互界面是任何复杂系统中的重要组成部分。专家系统中的人机交互界面已发展成为具有视线跟踪、语音识别、手势输入、感觉反馈等具有多种感知能力的交互装置。

由此看出，专家系统实际上是一个以推理机为中心的推理系统，最典型的是医学专家系统。在医疗诊断专家系统中，知识库存储专家的经验及医学知识；数据库存放病人的症状、化验结果等基本信息；推理机根据数据库中信息，利用知识库中的知识，按一定的控制策略求解问题。专家系统为病人诊治疾病实际上是一次推理过程，即从病人的症状及化验结果等初始信息出发，利用知识库中的知识及一定的控制策略，对病情做出诊断，并开具医疗处方。

医学专家系统是人工智能与专家系统理论和技术在医学领域中的重要应用，具有极大的科研价值和应用价值，可以帮助医生解决复杂的医学问题，作为医生诊断、治疗的辅助工具。目前，医学专家系统通过在其医学影像方面的重要应用正拓展到其他医学领域，并不断完善和发展。

随着人工智能整体水平的提高，专家系统也获得快速发展，正在研发的新一代专家系统有分布式专家系统和协同式专家系统等。研制开发专家系统的关键是如何获取、表示及运用人类专家的知识，所以知识获取、知识表示及知识推理是专家系统研究的热点。

4. 智能电子技术（Intelligent Electronic Technology）

人工智能在电子技术领域的应用可谓由来已久。计算机及网络技术的高速发展，为传统技术的改进和变更提供了技术支撑。近年来，我国的人工智技术在模式识别、图像识别、语音识别等方面已取得突破性的进展，例如，城市大脑(交通导航、交通指挥)、智能机器人、人脸识别等方面的研究已进入到使用阶段，手机上的二维码、手写输入、无人驾驶汽车等是最典型的实例。

5. 智能管理系统（Intelligent Management System）

人工智能在技术研究中不断取得新进展，因而在管理系统中获得广泛应用。如信息查询、情报搜索、身份识别、交通运输、交通导航、资源管理、调度管理等，无论是管理方式、管理质量、管理效率、可靠度、准确度，还是自动化程度和智能化程度，都是传统管理系统无法相比拟的，并且很多方面是传统管理系统无法实现的。

§12.2　虚拟现实技术

虚拟现实技术是计算机软/硬件技术、传感技术、仿真技术、机器人技术、人工智能及心理学等高速发展的结晶。这种高度集成的技术是多媒体技术发展的更高境界，也是近年来十分活跃的研究领域，虚拟现实技术具有极为重要的社会价值和经济价值，特别是在军事领域具有极其广泛的应用前景。

12.2.1　虚拟现实的概念

虚拟现实（Virtual Reality, VR），也称为虚拟环境（Virtual Environments）、同步环境（Synthetic Environments）、人造空间（Cyberspace）、人工现实（Artificial Reality）、模拟器技术（Simulator Technology）或者灵镜（Magic Mirror）。事实上，它们表达的均是同一个概念：<u>虚拟现实技术是采用计算机技术生成的一个逼真的视觉、听觉、触觉及嗅觉等的感觉世界，用户可以用人的自然技能对这个生成的虚拟实体进行交互考察</u>。

1. 虚拟现实技术的特征

虚拟现实起源于可视化，反映了人机关系的演化过程，是一种多维信息的人机界面。G. Burde 在 Electro'93 国际会议上发表的 *Virtual Reality Systems and Application* 中提出了"虚拟现实技术三角形"，简捷地说明了虚拟现实系统的基本特征，即所谓 I^3（Immersion-Interaction-Imagination，沉浸－交互－构想），如图 12-2 所示。

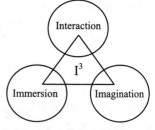

图 12-2　虚拟现实系统的基本特征

（1）沉浸性（Immersion）

沉浸性是指用户感到作为主角存在虚拟环境中的真实程度。理想的虚拟环境应达到用户难以分辨真假的程度。虚拟实体是用计算机来生成的一个逼真的实体。所谓"逼真"，就是要达到三维视觉，甚至包括三维的听觉、触感、嗅觉等，足以成为"迷惑"人类视觉的虚幻的世界，以至能全方位地浸没在这个虚幻的世界中，而感觉不到身体所处的外部环境。

（2）交互性（Interaction）

交互性是指用户对虚拟环境内物理的可操作程度和从环境得到反馈的自然程度（包括实时性）。例如，用户可以用手直接抓起虚拟环境中的物体，这时手有握着东西的感觉并能感觉出物体的重量，视场中被抓的物体随着手的移动而移动。

虚拟现实环境可以通过一些三维传感设备来完成交互动作，用户可以通过三维交互设备，直接控制虚拟世界中的对象。用户可以通过人的自然技能与这个环境交互：这里自然技能可以是人的头部转动、眼动、手势或其他的身体动作。

（3）构想性（Imagination）

虚拟现实不仅是一个媒体、一个高级用户界面，还是为解决工程、医学、军事等方面的问题而由开发者设计出来的应用软件，以详尽的形式反映了设计者的思想，其功能远比那些呆板的图纸生动、强大得多，所以国外有些学者称虚拟现实为放大人们心灵的工具。过去用户只能以定量计算为主的结果加深对对象的认识，虚拟现实则可以通过定量和定性两者的综合得到感性和理性的认识，从而得到启发、深化概念并萌发新意。

此外，虚拟现实还具有自主性（Autonomy）和多感知性（Multi-Sensory）。所谓自主性，是指虚拟环境中物体依据物理定律动作的程度。例如，当受到力的推动时，物体会向力的方向移动。所谓多感知性，就是除了计算机技术所具有的视觉感知，还有听觉感知、触觉感知、嗅觉感知、力觉感知、运动感知等，理想的虚拟现实技术应该有人所具有的一切感知功能。

2. 虚拟现实系统的基本构成

根据虚拟现实的定义及其基本特征可知，虚拟现实是一个十分复杂的系统，涉及的技术包括图形图像处理、语音处理与音响、模式识别、人工智能、智能接口、传感器、实时分布系统、数据库、并行处理、系统建模与仿真、系统集成、跟踪定位等。为了实现这些基本特征，典型的虚拟现实系统原理如图 12-3 所示。

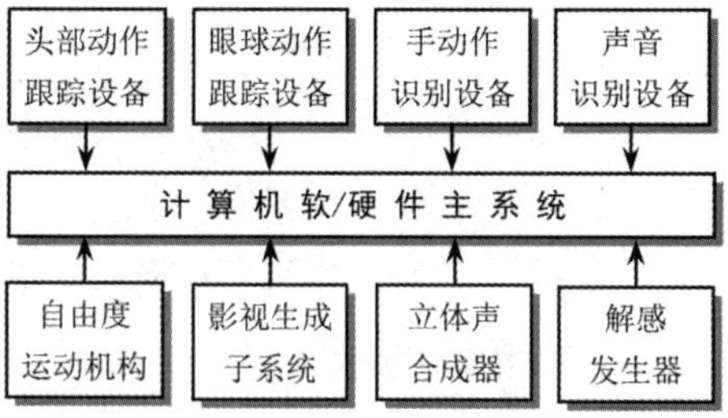

典型的虚拟现实系统可由 8 个模块组成，按照感受方式的不同，可以分为 4 类。

（1）"可穿戴的"虚拟现实系统：通过头盔显示器（Head-Mount Display）、吊臂、数据手套（Data Glove）、数据衣服直接从传感器得到虚拟现实环境中输入、输出数据，可以获得上佳的临场感。利用动感增强感受，可以在虚拟现实环境中自由走动，做各种动作。

图 12-3 典型的虚拟现实系统原理

（2）桌面虚拟现实系统：利用立体眼睛、3D 控制器使监视器作为交互的窗口，这种系统价格相对便宜、组成比较灵活、容易实现，并可以通过虚拟现实模型语言（VRML）联网，可用于科学数据及金融数据可视化场合。

（3）投影虚拟现实系统：利用投影生成的大范围虚拟环境，可以多人参与，促进协同工作。在培训、建筑设计评价、艺术、教育领域使用。

（4）网络虚拟现实：又称为分布式虚拟环境（Distributed Virtual Environment），是一种基于网络连接的虚拟现实系统，提供了一种可以共享的虚拟空间，使地理上分散的用户在同一时间里合作完成某一项工作，网络虚拟现实技术可以广泛地用于工程、培训、娱乐等领域。

3. 虚拟现实技术与相关技术的区别

虚拟现实技术虽然基于计算机仿真技术和计算机多媒体技术，但是有着本质上的区别。

计算机仿真技术是基于相似原理、利用计算机程序模拟实际系统进行科学实验（模拟）的技术。从模拟系统环境的特点看，计算机仿真技术与虚拟现实技术有一定的相似性，但计算机仿真技术研究的重点仿真系统构造的数学模型及其仿真结果的精度和可信度问题，不包括沉浸性、交互性、构想性和多感知问题，基本上将用户视为"旁观者"。

计算机多媒体技术是利用计算机综合组织、处理和操作多媒体（如视频、音频、图形、图像、文字等）信息的技术。虽然具有多种媒体，但不强调沉浸性、交互性、构想性，并且不包括触觉、力觉等感知，所处理的对象是二维的，在感知范围上远不如虚拟现实广泛。

12.2.2 虚拟现实关键技术

虚拟现实技术基于多媒体技术，虚拟现实的实现涉及很多方面，就应用研究来讲，其关键技术主要体现在以下五方面。

1. 动态环境建模技术

虚拟环境的建立是虚拟现实技术的核心内容。动态环境建模技术的目的是获取实际环境的三维数据并根据应用的需要，利用获取的三维数据建立相应的虚拟环境模型。三维数据的获取可以采用CAD技术（有规则的环境），而更多的环境需要采用非接触式的视觉建模技术，两者的有机结合可以有效地提高数据获取的效率。

2. 实时三维图形生成技术

三维图形的生成技术已经较为成熟，其关键是如何实现"实时"生成。为了达到实时的目的，至少要保证图形的刷新率不低于15帧/秒，最好是高于30帧/秒。在不降低图形质量和复杂度的前提下，如何提高刷新频率将是该技术的研究内容。

3. 立体显示和传感器技术

虚拟现实的交互能力依赖立体显示和传感器技术的发展。现有的虚拟现实还远远不能满足系统的需要，例如，数据手套有延迟大、分辨率低、作用范围小、使用不便等缺点；虚拟现实设备的跟踪精度和跟踪范围也有待提高，因此有必要开发新的三维显示技术。

4. 应用系统开发工具

虚拟现实应用的关键是寻找合适的场合和对象，即如何发挥想象力和创造力。选择适当的应用对象可以大幅度地提高生产效率、减轻劳动强度、提高产品开发质量。因此，必须研究虚拟现实的开发工具，如虚拟现实系统开发平台、分布式虚拟现实技术等。

5. 系统集成技术

由于虚拟现实中包括大量的感知信息和模型，因此系统的集成技术起着至关重要的作用，包括信息的同步技术、模型的标定技术、数据转换技术、数据管理模型技术、识别技术、合成技术等。正是由于虚拟系统集成了这些技术，才能获得良好的虚拟现实的效果。

12.2.3 虚拟现实技术应用

虚拟现实技术虽然是一门新兴的技术，但近年来其研究取得了很大进展。目前，虚拟现实技术的应用主要有以下方面。

1. 虚拟娱乐游戏

虚拟现实技术在娱乐业有着极其广泛的应用，娱乐业也是虚拟现实最早的应用领域之一。丰富的感觉能力与3D显示环境使得虚拟现实成为理想的视频游戏工具。第一个大规模的虚拟现实娱乐系统"Battle Tech"，将每个"座舱"仿真器联网进行组之间的对抗，三维逼真视景、游戏杆、油门、刹车和受到打击时的晃动，能给用户很强的感官刺激。

由于在娱乐方面对虚拟的真实感要求不是太高，因此近年来虚拟现实在该方面发展最为迅猛。在家庭娱乐方面，虚拟现实也显示出了很好的前景。

2. 虚拟军事演练

军事领域是虚拟现实技术最早研究和应用的领域。美国国防部高级研究计划局DARPA自20

世纪 80 年代起一直致力于研究称为 SIMNET 的虚拟战场系统，以提供坦克协同训练。该系统可连接 200 多台模拟器，可模拟零重力环境，以代替现在非标准的水下训练宇航员的方法。从 1994 年开始，联合开展了战争综合演练场 STOW 的研究，形成了一个包括海、陆、空多兵种，3700 个仿真实体参与，地域范围覆盖$(500\times750)km^2$ 的军事演练环境。

我国的 DVENET 是由北京航空航天大学联合浙江大学、国防科技大学、装甲兵工程学院、解放军测绘学院、中科院软件所等单位开发的一个分布式虚拟环境基础信息平台，基于分布式虚拟战场环境，将分布在不同地域的若干真实仿真器和虚拟仿真器联合在一起，进行异地协同与对抗战术仿真演练。

3．虚拟产品设计

波音 777 飞机的设计是虚拟原型机的应用典型实例，波音 777 飞机由 300 万个零件组成，所有设计在一个由数百台工作站组成的虚拟环境中进行。1996 年，加利福尼亚大学伯克利分校在 SGI 工作站上实现了本校新楼 Soda Hall 的实时漫游。我国北京航空航天大学 VR 与可视化新技术研究室已完成了恒昌花园及其房内装修、虚拟北航等漫游系统的开发，目前正在为国家科技馆建造一个珠穆朗玛峰及其周边环境的漫游系统。

4．虚拟模拟教学

将虚拟现实技术应用于模拟教学是多方面的，并具有广泛前景，主要体现在以下几方面。

（1）理论教学

在解释一些有关分子结构或复杂系统（如量子物理）的抽象概念时，虚拟现实是非常有力的工具，Lofin 等人在 1993 年建立了一个"虚拟的物理实验室"，用于解释某些物理概念，如位置与速度、力量与位移等。再如，Motorola 电话装配训练系统在虚拟现实空间里重建了电话装配线，据反映，用这套虚拟现实系统训练的效果比用真实的装配线训练的效果还好。

（2）实验教学

在虚拟实验室里，虚拟的实验仪器看起来像真实的一样完美，功能相同。学生通过它远程上实验课，更方便、效果更好。世界各地的科学家可通过虚拟实验室形成科研协作，共享网络数据和尖端仪器设备，更好地交换信息和协作。当虚拟实验室和真实的仪器设备建立起联系时，可以通过操作虚拟实验室中的仪器来操纵真实的仪器设备。

（3）实践教学

虚拟现实技术在医学方面的应用具有十分重要的现实意义。在虚拟环境中，可以建立虚拟的人体模型，借助于跟踪球、HMD、感觉手套，学生可以容易了解人体内部器官的结构，这比采用传统教科书的教学方式要有效得多。

又如，服务于医疗手术训练的虚拟现实系统用 CT 或 MRI 数据在计算机中重构人体或某一器官的几何模型，并赋予一定的物理特征（如密度、韧度、组织比例等），并通过机械手或数据手套等高精度的交互工具在计算机中模拟手术过程，以达到训练、研究的目的。此外，在远距离遥控外科手术、复杂手术的计划安排、手术过程的信息指导、手术后果预测及改善残疾人生活状况乃至新型药物的研制等方面，虚拟现实技术都有十分重要的意义。

5．艺术创作

作为传输显示信息的媒体，虚拟现实在未来艺术领域方面所具有的潜在应用能力也不可低估。虚拟现实具有的临场参与感与交互能力可以将静态的艺术（如油画、雕刻等）转化为动态的，使观赏者能更好地欣赏作者的思想艺术。另外，虚拟现实技术可提高艺术表现能力。例如，一个虚拟的音乐家可以演奏各种各样的乐器，手足不便的人或远在外地的人可以在他生活的居室中去虚拟的音乐厅欣赏音乐会。虚拟现实技术还可以在虚拟空间里恢复已经被损毁的历史上曾经存在过的文化遗迹（虚拟博物馆）。例如，韩国被毁的皇宫、意大利被毁的大教堂都已经用这种方法在计算机的虚拟空间里恢复，我国的圆明园遗址也在这样的恢复中，人们可以通过计算机看到它的原貌。

§12.3 移动互联网技术

互联网及其通信技术高速发展，已从有线网络通信发展到移动无线网络通信，而且实现了从模拟网向数字网的转换，传输语音、数据、视频等多媒体信息。互联网和移动通信网络二者结合而成的网络被称为移动互联网（Mobile Internet，MI）。

12.3.1 移动互联网的概念

移动互联网是在互联网的基础上，将智能移动终端与无线网络相结合的一种新兴互联网络，为广大用户提供不受地域限制的多功能、全方位即时通信服务，成为连接人们线上、线下生活、工作和娱乐出入口的新通道。

1. 移动互联网的起源

2008年6月10日是一个移动互联网发展史上具有特殊意义的纪念日。当时苹果公司的CEO史蒂夫·乔布斯（Steve Jobs）向全球发布了新一代的智能手机iPhone 3G，从此开创了移动互联网蓬勃发展的新时代。近年，移动互联网以"摧枯拉朽之势"席卷全球。移动通信终端与互联网相结合成为一体，用户使用手机、个人数码助手（Personal Digital Assistant，PDA）或其他无线终端设备，通过第2代（Second Generation，2G）、第3代（3rd Generation，3G）移动通信或无线局域网（Wireless Local Area Networks，WLAN）等高速率的移动网络，在移动状态下（如在地铁、公交车等）随时、随地访问Internet，以获取信息及使用商务、娱乐等各种网络服务。

2. 移动互联网的特点

移动互联网是移动通信技术与互联网的技术、平台、商业模式和应用结合的总称。移动互联网虽然基于Internet，但具有以下鲜明特点。

（1）便捷性（Convenience）：移动互联网的基础网络是一张立体的网络，是由通用分组无线服务（General Packet Radio Service，GPRS）、全球移动通信系统（Global System for Mobile Communications，GSM）、增强型数据速率GSM演进（Enhanced Data Rate for GSM Evolution，EDGE）、3G/4G和WLAN或无线互联网（Wireless Fidelity，Wi-Fi）构成的无缝覆盖的网络，使得移动终端具有通过上述任何形式方便接通网络的特性。

（2）便携性（Portability）：移动互联网的基本载体是移动终端，这些移动终端不仅是智能手机、平板电脑，还可能是智能眼镜、手表、服装、饰品等物品。

（3）即时性（Instantaneity）：可以随时随地接收和处理互联网的各类信息，因而不存在任何重要信息、时效信息被错过的问题。

（4）定向性（Directionality）：移动互联网基于位置的服务（Location Based Service，LBS），

不仅能够定位移动终端所在的位置，还可以根据移动终端的趋向性，确定下一步可能去往的位置，使得相关服务具有可靠的定位性和定向性。

（5）精准性（Accuracy）：移动互联网中的每个电话号码都精确指向了明确的个体，能为用户提供精准的个性化服务。

（6）感触性（Affectability）：智能手机终端不仅体现在终端屏幕的感触层面，更重要的是体现在照相、摄像、二维码扫描，以及重力感应、磁场感应、移动感应、温度感应、湿度感应甚至人体心电感应、血压感应、脉搏感应等方面，具有无所不及的感触功能。

12.3.2 移动互联网关键技术

移动互联网是在 Internet 基础上发展起来的，就"移动互联"来讲，其关键技术是移动互联网通信技术和移动互联网终端技术。

1．移动互联网通信技术

移动互联网与通信技术密切相关，移动终端设备接入移动互联网最常用的媒介网络是移动通信网络和中短距离无线网络（如无线互联网、蓝牙网络），而各种通信标准与协议是构建移动通信网络和中短距离无线网络的基础。

（1）移动通信网络技术

移动通信网络技术是移动网络的技术基础，随着蜂窝小区的迅速发展，用户彻底摆脱了终端设备的束缚，实现了完整的个人移动性、可靠的传输手段和接入方式。4G 技术可以集成多种不同模式的无线通信，能够满足几乎所有用户对于在线服务的要求。4G 被称为宽带接入和分布式网络，具有非对称 2 Mbps 的数据传输能力，可对全速移动用户提供高质量影像服务，可实现二维图像的高质量传输，包括宽带无线固定接入、宽带无线局域网（WLAN）、移动宽带系统和互操作的广播网络（基于地面和卫星系统），是集多种无线技术和无线 LAN 系统为一体的综合系统，也是宽带 IP 接入系统使其宽带无线局域网能与 BISDN（Broadband Integrated Services Digital Network，宽带综合业务数字网）和 WLAN 兼容，实现宽带多媒体通信，形成 IBCN（Integrated Broadband Communication Network，综合宽频通信网路），还能提供定位定时、数据采集、远程控制等功能。

（2）中短距离无线通信技术

中短距离无线通信技术是实现移动终端互联的技术，包括蓝牙技术和无线局域网技术。

蓝牙（Blue Tooth）技术是由 Agere、爱立信、IBM、Intel、微软、摩托罗拉、诺基亚、东芝等公司于 1998 年 5 月共同提出的近距离无线数字通信的技术标准，是一种支持设备短距离通信（一般在 10 米内）的无线电技术。蓝牙技术能够实现移动电话、PDA、相关外部设备之间的信息交换，能够有效地简化移动通信终端设备之间的通信，以及中端设备与网络之间的通信。

无线局域网技术是计算机网络与无线通信技术相结合的产物，包括 WLAN 和 Wi-Fi。其中，WLAN 利用无线多址信道来支持计算机之间的通信，并为通信的移动化、个性化和多媒体应用提供可能；Wi-Fi 是一种可以将个人计算机、手持设备（如 PDA、手机）等终端以无线方式互相连接的技术，改善基于 IEEE 802.11 标准的无线网络产品之间的互通性。

2．移动互联网终端技术

移动互联网终端设备是指通过无线通信技术接入互联网的终端设备，如智能手机、平板电脑等，其主要功能就是移动上网。其中智能手机成为目前最普及和应用最广的移动互联设备，既可以做到方便无线网络接入，又小巧便携性强。智能手机是基于移动互联网技术的终端设备，是通信业和计算机工业相结合的产物，因此越来越多的人称呼这类移动通信产品为个人通信终端。

移动互联网终端技术主要包括终端制造技术、终端硬件技术和终端软件技术三类。终端制造技术是集成了机械工程、自动化、信息、电子技术等形成的技术、设备和系统的统称；终端硬件技术是实现移动互联网信息输入、信息输出、信息存储与处理等技术的统称，一般分为处理器芯片技术、人机交互技术等；终端软件技术是指通过用户与硬件间的接口界面与移动终端进行数据或信息交换的技术统称，一般分为移动操作系统、移动中间件及移动应用程序等技术。

12.3.3 移动互联网技术应用

移动通信网与互联网相结合而形成的移动互联网，使得人们可以使用智能手机（Intelligence Phone，IP）、PDA、平板电脑（Tablet Personal Computer，TPC）等移动智能终端更加方便地利用互联网提供的多项服务。特别是智能手机的普及使移动互联网逐渐渗透到人们生活、工作的各个领域。目前，移动互联网的应用领域主要包括即时通信、信息搜索、移动阅读、手机游戏、手机视频、移动定位、手机支付等。

1. 移动通信（Mobile Communication）

移动通信，也称为即时通信（Instant Messenger，IM），是一种即时发送和接收互联网信息的服务，使用互联网即时传递文字、文件、语音和视频信息，因而受到用户欢迎和青睐。

随着智能手机的普及和国内移动通信网络环境的改善，新一代移动 IM 快速涌入市场。通过无线联网技术 Wi-Fi，人们可以用语音或视频与好友聊天，并可以随时发送图片。中国移动、中国联通和中国电信三大通信运营商开发的手机即时通信软件可以实现跨运营商、跨操作系统平台的多媒体信息即时传送。

2. 移动阅读（Mobile Reading）

移动阅读是指利用移动智能终端来阅读小说、电子书、报纸、期刊等的应用。移动阅读不同于传统的纸质阅读和计算机上的电子阅读，由于移动智能终端可以方便用户随时随地浏览，使得移动阅读已成为移动音乐之后最具潜力的增值业务，移动阅读市场甚至具有比移动音乐更大的发展空间。通过智能手机随时随地阅读网络新闻和各类信息，已成为现在普遍的社会现象。

3. 移动视听（Mobile Audio-Visual）

移动视听是指利用移动终端在线观看视频、收听音乐及广播等影音应用。传统移动视听一般运用在 MP3、MP4、MP5 等设备上，而移动互联网中的移动视听将多媒体设备和移动通信设备融合起来，不再单纯依赖一种功能应用而存在。移动视听作为一种新兴的娱乐形式，更受年轻时尚人士喜爱，个性化的视听内容更受青睐。移动视听通过内容点播、观众点评等形式能够提供个性化服务，因而成为移动互联网的一个亮点。另外，移动视听最大的好处就是可以随时随地收看。

4. 移动搜索（Mobile Search）

移动搜索是指以移动设备为终端，对传统互联网进行搜索，从而实现高速、准确地获取信息资源。随着移动互联网内容的充实，人们查找信息的难度不断加大，内容搜索需求也会随之增加。

因此，与传统互联网搜索相比，移动搜索的技术要求更高。移动搜索引擎需要实现多样化的搜索服务，智能搜索、语义关联、语音识别等技术要融合到移动搜索技术中。

5．移动社区（Mobile Community）

移动社区是指以移动终端为载体的社交网络服务，也就是终端、网络加社交的意思，通过网络把人们连接起来，从而形成具有某一特点的团体，如同学网络群、战友网络群等。

6．移动商务（Mobile Commerce）

移动商务是指通过移动通信网络进行数据传输，并且利用移动信息终端参与各种商业经营活动的一种新型电子商务模式。它是新技术条件与新市场环境下的电子商务形态，也是电子商务的一个分支。移动商务是移动互联网的转折点，因为它突破了仅用于娱乐的限制，开始向企业用户渗透。随着移动互联网的发展成熟，企业用户越来越多地利用移动互联网开展商务活动，包括移动办公和移动电子商务等，围绕这些业务的应用也会日益丰富。

7．移动服务（Mobile Service）

移动服务，也称为位置服务，是通过电信移动运营商的无线通信网络或外部定位方式获取移动终端用户的位置信息，在地理信息系统的支持下，为用户提供多项服务，如急救服务、交通导航、找旅馆等，几乎覆盖了生活中的所有方面。特别是交通导航，即使一个司机到了一个完全陌生的地方，也可以利用导航系统的即时指引。

8．移动支付（Mobile Payment）

移动支付是指允许用户使用其移动终端（通常是手机）对所消费的商品或服务进行账务支付的一种操作方式，包括手机话费查询和纳税、银行卡余额查询、银行卡账户信息的变动通知、公共事业费缴纳、彩票投注等。同时，利用二维码技术，在线订票、电子折扣券、礼品券等增值服务都可以实现。我们相信，手机将集成公交卡、银行卡、钥匙等功能，为搭乘交通工具和购物带来方便，移动支付会是未来最有创新活力和最具市场潜力的应用领域。

9．移动游戏（Mobile Game）

移动游戏是指在手机上进行的一种网络在线电子游戏。手机游戏可分为在线移动游戏和非网络在线移动游戏，随着人们对移动互联网接受程度的提高，手机游戏已成为移动互联网最热门的应用之一。随着移动互联网的发展及智能手机功能越来越多、越来越强大，手机游戏已发展到可以与掌上游戏机媲美，具有很强的娱乐性和交互性的复杂形态。

网络通信技术的高速发展推动着移动互联网络的同步发展。随着5G产品的推出，移动互联网络会使我们的生活质量进一步提升。

§12.4 物联网技术

计算机及信息技术的高速发展使得互联网的应用不断拓展，物联网便是新一代信息技术的重要组成部分，已成为目前全球研究的热点问题，国内外把它的发展提到了国家战略高度，被称为继计算机、互联网之后世界信息产业的第三次浪潮。

12.4.1 物联网的概念

物联网是基于互联网、传统电信网等信息承载体,让所有能行使独立功能的普通物体实现互联互通的网络。物联网是指通过信息传感设备,按约定的协议,将任何物体与网络相连接,物体通过信息传播媒介进行信息交换和通信,以实现智能化识别、定位、跟踪、监管等功能。

1. 物联网的起源

物联网(Internet of Things,IoT)的实践最早可以追溯到 1990 年施乐公司的网络可乐贩售机(Networked Coke Machine)。1991 年,美国麻省理工学院(Massachusetts Institute of Technology,MIT)的 Kevin Ashton 教授首次提出了"物联网"的概念。1995 年,比尔·盖茨在《未来之路》一书中也曾提及物联网,但未引起广泛重视。1999 年美国麻省理工学院建立了"自动识别中心(Auto-ID)",提出"万物皆可通过网络互连",阐明了物联网的基本含义。早期的物联网是依托射频识别(Radio Frequency Identification,RFID)技术的物流网络,随着技术和应用的发展,物联网的内涵已经发生了较大变化。

2003 年,美国《技术评论》提出传感网络技术将是未来改变人们生活的十大技术之首。2004 年,日本总务省(MIC)提出了 U-Japan 计划,力求实现人与人、物与物、人与物之间的连接,希望将日本建设成一个随时、随地、任何物体、任何人均可连接的泛在网络社会。2005 年 11 月 17 日,在信息社会世界峰会(WSIS)上,ITU(International Telecommunication Union,国际电信联盟)发布了《ITU 互联网报告 2005:物联网》,正式提出并引用了物联网的概念。ITU 发布的报告指出,无所不在的"物联网"通信时代即将来临,世界上所有的物体从轮胎到牙刷、从房屋到纸巾,都可以通过物联网主动进行信息交换。2009 年 1 月 28 日,IBM 首次提出了"智能地球(Intelligent Earth)",由此掀起了全球对物联网的关注浪潮。该战略认为,物联网产业下一阶段的任务是把感应器嵌入和装备到各种物体中,并且广泛连接,形成所谓"物联网",然后与现有的互联网整合,实现人类社会与物理系统的整合。

2. 物联网的定义

目前物联网没有一个统一的标准定义。1999 年,物联网被定义为:将物品通过射频识别信息、传感设备与互联网连接起来,实现物品的智能化识别和管理。该定义体现了物联网的三个主要本质:一是互联网特征,物联网的核心和基础仍然是互联网,需要联网的物品一定要能够实现互联互通;二是识别与通信特征,即纳入物联网的"物"一定要具备自动识别(如 RFID)与物物通信(Machine to Machine,M2M)的功能;三是智能化特征,即网络系统应具有自动化、自我反馈与智能控制的特点。物联网中的"物"要满足以下条件:要有相应信息的接收器;要有数据传输通路;要有一定的存储功能;要有专门的应用程序;要有数据发送器;遵循物联网的通信协议;在网络中有被识别的唯一编号;等等。

事实上,物联网就是物物相连的互联网,包括两层意思:一是物联网的核心和基础仍然是互联网,是在互联网基础上延伸和扩展的网络;二是用户端延伸和扩展到了物品与物品之间进行信息交换和通信。物联网包括互联网上所有的资源,兼容互联网上所有的应用,但物联网中所有的元素(设备、资源及通信等)都是个性化和私有化的。

3．物联网的体系结构

物联网利用局部网络或互联网等通信技术，把传感器、控制器、机器、人员和物体通过新的方式连接在一起，形成人与物、物与物相连，实现信息化、远程管理控制和智能化的网络。物联网的体系结构包括应用层、网络层和感知层，其体系结构如图 12-4 所示。

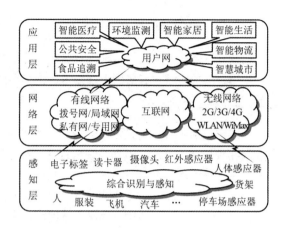

图 12-4　物联网的体系结构

（1）应用层（Application Layer）

根据物联网的"社会分工"，应用层是物联网的最外层，利用各种智能计算技术对海量的数据和信息进行分析和处理，提升对物质世界、经济社会各种活动和变化的洞察力，对物体实现智能化的决策和控制。

（2）网络层（Network Layer）

网络层是物联网的"神经中枢"，包括通信网络、互联网、网络管理中心、信息处理中心等，实行信息传输和处理，通过对每件物品的识别和通信，将已数据化的虚拟事件连入网络，将物体的信息实时、准确地传输与交互。

（3）感知层（Perception Layer）

感知层是物联网的"皮肤"和"五官"，利用各种传感设备，随时随地全面感知各种物体制的信息（包括各类物理量、标识、音频、视频数据等），实时采集、获取、记录数据。感知层是物联网的智能终端，也是神经末梢。

通过感知层、网络层和应用层的相互作用，物联网实现了物理世界与人类应用需求的连通，实现真正意义上的人与物、物与物互连。

4．物联网的特征

物联网是互联网的延伸和应用拓展，包括互联网及互联网上所有的资源，兼容互联网上所有的应用，但物联网中的所有设备、资源及通信都是个性化和私有化的。因此，应用创新是物联网发展的核心，以用户体验为核心的创新是物联网发展的灵魂。物联网作为新一代信息技术的重要组成部分有三个特征。

（1）全面感知（Overall Perception）

物联网上部署了多种类型传感器，每个传感器都是一个信息源，不同类别的传感器所捕获的信息内容和信息格式不同。传感器获得的数据具有实时性，按一定的频率周期性地采集环境信息，不断更新数据。

（2）可靠传递（Reliable Delivery）

物联网技术的重要基础和核心仍旧是互联网，通过各种有线和无线网络与互联网融合，将物体的信息实时准确地传递出去。

（3）智能处理（Intelligent Processing）

物联网不仅提供了传感器的连接，其本身也具有智能处理的能力，能够对物体实施智能控制。物联网将传感器和智能处理相结合，利用云计算、模式识别等技术，拓展应用领域。

12.4.2 物联网关键技术

物联网是在互联网的基础上发展起来的,要通过网络获取万物互连信息,则涉及许多新技术的应用,其关键技术有射频识别技术、传感器技术、网络通信技术、智能嵌入技术等。

1. 射频识别技术

射频识别（RFID）技术是一种非接触式的自动识别技术,可通过无线电信号识别特定目标并读写相关数据,不需要识别系统与特定目标之间建立机械或光学接触。RFID 由标签、阅读器和天线三部分组成。

（1）标签（Label）：由耦合元件及芯片组成,具有存储和计算功能,可附着或植入手机、护照、身份证、人体、动物、物品、票据中,每个标签具有唯一的电子编码。

（2）天线（Aerial）：系统接收天线接收到从电子标签发送来的载波信号,经天线调节器传送到阅读器,阅读器对接收的信号进行解调和解码,然后送到后台主系统进行相关处理。

（3）阅读器（Reader）：通过发射天线发送一定频率的射频信号；当电子标签进入发射天线工作区域时产生感应电流。它获得能量被激活,并将自身编码等信息通过卡内置发送天线发送出去。

射频识别技术是物联网中的关键技术,面临的、亟待研究解决问题主要有以下三方面。

（1）数据安全（Data Security）：由于任何实体都可以读取标签,因此不法分子可将自己伪装成合法标签,或通过进行拒绝服务攻击,从而对标签的数据安全造成威胁。

（2）隐私（Privacy）：将标签 ID 与用户身份关联,会侵犯个人隐私。与隐私相关的安全问题主要包括信息泄露和信息追踪。

（3）复制（Copy）：约翰斯霍普金斯大学和 RAS 实验室研究人员指出,RFID 标签中存在一个严重安全缺陷,那就是可以被复制。

2. 传感器技术

传感器是机器感知物质世界的"感觉器官",用来感知信息采集点的环境参数,包括热、力、光、电、声、位移等信号,为物联网系统的处理、传输、分析和反馈提供最原始的信息。传感器通常由敏感元件和转换元件组成,随着电子技术的不断进步,传统的传感器正逐步实现微型化、智能化、信息化、网络化,也正经历着一个从传统传感器到智能传感器再到嵌入式 Web 传感器不断发展的过程。

3. 网络通信技术

在物联网的机器到机器、人到机器和机器到人的信息传输中,涉及的通信技术主要有有线（DSL、PON 等）和无线（CDMA、GPRS、IEEE 802.11a/b/g WLAN 等）。物联网特别重视无线传感网技术。传感网技术分为两类：近距离通信和广域网络通信。近距离通信的核心技术以 IEEE 802.15.4 规范为准；广域网络通信的核心技术是 IP 互联网、3G/4G/5G 移动通信、卫星通信及以 IPv6 为核心的下一代互联网技术。

4. 智能嵌入技术

物联网的目的是让所有的物品都具有计算机的智能,这就需要嵌入式技术的支持,它综合了计算机软/硬件、传感器、集成电路、电子应用等技术。智能嵌入技术将计算机作为一个信息处理部件嵌入应用系统中,并且将软件固化集成到硬件系统中,实现硬件系统与软件系统一体化。

12.4.3 物联网技术应用

物联网的用途极为广泛，遍及智能交通、环境保护、货物流通、智能消防、工业检测、环境监测、路灯照明管控、个人健康、水系检测、食品溯源、敌情侦查、情报搜索等众多领域。下面简要介绍物联网在智慧城市、智能物流、智能交通、智能环保、智能医疗等领域中的应用。

1．智慧城市（Intelligent City）

智慧城市是指对城市实行数字化管理和对城市安全进行统一监控。前者是通过"数字城市"概念，利用地球信息系统（Geographic Information System，GIS）、全球定位系统（Global Positioning System，GPS）、遥感系统（Remote Sensing System，RSS）等关键技术，深入开发和应用空间信息资源，建设服务于城市规划、人口和资源管理、经济社会持续发展的信息系统；后者是基于宽带互联网的实时远程监控、传输、存储、管理，将分散、独立的图像采集点进行联网，实现对城市安全的统一监控、统一存储和统一管理。

2．智能物流（Intelligent Logistics）

智能物流是将物联网技术应用在物流配送系统中，帮助实现物品跟踪与信息共享，提高物流企业的运行效率，实现可视化供应链管理，提升物流信息化程度。智能物流打造了集信息展现、电子商务、物流配载、金融质押等功能为一体的物流园区综合信息服务平台，并以功能集成、效能综合为主要开发理念，以电子商务、网上交易为主要交易形式，提供高标准、高品质的服务。

3．智能交通（Intelligent Transportation）

智能交通是指以互联网、物联网等信息技术为基础，通过感知化、互联化、智能化的方式，形成以交通信息网络完善、运输装备智能、运输效率和服务水平高为主要特征的现代交通发展新模式。智能交通涉及的行业非常广泛，涵盖城市公交、出租车、长途客运、物流货运，以及金融、保险、公安、环卫等其他政企行业客户车队管理需求。

智能交通是移动互联网和物联网在交通系统领域的典型应用，通过无线视频监控平台利用车载设备的无线视频监控和 GPS 定位功能，对各类车辆运行状态进行实时监控。例如，车联网（Internet of Vehicles）以车内网、车际网和车载移动互联网为基础，按照约定的通信协议和数据交互标准，在车－X（X：车、路、行人及互联网等）之间进行无线通信和信息交换的大系统网络，是能够实现智能化交通管理、智能动态信息服务和车辆智能化控制的一体化网络平台。

4．智能环保（Intelligent Environmental Protection）

智能环保是指通过对实施地表水水质的自动监测，可以实现水质的实时连续监测和远程监控，及时掌握主要流域重点断面水体的水质状况，预警预报重大或流域性水质污染事故，解决跨行政区域的水污染事故纠纷，监督总量控制制度落实情况。

5．智能医疗（Intelligent Medical Treatment）

智能医疗是指借助简易使用的家庭医疗传感设备，对家中病人或老人的生理指标进行自测，并将生成的生理指标数据通过通信运营商的固定网络或无线网络传送到护理人员或有关医疗单位。智能医疗在病人身份管理、移动医嘱、诊疗体征录入、药物管理、检验标本管理、病案管理数据保存及调用、护理流程、临床路径等管理中，均能发挥重要作用。物联网技术可以将药品名称、品种、产地、批次及生产、加工、运输、存储、销售等环节的信息都存于电子标签中，当出现问题时，可以追溯全过程；还可以把信息传送到公共数据库中，患者或医院可以将标签的内容和数据库中的记录进行对比，从而有效地识别假冒药品。在公共卫生方面，通过射频识别技术建立医疗卫生的监督和追溯体系，可以实现检疫检验过程中病源追踪的功能，并能对病菌携带者进行管理，为患者提供更加安全的医疗卫生服务。

§12.5 云计算技术

随着计算机网络应用技术研究的深入，互联网技术在极大拓展个人计算机用途的同时，也在逐渐取代其"个人计算应用核心"的位置。对于包括软件、硬件、服务和计算节点、存储节点等在内的计算资源，将由大众化、个人化、多点（终端）化的分布式应用不断向互联网聚合，计算将由"端"走向"云"，最终全部聚合到云中，成为纯"云"计算的时代。

12.5.1 云计算的概念

云计算（Cloud Computing）不是指某项具体的技术或标准，而是一个概念，这个概念的起源是 Amazon 的 EC^2（Elastic Compute Cloud）产品和 Google-IBM 分布式计算项目，是继 20 世纪 80 年代大型计算机到客户-服务器模式的大转变之后的又一种巨变。作为一种把超级计算机的能力传播到整个互联网的计算方式，云计算似乎已经成为研究专家们苦苦追寻的"能够解决最复杂计算任务的精确方法"的最佳答案。

1. 云计算的定义

目前，云计算没有一个确切的定义。狭义上，云计算是指 IT 基础设施的交付和使用模式，即通过网络以按需、易扩展的方式获得所需资源；广义上，云计算是指服务的交付和使用模式，即通过网络以按需、易扩展的方式获得所需服务，这种服务可以是与 IT 和软件、互联网相关的，也可以是其他服务。因此，可以概括为，云计算是将网络中分布的计算、存储、服务设备、网络软件等资源集中起来，将资源以虚拟化的方式为用户提供方便快捷的服务。云计算的核心思想是将大量用网络连接的计算资源实行统一管理和调度，构成一个计算资源池向用户提供按需服务，而提供资源的网络被称为"云"。"云"中的资源可随时拓展和获取，并按使用付费。

2008 年被称为云计算元年，基本上所有的主流 IT 厂商都开始关注云计算。随后，各种产品和服务都以云命名，如云计算、云存储、云软件、云安全、云备份等。这些新的服务在使用方式、用户体验、商业模式等方面都有创新。

2. 云计算服务模式

云计算是一种基于 Internet 的超级计算模式，在远程数据中心将几万台服务器和网络设备连接在一起，各种计算资源共同组成了若干庞大的数据中心。在云计算服务模式中，用户通过终端接入网络，向"云"接受请求后组织资源，通过网络为用户提供服务。这种服务使得用户终端的功能大大简化，富足的计算与处理过程都将转移到用户终端背后的"云"去完成。

云计算主要包括三种服务模式：软件即服务（Software as a Service，SaaS）、平台即服务（Platform as a Service，PaaS）和架构即服务（Infrastructure as a Service，IaaS），如图 12-5 所示。

（1）软件即服务（SaaS）

SaaS 为普通客户提供应用服务，客户只要接上网络，就能直接使用在云端上运行的应用，访问服务软件及数据，而不需要顾虑类似安装一类的烦琐事情，并且免去了初期高昂的硬件投入。在 SaaS 中，服务提供者维护基础设施和平台维持服务运作，使得企业能够借由外包硬件、软件维护及支持服务给服务提供者来降低 IT 运营费用。由于应用程序是集中提供的，因此无须用户手动更新或安装新的软件。

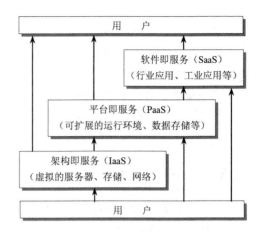

图 12-5　云计算服务模式

SaaS 主要面向普通用户，提供的功能包括随时随地访问、支持公开协议、安全保障、多住户机制。SaaS 的主要产品包括 Salesforce Sales Cloud、Google Apps、阿里巴巴的互联软件平台等。

（2）平台即服务（PaaS）

PaaS 为客户提供一个开发平台服务，用户可以在包括 SDK、文档、测试环境等在内的开发平台上方便地编写应用程序，无须为服务器、操作系统、网络基础架构、存储等资源的管理操心，所有的烦琐工作都由 PaaS 提供商负责处理，其整合效率极高。

PaaS 主要面向开发人员，提供的功能包括友好的开发环境、丰富的支持服务、自动的资源调度、精细的管理和监控等。PaaS 的主要产品包括 Google App Engine、force.com、heroku 和 Windows Azure Platform 等。

（3）架构即服务（IaaS）

IaaS 为用户提供虚拟机或其他资源服务，用户可以从供应商那里获得所需的虚拟机、云存储等资源来装载相关的应用，这些基础设施的各项管理工作由 IaaS 提供商来处理。

IaaS 主要面向系统管理员，提供的功能包括资源抽象、资源监控、负载管理、资源部署、安全管理、计费管理等。

这三种服务模式使得云计算具有超大规模、虚拟化、通用性、扩展性、廉价性、按需服务、高可靠性等特点。

3．云计算部署模型

美国国家标准和技术研究院的云计算定义涉及了关于云计算的部署模型，它包括了如下内容。

（1）公用云（Public Cloud）

公用云通过网络及第三方服务供应者开放给客户使用。"公用"并不代表"公费"，或者可代表免费或相当廉价。同时，公用云并不表示用户数据可供任意查看，公用云供应者通常会对用户实施使用访问控制机制。公用云作为解决方案，既有弹性，又具备成本效益。

（2）私有云（Private Cloud）

私有云具备许多公用云环境的优点，如弹性、适合提供服务，两者的差别在于，私有云服务中，数据与程序皆在组织内管理，不会受到网络带宽、安全疑虑、法规限制影响。此外，私有云服务让供应者及用户更能掌控云基础架构，改善安全与弹性，因为用户与网络都受到特殊限制。

（3）社区云（Community Cloud）

社区云由众多利益相仿的组织掌控及使用，如特定安全要求、共同宗旨等。社区成员共同使用云数据及应用程序。

（4）混合云（Hybrid Cloud）

混合云结合公用云和私有云。在混合云中，用户通常将非企业关键信息外包，并在公用云上处理，但同时掌控企业关键服务及数据。

12.5.2 云计算关键技术

云计算是 21 世纪发展起来的一种应用技术，严格意义上是一种基于计算机网络的服务技术。因此，其关键技术主要有虚拟化技术、分布存储技术、并行编程模式、数据管理技术、平台管理技术等。

1. 虚拟化技术

虚拟化技术在计算机中目前主要应用在 CPU、操作系统、服务器等方面，是提高服务效率的最佳解决方案。虚拟化技术呈现给用户的是一个与物理资源有相同功能和接口的虚拟资源，可能建立在一个实际的物理资源上，也可能跨多个物理资源，用户不需要了解底层的物理细节。云计算可以在不同的应用程序之间虚拟化和共享资源，将计算能力、数据等作为服务放置在云中，原有的独立服务器放置在云中，利用虚拟化对外提供统一、简单的访问方式。

2. 分布存储技术

云计算以互联网为基础，为保证高可用性、高可靠性和经济性，云计算采用分布式存储方式在线存储，并采用数据冗余存储的方式来保证存储数据的可靠性，并且具有高吞吐率和高传输率的特点，用户无须考虑存储容量、数据存储位置、安全性、可靠性等问题。目前，各厂商多采用 Google 文件系统（Google File System，GFS）或分布式文件系统（Hadoop Distribute File System，HDFS）。

3. 并行编程模式

为了使用户能轻松地享受云计算带来的服务，云计算提供了分布式的计算模式和编程模式，让用户能利用该编程模式编写简单的程序来实现特定目的。目前，云计算中广泛使用类似 Map-Reduce 的编程模式。Map-Reduce 是一种编程模式和任务调度模式，主要用于数据集的并行运算和并行任务的调度处理，用户只需要编写 Map 函数和 Reduce 函数即可实现分布式并行计算。

4. 数据管理技术

云计算系统对大数据集进行处理分析，向用户提供高效的服务，所以数据管理技术必须能够高效地管理大数据集，如何在规模巨大的数据中找到特定数据便是云计算数据管理技术必须解决的问题。为了保证海量数据存储和分析性能，云计算系统的数据管理往往采用列存储的数据管理模式，将表按列划分后存储，如 Google 的 Big Table 数据管理技术。

5. 平台管理技术

云计算资源规模庞大，必须提供强大的计算能力，而这种计算能力仅仅靠单一的服务器无法完成，所以云计算系统的服务器数量可能会高达十万台，并跨越几个位于不同地点的数据中心，同时包含成百上千种应用。如果系统需要人为整合、分配和管理，那么不能满足云计算的要求，因此必须采用自动、智能化管理，消除人工部署和干预，允许系统自己智能地响应应用的要求，云计算系统管理技术是云计算的"大脑"，通过自动化、智能化的手段，实现系统的运营与管理，使大量的服务器协同工作，方便地进行业务部署和开通，快速发现和恢复系统故障等管理工作。

12.5.3 云计算技术应用

云计算虽然诞生的时间不长，但发展很快。由于它具有诸多优点，特别是随着我国科学技术的全面发展和"一带一路"不断拓展，云计算的应用在不断地向各领域延伸。

1. 金融与能源领域

金融、能源企业一直是国内信息化建设的领军行业用户，许多行业内企业信息化建设已经进入"IT资源整合集成"阶段。其中，最为关键的技术就是需要利用"云计算"模式，搭建IaaS，即一切服务的基础设施。IaaS物理集成平台是对各类服务器基础设施应用进行集成，形成能够高度复用与统一管理的IT资源池，对外提供统一硬件资源服务，同时在信息系统整合方面，需要建立PaaS，实现各异构系统间的互连互通。因此，云计算模式将成为金融、能源等大型企业信息化整合的"关键武器"，各类用户和消费者可以从完善的计算机基础设施中获得需要的优质服务。

2. 电子政务领域

随着云计算应用的普及，中国各级政府机构高度重视并积极开展"公共服务平台"的建设，努力打造"公共服务型政府"的形象。为此，需要通过云计算技术来构建高效运营的技术平台，其中包括利用虚拟化技术建立公共平台服务器集群、利用PaaS技术构建公共服务系统等方面，进而实现公共服务平台内部可靠、稳定运行，提高平台不间断服务能力。

3. 教育科研领域

云计算的广泛应用将为高校与科研单位提供实效化的研发平台。云计算将在我国高校与科研领域得到广泛的应用普及，各大高校将根据自身研究领域与技术需求建立云计算平台，并对原来各直属研究所的服务器与存储资源加以有机整合，提供高效可复用的云计算平台，为科研与教学工作提供强大的计算机资源，进而大大提高研发工作效率。

4. 医药医疗领域

医药、医疗机构是关系国计民生的部门，医药企业与医疗单位也是国内信息化水平较高的行业用户，在"新医改"政策推动下，医药企业与医疗单位将对自身信息化体系进行优化升级，以适应医改业务调整要求。在此背景下，以"云信息平台"为核心的信息化集中应用模式将孕育而生，逐步取代各系统分散为主体的应用模式，进而提高医药企业的内部信息共享能力与医疗信息公共平台的整体服务能力，远程专家会诊就是其中的典型案例。

5. 制造业领域

随着"后金融危机时代"的到来，制造企业的竞争将日趋激烈，企业在不断进行产品创新、管理改进的同时，也在大力开展内部供应链优化与外部供应链整合工作，进而降低运营成本、缩短产品研发生产周期，未来云计算将在制造企业供应链信息化建设方面得到广泛应用，特别是通过对各类业务系统的有机整合，形成企业云供应链信息平台，加速企业内部"研发－采购－生产－库存－销售"信息一体化进程，进而提升制造企业竞争实力。

〖问题提示〗 云计算作为一种新的计算模式，可以促进物联网的实现，主要表现在两方面：

首先，云计算是实现物联网的核心，构建物联网的射频识别技术、传感器技术、网络通信技术这三大基石都需要云计算的动态管理来实现，运用云计算模式，使物联网中数以兆计的各类物品的实时动态管理、智能分析成为可能；其次，云计算能够促进物联网与互联网的智能融合，能够实现"更透彻的感知，更全面的互连互通，更深入的智能化"。

§12.6　大数据技术

随着互联网、物联网、云计算等前沿技术和服务的涌现，人类社会的数据规模和种类正以前所未有的速度不断增长和累积，大数据时代已经来到。大数据是一个抽象的概念，是继移动互联网、物联网、云计算之后 IT 产业又一次颠覆性的技术革命，对国家治理模式、企业决策、组织和业务流程，以及个人生活和工作方式等都将产生巨大的影响。

12.6.1　大数据的概念

大数据的概念最初是由美国思科、威睿、甲骨文、IBM 等公司倡议发展起来的。大约从 2009 年开始，大数据或称巨量资料（Bigdata，Megadata）成为互联网信息技术行业的流行词汇，指的是需要新处理模式才能具有更强的决策力、洞察力和流程优化能力的海量、高增长率和多样化的信息资产。大数据这一术语最早期的引用可追溯到 Apache Org 的开源项目 Nutch。当时，大数据用来描述为更新网络搜索索引需要同时进行批量处理或分析的大量数据集。随着谷歌 Map Reduce 和 Google File System 的发布，大数据不仅用来描述大量的数据，还涵盖了处理数据的速度。

1. 大数据的定义

大数据，或称为巨量资料，是指让我们以一种前所未有的方式，通过对海量数据进行分析，获得有巨大价值的产品和服务。大数据本身是一个比较抽象的概念，如果从字面来看，它表示数据规模的庞大，但仅数量上的庞大无法看出大数据这一概念与以往的"海量数据"（Massive Data）和"超大规模数据"（Very Large Data）等概念之间有何区别。目前，对于大数据尚未有一个公认的定义，不同的定义基本是从大数据的特征出发，通过这些特征的阐述和归纳试图给出的。这里，我们引用研究机构 Gartner 给出的定义：<u>大数据是需要新处理模式才能具有更强的决策力、洞察发现力和流程优化能力的海量、高增长率和多样化的信息资产</u>。

大数据通常指至少达到 10 TB 规模以上的数据量，且 Big Data={S1, S2, S3}。其中，S1 代表结构化数据集（具有数据结构描述信息的数据）；S2 代表非结构化数据集（不便用固定结构来变现的数据，如图形、图像、音频、视频信息等）；S3 代表半结构化数据集（处于结构化数据和非结构化数据之间的数据，如超文本网络页面内所包含的图片、链接甚至音乐、程序等非文字元素），{S1, S2, S3}所占的存储空间达 PB 数量级（1 YB=2^{10} ZB=2^{20} EB=2^{30} PB = 2^{40} TB = 2^{50} GB）。

2. 大数据的特征

大数据是一个体量巨大、数据类型特别多的数据集，不仅表示数据规模的庞大，还反映数据的模态类型、传递速度、潜在价值等状况。可以用"5V+1C"来概括大数据具有的特征。

（1）规模性（Volume）：通过各种智能设备产生了大量的数据，PB 级别可谓常态，一些客户每天处理的数据都在几十到几百 GB，大型互联网企业每天的数据量接近 TB 级别。有人把这种具有相当规模的数据称为"海量"数据。规模性是大数据的基本属性，大数据一般指 10 TB 规模以上的数据量。

（2）多样性（Variety）：随着各种传感器、智能设备、社交网络的广泛应用，数据类型变得更加复杂，不仅包括传统的关系数据类型，还包括以网页、视频、音频、E-mail、文档等形式存在的未加工的、半结构化的和非结构化的数据，并且它们的处理和分析方式区别很大。

（3）快速性（Velocity）：大数据要求快速处理，因为有些数据存在时效性，如电商的数据，假如今天数据的分析结果要等到明天才能得到，那么电商很难做类似补货这样的决策，从而失去了分析的意义，这就要求处理数据的速度必须非常快速，以适应新的需求。

（4）真实性（Veracity）：随着各种新的数据源的加入，数据的数量、速度和种类飞速增长，必须确保数据库中数据的质量，即数据真实有效，没有或极少有误。

（5）价值性（Valuity）：大数据的数据量呈指数增长的同时，隐藏在海量数据中的有用信息却没有相应比例增长，反而极大提升了提取有用信息的难度。例如，在连续的若干天视频中，有用的可能仅仅一两秒。所以准确来说，大数据还具有价值密度低的特性。

（6）复杂性（Complexity）：虽然传统的商务智能（BI）已经很复杂了，但是由于前面 5 个特性的存在，使得针对大数据的处理和分析更艰巨，并且基于关系型数据库的 BI 开始有点不合时宜了，同时需要根据不同的业务场景，采取不同的处理方式和工具。

根据以上特征可知，大数据是一个极其庞大而复杂的数据集，以致无法用传统的数据处理方式对其进行获取、管理、分析、传递等操作，需要新的处理模式才能具有更强的洞察力和决策力。

12.6.2 大数据关键技术

大数据是从各种类型的数据中快速获得有价值信息的技术。大数据领域已经涌现出了大量新的技术，并已成为大数据采集、存储、处理和呈现的有力武器。大数据处理关键技术一般包括大数据采集技术、大数据预处理技术、大数据存储及管理技术、大数据分析及挖掘技术、大数据展现和应用等。

1. 大数据采集技术

数据采集是指通过 RFID 数据、传感器数据、社交网络交互数据及移动互联网数据等方式获得各种类型的结构化、半结构化（或弱结构化）、非结构化的海量数据，是大数据知识服务模型的根本。因此，数据采集要重点突破分布式高速高可靠数据获取或采集、高速数据全映像等大数据收集、高速数据解析、转换与装载等大数据整合技术。

2. 大数据预处理技术

大数据预处理技术主要完成对已接收数据的辨析、抽取、清洗等操作。其中，辨析是对获取的数据进行分辨，以及分析数据的结构和类型；抽取是将这些复杂的数据转化为单一的或者便于处理的构型，以达到快速分析处理的目的；清洗是对那些不是很有价值、不是我们所关心的内容、完全错误的干扰项进行清理，通过数据过滤"去噪"，从而提取出有效数据。

3. 大数据存储及管理技术

大数据存储及管理技术是指用存储器把采集到的数据存储起来，建立相应的数据库，并进行管理和调用，因而需要解决大数据的可存储、可表示、可处理、可靠性、有效传输等技术问题；开发出可靠的分布式文件系统（DFS），能效优化的存储、计算融入存储、大数据的去冗余及高效低成本的大数据存储；突破分布式非关系型大数据管理与处理技术、异构数据的数据融合技术，数据组织技术、大数据索引技术、以及大数据移动、备份、复制等技术；研究大数据建模技术，开发新型数据库技术，开发大数据可视化技术。

4．大数据分析及挖掘技术

大数据分析及挖掘技术是指改进已有数据挖掘和机器学习技术，开发数据网络挖掘、特异群组挖掘、图挖掘等新型数据挖掘技术；突破基于对象的数据连接、相似性连接等大数据融合技术，突破用户兴趣分析、网络行为分析、情感语义分析等面向领域的大数据挖掘技术。

数据挖掘是指从大量的、不完全的、有噪声的、模糊的和随机的实际应用数据中，提取隐含在其中的、人们事先不知道的但是潜在有用的信息和知识的过程。数据挖掘涉及的技术方法很多，根据挖掘任务，可分为预测模型发现、数据总结、聚类、关联规则发现、序列模式发现、依赖关系或依赖模型发现、异常和趋势发现；根据挖掘对象，可分为关系型数据库、面向对象数据库、空间数据库、时态数据库、文本数据库、多媒体数据库、异质数据库、遗产数据库；根据挖掘方法，可分为机器学习方法、统计方法、神经网络方法和数据库方法。

5．大数据展现和应用

大数据技术能够将隐藏于海量数据中的信息和知识挖掘出来，为人类的社会经济活动提供依据，从而提高各领域的运行效率，大大提高整个社会经济的集约化程度。在我国，大数据将重点应用于以下三大领域：商业智能、政府决策、公共服务，如商业智能技术、政府决策技术、电信数据信息处理与挖掘技术、电网数据信息处理与挖掘技术、气象信息分析技术、环境监测技术、警务云应用系统（道路监控、视频监控、网络监控、智能交通、反电信诈骗、指挥调度等公安信息系统）、大规模基因序列分析比对技术、Web信息挖掘技术、多媒体数据并行化处理技术、影视制作渲染技术、其他各种行业的云计算和海量数据处理应用技术等。

12.6.3 大数据技术应用

大数据技术能够将隐藏于海量数据中的信息和知识挖掘出来，为人类社会经济活动提供依据，从而提高各领域的运行效率和整个社会经济的集约化程度。目前，较为典型的大数据应用主要包括以下领域。

1．商业智能（Business Intelligence）

商业智能是较早的大数据应用，可以在多方面提升企业的生产效率和竞争力。例如，在市场方面，利用大数据关联分析，更准确了解消费者的使用行为，挖掘新的商业模式；在销售规划方面，利用大数据对比分析，优化商品定价；在运营方面，利用大数据分析优化人员配置，提高运营效率等。金融领域的大数据分析也在快速发展，如招商银行通过数据分析识别信用卡用户高频活动场所，并通过与这些场所商家开展"多倍积分""积分店面兑换"等活动吸引优质用户，实现共赢。电子商务领域的大数据应用更为典型。

2．智慧城市（Smart City）

物联网不仅是大数据的重要来源，也是大数据应用的重要市场。例如，智慧城市是一个典型的基于物联网技术的大数据应用热点。通过整个城市中大量传感器获得交通、物流、医疗、家居、园林、气候、空气质量等海量数据，并采取相应的大数据分析技术，将分析结果应用到整个城市的数字规划、数字城管、食品安全、环境监控、政务公开等。

3. 社交网络服务（Social Network Service）

社交网络服务是一种在信息网络上由社会个体集合及个体之间的连接关系构成的社会结构，其数据主要来源于即时消息、在线社交、微博和共享信息四大类应用。在线社交网络大数据分析是从网络结构、群体互动和信息传播三个维度通过基于数学、社会学、管理学等学科的融合理论和方法，为理解人类社会中存在的各种关系提供的一种可计算的分析方法。目前，在线社交网络大数据的应用包括网络舆情分析、网络情报收集与分析、社会化营销、政府决策支持、在线教育等。例如，美国圣克鲁斯警察局通过分析社交网络，发掘犯罪趋势和犯罪模式，甚至可以对重点区域的犯罪概率进行预测。2013年4月，美国计算机搜索引擎 Wolfram Alpha 通过对 Facebook 中 100 多万个美国用户的社交数据分析得出，大部分用户在 20 岁出头时开始恋爱、27 岁左右订婚、30 岁左右结婚，而 30~60 岁婚姻关系变化缓慢，这个结果与美国人口普查的数据几乎完全一致。

4. 智能电网（Smart Grid）

智能电网是指将现代信息技术融入传统能源网络而构成的新电网，可以根据用户的用电习惯等信息优化电能的生产、供给和消耗，是大数据在电力系统上的应用。例如，通过对智能电网中的数据进行分析，可以知道哪些地区的用电负荷和停电频率过高，甚至可以预测哪些线路可能发生故障，这些分析结果有助于电网的规划、升级、改造、维护等工作。

本章小结

（1）人工智能的发展史是和计算机科学与技术的发展史联系在一起的。除计算机科学以外，人工智能还涉及信息论、控制论、自动化、仿生学、生物学、心理学、数理逻辑、语言学、医学、哲学等多门学科。近年人工智能已作为一个研究领域，并在近年来不断取得很多新的进展，各研究领域间的联系将更加紧密、互相渗透，这种融合与渗透必将促进人工智能研究的发展与应用。

（2）虚拟现实技术是在多媒体技术的基础上发展起来的，是多媒体技术的最高境界，它在虚拟产品设计、虚拟军事演练、虚拟模拟教学等方面已获得良好的社会效益和经济效益。

（3）移动互联网是以移动通信为核心的一种新兴计算模式，它正在表现出巨大的潜力和价值，使得移动互联网的研究和应用成为热门。移动互联网是互联网与移动通信互相融合的新兴市场，目前呈现出互联网产品移动化强于移动产品互联化的趋势。

（4）物联网被视为继个人计算机、互联网与移动通信网之后的信息产业新方向，它将用户端延伸和扩展到了任何物品，让物体拥有"智慧"，从而实现人与物、物与物之间的沟通。

（5）云计算是分布式计算技术的一种，其基本概念是通过网络将庞大的的计算处理程序自动分拆成无数个较小的子程序，再交由多个服务器所组成的庞大系统经搜寻、计算分析后将处理结果回传给用户。云计算的核心思想是将大量用网络连接的计算资源统一管理和调度，构成一个计算资源池向用户提供按需服务。

（6）大数据是随着数据库技术的飞速发展和应用需求形成的数据管理技术，不仅数据规模大，而且具有数据形式多样性、非结构化的特征。大数据的意义在于利用数据分析，能够总结经验、发现规律、预测趋势，以辅助决策。

习 题 12

一、选择题

1. 目前，人工智能中模式识别的研究主要集中在图形识别、图像识别和（　　）。
   A．语音识别　　　　B．符号识别　　　　C．数学公式　　　　D．语言识别
2. 人工智能从它的形成到发展，经历了3个阶段：（　　）、形成期和发展期。
   A．探索期　　　　　B．孕育期　　　　　C．推理过程　　　　D．推理特点
3. 所谓专家系统，实际上就是一个基于专门领域知识来求解特定问题的（　　）系统。
   A．人工智能　　　　B．专家知识　　　　C．计算机程序　　　D．知识推理
4. 虚拟现实技术有三大特征，下列选项中，（　　）不包括在内。
   A．沉浸性　　　　　B．交互性　　　　　C．构想性　　　　　D．快速性
5. 移动互联网已实现从模拟网向数字网的转换，并能传输语音、数据、视频等（　　）。
   A．多媒体信息　　　B．网络信息　　　　C．模拟信息　　　　D．通信信息
6. 物联网将物品通过射频识别信息、传感设备与（　　）连接起来，以实现智能化识别和管理。
   A．因特网　　　　　B．互联网　　　　　C．交换机　　　　　D．集线器
7. 物联网的核心和基础仍然是互联网，物联网的体系结构包括应用层、网络层和（　　）。
   A．物理层　　　　　B．协议层　　　　　C．感知层　　　　　D．链路层
8. 云计算将计算、存储、服务设备、（　　）等资源集中起来，为用户提供方便快捷的服务。
   A．网络设备　　　　B．服务器　　　　　C．操作系统　　　　D．网络软件
9. 云计算系统管理技术是云计算的"大脑"，通过自动化、智能化的手段实现系统的（　　）。
   A．运营与管理　　　B．连接与实现　　　C．高速运算　　　　D．数据交换
10. 目前，较为典型的大数据应用主要包括商业智能、智慧城市和（　　）三大领域。
    A．商业智能　　　　B．决策支持　　　　C．政府决策　　　　D．公共服务

二、问答题

1. 什么是人工智能？
2. 人工智能的关键技术是什么？
3. 什么是虚拟现实技术？
4. 虚拟现实技术是基于哪种应用技术发展起来的？
5. 什么是移动互联网？其关键技术是什么？
6. 什么是物联网？它与互联网有何区别？
7. 什么是云计算？
8. 目前，云计算的主要应用领域有哪些？
9. 什么是大数据技术？目前大数据技术的主要应用领域有哪些？
10. 大数据的关键技术有哪些？

三、讨论题

1. 你认为人工智能与人类自身智能的区别主要体现在哪些方面？
2. 移动互联网、物联网、云计算、大数据这些新技术共同的技术基础是什么？

参考文献

[1] 李云峰，李婷. 计算机导论（第 2 版）[M]. 北京：电子工业出版社，2009.

[2] 李云峰，李婷. 计算机科学导论（第 3 版）[M]. 北京：中国水利水电出版社，2014.

[3] 李云峰，李婷. 大学计算机应用基础（第 2 版）[M]. 北京：中国水利水电出版社，2014.

[4] 李云峰，李婷. 计算机网络基础教程[M]. 北京：中国水利水电出版社，2009.

[5] 李云峰，李婷. C/C++程序设计[M]. 北京：中国水利水电出版社，2012.

[6] 李云峰，李婷. 数据库技术及应用开发[M]. 北京：中国水利水电出版社，2014.

[7] 李云峰，际达. 虚拟现实、多媒体与系统仿真[J]. 中南工业大学学报，2002(2).

[8] 李云峰. 秦九韶算法在 CACSD 中的应用[J]. 计算机技术与自动化，2000，19(4).

[9] Ting Li, Xuzhi Lai, Min Wu. An improved two-swarm based particle swarm optimization algorithm[J]. IEEE Proceedings of the 6th World Congress on Intelligent Control and Automation , 2006: 3129-3133.

[10] 李婷，赖旭芝，吴敏. 基于双种群粒子群优化新算法的最优潮流求解[J]. 中南大学学报：自然科学版，2007, 38(1):133-137.

[11] 李婷，吴敏，何勇. 一种基于相角映射的改进多目标粒子群优化算法[J]. 控制与决策，2013, 28(10):1513-1519.

[12] 王丽芳，张静，李富萍，等. 计算机科学导论[M]. 北京：清华大学出版社，2012.

[13] 唐良荣，唐建湘，等. 计算机导论——计算思维和应用技术[M]. 北京：清华大学出版社，2015.

[14] 战德臣，聂兰顺，等. 大学计算机——计算思维导论[M]. 北京：电子工业出版社，2014.

[15] 王志强，毛睿，张艳，等. 计算思维导论[M]. 北京：高等教育出版社，2012.

[16] 郭艳华，马海燕. 计算机与计算思维导论[M]. 北京：电子工业出版社，2014.

[17] 唐培和，徐奕奕，王日凤. 计算思维导论[M]. 桂林：广西师范大学出版社，2012.

[18] 杨丽凤. 大学计算机基础与计算思维[M]. 北京：人民邮电出版社，2015.

[19] 袁方，王兵，李继民. 计算机导论（第 2 版）[M]. 北京：清华大学出版社，2009.

[20] 董荣胜. 计算机科学导论——思想与方法[M]. 北京：高等教育出版社，2007.

[21] [美]J.Glenn Brookshear. 俞嘉惠，方存正，译. 计算机科学概论（第 8 版）[M]. 北京：机械工业出版社，2005.

[22] [美] Behrouz A. Forouzan. 刘艺，段立，钟维亚，等，译. 计算机科学导论[M]. 北京：机械工业出版社，2004.

[23] 杨克昌，严权峰. 算法设计与分析实用教程[M]. 北京：中国水利水电出版社，2013.

[24] 贲可荣，袁景凌，高志华. 离散数学[M]. 北京：清华大学出版社，2011.

[25] 徐凤生. 离散数学及其应用[M]. 北京：机械工业出版社，2017.

[26] [美] Kenneth H. Rosen. 徐六通，杨娟，吴斌，译. 离散数学及其应用[M]. 北京：机械工业出版社，2019.

[27] 蒋立源，康慕宁. 编译原理[M]. 西安：西安工业大学出版社，2000.

[28] 曾平，郑鹏，金晶. 操作系统教程（第 2 版）[M]. 北京：清华大学出版社，2008.

[29] 刘卫国，刘泽星. SQL Server 2008 数据库应用技术[M]. 北京：人民邮电出版社，2015.

[30] 杨冬青，李红燕，唐世渭. 数据库系统概念[M].北京：机械工业出版社，2019.

[31] 刘白林. 人工智能与专家系统[M]. 西安：西安交通大学出版社，2012.

[32] 教育部高等学校计算机科学与技术教学指导委员会. 高等学校计算机科学与技术专业核心课程教学实施方案[M]. 北京：高等教育出版社，2009.

[33] 中国高等院校计算机基础教育改革课题研究组. 中国高等院校计算机基础教育课程体 2014[M]. 北京：清华大学出版社，2014.

反侵权盗版声明

电子工业出版社依法对本作品享有专有出版权。任何未经权利人书面许可，复制、销售或通过信息网络传播本作品的行为；歪曲、篡改、剽窃本作品的行为，均违反《中华人民共和国著作权法》，其行为人应承担相应的民事责任和行政责任，构成犯罪的，将被依法追究刑事责任。

为了维护市场秩序，保护权利人的合法权益，我社将依法查处和打击侵权盗版的单位和个人。欢迎社会各界人士积极举报侵权盗版行为，本社将奖励举报有功人员，并保证举报人的信息不被泄露。

举报电话：（010）88254396；（010）88258888
传　　真：（010）88254397
E-mail：　dbqq@phei.com.cn
通信地址：北京市万寿路 173 信箱
　　　　　电子工业出版社总编办公室
邮　　编：100036